O. D. Chwolson

Lehrbuch der Physik

Zweite Auflage

I, 2.

Lehrbuch der Physik

Von

O. D. Chwolson

Prof. ord. an der Universität in St. Petersburg

Zweite verbesserte und vermehrte Auflage

Erster Band, Zweite Abteilung

Die Lehre von den gasförmigen, flüssigen und festen Körpern

Herausgegeben von

Gerhard Schmidt

Professor an der Universität Münster i. W.

Mit 180 Abbildungen

Springer Fachmedien Wiesbaden GmbH

1918

Die Lehre von den gasförmigen, flüssigen und festen Körpern

Von

O. D. Chwolson
Prof. ord. an der Universität in St. Petersburg

Zweite verbesserte und vermehrte Auflage

Herausgegeben von

Gerhard Schmidt
Professor an der Universität Münster i. W.

Mit 180 Abbildungen

Springer Fachmedien Wiesbaden GmbH

1918

ISBN 978-3-663-19894-9   ISBN 978-3-663-20235-6 (eBook)
DOI 10.1007/978-3-663-20235-6

Softcover reprint of the hardcover 2nd edition 1918

Inhaltsverzeichnis zu Band I, Abteilung 2.

Erster Abschnitt.
Lehre von den gasförmigen Körpern.

Erstes Kapitel: Die Dichte der Gase.

Seite

§ 1. Physik der Molekularkräfte. Die Grundeigenschaften der Gase. Das ideale Gas 1

§ 2. Dichte der Gase (und überhitzten Dämpfe) und ihr Molekulargewicht 3

§ 3. Regnaults Methode zur Bestimmung von δ und D 4

§ 4. Methoden von Gay-Lussac und A. W. Hofmann zur Bestimmung der Dampfdichte 8

§ 5. Methode von Dumas 10

§ 6. Verdrängungsmethode von Victor Meyer 12

Literatur 15

Zweites Kapitel: Spannung der Gase.

§ 1. Boyle-Mariottesches Gesetz 16

§ 2. Untersuchungen bis auf Regnault 17

§ 3. Untersuchungen von Regnault 18

§ 4. Drucke unterhalb einer Atmosphäre. Arbeiten von Siljestroem, Mendelejew, Amagat, Rayleigh u. a. 21

§ 5. Sehr hohe Drucke. Arbeiten von Natterer, Cailletet und Amagat. Untersuchungen von Leduc; Gasgemische 24

§ 6. Einfluß der Temperatur auf die Kompressibilität 27

§ 7. Zustandsgleichung der idealen Gase. Gleichung von Clapeyron . 30

§ 8. Van der Waalssche Gleichung 33

§ 9. Formeln von Clausius und Regnault 35

Literatur 35

Drittes Kapitel: Barometer, Manometer und Pumpen.

§ 1. Der Luftdruck 37

§ 2. Das Quecksilberbarometer 37

§ 3. Aufstellung des Barometers und Ablesungskorrektionen 40

§ 4. Barometer mit anderen Flüssigkeiten und Metallbarometer 42

§ 5. Barograph 43

§ 6. Manometer 44

§ 7. Luftpumpen 48

Literatur 60

Viertes Kapitel: **Berührung von Gasen mit Gasen, Flüssigkeiten und festen Körpern.**

Seite
§ 1. Gasgemische. Daltonsches Gesetz 61
§ 2. Löslichkeit der Gase in Flüssigkeiten 62
§ 3. Apparate zur Untersuchung der Löslichkeit von Gasen in Flüssigkeiten 64
§ 4. Ergebnisse der Untersuchungen über die Löslichkeit von Gasen in Flüssigkeiten 66
§ 5. Ausscheidung gelöster Gase aus Flüssigkeiten 70
§ 6. Erscheinungen, welche bei Berührung von Gasen mit festen Körpern auftreten 71
Literatur 76

Fünftes Kapitel: **Grundlagen der kinetischen Gastheorie.**

§ 1. Bewegungsart der Gasmoleküle 79
§ 2. Das Boyle-Mariottesche Gesetz 81
§ 3. Folgerungen aus der Grundformel 87
§ 4. Geschwindigkeit der Gasmoleküle 88
§ 5. Avogadrosches Gesetz 90
§ 6. Das Daltonsche Gesetz 91
§ 7. Das Gay-Lussacsche Gesetz 91
§ 8. Wärmekapazität der Gase 92
§ 9. Die Energie eines Gases 94
§ 10. Wahre Geschwindigkeit der Moleküle. Gesetz von Maxwell . . 96
§ 11. Geschwindigkeit chemisch reagierender Moleküle 100
§ 12. Mittlere Weglänge 101
§ 13. Innere Reibung der Gase 103
§ 14. Die Größe der mittleren Weglänge 110
§ 15. Dimensionen und Anzahl der Moleküle 111
Literatur 113

Sechstes Kapitel: **Die Gase im Zustande der Bewegung und des Zerfalls.**

§ 1. Die Arbeit, welche bei der reversiblen Ausdehnung oder Kompression eines Gases geleistet wird 115
§ 2. Plötzliche reversible Ausdehnung eines Gases; adiabatische oder isentropische Zustandsänderung 117
§ 3. Das Ausströmen eines Gases aus einer kleinen Öffnung und aus einer dünnen Röhre 119
§ 4. Gegenseitige Diffusion der Gase 127
§ 5. Diffusion der Gase durch poröse Scheidewände; Effusion 128
§ 6. Diffusion der Gase durch feste Körper 129
§ 7. Diffusion der Gase durch Flüssigkeiten 131
§ 8. Widerstand der Gase gegen die Bewegung fester Körper 132
§ 9. Dissoziation der Gase 138
§ 10. Schlußbetrachtungen 138
Literatur 139

Zweiter Abschnitt.

Lehre von den Flüssigkeiten.

Erstes Kapitel: Grundeigenschaften und Bau der Flüssigkeiten.

Seite

§ 1. Grundeigenschaften der Flüssigkeiten 142
§ 2. Bau der Flüssigkeiten 143
§ 3. Das Verdunsten der Flüssigkeiten 146
§ 4. Bau der Flüssigkeitsmoleküle 147
      Literatur 149

Zweites Kapitel: Dichte der Flüssigkeiten.

§ 1. Begriff der Dichte bei den Flüssigkeiten 149
§ 2. Wilsonsche Methode 150
§ 3. Methode der kommunizierenden Röhren 151
§ 4. Pyknometermethode 151
§ 5. Auf dem Archimedischen Prinzip beruhende Methode 152
§ 6. Aräometer 154
      Literatur 157

Drittes Kapitel: Kompressibilität der Flüssigkeiten.

§ 1. Kompressionskoeffizient 158
§ 2. Untersuchungen über die Kompressibilität der Flüssigkeiten vor
      Regnault 159
§ 3. Versuche von Regnault 160
§ 4. Neuere Versuche 161
§ 5. Verschiedene Messungen der Kompressibilität 162
§ 6. Untersuchungen von Amagat 165
§ 7. Thermischer Druckkoeffizient 168
      Literatur 169

Viertes Kapitel: Oberflächenspannung der Flüssigkeiten.

§ 1. Druck der Oberflächenschicht. Formel von Laplace 171
§ 2. Formel von Gauß; Oberflächenspannung der Flüssigkeiten 174
§ 3. Versuche, welche zugunsten des Vorhandenseins einer Oberflächen-
      spannung gedeutet werden 177
§ 4. Zusammenhang zwischen Normaldruck und Oberflächenspannung . 179
§ 5. Absoluter Wert des Normaldrucks K 182
§ 6. Durch die Oberflächenspannung hervorgerufene Form einer Flüssig-
      keitsmasse. Die Plateauschen Versuche 183
§ 7. Lamellenzustand der Flüssigkeiten. Seifenblasen 185
§ 8. Oberflächenspannung bei Berührung mehrerer Medien 189

Fünftes Kapitel: Erscheinungen der Adhäsion und Kapillarität.

§ 1. Berührung von Flüssigkeiten mit festen Körpern 192
§ 2. Randwinkel 193
§ 3. Widerstand und Bewegung von Tropfen in Röhren 197
§ 4. Kapillarität 198
§ 5. Das Gesetz von Jurin 200
§ 6. Benennungen und Bezeichnungsweise der Konstanten 201

Seite

§ 7.   Kapillaritätserscheinungen in nichtzylindrischem Raume 203
§ 8.   Scheinbare Anziehung und Abstoßung teilweise in Flüssigkeit
      tauchender Körper 204
§ 9.   Aufsaugung von Flüssigkeiten durch poröse und pulverförmige Körper   206
§ 10. Methoden zur Bestimmung der Oberflächenspannung und der
      Kapillaritätskonstanten 209
§ 11. Weitere Messungsergebnisse von α und a^2. Einfluß der Temperatur   218
§ 12. Größe des Radius ϱ der Molekularwirkungssphäre und Dicke der
      Übergangsschicht 222
      Literatur 224

Sechstes Kapitel: **Lösungen von festen und flüssigen Körpern.**

§ 1.   Allgemeines über Lösungen 228
§ 2.   Trennung des Lösungsmittels von der gelösten Substanz 231
§ 3.   Abhängigkeit der Löslichkeit von der Temperatur 231
§ 4.   Lösung in Gemischen von mehreren Flüssigkeiten und Löslichkeit
      von Gemischen in einer Flüssigkeit 234
§ 5.   Übersättigte Lösungen 235
§ 6.   Dichte der Lösungen 236
§ 7.   Zusammenstellung einiger weiterer Eigenschaften der Lösungen . . 238
§ 8.   Gegenseitige Lösung von Flüssigkeiten 240
§ 9.   Lösung in Gasen 242
      Literatur 242

Siebentes Kapitel: **Diffusion und Osmose.**

§ 1.   Freie Diffusion der Flüssigkeiten 244
§ 2.   Diffusion der Flüssigkeiten durch eine poröse Scheidewand oder
      Osmose 248
§ 3.   Osmotischer Druck 250
§ 4.   Die Gesetze von Boyle-Mariotte, Gay-Lussac und Avogadro
      für Lösungen 253
      Literatur 256

Achtes Kapitel: **Reibung im Inneren der Flüssigkeiten.**

§ 1.   Koeffizienten der inneren Reibung 257
§ 2.   Koeffizient der äußeren Reibung und Gleitungskoeffizient 258
§ 3.   Bestimmung des Reibungskoeffizienten nach der Methode der Ka-
      pillarröhren 259
§ 4.   Methode von Coulomb, Helmholtz, Margules u. a. zur Be-
      stimmung von η 262
§ 5.   Einfluß von Temperatur und Druck auf die Viskosität der Flüssig-
      keiten 264
§ 6.   Innere Reibung in Lösungen und Mischungen 265
§ 7.   Die Formel von Stokes 268
      Literatur 269

Neuntes Kapitel: **Bewegung der Flüssigkeiten.**

§ 1.   Stationärer Bewegungszustand der Flüssigkeiten 271
§ 2.   Ausströmen von Flüssigkeiten aus einer kleinen Öffnung 273
§ 3.   Kontraktion des Strahls 275

Erster Abschnitt.

Lehre von den gasförmigen Körpern.

***

Erstes Kapitel

Die Dichte der Gase.

§ 1. Physik der Molekularkräfte. Die Grundeigenschaften der Gase. Das ideale Gas. Es ist vielfach üblich, die Lehre von den gasförmigen, flüssigen und festen Körpern in einem besonderen Abschnitte unter der Überschrift „Physik der Molekularkräfte" zu vereinigen.. Diese Überschrift entspricht jedoch dem Inhalte, der gewöhnlich in diesem Abschnitte behandelt wird, nicht vollständig. Sie paßt auch deswegen nicht recht, weil bei den spärlichen Kenntnissen, die wir von der Bedeutung der intramolekularen Kräfte für die verschiedenen physikalischen Erscheinungen besitzen, wir in vielen Fällen nicht einmal sagen können, ob diese Kräfte bei einer gegebenen Erscheinung von Einfluß sind oder nicht. Dagegen läßt sich die Mitwirkung dieser Kräfte bei vielen Erscheinungen vermuten, die gewöhnlich in der Lehre von der Wärme, dem Lichte, Magnetismus und sogar in der Lehre von der Elektrizität behandelt werden. Wegen dieser Unbestimmtheit des Begriffes „Physik der Molekularkräfte" wollen wir ihn lieber ganz vermeiden.

Es ist von verschiedenen Seiten der Versuch gemacht worden, ein Gesetz der Molekularkräfte aufzustellen, d. h. ein Gesetz, welches die Wechselwirkung zweier stofflicher Moleküle in Abhängigkeit von ihrer Entfernung ausdrückt. Die verschiedenen in Vorschlag gebrachten Formeln sollen hier nicht wiedergegeben werden; man findet Angaben hierüber in dem Literaturanhang dieses Kapitels, insbesondere in der von Fürst B. Galitzin gegebenen Übersicht.

Für die Physik der Molekularkräfte erweist sich die Einführung einer Masseneinheit, die für die einzelnen Stoffe verschieden ist und die von der Natur des betreffenden Stoffes abhängt, von großem Nutzen; es ist dies das sogenannte Grammolekül. Wie wir sahen, Abt. I, S. 23, enthält dasselbe so viel Gramm des betreffenden Stoffes, als das

Molekulargewicht des letzteren Einheiten enthält. So stellen z. B. 2 g Wasserstoff, 32 g Sauerstoff, 18 g Wasser, 58 g Na Cl usw. je ein Grammolekül der genannten Stoffe dar. Das Grammolekül wird auch Mol genannt.

Im folgenden sollen in drei besonderen Abschnitten die Lehre von den gasförmigen, flüssigen und festen Körpern behandelt werden. Wir beginnen mit den gasförmigen, als den in jeder Beziehung einfachsten Körpern. Der innere Bau der Gase ist nach den neueren Anschauungen ein relativ einfacher; dasselbe gilt von den Gesetzen, welchen die in Gasen sich abspielenden Erscheinungen folgen. Die Grundeigenschaften der Gase sind die folgenden:

1. Die Gase setzen jeder äußeren Ursache, welche ihre Form zu ändern sucht, ohne zugleich das Volumen zu verändern, einen sehr geringen Widerstand entgegen.

2. Die Gase setzen jeder äußeren Ursache, welche ihr Volumen zu vermindern strebt, einen relativ geringen Widerstand entgegen.

3. Gase, welche keinem äußeren Einflusse (z. B. der Schwerkraft) unterworfen sind, erfüllen gleichmäßig das ganze ihnen zur Verfügung stehende Volumen und üben auf Körper, welche dieses Volumen begrenzen, einen bestimmten Druck aus. Letzteren pflegt man in Kilogrammen pro Quadratmeter der entsprechenden Oberfläche oder in Millimetern der Höhe einer Quecksilbersäule auszudrücken und als Druck oder Spannung des Gases zu bezeichnen.

4. Gegeneinander verhalten sich die Gase fast indifferent, wenn man die Fälle ausschließt, wo sie sich chemisch beeinflussen; hieraus in Verbindung mit Satz 3 folgt, daß sich zwei Gase in einem Gefäße in beliebigen relativen Mengen miteinander vollkommen mischen, gewissermaßen sich gegenseitig durchdringen und ein Gemenge bilden, das in allen Teilen gleichartig ist.

Neben obigen sozusagen augenfälligen Kennzeichen besitzen die Gase noch andere charakteristische Eigenschaften, und zwar die folgenden:

1. Die Gase gehorchen angenähert dem Boyle-Mariotteschen Gesetze: Die Spannung einer gegebenen Gasmenge ändert sich bei konstanter Temperatur umgekehrt proportional ihrem Volumen.

2. Die Gase gehorchen angenähert dem Gay-Lussacschen Gesetze, nach welchem bei konstantem Druck das Volumen v einer gegebenen Gasmenge bei der Temperatur t^0 und das Volumen v_0 bei 0^0 durch die Beziehung $v = v_0 (1 + \alpha t)$ miteinander verbunden sind. Hierbei ist für alle Gase angenähert $\alpha = 0{,}003\,66$.

3. Die Gase gehorchen angenähert dem Avogadroschen Gesetze: In gleichen Volumina verschiedener Gase ist bei gleicher Temperatur und gleichem Drucke die gleiche Anzahl Moleküle enthalten.

4. Die Gase gehorchen angenähert dem Jouleschen Gesetze: Es wird keine innere Arbeit geleistet, wenn sich ihr Volumen ändert, d. h. die Kohäsion ihrer Moleküle ist äußerst gering (vgl. Abt. I, S. 109 und 110).

Es soll hier noch nicht untersucht werden, inwieweit die genannten vier Eigenschaften voneinander unabhängig sind oder sich die eine aus der anderen ableiten läßt.

Die in der Natur vorkommenden „realen" Gase gehorchen diesen vier Gesetzen nur angenähert. Es treten „Abweichungen" auf, und zwar sind diese um so größer, je näher sich die Gase dem Zustande der Verflüssigung befinden. Für komprimierte Kohlensäure sind die Abweichungen außerordentlich groß; für verdünnten Wasserstoff sehr gering. Geht man in Gedanken in dieser Richtung noch etwas weiter, so gelangt man zu der Vorstellung von einem fingierten, d. h. in der Natur augenscheinlich nicht vorkommenden Stoffe, welcher den Gesetzen von Boyle-Mariotte, Gay-Lussac und Avogadro absolut genau entspricht und zwischen dessen Molekülen nicht die geringste Kohäsion wirkt, so daß seine innere Arbeit genau gleich Null ist. Ein solcher Stoff heißt ein vollkommenes oder ideales Gas.

§ 2. Dichte der Gase (und überhitzten Dämpfe) und ihr Molekulargewicht. Wir sahen bereits (Abt. I, S. 48), daß man unter Dichte eines Gases zwei verschiedene Größen versteht: die Dichte D eines Gases in bezug auf Wasser — diese ändert sich bei Verdünnung und Kompression der Gase in den weitesten Grenzen, — und die Gasdichte δ bezogen auf Luft von gleicher Temperatur und Druck. Die letztere Größe stellt eine für ein gegebenes Gas nahezu konstante Größe dar und ändert sich nur insoweit, als die Luft und das in Betracht gezogene Gas nicht in gleicher Weise vom Boyle-Mariotteschen und Gay-Lussacschen Gesetze abweichen. Die genannten beiden Gesetze sollen der Kürze halber im folgenden durch B.-M. und G.-L. bezeichnet werden. Bei der Besprechung der Methoden zur Bestimmung der Dichte werden vielfach die Gase von den Dämpfen gesondert und werden letztere meist in der Wärmelehre behandelt. Aus der Elementarphysik ist jedoch schon bekannt, daß die Dämpfe der Flüssigkeiten sich von Gasen durchaus nicht unterscheiden, falls nur ihre Temperatur hinlänglich weit über derjenigen liegt, welche der Siedetemperatur für den herrschenden Druck entspricht, d. h. falls sie nur genügend weit vom Sättigungsgrad entfernt sind. Andererseits können, wie bekannt, alle „Gase" im gewöhnlichen Sinne (H, O, N, Cl, CO usw.) als weit vom Sättigungspunkt entfernte Dämpfe von Flüssigkeiten angesehen werden. Daher wollen wir bei Besprechung der Gasdichte zugleich auch die Methoden zur Bestimmung der Dichte von Dämpfen solcher Stoffe betrachten, die bei gewöhnlicher Zimmertemperatur Flüssigkeiten sind. In jedem Falle nehmen wir aber an, daß die Dämpfe weit vom Sättigungspunkte entfernt sind.

Aus dem Avogadroschen Gesetze folgt offenbar, daß das Gewicht eines Moleküls der verschiedenen Gase proportional der Dichte δ des entsprechenden Gases ist. Man pflegte früher bei Bestimmung des Molekulargewichtes μ das Gewicht eines Atoms Wasserstoff als Gewichtseinheit festzulegen; da das Wasserstoffmolekül aus zwei Atomen besteht, so ist für den Wasserstoff $\mu = 2$. Sauerstoff ist 15,88 mal schwerer als Wasserstoff, mithin ist für ihn $\mu = 31,76$. Überhaupt ist für ein beliebiges Gas, dessen Dichte in bezug auf Luft gleich δ, in bezug auf Wasserstoff gleich $14,4\,\delta$ ist, das Molekulargewicht μ gleich

$$\mu = 28,8\,\delta \quad \ldots \ldots \ldots \ldots \quad (1)$$

Gegenwärtig setzt man das Gewicht eines Atoms Sauerstoff gleich 16; in diesem Falle ist für Sauerstoff $\mu = 32$, für Wasserstoff $\mu = 2{,}016$. Der Einfachheit wegen und wo keine große Genauigkeit vorausgesetzt wird, werden wir die Zahlen $\mu = 32$ und $\mu = 2$ benutzen.

Das Volumen eines Grammmoleküls, d. h. einer solchen Gasmenge, deren Gewicht in Grammen gleich dem Molekulargewicht des Gases ist, nennt man das Molekularvolumen. Aus dem Avogadroschen Gesetze folgt, daß bei gegebener Temperatur und gegebenem Druck alle Gase das gleiche Molekularvolumen v_m besitzen müssen, wenn man die oben erwähnten Abweichungen vernachlässigt. Die Größe v_m ist also das Volumen von 2 g Wasserstoff, 32 g Sauerstoff, 18 g Wasserdampf usw. Da nun 2 g Wasserstoff bei 0^0 und 760 mm Druck ein Volumen besitzen, welches nach den Untersuchungen von D. Berthelot (1904) gleich 22,412 Liter ist, so haben wir allgemein: das Molekularvolumen v_m eines Gases ist bei 0^0 und bei dem Druck einer Atmosphäre gleich

$$v_m = 22{,}412 \text{ Liter} \quad \ldots \ldots \ldots \quad (1, \text{a})$$

Wir gehen nunmehr dazu über, die Methoden der Dichtebestimmung von Gasen oder Dämpfen zu betrachten.

§ 3. Regnaults Methode der Bestimmung von δ und D. Der Gedanke, welcher dieser Methode zugrunde liegt, ist der folgende: Ein Glasballon, dessen Volumen etwa 10 Liter beträgt, wird mit getrocknetem Gas von 0^0 bei dem Drucke H gefüllt und sein Gewicht P bestimmt; hierauf wird bei 0^0 das Gas verdünnt, bis es den sehr geringen Druck h ausübt; das Gewicht des Glasballons sei nun p. Es ist dann das Gewicht Π des Gases, welches bei 0^0 und 760 mm Druck das Volumen v des Glasballons erfüllt

$$\Pi = (P - p)\,\frac{760}{H - h} \quad \ldots \ldots \ldots \quad (2)$$

und hieraus findet man die Dichte D

$$D = \frac{(P - p)\,760}{v\,(H - h)} \quad \cdots\cdots\cdots\cdots (3)$$

Haben dieselben Messungen für trockene Luft die Zahlen P', p', H' und h' ergeben, so ist für sie

$$D' = \frac{(P' - p')\,760}{v\,(H' - h')} \quad \cdots\cdots\cdots\cdots (4)$$

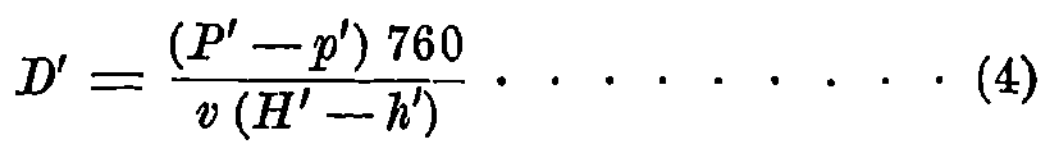
Fig. 1.

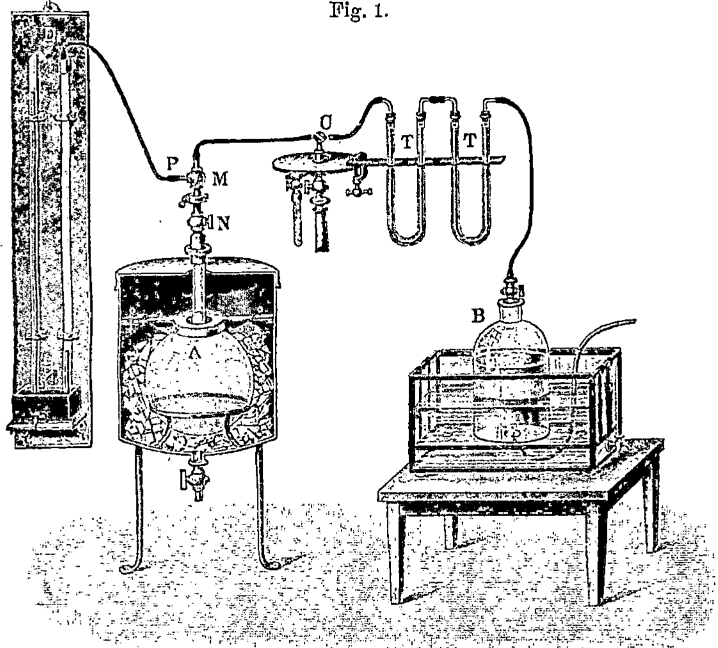

Endlich ist die Dichte δ des untersuchten Gases

$$\delta = \frac{D}{D'} = \frac{P - p}{P' - p'} \cdot \frac{H' - h'}{H - h} \quad \cdots\cdots\cdots\cdots (5)$$

Regnault umgab den Ballon A (Fig. 1) mit schmelzendem Eise und verband ihn mit dem Manometer D (neben dem Manometer befindet sich auf demselben Brette ein Gefäßbarometer), der Luftpumpe C, den U-förmigen Trockenröhren T und dem Behälter B, in welchem sich das zu untersuchende Gas angesammelt hat. Bei der zweiten Beobachtung (wenn der Druck gleich h war), befand sich das Quecksilber in beiden Röhren D beinahe in der gleichen Höhe. Bei der Gewichtsbestimmung des Glasballons hat man eine Korrektion wegen des Gewichtsverlustes in der Luft (vgl. Abt. I, S. 319) einzuführen,

die sich zugleich mit dem Drucke, der Temperatur und Feuchtigkeit
der Luft ändert. Um diese Korrektion, die im Hinblick auf das
geringfügige Gewicht $P-p$ sehr bedeutend ist, zu umgehen, brachte
Regnault den Glasballon A mit einem anderen, dessen äußeres Volumen
genau gleich dem von A war, ins Gleichgewicht. Beide Ballons wurden
von unten an die Wagschalen (Fig. 2) gehängt und waren dabei, um
die Wirkung etwaiger Luftströmungen zu verhindern, in einem besonderen Schränkchen eingeschlossen. Um die Volumina beider Glasballons genau gleich zu machen, hing Regnault an den zweiten, der
an und für sich etwas kleiner war als A, eine geschlossene Röhre von
solcher Länge, daß der Ballon A einerseits und der zweite mit der

Fig. 2.

Röhre andererseits einen gleichen Gewichtsverlust erlitten, wenn sie in
Wasser tauchten. Hat man beide Ballons einmal ins Gleichgewicht
gebracht, so bleibt dieses bestehen, wie sehr sich auch der Luftzustand
ändern mag, da ja der Gewichtsverlust beider Ballons immer der gleiche
bleibt. Man braucht mithin die vorerwähnte Korrektion gar nicht einzuführen.

Um die Dichte D' der Luft in bezug auf Wasser nach Formel (4)
zu bestimmen, muß man das Volumen v des Ballons bei 0^0 kennen.
Regnault verfuhr hierbei folgendermaßen: Er wog zunächst den
geöffneten Ballon A direkt, d. h. ohne ihn mit dem zweiten ins
Gleichgewicht zu bringen. Das so erhaltene Gewicht P bestand aus
dem Gewichte P_1 des Glasballons, dem Gewichte Π_1 der in ihm enthaltenen Luft weniger dem Gewichtsverluste ω beider in Luft. Somit war

$$P = P_1 + \Pi_1 - \omega \quad . \; . \; . \; . \; . \; . \; . \; . \; . \; (6)$$

Hierauf wurde der Ballon A mit reinem Wasser von 4^0 gefüllt und das Gewicht Q bestimmt

$$Q = P_1 + E_0 - \omega' \quad . \quad . \quad . \quad . \quad . \quad . \quad . \quad . \quad (7)$$

wo E_0 das Gewicht des Wassers und ω' den Gewichtsverlust bedeutet. Die Größen ω und ω' unterscheiden sich nur sehr wenig voneinander; ihre Differenz $\omega' - \omega = \omega_0$ kann mit hinreichender Genauigkeit bestimmt werden. Subtrahiert man nun (6) von (7), so erhält man

$$Q - P + \omega_0 = E_0 - \Pi_1 \quad . \quad . \quad . \quad . \quad . \quad . \quad (8)$$

Die vorhergehenden Messungen haben das Gewicht Π' der trockenen Luft, welche den Ballon bei 0^0 und 760 mm Druck erfüllt, ergeben; analog Formel (2) erhalten wir hier für Luft

$$\Pi' = (P' - p') \frac{760}{H' - h'} \quad . \quad . \quad . \quad . \quad . \quad . \quad (9)$$

Ist die erste Wägung (6) bei der Temperatur von t^0, dem Drucke H und der Luftfeuchtigkeit h ausgeführt worden, so ist

$$\Pi_1 = \Pi' \frac{\left(H - \frac{3}{8}\right)(1 + kt)}{(1 + \alpha t)\,760} \quad . \quad . \quad . \quad . \quad . \quad (10)$$

wo k und α die Ausdehnungskoeffizienten von Gas und Luft sind; die Dichte der Wasserdämpfe ist hierbei zu $\frac{3}{8}$ (vgl. Abt. I, S. 320) angenommen worden. Das Gewicht E_0 des Wassers ist gleich dem Volumen v multipliziert mit der Dichte 0,999881 des Wassers bei 0^0; Formel (8) liefert demnach

$$0{,}999\,881\,v = Q - P + \omega_0 + \Pi_1 \quad . \quad . \quad . \quad . \quad . \quad (11)$$

Kennt man v, so findet man die Dichte D' der Luft nach der Formel (4).

Die Versuche von Regnault ergeben für das Gewicht e_0 eines Liters Luft von 0^0 und 760 mm Druck für Paris $e_0 = 1{,}293\,187$ g. Die von Mendelejew an den Regnaultschen Rechnungen angebrachten Korrektionen haben die Zahl $e_0 = 1{,}293\,47 \pm 0{,}000\,28$ g ergeben. Das Gewicht e_0 ändert sich mit der Änderung der Schwerkraft, es ist der Beschleunigung g proportional. Die letztere Zahl für e_0 kann man auch folgendermaßen schreiben: $e_0 = 0{,}131\,852\,g$ Gramm, wo g in den Einheiten Meter-Sekunde ausgedrückt ist. Spätere Untersuchungen von Leduc (1892) und Rayleigh haben zu Resultaten geführt, welche von denen Regnaults nur sehr wenig abwichen. Durch kritische Untersuchung aller entsprechenden Arbeiten ist Mendelejew zu dem Endresultate gelangt, daß das Gewicht eines Liters trockener Luft von 0^0 bei 760 mm gleich ist

$$e_0 = 0{,}131\,844\,g \text{ g} \pm 0{,}000\,10 \text{ g} \quad . \quad . \quad . \quad . \quad . \quad (12)$$

In welcher Weise g von der Höhe und Breite des Beobachtungs-ortes abhängt, ist Abt. I, S. 363 auseinandergesetzt worden.

Für Petersburg gibt Mendelejew die Zahl

$$e_0 = 1{,}294\,55\,g \pm 0{,}000\,10\,g \ \ \ \ldots \ldots \ (13)$$

Leduc hat 1898 für Paris ($g = 981$ cm) die Zahl $e_0 = 1{,}293\,16\,g$ und bei einem Druck von einer Megadyne auf den Quadratcentimeter $e'_0 = 1{,}275\,73\,g$ gegeben (vgl. weiter unten Kap. III, § 1, S. 37).

Unter den zahlreichen Messungen von Gasdichten, die nach Reg-nault ausgeführt wurden, sind die von Leduc und von Rayleigh hervorzuheben. Leduc (1898) benutzte die Regnaultsche Ballon-methode, in welche er verschiedene Verbesserungen einführte; vor allem war er auf das sorgfältigste bestrebt, reine Stoffe zu untersuchen. Er bestimmte die Dichte von O_2, H_2, N_2, CO, CO_2, N_2O, C_2H_2, HCl, SH_2, Cl_2, NH_3, SO_2. Rayleigh bemerkte, daß der aus der Luft ge-wonnene Stickstoff eine größere Dichte besitzt, als der auf chemischem Wege aus Stickstoffverbindungen hergestellte, und dies führte zur Ent-deckung von Argon und den übrigen Bestandteilen der Luft (Krypton, Neon, Xenon). In der nachfolgenden Tabelle sind einige Messungs-resultate von Regnault, Rayleigh und Leduc zusammengestellt:

	Regnault	Lord Rayleigh	Leduc
H_2	0,069 49	0,069 60	0,069 48
O_2	1,105 61	1,105 35	1,105 23
N_2 (Luft).	0,971 37	0,972 09	0,972 03
N_2 (chemisch rein)	—	0,967 37	0,967 17
CO	—	0,967 16	0,967 02
CO_2	1,529 0	1,529 09	1,528 8
N_2O	—	1,529 51	1,530 1

Moissan und Binet du Jassoneix (1904) haben die Dichte des Chlors bestimmt, indem sie das Gas durch Verflüssigen und Erstarren reinigten und dann einige Kubikzentimeter des flüssigen Stoffes in einer zugeschmolzenen Röhre in den luftleeren Ballon einführten. Die Röhre wurde zerbrochen, wobei das Chlor in den gasförmigen Zustand überging. Den Überschuß des Gases ließ man durch eine Kapillarröhre entweichen, wodurch der Eintritt von Luft vermieden wurde. Die weiteren Manipulationen — Wiegen des Ballons mit Chlor, dann mit Luft, endlich mit Wasser, wurden auf die gewöhnliche Weise aus-geführt. Die genannten Forscher fanden für die Dichte des Chlors bei 0° und dem Druck einer Atmosphäre 2,490. Leduc hatte 2,491 als wahrscheinlichsten Wert angegeben.

§ 4. Methoden von Gay-Lussac und W. Hofmann zur Bestimmung der Dampfdichte.

In ein gußeisernes, mit Quecksilber

gefülltes Gefäß tauchen eine sorgfältig kalibrierte, anfänglich ebenfalls
mit Quecksilber gefüllte Röhre *g* (Fig. 3) und ein mit Wasser gefüllter
Zylinder *m*. Das Gefäß wird von unten erwärmt, die Temperatur des
Wassers wird durch ein oder mehrere Thermometer angegeben. In
den Raum über dem Quecksilber der kalibrierten Röhre wird ein zu-
geschmolzenes Glaskügelchen gebracht, welches eine gewisse Menge
Flüssigkeit vom Gewicht P
enthält. Beim Erwärmen des
Apparates platzt das Kügelchen, die darin enthaltene
Flüssigkeit verdampft und
das Quecksilber sinkt herab.
Es sei nun V das vom Dampf
bei 0^0 erfüllte Volumen der
Röhre, t die Temperatur und
H die Spannung des Dampfes,
die gleich dem Barometer-
stande ist, vermehrt um den
Druck der Wassersäule und
vermindert um den Druck der
in der kalibrierten Röhre g
enthaltenen Quecksilbersäule.
Für die Dampfdichte D haben
wir unter den Versuchsbedin-
gungen

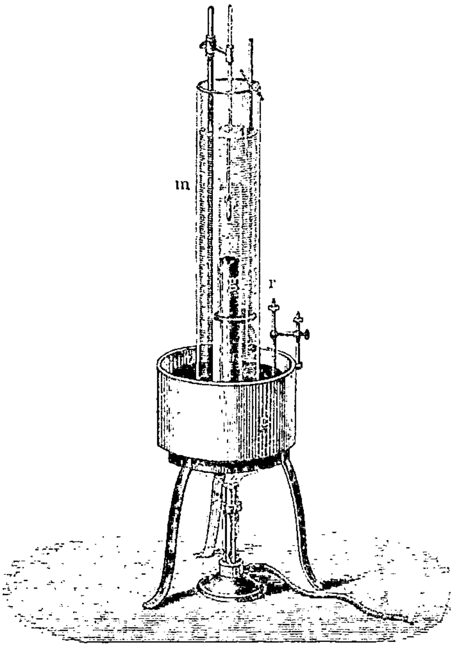

$$D = \frac{P}{V(1+kt)},$$

Fig. 3.

wo k der Ausdehnungskoeffizient des Glases ist; für die
Dichte δ erhalten wir

$$\delta = \frac{P}{V(1+kt)} : \frac{e_0 H}{(1+\alpha t)\,760} = \frac{P(1+\alpha t)\,760}{V(1+kt)e_0 H} \quad \cdot \quad \cdot \ (14)$$

e_0 ist aus (12) und (13) zu entnehmen; V ist in Litern auszudrücken,
P und e_0 in Grammen.

Die Mängel obiger Methode, insbesondere der Umstand, daß die
Temperatur des Wassers schwer zu bestimmen ist, beseitigte Hofmann, dessen Apparat in Fig. 4 abgebildet ist. Die Röhre, welche den
zu untersuchenden Dampf enthält, ist von einer breiten Röhre ABD
umgeben; durch diese werden die Dämpfe irgendeiner entsprechend gewählten Flüssigkeit, deren Siedepunkt der gewünschten Temperatur entspricht, geleitet. Ist jene Temperatur hoch, so hat man eine Korrektion
wegen der Spannung der Quecksilberdämpfe anzubringen; letztere beträgt bei 100^0 — 0,28 mm, bei 120^0 — 0,77 mm, bei 140^0 — 1,9 mm

und bei 160⁰ — 4,3 mm. Fig. 5 zeigt einen Hofmannschen Apparat mit allen Nebenbestandteilen; RR entspricht der Röhre AB in Fig. 4. Die zur Erwärmung dienenden Dämpfe werden in K entwickelt, im Kühlapparat C verdichtet und in der Flasche F wieder gesammelt.

Eine wesentliche Verbesserung der Hofmannschen Methode wurde von Reinganum (1905) eingeführt. Sie besteht darin, daß 15 cm oberhalb des unteren offenen Endes der Röhre eine zweite Röhre seitlich abzweigt. Sie verläuft parallel und nahe der ersten; an den oberen

Fig. 4.

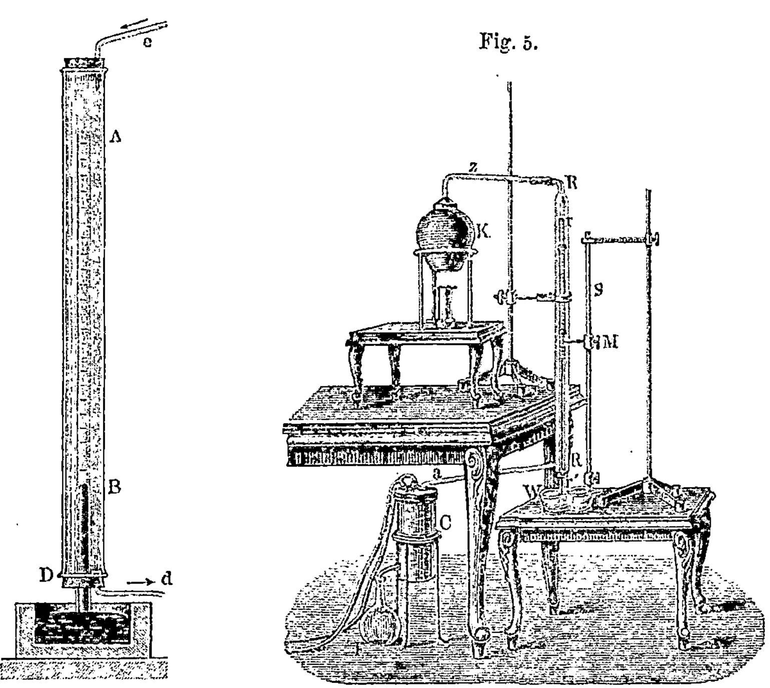

Enden sind die beiden Röhren miteinander verbunden. Die Höhe des Quecksilbers wird in der Seitenröhre gemessen, wo die schwimmenden Glaskügelchen das Ablesen nicht unsicher machen.

§ 5. Methode von Dumas. Diese beruht auf der Gewichtsbestimmung eines bekannten Dampfvolumens. In einem Glasballon B (Fig. 6) mit ausgezogener spitzer Röhre, welcher das Gewicht p hat, bringt man eine gewisse Menge Flüssigkeit, deren Dampfdichte δ man zu bestimmen wünscht. Darauf wird dieser Ballon längere Zeit hindurch einer Temperatur ausgesetzt, welche beträchtlich höher (etwa 30⁰) als die Siedetemperatur der Flüssigkeit bei gewöhnlichem Atmosphärendruck ist. Zu diesem Zwecke wird der Ballon in ein Gefäß getaucht, welches, je nach der Siedetemperatur der zu untersuchenden Flüssigkeit, mit Wasser, Öl oder Chlorzink gefüllt ist. Beim Erhitzen des Bades verdampft die in der Kugel enthaltene Flüssigkeit, und durch die Spitze entweicht ein Dampfstrahl. Sobald das Ausströmen des Dampfes beendet ist, schmilzt man das Ende der ausgezogenen Röhre zu und bestimmt für diesen Augenblick den Barometerstand H', der gleich dem Druck des Dampfes ist, und an den Thermometern T und T' die Temperatur T des Dampfes. Hierauf trocknet man die Glaskugel von außen und bestimmt ihr Gewicht p', welches sich nun von dem anfangs ermittelten Gewichte p unterscheidet. Schließlich taucht man die Spitze unter Wasser und bricht dort ihr Ende ab; das Wasser erfüllt dann die ganze Kugel, falls sämtliche Luft vom Dampfe vertrieben war. Das Gewicht der mit Wasser gefüllten Kugel sei P; die Temperatur und der Luftdruck während der Bestimmung des Gewichtes der offenen Kugel seien t und H. Das Volumen der Kugel kann man gleich $P - p$ setzen, also das Gewicht des Dampfes gleich $D(P - p)$; das Gewicht desselben Volumens Luft während der ersten Wägung (bei t^0 und H mm Druck) ist gleich $D'(P - p)$. Der Unterschied zwischen dem Gewichte von Dampf und Luft

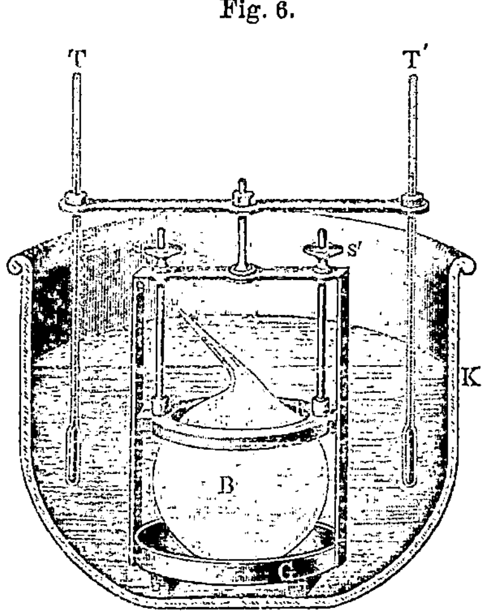

ist gleich $p' - p$; somit ist $(D - D')(P - p) = p' - p$, woraus

$$D = \frac{p' - p}{P - p} + D'$$

folgt. D' ist die Dichte der Luft bei t^0 und H mm Druck; die gesuchte Dichte δ aber ist $\delta = \dfrac{D}{D_1'}$, wo D_1' die Dichte der Luft unter den Bedingungen darstellt, unter welchen sich der Dampf in dem Augenblicke befand, wo die ausgezogene Röhre zugeschmolzen wurde. Wir haben also

$$D_1' = D' \frac{H'(1 + \alpha t)}{H(1 + \alpha T)},$$

wo α der Ausdehnungskoeffizient der Luft ist. Die gesuchte auf Luft bezogene Dampfdichte ist dann schließlich

$$\delta = \frac{D}{D_1'} = \left(\frac{p' - p}{P - p} \cdot \frac{1}{D'} + 1 \right) \frac{H(1 + \alpha T)}{H'(1 + \alpha t)} \quad \cdots \cdot (15)$$

Bei Bestimmung von D' kann man auch die Spannung h der Wasserdämpfe in Betracht ziehen, d. h. die allgemeine Formel

$$D' = D_0 \frac{H - \dfrac{3}{8} h}{760 (1 + \alpha t)} \quad \cdots \cdots \quad (16)$$

anwenden, wo D_0 numerisch gleich dem Gewicht eines Kubikzentimeters trockener Luft von 0^0 und 760 mm Spannung ist, also gleich 0,001 e_0 [vgl. (12) und (13)]; angenähert ist $D_0 = 0,001\,294\,6$ g.

Bei Herleitung der Formel (15) hatten wir die Volumenänderung der Kugel bei Erwärmung von t^0 auf T^0 vernachlässigt und hatten die Dichte des Wassers in der Kugel gleich Eins gesetzt. Man kann leicht die entsprechenden Korrektionen anbringen. Bleibt in der Kugel ein Luftbläschen zurück, nachdem das Wasser eingedrungen ist, so hat man noch eine weitere Korrektion einzuführen, deren Größe ebenfalls leicht gefunden wird.

A. Schulze (1913) hat die Genauigkeit der Dumasschen Methode auf folgende Weise erhöht; an der Unterseite des Glasballons war noch eine Kapillare angeblasen, die in eine kleine Glaskugel von etwa 5 ccm Inhalt überging. Letztere wurde, nachdem der ganze Apparat mit Dampf gefüllt war, in flüssige Luft getaucht, abgeschmolzen und gewogen und dadurch das Gewicht des Dampfes ermittelt. Hierauf wurde mit Hilfe von ausgekochtem Wasser das Volumen des Ballons und der Glaskugel bestimmt. Die erreichte Genauigkeit beträgt 0,3 Proz.

Pawlewski schlug vor, die Öffnung der ausgezogenen Röhre durch ein kleines Hütchen zu verschließen, welches einfach heruntergenommen wird, während man die Kugel mit Wasser füllt.

Deville und Troost haben die Dumassche Methode auch bei höheren Temperaturen angewandt. Zu diesem Zweck wird die Glaskugel durch eine solche aus Porzellan ersetzt, die man in die Dämpfe von Hg, S, Cd oder Zn bringt. Zersetzt sich die untersuchte Flüssigkeit beim Sieden unter Atmosphärendruck, so muß man sie bei geringerem Drucke verdunsten lassen. Habermann verbindet die Kugel in diesem Falle mit einer Wasserluftpumpe nebst Manometer.

§ 6. Verdrängungsmethode von Victor Meyer.

Der Gedanke, welcher dieser Methode zugrunde liegt, stammt von Dulong. Den Hauptbestandteil des Apparates bildet ein langes, unten verbreitertes Gefäß A (Fig. 7), das man den Dämpfen irgendeiner siedenden Flüssigkeit aussetzt. Letztere wählt man derart, daß sie die Verdampfungstemperatur der zu untersuchenden Substanz übertrifft; man kann zu diesem Zwecke Wasser (100^0), Xylol (140^0), Anilin (185^0), Diphenylamin (310^0) usw. nehmen. Die Siedetemperatur der in B befindlichen

Flüssigkeit braucht man übrigens nicht zu kennen. Der obere Teil des Gefäßes A ist durch einen dünnen Gummischlauch mit der kalibrierten Röhre g verbunden, in welcher sich Wasser befindet. Letztere steht mit dem Reservoir n in Verbindung, das sich bequem heben und senken läßt, so daß man das Wasser in g und n auf gleicher Niveauhöhe erhalten kann. Das obere Ende von A hat eine mit einem Stopfen verschlossene Öffnung und außerdem bisweilen eine entsprechende Vorrichtung, die dazu dient, eine mit der abgewogenen Menge m der zu untersuchenden Substanz gefüllte Kugel festzuhalten bzw. im geeigneten Augenblick loszulassen, so daß sie auf den Boden von A fällt. Die kleine Kugel stützt sich dabei auf ein Glasstäbchen t, das man so weit herausziehen kann, daß sie auf den Boden von A fällt; letzterer ist mit Asbest bedeckt, um nicht durch das Aufschlagen der kleinen Kugel beschädigt zu werden. Zunächst läßt man nun die in B enthaltene Flüssigkeit so lange sieden, bis die Luft aus A auszuströmen aufhört, d. h. das Niveau des in g enthaltenen Wassers sich nicht mehr ändert. Hierauf bringt man die abgewogene Menge m der zu untersuchenden Substanz in das Gefäß A, indem man die erwähnte kleine Kugel auf den Boden von A niederfallen läßt oder den Stopfen für einen Augenblick öffnet.

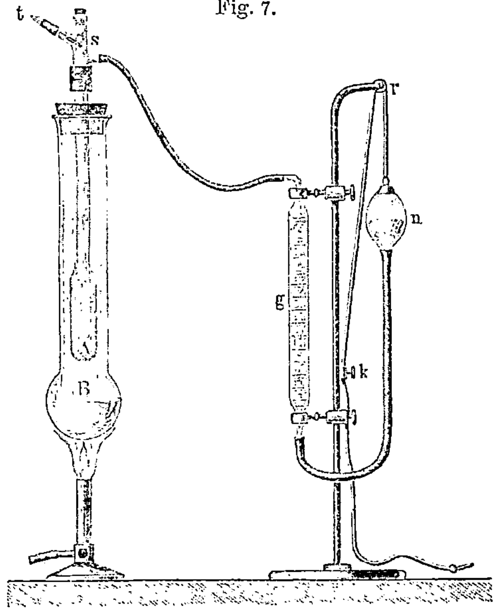

Die Substanz verdampft in kurzer Zeit und verdrängt eine gewisse Menge Luft, die nach g strömt; durch Senken des Reservoirs n bringt man den Wasserspiegel in g und n wieder auf die gleiche Höhe. Es sei nun v das Volumen der in g angesammelten Luft, t die Temperatur des Beobachtungsraumes und p der Luftdruck in g, welcher gleich dem Barometerdruck, vermindert um den Druck des Wasserdampfes ist, welcher die in g enthaltene Luft sättigt. Beim Übergang nach g nimmt die Luft die Temperatur t^0 an. Kann man annehmen, daß die Dämpfe, welche sich in A gebildet hatten, s o sehr überhitzt sind, d. h. so weit über der Sättigungstemperatur liegen, daß für sie die Gesetze von B.-M. und G.-L. gelten, so folgt hieraus, daß diese Dämpfe bei t^0 und p mm Druck genau das

Volumen v innehatten. Hiernach ergibt sich für ihre Dichte δ

$$\delta = \frac{m}{v} : \frac{0,001\,295\,p}{760\,(1 + \alpha t)} = \frac{m\,(1 + \alpha t)\,760}{0,001\,295\,p\,v}.$$

Da die Luft mit Wasserdampf gesättigt ist, so setzt man für α den Wert $\alpha = 0,004$ und erhält zuletzt

$$\delta = 587\,100\,\frac{m}{p\,v}\,(1 + 0,004\,t) \quad . \quad . \quad . \quad . \quad . \quad . \quad (17)$$

Anstatt der kalibrierten Röhre g mit dem Reservoir n kann man auch einen einfachen Maßzylinder wählen, der mit Wasser gefüllt und über einer pneumatischen Wanne umgestülpt wird. In diesem Falle hat man jedoch bei Bestimmung von p den Druck der Wassersäule mit in Betracht zu ziehen, welche im Zylinder zurückbleibt.

Die Methode von V. Meyer wurde vielfach benutzt und verbessert. So hat Nernst durch Anwendung von Iridiumgefäßen die Temperatur bis 2000° gesteigert. Die Erwärmung geschah durch elektrische Heizung; die Temperatur wurde photometrisch (Bd. III) gemessen. Das verdrängte Luftvolumen wurde in einer horizontalen Glaskapillare gemessen, in welcher sich ein Quecksilbertropfen verschob. Nilsson und Petterson haben gleichfalls den Apparat von V. Meyer verbessert.

Andere Methoden zur Bestimmung der Gasdichte sowie der Dichte überhitzter Dämpfe beruhen auf Beobachtung des von ihnen verdrängten Flüssigkeitsvolumens, ihrer Geschwindigkeit beim Ausströmen aus engen Röhren (vgl. Methode von Bunsen, Kapitel VI, § 3, S. 123), auf Bestimmung der Tonhöhe von Pfeifen, die mit dem betreffenden Gas oder Dampf gefüllt sind. Die letztere Methode rührt von Jahoda (1900) her; sie wurde von Wachsmuth (1904) verbessert und zu Messungen benutzt.

In letzter Zeit ist durch Haupt (1904) eine bereits 1887 von Dyson u. a. vorgeschlagene Methode ausgearbeitet worden. Sie besteht darin, daß eine gewogene Flüssigkeitsmenge in einen Ballon gebracht wird, welcher mit einem Manometer verbunden ist. Gemessen wird die beim Verdampfen der Flüssigkeit entstehende Druckerhöhung, woraus sich die gesuchte Dampfdichte berechnen läßt.

Jaquerod und Tourpaïan (1909 bis 1914) haben sehr gute Resultate erhalten, als sie die Dichte von Gasen auf Grund des Archimedischen Prinzips bestimmten, d. h. durch Messung des Gewichtsverlustes eines und desselben Körpers in verschiedenen Gasen. Guye (1907) gab eine sehr eingehende kritische Übersicht der verschiedenen Methoden, die Gasdichten zu bestimmen.

Eine bewunderungswerte Messung einer Gasdichte haben Ramsay und Gray (1911) ausgeführt; ihre Methode haben wir bereits Abt. I, S. 325 kurz beschrieben. Die Aufgabe, welche diese Forscher sich stellten, war die Messung der Dichte, also auch des Atomgewichtes des gasförmigen Nitons (Radiumemanation). Die große Bedeutung dieser Messung beruht auf dem Folgenden. Das Atomgewicht des Radiums liegt unzweifelhaft sehr nahe an 226,4. Es wird nun angenommen, daß ein Nitonatom aus einem Radiumatom dadurch entsteht, daß von letzterem ein Atom Helium abgespaltet wird, dessen Atomgewicht gleich 4 ist. Wenn diese kühne Hypothese richtig ist, so muß das Atomgewicht des Nitons gleich sein $226,4 - 4 = 222,4$. Ramsay und Gray hatten zu ihrer Verfügung Mengen von Niton, welche zwischen 0,075 und 0,0566 cmm (bei 0^0 und 760 mm) schwankten. Das Gewicht erwies sich entsprechend zwischen $572 \cdot 10^{-6}$ mg und $739 \cdot 10^{-6}$ mg; der Luftdruck im Apparat (Abt. I, S. 325) mußte um etwa 14 bis 20 mm geändert werden. Für das Atomgewicht des Nitons wurde als Mittelwert die Zahl 223 erhalten, in ausgezeichneter Übereinstimmung mit der Hypothese des Zerfalles des Radiums in Helium und Niton. Frühere Messungen anderer Forscher hatten die Zahlen 70, 100, 180, 235 ergeben, nur Debierne (1910) hatte die Zahl 220 gefunden.

Literatur.

Gesetz der Molekularkräfte. Überblick.

Gehlers Physikal. Wörterbuch 2, 118.
Todhunter and Pearson: A history of the theory of elasticity, London 1886.
Galitzin: Über die Molekularkräfte usw. Bull. de l'Acad. d. Sciences de St. Pétersbourg (5) 3, Nr. 1; St. Petersburg 1895.
Sutherland: Phil. Mag. (6) 4, 625, 1902.
Brillouin: Ann. chim. et phys. (8) 28, 48, 567, 1916.
Thyrer: Phil. Mag. (6) 23, 101, 1912.
Järvinen: Ztschr. phys. Chem. 82, 541, 1913.

Dichtebestimmung von Gasen und Dämpfen.

Arago et Biot: Mém. Acad. Fr. 1806.
Regnault: Mém. Acad. Fr. 21. — Relation des expériences, tome I, p. 221, 1847; Ann. chim. et phys. (3) 63, 45, 1861; Pogg. Ann. 65, 1845.
D. J. Mendelejew: Wremennik Glawnoj Palatij (russ.) I, p. 57, 1894.
Leduc: Ann. chim. et phys. (9) 15, 5, 1898.
Bunsen: Gasometrische Methoden 1847, S. 128.
Dumas: Ann. chim. et phys. (2) 33, 337, 1827; Pogg. Ann. 9, 1827.
Pawlewski: Chem. Ber. 16, 1293, 1883.
H. Schulze: Physik. Ztschr. 14, 922, 1913.
Deville et Troost: Ann. chim. et phys. (3) 58, 257, 1858; Compt. rend. 45, 821, 1857.
Moissan et Binet du Jassoneix: Ann. chim. et phys. (8) 1, 145, 1904; Compt. rend. 137, 1198, 1903.
Reinganum: Verh. d. D. Phys. Ges. 7, 75, 1905; Ztschr. phys. Chem. 48, 697, 1904.
Habermann: Lieb. Ann. 187, 341, 1877.

A. W. Hofmann: Chem. Ber. **1**, 198, 1868.

Gay-Lussac: Ann. chim. et phys. (1) **80**, 118, 1811.

V. Meyer: Chem. Ber. **9**, 1216, 1876; **11**, 2068, 1878.

Nernst: Gött. Nachr. 1903, S. 75; Ztschr. f. Elektrochem. **9**, 622, 1903.

Wachsmuth: Boltzmann-Festschrift, S. 923, 1904; Verh. d. D. Phys. Ges. **7**, 47, 1905.

R. Jahoda: Wien. Ber. **108**, 803, 1900.

Nilsson u. Petterson: Journ. f. prakt. Chemie (2) **33**, 1, 1886.

Dyson: Chem. News **55**, 87, 1887.

Haupt: Ztschr. phys. Chem. **48**, 713, 1904.

Ramsay and Steele: Phil. Mag. (6) **6**, 492, 1903; Ztschr. phys. Chem. **44**, 348, 1903.

Jaquerod et Turpaïan: Arch. sc. phys. (4) **27**, 616, 1909; **31**, 20, 1911; Compt. rend. **151**, 666, 1910; Journ. chim. phys. **11**, 268, 1913.

Guye: Arch. sc. phys. (4) **33**, 34, 1907; Compt. rend. **144**, 976, 1907; Journ. chim. phys. **11**, 275, 1913.

Ramsay and Gray: Jahrb. d. Radioakt. **8**, 5, 1911; Journ. de Phys. (5) **1**, 429, 1911; Proc. Roy. Soc. **84**, 536, 1911; **86**, 270, 1910.

Debierne: Compt. rend. **150**, 1740, 1910.

Im Text nicht erwähnte Methoden:

Graham: Trans. R. Soc. 1846, p. 573; 1863, p. 385.

Lux: Instr. 1885, S. 411; 1886, S. 255.

Lommel: Instr. 1886, S. 109; Wied. Ann. **27**, 144, 1886.

Moissan et Gautier: Ann. chim. et phys. (7) **5**, 568, 1895.

Buff: Pogg. Ann. **22**, 242, 1831.

Marchand: Chem. Ber. **13**, 2019, 1880.

Mensching u. V. Meyer: Ztschr. phys. Chem. **1**, 145, 1887.

L. Pfaundler: Chem. Ber. **12**, 165, 1879.

Malfatti u. Schoop: Ztschr. phys. Chem. **1**, 159, 1886.

Blackman: Chem. Ber. **44**, 768, 881, 1588, 4144, 1908; Ztschr. phys. Chem. **63**, 635, 1908.

Menzies: Journ. Amer. Chem. Soc. **32**, 1624, 1910; Ztschr. phys. Chem. **76**, 355, 1911.

Morley: Ztschr. phys. Chem. **20**, 1, 1896; **22**, 2, 1897.

Zweites Kapitel.

Spannung der Gase.

§ 1. Boyle-Mariottesches Gesetz. Zwei Ausdrucksweisen für dieses Gesetz sind bereits Abt. I, S. 48 gegeben worden. Bezeichnet man die dem Außendruck gleiche Gasspannung mit p, das Gasvolumen mit v, so ist bei konstanter Temperatur für eine gegebene Gasmenge

$$p\,v = Const. \quad\ldots\ldots\ldots\ldots (1)$$

Die Spannung p werden wir in Kilogrammen pro Quadratmeter Oberfläche, das Volumen v in Kubikmetern, bezogen auf die Gewichtseinheit des Gases angeben, so daß v das **spezifische Volumen** bezeichnet. Trägt man auf Koordinatenachsen die Volumina v als Abszissen, die Spannungen p als Ordinaten ab, so ist die den Zusammenhang dieser beiden Größen bei konstanter Temperatur liefernde Kurve eine gleichseitige Hyperbel, deren Asymptoten die Koordinatenachsen selbst sind; ihre Gleichung lautet $p = c/v$. Das Gesetz der Gaskompression wurde von Boyle im Jahre 1662 entdeckt; eine genaue experimentelle Prüfung desselben hat aber erst Mariotte im Jahre 1676 ausgeführt. Die gewöhnlichen Methoden zur Verifizierung des Gesetzes für Drucke, welche höher oder geringer als der Atmosphärendruck sind, werden in der Elementarphysik beschrieben; hier soll auf sie nicht eingegangen werden.

Auf S. 2 hieß es, die Gase gehorchten angenähert dem Gesetz von B.-M.; in der Tat stimmt unsere Formel (1) nicht genau mit den Beobachtungen überein, insofern als das Produkt pv bei Änderung des Druckes p keinen absolut konstanten Wert behält. Die Abweichungen vom B.-M. Gesetze können nach zwei Richtungen erfolgen:

Wenn bei Zunahme des Druckes p das Produkt pv abnimmt, so sind offenbar die Volumina v zu klein, d. h. das Gas wird stärker komprimiert, als es das B.-M. Gesetz verlangt.

Wenn umgekehrt mit Zunahme des Druckes p das Produkt pv wächst, so deutet dies darauf hin, daß sich das Gas schwächer zusammenzieht, als nach dem B.-M. Gesetze zu erwarten ist.

Eine Übersicht der auf die Abweichungen vom B.-M. Gesetze bezüglichen Untersuchungen findet sich in dem Buche von L. Décombe, „La Compressibilité des Gaz réels" (Scientia, Phys.-Mathem., No. 21, 1903).

§ 2. Untersuchungen bis auf Regnault (bis 1847). Mit der Frage nach der Kompression der Gase haben sich sehr viele Beobachter beschäftigt. Die wichtigsten vor Regnault ausgeführten Untersuchungen sind folgende; Sulzer (1753), Muschenbroeck (1759) und Robison (1822) fanden Abweichungen vom B.-M. Gesetze bereits bei geringen Drucken, während Örstedt und Svendsen (1826) für Luft bei Drucken bis zu 60 Atmosphären keine Abweichungen vom B.-M. Gesetze beobachteten. Die Gase jedoch, welche Faraday in den flüssigen Zustand übergeführt hatte (NH_3, SO_2 u. a.), ließen sich zu stark zusammendrücken.

Despretz bewies (1827) zuerst durch einen überaus einfachen Versuch, daß verschiedene Gase ungleich komprimiert werden. Zwei gleiche Röhren A und B (Fig. 8) wurden mit verschiedenen Gasen gefüllt. Die offenen Enden beider Röhren tauchten in Quecksilber und befanden sich im Inneren eines Piezometers (S. 160), d. h. eines Gefäßes mit Wasser, welches durch den Druck eines Kolbens komprimiert werden konnte (vgl. die Fig. 8). Um geringere Unterschiede der Volumina wahrnehmen zu können, waren beide Röhren in der

Mitte zu sehr engen Röhren verjüngt; die Beobachtung zeigte, daß sich das Quecksilber in beiden Röhren auf ungleicher Höhe a und b einstellte. In gleicher Weise fand Pouillet (1837), daß sich CO_2, SO_2, HN_3, NO_2, CH_4 und C_2H_4 bei Drucksteigerung stärker zusammenziehen als Luft, und daß sich N, O, H, NO, CO wie Luft verhalten. Dulong und Arago (1830) komprimierten das in einer Röhre (von 1,7 m Länge) eingeschlossene Gas in gewöhnlicher Weise,

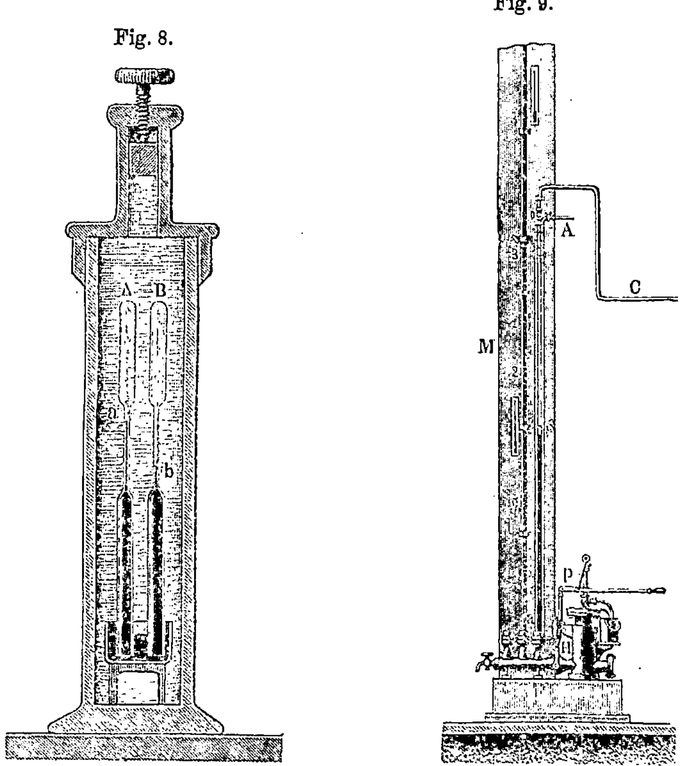

indem sie die Länge der Quecksilbersäule in einer anderen mit der ersteren verbundenen Röhre vergrößerten und die Länge dieser Säule, sowie das abnehmende Gasvolumen maßen. Für Luft fanden sie bis zu 27 Atmosphären keine Abweichung vom B.-M. Gesetze.

§ 3. Untersuchungen von Regnault (1847 und 1862). Der hauptsächlichste Mangel, welcher den vor Regnault in Anwendung gebrachten Methoden anhaftete, bestand darin, daß sich das Gasvolumen in dem Maße verringerte, als der Druck gesteigert wurde;

die relative Genauigkeit, mit welcher dieses Volumen gemessen wurde, mußte sich daher ebenfalls verringern. Infolgedessen konnten geringere Abweichungen vom B.-M. Gesetze nicht bemerkt werden. Das Wesentlichste bei den Versuchen von Regnault bestand darin, daß er um so größere Gasmengen komprimierte, je höher der erreichte Druck war, so daß das Anfangsvolumen v_0 des Gases, bevor es weiter komprimiert wurde, bei allen Versuchen ein und dasselbe war; die Kompression wurde jedesmal so lange fortgesetzt, bis $v = v_0 : 2$ wurde. Hierbei mußte sich der anfängliche Druck p_0 in den neuen Druck $p = 2p_0$ verwandeln, wenn das Gas genau dem B.-M. Gesetze folgte. Durch Messung von p_0 und p konnte Regnault die Abweichungen von diesem Gesetze finden.

Der wichtigste Teil des Regnaultschen Apparates ist in Fig. 9 abgebildet. Die Röhre $A\,a$ enthielt das zu untersuchende Gas, ihre Länge betrug 3 m, ihr innerer Durchmesser 10 mm; der Teilstrich β teilte die Röhre in zwei Hälften von gleichem Volumen. Diese Röhre war von einer weiteren Röhre umgeben, durch welche ununterbrochen Wasser von bestimmter Temperatur strömte. Am oberen Ende der Röhre befand sich ein Hahn und eine seitliche Röhre c, durch welche mittels einer Kompressionspumpe trockenes Gas nach $A\,a$ gebracht wurde. Das untere Ende der Röhre tauchte in ein gußeisernes, mit Quecksilber gefülltes Reservoir. In dasselbe Reservoir tauchte auch das untere Ende einer zweiten Röhre, deren Länge 24 m betrug; diese Röhre war an den Wänden eines Turmes und an einer Maststange im Collège de France befestigt. Der Zylinder H enthielt Quecksilber und darüber Wasser, dessen Menge man mit Hilfe der Pumpe P vergrößern konnte. Der Verbindungshahn (siehe den vertikalen Griff links von H) wurde geschlossen, sobald im Apparate der gewünschte Druck erreicht war. Die Röhre $A\,a$ wurde bis zur Marke a mit Gas von einem Atmosphärendruck gefüllt und das Gas bis zur Marke β gepreßt, darauf der Druck gemessen, der nahezu zwei Atmosphären betrug. Hierauf wurde so viel Gas hinzugepumpt, daß sich die Röhre wieder bis zur Marke a füllte, wobei es unter dem Druck von zwei Atmosphären stand. Danach wurde das Gas komprimiert, bis das Quecksilber β erreichte, also das Gas sich nahezu unter einem Drucke von vier Atmosphären befand. Dann wurde wieder Gas hinzugepumpt und dies vom vierfachen Atmosphärendruck auf den achtfachen gebracht usw. In Fig. 10 ist der untere Teil des Regnaultschen Apparates im Durchschnitt und in vergrößertem Maßstabe dargestellt. Die Bedeutung der einzelnen Teile ist leicht aus der vorangegangenen Beschreibung zu entnehmen. In (II) sieht man, wie die Teile, aus denen die linke Röhre $b\,b$ zusammengesetzt war, miteinander verbunden wurden. Die Armaturen α und β wurden durch einen in (III) dargestellten Klemmverschluß miteinander verbunden.

2*

Die hauptsächlichsten eingeführten Korrektionen waren die folgenden:

1. Der Atmosphärendruck, den man dem Drucke der Quecksilbersäule hinzuzufügen hatte, mußte am oberen Ende dieser Säule bestimmt werden.

2. Die Höhe der Quecksilbersäule mußte auf 0^0 reduziert werden; hierzu dienten mehrere Thermometer, von denen zwei in Fig. 9 sichtbar sind.

Fig. 10.

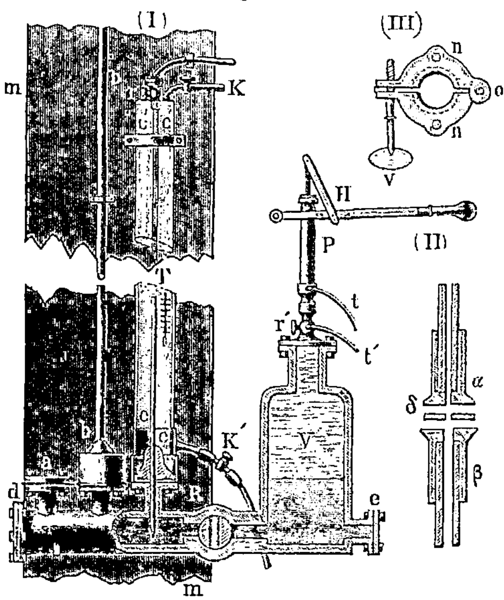

3. Das Quecksilber in der offenen Röhre wurde durch sein eigenes Gewicht komprimiert, und daher nahm seine Dichte von oben nach unten zu.

4. Das Volumen der Röhre, welche das Gas enthielt, vergrößerte sich ein wenig, wenn der Druck sich verdoppelte.

5. Die Temperatur des zirkulierenden Wassers blieb nicht völlig konstant.

Regnault bestimmte den Wert des Bruches $\alpha = \dfrac{p_0 v_0}{p_1 v_1}$, wo p_0 und v_0 die Anfangswerte bei einem Versuche, p_1 und v_1 die entsprechenden Werte nach der Kompression bedeuten, wobei v_1 sehr nahe gleich $v_0 : 2$ ist. Aus dem Vorhergehenden ist klar, daß, wenn

$$\dfrac{p_0 v_0}{p_1 v_1} \begin{cases} > 1 \text{ ist, sich das Gas stärker} \\ < 1 \text{ ist, sich das Gas schwächer} \end{cases} \text{ komprimieren läßt, als nach dem} \atop \text{B.-M. Gesetze zu erwarten ist.}$$

Die Versuche zeigten, daß für Luft, N und CO_2 der Bruch $\alpha > 1$ wird, für H dagegen < 1; erstere Gase lassen sich also stärker,

H dagegen schwächer komprimieren, als es das B.-M. Gesetz verlangt.

Die Abweichungen vom B.-M. Gesetze werden besonders anschaulich durch folgende Tabelle dargestellt:

v	Luft		Stickstoff		Kohlensäure		Wasserstoff	
	p	pv	p	pv	p	pv	p	pv
1	1,0000	1,0000	1,0000	1,0000	1,0000	1,0000	1,0000	1,0000
$\frac{1}{2}$	1,9978	0,9989	1,9986	0,9993	1,9829	0,9914	2,0011	1,0006
$\frac{1}{8}$	7,9457	0,9932	7,9641	0,9955	7,5194	0,9399	8,0339	1,0042
$\frac{1}{20}$	19,7199	0,9860	19,7886	0,9894	16,7054	0,8353	20,2687	1,0134

Folgten die Gase dem B.-M. Gesetze, so wären die Zahlen für p gleich 1, 2, 8 und 20, und alle Zahlen für pv gleich Eins. Regnault drückte die Resultate seiner Beobachtungen durch folgende empirische Formel aus

$$\frac{p_0 v_0}{pv} = 1 + A\left(\frac{v_0}{v} - 1\right) + B\left(\frac{v_0}{v} - 1\right)^2 \ . \ . \ . \ . \ (2)$$

wo A und B Konstante bedeuten, die für die verschiedenen Gase verschieden sind.

Später benutzte Regnault die Formel

$$\frac{0{,}76\,v_0}{pv} = 1 + A\,(p - 0{,}76) + C(p - 0{,}76)^2.$$

Für Luft sind die Koeffizienten der Formel (2) $A = -\,0{,}001\,105\,4$, $B = 0{,}000\,019\,381$; für Wasserstoff ist $A = +\,0{,}000\,547\,23$, $B = 0{,}000\,008\,415\,5$; p ist der in Metern ausgedrückte Druck.

Gegenwärtig wird die Regnaultsche Formel häufig in folgender Gestalt angewandt

$$\frac{p_0 v_0}{pv} - 1 = A\,(p - p_0) \ . \ . \ . \ . \ . \ . \ . \ . \ (3)$$

D. Berthelot benutzte diese Formel, um den Grenzwert der Dichte eines Gases bei unbegrenzter Verminderung seiner Spannung zu bestimmen, d. h. die Größe, welche für ein ideales Gas gar nicht von seiner Spannung abhängt, und welche nach dem Avogadroschen Gesetze als Maß für sein Molekulargewicht dient. Für $O = 16$ findet er $H = 1{,}0075$, $C = 12{,}004$, $N = 14{,}005$ usw., d. h. Zahlen, welche den Resultaten der genauesten chemischen Bestimmungen entsprechen.

§ 4. Drucke unterhalb einer Atmosphäre. Arbeiten von Siljestroem, Mendelejew, Amagat, Rayleigh u. a.

Siljestroem ließ (1873) eine gegebene Gasmenge sich ausdehnen und beobachtete die neuen Volumina und Drucke. Er fand, daß bei geringem Druck (unter 76 mm) der Wasserstoff sich stärker zusammendrücken läßt, als nach dem B.-M. Gesetze zu erwarten ist; die Luft hingegen befolgt obiges Gesetz um so genauer, je geringer der Druck ist.

D. J. Mendelejew kam (1874 bis 1876) zu einem völlig anderen Resultate; er fand, daß Luft zwischen 5 mm und 650 mm weniger komprimiert wird, als es nach dem B.-M. Gesetze sein müßte. Die Abweichungen von dem B.-M. Gesetze verringern sich in dem Maße, als man sich 650 mm nähert, bei welchem Drucke

$$\frac{d(pv)}{dp} = 0$$

ist; für $p > 650$ mm übersteigt die Kompressibilität der Luft die, welche dem B.-M. Gesetze entspricht. Es mögen hier einige von den Zahlen folgen, welche Mendelejew angibt:

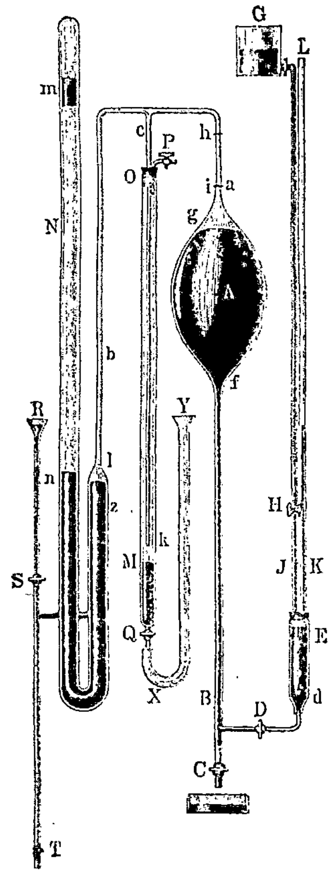

Fig. 11.

p	pv
646,185 mm	1,000 00
486,215	0,999 60
207,430	0,998 67
104,805	0,997 30
16,395	0,971 14
14,555	0,965 51

Der Apparat, welchen Mendelejew benutzte, ist in Fig. 11 abgebildet. Das große eiförmige Gefäß A kann mit Quecksilber gefüllt werden, indem man den Hahn D öffnet und es mit dem Quecksilberreservoir E in Verbindung setzt; durch Öffnen des Hahnes C kann das Quecksilber abgelassen werden. Das Gefäß A ist mittels einer dünnen Röhre mit dem „Quecksilberverschluß" MO und mit der heberförmigen Barometerröhre mnl verbunden, welche als Manometer dient. Am oberen Ende der breiten Röhre z ist eine Marke angebracht, bis zu welcher das Quecksilber bei jeder Messung reichen muß, was man durch Hinzugießen in den Trichter R oder durch Ablassen mittels des Hahnes T erreicht. Die Einrichtung des „Quecksilberverschlusses" OM ist aus der Figur leicht zu ersehen: Senkt man den Schlauch XY, so wird das untere Ende der Röhre kc frei und man kann das zu untersuchende Gas durch P nach OM, ck und A bringen; hebt man hierauf XY, so wird ck unten verschlossen und das eingeführte Gas befindet sich .in einem allseitig geschlossenen Raume. Hat man Y gesenkt und P geöffnet, so steht das Quecksilber in N um so viel höher als in z, als dem jeweiligen Barometerstande entspricht. Hat man Y gehoben und ist das Gas in $kchA$ verdünnt, so steht das Quecksilber in N tiefer als vorhin und sein Höhenunterschied in N und s gibt den Druck p des Gases an. Die Versuche wurden folgendermaßen angestellt: Durch P wurde das Gas eingeführt, wobei der Hahn C geöffnet war, .so daß das Gas einen Teil von A erfüllen konnte. Hierauf wurde C geschlossen, Y gehoben und der Druck p_1 des Gases (am Manometer zN), sowie sein. Volumen bestimmt, welches gleich dem Volumen der Verbindungsröhren (ein Teil von kc und ahb) und dem Volumen des durch C abgeflossenen Quecksilbers war. Letzteres wurde durch Wägung ermittelt. Hierauf wurde wiederum ein Teil des Quecksilbers durch C abgelassen und durch Wägung das neue Volumen v_2 bestimmt; der entsprechende Druck p_2 wurde dann wiederum am Manometer zN abgelesen. Auf diese Weise war es möglich, den Änderungen des Produktes pv zu folgen, welches, wie aus der angeführten kleinen Tabelle ersichtlich, sich mit der Druckabnahme verminderte, so daß also $p_2 v_2 < p_1 v_1$ erhalten wurde.

Selbstverständlich waren alle nötigen Korrektionen wegen Einwirkung der Temperatur usw. angebracht worden.

Im Gegensatz zu Siljestroem und Mendelejew kam Amagat (1876 bis 1883) auf Grund sorgfältiger Messungen zu dem Ergebnis, daß Luft bei geringen Drucken von 0,245 bis 12,297 mm streng dem B.-M. Gesetze folgt.

Fuchs bestätigte (1888) die Resultate von Mendelejew; er fand, daß bei Zunahme des Druckes Luft bei Drucken unter 600 mm schwächer, CO_2 und SO_2 zwischen 1000 und 250 mm dagegen stärker komprimiert werden, als es das B.-M. Gesetz verlangt. Für H erhielt er keine Abweichungen vom B.-M. Gesetz.

Auch van der Ven (1889) bestätigte für Luft die Resultate von Mendelejew. Fernere Untersuchungen rühren her von Battelli (1901), Rayleigh (1901 bis 1905), Chappuis (1904), Jaquerod und Scheuer (1905) u. a. Lord Rayleigh hat drei Untersuchungen veröffentlicht. In der ersten Arbeit (1901) fand er, daß N, H und O zwischen 0,01 und 1,5 mm Quecksilberdruck dem B.-M. Gesetz genau folgen. In der zweiten Untersuchung (1902) studierte Rayleigh das Intervall zwischen 75 und 150 mm Druck. Er fand für Luft, H und CO auch hier eine vollkommene Bestätigung des B.-M. Gesetzes; Argon gab sehr geringe, Sauerstoff etwas größere Abweichungen. Endlich hat Rayleigh in seiner dritten Arbeit (1904 und 1905) die Kompressibilität von O, N, H und CO_2 bei Drucken von einer bis zu einer halben Atmosphäre untersucht. Innerhalb dieses Bereiches gilt die Beziehung:

$$p\,v = p_0\,v_0\,[1 + 2\,(1 - B)\,p] = p_0\,v_0\,(1 + \alpha\,p) \quad . \quad . \quad . \quad (3,\mathrm{a})$$

wo $p_0\,v_0$ sich auf den Zustand äußerster Verdünnung beziehen soll. Für B findet er folgende Werte (1905):

	O_2	H_2	N_2	$C\,O_2$	CO
$B =$	1,000 38	0,999 74	1,000 15	1,002 79	1,000 26
$\alpha = 2\,(1 - B) =$	— 0,000 76	+ 0,000 52	— 0,000 30	— 0,005 58	— 0,000 52

Diese Zahlen beziehen sich auf Temperaturen zwischen 10 und 15°; der Druck p ist in Atmosphären ausgedrückt. In einer Nachschrift (1905) gibt Rayleigh noch für Ammoniak den Wert $B = 1{,}006\,32$ an.

Chappuis hat aus seinen Untersuchungen über Quecksilber-, Stickstoff-, Wasserstoff- und Kohlensäurethermometer (Band III) bei Anwendung der Formel (3,a) bei 0° und bei Drucken in der Nähe des atmosphärischen folgende Werte für α abgeleitet: für Wasserstoff $\alpha = + 0{,}000\,57$, für Stickstoff $\alpha = - 0{,}000\,43$ und für Kohlendioxyd $\alpha = - 0{,}0066$, wobei p in Atmosphärendruck gemessen ist.

Jaquerod und Scheuer (1905) haben die Kompressibilität einiger Gase zwischen 400 und 800 mm sehr sorgfältig untersucht. Bei Benutzung der Formel (3,a) fanden diese Forscher:

	Druck (mm Hg)	α		Druck (mm Hg)	α
H_2	400—800	— 0,000 52	NH_3	200—800	+ 0,015 27
O_2	400—800	+ 0,000 97	SO_2	200—800	+ 0,023 86
NO	400—800	+ 0,001 17	He	—	+ 0,000 6

Leduc (1909) findet für die Kompressibilität der Gase zwischen 0 und 3 Atm. die Formel:

$$1 - \frac{p\,v}{p_0\,v_0} = mp + np^2 \quad . \quad . \quad . \quad . \quad . \quad . \quad . \quad (3,\mathrm{b})$$

und berechnet m und n für 18 verschiedene Gase.

§ 5. Sehr hohe Drucke. Arbeiten von Natterer, Cailletet und Amagat. Untersuchungen von Leduc; Gasgemische.

Alle Untersuchungen haben zu dem Resultate geführt, daß sich für Gase, die sich bei gewöhnlicher Temperatur nicht verflüssigen (vgl. § 5 am Schluß), z. B. für N, O, H usw. die Kompressibilität bei sehr hohen Drucken mit der Druckzunahme schnell vermindert.

Natterer untersuchte (1850 bis 1854) Luft, Stickstoff, Wasserstoff, Sauerstoff und Kohlenoxyd. Es mögen hier einige seiner Resultate folgen.

Wasserstoff		Stickstoff		Luft		Kohlenoxyd		Sauerstoff	
p^{at}	$\dfrac{p_0 v_0}{p v}$	p^{at}	$\dfrac{p_0 v_0}{p v}$	p^{at}	$\dfrac{p_0 v_0}{p v}$	p^{at}	$\dfrac{p_0 v_0}{p v}$	p^{at}	$\dfrac{p_0 v_0}{p v}$
78	1,000	75	1,000	76	1,000	77	1,000	77	1,000
248	0,879	252	0,962	252	0,933	248	0,955	254	0,972
505	0,788	515	0,747	504	0,785	515	0,810	517	0,864
1015	0,619	1035	0,507	1047	0,512	1016	0,538	1010	0,590
2790	0,361	2790	0,253	2790	0,260	2790	0,261	1354	0,485

Bei diesen gewaltigen Drucken wächst das Produkt $p v$ schnell an, also ist die Kompressibilität geringer, als es dem B.-M. Gesetze entspricht.

Cailletet komprimierte (1870) bei seinen ersten Versuchen die Gase in einer langen, innen vergoldeten Röhre; der vom Gase erfüllte Raum wurde durch die Stelle bezeichnet, bis zu welcher die Vergoldung vom Quecksilber aufgelöst worden war. Im allgemeinen bestätigten seine Untersuchungen die Resultate Natterers. Für Luft fand er das Maximum der Kompressibilität bei 70^{at}. Seine späteren Arbeiten (1877 und 1879) führte Cailletet mit dem in Fig. 12 abgebildeten Apparate aus. Die im Inneren vergoldete Glasröhre R wurde mit dem zu untersuchenden Gase gefüllt; ihr oberer Teil stellt eine Kapillarröhre dar, in welche das Quecksilber nur bei hohem Drucke eintritt. Diese Glasröhre war in einen mit Quecksilber gefüllten Stahlzylinder $A A$ eingeschlossen, der mit einer 250 m langen stählernen Röhre $T T$ in Verbindung stand. Letztere Röhre stieg an einem Berge (in Chatillon sur Seine) empor; bei späteren Versuchen wurde sie in einen artesischen Brunnen (in Butte-aux-Cailles) versenkt, dessen Tiefe gegen 500 m betrug. Zwei Maximalthermometer t und t' erlaubten die Temperatur der Wasserschicht zu bestimmen, in welche der Apparat versenkt war. Für Stickstoff (von 15^0) fand Cailletet folgende Zahlen:

p^{at}	$p v$	p^{at}	$p v$
1	1,0000	130,52	1,0120
51,79	0,9789	143,68	1,0345
77,84	0,9449	196,33	1,0653
104,35	0,9762	239,46	1,1159

Bis zu 77^{at} läßt sich der Sauerstoff stärker zusammenpressen, als nach dem B.-M. Gesetze zu erwarten ist; darauf wird er schwächer komprimiert und entspricht bei 125^{at} sein Volumen dem B.-M. Gesetze. Bei noch höherem Drucke fallen die Volumina schon zu groß aus.

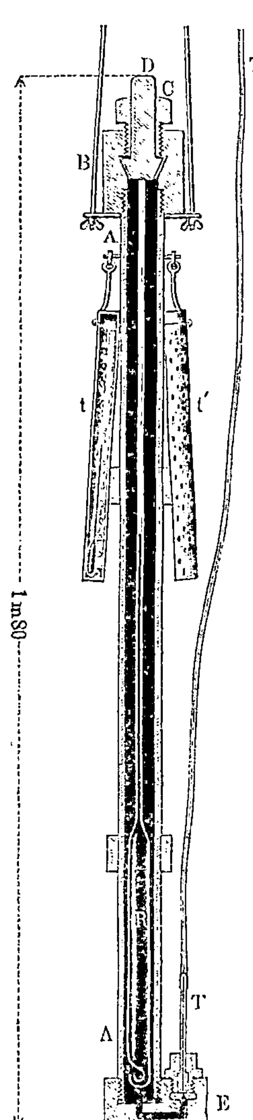

Fig. 12.

Das Produkt pv hat mithin ein Minimum. U. Lala hat die Zusammendrückbarkeit eines Gemenges von Luft und CO_2, sowie von Luft und Wasserstoff untersucht.

Amagat (der seine Arbeiten 1878 begann) benutzte einen Apparat, welcher an den Cailletetschen erinnerte. Hier jedoch befand sich der obere Teil der das Gas enthaltenden Glasröhre im Innern eines mit Wasser gefüllten Glaszylinders, so daß die Höhe des Quecksilberniveaus unmittelbar abgelesen werden konnte. Das Quecksilber wurde in die das Gas enthaltende Röhre und zugleich in die Manometerröhre mittels einer Pumpe in ähnlicher Weise hineingebracht, wie es Regnault getan. Die Versuche wurden teils in Lyon, teils im Bergwerk Saint-Etienne ausgeführt, wo der Apparat in einer Tiefe von 326 m unter der Erdoberfläche aufgestellt wurde. Amagat erhielt folgende Resultate: Für Stickstoff nimmt das Produkt pv bis zu 50^{at} ab und darauf zu, bei Drucken von etwa 100^{at} ist es gleich Eins (also ebenso groß wie bei 1^{at}). Als Amagat die Kompression anderer Gase mit der des Stickstoffs verglich, fand er, daß Luft, O, CO, CH_4 und C_2H_4 ebenfalls bei Drucken über einer Atmosphäre zunächst stärker und bei sehr hohen Drucken schwächer komprimiert werden, als es das B.-M. Gesetz verlangt. Das Minimum des Produktes pv oder das Minimum der Kompressibilität tritt ein für

Luft . . .	bei $p =$	65 m	Quecksilberdruck	
N	„ „ $=$	50	„	„
O	„ „ $=$	100	„	„
CO . . .	„ „ $=$	50	„	„
CH_4 . . .	„ „ $=$	120	„	„
C_2H_4 . . .	„ „ $=$	66	„	„

Für Wasserstoff beobachtete Amagat eine kontinuierliche Zunahme des Produktes pv bis zu sehr hohen Spannungen. Dasselbe Verhalten zeigt auch nach den Untersuchungen von L. Holborn und H. Schultze (1915) das Helium.

A. Leduc bestimmte (1896 bis 1898) die Abweichungen einiger Gase vom B.-M. Gesetze vorzugsweise in der Nähe von 0^0 und 76 cm. Er untersuchte ferner theoretisch die Frage nach den Abweichungen verschiedener Gase vom B.-M. Gesetze im Zusammenhange mit der Frage nach den sogenannten korrespondierenden Zuständen (Bd. III).

Aus den Arbeiten von Dan. Berthelot und P. Sacerdote über die Kompressibilität von Gasgemischen geht hervor, daß die Größe A (Formel 3), welche als Maß für die Abweichung eines Gases vom B.-M. Gesetze dient, für Gasgemische kleiner ist, als man nach den Werten A_1 und A_2 für die Bestandteile des Gemisches erwarten kann, also kleiner als $A' = (m_1 A_1 + m_2 A_2):(m_1 + m_2)$, wo m_1 und m_2 die Massen der Bestandteile bedeuten. So haben wir bei Zimmertemperatur $A_1 = 265.10^{-6}$ für SO_2 und $A_2 = 73.10^{-6}$ für CO_2; ist $m_1 = m_2$, so erhält man für das Gemisch $A' = 169.10^{-6}$, während die Beobachtung nur den Wert $A = 143.10^{-6}$ liefert. Ferner ist $A_1 = 8.10^{-6}$ für O_2 und $A_2 = -8.10^{-6}$ für H_2, so daß man bei $m_1 = m_2$ den Wert $A' = 0$ erwarten könnte, während jedoch $A = -2.10^{-6}$ beobachtet wird. D. Berthelot zeigte, daß sich diese Abweichungen aus der van der Waalsschen Gleichung berechnen lassen, welche wir in diesem Kapitel (S. 33) kennen lernen werden.

Um die von Cailletet, besonders aber die von Amagat erhaltenen Resultate vollkommen zu verstehen, müssen wir uns bereits an dieser Stelle mit dem Begriffe der kritischen Temperatur bekannt machen; eingehender soll sie in der Wärmelehre behandelt werden.

Andrews machte (1869) die Entdeckung, daß es für jedes Gas eine besondere Temperatur gibt, oberhalb welcher es bei keinem noch so hohen Drucke verflüssigt werden kann; für dasselbe ist also oberhalb dieser Temperatur der einzig mögliche Zustand der Gaszustand. Diese Temperatur nennt man die kritische Temperatur des betreffenden Stoffes. Die kritische Temperatur für CO_2 liegt bei $+32^0$, für N bei -146^0, für O bei -113^0, für CO bei -140^0 usw. Hieraus folgt, daß bei der gewöhnlichen Zimmertemperatur sich Luft, N, O, CO oberhalb, CO_2 dagegen unterhalb ihrer kritischen Temperatur befinden.

§ 6. Einfluß der Temperatur auf die Kompressibilität.

Im § 5 war gesagt worden, Amagat habe kein Minimum der Kompressibilität für H gefunden, das doch für andere Gase so scharf ausgesprochen ist. Wroblewski dagegen machte die Entdeckung, daß auch bei H, wenn man ihn bei sehr niedrigen Temperaturen komprimiert, ähnlich wie bei O, N, CO u. a. ein Minimum des Produktes pv auftritt, daß also bei sehr niedrigen Temperaturen auch H zunächst stärker komprimiert wird, als es das B.-M. Gesetz verlangt. Bei Temperaturen oberhalb der Zimmertemperatur untersuchten die Kompressibilität der Gase Regnault, Amagat, Winkelmann und Roth. Regnault fand bereits 1847, daß die Abweichungen der Kohlensäure vom B.-M. Gesetze bei 100^0 um vieles geringer sind als bei 0^0.

Amagat untersuchte zunächst (1869 bis 1872) CO_2 und SO_2 von 1 bis zu 2^{at} Druck und bei Temperaturen von 8^0 (für CO_2) bzw. 15^0 (für SO_2) bis zu 250^0. Er fand, daß sich die Abweichungen vom B.-M. Gesetze (die zu große Kompressibilität) mit Zunahme der Temperatur so sehr verringern, daß sie bei 250^0 fast verschwinden. Aus den späteren Arbeiten von Amagat mit Luft (bis 320^0) und Wasserstoff (bis 250^0) geht hervor, daß auch für diese Gase die Abweichungen vom B.-M. Gesetze (nach entgegengesetzten Richtungen) mit Zunahme der Temperatur kleiner werden.

Dasselbe Resultat erhielt Winkelmann (1878) für C_2H_4, das er Drucken von 1 bis 2^{at} bei 0 und von 1 bis 3^{at} bei 100^0 aussetzte. Roth untersuchte (1880) CO_2, SO_2, C_2H_4 und NH_3 bei Drucken bis zu 60^{at} und Temperaturen bis zu 183^0 und fand ebenfalls, daß sich die Kompressibilität dieser Gase der vom B.-M. Gesetze geforderten in dem Maße nähert, als die Temperatur wächst. Für CO_2 ergab sich bei 183^0 eine kontinuierliche Abnahme des Produktes pv bis zu $130{,}55^{at}$, ohne daß ein Minimum auftrat, welches Cailletet für die anderen Gase gefunden hatte.

Eine spätere Arbeit von Amagat löste (1881) diesen scheinbaren Widerspruch. Er untersuchte H, N, CH_4, C_2H_4 und CO_2 anfangend von der Zimmertemperatur bis zu 100^0 hinauf und fand, daß diese Gase in drei Gruppen oder Typen zerfallen. Zur ersten gehört H, der bei allen Temperaturen im selben Sinne vom B.-M. Gesetze abweicht; die Volumverminderung durch Drucksteigerung ist kleiner, als berechnet. Den entgegengesetzten Typus vertreten CO_2 und C_2H_4, für welche sich pv mit Zunahme von p zunächst schnell vermindert, um alsdann wieder zu wachsen. Das Minimum von pv liegt bei einem um so höheren Drucke, je höher die Temperatur ist; für CO_2 liegt es bei $p = 70\,m$, wenn $t = 35{,}1^0$ ist und bei $p = 170\,m$, falls $t = 100^0$ ist; ein ähnliches Resultat wurde auch für C_2H_4 erhalten. Hierdurch erklärt sich das von Roth erhaltene Resultat. Den dritten Typus repräsentieren N und CH_4, bei niedrigeren Temperaturen ist ein Minimum für pv vorhanden, für höhere Temperaturen verschwindet es für N (pv nimmt bloß zu), für CH_4 geht es zu immer geringeren Drucken über und tritt überhaupt weniger scharf hervor.

Wir wollen hier einige numerische Daten der Amagatschen Versuche geben, und zwar den Wert der Größe pv, indem wir überall $pv = 1$ setzen, wenn $t = 0^0$ und $p = 1^{at}$ ist.

Sauerstoff:

p^{at}	= 1	150	500	800	1000	2000	2900
$t = 0^0$	1	0,9135	1,1570	1,5040	1,7366	2,8160	3,7120
99,5⁰	—	1,3820	1,6220	1,9340	2,1510	—	—
199,5⁰	—	1,8000	2,0500	2,3430	2,4980	(950^{at})	—

Stickstoff:

p^{at}	= 1	150	500	800	1000	2000	3000
$t = 0^0$	1	1,0085	1,3900	1,8016	2,0700	3,3270	4,4970
95,45⁰	—	1,0815	1,4590	1,8655	2,1360	—	—
199,5⁰	—	1,8620	2,2570	2,6400	2,8380	(950^{at})	—

Wasserstoff:

p^{at}	= 1	150	500	800	1000	2000	2800
$t = 0^0$	1	1,1030	1,3565	1,5760	1,7250	2,3890	2,8686
99,25⁰	—	1,4770	1,7310	1,9490	2,0930	—	—
200,25⁰	—	1,8480	2,1040	2,3200	2,3915	(900^{at})	—

Die vorhergehende Tabelle zeigt besonders deutlich, nach welcher Richtung und um welchen Betrag die verschiedenen Gase vom B.-M. Gesetze bei verschiedenen Temperaturen und Drucken abweichen.

Die von uns besprochenen Untersuchungen führen nun zu folgendem Schlusse:

Bei einer Temperatur, die weit oberhalb der kritischen liegt, werden alle Gase bei Zunahme von p weniger komprimiert, als nach dem B.-M. Gesetze zu erwarten wäre; das Produkt pv wächst mit der Zunahme von p.

Näher zur kritischen Temperatur (wie z. B. H bei den im Vorhergehenden erwähnten Versuchen Wroblewskis) werden bei Zunahme von p alle Gase zunächst stärker, hierauf schwächer komprimiert, als dem B.-M. Gesetze entspricht; pv hat ein Minimum.

Unterhalb der kritischen Temperatur wird bei Zunahme von p das Gas stärker komprimiert, als es das B.-M. Gesetz verlangt; die Kompressibilität wächst mit der Druckzunahme bis zum Augenblick der Verflüssigung, wo sie fast plötzlich sehr klein wird, nämlich gleich der minimen Kompressibilität der entstandenen Flüssigkeit.

Witkowski findet für Luft bei verschiedenen und dabei sehr niedrigen Temperaturen t folgende Werte für den Druck p in Atmosphären, bei welchen pv ein Minimum wird:

$t =$	$+ 100^0$	16⁰	0⁰	$- 35^0$	$- 78,5^0$	$- 103,5^0$	$- 130^0$	$- 135^0$
$p =$	< 10	79	95	115	123	106	66	57

Die Kompressibilität von Luft ist zwischen 0 und -79^0 von P.P.Koch (1908) und von Luft, Argon und Helium von L.Holborn und H.Schultze (1915) zwischen 0 und 200^0 bei hohen Drucken untersucht worden. Für Luft stimmen die Ergebnisse dieser Forscher mit den Ergebnissen von Amagat gut überein. Helium ist in dem ganzen beobachteten Temperaturbereich insofern dem Wasserstoff ähnlich, als bei beiden die Abweichungen vom B.-M. Gesetze in gleichem Sinne erfolgen; es unterscheidet sich darin von Wasserstoff, daß die Neigung der pv-Kurve gegen die p-Achse mit steigender Temperatur etwas abnimmt, während sie bei Wasserstoff wächst.

Bestelmeyer und Valentiner (1903) untersuchten die Kompressibilität von Stickstoff zwischen $T = 80{,}97^0$ abs. und $85{,}14^0$ abs. (Temperatur der flüssigen Luft). Sie fanden

$$pv = 0{,}274\,T - (0{,}032\,02 - 0{,}000\,253\,T)\,p;$$

das Produkt $p\,v$ ist also eine lineare, fallende Funktion von p, die Kompressibilität also geringer, als die vom B.-M. Gesetze geforderte.

Im dritten Bande sollen die Fragen, denen die letzten Paragraphen gewidmet waren, eingehender behandelt werden.

§ 7. Zustandsgleichung der idealen Gase. Gleichung von Clapeyron.

Als Zustandsgleichung eines gegebenen Stoffes bezeichnen wir einen Ausdruck von der Form

$$F(v,\,p,\,t) = 0 \quad\ldots\ldots\ldots\ldots\ (4)$$

welcher einen Zusammenhang zwischen dem spezifischen Volumen v, der Spannung oder dem Außendruck p und der Temperatur t einer gegebenen Menge des betreffenden Stoffes darstellt. Für ideale Gase wird dieser Zusammenhang zwischen v, p und t durch die Gesetze von B.-M. und G.-L. (Boyle-Mariotte und Gay-Lussac) geliefert. Seien v_1, p_1, t_1 und v_2, p_2, t_2 Größen, welche sich auf zwei verschiedene, willkürliche Zustände einer und derselben Gasmenge beziehen. Kühlen wir das Gas in beiden Fällen bis auf 0^0 ab, ohne den Druck zu ändern, so erhalten wir zwei neue Zustände

$$\frac{v_1}{1+\alpha\,t_1},\ p_1,\ 0^0 \qquad \text{und} \qquad \frac{v_2}{1+\alpha\,t_2},\ p_2,\ 0^0,$$

wo $\alpha = \dfrac{1}{273}$ den Ausdehnungskoeffizienten der Gase bedeutet. Die Temperatur in diesen beiden Zuständen ist die gleiche, folglich hat man nach dem B.-M. Gesetze

$$\frac{v_1\,p_1}{1+\alpha\,t_1} = \frac{v_2\,p_2}{1+\alpha\,t_2}.$$

Multipliziert man beide Nenner mit 273 und bezeichnet die absoluten Temperaturen (Abt. I, S. 43) mit T_1 und T_2, d. h. setzt man $273 + t_1 = T_1$ und $273 + t_2 = T_2$, so ist

$$\frac{v_1 \, p_1}{T_1} = \frac{v_2 \, p_2}{T_2}$$

oder wegen der willkürlichen Wahl der Zustände $\dfrac{v\,p}{T} = Const.$; bezeichnet man die Konstante mit R, so erhält man

$$pv = RT \quad\quad\quad\quad\quad (5)$$

Dies ist die Clapeyronsche Zustandsgleichung eines idealen Gases. Der Zahlenwert von R hängt von der Gasart, der in Betracht gezogenen Menge derselben und von den Einheiten ab, durch welche p, v und T gemessen werden. Bleiben p und T ungeändert, so ist das Volumen v der Masse M des Gases proportional und umgekehrt proportional der Dichte δ, wenn man verschiedene Gase in den gleichen Mengen M wählt; hieraus folgt, daß auch die Konstante R der Masse M des Gases direkt proportional und umgekehrt proportional seiner Dichte δ bei gleichen Massen ist.

Wir wollen nun vier Fälle der Bestimmung des Zahlenwertes von R betrachten.

I. Wir nehmen 1 kg Gas und messen v in Kubikmetern, p in Kilogrammen pro Quadratmeter Oberfläche. Um R für Luft zu berechnen, setzen wir $p = 1^{at} = 10\,333$ kg pro Quadratmeter und $t = 0^0$, d. h. $T = 273^0$. Das Volumen von einem Kilogramm Luft bei 0^0 und 760 mm Druck ist gleich 0,7733 cbm, folglich ist

$$R = \frac{p\,v}{T} = \frac{10\,333 \cdot 0,7733}{273} = 29,27 \quad\quad\quad (6)$$

Für andere Gase haben wir $R = 29,27\, \delta^{-1}$ und mithin die Zustandsgleichung

$$pv = 29,27\, \delta^{-1}\, T \left.\vphantom{\begin{matrix}a\\b\end{matrix}}\right\} \quad\quad\quad (7)$$
$$\text{(1 kg Gas, cbm, kg pro qm Oberfläche)}$$

II. Wir wählen für jedes Gas ein „Grammolekül“, d. h. so viel Gramm, als in seinem Molekulargewichte Einheiten enthalten sind, z. B. 2 g Wasserstoff, 32 g Sauerstoff, 18 g Wasserdampf usw.; das Volumen v wollen wir in Litern, den Druck p in Atmosphären ausdrücken. Da für gegebene p und t die Volumina v eines Grammoleküls aller vollkommenen Gase gleich sind, so erhält man für R ein und dieselbe Zahl für alle Gase. Aus dem Gesetze von Avogadro (S. 2) geht hervor, daß wir bei diesem Verfahren die gleiche Anzahl Moleküle verschiedener Gase, folglich die gleichen ihren Dichten proportionalen Mengen der verschiedenen Gase nehmen.

Um R zu berechnen, setzen wir $p = 1$ Atmosphäre; dann ist bei 0^0 das Volumen $v = 22{,}412$ Liter, wie wir S. 4 (1, a) gesehen haben. D. Berthelot (1904) setzt bei 0^0 die absolute Temperatur $T = 273{,}09$. Es ist also

$$R = \frac{pv}{T} = \frac{1 \cdot 22{,}412}{273{,}09} = 0{,}082\,07$$

und folglich, vereinfacht

$$pv = 0{,}0821\,T \qquad \left.\right\} \quad \cdots \cdot (8)$$
$$\text{(Grammolekül Gas, Liter, Atmosphären)}$$

III. Wir wählen wieder ein Grammolekül Gas, drücken aber das Volumen in Kubikzentimetern, den Druck in Grammen pro Quadratzentimeter aus. Da der Druck einer Atmosphäre gleich $1033{,}3$ g pro Quadratzentimeter ist, so haben wir $p = 1033{,}3$; dann ist bei 0^0 das Volumen $v = 22{,}412$ Liter $= 22\,412$ ccm. Es ist also

$$R = \frac{1033{,}3 \times 22\,412}{273{,}09} = 84\,144$$

und

$$pv = 84\,144\,T \qquad \left.\right\} \quad \cdots \cdot (8,\,a)$$
$$\text{(Grammolekül Gas, ccm, Gramm pro qcm)}$$

IV. Von besonderem Interesse ist der folgende Fall. Schreiben wir die Zustandsgleichung des Gases in der Form $Apv = ART$ hin, wo A das thermische Arbeitsäquivalent (Abt. I, S. 121) bedeutet, und setzen ferner $AR = H$, dann ist

$$Apv = HT \quad \cdots \cdots \cdots \cdots (9)$$

Wir werden später sehen, daß pv als eine gewisse Arbeit betrachtet werden kann. Leicht kann man sich auch davon überzeugen, daß die Dimension der Größe pv gleich der Dimension der Arbeit ist; es ist nämlich der Druck p gleich der Kraft f, welche auf die Oberfläche s drückt, dividiert durch dieses s, und daher

$$[pv] = \frac{[f]\,[v]}{[s]} = \frac{ML}{T^2} \cdot \frac{L^3}{L^2} = \frac{ML^2}{T^2}\,,$$

das ist die Dimension der Arbeit. Hieraus folgt, daß Apv, folglich auch H als eine gewisse Wärmemenge (richtiger als eine Wärmekapazität) angesehen werden kann.

Nehmen wir ein Kilogrammolekül Gas, messen v durch Kubikmeter, p durch Kilogramme pro Quadratmeter, dann ist $A = 1 : 425$ und H ist in großen (Kilogramm-) Kalorien ausgedrückt für alle Gase die gleiche Zahl. Setzen wir wie früher $p = 1^{at} = 10\,333$ kg pro Quadratmeter, $v = 22\,412$ cbm, dann ist

$$H = \frac{10\,333 \times 22{,}412}{424 \times 273{,}09} = 1{,}9851.$$

Angenähert erhalten wir

$$A\,p\,v = 2\,T \quad . \quad . \quad . \quad . \quad . \quad . \quad . \quad . \quad . \quad (10)$$

Meslin (1905) hat gezeigt, daß die Zahl 2 in dieser Formel nur zufällig erscheint.

Es ist leicht einzusehen, daß obige Gleichung auch für den Fall richtig bleibt, wenn man ein Grammolekül Gas nimmt und das Volumen in Litern ausdrückt.

Wir wollen noch eine einfache Formel anführen, die aus dem B.-M. Gesetze folgt. Das Gewicht Q eines Gases ist bei $p = Const.$ offenbar proportional v und bei $v = Const.$ proportional p. Wir haben also allgemein

$$Q = C\,p\,v \quad . \quad . \quad . \quad . \quad . \quad . \quad . \quad (10,\,a)$$

wo C von der Dichte des Gases und von den gewählten Einheiten abhängt. Drücken wir p in Atmosphären aus, v in Kubikmetern und Q in Kilogrammen, so ist offenbar

$$Q = 1{,}293\,\delta\,p\,v \quad . \quad . \quad . \quad . \quad . \quad . \quad . \quad (10,\,b)$$

wo δ die Dichte des Gases in bezug auf Luft ist.

§ 8. Van der Waalssche Gleichung. (1879). Die im Vorhergehenden besprochenen Versuche zeigen, daß die Gase den Gesetzen von B.-M. und G.-L. durchaus nicht genau folgen; die Clapeyronsche Formel (5) kann daher nicht den wahren Zusammenhang zwischen p, v und T darstellen. Man hat zahlreiche und sehr verschiedene Korrektionen der Clapeyronschen Formel vorgeschlagen, d. h. verwickeltere Zustandsgleichungen für die wirklich vorkommenden Gase aufgestellt. Eine der bekanntesten hierhergehörigen ist die von van der Waals. Sie hat folgende Gestalt

$$\left(p + \frac{a}{v^2}\right)(v - b) = RT \quad . \quad . \quad . \quad . \quad . \quad . \quad . \quad (11)$$

wo a und b zwei für die verschiedenen Gase verschiedene Konstanten sind.

Ihre physikalische Bedeutung ist die folgende. Wir sahen (vgl. Abt. I, S. 47), daß man den Gasdruck durch Stöße der die Wandungen des Gefäßes treffenden Gasmoleküle erklärt. Im Kapitel V wird gezeigt werden, wie man die Formel $p\,v = RT$ herleitet unter der Annahme, daß die Gasmoleküle Punkte darstellen, zwischen welchen keine

Anziehung wirkt. Die Moleküle nehmen indes ein gewisses Volumen v' ein, so daß hierdurch der ihnen zur Bewegung freibleibende Raum verkleinert erscheint; infolgedessen werden sie häufiger gegen die Wandung prallen und ihre Spannung p wird dadurch größer als $\dfrac{RT}{v}$.

Van der Waals zeigte, daß p in diesem Falle gleich $\dfrac{RT}{v-b}$ sein muß, wo $b = 4\,v'$ ist, d. h. b gleich dem vierfachen des von den Gasmolekülen eingenommenen Raumes ist. Übrigens nehmen einige (z. B. O. E. Meyer) an, daß $b = 4\sqrt{2}\,v'$ zu setzen ist.

Die Kohäsion vermindert den Druck, denn die Teilchen, welche sich in der Nähe der Wandungen befinden, werden gewissermaßen in die Gasmasse hineingezogen und dies vermindert die Wucht ihrer Stöße. Die Verminderung von p muß proportional der Zahl der Stöße und proportional der Zahl der Moleküle sein, welche die ersteren in die Gasmasse hineinzuziehen suchen, d. h. also, sie muß proportional dem Quadrat der Gasdichte D oder umgekehrt proportional dem Quadrat des Volumens v sein. Danach erhält man

$$p = \frac{RT}{v-b} - \frac{a}{v^2} \cdot \ldots \ldots \ldots \ldots \quad (12)$$

woraus Formel (11) hervorgeht. Die van der Waalssche Formel kann auch in folgender Gestalt geschrieben werden

$$pv = RT - \frac{a}{v} + \left(\frac{ab}{v^2} + bp\right) \cdot \ldots \ldots \ldots \quad (13)$$

Dieser Ausdruck entspricht im allgemeinen den Versuchsresultaten; bei Zunahme von p wird das Volumen v kleiner und die ganze rechte Seite nimmt zunächst ab, erreicht für $\dfrac{a}{v} = 2\dfrac{ab}{v^2} + bp$ ein Minimum und nimmt danach wieder zu. Für CH_4 fand Baynes (1880) eine bemerkenswerte Übereinstimmung mit Formel (11); eine ebensolche Übereinstimmung fanden Roth und andere für CO_2, SO_2, NH_3 und Luft. Die numerischen Werte der Koeffizienten a und b werden aus den Beobachtungen berechnet.

Nimmt man als Einheit des Druckes den Druck von 1 m Quecksilbersäule auf die Volumeneinheit an, als Volumeneinheit das Volumen von 1 kg Gas bei 0^0 und 1 m Druck, so erhält man aus den Regnaultschen Versuchen für a und b folgende Zahlenwerte:

	a	b
Luft	0,0037	0,0026
CO_2	0,0115	0,003
H_2	0	0,00069

Neue Tabellen der Zahlenwerte für a und b haben Roth und besonders A. Guye und L. Friderich (1901) veröffentlicht.

Im Band III werden wir die van der Waalssche Formel ausführlich besprechen.

§ 9. Formeln von Clausius und Regnault.

Clausius schlug als Zustandsgleichung folgenden Ausdruck vor

$$\left[p + \frac{a}{T(v + \beta)^2}\right](v - b) = RT \quad \dots \quad (14)$$

Diese Formel enthält drei Konstanten a, b und β und sagt uns, daß der sogenannte „innere Druck", der nach van der Waals gleich $a : v^2$ ist, von der Temperatur T abhängt und außerdem eine Funktion des Volumens ist. Bei Zugrundelegung derselben Einheiten, wie sie auf der vorigen Seite zur Bestimmung der Werte von a und b gewählt wurden, erhält man hier für Kohlensäure $R = 0{,}003\,688$, $a = 0{,}000\,843$, $b = 0{,}000\,977$, $\beta = 2{,}0935$. Der Formel (14) kann die folgende Gestalt gegeben werden:

$$\frac{p}{RT} = \frac{1}{v - b} - \frac{a}{RT^2(v + \beta)^2}\,.$$

In der Folge stellte Clausius eine noch verwickeltere Formel auf, in welcher fünf Konstanten enthalten sind:

$$\frac{p}{RT} = \frac{1}{v - b} - \frac{AT^{-n} - B}{(v + \beta)^2} \quad \dots \dots \quad (15)$$

Aus der großen Zahl anderer Formeln sei hier nur die bereits angeführte Regnaultsche erwähnt [vgl. S. 21, Formel (2)]. Da man sie, wenn man v_0 und p_0 gleich 1 setzt, in folgender Gestalt schreiben kann

$$pv = (1 + A + B) - \frac{A + 2B}{v} + \frac{B}{v^2}$$

und im letzten Gliede der Formel (13) für den van der Waalsschen Ausdruck anstatt bp auch $b' : v$ gesetzt werden kann, so unterscheiden sich die Formeln von Regnault und van der Waals bei $T = Const.$ nicht wesentlich voneinander.

Im dritten Bande werden die Abweichungen der Gase und Dämpfe vom B.-M. und G.-L. Gesetze ausführlicher behandelt und auch verschiedene andere Formen der Zustandsgleichung betrachtet werden.

Literatur.

Boyle: Nova experimenta physico-mechanica de vi aëris elastica. London 1662.

Mariotte: De la nature de l'air 1679; Oeuvres I, La Haye 1740.

Sulzer: Mém. de l'Acad. de Berlin 1753, p. 116.

Muschenbroeck: Cours de Physique, Paris 1759, III, p. 142.

Robison: System of mechanical Philosophie III, p. 637, Edinburg 1822.

Örstedt and Svendsen: Edinb. Journ. of science 4, 224, 1826.

Despretz: Ann. chim. et phys. (2) 34, 335 und 443, 1827; Compt. rend. 14, 239; 21, 116.

Arago et Dulong: Mém. de l'Acad. Fr. 10, 193, 1831; Ann. chim. et phys. (2) 43, 74, 1830.

Pouillet: Elements de Phys. 1, 327 (4. Aufl.).

Regnault: Mém. de l'Inst. 21, 329, 1847; 26, 229, 1862.

D. Berthelot: Journ. de phys. (3) 8, 263, 1899; Compt. rend. 128, 553, 1899.

Jochmann: Schlömilchs Ztschr. 5, 106, 1860.

Schröder v. d. Kolk: Pogg. Ann. 116, 429, 1862; 126, 333, 1865.

Natterer: Wien. Ber. 5, 351, 1850; 6, 557, 1850; 12, 199, 1854; Pogg. Ann. 62, 139; 94, 436.

Cailletet: Compt. rend. 70, 1131; 83, 1211; 84, 82; 88, 61; Ann. chim. et phys. (5) 19, 386.

Amagat: Compt. rend. 68, 1170; 71, 67; 73, 183; 87, 432; 88, 336; 89, 427; Ann. chim. et phys. (4) 28, 274; 29, 246; (5) 8, 270; 19, 345; 22, 353; 23, 353; 28, 480; (6) 29, 68, 1893.

Holborn und L. Schultze: Ann. d. Phys. 47, 1089, 1915.

A. Leduc: Compt. rend. 123, 743, 1896; 125, 297, 571, 646, 1897; 126, 413, 1898; Ann. chim. et phys. (7) 15, 5, 1898; 17, 173, 484, 1899; (8) 19, 444, 1910; Journ. de phys. (3) 7, 5, 189, 1898; Compt. rend. 148, 407, 1909.

P. Sacerdote: Journ. de phys. (3) 8, 319, 1899.

D. Berthelot: Journ. de phys. (3) 8, 521, 1899; Compt. rend. 128, 1229, 1899.

D. Berthelot et P. Sacerdote: Compt. rend. 128, 820, 1899.

Winkelmann: Wied. Ann. 5, 92; Journ. de phys. (2) 8, 183, 1880.

Roth: Wied. Ann. 11, 1, 1880.

Siljeström: Pogg. Ann. 151, 451 und 573, 1874; Chem. Ber. 8, 576.

Mendelejew und Kirpitschew (russ.): Bull. de l'Acad. de St. Pétersb. 19 und 21, 1874; Ann. chim. et phys. (5) 2, 427; 9, 111. — Über die Elastizität der Gase (russ.), St. Petersburg 1875.

Fuchs: Wied. Ann. 35, 430, 1888.

Van der Ven: Wied. Ann. 38, 302, 1889.

Battelli: N. Cim. (5) 1, 5, 81, 1901.

Thiesen: Ann. d. Phys. 6, 280, 1901.

Rayleigh: Phil. Trans. A. 196, 205, 1901 (Scientif. papers 4, 511); 198, 417, 1902; Ztschr. f. phys. Chem. 37, 713, 1901; 41, 71, 1902; 52, 705, 1905; Proc. R. Soc. 73, 153, 1904.

Chappuis: Journ. de phys. (4) 3, 833, 1904; Trav. et Mém. du Bur. internat. des P. et Mes. 13, 1903.

Jaquerod et Scheuer: Compt. rend. 140, 1384, 1905.

D. Berthelot: Ztschr. f. Elektrochem. 10, 621, 1904.

Nernst: Ztschr. f. Elektrochem. 10, 629, 1904.

Meslin: Journ. de phys. (4) 4, 252, 1905.

Van der Waals: Über die Kontinuität des flüssigen und gasförmigen Zustandes (aus dem Holländischen übers.) 1873.

Guye et Friederich: Ztschr. f. phys. Chem. 37, 380, 1901.

Clausius: Wied. Ann. 9, 337, 1880; 14, 701, 1881.

Baynes: Nature (engl.) 22, 186.

Andrews: Phil. Trans. 1869; Ann. chim. et phys. (4) 21, 208, 1870.

U. Lala: Compt. rend. **3**, 819, 1890; **112**, 426, 1891.
Bestelmeyer und Valentiner: Münch. Akad. 1903, S. 743.
Witkowski: Extraits du Bull. de l'Acad. des Sc. de Cracovie. Mai 1891,
    p. 181.
P. P. Koch: Ann. d. Phys. **27**, 311, 1908.
L. Holborn und H. Schultze: Ann. d. Phys. **47**, 1089, 1915.
E. Baly und W. Ramsay: Phil. Mag. (5) **37**, 301, 1894.
Bohr: Wied. Ann. **27**, 459, 1886.
Krajewitsch (russ.): Neue Methode zur Untersuchung der Elastizität der
    Gase. Journ. d. russ. phys.-chem. Ges. **14**, 395, 1882. Andere Abhand-
    lungen über die Elastizität der Gase: Journ. d. russ. phys.-chem. Ges. **16**,
    307, 1884; **17**, 335, 1885.
Schiller: Die Zustandsgleichung der Gase (russ.). Journ. d. russ. phys.-chem.
    Ges. **22**, 110, 1880.

Drittes Kapitel.

Barometer, Manometer und Pumpen.

§ 1. Der Luftdruck. Als normalen Luftdruck bezeichnet man den Druck, welcher dem einer Quecksilbersäule von 760 mm Höhe bei 0^0 am Meeresniveau und in 45^0 Breite gleich ist. Da das Gewicht eines Kubikzentimeters Quecksilber bei 0^0 gleich $13,596\,g$ ist, so beträgt der normale Luftdruck $1,0333$ kg pro Quadratzentimeter. Drückt man ihn in Dynen aus, so erhält man $1,0132$ Megadynen pro Quadratzentimeter. Da sich diese Zahl nur wenig von Eins unterscheidet, ist der Vorschlag gemacht worden, den Luftdruck überhaupt in Megadynen pro Quadratzentimeter zu messen und den Druck einer Megadyne pro Quadratzentimeter als Normaldruck festzulegen.

Streng genommen hat jeder Ort auf der Erde seinen eigenen normalen Luftdruck, welcher gleich dem mittleren Druck für einen größeren Zeitabschnitt (von mehreren Jahren) ist. In diesem Sinne ist der normale Luftdruck auf dem Gipfel des Montblanc gleich 420 mm. Die Apparate, welche zum Messen des Luftdruckes dienen, heißen Barometer. Es gibt Quecksilber-, Glyzerin-, Naphtha-, Wasser-, Metallbarometer usw.

§ 2. Das Quecksilberbarometer. Man bezeichnet die Quecksilberbarometer je nach ihrer Form als Gefäßbarometer, Heberbarometer und Wagebarometer.

In Fig. 13 ist ein Gefäßbarometer abgebildet, so genannt nach dem Gefäß E, welches als Reservoir für das Quecksilber dient. In dies Gefäß taucht das untere Ende der Röhre $ABCE$, welche Quecksilber enthält; über demselben befindet sich die sogenannte Torricellische

Leere. Der obere Teil AB der Röhre ist in Fig. 14 gesondert abgebildet; er ist breiter als die übrige Röhre, um die Wirkung der Kapillarität (vgl. S. 198) zu vermindern. Letztere wirkt auf die Quecksilbersäule wie ein von oben nach unten gerichteter Druck und erniedrigt das obere Quecksilberniveau um so mehr, je enger die Röhre ist. Neben der Barometerröhre befindet sich ein Messingstab, auf dessen oberem versilberten Ende eine Skala aufgetragen ist; der Nullpunkt dieser Skala würde, wenn sie bis nach unten reichte, am Ende des in eine Spitze auslaufenden Stabes liegen. Mittels eines kleinen Zahnrades, das mit dem Kopfe F verbunden ist, und einer kleinen Zahnradstange kann man die Skala derart heben oder senken, daß die Spitze die Quecksilberoberfläche E gerade berührt; dies ist leicht zu erreichen, wenn man das Spiegelbild der Spitze im Quecksilber beobachtet. Parallel zur Skala verschiebt sich der Nonius V, mit welchem zwei horizontale Messingstreifen D verbunden sind. Letztere umfassen die Röhre AB von vorn und hinten; ihre nach oben gekehrten Kanten liegen in einer horizontalen Ebene, falls die Barometerröhre selbst vertikal ist, und entsprechen dem Nullpunkt des Nonius. Bevor man eine Ablesung am Barometer vornimmt, hat man zunächst die Skala, wie vorher auseinandergesetzt, einzustellen und hierauf den Nonius derart zu verschieben, daß die durch die Kanten von D gehende Horizontalebene die Quecksilberkuppe gerade berührt.

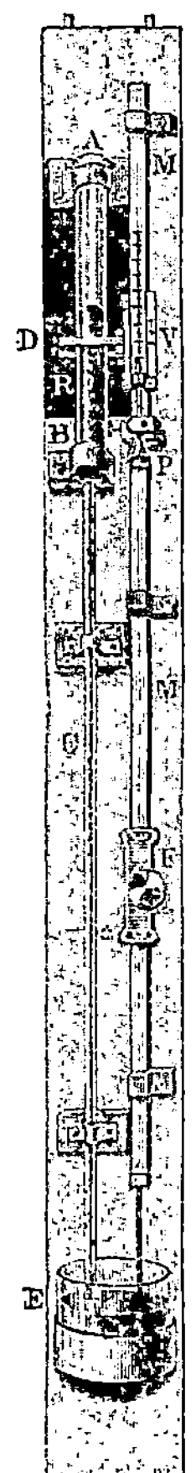

Fig. 13.

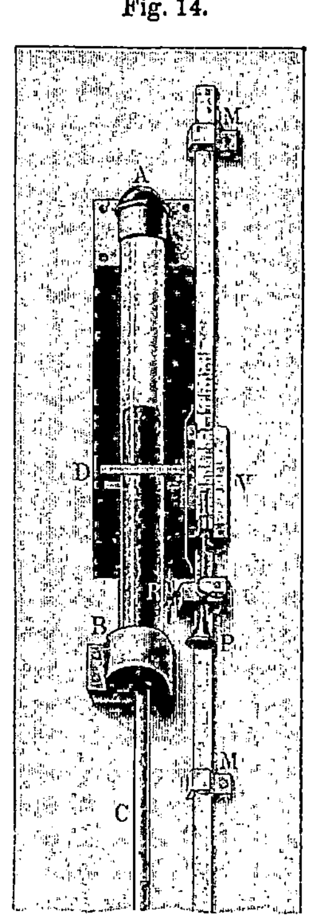

Fig. 14.

Bisweilen trägt man die Skala nicht auf einem Messingstab, sondern auf einem Glasstreifen $CADB$ (Fig. 15) auf, dessen eine Hälfte (AB) amalgamiert ist und als Spiegel dient. In diesem Spiegel erblickt der Beobachter das Bild seines eigenen Auges; bei der Ablesung hat man den Kopf in eine solche Höhe zu bringen, daß der Teilstrich, welcher

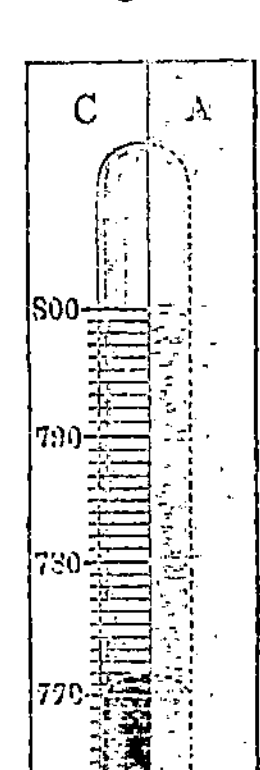

Fig. 15.

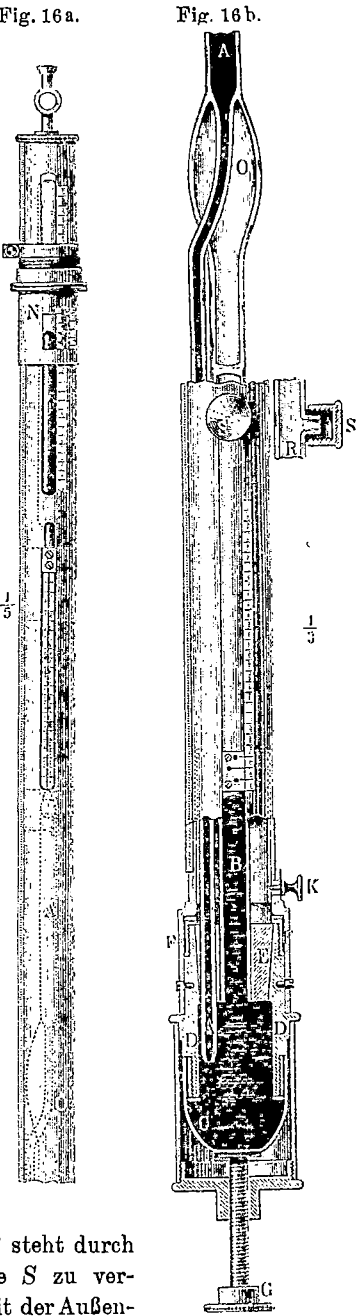

Fig. 16a.   Fig. 16b.

der Quecksilberkuppe am nächsten liegt, das Spiegelbild der Pupille gerade halbiert.

Zu den Heberbarometern gehört das Barometer von Wild-Fueß. Es ist in Fig. 16 abgebildet, und zwar links der obere, rechts der untere Teil in vergrößertem Maßstabe. Der Zylinder C ist mit Quecksilber gefüllt und von unten durch einen Lederbeutel verschlossen, den man mittels der Schraube G heben und senken kann. In diesen Zylinder ragen zwei Röhren hinein; die weitere Röhre B endet in der Erweiterung O, welche übrigens durch eine besondere Scheidewand (oberhalb S) abgeschlossen ist; die engere Röhre A befindet sich zur Seite von B, durchsetzt die Erweiterung O, in welche sie eingeschmolzen ist, biegt dann um und nimmt die gleiche Breite wie B an. Die Röhre B steht durch eine kleine seitliche, mit der Kappe S zu verschließenden Öffnung in Verbindung mit der Außenluft. Auf der die Glasröhre umgebenden Messinghülse befindet sich die Skalenteilung, deren Nullpunkt unten liegt. Bei der Ablesung hebt man zunächst das Quecksilberniveau in B bis zum unteren Rande eines kleinen Visiers, dessen drei Teilstriche zunächst gegen die Skala eingestellt worden sind. Jetzt befindet sich das Quecksilberniveau des kurzen Schenkels B in gleicher Höhe mit dem Nullpunkte der Skala. Man verschiebt nun die Hülse N nach oben oder unten so, daß sich der Rand des in dieser Hülse angebrachten Spaltes in gleicher Höhe mit der Quecksilberkuppe befindet. Hierauf nimmt man die eigentliche Ablesung vor. Hat man das gefüllte Barometer zu transportieren, so schraubt man zunächst G so weit herauf, daß das Quecksilber die lange Röhre A völlig, die kurze Röhre B bis zur Seitenöffnung derselben erfüllt und schließt hierauf letztere mittels der Kappe S.

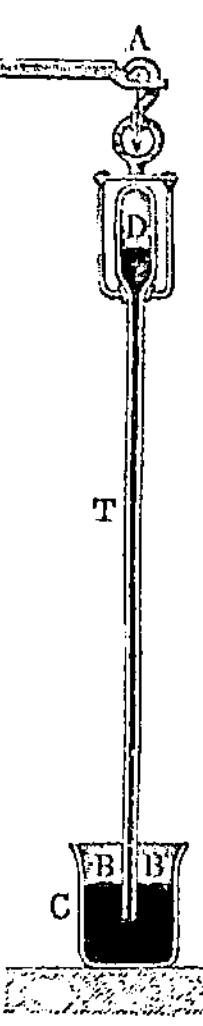

Fig. 17.

Ein Wagebarometer ist in Fig. 17 abgebildet; seine Röhre ist am einen Ende eines Wagebalkens befestigt. Der Druck auf den Punkt A hängt von dem Gewichte des Quecksilbers ab, welches in der Röhre oberhalb BB enthalten ist (falls man das Gewicht der Glasröhre und der metallenen Aufhängevorrichtung nicht in Betracht zieht). Die Änderungen des Luftdruckes werden durch das zum Äquilibrieren erforderliche Gegengewicht oder durch die Neigungsänderung des Wagebalkens bestimmt. Das Prinzip, auf welchem die Wagebarometer beruhen, findet vorzugsweise bei den Barographen (vgl. S. 43) Verwendung.

§ 3. Aufstellung des Barometers und Ablesungskorrektionen.

Damit ein Barometer richtige Angaben gibt, sind folgende Umstände in Betracht zu ziehen:

1. Die Barometerröhre muß eine solche Weite haben, daß die Kapillarität keinen schädlichen Einfluß ausüben kann.

2. Das Quecksilber muß vollkommen rein sein.

3. In der sogenannten Torricellischen Leere darf sich keine Spur von Luft vorfinden.

4. Das Barometer (d. h. eigentlich seine Skala) muß genau vertikal sein.

5. Die Skala muß vollkommen genau oder es müssen die Korrektionen für sie bei 0^{0} bekannt sein; letztere erhält man durch Vergleichung mit einem geeichten Maßstab.

6. Um die Trägheit des Quecksilbers zu beseitigen, die es am gehörigen Aufsteigen hindert, ist es gut, die ganze Quecksilbersäule vor der Ablesung leicht zu erschüttern. Ist die Ablesung gemacht, d. h. hat man den Vertikalabstand H beider Quecksilberniveaus in den

entsprechenden Skalenteilen für den gegebenen Beobachtungsort und die Temperatur t gefunden, so hat man noch eine Reihe von Korrektionen anzubringen, um ein Maß für den Luftdruck in Millimetern der Quecksilbersäule für die Temperatur 0^0, die Meereshöhe und die geographische Breite von 45^0 zu erhalten. Es sind dies folgende Korrektionen:

I. Reduktion der Quecksilbersäule auf 0^0. Der kubische Ausdehnungskoeffizient des Quecksilbers ist gleich $\beta = 0{,}000\,181$; ebenso groß ist auch der Änderungskoeffizient der Quecksilberdichte und der Höhe der Quecksilbersäule, welche auf die Flächeneinheit ihrer Basis drückt. Die hierher gehörige Korrektion gibt anstatt H den Wert

$$H_0 = \frac{H}{1 + \beta t}.$$

II. Reduktion der Skala auf 0^0. Wir setzen voraus, daß die Korrektionen der Skalenteile für 0^0 bekannt sind. Den Ausdehnungskoeffizienten der Skala bezeichnen wir mit γ; für Messing ist $\gamma = 0{,}000\,019$, für Glas und Platin ist $\gamma = 0{,}000\,009$. Infolge der Skalenausdehnung erhält man bei der Ablesung zu kleine Werte. Die neue Korrektion ist $H_0 = H(1 + \gamma t)$. Vereinigt man sie mit der ersteren, so erhält man angenähert

$$H_0 = \frac{H(1 + \gamma t)}{1 + \beta t} = H[1 - (\beta - \gamma)t] \quad . \quad . \quad . \quad . \quad (1)$$

Es gibt Tabellen für die Größe $H(\beta - \gamma)t$, entsprechend den verschiedenen Werten von H und t für Skalen aus Messing und Glas. Ist $H = 760\,\text{mm}$ und $t = 20^0$, so beträgt diese Korrektion $2{,}46$ mm für Messing und $2{,}60$ mm für eine Glasskala. Man hat diese Korrektion, falls $t > 0^0$ ist, vom beobachteten H abzuziehen.

III. Korrektion wegen Kapillardepression des Quecksilbers. Diese Korrektion hängt von der Röhrenweite (der Meniskushöhe) ab; bei den Heberbarometern fällt sie weg, falls die Weite beider Schenkel die gleiche ist. Man hat auch für diese Korrektion fertige Tabellen; beträgt die Röhrenweite mehr als 16 mm, so kann sie vernachlässigt werden.

IV. Korrektion wegen Änderung der Schwerkraft mit der Höhe und geographischen Breite des Beobachtungsortes. Entsprechend der Formel (22) (Abt. I, S. 363) ist

$$H_0 = H(1 - 0{,}002\,648\,\cos 2\,\varphi)(1 - 0{,}000\,000\,003\,14\,h). \quad . \quad (2)$$

wo φ die geographische Breite, h die in Metern ausgedrückte Höhe des Beobachtungsortes über der Erdoberfläche ist. Werden die Beobachtungen auf einem Hochplateau angestellt, so ist statt 314 die Zahl 196 zu setzen.

V. Korrektion wegen des Druckes der Quecksilberdämpfe. Diese äußerst geringe Korrektion beträgt bei 20⁰ 0,02 mm, bei 40⁰ 0,03 mm.

VI. Reduktion auf das Meeresniveau. Diese Korrektion hat man nicht einzuführen, falls man die Größe des Luftdruckes für einen gegebenen Ort zu wissen wünscht. In der Meteorologie wird sie indes berücksichtigt, sobald man den Luftdruck für verschiedene Orte eines ausgedehnten Gebietes vergleichen will. Sie wird nach gewissen hypsometrischen Formeln berechnet, welche den Luftdruck mit der Höhenlage eines Ortes über dem Niveau der Ozeane in Beziehung setzen.

Ein Barometer, bei welchem mit größter Umsicht alle Vorkehrungen getroffen sind, um die Größe des Luftdruckes mit der höchsten erreichbaren Genauigkeit zu erhalten, heißt Normalbarometer.

§ 4. Barometer mit anderen Flüssigkeiten und Metallbarometer.

Um die Empfindlichkeit des Barometers zu erhöhen, hat man das Quecksilber durch Wasser oder Glyzerin ersetzt. Ein Glyzerinbarometer hat eine Höhe von 8,22 m, ist mithin mehr als zehnmal so empfindlich wie ein Quecksilberbarometer.

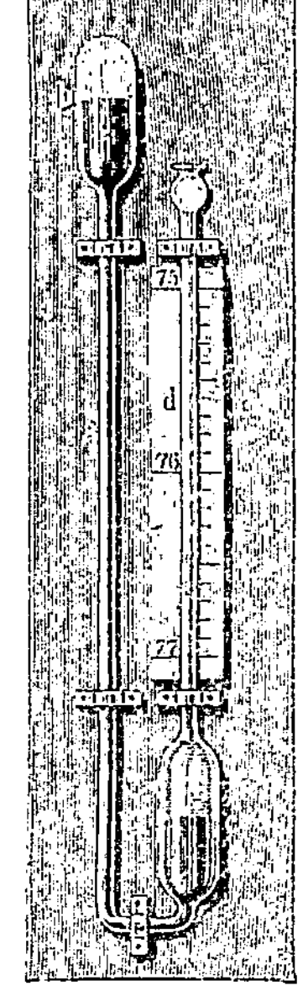

Fig. 18.

Ein Barometer mit gemischter Füllung ist in Fig. 18 dargestellt; der Teil bac ist mit Quecksilber, der Teil dc mit Wasser gefüllt. Es ist leicht einzusehen, daß eine Niveauänderung in b und c eine vergrößerte Niveauverschiebung der Wassersäule innerhalb der dünnen Röhre d zur Folge hat.

Mendelejew hat ein sehr empfindliches Differentialbarometer konstruiert, in welchem die Füllung aus Naphtha besteht. Mit Hilfe desselben läßt sich sogar der Unterschied des Luftdruckes an zwei Orten messen, deren Vertikalabstand nur 1 m beträgt. Zur Messung sehr geringer Luftdruckschwankungen dienen die Apparate von Kohlrausch (1873), Hefner-Alteneck und insbesondere J. West (1898). Die Beobachtungen von West haben gezeigt, daß der Luftdruck kontinuierlich kleine Schwankungen erleidet, insbesondere bei starkem Winde.

In Fig. 19 ist das Metallbarometer von Bourdon abgebildet. Sein Hauptbestandteil ist die evakuierte dünnwandige Metallröhre ABC mit elliptischem Querschnitt, die im Punkte B befestigt ist. Bei Zu- bzw. Abnahme des Außendruckes nähern bzw. entfernen sich ihre Enden A und C voneinander. Diese Verschiebungen werden mittels des Stäbchens DE auf eine bogenförmige Zahnradstange ik übertragen, welche ein kleines

Zahnrad und den damit verbundenen Zeiger in Bewegung setzt. Die Skala wird durch Vergleichung der Zeigerstellung mit den An-gaben eines Quecksilberbarometers geeicht.

Bei dem sogenannten Ane-roidbarometer von Vidi, wel-ches Breguet vervollkommnet hat, ist die Röhre durch eine runde Metalldose K (Fig. 20) ersetzt, welche ebenfalls evakuiert ist. Der kreisförmig gerillte Boden der Dose biegt sich nach außen oder innen, sobald sich der Außendruck än-dert. Die starke Metallfeder P, welche mittels des Trägers R an die Bodenplatte des Apparates be-festigt ist, ist mit der Mitte des Dosendeckels bei M verbunden und wirkt dem äußeren Luftdruck ent-gegen. Das mit der Feder P ver-bundene Stäbchen l, der Hebel mr und die Kette s dienen zur Über-tragung der Bewegungen des Bodens M auf den Zeiger.

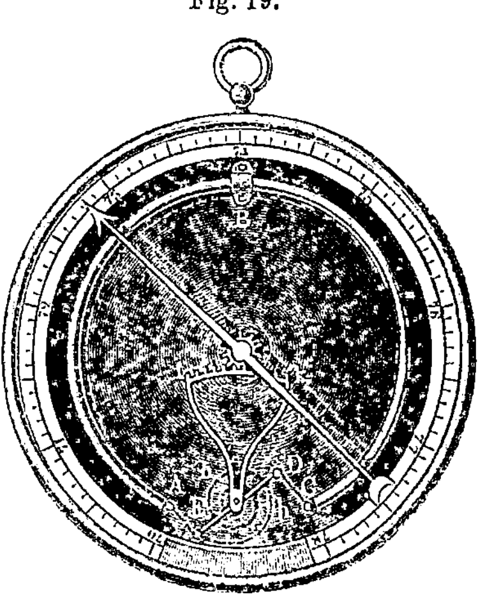

Fig. 19.

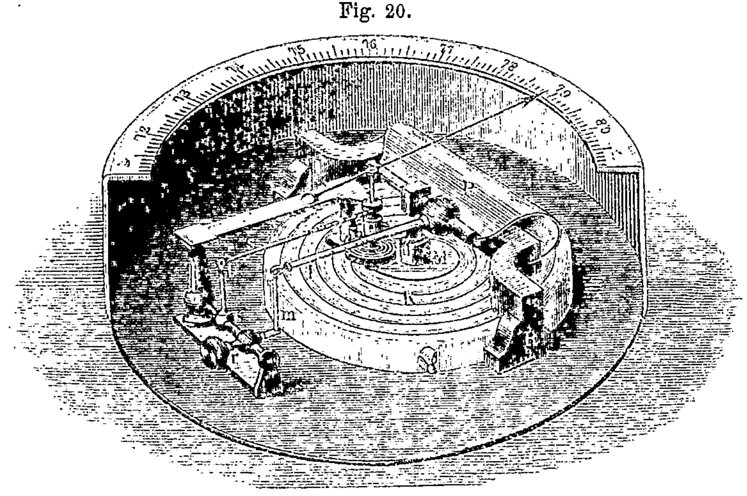

Fig. 20.

§ 5. Barograph. Die selbstregistrierenden Instrumente, welche mehr oder weniger kontinuierlich die Änderungen des Luftdruckes ver-zeichnen, nennt man Barographen. Man hat Quecksilberbarographen, bei denen sich die Bewegungen eines Schwimmers, der sich im offenen

Schenkel der Heberröhre befindet, durch einen ziemlich verwickelten Mechanismus auf einen Schreibstift übertragen. Letzterer berührt einen sich nach unten bewegenden Papierstreifen und verschiebt sich selbst nach links und rechts. Als Barograph kann auch ein Wagebarometer (S. 40) dienen; der Schreibstift befindet sich hier am Ende eines langen, am Wagebalken befestigten Zeigers.

Sehr verbreitet ist der in Fig. 21 abgebildete Barograph von Richard. Sein wesentlichster Bestandteil ist eine Reihe übereinander stehender Metalldosen, die an die Dose des Aneroids erinnern. Der Deckel der obersten Dose biegt sich bei Änderung des Luftdruckes recht beträchtlich. Diese Verschiebungen werden durch ein System von Hebeln auf die Spitze eines Schreibstiftes oder einer Feder übertragen, welche längs der Oberfläche einer gleichmäßig rotierenden, mit liniiertem Papier überzogenen Trommel sich auf- und abwärts bewegt. Aus unserer Figur ist zu ersehen, in welcher Weise die Zeit und die Größe des Luftdruckes registriert wird. Sobald die durch ein besonderes Uhrwerk in Drehung versetzte Trommel eine volle Umdrehung gemacht hat, muß man den Papierstreifen abnehmen und durch einen neuen ersetzen.

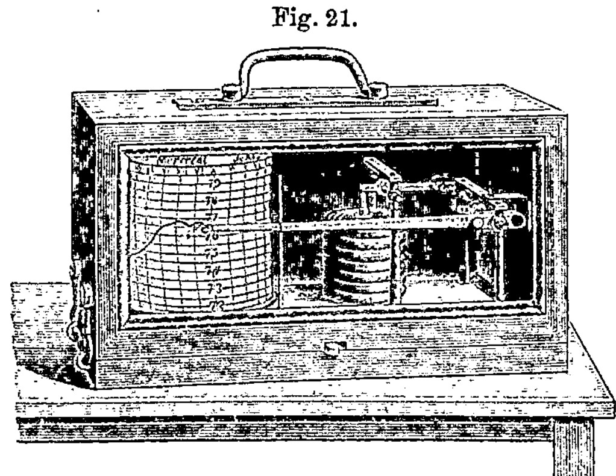

Fig. 21.

§ 6. Manometer.

Die Apparate, welche zur Messung der Spannung von Gasen und Dämpfen dienen, heißen Manometer. Ihre Konstruktion ist je nach der Größe der zu messenden Spannung sehr verschieden. Einigen derselben begegneten wir bereits bei Beschreibung der Versuche von Cailletet und Amagat (S. 24).

Für geringe Spannungen benützt man ein verkürztes Barometer oder Baromanometer; es ist dies eine U-förmige Röhre; einer ihrer Schenkel ist ganz mit Quecksilber gefüllt, während der andere, offene, nur wenig Quecksilber enthält. Ist der äußere Druck h genügend klein, so fällt das Quecksilber im festen Schenkel und steigt im offenen. Der Druck h wird durch die Höhendifferenz des Quecksilbers in beiden Schenkeln gemessen. Solche Baromanometer befinden sich an den gewöhnlichen Luftpumpen. Für Spannungen, welche sich vom Atmosphärendruck nur wenig unterscheiden, wird eine offene U-förmige

Röhre benutzt, deren Schenkel bis zur Hälfte mit Quecksilber gefüllt sind. Der gesuchte Druck h ist gleich $h = H + h'$, wo H den Luftdruck, h' die Höhendifferenz des Quecksilbers in beiden Schenkeln bedeutet.

Zur Messung der minimen Spannungen eines Gasrestes, welches nach Auspumpen des Gases aus einem Gefäße mittels einer guten Pumpe noch übrig geblieben ist (z. B. in einer Crookesschen Röhre), kann das Manometer von Mc Leod (1874) dienen. Dieses besteht aus einem Glasballon A (Fig. 22), an welchem oben eine lange, vertikale, äußerst dünne, mit Teilung versehene Glasröhre BM ansetzt, die relativ zu dem bis an den Punkt C gerechneten Volumen des Glasballons A kalibriert ist. Die Röhre HD enthält Quecksilber, das bis zur Höhe F reicht. Über F befindet sich die Mündung einer seitlichen Röhre CE, die mit dem Raume in Verbindung steht, in welchem die Spannung gemessen werden soll. Offenbar hat das in A enthaltene Gas ebenfalls diese Spannung. Um sie zu finden, hebt man das Quecksilberniveau über F hinaus; hierbei wird zunächst die seitliche Öffnung C der linken Röhre verschlossen, worauf dann das Quecksilber einerseits in der Röhre CE aufsteigt, andererseits den Ballon A und einen Teil der Röhre BM, z. B. bis zu einem Punkte K, füllt. Die ganze Gasmenge, welche sich vordem im Volumen $V = CM$ befand, ist nunmehr auf den Raum $v = KM$ zusammengedrückt; seine Spannung erhält man aus dem Niveauunterschiede des Quecksilbers in den Röhren CE und BM. Da sich aus der Kalibrierung das Verhältnis der Volumina V und v ergibt, so kann man leicht die ursprüngliche Gasspannung finden. Brush hat (1897) obige Methode von Mc Leod vervollkommnet; Baly und Ramsay (1894) haben den Apparat genau untersucht. Andere Manometer zur Messung sehr geringer Drucke wurden konstruiert von Thiesen (1886), Lord Rayleigh (1901), Voege (1906), Pirani (1906), Hering (1906), Reiff (1907), Scheel und Heuse (1909), Knudsen (1910), Fry (1913) u. a. Unter diesen Manometern zeichnet sich das Membranenmanometer von Scheel und Heuse durch eine hohe Empfindlichkeit aus. In ihm werden die Bewegungen einer Membran mit Hilfe von Interferenzstreifen (Bd. II) beobachtet; Drucke unterhalb 0,1 mm werden mit einer Genauigkeit von $^1/_2$ Proz. gemessen, sehr geringe Drucke mit einer Genauigkeit bis 0,00001 mm. Die Membran ist aus Kupfer, ihre Dicke gleich 0,03 mm; eine Druckänderung um 0,001 mm ruft eine

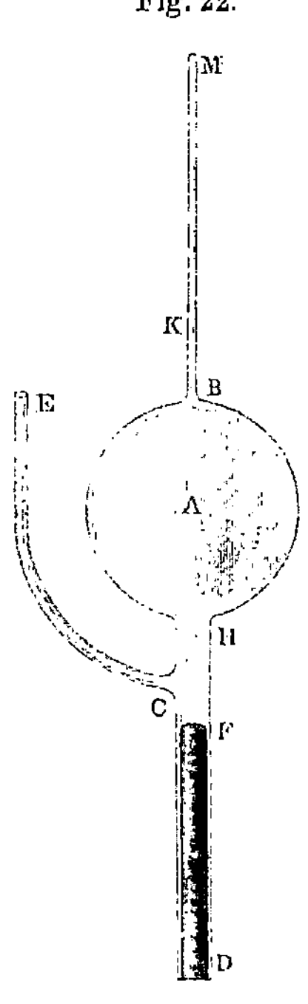

Fig. 22.

Verschiebung der Interferenzfigur um vier Streifen (bei Benutzung der gelben Heliumlinie) hervor. In dem von Fry konstruierten Manometer wird die Differenz zweier Drucke gleichfalls durch die Bewegung einer Membran bestimmt, wobei diese Bewegung mit Hilfe eines Spiegelchens und eines von ihm reflektierten Lichtstrahles gemessen wird. Fry meint, daß sein Manometer empfindlicher sei, als alle früher konstruierten.

Zur Messung sehr hoher Spannungen kann das Manometer von Desgoffe dienen, welches in Fig. 23 abgebildet ist; es stellt gewissermaßen eine umgekehrte hydraulische Presse dar. Der gesuchte Druck wirkt durch die Röhre T auf den Stahlzylinder P ein, der in einer breiten Platte D endet. Unter D befindet sich eine große Kautschukplatte, welche den kurzen Schenkel des Manometers vollkommen verschließt. In diesem befindet sich Wasser und unter letzterem Quecksilber, welches in den oben offenen Schenkel MN hineingepreßt wird. Sei nun h die Höhe des Quecksilbers in MN, H der gesuchte Druck, s die Fläche des Zylinderquerschnittes, S die Fläche der Platte D; es ist dann

$$H = h\frac{S}{s}.$$

Bei $S = 100\,s$ kann man einen gewaltigen Druck mit einer relativ niedrigen Quecksilbersäule messen.

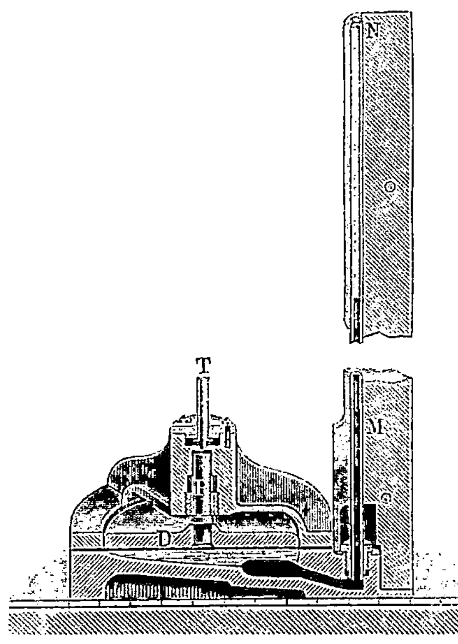

Fig. 23.

·Amagat (1904), P. P. Koch und Wagner (1910) u a. haben diese Manometer verbessert. Palmer (1898), Lisell (1902), Lafay (1902), Bridgman (1909) und insbesondere Biron (1910) haben Manometer konstruiert und sorgfältig untersucht, in welchen der Druck durch die elektrische Leitfähigkeit von Quecksilber gemessen wird; Lafay (1909) benutzte bis zu Drucken von 4500 Atm. Platina- und Manganinwiderstände.

Für hohe Spannungen kann auch ein geschlossenes Manometer dienen, wie es Cailletet benutzt hat; es ist mit Luft gefüllt, aus deren Volumverminderung man auf den zu messenden Druck schließt. Um dem Apparate die gleiche Empfindlichkeit auch für hohe Spannungen zu verleihen, läßt man die Röhre sich nach dem verschlossenen Ende hin verjüngen. Ein solches Manometer ist in Fig. 24 abgebildet, die beigefügten Zahlen geben die Spannung in Atmosphären an.

Sehr verbreitet ist das Metallmanometer von Bourdon, welches auf demselben Prinzipe beruht wie sein Barometer (S. 42); es ist in Fig. 25 abgebildet. Die gebogene Messingröhre b, deren ovaler Durchschnitt nebenbei abgebildet ist, steht mit ihrem verschlossenen Ende c mit einem Zeiger in Verbindung; das offene Ende a der Röhre ist durch eine mit einem Hahn hh versehene Röhre mit dem Raum ver-

Fig. 24.

Fig. 25.

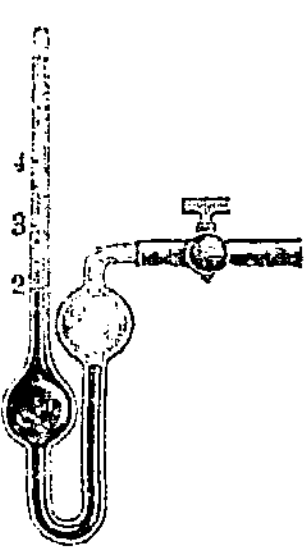

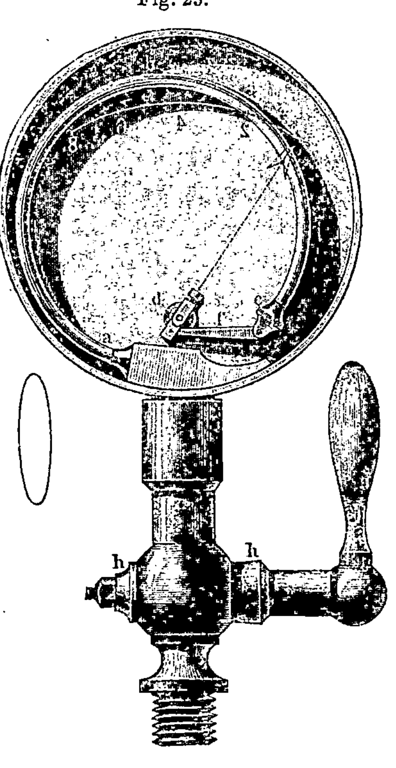

bunden, in welchem die zu messende Spannung herrscht. Je größer der Druck in diesem Raume ist, um so stärker wird die Röhre abc gestreckt, wobei sich dann das Zeigerende längs einer Skala hinbewegt. Die Skala selbst wird durch Vergleichung der Zeigerangaben mit den Angaben eines Quecksilbermanometers oder eines sonstigen justierten Manometers entworfen.

Die bisher beschriebenen Manometer versagen, wenn es gilt, den Druck bei hohen Temperaturen zu bestimmen oder die Spannung von Gasen zu messen, welche Metalle angreifen. Man benutzt dann die von E. Ladenburg und E. Lehmann (1906) konstruierten Glas- oder Quarzmanometer, die nach dem Prinzip der Bourdonschen Spirale (S. 42) verfertigt werden. Sie bestehen aus ganz dünnen, flachen Glas- oder Quarzröhrchen, und werden die Ausschläge gegen eine feste Marke mittels Mikroskops oder Spiegelablesung abgelesen. Die Empfindlichkeit dieser Instrumente kann sehr gesteigert werden, wenn man die Spirale aus mehreren Windungen herstellt (Abegg und Johnsen, 1908; Preuner und Schupp, 1910).

§ 7. Luftpumpen. Es kann nicht die Aufgabe dieses Buches sein, die vielen in Gebrauch befindlichen Luftpumpen eingehend zu beschreiben. Beständig wächst auch ihre Zahl und werden an die vorhandenen Verbesserungen angebracht. Wir beschränken uns vielmehr darauf, die Haupttypen, die augenblicklich (1918) die weiteste Verbreitung gefunden haben, kurz zu erläutern. Es sind dies, wenn wir von der gewöhnlichen Saug- und Druckpumpe absehen, deren Konstruktion wir aus der Elementarphysik als bekannt voraussetzen, I. die Quecksilberluftpumpen, II. die Ölluftpumpen, III. die Wasserstrahlluftpumpen und IV. neuere Konstruktionen, die auf ganz anderen Prinzipien, als die vorhergehenden, beruhen, z. B. die Gaedesche Molekularluftpumpe.

I. Wir beginnen mit der Beschreibung der Quecksilberluftpumpen. Diese lassen sich in zwei Gruppen teilen, welche nach ihren Erfindern als Geißlersche und als Sprengelsche Pumpen bezeichnet werden können.

Die Konstruktion der ersteren beruht wesentlich darauf, daß der zu evakuierende Raum, d. h. der Rezipient, mehrmals hintereinander mit einem Raum in Verbindung gebracht wird, der die Torricellische Leere über einer Quecksilbersäule bildet. Fig. 26 a und Fig. 26 b können dazu dienen, das Prinzip der Geißlerschen Pumpe zu erläutern. AC und BD sind zwei kommunizierende Gefäße, welche Quecksilber enthalten. Das Gefäß B ist oben offen; das Reservoir A kann durch den Hahn oo entweder mit r oder mit dem kleinen Gefäß p verbunden werden. Fig. 26 a zeigt die Einrichtung des Hahnes oo; bei der hier angegebenen Stellung ist A durch den Längskanal des Hahnes mit p verbunden; bei einer Drehung des Hahnes um 90° wird das Gefäß A mit der Röhre r verbunden, und zwar durch die in Fig. 26 b angedeutete Querdurchbohrung des Hahnes. Bei Zwischenstellungen des Hahnes

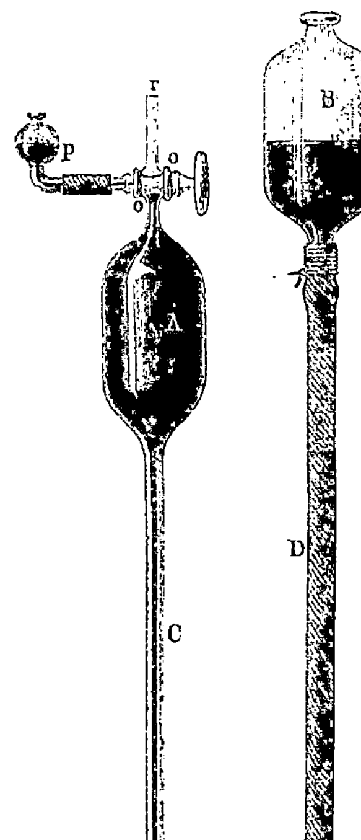

Fig. 26 a.

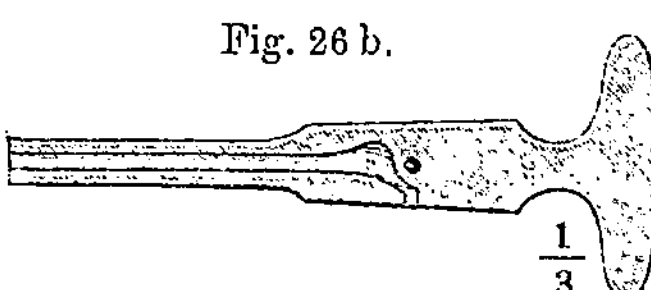

Fig. 26 b.

(Drehung um 45⁰) ist das Gefäß *A* oben völlig geschlossen. Die Röhre *r* wird mit dem Rezipienten verbunden. Das Gefäß *B* wird gewöhnlich vermittelst einer Winde gehoben und gesenkt (in der Figur fortgelassen). Es sei anfangs *A* mit *r* verbunden. Wird *B* genügend gesenkt, so sinkt das Quecksilber in *A* bis an das obere Ende der Röhre *C*, wobei eine gewisse Menge Luft oder eines anderen Gases aus dem Rezipienten in das Gefäß *A* übergeht. Nun wird der Hahn *o o* um 45⁰ gedreht, das Gefäß *B* gehoben und hierdurch die Luft in *A* zusammengedrückt; bei weiterer Drehung des Hahnes um 45⁰ und Hebung von *B* wird diese Luft durch *p* hinausgetrieben. Nun erfolgt Rückdrehung von *o o* um 45⁰, Senkung von *B*, weitere Rückdrehung um 45⁰ und weitere Senkung von *B*, wodurch wiederum *A* mit *r* verbunden wird und von neuem Luft aus dem Rezipienten in das Gefäß *A* überströmt. Durch fortgesetzte Wiederholung dieser Manipulationen wird immer von neuem Luft durch *r* nach *A* herübergesogen und auf diese Weise eine beständig steigende Verdünnung der Luft im Rezipienten erzeugt.

Eine charakteristische Eigentümlichkeit der neueren Quecksilberluftpumpen besteht in der Abwesenheit von Hähnen. Wir beschreiben hier eine von Töpler konstruierte Pumpe mit einigen von Neesen und Bessel-Hagen angegebenen Verbesserungen. Zeichnung und Beschreibung sind dem Lehrbuch der Physik von Müller-Pouillet entnommen. Diese Pumpe ist in Fig. 27 dargestellt; Fig. 28 zeigt einen wichtigen Teil derselben in teilweise abgeänderter Form. *KA* und *Q S* sind die kommunizierenden Röhren, *K* das Vakuumgefäß, *Q* das Gefäß, welches vermittelst einer Winde gehoben und gesenkt werden kann; *D O* ist ein seitliches, von Neesen eingeführtes Rohr, welches dazu dient, die heftigen Stöße des Quecksilbers beim Eintritt der Luft aus dem Rezipienten zu vermeiden; *O B C* ist ein Rohr, durch welches die in den Raum *K* beim Heben des Quecksilbers hineingepreßte Luft hinausgetrieben wird. Wir wollen hier einschalten, daß die in der Zeichnung bei *B*, *C*, *G*₁ und *A* dargestellten Quecksilbersäulen dem Stadium entsprechen, wo in dem Rezipienten, welche in der Zeichnung als Geißlersche Röhre *R* angenommen ist, bereits ein hoher Grad von Verdünnung herrscht. Zu Anfang des Versuches steht das Quecksilber in *A* und *Q S* in etwa gleicher Höhe; in *B C* befindet sich eine relativ geringe Quecksilbermenge an der unteren Biegung, und zwar ebenfalls in *B* und *C* in etwa gleicher Höhe. *P E J* ist eine dünne, oben offene Röhre, die in Fig. 28 besser zu sehen ist. Diese Röhre ist bei *F* von einem breiten, oben offenen Gefäß umgeben, welches Quecksilber enthält. Über die Röhre *E J* ist eine breitere Röhre gestülpt, deren unteres Ende in das Quecksilber des Gefäßes *F* taucht; als ihre Fortsetzung dient die dünne Röhre *G*₁ (*G*₂ in Fig. 28), welche zu dem Rezipienten *R* führt. Dieser ist entweder angeschmolzen (Fig. 27) oder durch Schliffstücke und Hähne (Fig. 28) mit *G*₁ (*G*₂) verbunden. *M* ist ein

Fig. 27.

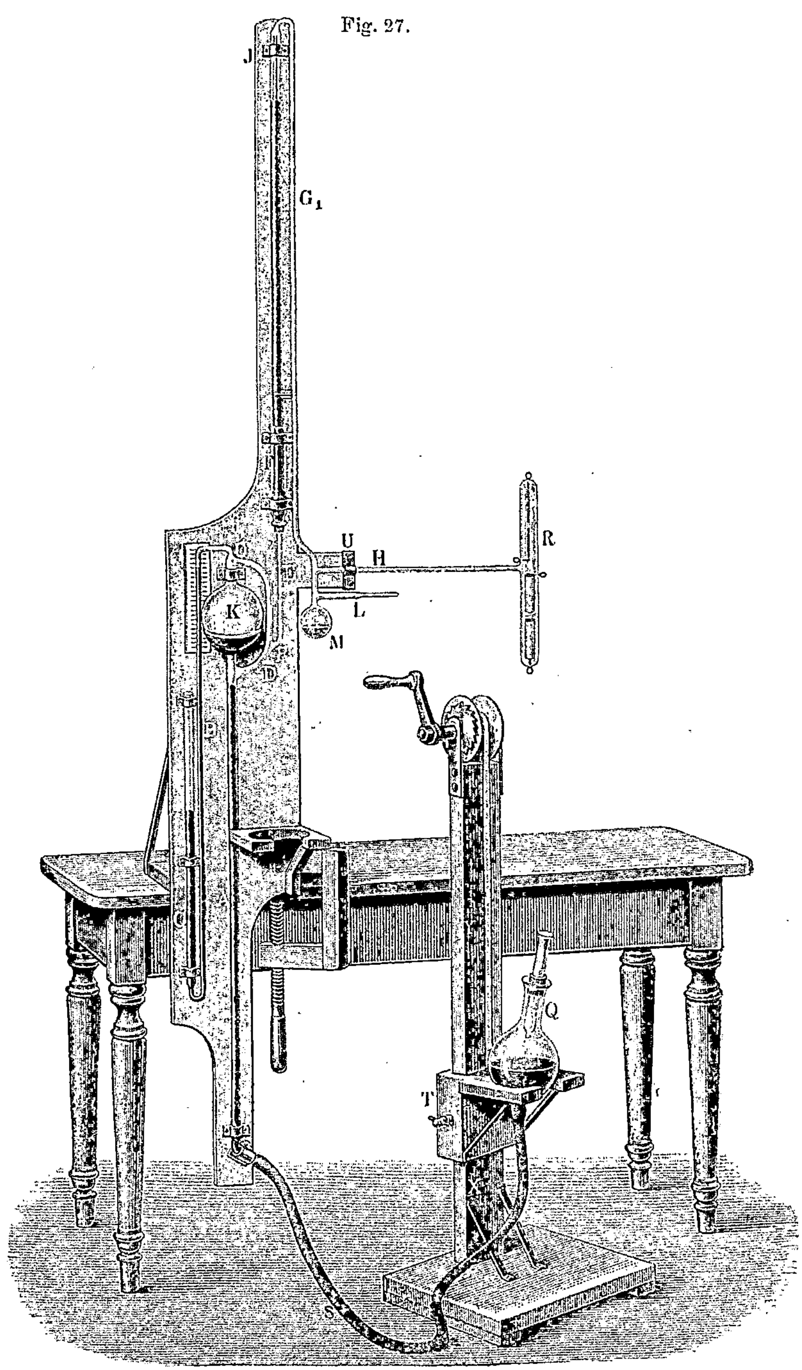

Trockengefäß, welches Phosphorsäureanhydrid enthält; dieses wird entweder durch einen seitlichen Tubulus (Fig. 28) oder durch die Röhre L (Fig. 27) eingeführt, welche nachher zugeschmolzen wird.

Wie aus obiger Beschreibung zu ersehen, wirkt der äußere Luftdruck an drei Stellen: über Q, F und C. Das Quecksilber steht also anfänglich in gleicher Höhe: erstens in B und C, zweitens in SQ und AK, drittens im Gefäß F und im Raume zwischen der inneren engen Röhre EJ und der sie umgebenden breiteren Röhre.

Das Auspumpen geschieht in folgender Weise. Das Gefäß Q wird gehoben, das Quecksilber steigt in A, gelangt durch D nach P und unterbricht dadurch die Verbindung zwischen K und dem Rezipienten R. Bei weiterem Heben von Q füllt das Quecksilber die Kugel K und treibt die daselbst vorhandene Luft durch das Quecksilber in BC hindurch ins Freie. Beim Senken von Q strömt die in B nachgebliebene Luft (der schädliche Raum) und, sobald das Quecksilberniveau unterhalb P angelangt ist, auch die Luft aus R nach K. Bei neuem Heben von Q wird wiederum zuerst die Verbindung bei P unterbrochen und dann die Luft aus K durch BC hinausgetrieben. Anfangs erhält man in B nach dem Heben von Q jedesmal eine gewisse Luftmenge, deren Druck größer ist als der Druck der Atmosphäre, da sonst ein Hinaustreiben der Luft durch das Quecksilber in BC nicht möglich wäre. Sobald jedoch ein solches Hinaustreiben der Luft beim Heben von Q nicht mehr stattfindet, wird Q langsam so weit gehoben, bis das aus K über O nach B überströmende Quecksilber die ganze in B übrig gebliebene Luftmenge durch die Röhre C hinaustreibt. Beim erneuten Senken von Q bleibt in B eine Quecksilbermenge zurück, welche durch ihre Höhe die erreichte Verdünnung angibt; in K entsteht eine Torricellische Leere, in welche die Luft aus R hinüberströmt, sobald die Verbindung bei P frei wird. Nun strömt beim Senken von Q jedesmal Luft aus R nach K und wird bei genügendem Heben aus K durch BC hinausgetrieben. In dem Maße als das Verdünnen der Luft fortschreitet, steigt das Quecksilber aus dem Gefäß F in dem Raume zwischen den beiden Röhren FJ. Bei erreichter hoher Verdünnung erhält man das in Fig. 27 dargestellte Bild: durch den Druck der äußeren Luft über Q, C und F werden die drei Quecksilbersäulen A, B und FJ getragen.

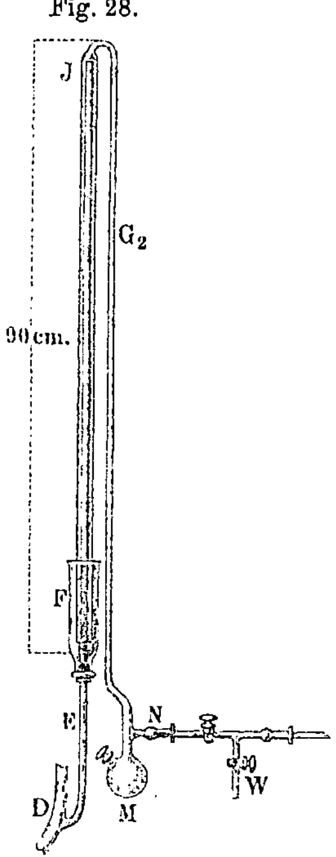

In Fig. 29 ist die Quecksilberpumpe von Mendelejew abgebildet. Vom Reservoir A führt eine Röhre nach unten, deren Ende mittels eines Kautschukschlauches mit dem Quecksilberreservoir B verbunden ist. Eine dünne Röhre führt vom oberen Teile des Gefäßes A abwärts und endet im Quecksilber des Behälters C. Endlich verbindet die Röhre aO das Gefäß A mit dem Raume, welcher zu evakuieren ist. An die absteigende Röhre aO ist ein Manometer angeschlossen; es ist $bd = 780$ mm und $cf = 760$ mm. Ist das Reservoir B genügend hoch gehoben, so füllt das Quecksilber das Gefäß A und verdrängt die Luft durch C, wohin auch ein Teil des Quecksilbers gelangt. Dies Quecksilber fließt dann schließlich nach d und wird von Zeit zu Zeit nach B zurückgegossen. Senkt man B, so tritt die Luft aus dem zu evakuierenden Raume durch Oa nach A über; von hier wird sie darauf nach C geschafft. In a steigt das Quecksilber bis zu einer Höhe, welche dem erreichten Verdünnungsgrade entspricht.

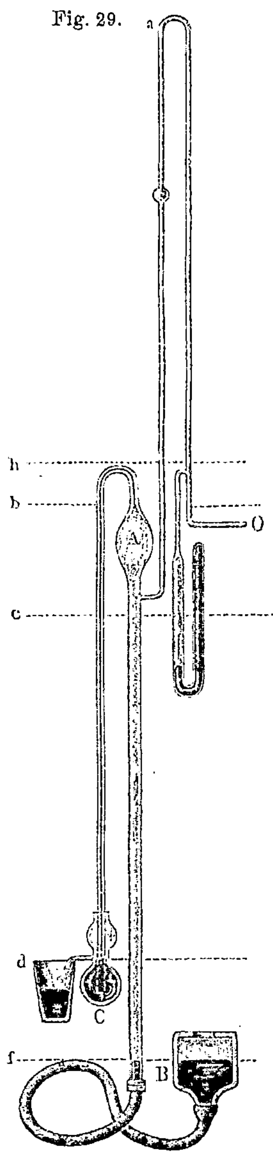

Wir wenden uns nun zur Betrachtung der zweiten Art von Quecksilberpumpen, deren Prinzip wir als das Sprengelsche bezeichnen wollen. Dieses beruht im wesentlichen darauf, daß eine Quecksilbermasse, die durch eine vertikale Röhre in getrennten Tropfen herabfällt, Luftblasen mit sich fortreißt. In Fig. 30 ist eine derartige Sprengelsche Pumpe abgebildet. Hier ist f die Fallröhre, welche in R mit dem Rezipienten verbunden ist. Das in T befindliche Quecksilber strömt durch die Röhre r in die oben verbreiterte Röhre f, durch welche es in einzelnen Tropfen oder Säulen herabfällt, zwischen denen sich Luftblasen befinden. E ist ein Trockengefäß, welches auf dem Kork h ruht; dieser ist auf ein um a drehbares Brettchen b festgeleimt, B ist ein Baromanometer. Die Röhre f reicht fast bis an den unteren Boden des Sammelgefäßes g, welches mit zwei seitlichen Röhren versehen ist, von denen die obere zum Austritt der Luft, die untere zum Abfließen des Quecksilbers dient.

Eine veränderte Form der Sprengelschen Quecksilberpumpe ist
in Fig. 31 abgebildet. Sie ist folgendermaßen konstruiert: Aus einem

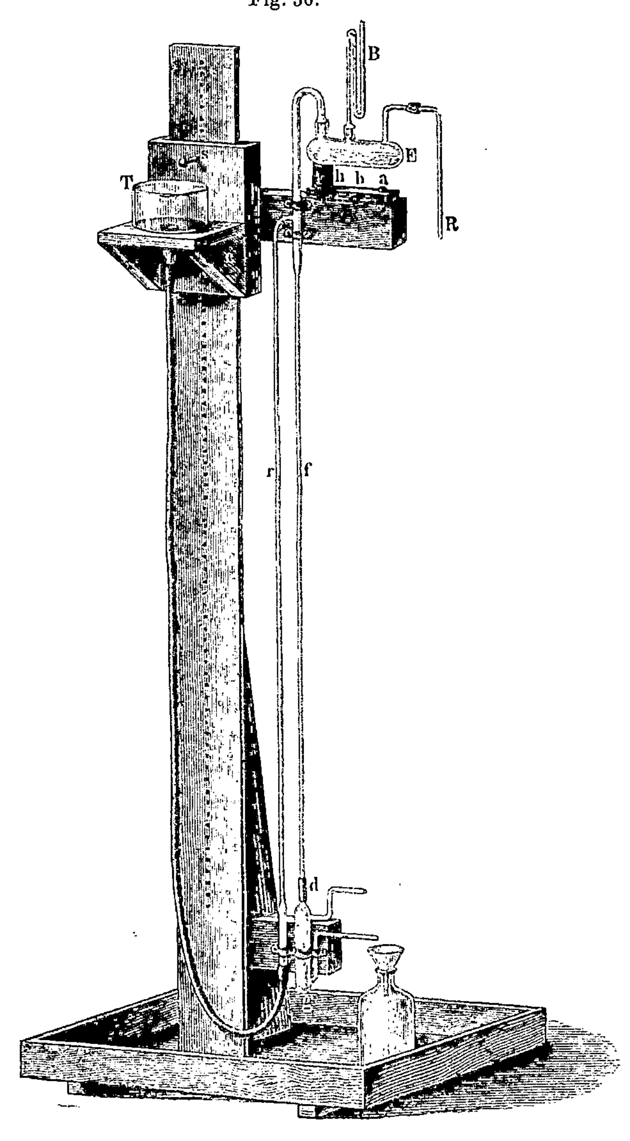

Fig. 30.

Reservoir (oder Trichter) über *R* fließt wohlgetrocknetes Quecksilber
durch die enge Röhre *J*, welche in ihrem unteren Teile in die weite
Röhre *A a A* übergeht, herab. Letztere steht durch *T* mit der Außen-

luft in Verbindung. Ferner fließt das Quecksilber durch die Röhren BB, CC und DD; letztere ist oben verjüngt und mit H verbunden, von wo die Röhre S nach dem zu evakuierenden Raume führt. Im weiteren Verlaufe fließt das Quecksilber tropfenweise durch die lange Röhre FF. Die Hähne R und R' dienen dazu, die Geschwindigkeit zu regulieren, mit welcher das Quecksilber ausfließt. Von jedem einzelnen Quecksilbertropfen wird eine gewisse Luftmenge aus H fortgeführt und erhält man auf diese Weise rasch einen ziemlich hohen Verdünnungsgrad, der mittels der mit H verbundenen Barometerröhre GG gemessen wird. Die Röhren AaA und T, sowie der Behälter K dienen dazu, die Luft aufzufangen, welche etwa durch R nach J gelangen könnte. Somit enthält das in CC und DD vorhandene Quecksilber keine Luft mehr.

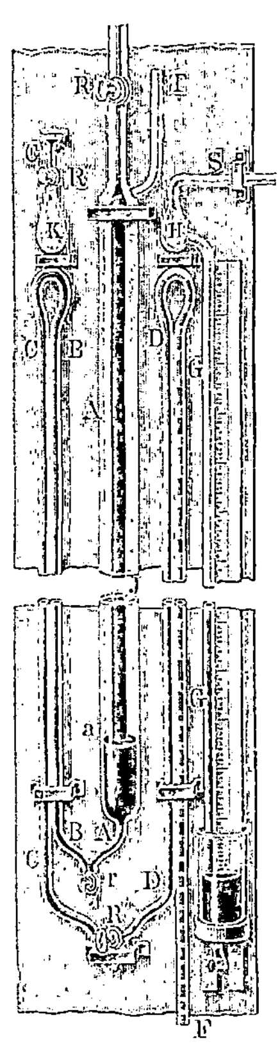

Fig. 31.

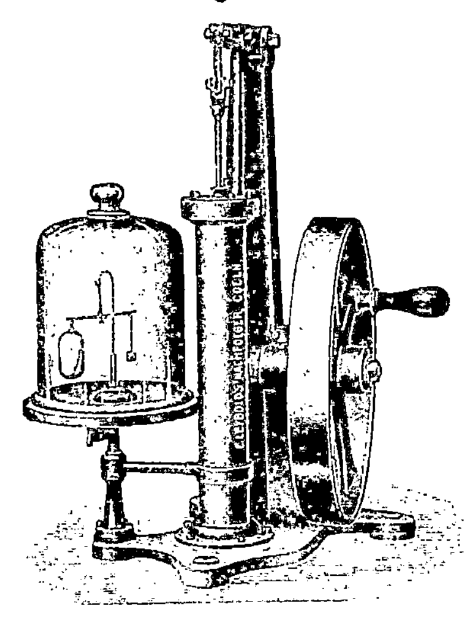

Fig. 32.

II. Die Ölluftpumpen. Das Gemeinsame dieser Pumpen liegt darin, daß die Luft aus dem schädlichen Raum, der bei allen nach dem Guerickeschen Prinzip gebauten Pumpen vorhanden ist, durch Öl verdrängt wird, weshalb schon mit einem einzigen Kolbenzug höhere Verdünnungen erreicht werden, als mit den gewöhnlichen Kolbenpumpen.

Die erste zweckmäßige Konstruktion einer Ölluftpumpe wurde von Fleuß angegeben und als Gerykpumpe in den Handel gebracht. Gegenwärtig (1918) ist sie so gut wie verdrängt durch die von Gaede konstruierte und von Leybold in Köln fabrizierte sogenannte Gaede-Kolbenpumpe, die sich durch mechanische und physikalische Unverwüstlichkeit, ferner durch weitgehende Unempfindlichkeit gegen Wasserdampf auszeichnet und die in wenigen Minuten ein für die meisten Zwecke (Kathoden-, Röntgenstrahlen) genügend hohes Vakuum zu gewinnen gestattet. Die Fig. 32 zeigt die äußere Ansicht; ihre innere Konstruktion veranschaulicht die Fig. 33.

Fig. 33.

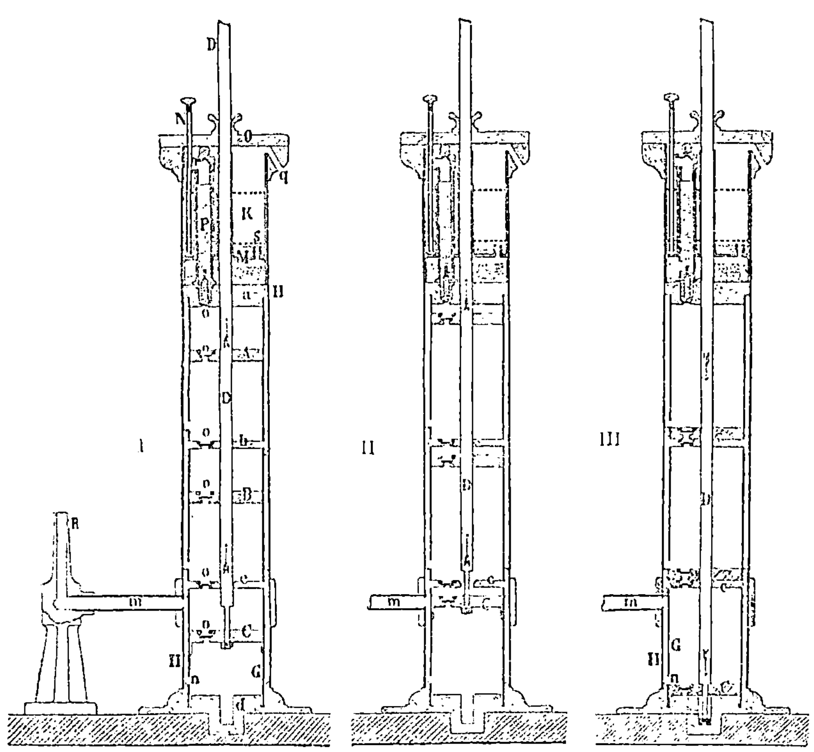

Die Kolbenstange D (Fig. 33 I) bewegt die drei Kolben A, B und C zwischen den festen a, b, c, d mit kleinen Ventilen o versehenen Decken. Die Kolben fördern durch ihre Bewegung die Luft von d nach o, erzeugen somit in dem Raume bei d ein Vakuum. Der Schliff R, auf den das zu evakuierende Gefäß aufgesetzt wird, ist durch das Rohr m mit dem Mantel H der Pumpe verbunden. Hat der Kolben C die tiefste Stellung erreicht (Fig. 33 III), so strömt die Luft von R durch m, dann zwischen dem Mantel H der Pumpe und dem Zylinder G und schließlich durch die Öffnung n in das Vakuum, welches sich über dem Kolben C zwischen C und c gebildet hat. Bei der Aufwärtsbewegung des Kolbens gleitet die Kolbenstange mit dem verengten Teil durch den Kolben C hindurch, bis der Kolben durch den Anschlag bei C mitgenommen wird.   In der oberen Kolbenstellung (Fig. 33 II) entweicht die über C befindliche Luft an der verengten Stelle der Kolbenstange vorbei in den vorevakuierten Raum über dem Deckel c. Hat der Kolben die oberste Stellung erreicht, so bleibt er in dieser durch Adhäsion so lange stehen, bis die Kolbenstange sich so weit herabbewegt hat, daß sie die Öffnung in c verschließt und gegen C anschlagend, den Kolben C abwärts führt. Die zwischen c und b befindliche Luft wird durch den Kolben B nicht direkt gegen die Atmosphäre, sondern gegen ein weiteres Vorvakuum abgegeben, welches durch die Bewegung des Kolbens A zwischen den Deckeln b und a entsteht. Die Luft entweicht bei diesem

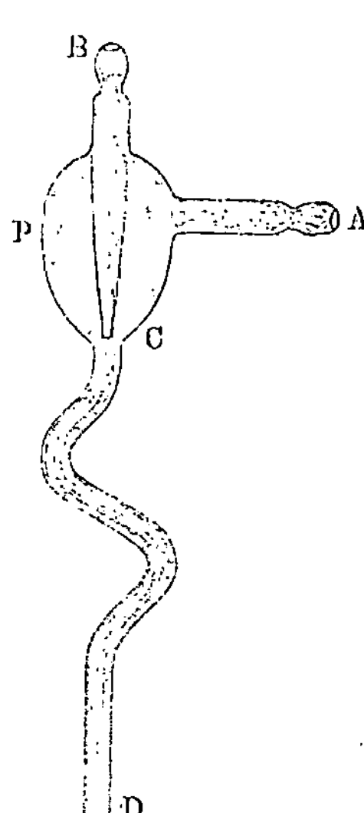

Fig. 34.

durch die Öffnung q. Die durch die Dichtungsspalte bei o des Deckels a eindringenden Öltröpfchen vereinigen sich bei jeder Kompression über dem Kolben A mit den kondensierten Wasserdämpfen zu einer Öl-Wasseremulsion. Diese Öl-Wasseremulsion wird zusammen mit der Luft durch das Ventil o bei a und durch die über dem Ventil sitzende Röhre P und deren obere Öffnung r in den Raum K gefördert; dieser ist mit einem Gewebe ausgefüllt, das die Eigenschaft hat, das Öl und Wasser der Öl-Wasseremulsion zu trennen. Auf dem Boden M, welcher den Raum K unten abschließt, sammelt sich infolge des höheren spezifischen Gewichtes das Wasser an und kann, falls dies nach längerer Betriebszeit notwendig wird, durch das Röhrchen N, welches aus dem Deckel O der Pumpe herausragt, mit einer Glasspritze mit Verbindungsschlauch abgesaugt werden. Das vom Wasser getrennte Öl fließt durch das Röhrchen s in den Raum zwischen a und M und bewirkt von neuem ein Unschädlichmachen der Wasserdämpfe.

Mit Hilfe dieser Pumpe lassen sich eine große Anzahl von schönen Demonstrationsversuchen leicht und sicher ausführen.

III. Wird die Sprengelsche Quecksilberluftpumpe statt mit Quecksilber mit Wasser betrieben, so erhält man die zuerst von Bunsen erfundenen Wasserluftpumpen. Sie werden, je nach dem Zwecke, welchem sie dienen sollen, in den verschiedenartigsten Formen konstruiert. Fig. 34 zeigt einen sehr einfachen, von W. Ostwald angegebenen Apparat, der ganz aus Glas besteht. Das Wasser strömt aus einem offenen Behälter oder aus der Wasserleitung durch die Röhre B, welche in die Erweiterung P eingeschmolzen ist, in die genügend lange, vertikale Röhre D und saugt hierbei die Luft aus dem mit A verbundenen

Rezipienten. Auf weitere Einzelheiten wollen wir hier nicht eingehen. Mit der Wasserpumpe läßt sich ein Druck von etwa 20 mm Quecksilberhöhe erreichen (Druck der Wasserdämpfe bei Zimmertemperatur).

IV. **Auf anderen Prinzipien beruhende Pumpen.** In neuerer Zeit sind einige Neukonstruktionen von Pumpen in den Handel gebracht, von denen wir hier nur die **Molekularluftpumpe** von **Gaede** beschreiben, die vollkommen unempfindlich gegen Wasserdampf ist und innerhalb weniger Minuten ein Vakuum von 0,000002 mm zu erreichen gestattet. Sie werden deswegen jetzt vielfach bei wissenschaftlichen Untersuchungen, bei denen es auf die äußerste Luftleere ankommt, benutzt.

Das Prinzip derselben ist durch Fig. 35 gekennzeichnet. *A* ist ein um die Welle *a* drehbarer Zylinder, der von dem Gehäuse *B* umschlossen ist. In das Gehäuse *B* ist eine von *n* bis *m* reichende Nut eingefräst. Dreht sich *A* im Sinne des Uhrzeigers, so wird die Luft in der Nut infolge der Gasreibung von *n* nach *m* mitgerissen. Verbindet man die Öffnungen *n* und *m* mittels der Schlauchstücke *S* mit einem Manometer *M*, so beobachtet man zwischen *m* und *n* eine Druckdifferenz. Das Quecksilber ist in dem rechten Schenkel des Manometers bis *o* herabgedrückt und steht in dem linken Manometerschenkel bei *p*. Diese Druckdifferenz ist um so größer, je schneller man den Zylinder *A* dreht und je größer die innere Reibung (siehe später, S. 103) der Gase ist. Die innere Reibung der Gase wird nach der kinetischen Gastheorie durch die Zusammenstöße der Gasmoleküle untereinander erklärt (vgl. Abt. I, S. 47). **Maxwell** hat aus den Zusammenstößen berechnet, daß

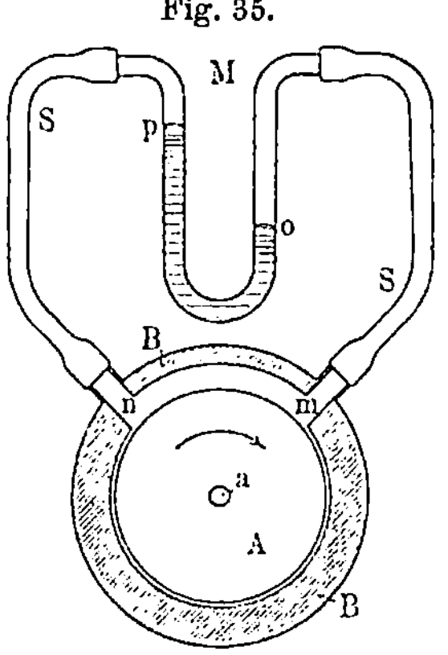

die innere Reibung eines Gases unverändert bleiben muß, gleichgültig, ob sich das Gas in einem verdichteten oder verdünnten Zustande befindet (siehe S. 104). Dieses Gesetz findet man bei der Vorrichtung Fig. 35 in anschaulicher Weise bestätigt. Verbindet man das Gehäuse *B* mit einer Luftpumpe, so beobachtet man, daß trotz der Verdünnung der Luft der Quecksilberstand bei *o* und *p*, also auch die Druckdifferenz, unverändert bleibt. Dieser Versuch hat eine praktische Bedeutung. Ist z.B. die Druckdifferenz gleich einer Quecksilbersäule *op* von 10 mm, so ist bei Atmosphärendruck der Druck bei *m* 760 mm, bei *n* 750 mm. Verdünnen wir die Luft im Gehäuse, so erhalten wir z. B. bei *m* 200 mm und bei *n* 190 mm, usw. Setzen wir bei *m* den Druck auf 10 mm herab, so sollte, wenn diese Regel noch weitere Gültigkeit hätte, der Druck bei *n* Null sein, d. h. diese Vorrichtung würde eine ideale Luftpumpe darstellen und ein absolutes Vakuum zu geben imstande sein. Bei den niedersten

Drucken gestaltet sich die Regel aber tatsächlich verwickelter. Bei den allerhöchsten Verdünnungen ist nicht mehr die Druckdifferenz, sondern das Druckverhältnis unabhängig vom Verdünnungsgrad.

Die Gasmoleküle bewegen sich mit sehr großer Geschwindigkeit in absoluter Unordnung auf geraden Bahnen durcheinander, bis sie mit einem anderen Molekül zusammenstoßen, so daß unregelmäßige Zickzackbewegungen entstehen. Bei den niedersten Drucken sind die Zusammenstöße der Moleküle untereinander infolge der großen Verdünnung sehr selten, so daß die Moleküle fast ausschließlich mit den Wänden des evakuierten Raumes zusammenstoßen. Von den Wänden werden die Moleküle in absoluter Unordnung reflektiert. Die Reflexion der Moleküle kann man sich so vorstellen, wie wenn die Oberfläche des Zylinders mit einer großen Zahl kleiner Geschütze besät wäre, aus

Fig. 36.   Fig. 37.

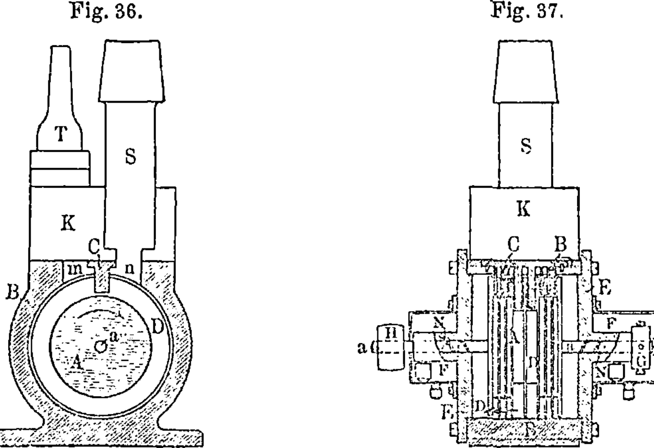

welchen die Moleküle nach allen möglichen Richtungen mit einer großen Geschwindigkeit, der Molekulargeschwindigkeit, abgeschossen werden. Bewegt sich die Zylinderoberfläche mit einer Geschwindigkeit, die größer ist als die Molekulargeschwindigkeit, so bewegen sich in der Nut die Molekülgeschütze schneller nach rechts, als die Moleküle nach links abgeschossen werden, so daß die in der Richtung nach n abgeschossenen Moleküle sich ebenfalls im Sinne des Pfeiles nach rechts mitbewegen. Von dem Zylinder werden somit keine Moleküle nach n reflektiert, bei n entsteht ein Verarmungsbereich von Molekülen, ein Vakuum. Man erkennt hieraus, daß diese Vorrichtung, welche bei Atmosphärendruck als Luftpumpe wertlos ist, bei niederen Drucken in Verbindung mit einer Hilfspumpe sehr gute Resultate geben muß. Die neue Pumpe beruht somit auf einer technischen Ausnutzung des molekularen Mechanismus der Gase; sie ist eine „Molekularluftpumpe". Aus verschiedenen praktischen Gründen wählt man die Umdrehungsgeschwindigkeit kleiner

und gibt den Saugnuten die Form wie in Fig. 36 und 37. In dem
Gehäuse B rotiert der Zylinder A um die Welle a, welche in den
luftdicht aufgeschraubten Scheiben E gelagert ist. In den Zylindern
sind die Nuten D eingeschnitten. In die Nuten ragen die am Gehäuse befestigten Lamellen C hinein. F sind die Ölbehälter und G
ist eine Stellvorrichtung, welche verhindert, daß die Lamellen C an die
Nutenwandungen. des rotierenden Zylinders anstreifen. H ist die
Riemenscheibe. Dreht sich A im Sinne des Uhrzeigers, so wird das
Gas bei m verdichtet, bei n verdünnt. Auf dem Gehäuse B ist der
Aufsatz K luftdicht aufgeschraubt. S ist das Saugrohr für das Hoch-
vakuum und ist, wie Fig. 36 zeigt, mit n verbunden, wobei D eine Nut

Fig. 38.

in der Mitte sein soll. Die Drucköffnung m ist durch Kanäle in dem
Aufsatz K mit der Saugöffnung n einer benachbarten Nut verbunden,
die Drucköffnung m dieser Nut ist dann wieder mit der Saugöffnung n
der nächsten Nut verbunden usw., so daß die Wirkungen der einzelnen
Nuten sich addieren. Der Druck in der mittleren Nut ist am kleinsten
und steigt gleichmäßig nach den beiden Enden des Zylinders bis zu
dem Gasdruck, den die Hilfspumpe in dem Gehäuse erzeugt. Die Hilfspumpe ist durch einen Schlauch mit der Düse T verbunden und steht
mit dem Inneren des Gehäuses B in Verbindung.

Die Fig. 38 stellt die äußere Ansicht der Molekularpumpe mit
einem Röntgenrohr dar; die Pumpe rechts ist die mit Hilfe eines elektrischen Motors angetriebene Hilfspumpe.

Wie schon erwähnt, ist von allen Pumpen die Molekularluftpumpe, was den Grad der Verdünnung anbetrifft, die wirksamste. Verbindet man sie mit dem zu evakuierenden Gefäß unter Einschaltung eines poröse Kohle enthaltenden Gefäßes, das in flüssige Luft taucht (siehe Kap. IV, § 6, S. 71), so gelangt man zu der äußersten bis jetzt erreichbaren Verdünnung.

Auf weitere Pumpen, die auf anderen Prinzipien beruhen, z. B. die Gaedesche Diffusionspumpe, gehen wir nicht ein.

Literatur.

Thurot: Note historique sur l'expérience de Torricelli. J. de phys. (1) **1**, 171 und 267.
Torricelli und Descartes: Briefe an verschiedene Personen.
Pascal: Expériences touchant le vide. Paris 1647 und 1648.
Pascal: Traité de la pesanteur de la masse de l'air 1663.
Wild: Repert. f. Meteorol. **3**, Nr. 1, 1874.
Zahlreiche Abhandlungen über Barometer findet man ferner in der Ztschr. f. Meteorol., Ztschr. f. Instrkde. u. a. Journalen.
Mc Leod: Phil. Mag. (4) **48**, 110, 1874.
Baly and Ramsay: Phil. Mag. (5) **38**, 314, 1894.
Voege: Phys. Ztschr. **7**, 498, 1906.
Pirani: Verh. d. D. Phys. Ges. 1906, S. 686.
Hering: Ann. d. Phys. (4) **21**, 319, 1906.
Reiff: Phys. Ztschr. **8**, 124, 1907.
Brush: Phil. Mag. (5) **44**, 415, 1897.
Thiesen: Ztschr. f. Instrkde. **6**, 89, 1886.
Lord Rayleigh: Phil. Trans. London **196** (A), 208, 1901.
Scheel u. Heuse: Verh. d. D. Phys. Ges. 1909, S. 1; Ztschr. f. Instrkde. **29**, 344, 1909; **30**, 45, 1909.
Knudsen: Absolutes Manometer. Ann. d. Phys. **32**, 809, 1910.
Fry: Phil. Mag. (6) **25**, 494, 1913.
Fry and Tyndall: Phil. Mag. (6) **21**, 348, 1911.
Amagat: Ann. de chim. et phys. (6) **29**, 68, 1893.
Wagner: Ann. d. Phys. (4) **31**, 31, 1910.
Lafay: Compt. rend. **149**, 566, 1909; Ann. de chim. et phys. (7) **19**, 289, 1910.
Palmer: Amer. Journ. of Sc. (4) **4**, 1, 1897; **6**, 451, 1898.
Lisell: Diss., Upsala, 1902.
Bridgman: Proc. Amer. Ac. of Arts and Sc. **44**, 203, 211, 1909.
Biron: Journ. d. russ. phys.-chem. Ges. **42**, 223, 1910.

Pumpen.

F. Schulze-Berge: Rotationsluftpumpe. Wied. Ann. **50**, 368, 1893.
Kohlrausch: Pogg. Ann. **150**, 423, 1873.
J. West: Verh. d. phys. Ges. zu Berlin **17**, 33, 1898.
A. Raps: Wied. Ann. **43**, 629, 1891; **48**, 377, 1893.
W. Röntgen: Wied. Ann. **23**, 26, 1884.
Schuller: Wied. Ann. **13**, 528, 1881.
A. Toepler: Dingl. Journ. **163**, 426, 1862.
Gimingham: Proc. R. Soc. **25**, 396; Beibl. **1**, 175, 1877.

D. Mendelejew: (Quecksilberpumpe) Journ. d. russ. phys.-chem. Ges. **6**, 120, 1874.

Bessel-Hagen: Wied. Ann. **12**, 425, 1881.

Neesen: Wied. Ann. **3**, 608; **13**, 304; Ztschr. f. Instrkde. 1882, S. 285; 1883, S. 245; 1899, S. 147.

G. W. A. Kahlbaum: Wied. Ann. **53**, 199, 1894. Ztschr. f. physikal. und chem. Unterricht **8**, 90, 1894.

Zehnder: Ann. d. Phys. (4) **18**, 623, 1903.

Gaede: Verh. d. D. Phys. Ges. **7**, 287, 1905; **9**, 639, 1907; **14**, 775, 1912; Phys. Ztschr. **6**, 758, 1905; **8**, 852, 1907; **13**, 864, 1912; Ztschr. f. Instrkde. **27**, 163, 1907; **32**, 299, 1912; Ann. d. Phys. (4) **41**, 337, 1913.

Goes: Phys. Ztschr. **12**, 1105, 1912.

Steele: Phil. Mag. (6) **19**, 863, 1910; Chem. News **102**, 53, 1910.

Gaede: Diffusionsluftpumpe. Ann. d. Phys. **46**, 357, 1915.

Viertes Kapitel.

Berührung von Gasen mit Gasen, Flüssigkeiten und festen Körpern.

§ 1. Gasgemische. Daltonsches Gesetz. Wenn Gase aufeinander nicht chemisch einwirken, so mischen sie sich in jedem beliebigen Verhältnisse; dieser Vorgang erfolgt, wie wir später sehen werden, sogar von selbst, wenn man die Gefäße, in welchen verschiedene Gase enthalten sind, miteinander in Verbindung setzt (siehe S. 127). Der Druck, welcher von einem solchen Gasgemisch ausgeübt wird, entspricht dem Daltonschen Gesetze: Der Druck eines Gemisches aus mehreren Gasen ist gleich der Summe der Drucke seiner Bestandteile, d. h. gleich der Summe der Drucke, welche jedes der Gase ausüben würde, wenn es ganz allein dasselbe Volumen einnehmen würde. Den Druck jedes einzelnen Bestandteiles nennt man hierbei den Partialdruck. Nehmen die Gase bei der gleichen Temperatur t und bei den Drucken $p_1, p_2, p_3 \ldots$ zuerst einzeln die Volumina $v_1, v_2, v_3 \ldots$ ein, so werden, nachdem sie hierauf bei derselben Temperatur t im Volumen V gemischt sind, ihre Partialdrucke $P_1 = \dfrac{p_1 v_1}{V}$, $P_2 = \dfrac{p_2 v_2}{V}, \ldots$ Das Daltonsche Gesetz lautet nun dahin, daß der Druck P des Gemisches gleich $P = P_1 + P_2 + P_3 + \cdots$ ist, d. h.

$$P = \frac{p_1 v_1}{V} + \frac{p_2 v_2}{V} + \frac{p_3 v_3}{V} + \cdots = \sum \frac{p v}{V} \quad \cdots \cdot (1)$$

oder

$$P V = \sum p v \quad \ldots \ldots \ldots (2)$$

Ist $p_i v_i = R_i T$ die Zustandsgleichung der Masseneinheit eines dieser im Gemisch enthaltenen Gase und m_i die Masse dieses Gases, so gilt für dasselbe die Gleichung

$$p_i v_i = m_i R_i T \quad \ldots \ldots \ldots \quad (2, \text{a})$$

Geben wir der Zustandsgleichung des Gemisches die Form

$$P V = m R T \ldots \ldots \ldots \ldots \quad (2, \text{b})$$

wo $m = \Sigma m_i$ ist, so ergibt die Formel (2) unmittelbar

$$R = \frac{\Sigma m_i R_i}{m} = \frac{\Sigma m_i R_i}{\Sigma m_i} \quad \ldots \ldots \ldots \quad (2, \text{c})$$

Das Daltonsche Gesetz gilt nur angenähert, wie auch das Boyle-Mariottesche. Ändert sich beim Mischen das von den Gasen eingenommene Volumen nicht, d. h. ist $V = \Sigma v$ und sind alle p untereinander gleich, so gibt Formel (2) $P = p$, also ändert sich beim Mischen der Druck nicht. Dies wird durch den Versuch von Berthollet bestätigt, der zwei Kugeln untereinander verband, von denen die eine mit Wasserstoff, die andere mit Kohlensäure unter Atmosphärendruck gefüllt war; die Spannung änderte sich beim Mischen nicht. Sind alle v untereinander gleich und gleich V, so ist $P = \Sigma p$. Die Formel (1) kann man auch in folgender Form schreiben

$$V = \sum \frac{p}{P} v \quad \ldots \ldots \ldots \ldots \ldots \quad (3)$$

.welche aussagt, daß das Volumen des Gasgemisches gleich der Summe der Volumina ist, welche von den einzelnen Gasen beim Drucke P des Gemisches eingenommen würden.

Die Untersuchungen von Regnault haben gelehrt, daß das Gemenge von Luft und CO_2 dem Daltonschen Gesetze zwischen 1 und 2 Atmosphären Druck gehorcht. Indes fanden Andrews und Cailletet, daß für jedes Gasgemisch ein besonderes Gesetz gilt, nach welchem sich sein Volumen bei hohen Drucken ändert. Dasselbe kann aus den Gesetzen, welche die Kompressionsfähigkeit der Bestandteile bestimmen, nicht abgeleitet werden (vgl. S. 27, die Kompressibilität von Gasgemischen). Im dritten Bande werden wir auf das Daltonsche Gesetz wieder zurückkommen.

§ 2. Löslichkeit der Gase in Flüssigkeiten. Befindet sich ein Gas in Berührung mit einer Flüssigkeit, so wird ein Teil des Gases in ihr aufgelöst. Die Gasmenge, welche sich in der Flüssigkeit lösen kann, ist begrenzt; ist diese Grenze erreicht, so sagt man, die Flüssigkeit sei mit dem entsprechenden Gase gesättigt. Diese Löslichkeitsgrenze hängt von der Art und dem Volumen der Flüssigkeit, von der Art und

Spannung des Gases, das ungelöst über der Flüssigkeit verbleibt, und von der Temperatur ab. Sie wird schneller erreicht, wenn man das Gefäß, in welchem sich Gas und Flüssigkeit befinden, stark erschüttert. Die lösbare Gasmenge wird durch das Henrysche Gesetz bestimmt.

Das Henrysche Gesetz (1803) lautet: Die Gasmenge, welche sich bei gegebener Temperatur in der Volumeneinheit einer Flüssigkeit lösen kann, ist dem Drucke des ungelöst bleibenden Gases proportional.

Sei U das Volumen der Flüssigkeit, P der Druck des nicht gelösten Teiles des Gases, Q das Gewicht des gelösten Gases, v das Volumen, welches das Gas beim Drucke P einnehmen würde. Nach dem Henryschen Gesetze ist dann

$$\frac{Q}{U} = kP \quad \ldots \ldots \ldots \ldots \quad (4)$$

wo k eine Konstante ist, die nur noch von der Art des Gases und der Flüssigkeit und von der Temperatur abhängt. Andererseits hatten wir (S. 33) die Formel (10, a), welche uns

$$Q = CvP \quad \ldots \ldots \ldots \ldots \quad (5)$$

gibt. Vergleicht man diesen Ausdruck mit $Q = kUP$, siehe (4), und setzt $k : C = \alpha$, so erhält man

$$v = \alpha U \quad \ldots \ldots \ldots \ldots \quad (6)$$

wo α eine neue Konstante ist. Formel (6) zeigt, daß das Volumen des in Lösung gegangenen Gases von seiner Spannung P unabhängig ist, falls man das Volumen meint, welches das Gas beim Drucke P eingenommen hätte. Die Größe

$$\alpha = \frac{v}{U} \quad \ldots \ldots \ldots \ldots \quad (7)$$

d. h. das Verhältnis des Volumens des (beim Druck des ungelösten Gases) in Lösung gegangenen Gases zum Flüssigkeitsvolumen ist eine bei gegebener Temperatur konstante Größe. Sie heißt der Löslichkeitskoeffizient (Absorptionskoeffizient) des gegebenen Gases für die gegebene Flüssigkeit. Bezeichnet man mit p die Spannung des gelösten Gases in dem von ihm eingenommenen Volumen U, so ist $pU = Pv$, woraus $v = pU : P$ folgt. Setzt man diesen Wert in Formel (7) ein, so wird

$$\alpha = \frac{p}{P} \quad \ldots \ldots \ldots \ldots \quad (8)$$

d. h. das Verhältnis der Spannung des gelösten Gases zur Spannung des ungelösten ist bei gegebener Temperatur konstant; es ist ebenfalls gleich dem Löslichkeitskoeffizienten.

Es möge das Gas, bevor es sich gelöst, das Volumen V_1 beim Drucke P_1 innehaben; der Teil, der in Lösung gegangen, möge das Volumen v beim Drucke P und das ungelöst zurückgebliebene das Volumen V beim Drucke P besitzen; es ist nach dem B.-M. Gesetze, vgl. Formel (6), $V_1 P_1 = (V + v) P = VP + vP = VP + \alpha UP$. Hieraus erhält man für den Löslichkeitskoeffizienten

$$\alpha = \frac{1}{U} \left(V_1 \frac{P_1}{P} - V \right) \quad \cdot \cdot \cdot \cdot \cdot \cdot \cdot \cdot \quad (9)$$

§ 3. Apparate zur Untersuchung der Löslichkeit von Gasen in Flüssigkeiten.

Diese Apparate heißen Absorptiometer. In Fig. 39 ist das Bunsensche Absorptiometer abgebildet. Die Glasröhre e ist mit einer Teilung versehen und sorgfältig kalibriert, oben geschlossen und unten in das Schraubengewinde b (siehe Fig. 40) eingelassen, welchem ein Gewinde in der oberen der beiden Platten a entspricht. Die untere Platte a ist durch eine Kautschukplatte verschlossen, so daß man das untere Röhrenende öffnen oder schließen kann, wenn man die Röhre nach der einen oder anderen Seite dreht und im letzteren Falle fest gegen die Kautschukplatte drückt. Bringt man diese Röhre in den Zylinder g, so fassen die Ansätze cc (Fig. 40) in seitliche Vertiefungen, die innerhalb f (Fig. 39) angebracht sind. Infolgedessen bringt nun eine Drehung der Röhre e keine Drehung der unteren Fassung aa zustande. Der Zylinder g wird mit Wasser gefüllt, dessen Temperatur man mittels des Thermometers k mißt; in den unteren Teil des Zylinders gießt man durch den Trichter r ein wenig Quecksilber, das durch den unteren Hahn r, wenn nötig, wieder abgelassen werden kann.

Man füllt die Röhre e außerhalb des Zylinders g mit Quecksilber, stülpt sie in einer Quecksilberwanne um und bringt das Volumen V_1 des zu untersuchenden Gases hinein. Hierauf notiert man den Druck P_1, bringt das Volumen U der betreffenden Flüssigkeit hinzu und stellt, nachdem man, wie oben beschrieben, das untere Ende geschlossen, die Röhre in den Zylinder g hinein. Endlich schließt man noch die Klappe p, in deren Höhlung das obere Röhrenende hineinpaßt. Nun wird der ganze Apparat so lange geschüttelt, bis das Quecksilberniveau b nicht mehr steigt, falls man die Röhre unten öffnet, d. h. bis das Gas sich nicht mehr löst. Man hat nun das Volumen V des ungelösten Gases und den Druck P zu bestimmen, unter welchem es sich befindet. Den Druck P kann man leicht ermitteln, wenn man den Luftdruck kennt und ebenso die Niveauhöhe des Quecksilbers in a und b, des Wassers in d und der gewählten Flüssigkeit in c. Kennt man V, V_1, U, P_1 und P, so findet man α nach Formel (9).

Ein weit einfacherer Apparat ist in Fig. 41 abgebildet. Seine Einrichtung ist unmittelbar aus der Figur klar. Das Gefäß C wird

mit der gewählten Flüssigkeit gefüllt; die von *a* nach oben führende
Röhre wird mit dem Behälter verbunden, der das zu untersuchende Gas

Fig. 39.

Fig. 40.

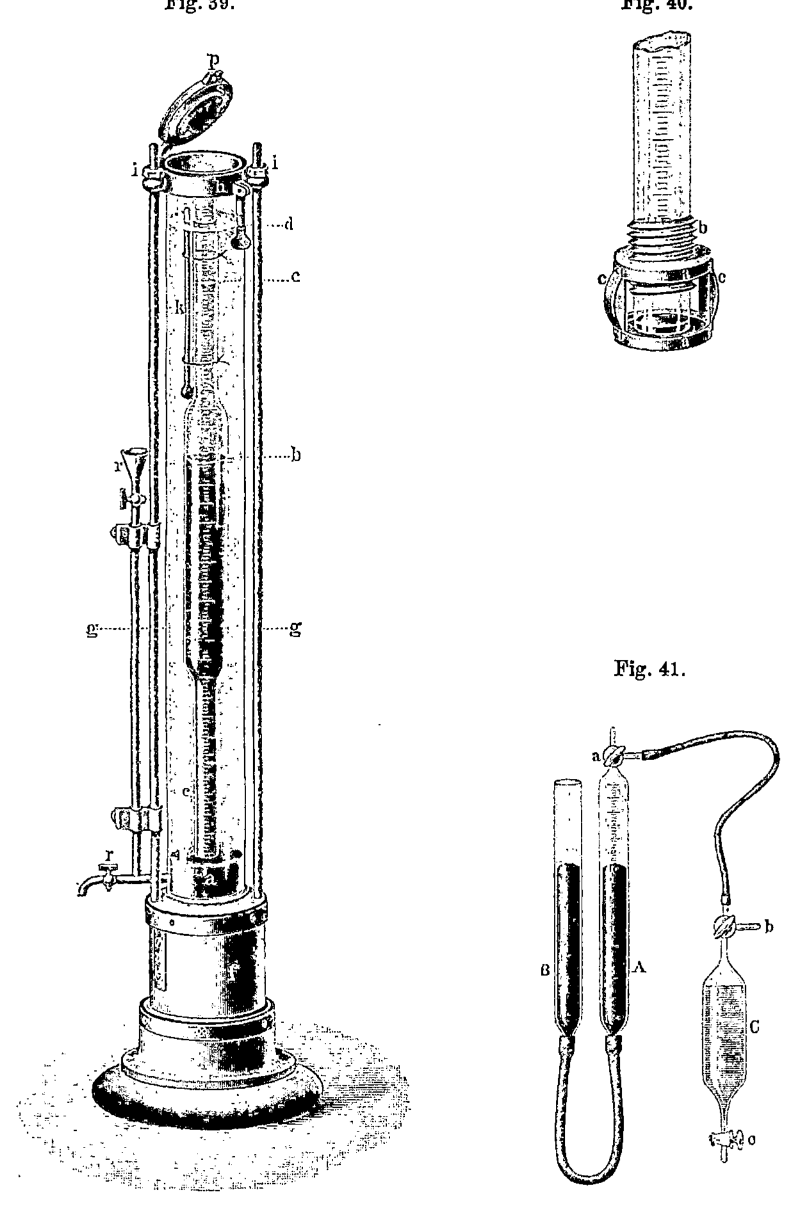

Fig. 41.

enthält. Die Hähne bei *a* und *b* sind Dreiwegehähne (mit einer Durchbohrung von beistehender Form ⌐). Zunächst erfüllt das Quecksilber die

ganze kalibrierte Röhre A, die Flüssigkeit das ganze Gefäß C. Darauf bringt man beide Hähne in solche Stellung, daß sich nur der Verbindungsschlauch $a\,b$ mit Gas füllen kann. Hierauf verbindet man A mit dem Gasbehälter und läßt durch Senken von B nach A das Gasvolumen v_1 übertreten, wobei das Quecksilber in A und B auf gleicher Höhe erhalten wird. Dann verbindet man A mit C und läßt durch c das Volumen V_0 Flüssigkeit abfließen. Endlich schüttelt man noch, nachdem man den Hahn b geschlossen, das Gefäß C so lange, bis bei Verbindung von C mit A das Quecksilber in A zu steigen aufhört, und bringt B wiederum in solche Stellung, daß sich das Quecksilber in A und B auf gleicher Höhe einstellt. Es sei jetzt v_2 das Volumen des in A zurückgebliebenen Gases. Ist V' das Volumen des Gefäßes C, so ist das Volumen der Flüssigkeit $U = V' - V_0$. Die Spannungen P und P_1 in (9) sind einander gleich, mithin erhält man aus der Formel (9) den Wert $\alpha = \dfrac{V_1 - V}{U}$, wo $V_1 - V$ das verschwundene Volumen des Gases ist; in unserem Falle hatte das Gas anfänglich das Volumen $v_1 + w$ eingenommen, wo w das Volumen des Verbindungsschlauches bedeutet; zum Schluß erfüllte es das Volumen $v_2 + w + V_0$. Danach ist $V_1 - V$ hier gleich $v_1 + w - (v_2 + w + V_0) = v_1 - v_2 - V_0$. Es wird daher schließlich

$$\alpha = \frac{v_1 - v_2 - V_0}{V' - V_0} \quad \cdots \cdots \cdots \cdots (10)$$

wo v_1 und v_2 die Gasvolumina in A zu Anfang und zum Schluß des Versuches sind; V' ist das Volumen von C, V_0 das Volumen der aus C abgelassenen Flüssigkeit.

§ 4. Ergebnisse der Untersuchungen über die Löslichkeit von Gasen in Flüssigkeiten.

§ 4. Ergebnisse der Untersuchungen über die Löslichkeit von Gasen in Flüssigkeiten. Bunsen und seine Schüler haben eine große Reihe von Messungen der Größe α für verschiedene Flüssigkeiten und Gase ausgeführt. Es hat sich dabei erwiesen, daß α mit Zunahme der Temperatur abnimmt. Die folgenden Werte von α geben die Löslichkeit in Wasser an.

t^0	H	N	O	CO_2	SO_2	NH_3
0^0	0,019 30	0,020 35	0,041 14	1,7967	79,789	1050
10^0	0,019 30	0,016 07	0,032 50	1,1847	56,647	813
20^0	0,019 30	0,014 03	0,028 38	0,9014	39,374	654

Bei 70^0 erhält man für NH_3 den Wert $\alpha = 0$. Die Größe α kann durch die empirische Formel $\alpha = \alpha_0 - \alpha_1 t + \alpha_2 t^2$ wiedergegeben werden. Die Zahlen der ersten Horizontalreihe stellen demnach die Werte von α_0 dar. Für die verschiedenen Gase ist das Verhältnis $\alpha_1 : \alpha_0$ eine Größe, die sich in ziemlich engen Grenzen ändert (von irgend einem Werte an bis zum doppelten), während α_0 sich in sehr weiten Grenzen ändert (bis zum 400 fachen des ursprünglichen Wertes). Hierauf hat E. Wiedemann hingewiesen.

Für die Löslichkeit im Alkohol fand Bunsen folgende Werte:

H . . . . $\alpha = 0,069\,25 - 0,000\,148\,7\,t + 0,000\,001\,t^2$
N . . . . $\alpha = 0,126\,338 - 0,000\,418\,t + 0,000\,006\,t^2$
O . . . . $\alpha = 0,2825$
CO$_2$ . . . . $\alpha = 4,329\,55 - 0,093\,95\,t + 0,001\,24\,t^2$
SO$_2$ . . . . $\alpha = 328,62 - 16,95\,t + 0,312\,t^2$

Bohr hat (1900) die Löslichkeit von CO$_2$ in Alkohol bei Temperaturen t zwischen -65^0 und $+45^0$ untersucht und folgende Werte von α gefunden:

$t =$	-65^0	-25^0	-10^0	0^0	$+10^0$	25^0	45^0
$\alpha =$	35,93	8,61	5,69	4,40	3,55	2,74	2,00

Die Löslichkeit der Gase in Wasser haben ferner untersucht Hüfner, Dittmar, Bohr und Bock, Winkler, Timofejew, Carius, (NH$_3$, N$_2$O), Schönfeld (SH$_2$, SO$_2$, Cl) u. a.; die Löslichkeit in anderen Flüssigkeiten haben Pagliani und Emo (NH$_3$ in Alkoholen) u. a. untersucht.

Die Löslichkeit von Chlor in Wasser erreicht bei 8^0 ihr Maximum. In einem Liter Wasser lösen sich 40 ccm Argon bei 12 bis 14^0, d. h. $2^1/_2$ mal mehr als Stickstoff. Die geringste Wasserlöslichkeit hat das Helium, für das, wie Ramsay gezeigt, $\alpha = 0,0073$ bei $18,2^0$ ist.

Setschenow und Mackenzie haben gefunden, daß die Löslichkeit der Gase in Wasser, welches gelöste Salze enthält, kleiner ist, als in reinem Wasser. Dasselbe bestätigte Kumpf für die Löslichkeit von Chlor in einer Kochsalzlösung und Steiner für Wasserstoff in Lösungen verschiedener Salze. Konowalow hat (1898) die Löslichkeit von NH$_3$ in Silbernitratlösungen untersucht, in denen sich, wie er fand, die Verbindung AgNO$_3$. 2 HN$_3$ bildet.

Neuere Untersuchungen rühren her von Roth, Just, Braun, Jahn, Knopp, Geffken, Crogh, Christoff u. a. Jahn hat aus den Messungsresultaten verschiedener Forscher die empirische Formel

$$\frac{\alpha - \alpha_0}{n^{2/3}} = const$$

abgeleitet. Hier beziehen sich α auf die Lösung, α_0 auf das reine Lösungsmittel und n ist die Anzahl der in der Volumeneinheit aufgelösten Grammoleküle der nicht gasförmigen Substanz. Ferner zeigten die Untersuchungen verschiedener Forscher, daß die Reihenfolge der Stoffe, geordnet nach der Größe ihres Einflusses auf die Löslichkeit der Gase, von der Art dieses Gases ziemlich unabhängig ist und nur durch das Lösungsmittel bedingt wird. Dies wurde von

Geffken (1904) und Christoff (1905) bestätigt. Geffken fand ferner, daß die relative Erniedrigung der Löslichkeit mit sinkender Temperatur größer wird und daß gelöste Kolloide (Abschnitt V, Kap. X) fast gar keinen Einfluß haben auf die Löslichkeit der Gase.

Krogh (1904) hat den Gehalt an CO_2 im Meerwasser und in der Luft über dem Meere untersucht und ist zu dem wichtigen Resultate gelangt, daß über dem Ozean in der nördlichen Halbkugel die Luft nur 0,029 Proz. (über dem Lande 0,033 Proz.) und über dem Ozean der südlichen Halbkugel sogar nur 0,026 Proz. CO_2 enthält. Die Spannung der CO_2 im Meerwasser ist relativ noch geringer und entspricht einem Gehalt von 0,023 Proz. in der Luft. Krogh folgert hieraus, daß die Luft gegenwärtig mehr CO_2 enthält, als es dem Gleichgewichtszustande zwischen Wasser und Luft entsprechen müßte, und daß der Gehalt der Luft an CO_2 durch Absorption im Meerwasser gegenwärtig verringert wird.

Christoff (1905) hat die Löslichkeit von CO_2 in Mischungen zweier Flüssigkeiten untersucht und gefunden, daß die Löslichkeit umgekehrt verläuft, wie die Oberflächenspannung, d. h. dem Maximum der einen Größe entspricht ein Minimum der anderen. So hat die Mischung von Essigsäure und CCl_4 bei einem gleichen Molekülgehalt beider Stoffe ein Minimum der Oberflächenspannung und zugleich ein Maximum der Löslichkeit. ¦Ferner hat Christoff (1906) die Löslichkeit von H_2, N_2, O_2, CH_4 und CO in Mischungen von Wasser und Schwefelsäure untersucht; auch hier entsprach das Maximum der Oberflächenspannung dem Minimum der Löslichkeit. Auch bei einer Reihe von reinen Flüssigkeiten erwies sich die Löslichkeit von CO als um so geringer, je größer die Oberflächenspannung ist. Endlich fand er (1912), daß die Löslichkeit von H_2, N_2, CO, O_2 und CH_4 in Äther größer ist, als in Wasser und Alkohol, was ebenfalls mit der obigen Regel übereinstimmt.

Sieverts und Bergner (1913) haben die Löslichkeit von SO_2 in geschmolzenem Cu und Legierungen von Cu mit Au, S und O gemessen. Die Löslichkeit wächst mit steigender Temperatur und ist proportional der Quadratwurzel aus dem Druck des Gases.

Eine Reihe von Untersuchungen war in letzter Zeit der Löslichkeit der Emanationen des Radiums (Niton), Thoriums und Aktiniums gewidmet. Hierher gehören die Arbeiten von Ramstedt (1911), Boyle (1911), Kofler (1912), Swinne (1913), Hevesy (1913) u. a. Es zeigte sich, daß die Löslichkeit der Emanation unabhängig ist von der Art des Gases, in welchem sie sich befindet, und daß sie bei Temperaturerhöhung schnell kleiner wird. In organischen Flüssigkeiten und in CS_2 ist die Löslichkeit sehr bedeutend.

Antropoff (1910) untersuchte die Löslichkeit von Argon, Krypton, Xenon, Neon und Helium in Wasser. Diese Gase zeigen ein

Minimum der Löslichkeit, und zwar etwa bei 40⁰ für Argon und Xenon, zwischen 30 und 40⁰ für Krypton, etwa bei 10⁰ für Helium und etwa bei 0⁰ für Neon. Eine bedeutende Löslichkeit besitzt das Xenon.

Bohr hat (1899) die Geschwindigkeit gemessen, mit der sich ein Gas löst und aus einer Flüssigkeit ausscheidet. Sei β die Zahl der Kubikzentimeter Gas (bei 0⁰ und 760 mm Druck), welche sich in einer Minute von einem Quadratzentimeter der Flüssigkeitsoberfläche ausscheiden, wenn die Flüssigkeit ursprünglich mit Gas gesättigt war und das ausgeschiedene Gas fortwährend entfernt wird; sei ferner γ die Zahl der Kubikzentimeter Gas, welche in jeder Minute durch 1 qcm Oberfläche der reinen Flüssigkeit eindringen, während der auf ihr lastende Gasdruck gleich 760 mm ist. In diesem Falle gelten nach Bohr für die Lösungen von CO_2 in Wasser folgende Formeln

$$\gamma = \alpha\beta, \qquad \alpha = \frac{K}{T-n}, \qquad \beta = c(T-n_1),$$

wo T die absolute Temperatur, K, n, c und n_1 Konstanten sind.

Bei hohem Druck treten für die gutlöslichen Gase sehr starke Abweichungen vom Henryschen Gesetze auf. So löst sich Ammoniak bei 20⁰ in 1 g Wasser beim Druck $h = 100$ mm in einer Menge von $q = 0,158$ g; bei $h = 200$ mm ist $q = 0,232$ g, bei $h = 500$ mm ist $q = 0,403$ g, bei $h = 1000$ mm ist $q = 0,613$ und bei $h = 2000$ mm ist $q = 0,992$ g. Für CO_2 nimmt bei konstanter Temperatur der Koeffizient α ab, falls der Druck wächst, wie dies Wroblewski (1882) nachgewiesen hat. Bei 0⁰ und $p = 1^{at}$ ist $\alpha = 1,797$, bei $p = 5^{at}$ ist $\alpha = 1,730$, bei $p = 10^{at}$ ist $\alpha = 1,603$, bei $p = 20^{at}$ $\alpha = 1,332$ und bei $p = 30^{at}$ $\alpha = 1,124$. Auch [Cassuto (1903) hat gefunden, daß mit wachsendem Druck die Größe α für Lösungen von H, O, N und CO_2 in Wasser kleiner wird. In der Nähe von 1^{at} ist α konstant, mit wachsendem Druck wächst die Abweichung immer schneller. Sander (1911) hat die Löslichkeit von CO_2 in verschiedenen Flüssigkeiten bei einem Drucke von 14 kg auf 1 qcm untersucht, wobei er Abweichungen vom Henryschen Gesetze sowohl nach der einen, als nach der anderen Seite fand.

Richard hat einen Apparat konstruiert, mit dessen Hilfe man nachweisen konnte, daß im Wasser der Ozeane in beträchtlicher Tiefe, folglich bei hohem Drucke, die gleiche Gasmenge gelöst ist, wie in dem an der Oberfläche befindlichen.

Das Flüssigkeitsvolumen nimmt, wenn in ihm Gase gelöst sind, stets zu; die Dichte dagegen nimmt bisweilen zu, bisweilen auch ab. Mit dieser Frage haben sich Ångström, Blümcke, Mackenzie, Nichols, Wheeler, Almen u. a. beschäftigt. Bei der Auflösung von einem Volumen Gas (Atmosphärendruck) in einem Volumen Wasser findet eine Vergrößerung des Volumens um etwa 0,001 bei der Lösung von O und H statt; ferner um 0,0015 bei N, um 0,0013 bei CO_2 und um 0,0007 bei NH_3.

Bei der Lösung von Gasen in Flüssigkeiten wird sehr oft mehr Wärme frei, als bei ihrer Verflüssigung (latente Verdampfungswärme); hieraus folgt, daß während der Lösung oft noch chemische Prozesse auftreten, welche diese Erscheinung komplizieren.

Bei der Lösung von Gasgemischen sind die Volumina v_1, v_2... der in Lösung gehenden Bestandteile des Gemisches den Partialdrucken p_1, p_2, ... proportional und proportional den Löslichkeitskoeffizienten. Somit ist

$$v_1 : v_2 : v_3 : \ldots = p_1\alpha_1 : p_2\alpha_2 : p_3\alpha_3 : \ldots \quad \ldots \ldots \ldots \quad (11)$$

Löst sich z. B. Luft, so haben wir für den Stickstoff $p_1 = 0,7904\,h$, für den Sauerstoff $p_2 = 0,2096\,h$, wo h den Luftdruck bedeutet; findet die Lösung in Wasser statt, so haben wir z. B. bei 0^0 für Stickstoff $\alpha_1 = 0,020\,35$, für Sauerstoff $\alpha_2 = 0,041\,14$. Hieraus folgt für das Verhältnis der Volumina v_1 von Stickstoff und v_2 von Sauerstoff, die sich in Wasser lösen

$$\frac{v_1}{v_2} = \frac{0,7904 \times 0,020\,35}{0,2096 \times 0,041\,14} = \frac{0,016\,085}{0,008\,625} = 1,87 \quad . \ . \ (12)$$

Der Löslichkeitskoeffizient der Luft in Wasser bei 0^0 ist gleich $\alpha = 0,008\,625 + 0,016\,085 = 0,024\,710$. Aus Formel (12) folgt, daß gelöste Luft 35 Proz. O und 65 Proz. N enthält; sie ist also reicher an Sauerstoff als die atmosphärische.

§ 5. Ausscheidung gelöster Gase aus Flüssigkeiten.

Die gelösten Gase werden von den Flüssigkeiten unter folgenden Umständen ausgeschieden.

1. Bei der Druckverminderung des ungelösten Gases, welches oberhalb der Flüssigkeit verblieben ist, oder bei Fortführung desselben durch einen kontinuierlichen Strom eines anderen Gases, welches das Gas in dem Maße sofort entfernt, als es sich ausscheidet. Dasselbe Resultat wird erhalten, wenn man die Lösung offen an der Luft stehen läßt; ist dann das gelöste Gas nicht etwa in der Luft selbst enthalten, so verflüchtigt sich die Lösung.

2. Bei Temperaturerhöhung. Beim Sieden des Wassers entweichen die in ihm enthaltenen Gase.

3. Beim Erstarren der Lösung. Beim Gefrieren des Wassers scheiden sich die in ihm gelösten Gase aus. Geschmolzenes Kupfer und Silber lösen Sauerstoff auf, der sich dann beim schnellen Erkalten so

energisch ausscheidet, daß kleine Tropfen des flüssigen Metalles zugleich mit dem Gase herausgeschleudert werden.

4. Wenn man in die gesättigte Gaslösung feste Körper mit der an ihnen haftenden Luft einführt (oder ein anderes Gas, vgl. § 6). Diese eingeführte Luft bildet gewissermaßen die Kerne, um welche herum sich das gelöste Gas ansammelt, so daß sich allmählich größere Bläschen bilden, die sich mit der Zeit ausscheiden. Diese Erscheinung tritt besonders deutlich auf bei einer Lösung, die unter hohem Drucke gesättigt war. Wenn man dann den Druck vermindert, so scheidet sich aber zunächst weniger Gas aus, als es dem neuen Druck entspricht, und die Lösung wird übersättigt. Dies ist der Grund, weshalb moussierende Getränke (Selterwasser, Bier), nachdem sie aufgehört haben Kohlensäure auszuscheiden, wieder von neuem zu perlen und zu schäumen beginnen, falls man Streuzucker, Sand, Brotkrumen usw. in sie hineinschüttet.

§ 6. Erscheinungen, welche bei Berührung von Gasen mit festen Körpern auftreten.

Kommt ein fester Körper in Berührung mit einem Gase, so können zweierlei Erscheinungen auftreten: eine Verdichtung des Gases an der Oberfläche des festen Körpers (Adsorption), die besonders groß für poröse Körper ist (Absorption), da diese ja eine große Oberfläche besitzen, und eine unmittelbare Verschluckung des Gases durch die Gesamtmasse des festen Körpers (Okklusion), welche ihrem Charakter nach an Lösung erinnert.

Die Verdichtung von Gasen im Inneren von festen Körpern hat zuerst Saussure untersucht (1814). Er fand, daß geglühte Buchenholzkohle bei 12^0 folgende Volumina der Gase verschluckt: NH_3 — 90, HCl — 85, SO_2 — 65, CO_2 — 35, O — 9,2, N — 7,5, H — 1,75; Meerschaum bei 15^0: NH_3 — 15, CO_2 — 5,26, O — 1,45, N — 1,60, H — 0,44; Gips bei 15^0 verschluckt ungefähr 0,5 Volumina H, N und O (0,58).

Das Henrysche Gesetz gilt hier nicht, wie Saussure gefunden hat und von einer großen Anzahl von Forschern bestätigt worden ist; die adsorbierten Gasmengen nehmen mit dem Druck nicht proportional zu, sondern wachsen langsamer. Das Gesetz, welches die Beziehung zwischen Adsorption und Druck ausdrückt, ist bisher noch nicht gefunden worden; man benutzt zu dem Zweck Interpolationsformeln, von denen wir einige auf S. 73 geben werden. Mit zunehmender Temperatur nimmt die Absorptionsfähigkeit poröser Körper schnell ab. Bei sehr tiefen Temperaturen kann die Absorption eine sehr große sein. So fand Dewar, daß 1 ccm Holzkohle bei der Temperatur der flüssigen Luft (-185^0) die in der folgenden Tabelle angegebenen Volumina (in Kubikzentimetern) verschiedener Gase absorbiert; zum Vergleich dient die auf 0^0 bezügliche erste Kolonne. In der letzten

Kolonne ist die bei der Absorption frei werdende Wärme in Grammkalorien angegeben.

	0^0	$- 185^0$	Wärme
Wasserstoff	4	135	9,3
Stickstoff	15	155	25,5
Sauerstoff	18	230	34
Argon	12	175	25
Helium	2	15	2
Knallgas	12	150	17
$CO + O$	30	195	34,5
Kohlenoxyd	21	190	27,5

Die nach stattgefundener Absorption zurückbleibenden Gase werden sehr stark verdünnt, so daß man durch Kohle sehr schnell hohe Vacua herstellen kann (vgl. S. 60). Bei der Absorption von Luft enthält das absorbierte Gas 56 Proz. Sauerstoff. Wird die absorbierte Luft portionenweise durch Erwärmen ausgetrieben und entfernt, so enthält der Rest 84 Proz. Sauerstoff. Man kann die Kohle anwenden, um Gasmischungen zu analysieren und Spuren beigemengter Gase zu entdecken. So fand Dewar H und Ne in verschiedenen Wassern und im Petroleum. Sehr gering ist, wie aus der Tabelle hervorgeht, die Absorption des Heliums bei $- 185^0$; bei der Temperatur des flüssigen Wasserstoffs (15^0 abs.) wird es dagegen auch stark absorbiert.

Valentiner und R. Schmidt (1905) haben die Dewarsche Methode benutzt, um auf relativ leichte und schnelle Weise Neon, Krypton und Xenon aus der Luft zu isolieren. Ferner haben Lord Blythwood und Allen (1905) besonders die Absorption der Luft durch Kohle bei $- 185^0$ studiert. Bedeutet p den Druck der Luft zur Zeit t nach Beginn der Absorption und p_0 den Druck, wenn die Absorption beendigt ist, so ist

$$lg \, (p - p_0) = A - \lambda t,$$

wo A und λ konstante Größen sind. Hieraus läßt sich ableiten, daß die Geschwindigkeit der Absorption in jedem Augenblick proportional ist der Menge Luft, welche noch weiterhin absorbiert werden kann.

Zur Untersuchung der Absorptionsfähigkeit poröser Körper bringt man sie an Stelle der Flüssigkeit in das Absorptiometer (S. 64). Geglühter Platinschwamm verdichtet an seiner Oberfläche bis zu 250 Volumina Sauerstoff; richtet man einen Wasserstoffstrahl gegen Platinschwamm, so entzündet sich der Wasserstoff, da der Platinschwamm aus der Luft entnommenen Sauerstoff kondensiert enthält; hierauf beruht die Döbereinersche Zündmaschine.

Travers (1906) untersuchte die Absorption von H_2 und CO_2 durch Kohle bei -190^0 und $+100^0$ und bei verschiedenen Drucken. Er gibt die Formel

$$\frac{\sqrt[n]{p}}{x} = Const,$$

wo p der Druck des Gases ist, x seine Konzentration im festen Körper und n von der Temperatur abhängt. Für CO_2 in Kohle ist $n = 3$ bei 0^0, $n = 2$ bei 100^0 und bei hoher Temperatur wahrscheinlich $n = 1$. Kayser hatte schon früher (1881) die Formel

$$v = a - b\,lg\,p$$

vorgeschlagen, wo v das von der Kohle absorbierte Gasvolumen bedeutet. Geddes (1909) zeigte, daß für Kohle und CO_2 diese Formel nicht anwendbar ist; er ersetzte sie durch die Formel

$$.v = a\,p^n.$$

Hier ist der Exponent $n = 0,498$ bei 14^0 und $n = 0,588$ bei 35^0. Eine sehr umfangreiche Arbeit hat Miss Homfray (1910) ausgeführt; sie untersuchte die Absorption von N_2, CO, CH_4, C_2H_4, CO_2, Ar und von Mischungen $N_2 + CO$ durch Kohle. Für die Abhängigkeit des Druckes p von der Temperatur T findet sie die Formel

$$p = a \left(\frac{T - \alpha}{T}\right)^{50},$$

welche an die Formel von Bertrand (Bd. III) für die Dampfspannung erinnert. Für das Verhältnis C des Gewichtes des absorbierten Gases zu dem Gesamtgewicht von Gas und Kohle findet sie die Formel

$$dT = -k\,d\,lg\,C.$$

Bei $C = 100$ erhält man für T die Siedetemperatur des verflüssigten Gases; dies legt den Gedanken nahe, daß bei der Absorption des Gases ein homogener Körper entsteht und nicht ein einfaches Haften des Gases an der Oberfläche der Kohle stattfindet. Die Absorption von Dämpfen untersuchten G. C. Schmidt und Hinteler (1916). Titoff (1910), G. C. Schmidt (1910 bis 1912) und Arrhenius (1911) haben ebenfalls Formeln für die Gasabsorption in Kohle aufgestellt.

Bergter (1912) hat den Gang der Gasabsorption in Kohle untersucht. Die Luftmenge m, welche durch Kohle bei einem Drucke höher als $19,5$ mm absorbiert wird, ist gleich

$$m = m_1 \frac{t}{a + t} + m_2 \frac{t}{b + t},$$

wo t die Zeit, m_1, m_2, a und b Konstante bedeuten. Für Stickstoff und Drucken unterhalb $9,7$ mm erhielt er die Formel

$$m = m_0 \left(1 - 0,95\,e^{-3,5\,t} - 0,05\,e^{-0,15\,t}\right).$$

Bei Drucken zwischen 0,5 und 10 mm wird reiner O_2 etwa 30- bis 40 mal stärker absorbiert als reiner N_2.

Die Absorption der Emanationen haben Bunzel (1906), Rutherford (1908), Satterly (1910), Hevesy u. a. untersucht. Es erwies sich, daß die Kohle 100 Proz. der Radiumemanation (bei 10^0), mehr als 50 Proz. der Thoriumemanation (bei 18^0) und mehr als 20 Proz. der Aktiniumemanation (bei 18^0) absorbiert.

Die starke Absorption der Gase in porösen Körpern stellt aller Wahrscheinlichkeit nach doch nur einen besonderen Fall der Verdichtung von Gasen an der Oberfläche fester Körper überhaupt dar. Man findet, daß jeder feste, in Berührung mit einem Gase befindliche Körper sich mit einer sehr dünnen, dem Anscheine nach stark verdichteten Schicht dieses Gases überzieht. Nach der Ansicht von Quincke nimmt die Dichte dieser Schicht in dem Maße zu, als sie der Oberfläche des festen Körpers näher liegt, und erreicht an der Oberfläche selbst die Dichte des festen Körpers. Mc Bain (1909) glaubt, daß bei der Absorption von Wasserstoff durch Kohle ein Teil des Gases sich an die Oberfläche der Kohle festsetzt, während der übrige Teil ($1/_7$ bei -184^0, weniger als 0,01 bei 20^0) mit der Kohle eine feste Lösung bildet. Der gleichen Ansicht ist J. Firth (1914). Jamin und Bertrand evakuierten ein mit zerstoßenem Glase gefülltes Gefäß; nach einiger Zeit erhöhte sich der im Gefäße herrschende Druck, da ein Teil der Luft, welche an der Oberfläche des Glases haftete, allmählich frei wurde. Chappuis fand (1878), daß ein Quadratmeter Oberfläche des Glases 0,27 ccm H, 0,35 ccm Luft, 0,63 ccm SO_2 und 0,25 ccm NH_3 zurückhält. An der Luft überziehen sich die Körper mit einer dünnen Schicht von Wasserdampf (Vaporisation); hieraus erklärt sich auch die bemerkenswerte, bisweilen starke Adsorption von CO_2 durch die Oberflächen fester Körper. Parks (1903) fand, daß die Dicke der Wasserschicht, die sich auf einem Quarzfaden niederschlägt, gleich $13,4 \cdot 10^{-6}$ cm ist.

Die Erklärung für die Moserschen Bilder läßt sich auf die an der Oberfläche der Körper kondensierte Luftschicht zurückführen. Bringt man auf eine gereinigte Glasfläche eine Münze oder Medaille (man kann auch umgekehrt die letztere reinigen und die Glasfläche ungereinigt lassen), so tritt eine deutliche Abbildung derselben hervor, wenn man das Glas nachher behaucht. Diese Erscheinung erklärt sich dadurch, daß an den Punkten, wo innige Berührung erfolgt, ein Teil des kondensierten Gases auf den gereinigten Körper übergeht, wodurch sich die Dichte der übriggebliebenen oder neugebildeten Gasschicht auf der Glasfläche entsprechend den Erhabenheiten und Vertiefungen der Münze ändert. Dies aber wirkt auf die Größe und Form der kleinen Wassertröpfchen ein, welche am behauchten Glase haften bleiben, so daß die Umrisse der Prägung sichtbar bleiben. Wenn man mit einem Holzstäbchen auf Glas oder Metall schreibt und diese sodann behaucht, so treten die Schriftzüge ebenfalls deutlich hervor.

Rayleigh (1911) und Aitken (1911) versuchten es, die Natur der Stoffe zu bestimmen, von deren Anwesenheit die Niederschlagung der Dämpfe abhängt. Rayleigh glaubt, daß hier organische Stoffe, die sich auf der Oberfläche des festen Körpers ansammeln, eine große Rolle spielen. Reboul (1913) fand, daß die chemische Wirkung eines Gases auf einen festen Körper mit der Krümmung der Oberfläche des letzteren wächst und daß der Drucküberschuß dieser Krümmung proportional ist. Cohnstedt (1911) folgerte aus seinen Versuchen, daß die Druckerhöhung des Gases in einer Geißlerschen Röhre, welche bei dem ersten Hindurchlassen der elektrischen Entladung beobachtet wird, durch das Entweichen einer dünnen Wasserhaut (nicht Gashaut) von der Röhrenwand erklärt werden muß.

Einen interessanten Fall der Gasabsorption durch einen festen Körper stellt die von Divers (1878) entdeckte Absorption des Ammoniaks durch salpetersaures Ammoniak dar. Man erhält hierbei eine flüssige Lösung des Salzes im Ammoniak. Untersucht haben diese Erscheinung Raoult, Troost und Kurilow.

Das Verschlucken von Gasen durch massive Metalle (Okklusion) hängt von der Beschaffenheit des entsprechenden Metalles und Gases, sowie von der Temperatur ab. Besonders ausgeprägt ist die Okklusion von Wasserstoff durch Palladium. Ein Palladinmdraht okkludiert ein Wasserstoffvolumen, welches unter gewöhnlichem Atmosphärendruck das Volumen des Drahtes selbst bis zu 1000 mal übertreffen würde. Die Okklusionsfähigkeit des Palladiums für Wasserstoff nimmt mit steigender Temperatur bis zu 100^0 zu, um sich darauf zu vermindern. Während dieses Vorganges nimmt die Länge des Palladiumdrahtes bis um 1,6 Proz. zu, sein Volumen vergrößert sich um 10 Proz. Die Rechnung zeigt, daß der okkludierte Wasserstoff sich so stark kondensieren muß, daß seine Dichte gleich 1,7 wird. Die Spannung des okkludierten Wasserstoffs muß eine ganz ungeheure sein und wahrscheinlich zehntausenden Atmosphärendrucken entsprechen.

N. Hesehus hat die Okklusion von Wasserstoff durch Palladium und seine Legierungen mit Pt, Au und Ag (75 Proz. Pd und 25 Proz. der anderen Metalle) untersucht. Unter anderem maß er die Längenzunahme eines Drahtes (von 500 mm Länge und 0,4 mm Dicke) durch Okklusion von Wasserstoff. Wenn der Draht als Kathode diente und Wasserstoff okkludierte, so erhielt er folgende Längenzunahmen in den ersten acht Minuten:

Pd + Ag	Pd + Pt	Pd	Pd + Au
7,2 mm	6,4 mm	5 mm	0,9 mm

Ferner untersuchte er das Freiwerden von Wasserstoff aus dem Palladium und seinen Legierungen unter verschiedenen Bedingungen und bestimmte endlich den Einfluß des okkludierten Wasserstoffs auf die Elastizität der Drähte. Nach F. Fischer (1906) erfolgt die Längenausdehnung eines Palladiumdrahts bei der Okklusion von Wasserstoff bis zur Sättigungsgrenze proportional der aufgenommenen Wasserstoffmenge; eine Übersättigung bewirkte eine verhältnismäßig größere Verlängerung. Eine Übersättigung hat aber K. Koch (1917) bei einer anderen Untersuchung nicht wiederfinden können. Nickel okkludiert ebenfalls H, jedoch weit geringer als Palladium: eine ähnliche Erscheinung zeigen Kalium und Natrium.

Valentiner (1911) untersuchte die Okklusion von Wasserstoff durch Palladium bei 20, — 78 und — 190°, und bei Drucken von 0,0005 bis 4,75 mm. Die Okklusion wächst schnell mit der Abkühlung. Nach Sieverts (1914) ist die von der Gewichtseinheit Palladiumdraht absorbierte Wasserstoffmenge zwischen 138 und 820° angenähert proportional der Quadratwurzel aus dem Wasserstoffdruck. Hold, Edgar und Firth (1913) glauben, daß der Wasserstoff zuerst an der Oberfläche adsorbiert wird und dann erst in das Innere des Metalles eindringt. Quennessen (1904) hat gezeigt, daß Rhodium Wasserstoff nicht okkludiert, entgegen den Resultaten früherer Beobachter.

Wird Platin im Sauerstoff erhitzt, so okkludiert es geringe Mengen desselben. Mior hat gefunden, daß ein Volumen Pt bis zu 9,1 Volumen Sauerstoff okkludieren kann, und daß die Geschwindigkeit mit der die Okklusion erfolgt, sich beim Erwärmen des Pt bis zu 100° steigert. Winkelmann (1905) hat gezeigt, daß elektrolytischer, naszierender Wasserstoff durch eine Kathode von Eisen absorbiert wird, ein Ergebnis, das durch Bellati und Lussana bestätigt worden ist (1913). Gußeisen enthält ein wenig Wasserstoff; Eisen bis zu 12 Volumina CO; Aluminium H und CO_2. Auch Meteoreisen enthält bis zu drei Volumina Gase, von denen fünf Sechstel des Volumens auf den Wasserstoff kommen. Außerdem enthält es noch Stickstoff und Kohlenoxyd. Das Vorhandensein von Gasen in den Metallen kann, wie Dumas (1878) gezeigt hat, zu Fehlern bei Bestimmung ihres spezifischen Gewichtes führen.

Literatur.

I. Daltonsches Gesetz.

Dalton: Manch. Phil. Soc. **5**, 535, 1802; Gilb. Ann. **12**, 385, 1802; **15**, 21, 1803.
Henry: Nicholsons J. **8**, 297, 1804; Gilb. Ann. **21**, 393, 1805.
Gay-Lussac: Ann. ch. et phys. **95**, 314, 1815; Biot: Traité de physique I, p. 298.
Magnus: Pogg. Ann. **38**, 488, 1836.
Regnault: Ann. ch. et phys. (3) **15**, 129, 1845; Mém. de l'Acad. de sc. **26**, 679.
Andrews: Phil. Mag. (5) **1**, 84, 1876.

Cailletet: J. de phys. (1) **9**, 192, 1880.
Springmühl: Pogg. Ann. **148**, 540, 1873.
Herwig: Pogg. Ann. **137**, 592, 1869.
Wüllner u. Grotrian: Wied. Ann. **11**, 545, 1880.
Krönig: Pogg. Ann. **123**, 299, 1864.
Braun: Wied. Ann. **34**, 943, 1888.
B. Galitzin: Das Daltonsche Gesetz. Diss. Straßburg 1890.
B. Galitzin: Wied. Ann. **41**, 588, 1890.

II. Gase und Flüssigkeiten.

Henry: Phil. Trans. **1**, 29, 1803; Gilb. Ann. **20**, 1805.
Bunsen: Gasometrische Methoden. Braunschweig 1857; Liebigs Ann. **93**, 1, 1855; Phil. Mag. (4) **9**, 116, 181, 1855; Ann. ch. et phys. (3) **43**, 496, 1855.
Hüfner: Wied. Ann. **1**, 629, 1877.
Bohr u. Bock: Overs. K. Dansk. Vid. Selsk. Forhdl. **22**, 84, 1891; Wied. Ann. **44**, 318, 1891.
Bohr: Wied. Ann. **62**, 644, 1897; **68**, 500, 1899; Ann. d. Phys. **1**, 244, 1900.
Winkler: Chem. Ber. **22**, 1772, 1889; **24**, 89, 3602, 1891; Ztschr. f. phys. Chem. **9**, 171. 1892.
Timofejew: Ztschr. f. phys. Chem. **6**, 141, 1890.
Carius: Liebigs Ann. **94**, 129, 1855; **99**, 129, 1856; Ann. ch. et phys. (3) **47**, 418, 1856.
Schönfeld: Liebigs Ann. **95**, 1, 1885.
Pagliani e Emo: Atti R. Acc. d. Torino **18**, 67, 1882 (Beibl. **8**, 18, 1884).
Ramsay: Ann. ch. et phys. (7) **13**, 462, 1898.
Setschenow: Mém. de l'Acad. de St. Pétersb. (7) **22**, Nr. 6; **34**, Nr. 3; **35**, Nr. 7; Ztschr. f. phys. Chem. **4**, 117, 1889; Ann. ch. et phys. (6) **25**, 226, 1892; Ber. chem. Ges. 1877, S. 972; Phys. Sekt. d. Ges. von Freunden d. Nat. zu Moskau (russ.) **5**, Heft 2, S. 6, 1893; Ann. ch. et phys. (6) **25**, 226, 1892.
Kumpf: Absorption von Chlor durch NaCl-Lösung. Dissert. Graz 1881.
Konowalow: J. d. russ. phys.-chem. Ges. **30**, Chem. Abt., 367, 1898.
Roth: Ztschr. f. phys. Chem. **24**, 114, 1897.
Braun: Ztschr. f. phys. Chem. **33**, 721, 1900.
Jahn: Ztschr. f. phys. Chem. **18**, 8, 1895.
Knopp: Ztschr. f. phys. Chem. **48**, 97, 1904.
Geffken: Ztschr. f. phys. Chem. **49**, 257, 1904.
Krogh: C. R. **139**, 896, 1904.
Christoff: Ztschr. f. phys. Chem. **53**, 321, 1905; **55**, 622, 1906; **79**, 456, 1912.
Just: Ztschr. f. phys. Chem. **37**, 342, 1901.
Sieverts u. Bergner: Ztschr. f. phys. Chem. **74**, 277, 1910; **82**, 257, 1913.
Sander: Ztschr. f. phys. Chem. **78**, 513, 1912; Diss. Göttingen 1911.
Ramstedt: Le Radium **8**, 253, 1911.
Boyle: Phil. Mag. (6) **22**, 840, 1911.
Hevesy: Phys. Ztschr. **12**, 1214, 1911; Jahrb. d. Radioakt. **10**, 200, 1913.
Kofler: Wien. Ber. **121**, 2169, 1912.
Swinne: Ztschr. f. phys. Chem. **84**, 348, 1913.
Antropoff: Proc. R. Soc. **83**, 474, 1910.
Cassuto: N. Cim. (5) **6**, 5, 1903; Phys. Ztschr. **5**, 232, 1904.
Wroblewski: Wied. Ann. **8**, 29, 1879; **17**, 103, 1882; **18**, 290, 1883; J. d. phys. (2) **1**, 452, 1882.
Richard: Compt. rend. **123**, 1088, 1896.
E. Wiedemann: Wied. Ann. **17**, 349, 1882.
Khanikoff et Louguinine: Ann. ch. et phys. (4) **11**, 412, 1867.

Mackenzie und Nichols: Wied. Ann. **3**, 134, 1878.
Nichols and Wheeler: Phil. Mag. (5) **11**, 113, 1881.
Almen: Öfvers. K. Vetens. Akad. Foerh. 1898, p. 735.
Ångström: Wied. Ann. **15**, 297, 1882; **17**, 297, 1882.
Blümcke: Wied. Ann. **23**, 404, 1884; **30**, 243, 1887.
Steiner: Wied. Ann. **52**, 275, 1894.
Konowalow: J. d. russ. phys.-chem. Ges. **26**, Chem. Abt. 48, 1894.

III. Gase und feste Körper.

(Eine ausführliche Literaturangabe über Adsorption der Gase findet sich in der unten angeführten Abhandlung von P. Mühlfarth.)

Saussure: Gilb. Ann. **47**, 1814.
Chappuis: Wied. Ann. **8**, 1 u. 671, 1879; **12**, 161, 1881; Arch. Sc. phys. (3) **3**, 439, 1878.
Dewar: Compt. rend. **139**, 261, 421, 1904; Ann. d. chim. et phys. (8) **3**, 5, 12, 1904; Amer. J. of Science **18**, 290, 295, 1904; Proc. R. Soc. **74**, 122, 1904; Chem. News **90**, 73, 141, 1904.
Valentiner und R. Schmidt: Berl. Ber. 1905, S. 816; Ann. d. Phys. **18**, 187, 1905.
Blythwood and Allen: Phil. Mag. (6) **10**, 497, 1905.
Jamin et Bertrand: Ann. d. chim. et phys. (3) **34**, 344, 1852.
Travers: Proc. R. Soc. **78**, 9, 1906.
Kayser: Wied. Ann. **12**, 526, 1881.
Geddes: Ann. d. Phys. (4) **29**, 797 1909.
Baerwald: Ann. d. Phys. (4) **23**, 84, 1907.
Miss Homfray: Ztschr. f. phys. Chem. **74**, 129, 1910; Proc. R. Soc. **84**, 99, 1910.
Titoff: Ztschr. f. phys. Chem. **74**, 641, 1910.
G. C. Schmidt: Ztschr. f. phys. Chem. **74**, 689, 1910; **77**, 641, 1911; **78**, 667, 1912; **83**, 674, 1913; **91**, 103, 1916.
Arrhenius: Meddel. fr. K. Vet. Ak. Nobelinst. **2**, No. 7, p. 1, 1911.
Bergter, Ann. d. Phys. (4) **37**, 472, 1912.
Mc Bain: Phil. Mag. (6) **18**, 916, 1909; Ztschr. f. phys. Chem. **68**, 471, 1909.
Firth: Ztschr. f. phys. Chem. **86**, 294, 1914.
Bunzl: Wien. Ber. **115**, 21, 1906.
Rutherford: Nature **74**, 634, 1906; Manch. Proc. **53**, 38, 1908.
Satterly: Phil. Mag. (6) **20**, 778, 1910.
Hevesy: Phys. Ztschr. **12**, 1222, 1911; Jahrb. d. Radioakt. **10**, 207, 1913.
Moser: Pogg. Ann. **56** u. **57**, 1842.
Dumas: Compt. rend. **86**, 65, 1878.
Quincke: Pogg. Ann. **108**, 326, 1859.
Joulin: Compt. rend. **90**, 741, 1880.
Pfeiffer: Verdichtung von Gasen durch feste Körper. Diss. Erlangen 1882.
Kayser: Wied. Ann. **12**, 528; **14**, 450, 1881; **21**, 495, 1884; **23**, 416, 1884.
Bunsen: Wied. Ann. **20**, 545, 1883; **22**, 145, 1884; **24**, 321, 1885.
O. Schumann: Wied. Ann. **27**, 91, 1886.
Troost et Hautefeuille: Compt. rend. **78**, 686, 1874 (H und Pd).
P. Mühlfarth: Ann. d. Phys. **3**, 328, 1900.
Parks: Phil. Mag. (6) **5**, 517, 1903.
Melander: Boltzmann-Festschr. 1904, S. 789.
Lord Rayleigh: Nature **86**, 416, 1911.
Aitken: Nature **86**, 516, 1911.
Cohnstaedt: Ann. d. Phys. (4) **38**, 223, 1912.
Reboul: Journ. d. Phys. (5) **3**, 450, 1913.
Divers: Compt. rend. **77**, 788, 1873.

Raoult: Compt. rend. **76**, 1261, 1887; **94**, 1117, 1882.
Troost: Compt. rend. **94**. 789, 1882.
Kurilow: J. d. russ. phys.-chem. Ges. **25**, Chem. Abt., 170, 1893.
N. Hesehus: J. d. russ. phys.-chem. Ges. **11**, 78, 1879.
F. Fischer: Ann. d. Phys. **20**, 503, 1906.
K. R. Koch: Ann. d. Phys. **54**, 1, 1917.
Mond, Ramsay und Shields: (Okklusion von O_2 und H_2 durch Pt und Pd)
    Ztschr. f. phys. Chem, **19**, 25, 1896; **25**, 657, 1898; **26**, 109, 1898; Proc.
    R. Soc. **62**, 290, 1898.
G. N. St. Schmidt: Ann. d. Phys. (4) **13**, 747, 1904.
Winkelmann: Ann. d. Phys. (4) **17**, 589, 1905.
Bellati und Lussana: N. Cim. **5**, 389, 1913.
Valentiner: Verh. d. D. Phys. Ges. **13**, 1003, 1911.
Sieverts: Ztschr. f. phys. Chem. **88**, 103, 451, 1914.
Hold, Edgar und Firth: Ztschr. f. phys. Chem. **82**, 513, 1913.
Quennessen: Compt. rend. **139**, 795, 1904.
Mior: N. Cim. (4) **9**, 67, 1899; Beibl. 1899, S. 620.
Mühlfarth: Ann. d. Phys. (4) **3**, 328, 1900.
Soddy: Proc. R. Soc. **78**, 429, 1906.
Travers: Ztschr. f. phys. Chem. **61**, 241, 1907.
Freundlich: Ztschr. f. phys. Chem. **61**, 249, 1907.
Sieverts: Ztschr. f. phys. Chem. **60**, 129, 1907; **77**, 591, 1911; Ztschr. f.
    Elektrochem. **16**, 707, 1910.
Sieverts und Jurisch: Chem. Ber. **45**, 221, 1912.
Belloc: Compt. rend. **149**, 672, 1909.

Fünftes Kapitel.

Grundlagen der kinetischen Gastheorie.

§ 1. Bewegungsart der Gasmoleküle. Als Begründer der kinetischen Gastheorie hat man Krönig (1856) und Clausius (1857) anzusehen, wennschon die ihr zugrunde liegenden Ideen und Vorstellungen bereits früher von mehreren Forschern ausgesprochen und entwickelt worden sind.

In ihrer einfachsten Form und ohne die Ergänzungen und Verbesserungen, welche allmählich eingeführt worden sind, nimmt die kinetische Gastheorje an, daß die Gasmoleküle sich geradlinig und vollkommen frei bewegen, ohne aufeinander einzuwirken (außer bei Zusammenstößen). Ihre Geschwindigkeit hängt, wie wir sehen werden, nur von der Art des Gases und von der Temperatur ab. Die Bewegungsrichtung ändert sich plötzlich, wenn ein Gasmolekül auf seinem Wege etwa die Wandung des Gefäßes trifft, welches das Gas einschließt, oder irgendein anderes Hindernis, oder wenn zwei Moleküle aufeinander prallen.

Außer der in jedem gegebenen Augenblick geradlinigen Bewegung des Moleküls kommen jedoch im Gase noch andere Bewegungen vor. Erstens kann sich ein Molekül als Ganzes um eine beliebige

Achse drehen; dies muß eintreten, wenn die Moleküle beim Zusammenstoße einander nicht zentral treffen. Zweitens sind sogenannte intramolekulare Bewegungen möglich, d. h. Bewegungen (Schwingungen, Rotationen) der Atome innerhalb ihres Moleküls um gewisse mittlere Lagen. Die von den Molekülen eingenommenen Volumina zieht man nicht in Betracht, sondern betrachtet erstere als Punkte, zwischen denen jedoch Zusammenstöße stattfinden können. Das heißt, man vernachlässigt die linearen Dimensionen der Gasmoleküle im Vergleich zu ihrem mittleren Abstande voneinander. Ferner nimmt man an, die Gasmoleküle seien keiner äußeren Kraft unterworfen — man zieht mithin die Wirkung, welche die Schwerkraft auf sie ausübt, nicht in Betracht.

Die beiden Grundeigenschaften der Gase, nämlich ihr Bestreben, das ganze ihnen zur Verfügung stehende Volumen gleichmäßig zu erfüllen und einen Druck auf die einschließenden Wände auszuüben, werden auf Grund der geradlinigen Bewegung der Moleküle unmittelbar verständlich. Denn wenn sich neben dem Raume A, welcher von Gas erfüllt ist, ein leerer Raum B befindet, so werden alle Moleküle, welche sich in der Richtung nach diesem Raume B hin bewegen, da sie keinen Widerstand finden, in denselben eindringen, bis eine gleichmäßige Verteilung der Moleküle erreicht ist; dann werden in der Zeiteinheit ebensoviel Teilchen von A nach B übergehen als von B nach A. Die gleichmäßige Verteilung ist somit die Bedingung für das Gleichgewicht, das jedoch hier nicht der Ruhe entspricht, sondern im Gegenteil dem kontinuierlichen Austausch der Moleküle ohne Verminderung ihrer Anzahl in jedem nicht allzu kleinen Teile des Raumes. In derartigen Fällen, die häufig im Bereiche verschiedener physikalischer Erscheinungen vorkommen, pflegt man vom stationären Gleichgewicht der Bewegung oder vom dynamischen Gleichgewicht zu reden.

Die Spannung der Gase, welche sich als Druck auf die ihnen benachbarten Körper kundtut, erklärt sich durch die Stöße, welche jene Körper seitens der auf sie auffliegenden und von ihnen abprallenden Moleküle — durch das „molekulare Bombardement", dem sie ausgesetzt sind, erfahren.

Um gleich zu Anfang eine richtige Vorstellung von der Bewegungsweise der Gasmoleküle zu erhalten, wollen wir hier einige Daten anführen, auf die wir später wieder zurückkommen werden. Die Geschwindigkeit der Gasmoleküle ist sehr groß; sie beträgt beispielsweise für die Luftmoleküle fast 500 m pro Sekunde und nimmt für alle Gase mit der Temperatur zu. Die Zusammenstöße der Gasmoleküle erfolgen unvorstellbar oft; ein Luftmolekül vermag z. B. bei gewöhnlichem Druck im Mittel nicht mehr als 0,0001 mm in der Zeit von einem Zusammenstoße bis zum nächstfolgenden zurückzulegen. Zieht man die Geschwindigkeit der Gasmoleküle in Betracht, so versteht man demnach, daß jedes Molekül in jeder Sekunde bis zu 5000 Millionen

Zusammenstöße erleidet und im allgemeinen ebenso oft seine Bewegungsrichtung ändert. Bei Kompression eines Gases muß die Zahl dieser Zusammenstöße proportional der Dichte zunehmen; ist die Luft durch einen Druck von 100 Atmosphären zusammengedrückt, so erhält man bereits 500 000 Mill. Zusammenstöße pro Sekunde. Aus diesen Darlegungen erhält man ein Bild von dem chaotischen Zustande, in welchem sich die gewaltig große Zahl von Gasmolekülen befindet, die sich mit großer Geschwindigkeit nach allen Richtungen bewegen und ungeheuer häufig aufeinander prallen.

§ 2. Das Boyle-Mariottesche Gesetz. Die kinetische Gastheorie erklärt nicht nur in einfacher Weise weshalb der Druck p eines Gases umgekehrt proportional dem Volumen v ist, sondern liefert auch einen wichtigen Ausdruck für das Produkt pv.

Das Gesetz selbst läßt sich auf folgende einfache Weise ableiten. Verkleinert man das Volumen v eines Gases, in welchem sich n Moleküle befanden, k mal, so bleiben in dem neuen Volumen $v:k$ aller früheren n Moleküle enthalten. Die Spannung wird dabei die gleiche sein, als ob sich im Volumen v die Anzahl kn Moleküle befände, denn teilt man dieses Volumen durch Scheidewände in k gleiche Teile, so ändert man die Spannung nicht, erhält aber dabei Volumina, welche gleich $v:k$ sind und von denen ein jedes n Moleküle enthält. Hat sich aber im Volumen v die Zahl der Moleküle k mal vergrößert, so werden letztere k mal häufiger auf die Oberflächeneinheit der Wandungen auftreffen, das „Bombardement", mithin auch der Druck des Gases wird sich also k mal verstärken.

Eine andere Form der Ableitung ist die folgende: Vermindert man das Volumen q^3 mal, so vermindern sich die linearen Dimensionen, folglich auch der mittlere gegenseitige Abstand der Moleküle voneinander q mal; deshalb werden die längs der Einheit der Wandoberfläche in einer dünnen anliegenden Schicht befindlichen Moleküle beim Zurückprallen einen q mal kürzeren Weg zurücklegen bis zu ihrem nächsten wahrscheinlichen Zusammenstoße mit anderen Molekülen, von denen sie zur Wand zurückgeworfen werden. Jedes Molekül wird somit q mal häufiger auf die Wand auffliegen als vorher. Die Zahl der Moleküle innerhalb der Schicht, deren Dicke man jetzt q mal kleiner anzunehmen hat, nimmt q^2 mal zu, mithin wird die Gesamtzahl der Stöße, die auf die Oberflächeneinheit der Wand erfolgt, sich q^3 mal vergrößern, d. h. so viel mal, als sich das Volumen verkleinert hat.

Wir gehen nun zur Herleitung der Formel über, welche man als die Grundformel der kinetischen Gastheorie bezeichnen kann. Sie hat folgende Gestalt:

$$pv = \frac{1}{3} N m u^2 \ldots \ldots \ldots \ldots (1)$$

Hier ist v das vom Gase eingenommene Volumen, p seine Spannung, N die Zahl der im Volumen v enthaltenen Moleküle, m die Masse eines Moleküls und u seine Geschwindigkeit. Um diese Formel herzuleiten, müssen wir uns an folgenden Lehrsatz erinnern: Der Impuls K einer Außenkraft ist gleich dem geometrischen Zuwachs L der Bewegungsmenge (Abt. I, S. 84).

Wir nehmen an, daß das Molekül C (Fig. 42) mit der Masse m sich in der Richtung FC, welche den Winkel φ mit der Normalen CN einschließt, bewegt und auf die Wandung AB mit der Geschwindigkeit $u = CD$ stößt. Der geometrische Zuwachs L der Bewegungsmenge ist dann gleich $m \times DE$. Da $DE = 2\,u\cos\varphi$ ist, so folgt

$$L = 2\,m\,u\cos\varphi \, . \, . \quad (2)$$

Fig. 42.

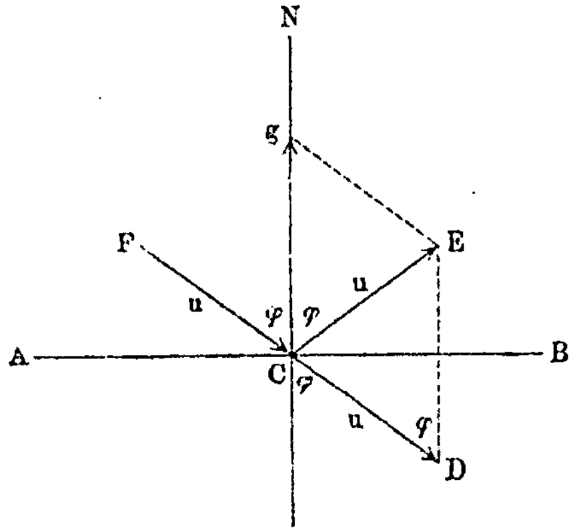

Den Kraftimpuls kann man gleich $K = f\tau$ setzen, wo τ die Dauer der Berührung zwischen Wand und Molekül und f die mittlere Größe der Kraft ist, mit welcher die Wand auf das Molekül drückt; während der Zeit τ ändert sich die Größe und Richtung der Geschwindigkeit des Moleküls. Nach dem Gesetze von der Gleichheit der Wirkung und Gegenwirkung wirkt auf die Wand während der Zeit τ ebenfalls die Kraft f. Obengenanntes Gesetz ergibt somit

$$K = f\tau = 2\,m\,u\cos\varphi \; . \; . \; . \; . \; . \; . \; . \; . \; (3)$$

Wenn man entsprechende Gleichungen für alle Moleküle hinschreibt, welche den gegebenen Teil s der Wandoberfläche im Laufe irgendeiner Zeit t treffen, und alle diese Gleichungen summiert, so erhält man auf der linken Seite $\Sigma f\tau$. Die Größe $\Sigma\tau$ ist nicht gleich t, da die Stöße nicht unmittelbar aufeinander folgen: zwischen ihnen können kleine Zeitintervalle liegen, und mehrere Stöße können wiederum gleichzeitig erfolgen. Die Summe der Kraftimpulse während der Zeit t jedoch, d. h. $\Sigma f\tau$, kann in der Form Ft dargestellt werden, wo wiederum nach dem Gesetze von Wirkung und Gegenwirkung F die mittlere Größe der Kraft darstellt, welche in der Zeit t ununterbrochen auf den Teil s der Wandoberfläche wirkt. Somit hat man

$$Ft = \sum_{t,\,s} 2\,m\,u\cos\varphi \; . \; . \; . \; . \; . \; . \; . \; . \; (4)$$

Die Buchstaben t und s, welche unter dem Summenzeichen stehen, bedeuten, daß man die Summe der Größen $2\,m\,u\,cos\,\varphi$ für alle Teilchen zu bilden hat, welche in der Zeit t auf die Oberfläche s auftreffen. Setzt man $t = 1$ und $s = 1$, so gibt die linke Seite die Spannung p des Gases, d. h. die mittlere Kraft, welche ununterbrochen auf die Oberflächeneinheit der Wand einwirkt. Da die Zahl der Stöße außerordentlich groß ist, kann man diese Kraft p für eine konstante Größe ansehen. Man hat also

$$p = \sum_{\substack{t=1 \\ s=1}} 2\,m\,u\,cos\,\varphi \quad \dots \dots \dots \quad (5)$$

Die Spannung eines Gases wird erhalten, wenn man die Summe der Ausdrücke von der Form $2\,m\,u\,cos\,\varphi$ für alle Gasmoleküle bildet, welche in der Zeiteinheit ($t = 1$) auf die Oberflächeneinheit ($s = 1$) der Wand treffen.

Es gibt verschiedene Herleitungen der Fundamentalformel (1) aus der allgemeinen Formel (5). Wir wollen zwei derartige Herleitungen folgen lassen.

I. Herleitung von Joule (1851 und 1857). Wir denken uns der Einfachheit halber das Gefäß, in welchem sich das Gas befindet, habe die Gestalt eines rechtwinkligen Parallelepipedons, dessen Seiten $a = MQ$ (Fig. 43) und $b = MN$ sind, während c senkrecht

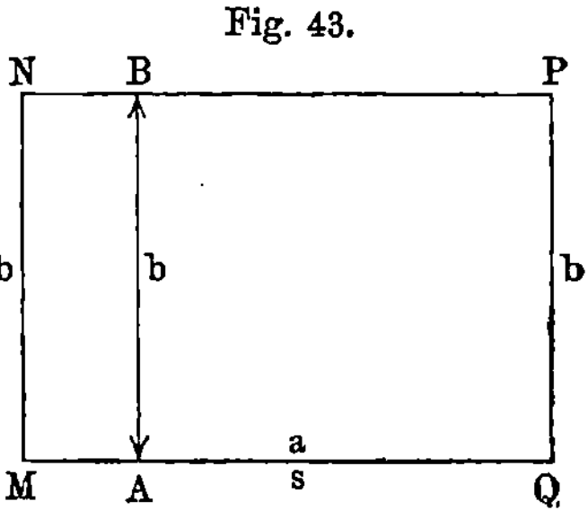

zur Zeichnungsebene verläuft. Die Kante b bilde die Höhe, die Fläche $ac = s$ dagegen die Basis; das Volumen ist $v = sb$. Wir führen endlich noch folgende zwei Annahmen ein:

1. Die Gasmoleküle sollen sich frei von einer Wand zur anderen bewegen, ohne aufeinander zu prallen. Diese Annahme führt bei der Berechnung der Summe der Bewegungsmengen zu demselben Resultat, wie die Vorstellung, daß Zusammenstöße der Moleküle stattfinden. Wie wir nämlich später (Abschnitt VI, Kap. IV, § 7) sehen werden, überträgt sich die Bewegungsmenge beim Stoße völlig elastischer Körper — und als solche sehen wir die Gasmoleküle an — in einer gegebenen Richtung von einem Körper zum anderen derart, daß sie sich gewissermaßen in dieser Richtung fortpflanzt. Die gesamte Bewegungsmenge, welche an der Oberflächeneinheit anlangt, bleibt somit dieselbe, ob die Moleküle miteinander zusammenstoßen oder nicht.

2. Wir nehmen ferner an, daß im betrachteten Gasvolumen N Moleküle enthalten seien. Die Masse jedes Moleküls sei m, seine Geschwindigkeit u habe irgendeine beliebige Richtung, welche mit

den Kanten a, b und c die Winkel α, β und γ einschließt. Wir ersetzen jedes der Moleküle durch drei andere, die sich parallel zu den Kanten mit den Geschwindigkeiten $u\cos\alpha$, $u\cos\beta$ und $u\cos\gamma$ bewegen. Die Energie der Bewegung ändert sich hierdurch nicht, denn es ist

$$\frac{1}{2}\,m\,u^2 = \frac{1}{2}\,m\,(u\cos\alpha)^2 + \frac{1}{2}\,m\,(u\cos\beta)^2 + \frac{1}{2}\,m\,(u\cos\gamma)^2.$$

Formel (5) zeigt uns, daß der Druck p nur von der normalen Komponente abhängt, und deshalb kann bei der Berechnung dieses Druckes, z. B. auf die Basis s, die erwähnte Substitution keinen Einfluß auf das Resultat ausüben. Nimmt man die Substitution mit allen Molekülen vor, so erhält man schließlich drei Gruppen von Molekülen; jede Gruppe enthält N Moleküle, die sich parallel zu einer der Kanten a, b und c bewegen. Da die Zahl der Moleküle sehr groß ist und alle Bewegungsrichtungen gleich oft vorkommen, so muß jede der drei Gruppen ein Drittel derjenigen Energie besitzen, welche in Wirklichkeit in der fortschreitenden Bewegung aller Moleküle enthalten ist. Man kann demnach annehmen, daß alle N Moleküle jeder Gruppe sich mit der Geschwindigkeit $u : \sqrt{3}$ bewegen. Eine derartige Energie würde aber jede einzelne Gruppe besitzen, wenn sie $N : 3$ Moleküle enthielte, die sich mit der Geschwindigkeit u bewegten. Eine weitere Annahme, welche Joule machte, besteht darin, daß er bei der Berechnung von p nach Formel (5) annahm, ein Drittel aller Moleküle bewege sich senkrecht zur Basis s, die beiden anderen Drittel jedoch parallel zur Basis, ohne sich jedoch zu treffen.

Es ist nunmehr leicht, die Summe zu berechnen, welche auf der rechten Seite von (5) steht. Jedes der $N : 3$ Moleküle trifft senkrecht auf die Grundfläche s; folglich ist $\varphi = 0$ und $\cos\varphi = 1$. Es bewegt sich zwischen den beiden Punkten A und B hin und her; in der Zeit zwischen zwei Zusammenstößen mit der Wand s legt es den Weg $AB + BA = 2b$ zurück; in der Zeiteinheit ($t = 1$) stößt es mithin so viel mal gegen die Wand s, als $2b$ im durchlaufenen Wege u enthalten ist, d. h. $\dfrac{u}{2b}$ mal. Für ein einzelnes Molekül ist $\Sigma\,2\,m\,u$ gleich

$$\frac{u}{2b}\cdot 2\,m\,u = \frac{m\,u^2}{b},$$

für alle Moleküle ist diese Summe $\dfrac{1}{3}\,N$ mal größer, d. h. gleich

$$\frac{1}{3}\,N\,\frac{m\,u^2}{b} \quad \cdots\cdots\cdots\cdots\cdots\cdots (6)$$

Um den endgültigen Ausdruck für die Summe zu erhalten, welche auf der rechten Seite der Formel (5) steht, hat man der Bedingung $s = 1$ zu genügen. Da sich (6) auf die ganze Fläche s bezieht, so erhält man für die Oberflächeneinheit $p = \dfrac{1}{3} N \dfrac{m u^2}{s b}$. Es ist aber $s b$

$= v$, also $p v = \dfrac{1}{3} N m u^2$, was zu beweisen war.

II. Herleitung von Clausius (1857). Wir wollen zunächst folgende Aufgabe lösen: Wir nehmen an, es seien n (eine sehr große Zahl) Gasmoleküle vorhanden, die sich nach allen möglichen Richtungen bewegen, und zwar derart, daß alle Richtungen gleich oft vorkommen und keine von ihnen einen Vorzug vor den anderen hat. XY sei (Fig. 44) eine beliebige derartige Richtung. Wir fragen uns jetzt, wie groß ist die Zahl n_φ der Moleküle, deren Bewegungsrichtungen mit der Richtung XY einen Winkel einschließen, welcher zwischen φ und $\varphi + d\varphi$ enthalten ist.

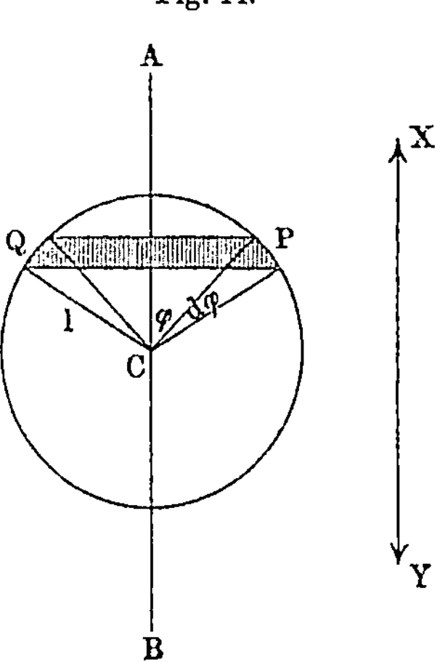

Um diese Aufgabe zu lösen, zieht man durch den beliebigen Punkt C die Gerade $AB \parallel XY$; von C aus zieht man ferner n Geraden von beliebiger, jedoch gleicher Länge l, welche den Bewegungsrichtungen von n Gasmolekülen parallel sind. Die Endpunkte dieser Geraden werden gleichmäßig auf einer Kugeloberfläche vom Radius l verteilt sein. Beschreibt man um CA als Achse, Kegel, deren Seitenlinien mit der Achse die Winkel φ und $\varphi + d\varphi$ einschließen, so begrenzen sie auf der Kugeloberfläche eine Zone PQ, innerhalb deren die Endpunkte aller der Geraden l liegen, welche der gesuchten Zahl n_φ der Moleküle entsprechen. Da diese Endpunkte der Linien l gleichmäßig verteilt sind, so muß sich die Zahl n_φ zu der Gesamtzahl n ebenso verhalten, wie die Zonenoberfläche PQ, d. h. $2 \pi l^2 \sin \varphi \, d\varphi$ zur Gesamtoberfläche der Kugel $4 \pi l^2$.

Sonach ist $n_\varphi : n = 2 \pi l^2 \sin \varphi \, d\varphi : 4 \pi l^2$ und hieraus

$$n_\varphi = \frac{1}{2} n \sin \varphi \, d\varphi \quad \ldots \ldots \ldots \quad (7)$$

Nachdem wir diese Aufgabe gelöst haben, wollen wir das Flächenelement $AB = \sigma$ (Fig. 45) der Gefäßwandung betrachten. MN sei die Normale zu σ; wir konstruieren über σ als Grundfläche den Zylinder $ACDB$, dessen Seitenlinien mit der Normalen den Winkel φ bilden und eine Länge haben, die gleich der Geschwindigkeit u der Gasmoleküle ist. Die Höhe des Zylinders ist $u \cos \varphi$, sein Volumen $\sigma u \cos \varphi$; die Anzahl n der in ihm eingeschlossenen Moleküle ist gleich

$n = \dfrac{N}{v}\,\sigma u \cos\varphi$, wenn im Gesamtvolumen v die Anzahl N von Gas-

molekülen, also in der Volumeneinheit $\dfrac{N}{v}$ Moleküle enthalten sind. Diese

Moleküle bewegen sich nach allen möglichen Richtungen, folglich ist

$$n_\varphi = \frac{1}{2}\,n \sin\varphi\,d\varphi = \frac{1}{2}\,\frac{N}{v}\,\sigma u \cos\varphi \sin\varphi\,d\varphi \quad . \ . \ . \ (8)$$

die Zahl der Moleküle, welche im Zylinder $ACDB$ enthalten sind und sich nach den Richtungen bewegen, welche mit der Normalen MN einen zwischen φ und $\varphi + d\varphi$ liegenden Winkel bilden.

    Wir bestimmen jetzt die Zahl n'_φ dieser Moleküle, welche sich nach Richtungen bewegen, deren mit der Achse MP des Zylinders gebildete Winkel unendlich klein sind. Es möge die Ebene NMP mit irgendeiner Anfangsebene, welche durch die Normale MN geht, den Winkel ψ bilden. Die zu σ normalen Ebenen, welche durch die Bewegungsrichtungen der n_φ Moleküle gehen, bilden mit der Anfangsebene alle möglichen Winkel von 0 bis zu 2π. Damit diese Moleküle sich nur unendlich wenig von der Ebene NPM entfernen, ist es erforderlich, daß die erwähnten normalen Ebenen mit der Anfangsebene Winkel einschließen, welche zwischen ψ und $\psi + d\psi$ enthalten sind. Hieraus folgt, daß sich n'_φ zu n_φ ebenso verhält, wie $d\psi$ zu 2π, d. h.

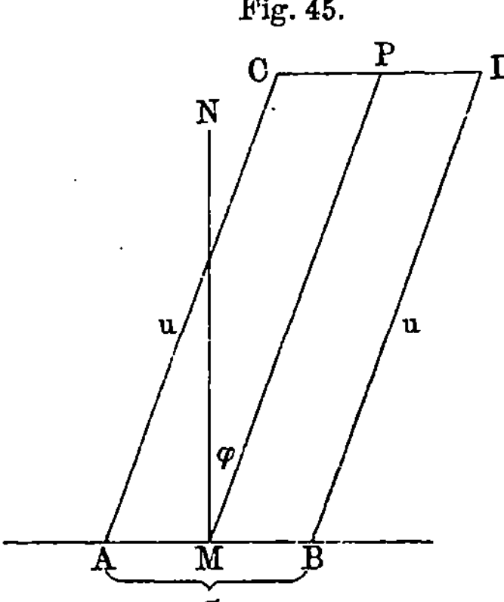

$$n'_\varphi = \frac{d\psi}{2\pi}\,n_\varphi = \frac{N\sigma}{4\pi v}\,u \cos\varphi \sin\varphi\,d\varphi\,d\psi \ . \ . \ . \ . \ (9)$$

    Alle diese n'_φ Moleküle stoßen offenbar in der Zeiteinheit auf das Flächenelement σ; von diesen Molekülen sind am Ende dieser Zeiteinheit die bis nach AB gelangt, welche sich zu Beginn in CD befanden. Wir lassen auch hier außer acht, daß die Teilchen miteinander zusammenprallen; daß dies geschehen darf, war oben gezeigt worden. Der Einwand, daß der Zylinder $ACDB$ nicht vollständig im gaserfüllten Volumen v enthalten sein kann, ist offenbar belanglos. Die Strömung der Bewegungsmenge, welche während der Zeiteinheit im Inneren des Zylinders in der Richtung AB hin erfolgt, ist von der Größe des Volumens v unabhängig. Man könnte übrigens auch einen Zylinder von beliebiger Länge l wählen, welche von den Gasmolekülen in der Zeit $t = l : u$ durchlaufen wird. Geht man dann zur Bestimmung der Summe (5) für $t = 1$ über, so erhält man dasselbe Resultat wie hier. Jedes der n'_φ Moleküle liefert eines von den Gliedern der Summe (5) und da φ allen gemeinsam ist, so geben sie einen Teil der Gesamtsumme, der gleich

$$n'_\varphi \cdot 2\,m\,u\,\cos\varphi = \frac{N\,m\,\sigma}{2\,\pi\,v}\,u^2\,\cos^2\varphi\,\sin\varphi\,d\varphi\,d\psi \text{ ist.}$$

Integriert man diesen Ausdruck nach ψ von 0 bis $2\,\pi$ und nach φ von 0 bis $\pi:2$, so erhält man die Summe (5) für $t = 1$ und $s = \sigma$; um nun noch p zu erhalten, hat man von $s = \sigma$ zu $s = 1$ überzugehen, d. h. das erhaltene Resultat durch σ zu dividieren. Danach ist

$$p = \frac{N\,m\,u^2}{2\,\pi\,v}\int\limits_0^{\frac{\pi}{2}}\cos^2\varphi\,\sin\varphi\,d\varphi\int\limits_0^{2\,\pi}d\,\psi$$

$$= \frac{N\,m\,u^2}{v}\int\limits_0^{\frac{\pi}{2}}\cos^2\varphi\,\sin\varphi\,d\varphi = \frac{1}{3}\,\frac{N\,m\,u^2}{v}\,.$$

Hieraus erhält man

$$p\,v = \frac{1}{3}\,N\,m\,u^2 \quad \ldots \ldots \ldots \ldots (10)$$

d. h. die Formel (1). Am meisten zu beanstanden ist in obiger Herleitung die Annahme, daß sich alle Moleküle mit derselben Geschwindigkeit u bewegen, was, wie wir sehen werden, nicht zutrifft.

Die Größen p, v, m und u in Formel (10) müssen durch die einander entsprechenden Einheiten gemessen werden. Will man C.G.S.-Einheiten einführen, so ist p in Dynen pro Quadratzentimeter Oberfläche, v in Kubikzentimetern, m in Grammen zu messen und als Einheit der Geschwindigkeit die Geschwindigkeit von 1 cm pro Sekunde anzunehmen. Häufiger wählt man indes als Einheit der K r a f t das Kilogramm, als Längeneinheit das Meter und als Zeiteinheit die Sekunde. In diesem Falle wird p in Kilogrammen pro Quadratmeter Oberfläche, v in Kubikmetern ausgedrückt; als Masseneinheit hat man dann die Masse von $g = 9{,}81\,\mathrm{kg}$ und als Einheit der Geschwindigkeit die Geschwindigkeit von 1 m pro Sekunde anzunehmen.

§ 3. Folgerungen aus der Grundformel. Die Clapeyronsche Formel (5) auf S. 31 lautete

$$p\,v = R\,T \quad \ldots \ldots \ldots \ldots (11)$$

wo T die absolute Temperatur, R eine für ein gegebenes Volumen eines gegebenen Gases konstante Größe war. Wir wollen hier die

Wucht J der fortschreitenden Bewegung unserer Gasmoleküle einführen; sie war gleich

$$J = \frac{1}{2} Nmu^2 \quad \ldots \ldots \ldots \quad (12)$$

Die Masse M des Gases ist offenbar $= Nm$; $Q = gM$ sei sein Gewicht und δ die Gasdichte, und zwar bezogen auf Luft von demselben Druck und derselben Temperatur. Kombiniert man die Formeln (10), (11) und (12), so erhält man folgende bemerkenswerte Beziehungen

$$p v = \frac{1}{3} Nmu^2 = \frac{1}{3} Mu^2 = RT = \frac{2}{3} J \ldots \quad (13)$$

Bei konstanter Temperatur ist das Produkt pv nach dem B.-M. Gesetz eine für eine gegebene Gasmenge konstante Größe. Wir sehen hier, daß diese Konstante $(pv = Const)$ gleich zwei Dritteln der Energie der fortschreitenden Bewegung der Gasmoleküle ist. Für $v = 1$ erhält man

$$p = \frac{2}{3} J \quad \ldots \ldots \ldots \ldots \quad (13, a)$$

d. h. der Druck eines Gases ist gleich zwei Dritteln der Energie der fortschreitenden Bewegung jener Gasmoleküle, welche sich in der Einheit des Gasvolumens vorfinden.

Die Gleichung $RT = \dfrac{2}{3} J$ zeigt ferner, daß die Energie der fortschreitenden Bewegung der Gasmoleküle proportional der absoluten Temperatur des Gases ist.

§ 4. Geschwindigkeit der Gasmoleküle.

Die Gleichungen (13) ergeben

$$u = \sqrt{\frac{3 p v}{M}} \quad \ldots \ldots \ldots \ldots \quad (14)$$

Nehmen wir an, wir hätten es mit der Gewichtseinheit des Gases zu tun, dann ist das Gewicht $Q = gM = 1$, woraus $M = 1 : g$ folgt. Sei ferner v_0 das Volumen der Gewichtseinheit, also eines Kilogramms Luft bei der für das Gas gegebenen Temperatur T und dem Drucke p, dann ist $v = v_0 : \delta$ und nach Formel (14)

$$u = \sqrt{3 g p v} = \sqrt{\frac{3 g p v_0}{\delta}} \quad \ldots \ldots \ldots \quad (15)$$

Sei endlich R_0 die Konstante der Clapeyronschen Formel für 1 kg Luft; dann ist $p v_0 = R_0 T$. Wir sahen [vgl. (6) auf S. 31], daß $R_0 = 29,27$ ist, wenn man Kilogramm, Meter und Sekunde als

Einheiten der Kraft, Länge und Zeit annimmt; Formel (15) gibt alsdann

$$u = \sqrt{3\,g R_0\,\frac{T}{\delta}} \qquad \cdots \cdots \quad (16)$$

Aus dieser Formel ergeben sich zwei überaus wichtige Gesetze:

I. Die Geschwindigkeit der Moleküle eines gegebenen Gases ist der Quadratwurzel aus der absoluten Temperatur des Gases direkt proportional.

II. Die Geschwindigkeiten der Moleküle verschiedener Gase sind bei gleicher Temperatur den Quadratwurzeln aus den Gasdichten indirekt proportional.

Je geringer die Dichte δ eines Gases ist, um so schneller bewegen sich seine Moleküle. Von der Spannung hängt, wie zu erwarten war, die Geschwindigkeit der Moleküle nicht ab. Komprimiert man ein Gas bei konstanter Temperatur, so nähern sich seine Moleküle, was aber auf ihre Geschwindigkeit keinen Einfluß haben kann. Bei der Kompression ändert sich zwar die auf Wasser bezogene Dichte D des Gases, seine Dichte δ in bezug auf Luft bleibt aber in den Gültigkeitsgrenzen des B.-M. Gesetzes ungeändert.

Formel (16) setzt uns in den Stand, auch die absoluten Größen für die Geschwindigkeit u der Gasmoleküle zu berechnen. Wir wollen dies für die Temperatur von 0⁰, d. h. für $T = 273$ ausführen und setzen daher $g = 9,81$ und $R = 29,27$ ein; dann ist

$$u = \sqrt{\frac{3 \times 9,81 \times 29,27 \times 273}{\delta}} = \frac{485}{\sqrt{\delta}}\,\frac{\text{Meter}}{\text{Sekunde}} \quad \cdots \quad (17)$$

Wir würden natürlich dasselbe erhalten, wenn wir in Formel (1 $p = 10\,333$ (den Druck von einer Atmosphäre in Kilogrammen pro Quadratmeter Oberfläche) und $v_0 = 0,7733$ (das Volumen eines Kilogramms Luft bei 0⁰ und dem Drucke von einer Atmosphäre in Kubikmetern) setzen würden. Für Luft ist $\delta = 1$, mithin hat die Geschwindigkeit der Gasmoleküle bei 0⁰ den beträchtlichen Wert von 485 m pro Sekunde. Sie ist größer als die Schallgeschwindigkeit.

Setzt man für Wasserstoff die Dichte $\delta = 0,0693$, für Kohlendioxyd $\delta = 1,529$, so erhält man

$$\text{für } H_2 \ldots \ldots \ldots \ldots u = 1843\,\text{m pro Sekunde,}$$
$$\text{für } CO_2 \ldots \ldots \ldots \ldots u = 392\,\text{m} \quad \text{''} \qquad \text{''} \quad .$$

Bei 100⁰ sind die entsprechenden Geschwindigkeiten $\sqrt{\dfrac{373}{273}}$ = 1,169 mal größer, bei 200⁰ bereits $\sqrt{\dfrac{473}{273}}$ = 1,316 mal größer. Danach erhält man folgende Werte für die Geschwindigkeiten u:

	0^0	100^0	200^0
Sauerstoff	461 m/sec	539 m/sec	604 m/sec
Wasserstoff.	1843 „	2153 „	2424 „
CO_2	392 „	458 „	515 „

Die Geschwindigkeit der Wasserstoffmoleküle bei gewöhnlicher Temperatur ist nahezu gleich 2 km in der Sekunde.

Für $T = 0$, also $t = -273^0$ ist $u = 0$; somit entspricht dem absoluten Nullpunkt der Temperatur völliger Mangel an fortschreitender Bewegung der Moleküle. Wir nehmen an, daß bei dieser Temperatur auch keine anderen Bewegungen vorhanden sind, wie Rotationen der Moleküle und intramolekulare Bewegungen (S. 80). Die oben gegebenen Größen für die Geschwindigkeiten u sind unter der Voraussetzung erhalten worden, daß alle Gasmoleküle die gleiche Geschwindigkeit besitzen. Wir werden im späteren sehen, welche Bedeutung in Wirklichkeit die Geschwindigkeit hat, welche in den Formeln (10) und (13) vorkommt und deren Größe durch die Formeln (14), (15), (16) und (17) ausgedrückt ist.

§ 5. Avogadrosches Gesetz. Dieses Gesetz kann, wenn auch nicht streng, aus den von uns erhaltenen Formeln abgeleitet werden. Seien zwei gleiche Volumina v zweier verschiedener Gase beim gleichen Drucke p und der gleichen Temperatur T gegeben; seien ferner in diesen gleichen Volumina N Moleküle des einen und N_1 Moleküle des anderen Gases enthalten, dann besagt das Avogadrosche Gesetz, daß $N = N_1$ ist.

Bezeichnet man die Massen der Moleküle zweier Gase mit m und m_1, so gibt Formel (10) $pv = \dfrac{1}{3} N m u^2$ und $pv = \dfrac{1}{3} N_1 m_1 u_1^2$ mithin

$$N m u^2 = N_1 m_1 u_1^2 \quad \ldots \ldots \ldots \ldots \quad (18)$$

Der Umstand, daß sich beim Mischen zweier Gase ihre Temperatur nicht ändert, führt Clausius zu dem Schlusse, daß die Energie der fortschreitenden Bewegung der Moleküle des einen wie des anderen Gases ungeändert bleibt. Dies ist aber nur in dem Falle möglich, wenn die Bewegungsenergie der einzelnen Moleküle in beiden Gasen die gleiche ist, wenn also

$$\frac{1}{2} m u^2 = \frac{1}{2} m_1 u_1^2 \quad \ldots \ldots \ldots \ldots \quad (19)$$

ist. Wenn diese Gleichung nicht gelten würde, müßte sich bei den Zusammenstößen der Moleküle verschiedener Gase die Energie der einen Art von Molekülen vermehren, die der anderen vermindern. Wir erhielten dann das sehr unwahrscheinliche Resultat, daß in einem aus zwei Gasen bestehenden Gemische ein jedes von ihnen gewissermaßen seine eigene Temperatur hätte, welche indes gleich der gemeinsamen Temperatur der Gase vor ihrer Mischung wäre, unabhängig davon, in welchem Verhältnisse die Gase gemischt wären. Läßt man sonach Formel (19) gelten, so erhält man aus (18) unmittelbar $N = N_1$, worin sich das Avogadrosche Gesetz ausspricht. Eine strengere Herleitung des Avogadroschen Gesetzes findet man in den Arbeiten von Tait, Maxwell und Boltzmann.

§ 6. Das Daltonsche Gesetz. In § 1 von Kap. IV (auf S. 61) haben wir gesehen, daß der Druck eines aus mehreren Gasen bestehenden Gemisches gleich der Summe der sogenannten Partialdrucke seiner Bestandteile ist. Dieses Gesetz kann folgendermaßen abgeleitet werden: Bei Herleitung der Formel (10) für ein homogenes Gas hatten wir die Summe der geometrischen Zunahmen jener Bewegungsmengen berechnet, welche von den Molekülen beim Stoße erworben werden. In einem Gemisch aus mehreren Gasen werden die Moleküle irgendeines derselben auf die Gefäßwand in derselben Zahl und mit denselben Geschwindigkeiten auffliegen, als ob die Moleküle der übrigen Gase gar nicht vorhanden wären; denn wie wir sahen, haben die Zusammenstöße der Moleküle untereinander auf den seitens des Gases ausgeübten Wanddruck keinen Einfluß. Hieraus folgt nun auch, daß der Druck p eines Gemisches gleich der Summe der Partialdrucke $p_1 + p_2 + p_3 + \cdots$ ist.

Man kann auch folgende Überlegung anstellen: sei v das Volumen des Gemisches und J seine Energie, welche gleich der Summe $J_1 + J_2 + J_2 + \cdots$ der Energien aller Gemengteile ist. Analog der Herleitung von (13) erhält man $p\,v = \dfrac{2}{3}\,(J_1 + J_2 + J_3 + \cdots)$.

Nun ist $p_1 v = \dfrac{2}{3}\,J_1$, $p_2 v = \dfrac{2}{3}\,J_2$ usw., folglich ist $p = p_1 + p_2 + p_3 + \cdots$ Diese Herleitung fügt zu der oben gegebenen nichts Neues hinzu.

§ 7. Das Gay-Lussacsche Gesetz. Daß der Koeffizient α der Wärmeausdehnung für alle Gase derselbe ist, ergibt sich direkt aus den Formeln der kinetischen Gastheorie. Nehmen wir an, ein gewisses Gas habe unter dem Drucke p das Volumen v_0 bei 0^0 und unter demselben Drucke p das Volumen v bei t^0, dann ist

$$v = v_0\,(1 + \alpha t) \ldots \ldots \ldots \ldots (20)$$

Sind u_0 und u die Geschwindigkeiten der Moleküle bei 0^0 und t^0, so gibt Formel (10) die Beziehungen:

$$p\,v_0 = \frac{1}{3}\,N m u_0^2, \qquad\qquad p\,v = \frac{1}{3}\,N m u^2.$$

Vergleicht man dies mit Formel (20), so erhält man

$$u^2 = u_0^2 \, (1 + \alpha t) \quad \ldots \ldots \ldots \ldots \quad (21)$$

Für ein anderes Gas bezeichnen wir die Masse eines Moleküls mit m_1, die Geschwindigkeiten bei 0^0 und t^0 mit $u_{1,0}$ und u_1 und den Ausdehnungskoeffizienten mit α_1. Nach Analogie von (21) ist dann

$$u_1^2 = u_{1,0}^2 \, (1 + \alpha_1 t) \quad \ldots \ldots \ldots \ldots \quad (22)$$

Nach den Erläuterungen in § 6 muß die Wucht der fortschreitenden Bewegungen eines Moleküls des einen Gases bei allen Temperaturen gleich der des anderen Gases sein, d. h.

$$\frac{1}{2} \, m \, u_0^2 = \frac{1}{2} \, m_1 \, u_{1,0}^2, \qquad \frac{1}{2} \, m \, u^2 = \frac{1}{2} \, m_1 \, u_1^2.$$

Hieraus folgt $\dfrac{u^2}{u_0^2} = \dfrac{u_1^2}{u_{1,0}^2}$; vergleicht man diesen Ausdruck mit (21) und (22), so ist $1 + \alpha t = 1 + \alpha_1 t$, d. h. $\alpha = \alpha_1$, worin sich das Gay-Lussacsche Gesetz ausspricht.

§ 8. Wärmekapazität der Gase. Bevor wir in diesem Kapitel weitergehen, haben wir uns zunächst mit der Wärmekapazität der Gase etwas näher bekannt zu machen. Die Wärmekapazität ist im allgemeinen eine Größe besonderer Art (sui generis), die für ein gegebenes Gas und den Zustand, in welchem es sich befindet, charakteristisch ist. Bei einer bestimmten Auswahl der Einheit für die Wärmemenge (Kalorie) und der Einheit der Wärmekapazität (Wasser), wird die Wärmekapazität eines „Körpers" durch die Wärmemenge gemessen, welche dazu erforderlich ist, ihn um 1^0 zu erwärmen, die Wärmekapazität eines „Stoffes" jedoch — durch die Wärmemenge, welche dazu erforderlich ist, die Gewichtseinheit dieses Stoffes um 1^0 zu erwärmen. Nimmt man an, daß die idealen Gase keine innere Arbeit leisten (S. 3), so folgt daraus, daß die von ihnen absorbierte Wärme teils zur Erwärmung des Gases, d. h. zur Erhöhung seiner Temperatur, teils zur Leistung äußerer Arbeit verbraucht wird. Die letztere wird vom Gase geleistet, indem es sich ausdehnt und dadurch die Körper verdrängt, welche auf dasselbe einen Druck ausüben. Wir setzen voraus, daß sich dieser Druck während der Ausdehnung in jedem gegebenen Augenblicke nur um eine unendlich kleine Größe von der Spannung des Gases unterscheidet.

Wenn das Gas in ein Gefäß eingeschlossen ist, welches sich nicht ausdehnt, so wird während der Erwärmung des Gases eine äußere Arbeit nicht geleistet; die Wärme wird ausschließlich zur Erhöhung der Temperatur T verbraucht, also wenigstens zum Teil zur Erhöhung des Vorrates an kinetischer Energie J der fortschreitenden

Bewegung der Moleküle, wie aus (13) ersichtlich ist. Wir bezeichnen die Wärmekapazität in diesem Falle mit c_v, sie heißt **Wärmekapazität bei konstantem Volumen**. Wenn ein Gas bei konstantem Volumen erwärmt wird, so nimmt seine Spannung p zu.

Wir nehmen jetzt an, daß das Gas, welches das Volumen v erfüllt, sich unter dem Drucke p befindet, welcher sich bei der Erwärmung nicht ändern soll; das Gas dehnt sich dann unter dem konstanten äußeren Drucke p frei aus. Ein solcher Fall liegt vor, wenn sich das Gas in einem Zylinder $ABCD$ (Fig. 46) unterhalb eines beweglichen Kolbens PQ befindet. Wir bezeichnen die Wärmekapazität in diesem Falle mit c_p; sie heißt **Wärmekapazität bei konstantem Drucke**. Es ist leicht einzusehen, daß $c_p > c_v$ ist, denn c_v ist numerisch nur gleich der Wärme, welche zur Erwärmung des Gases verbraucht wird, dagegen ist c_p gleich der Wärme, welche zu derselben Erwärmung und außerdem zum Leisten äußerer Arbeit, die wir mit r bezeichnen wollen, verbraucht wird. Sei E das mechanische Wärmeäquivalent und A sein reziproker Wert, d. h. das thermische Arbeitsäquivalent (Abt. I, S. 121). Zum Leisten der Arbeit r ist die Wärmemenge Ar erforderlich; hieraus folgt, daß

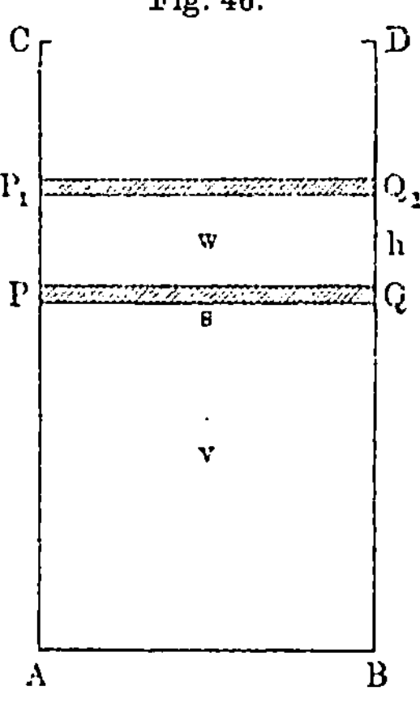

$$c_p = c_v + Ar \quad . \quad . \quad . \quad (22,\,a)$$

ist.

Um die äußere Arbeit r zu berechnen, welche von der Gewichtseinheit des Gases bei Erwärmung um 1^0 unter konstantem Drucke p geleistet wird, nehmen wir an, das Gas habe bei $(t + 1)^0$ das Volumen AP_1Q_1B, welches gleich $v + w$ ist. Der Volumenzuwachs sei gleich $w = sh$, wo s die Oberfläche des Kolbens, h die Höhe, um welche er gehoben wurde, bedeutet. Der Druck auf den Kolben ist gleich ps; hieraus folgt für die Arbeit

$$r = psh = pw \quad . \quad . \quad . \quad . \quad . \quad . \quad . \quad . \quad (23)$$

Das Volumen des Gases ist bei 0^0 gleich $\dfrac{v}{1 + \alpha t}$ und bei $(t + 1)^0$

$$\frac{v}{1 + \alpha t}\,[1 + \alpha\,(t + 1)] = \frac{v\,(1 + \alpha t + \alpha)}{1 + \alpha t} = v + \frac{v\,\alpha}{1 + \alpha t}\,.$$

Die letztere Größe muß gleich $v + w$ sein, also ist

$$w = \frac{v\,\alpha}{1 + \alpha t} = \frac{v}{\dfrac{1}{\alpha} + t} = \frac{v}{273 + t} = \frac{v}{T}\,.$$

Ferner ergibt (23)

$$r = \frac{p\,v}{T} \quad \cdots \cdots \cdots \cdots \quad (24)$$

oder, da nach der Clapeyronschen Formel $p\,v = R\,T$ (S. 31) ist,

$$r = R \quad \cdots \cdots \cdots \cdots \quad (25)$$

Diese wichtige Beziehung zeigt, daß die Konstante der Clapeyronschen Formel numerisch gleich der bei der Ausdehnung des Gases geleisteten Arbeit ist, wenn es sich bei konstantem äußeren Drucke um 1^0 erwärmt.

Formel (22, a) gibt

$$c_p - c_v = A\,R \quad \cdots \cdots \cdots \cdots \quad (26)$$

oder

$$E\,(c_p - c_v) = R \quad \cdots \cdots \cdots \cdots \quad (27)$$

und endlich, vgl. (24),

$$p\,v = E\,(c_p - c_v)\,T \quad \cdots \cdots \cdots \quad (28)$$

Allgemein üblich ist die Bezeichnung

$$\frac{c_p}{c_v} = k \quad \cdots \cdots \cdots \cdots \cdots \quad (29)$$

Die Größe k kann für ein gegebenes Gas unmittelbar aus der Schallgeschwindigkeit in demselben bestimmt werden, da, wie wir in der Lehre vom Schall sehen werden, die Größe k in der Formel für jene Geschwindigkeit enthalten ist. Da sich c_p leicht auf experimentellem Wege ermitteln läßt, c_v dagegen nicht, so ist es zweckmäßig, die Größe c_v aus den Formeln fortzuschaffen und statt ihrer k einzuführen. Wir haben

$$c_p - c_v = c_p - \frac{c_p}{k} = c_p\left(1 - \frac{1}{k}\right) = c_p\,\frac{k-1}{k} \quad \cdots \quad (30)$$

Anstatt (27) und (28) erhält man dann

$$\left. \begin{array}{l} E = \dfrac{R\,k}{c_p\,(k-1)} = \dfrac{p\,v\,k}{c_p\,T(k-1)} \\[2em] p\,v = \dfrac{k-1}{k}\,c_p\,T\,E \end{array} \right\} \quad \cdots \cdots \quad (31)$$

$$\left. \begin{array}{ll} \text{Für Sauerstoff, Stickstoff und Luft ist} \cdots & k = 1{,}41 \\ \quad\text{„}\quad \text{Wasserstoff} \cdots\cdots\cdots\cdots & k = 1{,}41 \\ \quad\text{„}\quad \text{Kohlensäure} \cdots\cdots\cdots\cdots & k = 1{,}30 \\ \quad\text{„}\quad \text{Quecksilberdämpfe} \cdots\cdots & k = 1{,}67 \\ \quad\text{„}\quad \text{Argon und Helium} \cdots\cdots & k = 1{,}65 \end{array} \right\} \cdots (32)$$

§ 9. Die Energie eines Gases.

In § 1 (auf S. 79) war auseinandergesetzt worden, daß drei Bewegungsarten in den Gasen vorkommen können; fortschreitende und Drehungsbewegungen der Moleküle und intramolekulare oder Atombewegungen. Der vollständige Vorrat an Energie J, welcher in der Gewichtseinheit des Gases enthalten ist, besteht somit aus drei Teilen; von diesen können wir die beiden letzteren unter der Bezeichnung molekulare Energie J_m in einen zusammenfassen. Den ersten Teil, die Energie der fortschreitenden Bewegung der Moleküle, bezeichnen wir jetzt mit J_u. Diese Größe erhalten wir aus (13) und (28); es ist danach

$$J_u = \frac{3}{2}\, p\, v = \frac{3}{2}\, E\, T\, (c_p - c_v) \ . \ . \ . \ . \ . \ . \ (33)$$

Um den vollen Energievorrat J, welcher bei der Temperatur T in der Gewichtseinheit des Gases enthalten ist, zu bestimmen, nehmen wir an, die Gewichtseinheit des Gases erwärme sich bei konstantem Volumen von der Temperatur des absoluten Nullpunktes, bei welcher $J = 0$ ist, bis auf die Temperatur T. Hierzu wird die Wärmemenge $c_v\, T$ verbraucht, welche die gesuchte Energiemenge J gibt, wenn man sie mit E multipliziert. Es ist also

$$J = E\, c_v\, T \ . \ . \ . \ . \ . \ . \ . \ . \ . \ . \ (34)$$

Dividiert man (33) durch (34), so erhält man

$$\frac{J_u}{J} = \frac{3}{2}\, \frac{E\, T\, (c_p - c_v)}{E\, T\, c_v}$$

oder

$$\frac{J_u}{J} = \frac{3}{2}\, \frac{c_p - c_v}{c_v} = \frac{3}{2}\, (k - 1) \ \ . \ . \ . \ . \ (35)$$

Diese bemerkenswerte Formel stammt von Clausius. Sie zeigt uns, daß für ein gegebenes Gas die Energie der fortschreitenden Bewegung der Moleküle bei allen Temperaturen den gleichen Teil des gesamten Vorrates an Energie ausmacht. Dasselbe gilt natürlich auch für die molekulare Energie J_m.

Aus Formel (35) folgt

$$J_u = \frac{3}{2}\, (k - 1)\, J$$

und da $J = J_u + J_m$ ist, so wird

$$J_m = \frac{3}{2}\left(\frac{5}{3} - k\right) J \Bigg\} \cdot \ . \ . \ . \ . \ . \ . \ (36)$$

$$\frac{J_m}{J_u} = \frac{\frac{5}{3} - k}{k - 1}$$

Diese Formeln zeigen deutlich, in welchem konstanten, d. h. von der Temperatur unabhängigen Verhältnis sich der

Gesamtvorrat J der Energie eines Gases zwischen der Energie J_u der fortschreitenden Bewegung der Moleküle und der molekularen Energie J_m verteilt. Die Formeln (36) führen außerdem zu einem bemerkenswerten Resultate. Die Energie J_m kann entweder gleich Null sein, oder sie ist eine positive Größe; hieraus folgt, daß k kleiner als $\dfrac{5}{3}$ oder im äußersten Falle gleich $\dfrac{5}{3}$ ist. Somit haben wir für k folgende Grenzwerte

$$1 < k \leqslant \frac{5}{3} \quad \cdots \cdots \cdots \cdots \quad (37)$$

Der Grenzwert $k = \dfrac{5}{3}$ wird für $J_m = 0$ erreicht; man könnte vermuten, daß die einatomigen Gase, welche gar keine intramolekulare Energie besitzen und für welche somit J_m nur aus der Drehungsenergie der Moleküle bestehen kann, sich dieser Grenze nähern. Zu den einatomigen Gasen gehört der Quecksilberdampf, und für diesen haben Kundt und Warburg (1876) in der Tat $k = 1{,}67$ [vgl. (32)] gefunden.

Die Formeln (36) geben, wenn man für k die Werte aus (32) einsetzt:

	$\dfrac{J_u}{J}$	$\dfrac{J_m}{J_u}$
Wasserstoff	0,578	0,731
Kohlendioxyd	0,458	1,184
Quecksilberdampf	1	0

§ 10. Wahre Geschwindigkeiten der Moleküle. Gesetz von Maxwell.

In allen vorhergehenden Herleitungen hatten wir vorausgesetzt, daß alle Moleküle sich mit derselben Geschwindigkeit bewegen. In Wirklichkeit müssen die Moleküle jedoch verschiedene Geschwindigkeiten besitzen, denn diese ändern sich für ein gegebenes Molekül bei seinen Zusammenstößen mit den anderen fortdauernd.

Clerk Maxwell hat die Frage gelöst, wie die verschiedenen Geschwindigkeiten sich unter den Molekülen einer gegebenen Gasmenge verteilen. Wir wollen hier bloß das von ihm gefundene Resultat mitteilen. In einem gegebenen Gasvolumen, welches eine sehr große Zahl N Moleküle enthält, kommen der Theorie nach alle möglichen Geschwindigkeiten von $u = 0$ bis $u = \infty$ vor. Die Zahl n von Molekülen, deren Geschwindigkeit zwischen u und $u + du$ liegt, hängt von u ab; sie ist groß für solche Werte von u, welche einem gewissen Mittelwerte nahe liegen und verschwindend klein für die Geschwindigkeiten u, welche von diesem Mittelwerte bedeutend abweichen. Mit anderen Worten: die Zahl der Moleküle mit sehr geringer oder sehr großer Geschwindigkeit ist verschwindend klein. Maxwell fand für n folgende Formel

$$n = \frac{4}{\sqrt{\pi}} \, N \, (km)^{\frac{3}{2}} \, e^{-kmu^2} \, u^2 \, du \quad \ldots \ldots \ldots (38)$$

Hier bedeutet N die Anzahl aller Moleküle, n die Anzahl der Moleküle, deren Geschwindigkeiten zwischen u und $u + du$ liegen; m bedeutet die Masse eines Moleküls. Die Größe k hat die folgende Bedeutung. Sei G^2 der mittlere Wert aller Größen u^2; G^2 heißt dann das mittlere Geschwindigkeitsquadrat. Wenn alle Moleküle die Geschwindigkeit G hätten, so hätte die Energie J_u der fortschreitenden Bewegung denselben Wert, den sie auch in Wirklichkeit besitzt. Mithin ist

$$J_u = \sum \frac{1}{2} \, m \, u^2 = \frac{1}{2} \, N m \, G^2 \quad \ldots \ldots \ldots (39)$$

Die Größe

$$i = \frac{1}{2} \, m \, G^2$$

stellt die mittlere Energie der fortschreitenden Bewegung eines Moleküls dar. Die Größe k in Formel (38) wird durch folgende Gleichung gegeben

$$k = \frac{3}{4\,i} = \frac{3}{2\,m\,G^2} \quad \ldots \ldots \ldots \ldots (40)$$

Das zweimal in (38) vorkommende Produkt km ist somit

$$km = \frac{3}{2\,G^2} \quad \ldots \ldots \ldots \ldots \ldots (41)$$

Es ist übrigens leicht, den Ausdruck (41) unmittelbar aus (38) und (39) abzuleiten. Wir wollen zu diesem Zwecke zunächst die Energie J_u des Gases berechnen. Hierzu haben wir die Zahl n der Moleküle mit $\frac{1}{2} \, m u^2$ zu multiplizieren, um die Energie dieser Gruppe von n Molekülen zu erhalten, und hierauf das gewonnene Resultat für alle u von $u = 0$ bis $u = \infty$ zu bilden und zu summieren. Hierbei ergibt sich

$$J_u = \frac{2\,N\,m}{\sqrt{\pi}} \, (km)^{\frac{3}{2}} \int_0^\infty e^{-kmu^2} \, u^4 \, du \quad \ldots \ldots \ldots (42)$$

Setzen wir in das Integral $kmu^2 = x^2$ ein, so erhalten wir

$$\int_0^\infty e^{-kmu^2} \, u^4 \, d u = \frac{1}{(km)^{\frac{5}{2}}} \int_0^\infty e^{-x^2} \, x^4 \, d x.$$

Nun ist

$$\int_0^\infty e^{-x^2} x^4\, dx = \frac{3}{4} \int_0^\infty e^{-x^2}\, dx = \frac{3}{8}\, \sqrt{\pi},$$

da das letzte Integral gleich $\frac{1}{2}\, \sqrt{\pi}$ ist. Schließlich wird

$$J_u = \frac{2\,Nm}{\sqrt{\pi}}\, (km)^{\frac{3}{2}}\, \frac{3\,\sqrt{\pi}}{8\,(km)^{\frac{5}{2}}} = \frac{3\,N}{4\,k}.$$

Vergleicht man dies Resultat mit Formel (39), so erhält man $\frac{3\,N}{4\,k} = \frac{1}{2}\,Nm\,G^2$ oder $\frac{3}{2\,km} = G^2$, woraus sich dann Formel (41) ergibt. Da die Gesamtzahl der Moleküle gleich N ist, so muß die Summe der Ausdrücke (38) gleich N sein. Und in der Tat läßt sich zeigen, daß

$$\int_0^\infty \frac{4\,N}{\sqrt{\pi}}\, (km)^{\frac{3}{2}}\, e^{-k\,m\,u^2}\, u^2\, du = N$$

ist.

Wir wollen nun den Wert der mittleren Geschwindigkeit Ω aller Gasmoleküle finden; er ist offenbar gleich

$$\Omega = \frac{\Sigma\,n\,u}{\Sigma\,n} = \frac{\Sigma\,n\,u}{N} \quad \cdot \cdot \cdot \cdot \cdot \cdot \cdot \cdot \quad (43)$$

Setzt man hier n aus (38) ein und ersetzt die Summe durch das Integral, so ist

$$\Omega = \frac{4}{\sqrt{\pi}}\, (km)^{\frac{3}{2}} \int_0^\infty e^{-k\,m\,u^2} u^3\, du.$$

Führt man die neue Variable $u^2 = x$ ein, so wird

$$\Omega = \frac{2}{\sqrt{\pi}}\, (km)^{\frac{3}{2}} \int_0^\infty e^{-k\,m\,x} x\, dx = \frac{2}{\sqrt{\pi}}\, (km)^{\frac{3}{2}} \cdot \frac{1}{k^2\,m^2}.$$

Das letztere Integral wird leicht durch teilweise Integration erhalten. Wir haben also

$$\Omega = \frac{2}{\sqrt{\pi}} \cdot \frac{1}{\sqrt{k\,m}} \quad \cdot \cdot \cdot \cdot \cdot \cdot \cdot \cdot \quad (44)$$

Setzt man den Wert aus (41) ein, so wird

$$\Omega = G\,\sqrt{\frac{8}{3\,\pi}} = 0{,}9212\ldots G \quad \cdot \cdot \cdot \cdot \cdot \quad (45)$$

Es ist dies die sehr bemerkenswerte Beziehung zwischen der mittleren arithmetischen Geschwindigkeit Ω und der mittleren quadratischen G.

Wir wollen zum Schluß noch die Größe der Geschwindigkeit U bestimmen, in deren Nähe sich die Werte für die Mehrzahl der Geschwindigkeiten befinden; sie heißt die wahrscheinlichste Geschwindigkeit. Wir erhalten sie, wenn wir die Bedingung ermitteln, unter welcher der Ausdruck (38) das Maximum seines Wertes erhält. Setzt man die Ableitung von $e^{-kmu^2}u^2$ gleich Null und U statt u, so erhält man

$$e^{-kmU^2}\,2\,U - e^{-kmU^2}\,2\,k\,m\,U^3 = 0,$$

woraus

$$U = \frac{1}{\sqrt{km}} \quad \ldots \ldots \ldots \ldots \quad (46)$$

folgt. Die Formeln (41) und (44) liefern uns

$$\left.\begin{aligned} G &= \sqrt{\frac{3}{2}}\,U \\[2mm] \Omega &= \frac{2}{\sqrt{\pi}}\,U \end{aligned}\right\} \quad \ldots \ldots \ldots \quad (47)$$

Somit ist

$$U < \Omega < G \quad \ldots \ldots \ldots \ldots \quad (48)$$

Wir hatten die Formel (13) $pv = \frac{1}{3}Nmu^2$ und $pv = \frac{2}{3}J$ unter der Voraussetzung abgeleitet, daß alle Moleküle dieselbe gemeinsame Geschwindigkeit u besitzen. Wenn man aber von der Maxwellschen Formel für die Geschwindigkeitsverteilung unter den Molekülen ausgeht und den Gasdruck auf die Gefäßwand berechnet, so sieht man, daß die Formel $pv = \frac{2}{3}J$ richtig bleibt und man mit Zuhilfenahme von (39) die folgende Beziehung erhält:

$$pv = \frac{2}{3}J = \frac{1}{3}NmG^2 \quad \ldots \ldots \ldots \quad (49)$$

Somit hat man in den Formeln (1), (10) und (13) an Stelle von u nicht die mittlere arithmetische Geschwindigkeit Ω, sondern die mittlere quadratische Geschwindigkeit G zu setzen. Führt man Ω ein [vgl. (45)], so ist

$$pv = \frac{\pi}{8}Nm\Omega^2 \quad \ldots \ldots \ldots \ldots \quad (50)$$

Formel (16) behält ihre Geltung für G und wir erhalten

und nach (45)

$$
\left.\begin{array}{l}
G = \dfrac{485}{\sqrt{\delta}}\ \dfrac{\text{Meter}}{\text{Sekunde}}\\[3mm]
\Omega = \dfrac{447}{\sqrt{\delta}}\ \dfrac{\text{Meter}}{\text{Sekunde}}
\end{array}\right\} \quad \ldots \ldots \ldots \quad (51)
$$

Die mittlere arithmetische und die mittlere quadratische Geschwindigkeit sind umgekehrt proportional der Quadratwurzel aus der Dichte δ des Gases. Bei 0^0 erhält man

für Sauerstoff . . . $G =\ \ 461\,\text{m}$ $\quad \Omega =\ \ 425\,\text{m}$ $\quad U =\ \ 410\,\text{m}$

„ Wasserstoff . . $G = 1843\,\text{m}$ $\quad \Omega = 1698\,\text{m}$ $\quad U = 1640\,\text{m}$

Formel (21), in welcher man G anstatt u zu setzen hat, und (45) zeigen, daß

$$
\left.\begin{array}{l}
G = G_0\ \sqrt{1+\alpha t}\\[2mm]
\Omega = \Omega_0\ \sqrt{1+\alpha t}
\end{array}\right\} \quad \ldots \ldots \ldots \quad (52)
$$

ist, wenn sich G_0 und Ω_0 auf 0^0 beziehen.

§ 11. Die Geschwindigkeit chemisch reagierender Moleküle.

M. Cantor hat (1897) in scharfsinniger Weise die mittlere Geschwindigkeit v derjenigen Chlormoleküle, welche von einer Kupferoberfläche absorbiert werden, bestimmt. Diese Moleküle werden nicht reflektiert, daher ist der von diesen Molekülen auf eine Kupferfläche ausgeübte Druck geringer als der Druck, welchen sie bei Reflexion von einem indifferenten Körper ausüben würden. Sei p der Druck, welchen das Chlor auf die Oberfläche eines indifferenten Körpers ausübt, p' der Druck desselben auf eine Kupferfläche, dann ist

$$
p' = p - \frac{2\,\mu\,v}{3} \quad \ldots \ldots \ldots \quad (52,\text{a})
$$

wo μ die Masse des Chlors ist, welches in einer Sekunde von einem Quadratzentimeter der Kupferfläche absorbiert worden ist; p' und p sind in Dynen pro Quadratzentimeter ausgedrückt. Durch Messung von μ und $p - p'$ konnte Cantor die Größe v bestimmen. Die Größe μ wurde durch die Gewichtszunahme einer kleinen Kupferplatte, welche im Chlor hing, ermittelt. Hierauf wurde ein kleines vertikales Glasplättchen bifilar aufgehängt, dessen linke vordere und rechte hintere Seite mit Kupfer bedeckt waren. Als die Luft, welche das Plättchen umgab, durch Chlor ersetzt wurde, drehte es sich, wobei die mit Kupfer bedeckten Flächen voran gingen. Aus der Größe der Drehung des Plättchens konnte man die Druckdifferenz $p - p'$ bestimmen. Es war $\mu = \frac{1}{3}\ 10^{-6}\,\text{g}$; $p - p' = 10,7 \cdot 10^{-4}\ \dfrac{\text{Dynen}}{\text{qcm}}$ für einen, $p - p'$

$$= 17{,}6 \cdot 10^{-4}\ \frac{\text{Dynen}}{\text{qcm}}\ \text{für einen anderen Apparat, woraus sich}\ v = 48\ \frac{\text{m}}{\text{sec}}$$

und $v = 79{,}2\ \dfrac{\text{m}}{\text{sec}}$ ergab. Durch diese Versuche ist zuerst ein experimenteller Beweis für die Richtigkeit der Grundvorstellungen der kinetischen Gastheorie erbracht worden.

§ 12. Mittlere Weglänge. Die Weglänge l, welche ein Molekül in der Zeit zwischen zwei Zusammenstößen mit anderen Molekülen zurücklegt, muß offenbar eine Größe sein, die für ein gegebenes Gas zwischen weiten Grenzen schwankt. Bisweilen legt ein Molekül, nachdem es mit einem anderen zusammengetroffen, einen weiten Weg zurück, indem es zufälligerweise auf einer größeren Strecke kein anderes Molekül trifft; bisweilen folgt auf den einen Zusammenstoß sogleich ein zweiter. Alles dies hängt vom Zufall ab. Aber überall, wo man es mit einer sehr großen Zahl von Ereignissen zu tun hat, entspringen aus der scheinbaren Zufälligkeit genaue Gesetze.

Im Verlaufe einer Sekunde erfolgen in einem Kubikzentimeter Luft unzählig viele Zusammenstöße der Gasmoleküle; noch größer aber ist die Zahl der verschiedenen Weglängen, welche zwischen zwei Zusammenstößen zurückgelegt werden. Das Mittel aus allen diesen Weglängen l wollen wir mit L bezeichnen und die mittlere Weglänge der Moleküle (zwischen zwei Zusammenstößen) nennen. Diese Größe kann nur von der Dichtigkeit in der Verteilung der Moleküle, d. h. von dem Grade der Kompression oder von der Spannung des Gases und von den Dimensionen der Moleküle abhängen. Je stärker ein Gas zusammengedrückt ist und je größer die Dimensionen der Moleküle sind, um so häufiger müssen sie sich begegnen und um so kleiner muß die mittlere Weglänge L sein.

Unter der Voraussetzung, daß sich alle Moleküle mit derselben Geschwindigkeit bewegen, hat Clausius folgende Formel für die mittlere Weglänge L gefunden

$$L = \frac{3}{4}\ \frac{\lambda^3}{\pi\,\varrho^2} \quad \cdot \quad \cdot \quad \cdot \quad \cdot \quad \cdot \quad \cdot \quad \cdot \quad \cdot \quad \cdot \quad (53)$$

wo λ der mittlere Abstand der Molekülmittelpunkte voneinander ist, also λ^3 der Raum, auf welchem im Mittel ein Molekül kommt. Ist N die Zahl der Moleküle im Volumen v, so ist

$$v = N \lambda^3 \quad \cdot \quad \cdot \quad \cdot \quad \cdot \quad \cdot \quad \cdot \quad \cdot \quad \cdot \quad \cdot \quad (54)$$

Die Größe ϱ ist dem Abstande der Mittelpunkte zweier Moleküle im Augenblicke des Zusammenstoßes gleich, also gleich dem geringsten Abstande, bis zu welchem sich diese Mittelpunkte einander nähern können. Die Größe $r = \varrho : 2$ kann man demnach in gewissem Sinne als Radius eines Moleküls betrachten. Führt man r in Formel (53) ein, so erhält man aus dem Ausdrucke für L folgende Proportion

$$\frac{L}{\frac{1}{4}\,r} = \frac{\lambda^3}{\frac{4}{3}\,\pi r^3} = \frac{N\lambda^3}{\frac{4}{3}\,N\pi r^3} = \frac{v}{v'} \quad \cdots \cdots \cdots \cdots (55)$$

da $N\lambda^3 = v$ ist; ferner kann man $\frac{4}{3}\,\pi r^3$ das Molekülvolumen nennen;

daher ist $\frac{4}{3}\,N\pi r^3$ gleich dem Volumen v', welches gewissermaßen tatsächlich von den Molekülen eingenommen wird. Man erhält dann folgendes Ergebnis: **Die mittlere Weglänge ist sovielmal größer als ein Viertel des Molekülradius, als das vom Gase eingenommene Volumen v größer ist als das von den Molekülen eingenommene Volumen v'.** Da v umgekehrt proportional der Spannung p ist, r und v' jedoch von p nicht abhängen, so ist die **mittlere freie Weglänge umgekehrt proportional der Spannung des Gases oder seiner (auf Wasser bezogenen) Dichte D.**

Zieht man das Maxwellsche Gesetz über die Verteilung der Geschwindigkeiten unter den Gasmolekülen in Betracht, so erhält man für L einen von (53) etwas verschiedenen Ausdruck, nämlich

$$L = \frac{1}{\sqrt{2}}\,\frac{\lambda^3}{\pi\varrho^2} \quad \cdots \cdots \cdots \cdots (56)$$

Anstatt $\frac{3}{4} = 0{,}75$ erhält man jetzt $\frac{1}{\sqrt{2}} = 0{,}707\ldots$

Bei Ableitung der Formeln (53) und (56) wird vorausgesetzt, daß ϱ sehr klein gegen L ist, d. h. daß v' sehr klein im Vergleich zu v ist. Macht man diese Voraussetzung nicht, so erhält man die genauere Formel

$$L = \frac{1}{\sqrt{2}}\,\frac{\lambda^3}{\pi\varrho^2} - \frac{\sqrt{2}}{3}\,\varrho \quad \cdots \cdots \cdots (57)$$

Da λ und ϱ unbekannt sind, so ist es auch nicht möglich, aus den vorhergehenden Formeln L zu finden. Führt man in (56) den Molekülradius $r = \varrho : 2$ ein und nimmt an, in der Volumeneinheit seien n Moleküle enthalten, so ist $n\lambda^3 = 1$, also $\lambda^3 = 1 : n$; Formel (56) gibt uns

$$L = \frac{1}{4\sqrt{2}\,n\pi r^2} = \frac{1}{4\sqrt{2}\,Q} \cdot \text{ Die Größe } Q = n\pi r^2 \text{ ist die Summe}$$

des Flächeninhaltes der Querschnitte aller Moleküle, welche in der Volumeneinheit des Gases enthalten sind. Die letzte Formel gibt

$$Q = \frac{1}{4\sqrt{2}\,L} \quad \cdots \cdots \cdots \cdots (58)$$

Diese bemerkenswerte Formel stellt den Zusammenhang zwischen dem Flächeninhalt Q und der mittleren freien Weglänge L dar.

§ 13. Innere Reibung der Gase. Wenn sich zwei einander berührende Schichten M und N (Fig. 47) irgend eines Stoffes parallel zu ihrer geometrischen Trennungsfläche (Berührungsfläche) mit verschiedenen Geschwindigkeiten bewegen, so entsteht eine Wechselwirkung zwischen diesen Schichten. Auf die schneller bewegte Schicht wirkt eine gewisse Kraft f ein, welche der Bewegung entgegenwirkt, d. h. eine verzögernde Kraft; auf die sich langsamer bewegende Schicht aber eine ebenso große die Bewegung beschleunigende Kraft. Wir wollen die Kraft f auf eine bestimmte Berührungsfläche s der Schichten beziehen; offenbar ist f proportional s. Ferner muß f um so größer sein, je größer die Differenz der Geschwindigkeiten beider Schichten ist. Wir ziehen die X-Achse senkrecht zur Oberfläche s; v sei die Geschwindigkeit des Punktes a der einen, $v + dv$ die Geschwindigkeit des Punktes b der anderen Gasschicht; der Abstand beider Punkte sei $ab = dx$. Wenn man in Gedanken längs der x-Achse weiter schreitet, so sieht man leicht ein daß die Kraft proportional ist der Differenz der

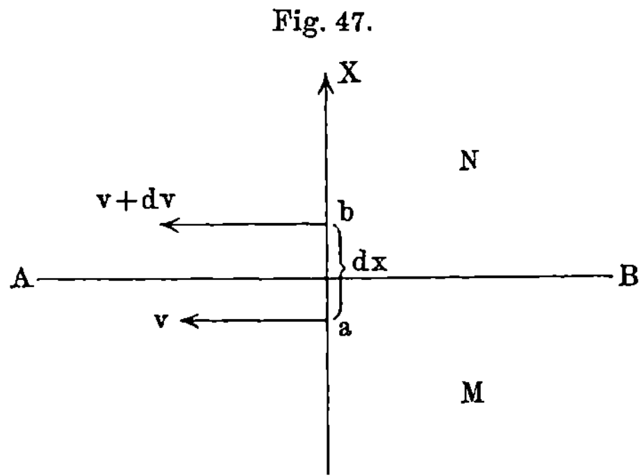

Geschwindigkeiten der beiden Schichten und umgekehrt proportional dem Abstand der letzteren, also proportional der Ableitung $\dfrac{dv}{dx}$ (die Geschwindigkeiten v der Schichten sind Funktionen der x-Koordinate, d. h. ihres Abstandes von irgend einer Anfangsebene). Somit ergibt sich

$$f = \eta s \frac{dv}{dx} \quad \cdots \cdots \cdots \cdots \quad (59)$$

Die Größe η heißt der **Koeffizient der inneren Reibung** oder **Viskosität** eines Gases. Es ist dies eine Größe sui generis, welche für ein gegebenes Gas charakteristisch ist. Sie ist numerisch gleich der Kraft, welche auf die Oberflächeneinheit der Schicht wirkt ($s = 1$), wenn sich die Geschwindigkeit auf die senkrecht zu den Schichten genommene Einheit der Länge um Eins ändert $\left(\dfrac{dv}{dx} = 1\right)$. Als Einheit der Viskosität ($\eta = 1$) ist hierbei die Viskosität eines solchen Stoffes angenommen, bei welchem auf die Oberflächeneinheit des Stoffes ($s = 1$) die Krafteinheit ($f = 1$) unter der erwähnten Bedingung, daß $\dfrac{dv}{dx} = 1$ ist, einwirkt. Es ist demnach auch nicht schwer, die C. G. S.-Einheit der Viskosität zu definieren ($f =$ einer Dyne pro $s = 1\,\mathrm{qcm}$, wenn auf jeden Zentimeter die Geschwindigkeit sich um 1 cm pro Sekunde ändert).

Das Zustandekommen einer Reibung in Gasen kann man sich folgendermaßen erklären. Bei ihren Bewegungen nach allen möglichen Richtungen gelangen die Moleküle der Schicht M in die Schicht N hinein, wo sie Molekülen begegnen, deren Geschwindigkeit $v + dv$ parallel zur Ebene AB größer ist, als ihre eigene Geschwindigkeit v in dieser Richtung. Bei Zusammenstößen werden sie offenbar verzögernd auf die Bewegung der Schicht N einwirken. Umgekehrt werden die Moleküle, welche von N nach M geraten, die Geschwindigkeit vergrößern müssen, mit welcher sich die in M enthaltenen Moleküle parallel zu AB bewegen. Durch Rechnung findet man für η folgenden Ausdruck

$$\eta = \frac{1}{3}\, n\,m\,L\,\Omega \quad \ldots \ldots \ldots \ldots \quad (60)$$

Hier ist n die Zahl der Moleküle in der Volumeneinheit, m die Masse eines Moleküls, L die mittlere Weglänge (§ 12) und Ω die mittlere Bewegungsgeschwindigkeit der Moleküle. Anstatt $\dfrac{1}{3}$ finden einige Forscher $\dfrac{\pi}{8}$ oder auch $\dfrac{1}{\pi} = 0{,}318$. Setzt man (56) in (60) ein und bedenkt, daß $n\,\lambda^3 = 1$ ist, so erhält man

$$\eta = \frac{m\,\Omega}{3\,\sqrt{2\,\pi}\,\varrho^2} \quad \ldots \ldots \ldots \ldots \quad (61)$$

wo ϱ den Moleküldurchmesser bedeutet. Die Größen m, ϱ und Ω hängen bloß von der Art des Gases und seiner Temperatur, nicht aber von seiner Spannung, also von seiner Dichte D ab. Hieraus folgt dann das wichtige Maxwellsche Gesetz:

Die innere Reibung eines gegebenen Gases ist von seiner Dichte D unabhängig, sie ist also die gleiche für ein im verdichteten, wie für ein im verdünnten Zustande befindliches Gas. Das scheinbar Paradoxe im obigen Gesetze erklärt sich dadurch, daß bei Verdoppelung der Dichte zwar die doppelte Zahl von Molekülen aus einer Schicht in die andere übertreten wird, diese aber nur halb so tief in die betreffende Schicht eindringen werden, wodurch dann der Einfluß, den die Vermehrung der Moleküle hervorgerufen hatte, wieder aufgehoben wird. Der auf S. 57 mitgeteilte Versuch kann als Bestätigung des Maxwellschen Gesetzes dienen.

G. Jäger hat (1900) gezeigt, daß, wenn man die Größe der Moleküle nicht mehr gegen die mittlere Weglänge vernachlässigen kann, für η ein Ausdruck von der Form

$$\eta = \eta_0 \left\{ 1 + \frac{11}{2} \frac{b}{v} \right\}$$

erhalten wird. Hier entspricht η_0 dem gewöhnlichen Werte (bei Vernachlässigung des Molekularvolumens), während b die Konstante der van der Waalsschen Formel, v das Volumen ist.

Der Koeffizient η kann experimentell durch Beobachtung des logarithmischen Dekrements (Abt. I, S. 158) der Schwingungen eines Körpers gefunden werden, der sich im gegebenen Gase befindet. Man befestigt zu diesem Zwecke z. B. den Mittelpunkt eines runden horizontalen Scheibchens an einem Faden, um welchen es sich, wie um eine Achse, drehen kann.

Gyözö Zemplen (1901) hat statt der Scheibe Hohlkugeln benutzt, die um ihren vertikalen Durchmesser hin und her schwingen. Dieser Fall ist theoretisch einfacher, als der der schwingenden Scheiben, für welche der Einfluß der Randfläche sich schwer berechnen läßt. Reynolds (1904) benutzte Hohlkugeln und Hohlzylinder. Später hing Gyözö Zemplen (1909) eine Hohlkugel innerhalb einer anderen Hohlkugel an einem Faden auf, welcher durch eine Öffnung der äußeren Kugel hindurchging. Letztere wurde in gleichmäßige Drehung um eine vertikale Achse versetzt. Das untersuchte Gas befand sich in dem Raume zwischen den beiden Kugeln; die innere Kugel wurde infolge der Reibung um einen Winkel ϑ aus der Ruhelage gedreht, worauf η sich aus der Formel

$$\eta = \frac{c\,\vartheta\,\omega}{T^2}$$

berechnen ließ, wo ω die Umdrehungszeit der äußeren Kugel und T die Periode der Torsionsschwingungen der inneren Kugel bedeuten. C ist eine Konstante, und zwar gleich $(R^3 - r^3)\,K : 16\,R^3 r^2$, wo R der innere Radius der äußeren Kugel ist, r der äußere Radius und K das Trägheitsmoment der inneren Kugel. Ähnliche Methoden benutzten Drew (1901), Gilchrist (1913) und Timiriazeff (1913), der einen Zylinder innerhalb eines koaxialen, rotierenden Zylinders aufhängte.

Die Größe η kann ferner durch die Geschwindigkeit bestimmt werden, mit welcher ein Gas durch sehr enge Röhren strömt; dies ist die sogenannte Transpirationsmethode. Einen sehr einfachen Apparat, um schnell η nach dieser Methode zu messen, hat Roberts (1912) gebaut; diesen Apparat hat Piwnikiewicz noch weiter verbessert. Eine Abänderung der betrachteten Methode hat Rankine (1910) für den Fall vorgeschlagen, wenn nur sehr geringe Gasmengen zur Verfügung stehen. An die beiden Enden einer vertikal aufgestellten

Kapillarröhre sind die gebogenen Enden einer breiteren Röhre angeschmolzen, welche parallel der ersteren verläuft. Es wird nun die Zeit t bestimmt, innerhalb welcher ein Quecksilbertropfen in der b r e i te r e n Röhre von einer oberen Marke bis zu einer unteren herabsinkt. Für verschiedene Gase ist η proportional t. Die gerade Kapillarröhre kann auch durch eine längere, z. B. schraubenförmige ersetzt werden.

Die Versuche bestätigen vollkommen den Satz, daß η in weiten Grenzen von p oder D unabhängig ist; bei sehr geringen und sehr hohen Drucken jedoch verliert das Maxwellsche Gesetz seine Gültigkeit. Die Formeln (60) und (52) zeigen, daß η von der Temperatur abhängt, und daß, wenn man den Wert der Viskosität für 0^0 mit η_0 bezeichnet, für t^0 folgender Ausdruck gilt

$$\eta = \eta_0 \sqrt{1 + \alpha t} \quad \ldots \ldots \ldots \quad (62)$$

Für die Versuchsresultate sind folgende empirische Formeln aufgestellt worden:

$$\eta = \eta_0 (1 + \alpha t)^n, \quad \eta = \eta_0 (1 + \beta t), \quad \eta = \eta_0 (1 + \alpha t)^{\frac{1}{2}} (1 + \gamma t)^2,$$

wo n, α, β und γ Konstante sind. Breitenbach findet (1899), daß man η in der Form $\eta = C T^n$ darstellen kann, wo C eine Konstante, T die absolute Temperatur und n eine zwischen 0,6 und 1 liegende Zahl bedeutet, die sich bei Zunahme der Temperatur ein wenig vermindert. (In der betreffenden Arbeit von Breitenbach findet sich auch die gesamte Literatur, welche sich auf die Bestimmung des Koeffizienten η bis 1899 bezieht.) Nach der Theorie von Sutherland ist η von der Form

$$\eta = \frac{A\, T^{\frac{3}{2}}}{T + C} \quad \ldots \ldots \ldots \ldots \quad (62, \text{a})$$

wo A und C Konstante sind.

Diese Formel ist zuerst durch eine ganze Reihe von Untersuchungen auf das ausgezeichnetste bestätigt worden. Sutherland selbst prüfte sie an den Versuchen von Holmans, welcher η für Luft zwischen 0 und 124^0 und für Kohlendioxyd zwischen 0 und 225^0 untersucht hatte. Auch die Versuche von Barus (Luft und Wasserstoff bis 1200^0) stimmen mit der Formel (62, a) innerhalb der Versuchsfehler überein, wie Bestelmeyer (1904) nachgewiesen hat. Dasselbe Resultat ergaben spätere Arbeiten von Breitenbach (1901), von H. Schultze (1901, Argon und Helium zwischen 15 und 184^0), von Markowski (1904, O, H, chemisch reiner und atmosphärischer N zwischen 0 und 183^0), von Schierloh (1908, Argon und Helium), von K. Schmitt (1909, Luft und Helium) und von Kopsch (1909, Helium und Argon). Ferner hat Bestelmeyer (1904) η für Stickstoff zwischen -190 und $+300^0$ gemessen, wobei gleichfalls die Sutherlandsche Formel (62, a) mit großer Annäherung erfüllt war.

Wie stark sich η mit der Temperatur ändert, sieht man aus folgender Tabelle, in welcher $\eta = 1$ bei 17^0 gesetzt ist

$$
\begin{array}{ccccc}
+300,4 & +98,41 & +17 & -78,66 & -190,63^0 \\
\eta = \quad 1,6279 & 1,2064 & 1 & 0,7207 & 0,3204.
\end{array}
$$

Fischer (1909) fand, daß das Verhältnis $C:A$ in der Formel (62,a) für verschiedene Gase proportional ist dem Verhältnis $c_p:c_v$. Rankine zeigte, daß $T_c:C$, wo T_c die absolute kritische Temperatur ist, für viele Gase (N_2, O_2, CO, C_2H_4, N_2O, Ar, Kr, Xe) nahe der Zahl 1,15 ist.

Neuere Untersuchungen haben aber doch gezeigt, daß die Formel von Sutherland für sehr tiefe Temperaturen nicht anwendbar ist. So untersuchte z. B. Zimmer (1912) C_2H_4 bis $-75,7^0$ und CO bis $-149,2^0$; er fand, daß (62, a) für C_2H_4 unterhalb -20^0 und für CO unterhalb -130^0 aufhört, richtig zu sein. Von hervorragender Bedeutung sind die Arbeiten von Kamerlingh Onnes (1913), welcher H_2 bis 20^0 K (absolute Temperatur, also -253^0 C) und He bis 15^0 K (-258^0 C) untersuchte. Er fand für Wasserstoff:

$$
\begin{array}{cccc}
T = & 170,2 & 89,63 & 20,04^0\,\text{K} \\
\eta \cdot 10^7 = & 609,3 & 392,2 & 105 \text{ bis } 111.
\end{array}
$$

Fügt man die von anderen Forschern gefundenen Zahlen hinzu (z. B. $\eta = 1212$ bei $457,3^0$ K $= +184,3^0$ C), so zeigt es sich, daß (62,a) nicht allgemein anwendbar ist und daß die Beobachtungen viel besser mit der Formel

$$
\eta = \eta_0 \left(\frac{T}{273}\right)^{0,695}
$$

übereinstimmen. Für Helium fand Kamerlingh Onnes

$$
\begin{array}{ccccc}
T = & (456,8) & 170,5 & 89,75 & 15^0\,\text{K} \\
\eta \cdot 10^7 = & (2681) & 1392 & 918,6 & 294,6.
\end{array}
$$

Die erste Zahl ist hier anderen Arbeiten entnommen. Es ist

$$
\eta = \eta_0 \left(\frac{T}{273}\right)^{0,647}
$$

Reinganum gab die Formel (C und c Konstante)

$$
\eta = C\,T^{\frac{1}{2}} : e^{\frac{c}{T}}.
$$

Rappenecker fand, daß für viele Dämpfe (Äther, Chloroform, Aceton, Alkohol, Benzol und andere) eine gute Übereinstimmung erhalten wird, wenn man in der Formel von Reinganum $c:T$ durch $c:T+a$ ersetzt, wo a ebenfalls eine Konstante ist. Eine andere Formel gab Kleemann (1912) an.

Puluj (1879) hat zuerst η für Mischungen mehrerer Gase bestimmt, und zwar von H_2 und CO_2. Er entwickelte theoretisch die Formel:

$$\eta = \eta_1 \eta_2 \frac{[p_1 m_1 + p_2 m_2]^{\frac{1}{2}}}{\left[p_1 m_1^{\frac{3}{4}} \eta_2^{\frac{3}{2}} + p_2 m_2^{\frac{3}{4}} \eta_1^{\frac{3}{2}}\right]^{\frac{2}{3}}} \quad \cdots \cdots \quad (62,\,b)$$

in welcher η_1 und η_2 sich auf die einzelnen Gase, η auf das Gemisch beziehen; m_1 und m_2 sind die Molekulargewichte, p_1 und p_2 die Partialdrucke ($p_1 + p_2 = 1$) der beiden Gase. Thiesen (1902) hat die Formel

$$\eta = \frac{\varphi_1 \eta_1}{\varphi_1 + A\,\varphi_2} + \frac{\varphi_2 \eta_2}{\varphi_2 + B\,\varphi_1} \quad \cdots \cdots \quad (62,\,c)$$

abgeleitet, in welchen φ_1 und φ_2 die Volumprozente der beiden Gase, A und B zwei Konstante bedeuten.

Kleint (1905) hat die drei binären Mischungen zwischen H_2, O_2 und N_2 untersucht, und zwar bei etwa 15, 100 und 183⁰. Er fand, daß die Formel (62, a) von Sutherland auch für Mischungen erfüllt ist, wobei die Konstante C sich nach der Mischungsregel aus den entsprechenden Konstanten der einzelnen Gase berechnet. Die Pulujsche Formel (62, b) ist nur als Näherungsformel brauchbar, während die Thiesensche Formel (62, c) sich den Beobachtungen sehr gut anschließt. Dieselben Resultate erhielt Tänzler (1906) für Mischungen von Argon und Helium; (62, c) entspricht den Beobachtungen besser als (62, b). Zu den gleichen Ergebnissen kam Gille (1915) bei der Untersuchung von Gemischen von Wasserstoff und Helium.

Wird H_2 oder CO_2 dem He beigemengt, so nimmt η zu, so daß bei einem bestimmten Prozentgehalt ein Maximum der Größe η auftritt. Diese Erscheinung wurde von E. Thomson (1911) untersucht; er schloß aus der Formel von Puluj, daß in Mischungen von H_2 mit NH_3 oder mit C_2H_4 und von NH_3 mit CH_4 ein Maximum von η auftreten müsse, in Mischungen von H_2 mit O_2 oder mit N_2 dagegen nicht. Die Versuche haben diese Voraussage vollständig bestätigt. Quantitativ ist aber die Formel von Puluj mit den Versuchen nicht in Übereinstimmung.

Aus den Versuchen hat man für η in C.G.S.-Einheiten folgende numerische Werte erhalten:

	20⁰	180⁰
Wasserstoff	0,000 092	0,000 123
Sauerstoff	0,000 212	0,000 281
Stickstoff	0,000 184	0,000 240
Kohlensäure	0,000 161	0,000 215

Noyes und Goodwin geben für H_2, CO_2 und Quecksilberdampf bei 357⁰ folgende Verhältnisse

$$\frac{\eta\,(Hg)}{\eta\,(CO_2)} = 2{,}08; \qquad \frac{\eta\,(Hg)}{\eta\,H_2} = 4{,}04.$$

Ch. Fabry und A. Perrot erhielten für Luft $\eta = 0,000\,173$. Reynolds fand mit den oben erwähnten Kugeln $\eta = 0,000\,186\,97$ bei $20,72^0$ und mit den Zylindern $\eta = 0,000\,187\,11$ bei $21,33^0$. Mit der letzteren Versuchsanordnung wurde eine große Reihe von Messungen der Größe η für Luft ausgeführt, und zwar von Hogg (1905), Grindley und Gibson (1908), Roberts (1912), Rapp (1913), Searle (1913) und Gilchrist (1913). Millikan (1913) hat diese Messungen (außer den von Roberts und Searle) kritisch untersucht, wobei er zu dem Resultate gelangte, daß für Luft bei 23^0

$$\eta_{23} = 0,000\,182\,40$$

und zwischen 12 und 30^0

$$\eta = \eta_{23} - 0,000\,000\,493\,(23 - t).$$

Roberts fand $\eta = 0,000\,180$ bei $11,75^0$, Searle $\eta = 0,000\,18$ bei $13,8^0$; die Formel von Millikan ergibt für diese Temperaturen $\eta = 0,000\,177\,9$.

Rankine hat nach der oben betrachteten Methode η für die Edelgase (He, Ar, Xe, Kr, Ne) und (1912) für Chlor- und Bromdämpfe gemessen. Cuthbertson (1911) hat ebenfalls η für die Edelgase bestimmt.

Federsen (1907) hat η für die Dämpfe verschiedener organischer Flüssigkeiten gemessen und dabei gefunden, daß η von dem Bau des Moleküls abhängt. So haben z. B. Äthylpropyläther und Äthylisopropyläther verschiedene η. In seiner Arbeit ist die Literatur der inneren Gasreibung bis 1907 angeführt.

Wenn eine Schicht wärmeren und leichteren Gases an der Oberfläche einer Schicht kälteren und schwereren Gases dahingleitet, so müssen, wie Helmholtz gezeigt hat, an der Oberfläche der unteren Schicht Wellen entstehen, ähnlich wie die an einer Wasserfläche durch den Wind hervorgerufenen. Ebensolche Gaswellen müssen sich unter den erwähnten Bedingungen auch in der Atmosphäre bilden. Die Längen dieser Wellen (die man, wie immer quer zu den Wellen, letztere im gewöhnlichen Sinne des Wortes bezeichnet, rechnet) muß eine sehr bedeutende sein. Bewegt sich z. B. die obere Schicht über der unteren mit einer Geschwindigkeit von 10 m pro Sekunde dahin, und ist die Temperatur der oberen Schicht um 10^0 höher, so beträgt die Wellenlänge etwa 550 m. Emden gelang es auf einer Ballonfahrt, solche Wellenlängen in den sogenannten Wogenwolken zu beobachten. Scheiner erklärt die Granulationen der Sonnenoberfläche durch Bildung ähnlicher Wogenwolken an der Grenze zwischen der Chromosphäre und Photosphäre der Sonne.

Wir haben hier nur die innere Reibung in Gasen besprochen. Wenn ein Gas sich längs der Oberfläche eines festen Körpers bewegt,

z. B. in einer Röhre, so findet gleichfalls eine Reibung statt; sie wird durch den Koeffizienten der äußeren Reibung gemessen. Diese Frage werden wir im nächsten Kapitel besprechen.

§ 14. Die Größe der mittleren Weglänge. Kennt man η, so kann man nach Formel (60) auch die mittlere Weglänge L der Gasmoleküle berechnen. Das Produkt nm ist gleich der Masse eines Kubikzentimeters des Gases; bei 0^0 und 760 mm Druck ist nm für Luft gleich 0,001 29 g, folglich ist für ein beliebiges Gas $nm = 0,001 29\,\delta$, wo δ, wie immer, die auf Luft bezogene Gasdichte bezeichnet. Ferner hatten wir [vgl. (51)]

$$\Omega = \frac{44\,700}{\sqrt{\delta}}\;\frac{\text{cm}}{\text{sec}}\,.$$

Formel (60) gibt, wenn man anstatt $\frac{1}{3}$ den Faktor $\frac{1}{\pi} = 0{,}318$ (vgl. S. 104) setzt

$$L = \frac{\eta}{0{,}318\,nm\,\Omega} = \frac{\eta\,\sqrt{\delta}}{0{,}318 \times 0{,}001\,29\,\delta \times 44\,700}\;\text{cm}$$

oder schließlich

$$L = \frac{\eta}{19{,}6\,\sqrt{\delta}}\;\text{cm}$$

Für Luft ist $\eta = 0{,}000\,175$, $\delta = 1$ und folglich

$$L = 0{,}000\,009\;\text{cm} = 0{,}000\,09\;\text{mm} \;.\;.\;.\;.\;.\;(63)$$

Somit ist die mittlere Weglänge ungefähr gleich ein Zehntausendstel Millimeter. Die Anzahl v der Zusammenstöße, welche pro Sekunde unter den Molekülen stattfinden, erhält man, wenn man die mittlere Geschwindigkeit Ω durch die mittlere Weglänge L dividiert

$$v = \frac{\Omega}{L} \;.\;.\;.\;.\;.\;.\;.\;.\;.\;.\;.\;.\;(64)$$

Für Luft ist

$$v = \frac{44\,700}{0{,}000\,009} = 4980\;\text{Millionen.}$$

Endlich setzt uns (58) in den Stand, die Summe Q der Flächeninhalte für die Querschnitte der Moleküle zu berechnen, welche in 1 ccm des Gases enthalten sind

$$Q = \frac{1}{4\sqrt{2}\,L} = \frac{19{,}6}{4\sqrt{2}\,L}\,\frac{\sqrt{\delta}}{\eta} = \frac{4{,}9}{\sqrt{2}}\,\frac{\sqrt{\delta}}{\eta}\,.\;.\;.\;.\;(65)$$

Setzt man hier den für Luft gefundenen Wert von L ein, so erhält man den erstaunlich großen Wert $Q = 18\,500\;\text{qcm} = 1{,}85\;\text{qm.}$

Es mögen hier einige Werte für L, ν und Q (bezogen auf 760 mm Druck und ungefähr 20°) folgen:

	L cm	ν Millionen	Q qcm
Wasserstoff	0,000 018 5	9480	8 500
Stickstoff	0,000 009 9	4760	17 900
Sauerstoff	0,000 010 3	4140	16 870
Kohlensäure	0,000 006 8	5510	27 000

Wie wir im dritten Bande sehen werden, können wir aus der Wärmeleitung des Gases ebenfalls die Größe L ermitteln.

§ 15. Dimensionen und Anzahl der Moleküle. Um die Dimensionen der Moleküle angenähert zu bestimmen, gibt es gegenwärtig eine ganze Reihe von Methoden. Einige von ihnen stützen sich auf Formeln der kinetischen Gastheorie, andere ergeben sich wiederum aus den Erscheinungen der Elektrolyse, den optischen, elektrostatischen Erscheinungen usw. Es möge hier auf zwei Methoden hingewiesen werden. Die Formel (56) kann man in analoger Weise umformen, wie wir aus (53) die Formel (55) hergeleitet hatten, indem man mit N die Zahl der Moleküle im Volumen v $(N\lambda^3 = v)$ und mit $v' = \dfrac{4}{3} N\pi \left(\dfrac{\varrho}{2}\right)^3$ das von den Molekülen eingenommene Volumen bezeichnet. Es ist

$$L = \frac{1}{\sqrt{2}} \frac{\lambda^3}{\pi \varrho^2} = \frac{N\lambda^3 \varrho}{6 \sqrt{2} \; \frac{4}{3} N\pi \left(\frac{\varrho}{2}\right)^3} = \frac{\varrho v}{6 v' \sqrt{2}}.$$

Führt man die Größe

$$w = \frac{v'}{v} \quad . \quad . \quad . \quad . \quad . \quad . \quad . \quad . \quad (66)$$

ein, so erhält man für den Durchmesser ϱ eines Moleküls den Ausdruck

$$\varrho = 6 \sqrt{2} \, w L \quad . \quad . \quad . \quad . \quad . \quad . \quad . \quad (67)$$

Ist ein Gas in den flüssigen Zustand übergeführt, so übertrifft das Volumen der erhaltenen Flüssigkeit aller Wahrscheinlichkeit nach die Größe v' nur um ein Geringes, daher ist w nicht **größer** als das Verhältnis der Dichte des Stoffes im Gaszustande zur Dichte desselben Stoffes im flüssigen Zustande. Die Dichte des flüssigen Sauerstoffs ist z. B. ungefähr gleich 0,9, die Dichte des gasförmigen Sauerstoffs bei 0° und 760 mm Druck ist gleich 0,001 43; hieraus folgt $w = 0,0016$. Setzt man $L = 0,000\,01$ cm, so ist

$$\varrho = 6 \sqrt{2} \times 0,0016 \times 0,00001\,\text{cm} = 1,3 . 10^{-6}\,\text{mm}.$$

Somit beträgt die **obere Grenze für den Durchmesser eines Sauerstoffmoleküls ungefähr ein Millionstel Millimeter.**

Ein anderer Weg, um ϱ zu ermitteln, besteht darin, daß man die Abweichungen vom Boyle-Mariotteschen Gesetze nach der Formel von van der Waals (S. 33) bestimmt. Die Größe b hängt von dem von den Gasmolekülen eingenommenen Volumen v' in einfacher Weise ab. Wir sahen, daß nach van der Waals $b = 4v'$, nach O. E. Meyer $b = 4\sqrt{2}\,v'$ ist. Man kann also v', folglich auch w berechnen, wenn man b bestimmt. Es möge hier nur das Ergebnis mitgeteilt werden: Für Luft erhält man angenähert $\varrho = 0{,}3$ Millionstel Millimeter, was mit dem Vorhergehenden ziemlich gut übereinstimmt. Andere Methoden zur Bestimmung von w gehen auf die Formel

$$w = \frac{n^2 - 1}{n^2 + 2} = \frac{K - 1}{K - 2} \quad \cdots \cdots \cdot (67,\mathrm{a})$$

zurück; hier bedeutet n den Brechungsexponenten von Strahlen von großer Wellenlänge, K die Dielektrizitätskonstante, mit der wir uns im IV. Bande bekannt machen werden. Ausführlicheres wird über die Formel $(67,\mathrm{a})$ im II. Bande mitgeteilt werden. Wendet man $(67,\mathrm{a})$ auf Luft an, so erhält man $\varrho = 0{,}5 \cdot 10^{-6}\,\mathrm{mm}$. Offenbar ist also der Durchmesser eines Moleküls eine Größe, deren Größenordnung durch einige Zehnmillionstel eines Millimeters gemessen wird.

In § 14 sahen wir, wie die Größe $Q = n\pi \left(\dfrac{\varrho}{2}\right)^2$ berechnet wird, wo n die Zahl der Moleküle in der Volumeneinheit bedeutet. Wir erhalten hieraus

$$n = \frac{4\,Q}{\pi\,\varrho^2} \quad \cdots \cdots \cdots \cdot (68)$$

Diese Formel gibt uns die Zahl n und dann auch die Zahl N der Moleküle in einem Grammmolekül Gas; da letzteres unter normalen Bedingungen $22{,}413$ Liter einnimmt, so können wir setzen

$$N = 22\,413\,n \quad \cdots \cdots \cdots (69)$$

Die verschiedenen Methoden, die Zahl N zu bestimmen, ergeben Werte, welche etwa zwischen

$$N = 60 \cdot 10^{22} \quad \text{und} \quad N = 70 \cdot 10^{22} \cdots \cdots (70)$$

schwanken. Hieraus erhält man für n Zahlenwerte zwischen

$$n = 2{,}7 \cdot 10^{19} \quad \text{und} \quad n = 3{,}1 \cdot 10^{19} \cdots \cdots (71)$$

Als zuverlässigste Werte für N und n sind wohl augenblicklich (1918) die von Millikan gefundenen anzusehen:

$$N = (6{,}062 \pm 0{,}006) \cdot 10^{23},$$
$$n = (2{,}705 \pm 0{,}003) \cdot 10^{19}.$$

Die Gleichung $n\lambda^3 = 1$ gibt für den mittleren Abstand λ der Moleküle voneinander einen Wert:

λ zwischen 3 und 4 Millionstel Millimeter.

Beiläufig möge erwähnt werden, daß die Zahl N vielfach Avogadrosche Konstante und n die Loschmidtsche Zahl genannt wird.

Würde man die in einem Kubikzentimeter Luft enthaltenen Moleküle aneinander reihen, so erhielte man einen Faden, dessen Länge 50 mal die Länge des Erdäquators übertrifft. Die Größe eines Moleküls verhält sich zur Größe eines gewöhnlichen größeren Schrotkornes wie beispielsweise 1 ccm zur Größe der Erdkugel.

Wir haben in diesem Kapitel nur die wichtigsten Umrisse jenes umfangreichen und stattlichen Gebäudes kennen gelernt, welches man unter dem Namen der kinetischen Gastheorie versteht. Im folgenden werden wir uns wiederholt auf die Sätze berufen, die hier auseinandergesetzt und abgeleitet worden sind.

———

Literatur.

Kinetische Gastheorie.

Dan. Bernouilli: Hydrodynamica, 1738. Vgl. Pogg. Ann. **107**, 490, 1859.
Herapath: Annals. of philosophy, New series, Vol. I, p. 273, 340, 401, 1821.
Joule: Phil. Mag. (4) **14**. 211, 1857.
A. Kroenig: Pogg. Ann. **99**, 315, 1856.
Clausius: Pogg. Ann. **100**, 353, 1857; **105**, 239, 1858; **115**, 1, 1862. Phil.
   Mag. (4) **14**, 108; **17**, 81; **23**, 417 und 512, 1862.
Clausius: Die kinetische Theorie der Gase. (Mechanische Wärmetheorie,
   2. Aufl., Bd. III.) Braunschweig 1889 bis 1891.
Maxwell: Phil. Mag. (4) **19**, 22, 1860; **35**, 129, 185, 1868. Cambridge Phil.
   Trans. **13**, part 3, p. 547.
Boltzmann: Wien. Ber. **58**, **63**, **66**, **72**, **74**, **77**, **78**, **84**, **91**, 1868 bis 1886;
   Wied. Ann. **8**, 653, 1879; **11**, 529, 1880; **67**, 773, 1896.
Boltzmann: Vorlesungen über Gastheorie. Leipzig 1895.
O. E. Meyer: Kinetische Theorie der Gase. Breslau, 2. Aufl., 1895.
O. E. Meyer: Wied. Ann. **7**, 317, 1879; **10**, 296, 1889.
Byk: Einführung in die kinetische Theorie der Gase. Leipzig 1910.|
Boltzmann-Nabl: Enzykl. d. math. Wiss. V, 1, S. 493—557, 1907.
Jäger: Die Fortschritte der kinetischen Gastheorie, Wissensch. Nr. 12. Braun-
   schweig 1906.
Jeans: The dynamical theory of gases. Cambridge 1904.
Burbury: A Treatise on the kinetic theory of gases. Cambridge 1899.
Weinstein: Thermodynamik, Bd. I, S. 121—183, 1901.
Brillouin: Leçons sur la viscosité des liquides et des gaz, II. Partie.
   Paris 1907.
N. Pirogow: Journ. d. russ. phys.-chem. Ges. **17**, 114, 281, 1883; **18**, 93,
   295, 1884; **21**, 44, 76, 1889; **22**, 44, 1890; Exners Rep. **27**, 515, 1891.
Watson: A treatise on the kinetic theory of Gases. Oxford 1876.
H. A. Lorentz: Wied. Ann. **12**, 127, 660, 1881.

Stefan: Wien. Ber. **65**, 360, 1872.
M. Cantor: Wied. Ann. **62**, 482, 1897; Ztschr. phys. Chem. **26**, 568, 1898.
Millikan: Phil. Mag. **34**, 1, 1917.

Reibung in Gasen.

P. Breitenbach: Wied. Ann. **67**, 803, 1899; Diss. Erlangen, 1898. (Übersicht über die Literatur der Gasreibung); Ann. d. Phys. (4) **5**, 166, 1901.
G. Jäger: Wien. Ber. **108**, 447, 1900; **109**, 74, 1900.
Gyözö Zemplen: Ungar. Ber. **19**, 74, 1901; Ann. d. Phys. (4) **19**, 783, 1906; **29**, 869, 1909; **38**, 71, 1912.
Reynolds: Phys. Rev. **18**, 419, 1901; **19**, 37, 1904.
Sutherland: Phil. Mag. (5) **36**, 507, 1893.
Holman: Phil. Mag. (5) **21**, 199, 1886.
Barus: Wied. Ann. **36**, 358, 1889.
H. Schultze: Ann. d. Phys. (4) **5**, 140, 1901; **6**, 302, 1901.
Bestelmeyer: Ann. d. Phys. (4) **13**, 944, 1904; **15**, 423, 1904.
Markowski: Ann. d. Phys. (4) **14**, 742, 1904.
Kleint: Verh. d. D. Phys. Ges. **7**, 146, 1905.
Thiesen: Verh. d. D. Phys. Ges. **4**, 358, 1902; **8**, 236, 1906.
Puluj: Carls Repert. **13**, 293, 1877; **15**, 578, 633, 1879; Wien. Ber. **79**, 97, 745, 1879.
Tänzler: Verh. d. D. Phys. Ges. **8**, 222, 1906.
Gille: Ann. d. Phys. **48**, 799, 1915.
Noyes and Goodwin: Phys. Rev. **4**, 207, 1896.
Ch. Fabry et A. Perot: Compt. rend. **124**, 281, 1897; Ann. chim. et phys. (7) **13**, 275, 1898.
Drew: Phys. Rev. **12**, 114, 1901.
Gilchrist: Phys. Ztschr. **14**, 160, 1913; Phys. Rev. (2) **1**, 124, 1913.
Timiriazeff: Ann. d. Phys. (4) **40**, 971, 1913.
Roberts: Phil. Mag. (6) **23**, 250, 1912.
Piwnikiewicz: Phys. Ztschr. **14**, 305, 1913.
Rankine: Proc. R. Soc. **83**, 265, 516, 1910; **84**, 181, 1910; **86**, 162, 1911; **88**, 575, 1913; Phil. Mag. (6) **21**, 45, 1911; Phys. Ztschr. **11**, 497, 745, 1910.
Fisher: Phys. Rev. **24**, 385, 1907; **28**, 73, 1909; **29**, 147, 1910.
Zimmer: Verh. d. D. Phys. Ges. 1912, S. 471.
Kamerlingh Onnes, Dorsmann und S. Weber: Comm. Leyden No. 134a, 134b, 1913.
Rappenecker: Diss. Freiburg 1909.
Kleemann: Phil. Mag. (6) **24**, 109, 1912.
Schierloh: Diss. Halle 1908.
K. Schmitt: Diss. Halle 1909; Ann. d. Phys. (4) **30**, 393, 1909.
Kopsch: Diss. Halle 1909.
E. Thomsen: Ann. d. Phys. **36**, 815, 1911.
Millikan: Ann. d. Phys. **41**, 759, 1913; Phys. Ztschr. **14**, 798, 1913; Phil. Mag. **34**, 1, 1917.
Searle: Proc. Cambr. Phil. Soc. **17**, 183, 1913.
Hogg: Proc. Amer. Acad. **40**, 18, 611, 1905.
Grindley and Gibson: Proc. R. Soc. **80**, 114, 1908.
Rapp: Phys. Rev. (2) **2**, 336, 1913.
Cuthbertson: Phil. Mag. (6) **21**, 69, 1911; Proc. R. Soc. **84**, 13, 1910.
Federsen: Phys. Rev. **25**, 225, 1907.
Helmholtz: Ges. Abh. III, S. 309; Berl. Ber. 1889, S. 761.
Emden: W. A. **62**, 374, 1897; Ann. d. Phys. (4) **7**, 176, 1902.

Sechstes Kapitel.

Die Gase im Zustande der Bewegung und des Zerfalls.

§ 1.   Die Arbeit, welche bei der reversiblen Ausdehnung oder Kompression eines Gases geleistet wird. Wenn sich der auf einem Gas lastende Druck p_1 bis auf den Druck p_2 kontinuierlich vermindert, so nimmt das ursprüngliche Volumen v_1 des Gases zu, und letzteres leistet bei der Ausdehnung eine Arbeit; umgekehrt wird, falls sich der Druck p_1 bis zum neuen Werte p_2 stetig vergrößert, das Volumen kleiner werden, und die äußere Ursache, durch welche das Gas komprimiert worden ist, leistet eine Arbeit. Da das Gas, während sich sein Volumen ändert, in sehr verschiedener Weise von den umgebenden Körpern Wärme empfangen oder Wärme abgeben kann, so kann offenbar ein Gas von einem gewissen Anfangszustande (p_1, v_1) zu einem neuen Zustande (p_2, v_2) auf unendlich viele verschiedene Arten übergehen.

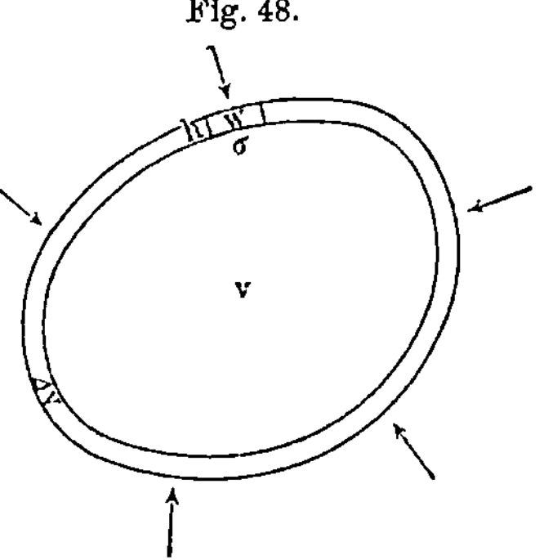

Wir wollen voraussetzen, daß der Ausdehnungsvorgang eines Gases die Eigenschaft besitzt, die wir in Band III unter dem Namen der Reversibilität kennen lernen werden. Hier begnügen wir uns mit der Bemerkung, daß die Ausdehnung reversibel ist, wenn der äußere Druck sich in jedem gegebenen Augenblick unendlich wenig von der Spannung, d. h. dem Gegendruck des Gases unterscheidet. Mechanisch unterscheidet sich also der Zustand des Gases stets nur unendlich wenig von dem Gleichgewichtszustande. Eine Ausdehnung des Gases in einen leeren Raum, oder auch nur in einen Raum, in welchem ein um eine endliche Größe geringerer Druck herrscht, als der Druck des Gases beträgt, ist ein irreversibler Vorgang; für diesen haben die hier zu entwickelnden Formeln keine Gültigkeit.

Wir können den ganzen Übergang des Volumens von v_1 nach v_2 in eine sehr große Zahl sehr kleiner Volumenänderungen zerlegt denken und die Annahme machen, daß jede von ihnen bei einem gewissen konstanten Drucke vor sich geht. Wir bestimmen zunächst die Arbeit $\varDelta r$, welche vom Gase bei der sehr geringen Änderung $\varDelta v$ seines Volumens v (Fig. 48) geleistet wird, während der äußere Druck gleich p ist. Auf ein Element σ der Gasoberfläche lastet der Druck $p\sigma$. Hat sich das Element σ um die Strecke h (s. Fig. 48) verschoben, so ist $\sigma h = w$ ein sehr

8*

kleiner Teil der gesamten Volumenzunahme $\varDelta v$. Die vom Gase bei
Verschiebung des Elementes σ geleistete Arbeit ist gleich $p\sigma \cdot h = pw$.
Die ganze gesuchte Arbeit $\varDelta r$ ist gleich der Summe der Größen pw
für alle Elemente σ der Gasoberfläche. Somit ist $\varDelta r = \varSigma pw = p\varSigma w$
$= p \cdot \varDelta v$ oder genauer: das Differential dr der Arbeit des Gases bei
Zunahme des Volumens um das Differential dv des Volumens ist gleich

$$dr = p\,dv \quad \ldots \ldots \ldots \ldots \ldots \quad (1)$$

Die gesamte vom Gase bei seiner Ausdehnung geleistete
Arbeit r ist gleich

$$r = \int_{v_1}^{v_2} p\,dv \quad \ldots \ldots \ldots \ldots \quad (2)$$

Offenbar bezieht sich Formel (2) in gleicher Weise auf flüssige
und feste Körper. Um die Arbeit r zu leisten, muß das Gas eine
äquivalente Energiemenge verbrauchen, welche ihm von außen her,
z. B. in Form von Wärme, zuströmen, oder die das Gas aus seinem
eigenen Energievorrat entnehmen kann, der, wie wir gesehen, proportional der absoluten Temperatur des Gases ist.

Um das Integral (2) zu berechnen, müssen wir den Zusammenhang zwischen p und v kennen. Besonders wichtig ist . die iso-
thermische Volumenänderung eines Gases, d. h. die Änderung, bei
welcher sich die Temperatur des Gases nicht ändert. Wir
bezeichnen die absolute Temperatur des Gases mit T und nehmen
an, das Gas sei von einer sehr großen sich kontinuierlich er-
neuernden Menge eines Stoffes von der Temperatur T umgeben, z. B.
von schmelzendem Eis, den Dämpfen irgend einer siedenden Flüssigkeit oder einem Wasserstrom von konstanter Temperatur. Die gesamte Energie, welche zur Leistung der Arbeit r für, die Ausdehnung erforderlich ist, strömt dann von diesem Körper dem Gase zu,
so daß sich also die Temperatur T des Gases nicht ändert. Der
Druck p und das Volumen v sind in diesem Falle durch das Boyle-
Mariottesche Gesetz miteinander verknüpft, und wir haben die Beziehungen

$$pv = p_1 v_1 = p_2 v_2 = RT \quad \ldots \ldots \ldots \quad (3)$$

wo R die Konstante der Clapeyronschen Formel (S. 31) ist. Formel (3)
gibt uns $p = \dfrac{RT}{v}$; setzt man diesen Wert in (2) ein, so erhält man,
da T konstant ist,

$$r = RT \int_{v_1}^{v_2} \frac{dv}{v} = RT\,lg\,\frac{v_2}{v_1}\,.$$

Nach Formel (3) ergeben sich für r folgende Ausdrücke:

$$r = RT lg\, \frac{v_2}{v_1} = RT lg\, \frac{p_1}{p_2} = p_1 v_1\, lg\, \frac{v_2}{v_1} = p_2 v_2\, lg\, \frac{v_2}{v_1} \quad \cdot \; \cdot \; (4)$$

Hier bedeutet das Zeichen lg den natürlichen Logarithmus. Diese Formeln liefern uns auch die Arbeit, welche man zu leisten hat, um das Gasvolumen bei konstanter Temperatur von v_2 bis auf v_1 zu verkleinern. Hierbei geht eine äquivalente Wärmemenge $q = Ar$, wo A das thermische Arbeitsäquivalent ist (vgl. S. 93), vom komprimierten Gas auf den es umgebenden Körper über.

§ 2. Plötzliche reversible Ausdehnung oder Kompression eines Gases; adiabatische oder isentropische Zustandsänderung.

Wenn das Volumen v_1 eines Gases in so kurzer Zeit in das Volumen v_2 übergeht, daß das Gas innerhalb dieser Zeit weder von den Körpern seiner Umgebung Wärme zu empfangen, noch auch an diese Wärme abzugeben imstande ist, so muß die gesamte Energie, welche die Arbeit der Ausdehnung leistet, aus dem Gase selbst entnommen werden; letzteres wird sich infolgedessen abkühlen. Umgekehrt verbleibt bei Kompression des Gases eine der Arbeit der Außenkräfte äquivalente Wärmemenge im Gase selbst, und dieses erwärmt sich. Eine solche reversible Zustandsänderung, bei welcher kein Wärmeaustausch zwischen dem Körper und der Außenwelt stattfindet, heißt adiabatische oder isentropische Zustandsänderung. Könnte man ein Gas von absoluten Nichtleitern der Wärme umgeben, so würde auch bei langsamen Volumänderungen eine adiabatische Änderung seines Zustandes erfolgen. Wir wollen nun zunächst den Zusammenhang zwischen v und p bei adiabatischen Zustandsänderungen eines idealen Gases ableiten. Wenn sich das Volumen eines Gases, auf welchem der Druck p lastet, um dv vergrößert, so wird die Arbeit $p\,dv$ [vgl. (1)] geleistet und hierzu die Wärmemenge $q = Ap\,dv$ verbraucht. Diese Wärme wird aus dem Gase selbst entnommen, dessen Temperatur t^0 sich dabei um dt Grade erniedrigt. Um das Gas um 1^0 zu erwärmen, ist die Wärmemenge c_v erforderlich (S. 92), folglich ist $q = -c_v\,dt$. Mithin ist

$$Ap\,dv = -c_v\,dt \; . \; . \; . \; . \; . \; . \; . \; . \; (5)$$

Die Clapeyronsche Formel $pv = RT$ gibt uns $p\,dv + v\,dp = R\,dT$.

Es ist aber $dT = d(273 + t) = dt$, folglich $dt = \dfrac{1}{R}(p\,dv + v\,dp)$. Setzt man diesen Wert in Formel (5) ein, so erhält man

$$\left(A + \frac{c_v}{R} \right) p\,dv = - \frac{c_v}{R}\, v\,dp,$$

$$(AR + c_v)\, p\,dv = - c_v\, v\,dp.$$

Wir hatten aber [Formel (22, a), S. 93]

$$c_p - c_v = AR \qquad \dots \dots \dots (6)$$

[vgl. (26) auf S. 94], also $AR + c_v = c_p$. Führt man die Größe $k = c_p : c_v$ [vgl. (29) auf S. 94] ein, so ergibt sich $k\,p\,dv = -\,v\,dp$ oder

$$k\,\frac{dv}{v} = -\,\frac{dp}{p} \qquad \dots \dots \dots (7)$$

Bezeichnen wir ferner die Anfangswerte des Volumens und Druckes mit v_1 und p_1, ihre Endwerte mit v_2 und p_2, so erhalten wir aus Formel (7)

$$k\int_{v_1}^{v_2}\frac{dv}{v} = -\int_{p_1}^{p_2}\frac{dp}{p},$$

d. h. $k\,lg\,\dfrac{v_2}{v_1} = -\,lg\,\dfrac{p_2}{p_1} = lg\,\dfrac{p_1}{p_2}$ oder $lg\left(\dfrac{v_2}{v_1}\right)^{k} = lg\,\dfrac{p_1}{p_2}$, mithin $\left(\dfrac{v_2}{v_1}\right)^{k} = \dfrac{p_1}{p_2}$ oder endlich

$$p_1 v_1^{k} = p_2 v_2^{k} \qquad \dots \dots \dots (8)$$

Da die Anfangs- und Endwerte für Druck und Volumen willkürlich gewählt werden können, so zeigt uns Gleichung (8), daß bei der adiabatischen Zustandsänderung eines Gases sein Volumen v und Druck p durch folgende Gleichung zusammenhängen

$$\left.\begin{array}{l} p\,v^{k} = \text{Const.} \\[2ex] k = \dfrac{c_p}{c_v} \end{array}\right\} \qquad \dots \dots \dots (9)$$

Obige Gleichung wurde von Poisson gefunden. Für isotherme Volumenänderungen hatten wir die Boyle-Mariottesche Formel $p\,v = \text{Const.}$, woraus sich $p = \dfrac{\text{Const.}}{v}$ ergibt, d. h. die Spannung ist umgekehrt proportional dem Volumen. Hier haben wir $p\,v^{k} = \text{Const.}$, wo für einige Gase, wie N, O, H, CO die Größe $k = 1{,}41$ und für alle $k > 1$ ist; hieraus folgt $p = \dfrac{\text{Const.}}{v^{k}}$, d. h. die Spannung ändert sich in höherem Grade, als es der indirekten Proportionalität zum Volumen entspricht. Ist $k = 1{,}41$ und vermindert sich das Volumen um das 10 fache, so nimmt die Spannung $10^{1{,}41} = 25{,}7\,\text{mal}$ zu.

Wir betrachten nun die Temperatur eines Gases, welches adiabatischen Änderungen unterworfen ist. Setzt man in (5) anstatt p seinen aus der Formel $p\,v = R\,T$ entnommenen Wert ein, so erhält man $\dfrac{A\,R\,T}{v}\,dv = -\,c_v\,dt$; diese Beziehung gibt in Verbindung

mit Formel (6), $\dfrac{(c_p - c_v)\,T\,dv}{v} = -\,c_v dt.$ Setzt man dT anstatt $d\,t$,
dividiert die ganze Gleichung durch $c_v\,T$ und führt $k = c_p : c_v$ ein, so
ergibt sich

$$(k-1)\frac{dv}{v} = -\frac{dT}{T} \quad \cdot \quad \cdot \quad \cdot \quad \cdot \quad \cdot \quad \cdot \quad \cdot \quad (10)$$

Sind v_1 und T_1 Anfangsvolumen und -temperatur, v_2 und T_2 End-
volumen und Endtemperatur, so ist nach Formel (10)

$$(k-1)\int_{v_1}^{v_2}\frac{dv}{v} = -\int_{T_1}^{T_2}\frac{dT}{T}$$

$$(k-1)\,lg\,\frac{v_2}{v_1} = -\,lg\,\frac{T_2}{T_1} = lg\,\frac{T_1}{T_2}$$

$$\left(\frac{v_2}{v_1}\right)^{k-1} = \frac{T_1}{T_2} \quad \cdot \quad \cdot \quad \cdot \quad \cdot \quad \cdot \quad \cdot \quad (11)$$

$$T_1\,v_1^{k-1} = T_2\,v_2^{k-1} \quad \cdot \quad \cdot \quad \cdot \quad \cdot \quad \cdot \quad (11,\,a)$$

Hieraus folgt, daß bei adiabatischer Zustandsänderung eines Gases
sein Volumen v und seine absolute Temperatur T durch folgende
Gleichung zusammenhängen

$$T v^{k-1} = \text{Const.} \quad \cdot \quad \cdot \quad \cdot \quad \cdot \quad \cdot \quad \cdot \quad \cdot \quad (12)$$

Die absoluten Temperaturen eines Gases sind bei adiabatischen Zustandsänderungen desselben den $(k-1)$-ten
Potenzen seines Volumens umgekehrt proportional.

Wenn das Volumen eines Gases plötzlich auf die Hälfte vermindert wird und seine Anfangstemperatur $t_1 = 0$, d. h. $T = 273^0$ ist, so
gibt uns Formel (11) für die Endtemperatur, da $\dfrac{v_1}{v_2} = 2$ ist,

$$T_2 = 273 \cdot 2^{k-1} = 273 \cdot 2^{0,41} = 362,7^0 = t_2 + 273;\ t_2 = 89,7^0.$$

Das Gas erwärmt sich also von 0 bis auf $89,7^0$. Vermindert man
das Volumen v_1 plötzlich bis auf $v_2 = 0,1\,v_1$, so erwärmt sich das Gas
von 0 bis auf 429^0; macht man $v_2 = 0,01\,v_1$, so erwärmt es sich bis
auf 1530^0. Ist ein Gas bei 0^0 durch den Druck von 200 Atmosphären
komprimiert und dehnt es sich dann unter gewöhnlichem Atmosphärendruck aus, so kühlt es sich bis auf -242^0 ab.

**§ 3. Das Ausströmen eines Gases aus einer kleinen Öffnung
und aus einer dünnen Röhre.** Die elementare und, wie wir sehen

werden, durchaus nicht strenge Theorie des Ausströmens von Gasen aus kleinen Öffnungen besteht im folgenden. AB (Fig. 49) sei die Wandung, welche den Raum links, wo der Gasdruck p_1 herrscht, von dem Raume rechts trennt, wo der Gasdruck p_2 beträgt; es sei ferner $p_2 < p_1$. In der Wandung befinde sich die Öffnung CD, durch welche das Gas von links nach rechts hin in Form des Gasstrahles $CDEF$ strömt. Das Element $abdc$ dieses Gasstrahles habe den Querschnitt σ, die Höhe $h = bd$, das Volumen $v = \sigma h$ und enthalte die Gasmasse $\mu = vD = \sigma hD$, wo D die auf Wasser bezogene Dichte des Gases ist. Die Geschwindigkeit, mit welcher das Element ausströmt sei ω; der Druck auf die Fläche ab sei gleich p, auf

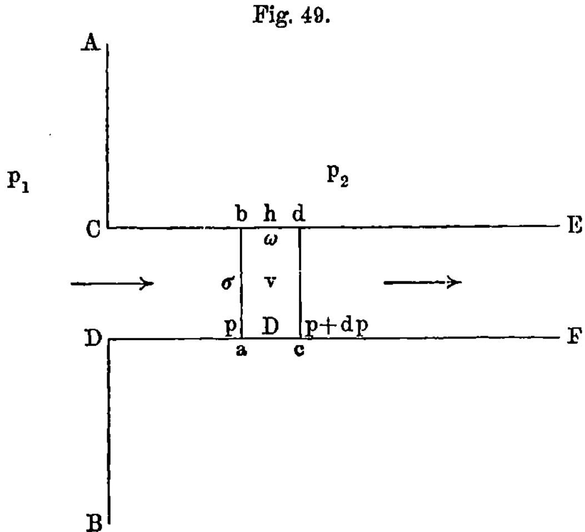

Fig. 49.

die Fläche dc gleich $p + dp$, wo dp offenbar negativ ist. Während sich das Element um seine eigene Länge verschiebt, nimmt seine Geschwindigkeit zu. Nach dem Gesetze von der Wucht ist der Wuchtzuwachs unseres Elementes gleich der Arbeit der Außenkräfte. Die erstere Größe ist gleich

$$d\left(\frac{1}{2}\,\mu\,\omega^2\right) = \frac{1}{2}\,\mu\,d\,(\omega^2) = \frac{1}{2}\,\sigma hD\,d\,(\omega^2);$$

die andere ist gleich

$$p\sigma h - (p + dp)\sigma h = -\sigma h\,dp.$$

Somit ist $\dfrac{1}{2}\,\sigma hD\,d\,(\omega^2) = -\sigma h\,dp$ oder

$$d\,(\omega^2) = -\frac{2\,dp}{D} \quad \cdots \cdots \cdots \quad (13)$$

Ist die Anfangsgeschwindigkeit $\omega = 0$, die Endgeschwindigkeit (wenn $p = p_2$ ist) gleich Ω, so gibt Formel (13)

$$\Omega^2 = -\frac{2}{D}\int_{p_1}^{p_2} dp = \frac{2\,(p_1 - p_2)}{D}$$

oder

$$\Omega = \sqrt{\frac{2\,(p_1 - p_2)}{D}} \quad \cdots \cdots \cdots \cdots (14)$$

Diese Formel wird gewöhnlich in den Lehrbüchern der Elementarphysik gegeben. Sie zeigt, daß bei gegebenem p_1 und p_2 die Aus strömungsgeschwindigkeit eines Gases umgekehrt proportional der Quadratwurzel aus der Gasdichte ist. Zur Berechnung der Geschwindigkeit Ω ist es bequemer, das Gewicht P der Volumeneinheit des Gases einzuführen. Dasselbe ist gleich Dg, folglich ist $D = \dfrac{P}{g} = \dfrac{P_0\,\delta}{g}$, wenn P_0 das Gewicht der Volumeneinheit von Luft und δ die auf Luft bezogene Gasdichte bezeichnet. Es ist dann

$$\Omega = \sqrt{\frac{2\,g\,(p_1 - p_2)}{P_0\,\delta}} \quad \cdots \cdots \cdots \cdots (15)$$

Ist $p_1 = 1$ Atm. $= 10\,333$ kg pro Quadratmeter, $p_2 = 0$, so gibt Formel (15), wenn man noch für g den Wert $g = 9{,}81$ m und das Gewicht von einem Kubikmeter Luft gleich $1{,}29$ kg einführt

$$\Omega = \sqrt{\frac{2 \times 9{,}81 \times 10\,333}{1{,}29\,\delta}} = \frac{396}{\sqrt{\delta}} \text{ Meter.}$$

Die Ungenauigkeiten in unserer Herleitung bestehen zunächst darin, daß wir in Formel (13) die Größe D als konstant angesehen haben; diese Annahme kann wohl für Flüssigkeiten gelten, nicht aber für Gase. Ferner hatten wir vorausgesetzt, daß der Gasstrahl überall denselben Durchschnitt hat, während dies in Wirklichkeit nicht der Fall ist; innerhalb des Raumes links ist der Strahl sehr breit und zieht er sich darauf bis auf einen Querschnitt gleich dem der Ausflußöffnung zusammen. Ohne auf hierhergehörige Einzelheiten einzugehen, wollen wir bloß den Einfluß betrachten, welche die Veränderlichkeit der Größe D ausübt. Die Abhängigkeit der Dichte D vom veränderlichen Drucke p_1 kann sehr verschieden sein, je nach dem Wärmeaustausch, welcher zwischen dem ausströmenden Gase und den umgebenden Körpern stattfindet. Wir betrachten zwei Grenzfälle.

1. **Isothermisches Ausströmen eines Gases.** Das sich ausdehnende Gas leistet Arbeit und verliert somit einen Teil seiner Wärmeenergie. Wir machen jedoch die Annahme, das Ausströmen erfolge so langsam, daß alle erforderliche Wärme von außen hinzuströmen kann,

so daß also die Temperatur des Gases konstant bleibt. In diesem Falle ist nach dem Boyle-Mariotteschen Gesetze

$$\frac{D}{D_1} = \frac{p}{p_1} \quad \ldots \ldots \ldots \ldots \quad (16)$$

wo D_1 die Dichte des Gases im linken Raume bedeutet. Setzt man D aus (16) in Formel (13) ein, so erhält man

$$d(\omega^2) = -\, 2\, \frac{p_1}{D_1} \cdot \frac{dp}{p};$$

hieraus folgt, wenn bei $p = p_1$ die Geschwindigkeit $\omega = 0$ ist, für $p = p_2$ dagegen $\omega = \Omega$,

$$\Omega^2 = -\, \frac{2\,p_1}{D_1} \int\limits_{p_1}^{p_2} \frac{dp}{p} = \frac{2\,p_1}{D_1}\, lg\, \frac{p_1}{p_2},$$

$$\Omega = \sqrt{\frac{2\,p_1}{D_1}\, lg\, \frac{p_1}{p_2}} \quad \ldots \ldots \ldots \quad (17)$$

Ist die Gastemperatur gleich t, seine auf Luft bezogene Dichte gleich δ, so ist

$$D_1 = \frac{1{,}29\,p_1\,\delta}{10\,333\,g\,(1 + \alpha t)} \quad \ldots \ldots \ldots \quad (18)$$

Setzt man diesen Ausdruck in Formel (17) ein, so wird

$$\Omega = \sqrt{\frac{2 \times 9{,}81 \times 10\,333\,(1 + \alpha t)}{1{,}29\,\delta}\, lg\, \frac{p_1}{p_2}}$$

$$= 396 \sqrt{\frac{1' + \alpha t}{\delta}\, lg\, \frac{p_1}{p_2}} \text{ Meter} \ldots \ldots \quad (19)$$

Auch nach dieser Formel ist die Geschwindigkeit Ω umgekehrt proportional der Quadratwurzel aus der Gasdichte δ.

Strömt Luft bei $t = 0^0$ aus einem Raume, wo $p_1 = 2$ Atm. ist, in die freie Luft aus ($p_2 = 1$ Atm.), so ist $\Omega = 396 \sqrt{lg\, 2} = 330$ m. Für $p_2 = 0$ ist $\Omega = \infty$; hieraus ist ersichtlich, daß das Ausströmen ins Vakuum kein isothermischer Vorgang sein kann.

2. Adiabatisches Ausströmen eines Gases. Viel mehr nähert sich der Wirklichkeit die Annahme, daß während des Ausströmens des Gases gar kein Wärmeaustausch zwischen ihm und anderen Körpern stattfindet, daß sich also während des Ausströmens der Zustand des Gases adiabatisch ändert. Das Volumen v einer gegebenen Gasmenge und der Druck p sind dann durch die Formel (9) $p\,v^k = $ Const. miteinander verknüpft. Hieraus folgt

$$\left(\frac{D}{D_1}\right)^k = \frac{p}{p_1} \quad \text{oder} \quad \frac{D}{D_1} = \frac{p^{\frac{1}{k}}}{p_1^{\frac{1}{k}}}.$$

Ferner gibt (13)

$$d(\omega^2) = -\frac{2\,p_1^{\frac{1}{k}}}{D_1}\frac{dp}{p^{\frac{1}{k}}}$$

und folglich

$$\Omega^2 = -\frac{2\,p_1^{\frac{1}{k}}}{D_1}\int_{p_1}^{p_2}\frac{dp}{p^{\frac{1}{k}}} = \frac{2\,k\,p_1^{\frac{1}{k}}}{(k-1)\,D_1}\left(p_1^{\frac{k-1}{k}} - p_2^{\frac{k-1}{k}}\right)$$

und

$$\Omega = \sqrt{\frac{2\,k\,p_1^{\frac{1}{k}}}{(k-1)\,D_1}\left(p_1^{\frac{k-1}{k}} - p_2^{\frac{k-1}{k}}\right)} \;.\;.\;.\;.\;.\;. \quad (20)$$

Wenn man (18) einsetzt, so gibt Formel (20)

$$\Omega = 396\sqrt{\frac{k}{k-1}\cdot\frac{1+\alpha t}{\delta}\left[1-\left(\frac{p_2}{p_1}\right)^{\frac{k-1}{k}}\right]} \quad .\;.\;(21)$$

Auch hier erhalten wir also den Satz, daß die Geschwindigkeit Ω umgekehrt proportional der Quadratwurzel aus der Gasdichte δ ist.

Beim Übergang zum Vakuum ($p_2 = 0$) erhält man eine endliche Geschwindigkeit, welche vom Anfangsdruck p_1 nicht abhängig ist; für Luft von $t = 0^0$ ist sie, wenn $k = 1,41$ gesetzt wird, gleich

$$\Omega = 396\sqrt{3,44} = 734,5\ \mathrm{m}.$$

Sind Ω und Ω_1 die Ausströmungsgeschwindigkeiten für zwei Gase unter denselben Verhältnissen, δ und δ_1 ihre Dichten, und kann man annehmen, die Werte von k seien für sie die gleichen, so ist

$$\frac{\delta}{\delta_1} = \frac{\Omega_1^2}{\Omega^2} \;.\;.\;.\;.\;.\;.\;.\;.\;.\;.\;. \quad (22)$$

Bunsen hat einen besonderen Apparat zum Vergleichen der Ausflußgeschwindigkeiten Ω für verschiedene Gase konstruiert; mit Hilfe desselben lassen sich auch die auf Luft bezogenen Dichten der verschiedenen Gase bestimmen.

Dieser Apparat ist in etwas veränderter Form in der Fig. 50 abgebildet. An das Glasrohr A ist oben ein eiserner Dreiweghahn angekittet. In der Erweiterung v' befindet sich ein dünnes, horizontales Platinblech, in welches ein sehr feines Loch gebohrt ist. Der Stöpsel e schützt das Blech vor Staub, wenn der Apparat nicht benutzt wird. Die Röhre A taucht in einen mit Quecksilber gefüllten Holz- oder Eisenzylinder C, in dessen oben erweiterten Teil an zwei einander gegenüberliegenden Stellen Spiegelglasplatten eingesetzt sind. DD ist ein Schwimmer, der bei l zwei Marken trägt. Durch die Röhre a wird das Rohr A mit dem zu untersuchenden Gase gefüllt, indem A abwechselnd mehrere Male in das Quecksilber heruntergedrückt und wieder gehoben wird. Dann wird durch die Drehung des Hahnes das Rohr A mit v' verbunden, A in das Quecksilber herabgedrückt und durch den Ständer HKG festgehalten. Indem man über die Quecksilberoberfläche visiert, bestimmt man mit einem Chronoskop den Zeitabschnitt, der verfließt zwischen dem Sichtbarwerden der Spitze r und der unteren der beiden Marken bei l (die obere Marke dient nur dazu, auf das Erscheinen der unteren vorzubereiten). Sind auf diese Weise bei zwei verschiedenen Gasen von den Dichtigkeiten δ und δ_1 die Zeitabschnitte t und t_1 gemessen worden, dann haben wir offenbar

$$\frac{\delta}{\delta_1} = \frac{t^2}{t_1^2} \qquad \ldots \ldots \ldots \quad (22, \text{a})$$

Bunsen erhielt mit diesem Apparate recht gute Resultate, z. B. für Knallgas $\delta = 0{,}413$ anstatt $0{,}415$. Mittels dieser Methode wurde

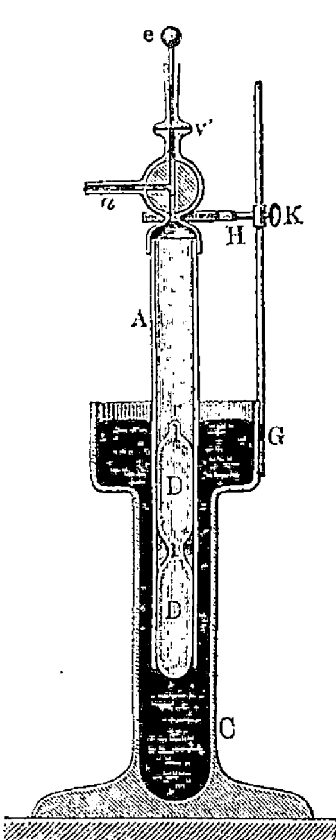
Fig. 50.

die Dichtigkeit der Emanationen bestimmt von Debierne (1911, Radium) und von Frl. Leslie (1911, Thorium).

Die Ausströmungsgeschwindigkeit muß nach den Formeln (19) und (21) proportional $\sqrt{T}$ sein, wo T die absolute Temperatur ist. Dies Resultat wurde durch Emich (1904) bis zu hohen Temperaturen bestätigt.

Der Gasstrom, welcher mit bedeutender Geschwindigkeit aus der Öffnung hervorströmt, reißt das ihn umgebende Gas mit sich fort und verdünnt es auf diese Weise. Auf demselben Prinzip beruhen auch die Pulverisatoren.

Den Bau des aus einer kleinen Öffnung hervorströmenden Gasstrahles haben Mach und Salcher (1889), Mach allein (1897), Prandtl (1907) u. a. untersucht. Genannte Autoren bedienten sich des Schlierenapparates (Band II) oder des Interferenzrefraktometers (Band II) und photographierten den Gasstrahl, der, wie die Aufnahmen zeigten, einen sehr verwickelten Bau hat. Den Bau des Gasstrahles hat R. Emden später (1899) sorgfältig untersucht und gezeigt, daß die größtmögliche Ausflußgeschwindigkeit eines Gases gleich der Schallgeschwindigkeit in dem

Gase ist, welches sich unmittelbar an der Ausflußöffnung befindet. Man erhält diese Maximalgeschwindigkeit bei einem bestimmten Werte des Verhältnisses $p_1 : p_2$ der angenähert gleich 1,9 ist und von der Art des Gases fast unabhängig ist. So erhält man bei $p_2 = 1$ Atm. für p_1 den speziellen Wert $p_1' = 1,9$ Atm. Ist der Druck p_1 größer als p_1', so bilden sich im Gasstrahl **stehende Wellen**, d. h. periodische Dichteänderungen, die sich im Raume nicht verschieben. Die ihnen entsprechende Wellenlänge λ wird aus der Formel

$$\lambda = 0,88\, d \sqrt{\frac{p_1 - p_1'}{p_2}} = 0,88\, d \sqrt{\frac{p_1}{p_2} - 1,9}$$

gefunden, wo d der Durchmesser der Ausflußöffnung ist. W. Wolff hat (1899) die Luftbewegungen bei heftigen Explosionen untersucht. Mit dem Ausströmen von Gasen aus Öffnungen haben sich Grashof, Zenner, Fliegner, H. Wilde, Hirn, Hugoniot, Haton de la Goupillière, Salcher und Whitehead, Parenty, A. N. Mitinsky, Smoluchowski, Boussinesq (1904), Prandtl (1907) u. a. sowohl theoretisch als auch experimentell beschäftigt.

Wenn ein Gas unter Druck durch eine sehr dünne Röhre hindurchströmt, so spielt die innere Reibung eine überwiegende Rolle. Man nennt dieses Strömen Transpiration. Wir wollen hier nur die entsprechende Formel anführen. Sei p_1 die Spannung des Gases am einen, p_2 am anderen Ende der Kapillarröhre, deren Länge L, deren Querschnitt σ ist, sei ferner η der Koeffizient der inneren Reibung (S. 103), so ist das Volumen V des in t Sekunden die Röhre durchströmenden Gases reduziert auf den Druck $\frac{1}{2}(p_1 + p_2)$, gleich

$$V = \frac{(p_1 - p_2)\,\sigma^2\, t}{8\,\pi\,\eta\,L} \qquad \cdots \cdots \cdots \cdots (23)$$

Nach dieser Formel kann man η finden.

Die Strömung von Gasen durch enge Röhren untersuchten in den letzten Jahren Ruckes (1908, starker Druck), Eger (1908, schwacher Druck), Gibson (1909), Knudsen (1909), Fisher (1912) u. a.

Knudsen (1910 bis 1914) hat sehr wichtige theoretische und experimentelle Untersuchungen über eine Frage angestellt, welche eng mit dem Strömen eines verdünnten Gases durch sehr enge Röhren zusammenhängt; ferner wurden hierher gehörige theoretische Betrachtungen von Smoluchowski und von Debye veröffentlicht. Unter anderem hat Knudsen theoretisch das folgende Ergebnis abgeleitet: Wir denken uns zwei Gefäße M_1 und M_2, die durch eine Röhre verbunden sind, deren Breite klein ist gegen die mittlere Weglänge der Moleküle des verdünnten Gases, welches die Röhre und die beiden Gefäße erfüllt; T_1 und T_2 seien die absoluten Temperaturen der Gefäße;

ferner p_1 und p_2 die Gasdrucke, δ_1 und δ_2 die Gasdichten in M_1 und M_2. Es wäre zu erwarten, daß beim statischen Gleichgewicht, welches eintritt, wenn durch die Röhre in beiden Richtungen die gleichen Gasmengen strömen,

$$p_1 = p_2 \quad \text{und} \quad \delta_1 : \delta_2 = T_2 : T_1$$

sein würden. Die Theorie führt aber zu den Bedingungen

$$p_1 : p_2 = \sqrt{T_1} : \sqrt{T_2} \quad \text{und} \quad \delta_1 : \delta_2 = \sqrt{T_2} : \sqrt{T_1} \quad . \quad . \quad (23,\mathrm{a})$$

Knudsen nennt diese Erscheinung den thermomolekularen Druck. Durch scharfsinnige Versuche hat er die Richtigkeit der Formel (23, a) nachgewiesen. Er hat auch ein hierauf begründetes absolutes Manometer konstruiert, welches an das Lord Kelvinsche absolute Elektrometer erinnert. Die Theorie dieses Manometers beruht auf denselben Betrachtungen, welche zu der Formel (23, a) geführt haben. Es besteht aus zwei zueinander parallelen Platten, deren Oberfläche S und deren Temperaturen T_1 und T_2 sind; ihre Entfernung ist klein gegen die mittlere Weglänge der Moleküle des den Zwischenraum füllenden Gases. Die Platten stoßen sich gleichsam voneinander ab mit einer Kraft F, welche mit dem Gasdruck p durch die Formel

$$p = \frac{2F}{S\sqrt{\dfrac{T_1}{T_2} - 1}} \quad \cdots \cdots \cdots (23,\mathrm{b})$$

verbunden ist. Bei sehr geringem Temperaturunterschiede gilt eine andere Formel, nämlich

$$p = \frac{4FT_2}{(T_1 - T_2)\,S} \quad \cdots \cdots \cdots (23,\mathrm{c})$$

Strömt ein Gas an einer festen Wand entlang, so nimmt man an, daß die der Wand unmittelbar anliegende Gasschicht (vgl. S. 71) unbeweglich bleibt, daß also ein Gleiten längs der Wand nicht stattfindet. Die Versuche von Kundt und Warburg (1895), sowie von Warburg allein haben jedoch gezeigt, daß bei einem stark verdünnten Gase ein merkliches Gleiten desselben längs der Oberfläche fester Körper stattfindet. Analog dem Koeffizienten η der inneren Reibung können wir einen Koeffizienten ε der äußeren Reibung einführen, welcher unendlich groß wird, wenn keine Gleitung stattfindet. Die Größe

$$\zeta = \frac{\eta}{\varepsilon} \quad \cdots \cdots \cdots \cdots (23,\mathrm{d})$$

wird der Gleitungskoeffizient genannt. Es zeigt sich, daß ζ nahe gleich ist der mittleren Weglänge der Gasmoleküle. Knudsen (1909), Timiriazeff (1913), Gaede (1913) haben die Größe ζ untersucht.

Knudsen hat eine Theorie entwickelt auf Grund der Annahme, daß
an der Oberfläche des festen Körpers eine vollständige Diffusion der
auftreffenden Moleküle stattfindet, analog der Diffusion von Lichtstrahlen an einer matten Oberfläche, so daß also der Reflektionswinkel
völlig unabhängig ist von dem Einfallswinkel. Timiriazeff hat eine
Methode angegeben, die Größe der Gleitung durch Beobachtung des
Temperatursprunges an der Oberfläche (Bd. III) zu messen; Versuche
mit Luft und CO_2 ergaben mit der Theorie übereinstimmende Resultate. Gaede fand, daß die Theorie von Knudsen nur bei Drucken
gilt, welche kleiner sind, als 0,001 mm. Die äußere Reibung wurde
noch von Knudsen und S. Weber (1911) und von Keehan (1911)
untersucht.

§ 4. Gegenseitige Diffusion der Gase.

Mit dem Worte „Diffu-
sion" bezeichnet man im allgemeinen eine ganze Gruppe von Erscheinungen, bei welchen ein Stoff in den anderen eindringt oder ihn
durchdringt.

Wir wollen zunächst die gegenseitige Diffusion zweier Gase betrachten. Wir denken uns zwei Gefäße, welche zwei verschiedene sich
chemisch nicht beeinflussende Gase unter demselben Druck p enthalten,
vertikal übereinander aufgestellt, so daß sich das leichtere Gas im
oberen Gefäße befindet. Verbindet man dann diese Gefäße durch eine
Röhre, so beginnen sich die Gase allmählich miteinander zu vermengen;
das leichtere Gas senkt sich und dringt in das schwerere ein, während
letzteres aufsteigt und sich mit dem leichteren Gase vermengt. Man
sagt in diesem Falle, das eine Gas „diffundiert" in das andere.
Nach Verlauf einer gewissen Zeit enthalten beide Gefäße ein gleich-
artiges Gemisch aus beiden Gasen.

Die Erscheinung der Diffusion selbst erklärt sich vom Standpunkte der kinetischen Gastheorie ungezwungen. Da sich die Moleküle des einen Gases nach allen Richtungen frei bewegen, so dringen
sie allmählich in das Innere des anderen Gases ein; daß die
Diffusion ziemlich langsam erfolgt, erklärt sich durch das ununterbrochene Aufeinanderprallen der Moleküle beider Gasarten. So lange
die Diffusion noch nicht beendet ist, sind in verschiedenen Höhen x,
die man etwa vom Boden des unteren Gefäßes aus rechnen kann,
Gemische mit verschiedenem Prozentgehalt beider Gase oder verschiedenen Partialdrucken p_1 und p_2 dieser Gase vorhanden, wobei
indes für alle Werte von x, d. h. in allen Horizontalschichten,
$p_1 + p_2 = p$ ist.

Die Gasmenge, welche in der Zeit t durch den horizontalen Querschnitt s in der Richtung von x hindurchströmt, ist der Geschwindigkeit proportional, mit welcher der Partialdruck p_1 dieses Gases in der
Richtung von x abnimmt. Setzt man für einen gegebenen Augen-

blick $p_1 = f(x)$, so erhält man für das Volumen v dieser Gasmenge, reduziert auf die Druckeinheit, folgenden Ausdruck

$$v = - k\,s\,t\,\frac{d\,p_1}{d\,x} \quad \cdots \cdots \cdots (24)$$

Der Faktor k heißt der Diffusionskoeffizient. Derselbe ist numerisch gleich dem Volumen, welches bei der Einheit des Druckes von einer Gasmenge eingenommen wird, die in der Zeiteinheit ($t = 1$) durch die Einheit des horizontalen Querschnittes ($s = 1$) hindurchströmt, falls sich der Partialdruck dieses Gases im Gemisch bei vertikaler Verschiebung um die Einheit der Länge um Eins ändert $\left(\dfrac{d\,p_1}{d\,x} = 1\right)$.

Der Koeffizient k hängt von der Beschaffenheit der beiden gewählten Gase und von ihrer Temperatur ab. Es mögen hier einige Werte desselben folgen:

$$
\begin{array}{cccccc}
 & H_2{-}O_2 & H_2{-}CO & H_2{-}CO_2 & O_2{-}CO_2 & O_2{-}CO \\
k = & 0{,}722 & 0{,}642 & 0{,}558 & 0{,}141 & 0{,}180
\end{array}
$$

Hierbei ist s in Quadratzentimetern, die Zeit in Sekunden ausgedrückt. Der Koeffizient k ist angenähert proportional dem Quadrate der absoluten Temperatur der ineinander diffundierenden Gase. Waitz (1882) und Obermayer (1880 bis 1883) haben speziell die Diffusion von Luft und Kohlensäure experimentell untersucht. M. Brillouin folgert aus diesen Versuchen, daß k von dem augenblicklichen Mischungsverhältnis der beiden Gase unabhängig ist. Die mathematische Theorie der Diffusion ist von verschiedenen Forschern, z. B. von Hausmanniger (1882) und in letzter Zeit von Brillouin, Thiesen, Langevin u. a. entwickelt worden.

§ 5. Diffusion der Gase durch poröse Scheidewände; Effusion.

Befinden sich zu beiden Seiten einer porösen Scheidewand zwei verschiedene Gase, so beginnen sie sich ebenfalls zu mischen, indem sie die Scheidewand durchdringen. Dieses Durchdringen einer porösen Scheidewand seitens der Gase bezeichnet man bisweilen im Gegensatz zu anderen Diffusionserscheinungen als Effusion. Besonders haben sich mit dieser Erscheinung Graham (1834 und 1846), Bunsen (1857), Parenty (1896 bis 1897) und Donnan (1900) beschäftigt.

Graham leitete aus seinen Versuchen das folgende Gesetz ab. Die Geschwindigkeit, mit welcher Gase durch eine poröse Scheidewand diffundieren, ist proportional dem Druck, unter welchem sich die Gase befinden, und umgekehrt proportional der Quadratwurzel aus ihrer Dichte δ. Vom Standpunkte der kinetischen Gastheorie ist dieses Gesetz leicht zu verstehen. Da sich bei gleichem Druck und Temperatur in gleichen Volumina die gleiche Anzahl Moleküle verschiedener Gase befinden, so muß die Geschwindigkeit, mit welcher die Gase poröse Scheidewände durchdringen, vorzugsweise von der mittleren Geschwindigkeit Ω abhängen, mit welcher sich die Moleküle fortschreitend bewegen. Wir haben aber gesehen, daß die Geschwindigkeit Ω umgekehrt proportional $\sqrt{\delta}$ ist [vgl. (51) auf S. 100], und damit erklärt sich das Diffusionsgesetz.

Die poröse Scheidewand kann aus ungebranntem Ton, Graphit, Gips, Kreide, Hydrophan, gepreßtem Kalziumhydratpulver, Magnesia usw. bestehen. Dufour fand, daß die Diffusion von einer Temperaturänderung begleitet ist; auf der Seite der Scheidewand, von der aus das leichtere Gas einströmt, das also schneller diffundiert, erfolgt eine Erhöhung, auf der anderen Seite eine Erniedrigung der Temperatur. Feddersen beobachtete auch die entgegengesetzte Erscheinung: Befindet sich zu beiden Seiten der porösen Scheidewand ein und dasselbe Gas unter demselben Druck, und erwärmt man die eine Seite der Scheidewand, so beginnt das Gas in der Richtung von der kälteren nach der wärmeren Seite zu diffundieren. Man hat diese Erscheinung als Thermodiffusion bezeichnet.

Eine sehr genaue theoretische und experimentelle (Helium und Argon) Untersuchung der Effusionsgesetze hat Donnan (1900) ausgeführt. Es zeigt sich, daß die Effusionsdauer t, welche, wie wir sahen, proportional $\sqrt{\delta}$ ist, außerdem abhängt von dem Verhältnis $k = c_p : c_v$ der beiden spezifischen Wärmen und von dem Reibungskoeffizienten η des Gases.

Befindet sich auf der einen Seite der porösen Scheidewand ein Gemisch aus Gasen von ungleicher Dichte, so durchdringen diese die Scheidewand mit verschiedener Geschwindigkeit; infolgedessen ändert sich die Zusammensetzung des Gasgemisches während der Diffusion. Wiederholt man diesen Vorgang mehrmals, so kann man bisweilen ein Gas vollkommen von dem anderen trennen; hierauf beruht eine besondere Art der Gasanalyse, die man Atmolyse nennt.

§ 6. Diffusion der Gase durch feste Körper.

Mitchell hat (1831) zuerst gezeigt, daß Gase durch dünne Kautschukplatten hindurchdringen können. Graham beobachtete die Diffusion von Gasen durch Kautschuk ins Vakuum. Dabei erwies sich, daß die Geschwindigkeit dieser Diffusion für die verschiedenen Gase überaus verschieden ist und nicht in der Weise von der Gasdichte δ abhängt, wie dies bei der Diffusion durch poröse Scheidewände der Fall ist. Für die Diffusionsgeschwindigkeit v fand Graham folgende relative Werte:

N	CO	CH_4	O	H	CO_2
$v = 1$	1,113	2,15	2,56	5,50	13,59.

Bemerkenswert ist die Diffusionsgeschwindigkeit für O im Vergleich zu N. Hat Luft die Kautschukplatte durchdrungen, so enthält sie nicht mehr 21 Proz., sondern 40 Proz. Sauerstoff. Auch Wroblewski hat (1877) die Diffusion der Gase durch Kautschuk untersucht und nach ihm Kayser (1891, CO_2 und H_2), Rayleigh (1900, N_2 und Argon) und Grunmach (1906, CO_2). Sehr wichtig ist die Diffusion einiger Gase durch heißes Quarz, da gegenwärtig Gefäße aus geschmolzenem Quarz hergestellt werden. Villard (1900) bemerkte zuerst, daß rotglühendes Quarz Wasserstoff merklich hindurchläßt; bei 1500⁰ ist die Diffusion eine sehr starke. Die Erscheinung ist später von E. Mayer (1913) und Wüstner (1915) näher untersucht worden. Jaquerod und Perrot (1905) entdeckten, daß Helium bei 1100⁰ sehr schnell diffundiert, so daß der Druck in sechs Stunden von 212 mm bis 32 mm sinkt; bei 510⁰ ist die Diffusion noch sehr stark und selbst bei 220⁰ noch gut merklich. Die Verwendung des Heliums in Quarzgefäßen ist also zur Messung hoher Temperaturen (Bd. III) unmöglich. Richardson und Ditto (1911) fanden, daß bei 1000⁰ Neon ebenfalls durch Quarz diffundiert. Dorn zeigte, daß die Legierung . Pt + Ir selbst bei 1420⁰ kein He hindurchläßt. Berthelot (1905) hat ebenfalls die Diffusion verschiedener Gase durch Quarz untersucht. Er fand für H bei 1300⁰ eine starke Diffusion; für O und N eine geringe bei 1300⁰. Die Diffusion von HCl fängt erst bei 1400 bis 1500⁰ an merklich zu werden; NH_3 diffundiert nicht bei 600⁰. Belloc (1905) fand gleichfalls, daß Quarz bei sehr hohen Temperaturen für O durchlässig ist.

Berthelot (1905) hat die Diffusion von Gasen durch heißes Glas untersucht. Für gewöhnliches weiches Glas fand er folgende Resultate: Wasserstoff zeigt bei 550⁰ keine, bei 575 bis 600⁰ eine schwache, über 600⁰ eine starke Diffussion; Sauerstoff bei 600⁰ keine, bei 650⁰ merkbare Diffusion. Jenenser Hartglas: Wasserstoff diffundiert bei 750⁰ ziemlich stark; Sauerstoff diffundiert bei 800⁰ gar nicht und erst bei 800 bis 820⁰ beginnt eine geringe Diffusion. Diese Versuche wurden im wesentlichen bestätigt durch E. C. Mayer (1915); bei 710⁰ ist durchsichtiger Quarz durchlässig für Stickstoff, Sauerstoff und besonders Wasserstoff, nicht aber Jenenser Glas. Zenghelis fand, daß viele Dämpfe sogar durch kalte, dünne Glasschichten hindurchgehen, was aber von Firth (1913) bestritten wird.

Durch rotglühendes Platin und Eisen diffundiert Wasserstoff: 1 qcm Oberfläche einer Platinröhre, deren Wanddicke 1,1 mm beträgt, läßt bei Rotglut in einer Minute 490 ccm Wasserstoff hindurch. Eine glühend gemachte Palladiumröhre, durch welche ein Gemisch aus H und CO strömt, trennt diese Gase vollkommen voneinander; nur der Wasserstoff durchdringt ihre Wandungen. Glühendes Platin oder Palladium spielt also die Rolle einer halbdurchlässigen (semipermeabeln) Wand. Wir werden weiter unten, besonders aber in Band III (osmotischer Druck) sehen, welche große Rolle solche halbdurchlässige Wände in der Lehre von den Flüssigkeiten (Lösungen) spielen. Die Diffusion von H_2 durch Pt und Pd ist von Winkelmann (1901 bis 1905), G. N. St. Schmidt (1904), Richardson, Nicol und Parnell (1904) u. a. untersucht worden. Winkelmann (1905) hat eine Eisenröhre bei der Elektrolyse als Kathode benutzt und gefunden, daß naszierender Wasserstoff durch Eisen diffundiert. Silber läßt bei hoher Temperatur bedeutende Mengen von Sauerstoff hindurch. Sieverts (1907) fand, daß H_2 bei 640° anfängt, durch Kupfer zu diffundieren, durch Eisen bei 300 bis 400°, durch Nickel bei 450°; CO wird von Eisen nicht durchgelassen. Charpy und Bonnerot (1912) haben die Diffusion des Wasserstoffs durch Eisen zwischen 350 und 850° genau untersucht.

Wahrscheinlich hat man es in allen betrachteten Fällen mit einer Absorption des Gases durch das Kautschuk oder Metall zu tun; an der Seite, welche nicht mit dem Gase in Berührung steht, scheidet sich dann das absorbierte Gas wieder aus. Gleichzeitig mit diesem Vorgange findet auch innerhalb der Platte eine Diffusion statt.

§ 7. Diffusion der Gase durch Flüssigkeiten. Diese Betrachtungen gelten aller Wahrscheinlichkeit nach auch für die Diffusion der Gase durch Flüssigkeitsschichten; auf der einen Seite der Schicht wird das Gas von der Flüssigkeit absorbiert, auf der anderen Seite scheidet es sich aus ihr wieder aus. Gleichzeitig aber erfolgt auch eine Diffusion des Gases im Inneren der Flüssigkeitsschicht.

Eine Seifenblase, die in einem offenen Glase auf Kohlensäure schwimmt, wird allmählich schwerer und nimmt an Volumen zu, da die Kohlensäure in sie eindringt. Befindet sich im Inneren einer langen, angefeuchteten Glasröhre, die einseitig verschlossen ist, eine Seifenwasserlamelle und läßt man darauf zu beiden Seiten derselben zwei verschiedene Gase einströmen, so beginnt die Lamelle an der Röhre entlang zu gleiten, da die Gase sie mit ungleicher Geschwindigkeit durchsetzen und sich daher der Druck im verschlossenen Röhrenende steigert oder vermindert.

Wroblewski hat die allmähliche Absorption eines Gases durch eine Flüssigkeitssäule untersucht, über der sich das Gas befand. Er fand, daß die absorbierte Gasmenge dem Löslichkeitskoeffizienten des Gases proportional ist, ebenso dem Diffusionskoeffizienten, dem Gasdrucke und der Quadratwurzel aus der Diffusionsdauer. Mit derselben Frage haben sich auch Stefan, Joh. Müller u. a. beschäftigt. Exners Versuche haben gezeigt, daß die Geschwindigkeit der Diffusion eines Gases durch eine flüssige Lamelle direkt proportional dem Löslichkeitskoeffizienten des Gases in der Flüssigkeit und indirekt proportional der Quadratwurzel aus der Gasdichte ist. Pranghe hat die Exnerschen Versuche wiederholt und gezeigt, daß obiges Gesetz für eine Lamelle aus Leinöl nicht gilt. Hagenbach hat die Diffusion von

Gasen durch eine Gelatineschicht und Huefner durch Wasser und eine Schicht von Agar-Agar (pflanzliche Gelatine) untersucht. Die Hagenbachschen Versuche haben dabei keine Bestätigung des Exnerschen Gesetzes erbracht. Weitere Versuche haben Richardson (1904), Adeney (1905) u. a. ausgeführt.

§ 8. Widerstand der Gase gegen die Bewegung fester Körper.

Da das vorliegende Kapitel den in Bewegung befindlichen Gasen gewidmet ist, so können wir hier auch den Einfluß betrachten, den ein Gas und ein sich in demselben bewegender Körper aufeinander ausüben, und dieses um so mehr, als auch das den Körper umgebende Gas hierbei nicht in Ruhe bleibt. Ein sich in einem Gase bewegender fester Körper bewirkt vor sich eine Verdichtung, hinter sich eine Verdünnung des Gases. Führt der Körper schnelle Schwingungen aus, so ruft er in dem Gase Verdichtungen und Verdünnungen hervor, die sich nach allen Seiten hin ausbreiten; diese Erscheinung werden wir in der Lehre vom Schall eingehender betrachten. Dreht sich eine Kugel, Zylinder, Scheibe, Ring oder ein ähnlicher Rotationskörper um seine Achse, so gleiten die Oberflächen des Körpers und Gases bloß aneinander vorbei, wobei indes eine gewisse zunächst befindliche Gasschicht von dem Körper mit fortgerissen wird und in Bewegung gerät. Zwischen dem festen Körper und dem Gase findet also eine Reibung statt, die auf den Körper wie eine seine Geschwindigkeit verzögernde Kraft einwirkt. Bei fortschreitender Bewegung eines festen Körpers in einem Gase summieren sich die Wirkungen der vor ihm entstehenden Verdichtung und hinter ihm sich bildenden Verdünnung; ferner tritt Reibung auf und wird ein Teil seiner Energie an die nächsten, ebenfalls in Bewegung geratenden Gasschichten übertragen; alle diese Faktoren ergeben eine Kraft, die man als Widerstand des Gases gegen die Bewegung eines in ihm befindlichen festen Körpers bezeichnet. Übrigens unterscheiden sich die eben genannten Komponenten dieses Widerstandes nicht wesentlich voneinander; nach der kinetischen Gastheorie hat man die ursprüngliche Ursache aller dieser Komponenten des Widerstandes darin zu suchen, daß die Zahl und Stärke der Stöße, welche der Körper durch die Gasmoleküle erfährt, größer auf der Seite, nach welcher er sich bewegt, als auf der entgegengesetzten Seite ist.

Der Widerstand f eines Gases gegen die Bewegung eines Körpers ist eine Funktion der Geschwindigkeit v dieser Bewegung; die Form dieser Funktion ist jedoch unbekannt. Newton kam zu dem Schluß, der Widerstand f sei proportional v^2; verschiedene Beobachtungen weisen darauf hin, daß f angenähert durch folgende Formel dargestellt wird

$$f = av + bv^2 \qquad \ldots \ldots \ldots \ldots (25)$$

Es ist dies eine empirische Formel; für sehr große v wächst der Widerstand f stärker als das Quadrat der Geschwindigkeit, so daß man die Formel $f = av + bv^2 + cv^3$ verwenden muß, d. h. die drei ersten Glieder der nach der Maclaurinschen Reihe entwickelten Funktion $f = F(v)$. Der Luftwiderstand hängt von der Größe der Oberfläche ab, welche der sich bewegende Körper besitzt. Ein ebenes, in schnelle Rotation versetztes Rad bewegt sich auch im lufterfüllten Raume recht lange, während ein solches mit quergestellten Flügeln sehr bald zur Ruhe gelangt; unter dem Rezipienten der Luftpumpe drehen sich beide Räder nahezu gleich lange. Schellbach, M. Rykatschew, Mannesmann u. a. haben die Größe des Widerstandes untersucht, den verschiedenartige Körper, namentlich Scheiben, bei ihrer Bewegung in der Luft erfahren. Mannesmann findet, daß, wenn sich eine ebene Scheibe senkrecht zu ihrer Oberfläche durch die Luft bewegt, die Newtonsche Formel für Geschwindigkeiten zwischen $v = 2{,}45$ m und $v = 24$ m in Geltung bleibt. Bei gleicher Oberfläche erfährt eine runde Scheibe den geringsten Widerstand. Mit Zunahme der Temperatur nimmt der Luftwiderstand nicht, wie man früher glaubte, ab. Der Luftwiderstand vermindert die Beschleunigung beim freien Fall der Körper, da die Kraft f dem Gewichte p entgegenwirkt. Ist g die Beschleunigung im Vakuum, g' in der Luft, so ist $g' : g = (p - f) : p$; hieraus folgt

$$g' = g \left(1 - \frac{f}{p} \right) \quad \cdots \cdots \cdots \quad (26)$$

Je geringer das Gewicht p eines Körpers ist, um so kleiner ist auch g' bei gleicher Geschwindigkeit und Körperform; das ist auch der Grund, weshalb leichte Körper in der Luft langsamer fallen als schwere. In letzter Zeit sind zahlreiche Untersuchungen über den Luftwiderstand erschienen, hervorgerufen durch den Aufschwung der Luftschiffahrt, insbesondere die Erfindung der Aeroplane. Wir müssen uns mit wenigen Hinweisen in der Literaturübersicht begnügen.

Von Interesse sind noch hierhingehörige Erscheinungen, welche bei den Bewegungen von Geschossen auftreten. Mach ist es zuerst (1887) gelungen, diese Erscheinungen zu studieren und sogar im photographischen Bilde festzuhalten. Dabei hat sich denn gezeigt, daß ein zylindrisches Geschoß bei seinem Fluge kontinuierlich vor sich her vereinzelte Verdichtungen hervorruft, die sich nacheinander nach allen Seiten mit der Schallgeschwindigkeit, d. h. mit etwa 330 m pro Sekunde ausbreiten. Ist die Geschoßgeschwindigkeit kleiner als die Schallgeschwindigkeit, so schreiten diese Wellen vor dem Geschosse her, wie in Fig. 51a ersichtlich; bei einer Geschwindigkeit dagegen, welche größer als die Schallgeschwindigkeit ist, muß für einen gegebenen Augenblick der Theorie nach eine Verteilung der verdichteten Wellenflächen auftreten, wie sie Fig. 51 b zeigt; die Verdichtungen müssen von einem Kegelmantel eingehüllt sein, dessen Form dadurch bestimmt wird, daß der Sinus des halben an seiner Spitze gebildeten Winkels gleich dem Verhältnisse zwischen Schall- und Geschoßgeschwindigkeit ist. Wie die Fig. 50 c zeigt, haben die Beobachtungen gelehrt, daß die Erscheinung in Wirklichkeit verwickelter ist. Die äußere Grenze des Verdichtungsgebietes wird durch die Oberfläche eines Rotationsparaboloids gebildet; im Inneren dieses Gebietes treten Streifen auf und hinter dem Geschoß bilden sich Wirbel der in diesen Raum von allen Seiten einströmenden Luft. Die Frage nach dem Luftwiderstande gegen die Bewegung von Geschossen gehört in die Ballistik. Dort wird gezeigt, daß, wenn man die Formel $f = av^2$

Fig. 51.

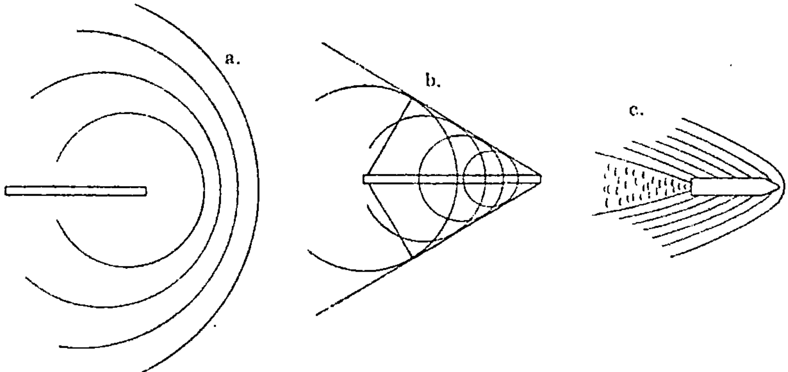

anwendet, für $v < V$ (wo V die Schallgeschwindigkeit ist) der Koeffizient a ziemlich konstant bleibt, ist jedoch $v > V$, so wächst a sehr schnell auf das 2,8fache und bleibt dann bei weiterer Zunahme von v wieder fast konstant. R. Emden hat versucht, diese Erscheinung durch die von Mach entdeckte Bildung einer Verdichtung vor dem Geschoß zu erklären.

Ein in Bewegung befindliches Gas übt auf die Körper einen Druck aus und kann sie in Bewegung versetzen; man benutzt letztere Bewegung zur Messung der Geschwindigkeit, mit welcher sich das Gas selbst bewegt. Hierher gehören die Apparate, welche zur Messung der Windstärke oder der Geschwindigkeit dienen, mit welcher Luft und andere Gase durch Röhren hindurchströmen. Die Beschreibung der verschiedenartigen Anemometer und Anemographen gehört in die Meteorologie.

Wir unterlassen es, hier das Fallen sehr kleiner Körper in der Luft zu betrachten. Die Gesetze, nach welchen dies Fallen stattfindet, werden durch die Stokessche Formel ausgedrückt, welche wir in der Lehre von den Flüssigkeiten ausführlich besprechen werden.

§ 9. Dissoziation der Gase. Wir haben gesehen, daß das Molekulargewicht μ eines Gases oder Dampfes und seine auf Luft bezogene Dichte δ durch die Formel

$$\mu = 28{,}9\,\delta \quad \ldots \ldots \ldots \ldots \ldots (27)$$

verknüpft sind, vgl. (1) auf S. 4. Mit Hilfe dieser Formel berechnet man das Molekulargewicht eines Gases oder Dampfes, indem man seine Dichte nach einer der in Kap. I beschriebenen Methoden bestimmt.

Indes ist schon seit lange bekannt, daß man nach Formel (27) in einigen Fällen einen Wert für das Molekulargewicht erhält, welcher mit dem auf anderem Wege sicher bestimmten Werte durchaus nicht übereinstimmt. So haben die Dämpfe von Salmiak eine Dichte, die bei hohen Temperaturen fast zweimal kleiner ist, als die der Formel NH_4Cl entsprechende; die Dämpfe des karbaminsauren Ammons NH_2COONH_4 haben eine Dichte, welche dreimal kleiner, als die theoretische ist, dagegen ist die der Dämpfe von Essigsäure größer als sie sich nach der Formel CH_3COOH berechnet. Ähnliche anomale Dichten beobachtet man bei höheren Temperaturen für

$$N_2O_4,\; PCl_5,\; N_2O_4,\; PBr_3,\; NH_5S,\; SbCl_5,\; PH_4Cl \;\text{usw.}$$

In analoger Weise zeigen auch die Dämpfe mancher Elemente, wie z. B. des Jods und Schwefels, bei Erwärmung bedeutende Änderungen der Dampfdichte.

Diese Abweichungen könnte man damit erklären, daß das Avogadrosche Gesetz (S. 2), aus welchem wir Formel (27) abgeleitet hatten, für einige Gase oder Dämpfe keine Geltung hat. Diese Erklärung ist aber nicht richtig. Cannizaro, Kopp und Kekulé haben (1858) fast gleichzeitig gezeigt, daß die anomalen Dampfdichten auf einem Zerfall des Dampfmoleküls in zwei oder mehrere Teile beruhen. Eine ähnliche Art des Zerfalles der Moleküle wird auch bei festen und flüssigen Körpern beobachtet; man bezeichnet derartige Vorgänge nach dem Vorschlage von St. Claire-Deville als Dissoziation. Daß die Dichte δ eines Dampfes sich beim Zerfall seiner Moleküle verringern muß, läßt sich leicht folgendermaßen beweisen. Nehmen wir an, im Volumen v seien zunächst N nicht dissoziierte Moleküle enthalten, jedes derselben habe die Masse m; die Temperatur bezeichnen wir mit t, den Druck mit p. Auf S. 87 hatten wir, vgl. Formel (10), den folgenden Ausdruck erhalten

$$pv = \frac{1}{3}\,Nm\,u^2.$$

Wenn jedes Molekül in Teile zerfällt, deren Massen m_1, m_2, m_3, ... m_n, deren Geschwindigkeiten u_1, u_2, ... u_n sind, so werden im Volumen v nunmehr nN Moleküle enthalten sein. Die Wucht eines jeden von ihnen ist gleich der des nicht dissoziierten Moleküls (vgl. S. 91), und hieraus folgt, daß der neue Druck p_1 sich aus der Gleichung

$$ p_1 v = \frac{1}{3} N m_1 u_1^2 + \frac{1}{3} N m u_2^2 + \cdots + \frac{1}{3} N m_n u_n^2 = n p v $$

finden läßt, denn es ist

$$ \frac{1}{2} m_1 u_1^2 = \frac{1}{2} m_2 u_2^2 = \cdots = \frac{1}{2} m_n u_n^2 = \frac{1}{2} m u^2, $$

somit ist

$$ p_1 = n p. $$

Betrachtet man jetzt ein Volumen v des zerlegten Dampfes bei der Temperatur t und dem Drucke p, so müssen in ihm wiederum N Moleküle enthalten sein, also $N:n$ Moleküle jeder Art. Hieraus ist ersichtlich, daß die Masse dieses Dampfes, mithin auch seine Dichte δ jetzt n mal kleiner sein müssen als Masse und Dichte des nicht dissoziierten Dampfes. Sind alle Moleküle zerfallen, so sagt man, die Dissoziation sei beendet.

Die anomale Dichte der Chlorammoniumdämpfe NH_4Cl erklärt sich nach obigem durch den Zerfall seiner Moleküle in NH_3 und HCl; das karbaminsaure Ammon NH_2COONH_4 zerfällt in $NH_3 + NH_3 + CO_2$; N_2O_4 in $NO_2 + NO_2$; PCl_5 in $PCl_3 + Cl_2$; PBr_8 in $PBr + Br_2$; NH_5S in $NH_3 + H_2S$; PH_4Cl in $PH_3 + HCl$ usw. Umgekehrt weist die zu große Dichte der Essigsäuredämpfe darauf hin, daß in ihnen Moleküle vorhanden sind, deren Zusammensetzung komplizierter ist, als es die Formel $C_2O_2H_4$ ausdrückt (Polymerisation).

Der Zerfall der Moleküle nimmt im allgemeinen mit Erhöhung der Temperatur zu und ist außerdem noch von dem Druck abhängig, so daß in einem Dampfe bei gegebener Temperatur und Druck ein gewisser Bruchteil γ aller Moleküle dissoziiert ist, während der andere Teil $1 - \gamma$ der Moleküle sich in dem Dampfe in nicht dissoziiertem Zustande vorfindet.

Wir haben es hier mit einem der vielen Fälle von dynamischem Gleichgewicht zu tun; in einer gegebenen Zeit zerfallen ebenso viele zusammengesetzte Moleküle in ihre Bestandteile, als sich bei günstigen Zusammenstößen aus diesen vorher gebildeten Teilen neue zusammengesetzte Moleküle bilden. Der Bruch γ wird der Dissoziationsgrad genannt; man kann ihn bestimmen, wenn die theoretische Dichte δ des nicht dissoziierten Dampfes bekannt ist, die nach Formel (27) berechnet wird, ferner die wahre Dichte $\varDelta$ des Dampfes und die Zahl n der Bestandteile, in welche das Molekül zerfällt. Die Zahl der Moleküle ist infolge der Dissoziation von N auf $N\gamma n + N(1-\gamma)$ angewachsen, denn $N\gamma$ Moleküle sind in je n Teile zerfallen. Hieraus folgt

$$\frac{\varDelta}{\delta} = \frac{N}{N\gamma n + N(1-\gamma)} = \frac{1}{1+(n-1)\gamma} \quad \cdots \cdots \quad (28)$$

Danach ist

$$\gamma = \frac{\delta - \varDelta}{(n-1)\varDelta} \quad \cdots \cdots \cdots \cdots \quad (29)$$

Für $n = 2$ ist

$$\gamma = \frac{\delta}{\varDelta} - 1 \quad \cdots \cdots \cdots \cdots \quad (30)$$

Im Falle vollständiger Dissoziation ist $\gamma = 1$ und nach (28)

$$\varDelta = \frac{\delta}{n} \quad \cdots \cdots \cdots \cdots \cdots \quad (31)$$

Für $n = 2$ hat man im letzteren Falle $\varDelta = \delta : 2$.

Die Theorie, welche in Band III behandelt werden soll, zeigt, daß sich der Dissoziationsgrad b e i k o n s t a n t e r T e m p e r a t u r t mit dem Drucke p ändert; bei sehr geringem Drucke nähert sich γ der Einheit, also $\varDelta$ dem Werte $\delta : n$. Umgekehrt ist bei sehr hohem Drucke p der Dissoziationsgrad gering und $\varDelta$ nahezu gleich δ. So erhält man z. B. bei $t = 49,7^0$ für $N_2 O_4$ folgende Werte für γ, entsprechend den verschiedenen Werten von p:

p	γ	p	γ
0 mm	1	182,69 mm	0,690
26,80 „	0,930	261,37 „	0,630
93,75 „	0,789	497,75 „	0,493.

Bisweilen verrät sich die Dissoziation durch Farbenänderung des Dampfes; so ist z. B. $N_2 O_4$ farblos und bräunt sich bei der Dissoziation infolge der Bildung von $N O_2$; die Dämpfe von $P Cl_5$ erhalten bei hoher Temperatur einen grünlichen Farbenton, der durch das Auftreten von freien Cl_2-Molekülen hervorgerufen wird. Läßt man Salmiakdämpfe durch Asbest diffundieren, so weist der hindurchgegangene Dampf eine alkalische, der zurückgebliebene eine saure Reaktion auf, da $N H_3$ und $H Cl$ die poröse Scheidewand mit ungleicher Geschwindigkeit durchsetzen.

Der Dissoziationsgrad γ wächst mit der Temperatur; daher wird die Erwärmung eines Dampfes von einer inneren Dissoziationsarbeit begleitet, infolgedessen eine erhöhte Spannung und folglich ein vermehrter Energievorrat erscheint, wie aus der Formel $pv = \frac{2}{3} J$ auf S. 88 hervorgeht. Es ist daher die Wärmekapazität des Dampfes während der Dissoziation ganz außerordentlich groß und vermindert sich schnell bei Erhöhung der Temperatur in dem Maße, als sich die Dissoziation ihrer Grenze nähert.

Unter Benutzung von Formel (29) kann man den Dissoziationsgrad γ eines Dampfes bei verschiedenen Temperaturen berechnen, wenn man seine Dichte $\varDelta$ bestimmt. Als Beispiel wählen wir die Dissoziation von N_2O_4. Das Molekulargewicht beträgt $\mu = 2 \times 14 + 4 \times 16 = 92$, folglich ist die theoretische Dichte $\delta = \dfrac{92}{28,9} = 3,19$, vgl. Formel (27). Da N_2O_4 in $NO_2 + NO_2$ zerfällt, so ist $n = 2$ und mithin gibt Formel (30) den Wert $\gamma = \dfrac{3,19}{\varDelta} - 1$. In der folgenden Zusammenstellung sind die Temperaturen t, die Dichten $\varDelta$ des Dampfes, sowie die Größen $100\,\gamma$ gegeben, welche zeigen, wie viel Prozente aller Moleküle der Dissoziation unterliegen

t	$\varDelta$	$100\,\gamma$
26,7	2,65	20,0
39,8	2,46	29,2
60,2	2,08	52,8
80,6	1,80	76,6
100,1	1,68	89,2
121,5	1,62	96,2
135,0	1,60	98,7

Die Dissoziation vermindert sich, wenn man dem Dampfe einen der Bestandteile beimengt, in welche er zerfällt, z. B. NH_3 oder HCl den Salmiakdämpfen zufügt. Die Dämpfe der Elemente, deren Moleküle mehr als ein Atom enthalten, können ebenfalls Dissoziationen zeigen. So vermindert sich beispielsweise die Dichte der Joddämpfe bei hoher Temperatur und geringem Drucke infolge des Zerfalles seiner Moleküle J_2 in $J + J$. Wenn sich Schwefel verflüchtigt, so enthält sein Dampf höchst wahrscheinlich die Moleküle S_8, welche bei weiterer Temperatursteigerung wahrscheinlich in S_2-Moleküle zerfallen.

Ausführlich wird auf die Dissoziation der Gase im III. Bande eingegangen werden.

§ 10. Schlußbetrachtung. Wir haben in diesem Abschnitte eine ganze Reihe von Eigenschaften der Gase und verschiedene Erscheinungen, welche sich in ihnen abspielen, betrachtet. Dabei haben wir indes viele Fragen von größter Wichtigkeit ganz außer acht gelassen. So hatten wir z. B. eingehend die Eigenschaften der vollkommenen Gase betrachtet, denen wir unter anderem die Abwesenheit innerer Arbeit zuschrieben. Beim Übergange zu den unvollkommenen, in der Natur vorkommenden Gasen haben wir uns darauf beschränkt, ihre Abweichungen vom Boyle-Mariotte schen Gesetze in Betracht zu ziehen und auf die van der Waals sche Gleichung hinzuweisen. Nicht beschrieben haben wir dagegen die Versuche, durch welche bewiesen wird, daß eine innere Arbeit bei Ausdehnung unvollkommener Gase geleistet wird; auch haben wir nicht die Theorie dieser Gase eingehender besprochen. Ebenso haben wir die umfangreichen Lehren von der thermischen Ausdehnung und Wärmeleitung der Gase, die Methoden zur Bestimmung der Wärmekapazität der Gase und besonders die Verflüssigung der Gase nicht behandelt. Alle diese Fragen werden in der Wärmelehre ihre Erledigung finden. Aber auch in allen übrigen Abschnitten werden wir den Gasen noch oft begegnen und uns mit verschiedenen Eigenschaften derselben bekannt machen, die sich z. B. auf akustische, optische, magnetische und elektrische Erscheinungen, an denen sie teilnehmen, beziehen. In dem vorliegenden vierten Abschnitte, der Lehre von den Gasen, ist nur alles das zusammengefaßt worden, was aus den übrigen Abschnitten als für den gasförmigen Zustand der Materie besonders wichtig und charakteristisch abgesondert werden konnte, ohne daß dadurch die folgerechte und systematische Behandlung des gesamten Stoffes hätte leiden müssen. In ähnlicher Weise soll in den beiden folgenden Abschnitten die Lehre von den flüssigen und festen Körpern behandelt werden.

Literatur.

Ausströmen der Gase.

Mach und Salcher: Wien. Ber. **98**, 1889 (7. November); Wied. Ann. **42**, 144, 1890.
Mach: Wien. Ber. **106**, 1025, 1898.
R. Emden: Wied. Ann. **69**, 264, 426, 453, 1899.
W. Wolff: Wied. Ann. **69**, 329, 1899.
Grashof: Ztschr. d. Ver. d. Ingenieure 1863.
Zenner: Zivilingenieur **20**, 1.
Fliegner: Zivilingenieur **20**, 44.
H. Wilde: Phil. Mag. **20**, 531, 1885; **21**, S. 494, 1886.
Hirn: Compt. rend. **103**, 109, 371, 1232, 1886.
Hugoniot: Compt. rend. **102**, 1545, 1886; **103**, 241, 1179, 1253, 1886; **104**, 46, 1897.
Haton de la Goupillière: Compt. rend. **103**, 661, 708, 785, 1886.
Salcher und Whitehead: Wien. Ber. **98**, 267, 1889.
Parenty: Ann. ch. et phys. (7) **8**, 5, 1896; **12**, 289, 1897; Compt. rend. **113**, 184, 493, 594, 1891; **119**, 412, 1894.
Mitinsky: Das Ausströmen der Gase (russ.). St. Petersburg 1898.
Emich: Wien. Ber. **112**, 931, 1903; Monatshefte f. Chem. **21**, 747, 1903.
Smoluchowski: Bull. de Cracovie 1903, S. 143.
Boussinesq: Compt. rend. **138**, 29, 1904.
Kundt und Warburg: Pogg. Ann. **155**, 337, 1875.
Warburg: Pogg. Ann. **159**, 399, 1876.
Shri Shridhara Neru: Diss. Heidelberg 1911; Beiblätter **36**, 1183, 1912.
Ubrich: Marburger Ber. 1909, S. 232.
Debierne: Compt. rend. **150**, 1740, 1910.

Mlle. Leslie: Compt. rend. **153**, 328, 1911.
Ruckes: Ann. d. Phys. (4) **25**, 983, 1908.
Eger, Ann. d. Phys. (4) **27**, 819, 1908.
Gibson: Phil. Mag. (6) **17**, 389, 1909.
Knudsen: Ann. d. Phys. (4) **28**, 75, 1909; **35**, 389, 1911.
Fisher: Phys. Rev. **29**, 325, 1909; **32**, 433, 1912.
Knudsen: Ann. d. Phys. (4) **31**, 205, 633, 1910; **32**, 809, 1910; **33**, 1435,
    1910; **34**, 823, 1911; La théorie du rayonnement et les quanta. Solvay-
    Rapports, S. 133. Paris 1912.
Smoluchowski: Ann. d. Phys. (4) **33**, 1559, 1910; **34**, 182, 1911.
Debye: Phys. Ztschr. **11**; 1115, 1910.
Timiriazeff: Ann. d. Phys. (4) **40**, 971, 1913.
Gaede: Ann. d. Phys. (4) **41**, 289, 1913.
Knudsen und S. Weber: Ann. d. Phys. (4) **36**, 981, 1911.
Keehan: Phys. Ztschr. **12**, 707, 1911.

Diffusion der Gase.

Graham: Phil. Mag. (3) **2**, 175, 269, 351, 1833; Pogg. Ann. **28**, 331, 1833;
    Phil. Trans 1863; Liebigs Ann. **131**, 1, 1864; Pogg. Ann. **129**, 549, 1866.
Bunsen: Gasometrische Methoden 1857, S. 209.
Parenty: Ann. ch. et phys. (7) **8**, 1, 1896; **12**, 289, 1897.
Donnan: Phil. Mag. (5) **49**, 423, 1900.
Emden: Wied. Ann. **69**, 264, 1899.
Dufour: Arch. Sc. phys. (2) **49**, 103, 1873.
Feddersen: Pogg. Ann. **148**, 302, 1873.
Mitchell: J. of the Roy. Inst. **2**, 101, 307, London 1831; Pogg. Ann. **129**,
    550, 1866.
Wroblewski: Wied. Ann. **2**, 481. 1877; **4**, 268, 1878; **7**, 11; **8**, 29, 1879.
Stefan: Wien. Ber. **77** [2], 371, 1878.
Waitz: Wied. Ann. **17**, 201, 1882.
Obermayer: Wien. Ber. **81**, 1880; **85**, 1882; **87**, 1883.
Hausmanniger: Wien. Ber. **86**, 1073, 1882.
Brillouin: Ann. ch. et phys. (7) **18**, 1899; **20**, 440, 1900.
Thiesen: Verh. d. D. phys. Ges. **4**, 348, 1902; **5**, 130, 1903.
Langevin: Compt. rend. **140**, 35, 1905.
Kayser: Wied. Ann. **43**, 544, 1891.
Rayleigh: Phil. Mag. (5) **49**, 220, 1900.
Grunmach: Phys. Ztschr. **6**. 795, 1905.
Dorn: Phys. Ztschr. **7**, 312, 1906.
Villard: Compt. rend. **130**, 1752, 1900.
E. Mayer: Phys. Rev. **5**, 283, 1915.
Wüstner: Ann. d. Phys. **46**, 1095, 1915.
Jaquerod et Perrot: Compt. rend. **139**, 789, 1904; Arch. sc. phys. et nat.
    (4) **18**, 613, 1904.
Berthelot: Compt. rend. **140**, 821, 1159, 1905; Ann. d. chim. et phys. (8)
    6, 146 (Quarz), 164 (Glas), 1905.
Belloc: Compt. rend. **140**, 1252, 1905.
Winkelmann, Ann. d. Phys. **6**, 104, 1901; **8**, 388, 1902; **16**, 773, 1905.
G. N. St. Schmidt: Ann. d. Phys. **13**, 747, 1904.
Richardson: Nicol and Parnell: Phil. Mag. (6) **8**, 1, 1904.
Richardson: Cambridge Proc. **13**, I, 27, 1905; Phil. Mag. (6) **7**, 266, 1904.
Adeney: Phil. Mag. (6) **9**, 360, 1905.
Richardson and Ditto: Phil. Mag. (6) **22**, 704, 1911.

E. C. Mayer, Phys. Rev. **6**, 283, 1915.
Zenghelis: Ztschr. f. phys. Chem. **65**, 341, 1909; **72**, 425, 1910.
Firth, Proc. chem. Soc. **29**, 111, 1913.
Sieverts: Ztschr. f. phys. Chem. **60**, 129, 1907.
Charpy et Bonnerot: Compt. rend. **154**, 592, 1912; **156**, 394, 1913.
Joh. Müller: Wied. Ann. **43**, 554, 1891.
Hüfner: Wied. Ann. **60**, 135, 1897; Ztschr. f. phys. Chem. **27**, 227, 1898.
Exner: Wien. Ber. **70**, 465, 1875; Pogg. Ann, **155**, 321 u. 443, 1875; Wien. Ber. **75**, 263, 1877.
Hagenbach: Wied. Ann. **65**, 673, 1898.
Toepler: Wied. Ann. **58**, 599, 1896.
F. Schidlowski: Anwendung der Diffusion zur Bestimmung der Feuchtigkeit und der Kohlensäure (russ.). St. Petersburg 1886.

Widerstand der Gase gegen Bewegung fester Körper.

Schellbach: Pogg. Ann. **143**, 1, 1871.
M. Rykatschew: J. d. russ. phys.-chem. Ges. **10**, 124, 1878.
Mannesmann: Wied. Ann. **67**, 105, 1899.
Mach und Salcher: Wien. Ber. **95**, 764, 1887; **97**, 41, 1889; **105**, 604, 1896.
Zahm: Phil. Mag. (6) **1**, 530, 1901.
Melsens: Ann. ch. et phys. (5) **25**, 1882.
G. Suslow: J. d. russ. phys.-chem. Ges. **18**, 79, 1886.
J. Jarkowski: Arbeiten d. phys. Abt. d. Ges. von Freunden d. Naturk. zu Moskau **3**, Heft 2, S. 34, 1890.
Frank: Ann. d. Phys. (4) **16**, 464, 1905.
Charbonnier: Compt. rend. **137**, 171, 378, 1903; Ann. ch. et phys. (8) **8**, 501, 1906.
Sebert: Compt. rend. **137**, 357, 1903.
Renard: Compt. rend. **138**, 1201, 1904.
Frank: Ann. d. Phys. (4) **16**, 464, 1905.
Zimmermann: Berl. Ber. 1907, S. 874.
Becker: Ann. d. Phys. (4) **24**, 863, 1907.
Peirce: Proc. Amer. Ac. of Sc. **44**, 63, 1908.
W. König: Verh. d. D. Phys. Ges. 1912, S. 929.

Dissoziation der Gase.

Cannizaro: Sunto di un corso di filosofia chimica. Pisa 1858.
Kopp: Chem. Ber. 1858, S. 11 u. f.
St. Claire Deville: Compt. rend. **45**, 857, 1857; Leçons sur la dissociation. Paris 1866.
Pebal: Liebigs Ann. **123**, 199, 1862.
E. und L. Natanson: Wied. Ann. **24**, 454, 1885; **27**, 606, 1886.
Richardson: J. chem. Soc. **51**, 397, 1887.
Warburg: Berl. Ber. 1901, S. 1126.

Zweiter Abschnitt.

Lehre von den Flüssigkeiten.

Erstes Kapitel.

Grundeigenschaften und Bau der Flüssigkeiten.

§ 1. Grundeigenschaften der Flüssigkeiten. Die Flüssigkeiten besitzen, ähnlich den Gasen, keine selbständige Gestalt, sie nehmen vielmehr die Gestalt des Gefäßes an, in welchem sie sich befinden. Ähnlich den Gasen setzen sie einer Änderung der Form (Deformation) einen sehr geringen Widerstand entgegen; der Scheerungsmodul (Lehre von den festen Körpern, Kap. III) ist äußerst klein. Von den Gasen unterscheiden sie sich zunächst dadurch, daß sie ein bestimmtes Volumen besitzen und jedem Versuche, dieses Volumen zu ändern, einen großen Widerstand entgegenbringen; sie suchen nicht einen möglichst großen Raum zu erfüllen und können daher, wenigstens eine Zeitlang, in offenen Gefäßen aufbewahrt werden. Eine Flüssigkeitsmenge, die keinen äußeren Kräften unterworfen ist, sich auch nicht um irgend eine Achse dreht, nimmt Kugelform an; diese Gestalt hat man daher als die natürliche anzusehen.

Die Flüssigkeiten gehen ununterbrochen und unter allen Umständen in den gasförmigen Zustand über; sie verdunsten. Die Geschwindigkeit, mit welcher sich dieser Vorgang vollzieht, hängt von der Art der Flüssigkeit, ihrer Temperatur, sowie von der Beschaffenheit, dem Drucke und der Bewegung des Gases ab, welches die „freie" Oberfläche der Flüssigkeit umgibt. Unter dem Ausdrucke freie Oberfläche versteht man hierbei eine solche, die nicht in Berührung mit einem festen oder einem anderen flüssigen Körper steht. Befindet sich die Flüssigkeit in einem geschlossenen Raume, so hört die Verdunstung nach einiger Zeit scheinbar auf; in diesem Falle befindet sich über der Flüssigkeit ihr „gesättigter" Dampf, d. h. ihr Dampf in dem Zustande, in welchem er die für die gegebene Temperatur möglichst höchste Spannung erreicht hat. Im offenen Raume geht das Verdunsten einer jeden Flüssigkeit ununterbrochen vor sich. Eine Flüssigkeitsmasse kann daher im freien Raume nur dann selbständig dauernd bestehen, wenn sie so groß ist, daß sich die sie umgebende, aus ihrem Dampf bestehende und an ihrer Oberfläche gesättigte Atmosphäre infolge der Anziehung gleichsam festgehalten wird. Eine Flüssigkeitsmasse, welche dieser Bedingung nicht genügt, muß sich allmählich im Raume zerstreuen und gewissermaßen verschwinden.

Die Verdunstung ist von einem Aufwand an Energie begleitet, die sich im Dampfe in potentieller Form wiederfindet. Findet keine Energiezufuhr von den umgebenden Körpern zur Flüssigkeit statt, so kühlt sich letztere während des Verdunstens ab. Ausführlicher wird die Erscheinung des Verdunstens in der Lehre von der Wärme betrachtet werden.

Eine ideale oder vollkommene Flüssigkeit nennt man eine solche, die einer äußeren Kraft, welche nur ihre Form zu ändern sucht, keinen Widerstand leistet, dagegen einer Kraft, die ihr Volumen zu vermindern strebt, einen unendlich großen Widerstand entgegensetzt; eine solche Flüssigkeit ist mithin absolut beweglich und inkompressibel.

Die Flüssigkeiten gehorchen dem Pascalschen Gesetze der Druckfortpflanzung. In Flüssigkeiten eingetauchte Körper erfahren einen scheinbaren Gewichtsverlust, der nach dem Archimedischen Gesetze bestimmt wird. Unter Einwirkung der Temperatur ändert sich das Volumen der Flüssigkeiten, jedoch in viel geringerem Maße als das der Gase. Der Koeffizient der thermischen Ausdehnung ist für die verschiedenen Flüssigkeiten verschieden.

§ 2. Bau der Flüssigkeiten. Der innere Bau der Flüssigkeiten ist verwickelter als der der Gase; dies drückt sich in zweierlei Art aus. In den gasförmigen Körpern sind nach unseren heutigen Anschauungen die Moleküle frei und bewegen sich unabhängig voneinander, wenn man von ihren zufälligen Zusammenstößen absieht. In den Flüssigkeiten sind die Moleküle einander so sehr genähert, daß ihre Zusammenstöße viel häufiger erfolgen als in den Gasen; infolgedessen muß sich jedes einzelne Molekül um eine gewisse Mittellage bewegen, die sich relativ langsam ändert. Ungeachtet dessen erfolgen auch in den Flüssigkeiten allmähliche Verschiebungen und Ortsänderungen der Moleküle, jedoch sehr viel langsamer als in den Gasen.

Der zweite Unterschied im Bau der Flüssigkeiten und Gase besteht darin, daß auf jedes Flüssigkeitsmolekül eine besondere Art von Kräften einwirkt, die gewissermaßen von allen ihm benachbarten Molekülen ausgehen, jedoch offenbar nicht identisch mit der allgemeinen Gravitation sind. Diese Kräfte, deren Gesetze noch wenig bekannt sind, wirken zwischen den Molekülen in merkbarer Weise nur auf sehr kleine Entfernungen hin; sie werden Kohäsionskräfte genannt. Solche

Kräfte treten, wie wir gesehen haben, auch bei den Gasen auf; hier sind sie aber sehr gering und spielen daher keine große Rolle, besonders in Gasen, welche weit von ihrem Sättigungspunkte entfernt sind. Bei den Flüssigkeiten äußern sich dagegen diese Kräfte in einer großen Zahl verschiedener Erscheinungen, ganz besonders nahe an ihrer Oberfläche.

Auf das innerhalb der Flüssigkeit befindliche Molekül m (Fig. 52) wirken die ganz gleichmäßig verteilten Moleküle der Flüssigkeit mit Kohäsionskräften ein. Alle diese Moleküle liegen im Inneren eines kugelförmigen Raumes, in dessen Mittelpunkt sich das betrachtete Molekül befindet und dessen Radius dem Maximalabstande gleichkommt, auf welchen hin die Kohäsionskräfte noch einen bemerkbaren Einfluß ausüben, d. h. eine Wirkung, die gegen die der benachbarten Moleküle nicht völlig verschwindet. Man nennt diesen Kugelraum die **Molekularwirkungssphäre**. Alle Kohäsionskräfte, welche auf das zen-

Fig. 52.

trale Molekül m einwirken und um dasselbe herum gleichmäßig nach allen Seiten gerichtet sind, heben sich gegenseitig auf. Dies bezieht sich auf alle Moleküle im Inneren der Flüssigkeit; hier regulieren die Kohäsionskräfte nur die Größe des mittleren Abstandes zwischen den Molekülen. Somit wird das Volumen einer Flüssigkeit dadurch bestimmt, daß zwischen dem Bestreben der sich bewegenden Moleküle, auseinander zu fliegen, und der Kohäsion der Moleküle Gleichgewicht herrschen muß.

Das, was wir über die gegenseitige Aufhebung der auf ein Molekül wirkenden Kohäsionskräfte eben gesagt haben, gilt indes nicht mehr für ein Molekül m'', das sich an der Oberfläche selbst befindet; dieses ist nur von einer Seite her von anderen Molekülen umgeben. Hier **an der Oberfläche der Flüssigkeit ergeben alle Kohäsionskräfte eine Resultante** R, **die nach dem Inneren der Flüssigkeit senkrecht zu ihrer Oberfläche gerichtet ist;** das Molekül wird gewissermaßen ins Innere der Flüssigkeit hineingezogen und daran verhindert, sich von der übrigen Flüssigkeitsmasse loszulösen. Das gleiche gilt nicht nur für alle Moleküle, welche auf

der Flüssigkeitsoberfläche selbst liegen, sondern auch für die, welche
in der Flüssigkeit sich befinden, jedoch von der Flüssigkeitsoberfläche
um weniger entfernt sind, als der Radius der Molekularwirkungssphäre
beträgt. Man ersieht dies aus der Fig. 52; auf das Molekül m' wirken
Kohäsionskräfte ein, von denen sich einige gegenseitig aufheben; es
bleiben jedoch die Kräfte übrig, welche von den Molekülen des unterhalb der Fläche st liegenden Segments ausgehen; hier ist st in bezug
auf den Kugelmittelpunkt symmetrisch zur Flüssigkeitsoberfläche. Diese
Kohäsionskräfte haben eine gewisse Resultante R', welche indes kleiner
als R ist. Die Ebene $M'N'$, welche von der Oberfläche MN um den
Radius der Molekularwirkungssphäre entfernt ist, bildet die untere
Begrenzung der Oberflächenschicht, deren Moleküle unter der Einwirkung ins Innere der Flüssigkeit gerichteter Kräfte stehen. Diese
ganze Schicht übt auf die Flüssigkeit einen Druck aus, welchen man
mit dem vergleichen kann, den ein aufgeblasener Gummiballon auf die
in ihm enthaltene Luft ausübt.

Es müssen sich also die Kohäsionskräfte besonders auffallend in
der Oberflächenschicht einer Flüssigkeit äußern. Je größer die Oberfläche einer Flüssigkeit im Vergleich zu ihrer Masse ist, eine um so
größere Rolle müssen diese Kräfte spielen; deshalb äußern sie sich
besonders in kleinen gesonderten Flüssigkeitsmengen. Das Bestreben
einer Flüssigkeit, die an ihrer Oberfläche befindlichen Moleküle in ihr
Inneres hineinzuziehen, bewirkt, daß die Flüssigkeit eine solche Form
annimmt, daß ihre Oberfläche möglichst klein wird. Die kleinste Oberfläche bei gegebenem Volumen hat eine Kugel; daher nehmen kleine
Flüssigkeitsmengen, selbst wenn sie sich unter der Wirkung der Schwere
befinden, die Form kleiner Kugeln an, wie man das z. B. an sehr kleinen
Quecksilbertröpfchen sieht. Jede Oberflächenvergrößerung einer
Flüssigkeit erfordert einen Arbeitsaufwand, da bei ihr Moleküle, welche unterhalb der erwähnten Oberflächenschicht liegen, in diese
Haut hinein und sogar bis an die Flüssigkeitsoberfläche selbst befördert
werden müssen; diesem Transport wirkt die Kraft R' entgegen, die in
dem Maße anwächst, als sich das Molekül der Oberfläche nähert. Die Oberflächenschicht strebt erstens selbst gewissermaßen danach, ihre Oberfläche
zu verkleinern, und setzt ferner jeder äußeren Kraft, welche sie zu vergrößern sucht, einen Widerstand entgegen.

In letzter Zeit ist die Lehre von der Brownschen Bewegung zu
großer Bedeutung und zu einer hohen Entwickelung gelangt; diese Erscheinung besteht darin, daß sehr kleine Körper, welche sich innerhalb
einer Flüssigkeit (oder auch eines Gases) befinden, ununterbrochen
eigentümliche unregelmäßige Zick-, Zackbewegungen ausführen, welche
unzweifelhaft durch die Stöße der Flüssigkeitsmoleküle hervorgerufen
werden. Diese Bewegung kann also als ein offensichtiger Beweis angesehen werden für die Richtigkeit jener molekular-kinetischen Hypo-

these, welche gegenwärtig ein Hauptfundament der Physik bildet. Wir werden die Brownsche Bewegung in der Wärmelehre ausführlich besprechen.

§ 3. Das Verdunsten der Flüssigkeiten. Das Verdunsten erklärt sich nach der kinetischen Theorie der Flüssigkeiten folgendermaßen: Gewissen an der Oberfläche befindlichen und im gegebenen Augenblick mit besonders großer, nach außen gerichteter Geschwindigkeit begabten Molekülen gelingt es, die Molekularwirkungssphäre zu überschreiten und sich von der Flüssigkeit loszulösen, ungeachtet der auf sie wirkenden Kohäsionskraft. Befindet sich über der Flüssigkeit ein Gas oder der Dampf einer anderen Flüssigkeit, so treffen die sich loslösenden Moleküle andere ihnen begegnende und werden von denselben in die Flüssigkeit zurückgeworfen; deshalb geht die Verdunstung nur sehr langsam von statten. Im Vakuum erfolgt das Verdunsten sehr viel schneller und erreicht in einem sehr kurzen Zeitraum eine gewisse Grenze, die man folgendermaßen charakterisieren kann. Sobald sich über der Flüssigkeit ihr Dampf gebildet hat, werden dessen Moleküle, wenn sie auf die Flüssigkeitsoberfläche treffen und in die Molekularwirkungssphäre gelangen, von der Flüssigkeit festgehalten. Die Grenze des Verdunstens ist erreicht, wenn in der Zeiteinheit ebenso viele Moleküle sich von der Flüssigkeit loslösen, als zu ihr aus dem umgebenden Dampfe gelangen; es tritt dann eine Art von dynamischem Gleichgewicht (S. 136) ein, wobei trotz des kontinuierlichen Molekülaustausches die Flüssigkeits- und Dampfmengen ungeändert bleiben.

Man sagt in diesem Falle, der Dampf sei gesättigt. Je höher die Temperatur ist, um so größer ist die Bewegungsenergie der Moleküle und um so mehr Moleküle lösen sich in gegebener Zeit von der Flüssigkeitsoberfläche los. Dementsprechend muß sich auch die Zahl der in die Flüssigkeit eindringenden Moleküle erhöhen, d. h. es muß die Dichte und folglich auch die Spannung des gesättigten Dampfes zunehmen, wie dies auch in der Tat beobachtet wird.

Ähnlich den Gasmolekülen, haben auch die Flüssigkeitsmoleküle im gegebenen Augenblick keine gleichen Geschwindigkeiten; vielleicht gilt auch für sie das Maxwellsche Gesetz (S. 96). Die meisten Chancen, sich aus der Flüssigkeit zu entfernen, haben die Moleküle, welche mit der größten Geschwindigkeit begabt sind; daher muß sich bei der Verdunstung die mittlere Bewegungsenergie der Moleküle in der zurückbleibenden Flüssigkeit vermindern, d. h. die Flüssigkeiten kühlen sich beim Verdunsten ab. Übrigens ist dies nur eine andere Betrachtung der Tatsache, daß beim Verdunsten einer Flüssigkeit eine gewisse Arbeit geleistet werden muß, um die Kohäsion der Moleküle zu überwinden, wobei die zu dieser Arbeit erforderliche Energie aus der Flüssigkeit selbst entnommen wird, falls keine Energie von außen zugeführt

wird. Die Geschwindigkeit eines sich von der Flüssigkeit loslösenden
Moleküls wird durch die entgegenwirkenden Kohäsionskräfte vermindert,
und deshalb ist die Dampftemperatur immer gleich der Temperatur der
Flüssigkeit selbst.

Wenn sich ein Dampf abkühlt und verflüssigt, so leisten die
Kohäsionskräfte eine innere Arbeit von dem Augenblick an, wo sich
die Moleküle einander bis auf eine Entfernung gleich dem Radius der
Molekularwirkungssphäre nähern. Als Ergebnis dieser Arbeit erscheint
ein Stillstand in der Geschwindigkeitsabnahme der Moleküle, d. h. in
der Abkühlung, obgleich Energie an die umgebenden Körper weiter
abgegeben wird. Es wird aus dem Dampfe die latente Verflüssi-
gungswärme frei.

§ 4. Bau der Flüssigkeitsmoleküle. Das Flüssigkeitsmolekül hat
aller Wahrscheinlichkeit nach einen viel komplizierteren Bau als das
Molekül des betreffenden Dampfes, besonders wenn letzterer weit von
seinem Sättigungsgrade entfernt ist. Höchst wahrscheinlich bestehen
die Moleküle vieler Flüssigkeiten aus mehreren, vielleicht gar einer
großen Zahl einfacher Gasmoleküle, die zu einem Ganzen vereinigt sind.
Der Wasserdampf besteht aus H_2O-Molekülen, wenn man annimmt,
daß die Wasserstoff- und Sauerstoffmoleküle die Zusammensetzung
H_2 und O_2 haben. Das Wassermolekül kann man dagegen allgemein
durch die Formel $(H_2O)_n$ darstellen, wo n die Anzahl der Dampf-
moleküle (gazogéniques nach de Heens Bezeichnung) bedeutet, welche
ein Flüssigkeitsmolekül (liquidogénique) geben. Ramsay und Shields
haben (1895) gezeigt, daß die Moleküle des Wassers, der Alkohole und
Säuren zwei, bisweilen sogar drei chemische Moleküle enthalten, während die Moleküle von flüssigem CS_2, N_2O_4, $SiCl_4$, PCl_3, CCl_4, C_6H_6,
$C_6H_5NH_2$ (Anilin) und vieler anderer Flüssigkeiten diesen Formeln
entsprechen (vgl. molekulare Oberflächenenergie, S. 221).

Ein besonderes Interesse hat die Frage nach der Konstitution der
Moleküle des Wassers im Zusammenhange mit der Erklärung der
Ausdehnung dieser Flüssigkeit zwischen 4 und 0°. Röntgen (1892)
war der erste, welcher den Gedanken aussprach, daß die Moleküle des
Eises und des Wassers eine verschiedenartige Konstitution haben, daß
sich bei der Abkühlung des Wassers Eismoleküle zu bilden anfangen,
selbst wenn die Temperatur bedeutend höher ist als 0°, und daß man
kaltes Wasser als eine Lösung von Eis in Wasser betrachten muß.

J. van Laar hat (1899) nachgewiesen, daß z. B. die Bildung der
Moleküle $(H_2O)_2$ aus $H_2O + H_2O$ den Charakter einer chemischen Reaktion trägt und daß dieselbe mit sehr beträchtlichen Volumenänderungen
verbunden ist; würden sich z. B. 18 g H_2O vollständig in $(H_2O)_2$ verwandeln, so würde sich ihr Volumen um 8,44 ccm vergrößern. Mit
Erhöhung der Temperatur vermindert sich die Zahl der zusammen-

gesetzten Moleküle, was eine Volumenverminderung zur Folge haben muß, welche man für Wasser zwischen 0 und 4° auch wirklich beobachtet. Sutherland folgerte (1900) aus einer Untersuchung der verschiedenen Eigenschaften von Eis, Wasser und Wasserdampf, daß der letztere aus Hydrol (H_2O) besteht, während Eis Trihydrol (H_2O)$_3$ ist. Wasser soll eine Mischung von Trihydrol und Dihydrol (H_2O)$_2$ sein. Er fand die Dichtigkeit des Dihydrols bei 0° gleich 1,089, die des Trihydrols gleich 0,88. Das Schmelzen des Eises und die Erwärmung von Wasser ist von einer Dissoziation des Trihydrols, das Verdampfen von einer Dissoziation des Dihydrols und des Trihydrols begleitet. Ähnliche Betrachtungen wurden von Mathias (1903), von Hudson (1905) und von Duclaux (1912) angestellt. Letzterer gibt dem Eismolekül die Formel (H_2O)$_9$. Zahlreiche weitere Arbeiten über das Molekulargewicht von Flüssigkeiten gehören in das Gebiet der physikalischen Chemie und können hier nicht besprochen werden.

Wird eine Flüssigkeit erwärmt, so wird ein Teil der hinzuströmenden Wärme zur Temperaturerhöhung verbraucht, nämlich zur Erhöhung der kinetischen Energie der fortschreitenden und vielleicht auch der drehenden Bewegung der ganzen Moleküle und ihrer Teile, d. h. der einfacheren Moleküle und Atome. Ein zweiter, sehr kleiner Teil der Wärme dient zu äußerer Arbeit der Ausdehnung der Flüssigkeit; die äußere Arbeit ist, wie auch bei den Gasen, gleich $A \int p\,dv$, wo A das thermische Arbeitsäquivalent, p der äußere Druck und v das Volumen der Flüssigkeit bedeutet (S. 116). Ein dritter Teil der Wärme leistet innere Arbeit. Diese zerfällt ihrerseits im allgemeinsten Falle wahrscheinlich in drei Teile: in die Arbeit zum Entfernen der Flüssigkeitsmoleküle voneinander, zum Lockern bzw. Trennen der Bestandteile zusammengesetzter Flüssigkeitsmoleküle und in die Arbeit, welche innerhalb des Moleküls auf die Atome oder Atomgruppen fällt, aus denen ein einfaches Molekül (gazogénique) besteht. Nach der obenerwähnten Theorie von Sutherland müßten wir annehmen, daß beim Schmelzen des Eises, beim Erwärmen und beim Verdampfen des Wassers ein Teil der zuströmenden Wärme zur Dissoziationsarbeit des Dihydrols und Trihydrols verbraucht wird.

Viele Forscher haben versucht, eine kinetische Theorie der Flüssigkeiten aufzustellen, so z. B. Jäger, Dieterici, Voigt u. a. Wir können hier auf diese Arbeiten nicht eingehen und begnügen uns mit dem Hinweise, daß Jäger (1902) für die mittlere Weglänge eines Moleküls von flüssigem Quecksilber den Wert $6 . 10^{-9}$ cm findet; dieser Wert ist kleiner als der wahrscheinliche Durchmesser eines dieser Moleküle.

In der Lehre von den festen Körpern werden wir den sogenannten kristallinischen Zustand der Materie kennen lernen. Lehmann hat (1889) zuerst den Begriff der flüssigen Kristalle eingeführt, indem er zeigte, daß kleine Tröpfchen gewisser Flüssigkeiten unter bestimmten

Bedingungen Eigenschaften besitzen können, die, außer der Form, ebenfalls als charakteristisch für den kristallinischen Zustand der Materie gelten. Zu diesen Flüssigkeiten gehört das Cholesterylbenzoat und andere Derivate des Cholesterins, ferner einige Derivate des Hydroceratins und vor allem eine Reihe von Azoxykörpern. Es handelt sich um gewisse optische Eigenschaften dieser Flüssigkeiten, die völlig analog sind den Eigenschaften fester Kristalle, welche wir in Band II kennen lernen werden. Bei einer bestimmten Temperatur findet eine Umwandlung der flüssigen Kristalle statt, welche in vieler Beziehung analog ist dem Schmelzen fester Körper und mit Wärmeabsorption vor sich geht. In Band III werden wir hierauf zurückkommen. Hier müssen wir uns mit einem Hinweise auf das Referat von W. Voigt (Phys. Ztschr. **17**, 76, 128, 152, 305, 1916) über diesen Gegenstand begnügen.

Literatur.

Röntgen: Wied. Ann. **45**, 91, 1892.
Sutherland: Phil. Mag. (5) **50**, 460, 1900.
Ramsay und Shields: Ztschr. phys. Chem. **15**, 106, 1895.
Mathias: Journ. de Phys. (4) **2**, 172, 1903.
Hudson: Phys. Rev. **2**, 16, 1905.
Duclaux: Compt. rend. **152**, 1387, 1911.
J. van Laar: Ztschr. phys. Chem. **31**, 1, 1899.
Jäger: Wien. Ber. **99**, 681, 861, 1890; **111**, 697, 1902.
Dieterici: Wied. Ann. **50**, 79, 1893; **66**, 826, 1898.
Voigt: Götting. Nachr. 1896, S. 341; 1897, S. 19, 261.

Zweites Kapitel.

Dichte der Flüssigkeiten.

§ 1. Begriff der Dichte bei den Flüssigkeiten. Bei den Flüssigkeiten unterscheidet man nicht wie bei den Gasen zwei verschiedene Dichten. Nach der allgemeinen Definition ist die Dichte einer Flüssigkeit numerisch gleich der Flüssigkeitsmasse, welche in der Volumeneinheit enthalten ist. Nimmt man als Masseneinheit die Masse reinen Wassers von 4^0 C an, welche in der Volumeneinheit enthalten ist, so ist die Dichte einer Flüssigkeit gleich dem Verhältnis einer Flüssigkeitsmasse von beliebigem Volumen zur Masse reinen Wassers von 4^0 C im selben Volumen. Die tabellarische Dichte, d. h. die, welche man gewöhnlich in den entsprechenden Tabellen aufgeführt findet, ist auf 0^0 bezogen; wenn man sie mit δ_0 bezeichnet, so ist die Dichte δ bei t^0 gleich

$$\delta = \frac{\delta_0}{1 + \alpha t} \quad \cdot \cdot \cdot \cdot \cdot \cdot \cdot \cdot \cdot \cdot \quad (1)$$

wo α der mittlere kubische Ausdehnungskoeffizient der Flüssigkeit zwischen 0^0 und t^0 ist.

Die verschiedenen Flüssigkeiten haben eine sehr verschiedene Dichte. Die geringsten Dichten besitzen flüssiger Wasserstoff, ($\delta = 0,07$ bei etwa 10^0 abs.), flüssiges Helium ($\delta = 0,122$ bei etwa $4,3^0$ abs.) und flüssiges Acetylen ($\delta = 0,35$); die größe Dichte haben Quecksilber und geschmolzene Metalle.

Zur Dichtebestimmung der Flüssigkeiten gibt es eine ganze Reihe von Methoden, welche wir nunmehr betrachten wollen. Inwiefern die Dichte bzw. der Koeffizient α von der Temperatur abhängt, werden wir eingehender in der Wärmelehre besprechen.

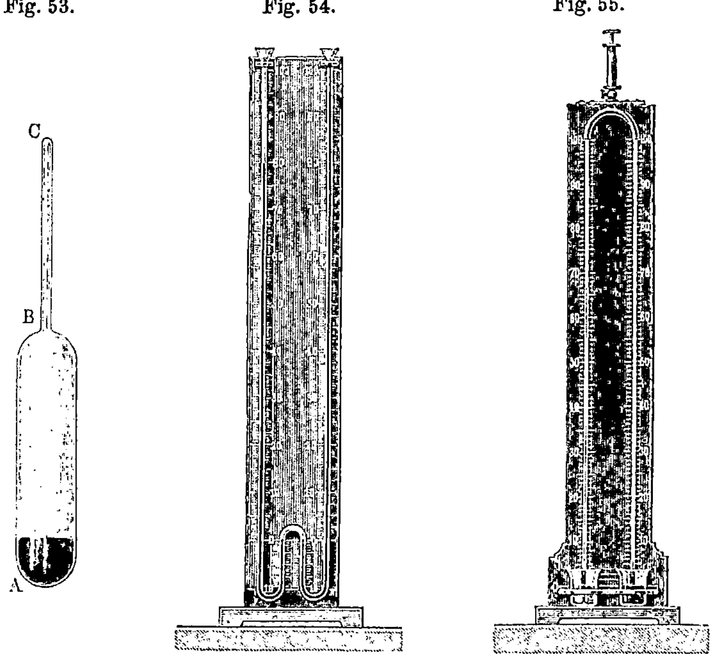

Fig. 53.   Fig. 54.   Fig. 55.

§ 2. Wilsonsche Methode. Zur schnellen näherungsweisen Bestimmung der Dichte einer Flüssigkeit können kleine gläserne Hohlkugeln von verschiedener mittlerer Dichte verwendet werden, auf welchen die Dichte angegeben ist. Taucht man eine Reihe solcher Kugeln in die Flüssigkeit, so gehen einige in ihr unter, einige schwimmen an der Oberfläche und nur eine erhält sich fast unbeweglich im Inneren der Flüssigkeit. Die Dichte der Flüssigkeit ist dann ungefähr gleich der mittleren Dichte dieser Kugel. Warrington hat (1899) diese Methode vervollkommnet. Sein Apparat hat die Gestalt eines Aräometers von konstantem Volumen (Fig. 53); in A ist Quecksilber enthalten. Auf die Röhre $B\,C$ werden kleine Platinringe in solcher Zahl gesteckt, daß der Apparat ganz in die Flüssigkeit einsinkt. Es ist leicht einzusehen, daß man aus dem Gewichte des Apparates nebst dem der Platinringe die Dichte der Flüssigkeit bestimmen kann.

§ 3. Methode der kommunizierenden Röhren.

Diese Methode beruht auf dem Satze, daß die Höhen der Flüssigkeitssäulen, welche denselben Druck auf die Oberflächeneinheit des Gefäßbodens ausüben, umgekehrt proportional den Dichten der gewählten Flüssigkeiten sind. Von diesem Gesetze macht man auf zwei verschiedene Arten Gebrauch, die durch die Fig. 54 und 55 erläutert werden. In Fig. 54 haben wir zwei kommunizierende Röhren vor uns; man gießt die Flüssigkeiten, deren Dichte verglichen werden soll, in die langen Röhren, bis sie in den kurzen bis zum Nullpunkte der Skala reichen. Fig. 55 stellt einen aus zwei Röhren bestehenden Apparat dar; die Röhren münden mit ihren offenen Enden in· Gefäße mit den entsprechenden Flüssigkeiten. Im oberen Teile sind die Röhren miteinander und einer kleinen, zum Erzeugen einer Luftverdünnung dienenden Pumpe verbunden. Setzt man diese Pumpe in Tätigkeit, so steigen die Flüssigkeitssäulen in den Röhren empor, wobei der Druck beider Säulen offenbar der gleiche sein muß. Bonfall hat eine Abänderung dieses Apparates vorgeschlagen.

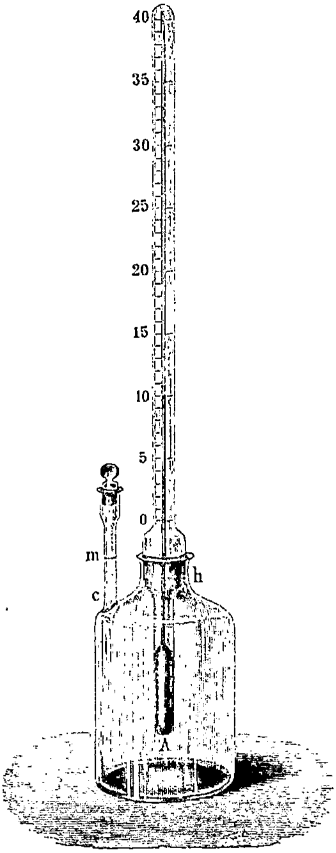

§ 4. Pyknometermethode.

Ein Glasgefäß wird zuerst leer, darauf mit Wasser und endlich mit der zu untersuchenden Flüssigkeit gefüllt gewogen. Sind P, P_1 und P_2 die entsprechenden Gewichte, so ist die gesuchte Dichte δ, abgesehen von den erforderlichen Korrektionen,

$$\delta = \frac{P_2 - P}{P_1 - P} \quad \cdots \cdots \cdots \cdots \quad (2)$$

Fig. 56.

Fig. 56 zeigt ein gewöhnliches Pyknometer, ein Fläschchen, in welches ein Thermometer eingeschliffen ist. Es wird bis zur Marke m mit der zu untersuchenden Flüssigkeit gefüllt.

Das Pyknometer von Mendelejew (Fig. 57) besteht aus dem Behälter A, in welchem sich das Reservoir des bei C in den Behälter eingeschmolzenen Thermometers BD befindet. Die engen seitlichen Röhren sind mit einer Skalenteilung versehen und sorgfältig kalibriert. Das Röhrchen GH wird durch einen konischen Stöpsel luftdicht verschlossen; am Ende der Röhre EF befindet sich eine Erweiterung und

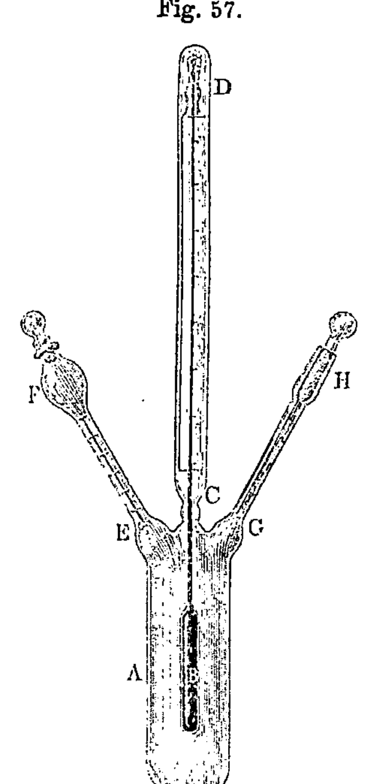

Fig. 57.

kann EF durch einen eingeschliffenen Stöpsel ebenfalls luftdicht verschlossen werden.

Sehr bequem ist das Sprengelsche Pyknometer, besonders in der Form, welche es von Ostwald erhalten hat (Fig. 58). Es wird durch die kleine Öffnung b bis zum Index a mit der zu untersuchenden Flüssigkeit gefüllt.

Fig. 58.

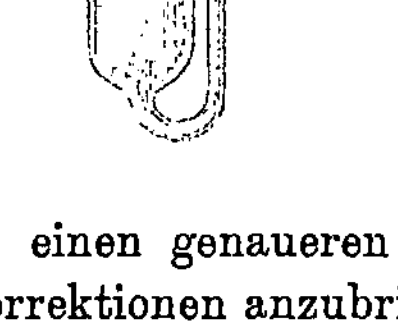

Formel (2) ist nur angenähert richtig; um einen genaueren Wert der Dichte δ zu erhalten, hat man noch einige Korrektionen anzubringen. Bei der Wägung hat man jedesmal das aufs Vakuum bezogene Gewicht einzuführen, denn δ ist das Verhältnis der beiden wahren, nicht aber der scheinbaren Gewichte. Ferner ist darauf zu achten, daß, falls das Wasser und die zu untersuchende Flüssigkeit von verschiedener Temperatur waren, auch das Volumen des Pyknometers nicht in beiden Fällen das gleiche war. Wenn endlich das Pyknometer Wasser von t^0 enthalten hatte, dessen Dichte D aus entsprechenden Tabellen zu finden ist, so ist die nach Formel (2) erhaltene Dichte noch mit D zu multiplizieren, um die auf Wasser von 4^0 bezogene Dichte der Flüssigkeit zu erhalten. Auf die Einzelheiten soll hier nicht eingegangen werden. Schließlich erhält man die Dichte der Flüssigkeit für t^0, also für die Temperatur, bei welcher sie das Pyknometer bis zum Index angefüllt hatte. Um das spezifische Gewicht δ_0 bei 0^0 zu erhalten, hat man Formel (1) zu benutzen, was nur in den seltenen Fällen möglich ist, wo man den Koeffizienten α kennt.

§ 5. Auf dem Archimedischen Prinzip beruhende Methode. Man bestimmt den scheinbaren Gewichtsverlust eines Körpers zuerst in der gegebenen Flüssigkeit (Verlust P), darauf im Wasser (Verlust P_1). Der Körper, welcher in beiden Flüssigkeiten untertauchen muß, kann etwa aus einem ein wenig Quecksilber enthaltenden Glaskügelchen oder Zylinder bestehen. Sehr bequem ist es, wenn ein Thermometer an demselben angebracht ist. Die Wägung selbst kann auf einer gewöhnlichen Wage vorgenommen werden, wozu man eine der Wagschalen entweder ganz abnimmt oder vermittelst kurzer Fäden an den Wagebalken hängt und unten mit einem kleinen Haken versieht. Für weniger genaue Bestimmungen ist die einarmige Westphalsche Wage sehr bequem, welche in Abt. I, Fig. 157 auf S. 326 abgebildet ist. Wie wir sahen, war der Hebelarm Hh in zehn gleiche Teile geteilt und dienten die Drahtstücke A_1, A_2, B und C dazu, in die den Teilstrichen gegenüber befindlichen Vertiefungen von Hh gehängt zu werden. Zu dieser Wage gehört ferner ein kleiner Glaszylinder nebst Thermometer, der in Luft mit dem Gegengewicht K ins Gleichgewicht gebracht wird. Das Gewicht von A_1 und A_2 ist derart gewählt, daß es genau mit dem Gewichte des von diesem Zylinder bei 15^0 verdrängten Wassers gleichkommt. Wenn man den Zylinder ins Wasser taucht und das Gewicht A_1 an den Haken h hängt, so tritt, wie in der Figur gezeigt ist, Gleichgewicht ein. Wählt man das Gewicht von A_1 und A_2 als Einheit, so ist das Gewicht von B gleich 0,1, das Gewicht von C gleich 0,01.

Senkt man den Zylinder in eine Flüssigkeit, welche dichter ist als Wasser, so muß man, um Gleichgewicht zu erhalten, noch einige Gewichtstücke hinzufügen, wobei der Gewichtsverlust des Zylinders unmittelbar an der Teilung von Hh abgelesen wird; da aber der Gewichtsverlust im Wasser als Einheit angenommen ist, so gibt diese Ablesung unmittelbar die gesuchte Dichte der Flüssigkeit. Ist z. B. die Verteilung der Gewichtstücke eine derartige, wie in Fig. 159, Abt. I, wo A ($= 1$) auf dem achten Teilstriche liegt, B (0,1) auf dem vierten und C (0,01) auf dem sechsten, wobei A_1 ($= 1$) nicht abgenommen ist, d. h. unter dem zehnten Teilstrich hängt, so ist der Gewichtsverlust des Zylinders in der Flüssigkeit und folglich deren Dichte gleich 1,846. Ist die Dichte der Flüssigkeit kleiner als die des Wassers, so ist auch der Gewichtsverlust kleiner als die von uns gewählte Einheit. In diesem Falle muß A_1 abgenommen werden. Erhält man dann etwa die Verteilung der Gewichtstücke A, B und C, wie sie in Fig. 158 skizziert ist, so bedeutet das, daß die gesuchte Dichte der Flüssigkeit gleich 0,747 ist. Einen ungewöhnlich hohen Genauigkeitsgrad hat Kohlrausch bei der Dichtebestimmung schwacher Lösungen nach der auf dem Archimedischen Prinzip beruhenden Methode erzielt. Mie (1904) benutzt zu demselben Zwecke einen Schwimmkörper aus reinem Wasser. Es ist dies ein Fläschchen aus Jenaer Glas, dessen Hals in eine nach unten gebogene, am unteren Ende offene Kapillare ausgezogen ist und das vollkommen mit destilliertem Wasser gefüllt ist. Dies Fläschchen wird an einem Platinfaden in die zu untersuchende schwache Lösung hineingehängt. Bei Temperaturänderungen tritt etwas Wasser aus der Röhre oder etwas Lösung in diese Röhre.

Fig. 59.

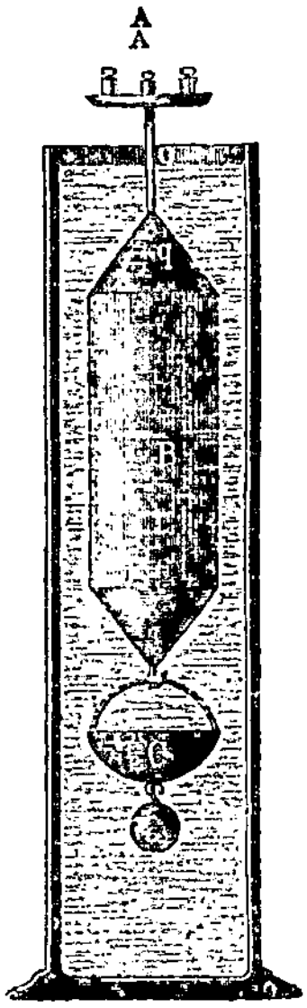

§ 6. **Aräometer.** Fig. 59 stellt das Nicholsonsche Aräometer von konstantem Volumen dar (auch Gewichtsäromelter genannt). Die unten angebrachte Schale C dient zur Dichtebestimmung fester Körper. Damit das Aräometer im Wasser bzw. in der zu untersuchenden Flüssigkeit bis zur nämlichen Marke am Halse O einsinkt, bringt man auf die Wagschale A entsprechende Gewichtstücke, deren Gewicht p_1 bzw. p_2 sei. Ist P das Gewicht des Aräometers selbst, so ist $\delta = \dfrac{P + p_2}{P + p_1}$. Auf die Angaben dieses Aräometers ist die Kapillarität von bedeutendem Einfluß. Hieraus entspringen so große Fehler, daß man bei Bestimmung von δ für Flüssigkeiten nicht einmal ein Drittel der ersten Dezimale verbürgen kann. Lohnstein hat ein Aräometer konstruiert, auf dessen Angaben die Kapillarität keinen Einfluß hat und welches δ mit einer Genauigkeit bis zu 0,0001 zu bestimmen gestattet. Dasselbe ist in Fig. 60 abgebildet. Das hohle Glasgefäß C endet bei α in eine horizontale Ebene mit scharf geschliffenen Rändern. Es trägt die Schale S, auf welche (aus D entnommene) Gewichtstücke in solcher Zahl gelegt werden, daß die horizontale Flüssigkeitsoberfläche mit der Oberfläche des Randes α (vgl. Fig. 61) zusammenfällt. Bevor man die Gewichtstücke auflegt, muß man die Schale S durch den Träger t stützen, den man mittels der Schraube v heben und senken kann; darauf schraubt man den Träger langsam herunter, damit der Rand α nicht bei zu großer Belastung unter die Flüssigkeitsoberfläche herabsinkt. Ist $\delta = 0,7000$, so sinkt C bis zu der in Fig. 61 abgebildeten Stellung ein. Im Kästchen D befinden sich 17 Gewichtstücke, auf denen die Zahlen

0,0001 bis 0,5 verzeichnet stehen; diese Gewichte sind so ausgewählt, daß man die gesuchte Dichte δ erhält, wenn man zu 0,7 die Zahlen addiert, welche auf den nach S gebrachten Gewichtstücken verzeichnet sind. Man kann mit dem Lohnsteinschen Aräometer Dichten von $\delta = 0,7$ bis $\delta = 2$ bestimmen. Ein „Universaldensimeter" hat Courtonne konstruiert.

In Fig. 62 und 63 sind zwei Aräometer von konstantem Gewichte abgebildet. Auf der langen Röhre derselben ist eine Skala

Fig. 60.   Fig. 61.

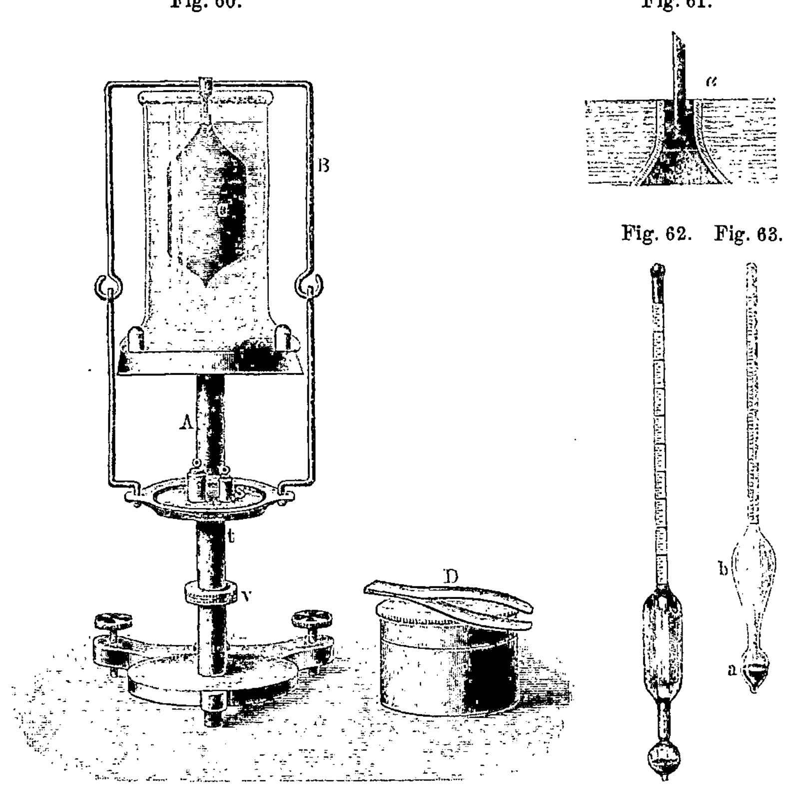

Fig. 62. Fig. 63.

angebracht, wobei der Teilstrich, bis zu welchem der Apparat in der Flüssigkeit einsinkt, direkt die Dichte der betreffenden Flüssigkeit gibt. Die Zahl 1,00 befindet sich am oberen Ende, falls das Aräometer für Flüssigkeiten, die dichter als Wasser sind, bestimmt ist, sie ist am unteren Ende der Skala angebracht, wenn der Apparat für leichtere Flüssigkeiten dient. Die Kapillarität, von der weiter unten die Rede sein wird, erschwert die Verwendung der Aräometer in hohem Maße. Um den hierdurch entstehenden Fehler zu vermeiden, hat

Guglielmo ein Aräometer konstruiert, welches bis auf den Boden des Gefäßes sinkt und in einer geneigten Lage zur Ruhe kommt. Aus dem Neigungswinkel läßt sich die gesuchte Dichte ableiten. Marini (1907) hat diese Methode studiert und auf die störende Wirkung anhaftender Luftbläschen hingewiesen.

Hesehus (1904) zeigte, wie man den Einfluß der Kapillarität bei dem Aräometer von konstantem Gewicht beseitigen kann. Von Vandevyver stammt ein Aräometer, das man in destilliertem Wasser schwimmen läßt, während die zu untersuchende Flüssigkeit in den Apparat selbst hineingegossen wird. Dadurch ist es möglich, das Aräometer zur Dichtebestimmung von Flüssigkeiten zu verwenden, von denen nur geringe Mengen vorhanden sind. Es gibt eine ganze Reihe von Aräometern, die eine nach besonderen Bedingungen konstruierte Skala besitzen. Einige davon dienen dazu, die Zusammensetzung gewisser Mischungen schnell festzustellen und damit ihre Güte oder ihren Wert zu ermitteln. Das ziemlich verbreitete Aräometer von Beaumé ist derart eingerichtet, daß es in reinem Wasser von 12,5° C bis zum Nullpunkt einsinkt, der sich nahe dem oberen Ende befindet. In einer Lösung von 15 Teilen Kochsalz in 85 Teilen Wasser sinkt es bis zu dem Teilstrich ein, an welchem sich die Zahl 15 befindet. Der Raum zwischen dem nullten und diesem Teilstrich ist in 15 gleiche Teile geteilt, und die Teilstriche reichen nach unten bis zum siebenzigsten. Der entsprechende Wert der Dichte ergibt sich aus folgender Tabelle.

Angaben des Beauméschen Aräometers:

	0,0	13,2	24,2	33,5	41,5	48,4	54,4	59,8	64,5	68,6	72,6
Dichte:	1,0	1,1	1,2	1,3	1,4	1,5	1,6	1,7	1,8	1,9	2,0

Starker Schwefelsäure entspricht nach Beaumé die Zahl 66, käuflicher Salpetersäure die Zahl 36, der Salzsäure die Zahl 22. Für Flüssigkeiten, welche leichter als Wasser sind, hat Beaumé ein Aräometer konstruiert, das in einer 10 proz. Salzlösung bis zum Nullpunkt, in reinem Wasser bis zum zehnten Teilstrich einsinkt. Die Skalenteile reichen von unten nach oben bis zum sechzigsten, ihr Wert ist folgender:

Angabe nach Beaumé . . .	10,0	17,7	26,1	35,6	46,3	58,4
Dichte	1,0	0,95	0,90	0,85	0,80	0,75

Alkoholometer nennt man die zur Bestimmung des Alkoholgehaltes von käuflichem Spiritus dienenden Aräometer. Beim Alkoholometer von Gay-Lussac gibt der Teilstrich, bis zu welchem der Apparat einsinkt, unmittelbar den Alkoholgehalt in Prozenten des Volumens an. Der nullte Teilstrich (für reines Wasser) befindet sich am unteren, der hundertste Teilstrich (für reinen Alkohol) am oberen Skalenende. Eine ähnliche Konstruktion hat das Alkoholometer von Tralles. Beim Alkoholometer von Richter geben die Skalenteile den Prozentgehalt des Alkohols dem Gewichte nach an. Da beim Mischen von Alkohol mit Wasser eine beträchtliche Dichtesteigerung der Mischung erfolgt — 50 Volumina Wasser und 50 Volumina Alkohol geben z. B. nur 96,3 Volumina — und die Dichte der Mischung infolgedessen keine lineare Funktion des Prozentgehaltes an Alkohol ist, so haben die Teilstriche der Alkoholometer keinen gleichen Abstand voneinander. Die Dichte der Mischung ändert sich außerdem bedeutend mit der Temperatur, man hat daher an den Angaben der Alkoholometer eine entsprechende Korrektion anzubringen, wozu besondere, zu diesem Zwecke zusammengestellte Tabellen dienen.

Literatur.

Warrington: Phil. Mag. (5) **48**, 498, 1899.
Bonfall: Revue générale des Sciences 1896, p. 318, 418.
Gerland: Geschichte des Aräometers. Wied. Ann. **1**, 150, 1877.
Bernard: Alcoolometrie. Paris 1875.
Gay-Lussac: Instruction pour l'usage de l'alcoolomètre. Paris 1824.
Paquet: J. de phys. **4**, 266, 1875.
Buignet: J. d. phys. **9**, 93, 1880.
Jolly: Münch. Ber. 1864, S. 162; Proc. Dubl. Soc. **5**, 41, 347, 1886.
Sprengel: Pogg. Ann. **150**, 459, 1873.
Westphal: Arch. Pharm. **10**, 322, 1867.
Michaelis: Instr. 1883, S. 268.
Kahlbaum: Wied. Ann. **19**, 378, 1883.
Schiff: Chem. Ber. **14**, 2761, 1881.
Bluemcke: Wied. Ann. **23**, 404, 1884.
Mendelejew: Über die Vereinigung von Spiritus mit Wasser (russisch). St. Petersburg 1865.
Tralles: Gilb. Ann. **38**, 349, 1811.
Kopp: Pogg. Ann. **72**, 1, 1847.
Ostwald: J. f. prakt. Chemie **16**, 396, 1877.
Ostwald und Luther: Hilfsbuch f. phys.-chem. Messungen. Leipzig.
Lohnstein: Instr. **14**, 164, 1894.
Courtonne: J. de phys. (3) **3**, 315, 1896.
Guglielmo: Rendic. R. Acc. dei Lincei (5) 8, 2 Sem., p. 341, 1899; **9**, 1 Sem., p. 9, 33, 71, 1900.
Marini: Rendic. R. Acc. dei Lincei (5) **16**, 305, 1907.
Hesehus: Petruschewski-Erinnerungsband, S. 35. St. Petersburg 1904.
Kohlrausch und Hallwachs: Wied. Ann. **50**, 118, 1893; **53**, 15, 1894.
Mie: Boltzmann-Festschrift, S. 326, 1904.
Wartenberg: Chem. Ber. 1909, S. 1126.
Berget: C. R. **154**, 1294, 1912.
Warrington: Phil. Mag. (5) **48**, 498, 1899.
Vandevyver: J. de phys. (3) **4**, 560, 1895; Arch. d. sc. phys. et natur. **34**, 409, 1895.
Kohlrausch: Wied. Ann. **56**, 185, 1895.
Pictet: Dichte des flüssigen Acetylens. Arch. d. sc. phys. et natur. **34**, 362, 1895.
S. O. Makarow: Das spezifische Gewicht des Meerwassers. J. d. russ. phys.-chem. Ges. **23**, 30, 1893.

Drittes Kapitel.

Kompressibilität der Flüssigkeiten.

§ 1. Kompressionskoeffizient. Während man den idealen oder vollkommenen Flüssigkeiten die Eigenschaft der absoluten Inkompressibilität zuschreibt, sind die in der Natur vorkommenden Flüssigkeiten mehr oder weniger kompressibel; ihr Volumen v verringert sich, wenn der Außendruck p, unter dem jede Oberflächeneinheit der Flüssigkeit steht, sich vergrößert. Nimmt p um dp zu, ohne daß sich die Temperatur t ändert, so ändert sich das Volumen um einen gewissen Betrag dv, welcher dem Volumen v und der Druckzunahme dp proportional ist. Bezeichnet man den Proportionalitätsfaktor mit β und sieht ihn als positive Größe an, so hat man

$$dv = -\beta\, v\, dp \ldots \ldots \ldots \ldots \quad (1)$$

zu schreiben, da einem positiven dp ein negatives dv entspricht.

Die Größe β, der sogenannte **Kompressionskoeffizient**, hängt von der Art der gewählten Flüssigkeit ab und stellt daher eine physikalische Größe besonderer Art dar, welche die Zusammendrückbarkeit der Flüssigkeit bestimmt. Formel (1) gibt

$$\beta = -\frac{1}{v}\frac{dv}{dp} \ldots \ldots \ldots \ldots \quad (2)$$

Da die Flüssigkeiten sich nur wenig zusammendrücken lassen, so braucht man statt der mathematisch genauen Formeln (1) und (2) die folgenden:

$$\left.\begin{aligned} \Delta v &= -\beta\, v\, p \\ \beta &= -\frac{1}{p}\frac{\Delta v}{v} \end{aligned}\right\} \ldots \ldots \ldots \ldots \quad (3)$$

wo Δv die kleine Änderung des Volumens v bedeutet, welche durch Erhöhung des Außendruckes um den Betrag p hervorgerufen wird. Der Zahlenwert von β hängt von der Wahl der Volumeneinheit nicht ab, er ist aber umgekehrt proportional dem Zahlenwerte des Druckes p, d. h. direkt proportional der gewählten Druckeinheit. Man drückt p bisweilen in Kilogramm pro Quadratmeter Oberfläche, bisweilen in Atmosphären aus. Ist der Zahlenwert des Kompressionskoeffizienten im ersten Falle β_1, im zweiten β, so ist

$$\beta = 10\,333\,\beta_1 \ldots \ldots \ldots \ldots \quad (4)$$

Die Größe β_1 kommt in verschiedenen theoretischen Formeln vor, für praktische Zwecke ersetzt man sie durch β; diese Größe hat man auch gewöhnlich im Sinne, wenn man vom Kompressionskoeffizienten einer

Flüssigkeit spricht. Formel (3) zeigt uns, daß der Kompressionskoeffizient numerisch gleich der relativen Volumenänderung ist, welche durch Änderung des Außendruckes um den Druck einer Atmosphäre veranlaßt wird. Der Kompressionskoeffizient ist eine Funktion des Zustandes (Abt. I, S. 39) der Flüssigkeit und ändert sich zugleich mit der Temperatur und dem Drucke, unter welchem die Flüssigkeit beim Volumen v stand, d. h. bevor eine Druckerhöhung eintrat.

Flüssigkeiten können nicht nur durch Druck komprimiert, sondern in gewissen Fällen auch einem Zug ausgesetzt werden. Ist eine allseitig geschlossene Röhre völlig mit einer Flüssigkeit gefüllt und wird letztere abgekühlt, so beobachtet man anfangs keine Volumenänderung, da die Flüssigkeit in allen Punkten ihrer Oberfläche an der inneren Wand der Röhre haftet. Wir haben es also hier mit einer allseitig gedehnten Flüssigkeit zu tun. Worthington (1893) ist es gelungen, einen negativen Druck von 17 Atm. zu erreichen.

Frl. Ramstedt (1908) brachte in die Flüssigkeit eine Spiralfeder, durch deren Krümmungsgrad der innere Druck gemessen werden konnte. Im Wasser wurde eine Spannung von 28 Atm., in Äther eine solche von 6,7 Atm. erreicht. In dem Augenblicke, wo die Spannung verschwand, beobachtete sie eine Temperaturänderung, welche einer plötzlichen Vergrößerung des Druckes (s. Wärmelehre) entsprach.

Der Kompressionskoeffizient β, den wir hier eingeführt haben, entspricht einer Kompression bei konstanter Temperatur; er ist also der Koeffizient der isothermischen Kompression. In der Wärmelehre werden wir den Koeffizienten der adiabatischen Kompression β_s kennen lernen; er entspricht einer plötzlichen Kompression, wobei kein Wärmeaustausch zwischen der Flüssigkeit und den umgebenden Körpern stattfindet. Wir werden sehen, daß

$$\beta_s = \frac{1}{k}\,\beta \quad . \quad . \quad . \quad . \quad . \quad . \quad . \quad . \quad (4,\,\text{a})$$

ist. Hier ist $k = c_p : c_v$, d. h. gleich dem Verhältnis der Wärmekapazitäten der Flüssigkeit bei konstantem Druck und bei konstantem Volumen.

§ 2. Untersuchungen über die Kompressibilität der Flüssigkeiten vor Regnault.

Um die Frage zu entscheiden, ob Wasser kompressibel sei, stellte Bacon im Jahre 1620 folgenden Versuch an. Er füllte eine bleierne Kugel mit Wasser und schlug auf sie mit einem Hammer; ein anderes Mal setzte er sie dem Drucke einer Presse so lange aus, bis sich die Außenfläche der Kugel durch das austretende Wasser mit Tau beschlug. Eine Volumenänderung der Flüssigkeit ließ sich nicht mit Bestimmtheit beobachten. Ebenso gaben die Versuche der Florentiner Akademiker, die 1667 mit einer goldenen, mit Wasser angefüllten Kugel

in ähnlicher Weise wie oben angestellt wurden, ein negatives Resultat.
Gegen diese Versuche läßt sich der Einwand erheben, daß auf die
Volumenänderung der Kugel keine Rücksicht genommen wird. Diesen
Fehler beseitigte Oerstedt, indem er das Gefäß, welches das Wasser
enthielt, von innen und außen dem gleichen Druck aussetzte. Man
nennt Apparate dieser Art Piezometer. Der Hauptbestandteil des
Oerstedtschen Apparates hatte der Form nach Ähnlichkeit mit einem
Thermometer mit großem, zylindrischem Reservoir und Kapillarröhre
nebst Skala. Die zu untersuchende Flüssigkeit füllte das Reservoir

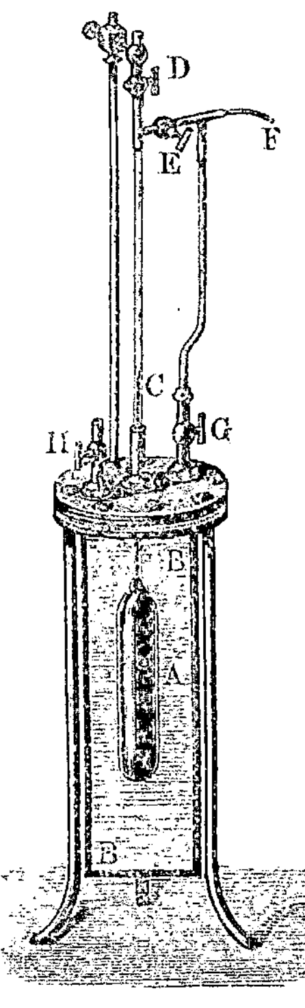

Fig. 64.

und einen Teil der Röhre und wurde durch eine
kleine Quecksilbersäule abgeschlossen. Der ganze
Apparat wurde in einen vertikalen, dickwandigen, mit Wasser gefüllten Zylinder gebracht, in welchem das Wasser durch einen
Kolben zusammengedrückt werden konnte. Im
Inneren des Zylinders befand sich ein Thermometer und ein Luftmanometer; demnach war
die Größe des ausgeübten Druckes bekannt. Sobald die Kompression erfolgte, senkte sich das
Quecksilbersäulchen, und aus der Größe seiner
Verschiebung konnte man auf den Grad der
Kompression der Flüssigkeit schließen. Die
Volumenänderung der Reservoirs ließ Oerstedt
außer acht. Es gibt Piezometer, wo das Gefäß,
welches die zu untersuchende Flüssigkeit enthält, mit der Röhre nach unten gekehrt wird;
das Röhrenende wird dann in ein kleines Glas
mit Quecksilber getaucht, so daß sich eine kleine
Quecksilbersäule auch innerhalb der Röhre selbst
befindet. Bei der Kompression steigt das Quecksilber in der Röhre.

Sturm und Colladon (1820) nahmen auch
Rücksicht auf die Volumenänderung des Gefäßes bei der Kompression, wobei es von innen
und außen denselben Druck erfährt. Da aber
das eingeschlagene Verfahren nicht einwand-
frei war, konnte die von ihnen eingeführte Korrektur keine genauen
Ergebnisse liefern.

§ 3. Versuche von Regnault (1848).

Regnault war der erste,
welcher einen zu genauer Bestimmung der Volumenänderung des Piezometers dienenden Apparat konstruiert hat. Sein Apparat (Fig. 64)
besteht aus einem starken, mit Wasser gefüllten Metallgefäß *B*; im
Inneren desselben befindet sich das längliche Gefäß *A* mit kalibrierter

Kapillarröhre, die durch den Hahn D abgesperrt werden kann. Im Deckel des Metallgefäßes sind befestigt der Hahn H und die mit einem Hahn G versehene Röhre, die durch den Hahn E mit dem Gefäß A in Verbindung gesetzt werden kann. Die Röhre F führt zu einem Reservoir mit komprimierter Luft, deren Druck gleich p sein möge. Je nachdem man die einen oder anderen Hähne öffnet, kann man das die Flüssigkeit enthaltende Gefäß A verschiedenen Druckkombinationen aussetzen:

1. E und G sind geschlossen, so daß der Druck überhaupt nicht auf den Apparat einwirkt; die Hähne H und D sind geöffnet, also wirkt von außen und innen der gewöhnliche Atmosphärendruck;

2. H und E sind geschlossen, D und G offen: von außen wirkt auf A der Druck p, von innen der Atmosphärendruck;

3. H und D sind geschlossen, E und G offen: von außen und innen wirkt der Druck p;

4. D und G sind geschlossen, H und E offen: von außen wirkt der Atmosphärendruck, von innen der Druck p.

Somit wirkte der Druck p entweder überhaupt nicht auf das Gefäß, oder nur von außen, nur von innen, von außen und innen. Die Flüssigkeitssäule im Kapillarrohr war in diesen vier verschiedenen Fällen von verschiedener Höhe. Durch Kombination der in diesen vier verschiedenen Fällen enthaltenen Beobachtungsergebnisse konnte man sowohl die Kompressibilität des Stoffes, aus dem A bestand, als auch die der in A enthaltenen Flüssigkeit bestimmen. Regnault selbst verwandte den Apparat hauptsächlich zum ersteren Zwecke und ermittelte β nur für Wasser ($\beta = 0{,}000\,047$) und Quecksilber ($\beta = 0{,}000\,003\,5$). Im dritten Kapitel der Lehre von den festen Körpern werden wir auf die Untersuchungen von Regnault wieder zurückkommen und die von ihm benutzten Formeln angeben.

Grassi hat (1851) mit dem Regnaultschen Apparat den Kompressionskoeffizienten β für verschiedene Flüssigkeiten bestimmt. Er fand unter anderem folgende Werte:

	Wasser	Äther	Alkohol	Chloroform	Quecksilber
$10^6\,\beta =$	50,2	111	82,8	62,5	2,95

Quecksilber zeigte unter allen untersuchten Flüssigkeiten die geringste Kompressibilität. Grassi fand ferner, daß sich bei Zunahme der Temperatur die Kompressibilität des Wassers verringert, die der anderen Flüssigkeiten aber zunimmt.

§ 4. Neuere Versuche. Von den in den letzten Jahren ausgearbeiteten Verfahren zur Bestimmung von β erwähnen wir zuerst das von Richards und Stull (1903); ihre Methode setzt voraus, daß β für Quecksilber bekannt ist. Das Piezometer besteht aus einem zylindrischen Glasgefäß, welches oben durch einen gut eingeschliffenen hohlen Glasstopfen geschlossen wird. Dieser verlängert sich nach oben in eine Kapillarröhre, die in eine trichterförmige Erweiterung endet. In das zylindrische Gefäß und in den oberen Teil der Kapillarröhre sind Platindrähte eingeschmolzen, durch welche ein schwacher elektrischer Strom zugeführt wird. Zuerst wird das Gefäß und die Röhre mit verschiedenen Quecksilbermengen gefüllt und jedesmal der Druck bestimmt, bei welchem das Quecksilber bis unter den oberen Platindraht hinabgedrückt wird, was durch Unterbrechung des elektrischen Stromes angezeigt wird. Die zu untersuchende Flüssigkeit wird in einem kleinen, leicht komprimierbaren Glasballon gefüllt, dieser in den Zylinder gebracht und der übrige Raum mit Quecksilber gefüllt. Nun wird, wie früher, der Druck bestimmt, welcher bei verschiedenen Füllungen die Unterbrechung des Stromes hervorruft. Aus diesen Versuchen kann der Koeffizient β der eingeführten Flüssigkeit durch den für Quecksilber ausgedrückt werden. Wenn die Flüssigkeit das Quecksilber nicht angreift, kann sie ohne Glasballon in den Zylinder gebracht werden, wobei aber das ganze Gefäß eine etwas andere Konstruktion haben muß.

Fig. 65.

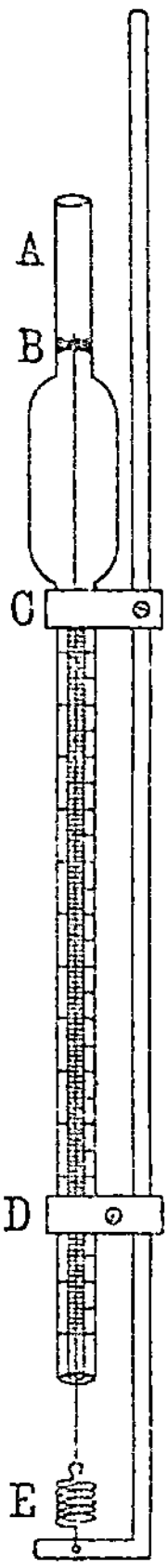

Biron (1912), welcher den Druck durch die Leitungsfähigkeit von Quecksilber (S. 46) gemessen hat, konstruierte den folgenden, in Fig. 65 dargestellten Apparat. Er besteht aus einer vertikalen, sorgfältig kalibrierten Röhre (innerer Durchmesser 1 bis 2 mm), welche mit dem oben geschlossenen breiten Reservoir CB verbunden ist. Ein dünner Draht aus einer Pt-Ir-Legierung ist durch den Apparat hindurchgeführt; sein oberes Ende befindet sich in dem Gefäß A, das untere ist an der Feder E befestigt, welche den Draht in gespanntem Zustande erhält. Das Gefäß BC und die Röhre werden mit der zu untersuchenden Flüssigkeit gefüllt; das untere Ende des Apparates und ein Teil der Röhre wird in Quecksilber getaucht, welches bei der Kompression bis zu einer gewissen Höhe in die Röhre eindringt. Gemessen wird der elektrische Widerstand des ganzen Systems, welcher um so geringer wird, je größer das Drahtstück ist, welches durch Quecksilber ersetzt wird. Aus der Größe des Widerstandes berechnet sich die Länge der Quecksilbersäule und hieraus die Größe der Kompression. Cohen und de Roer (1913) haben ein automatisches Piezometer gebaut, in welchem ein Druck von 1500 Atm. mit einer Genauigkeit von 0,1 Proz. konstant erhalten wird.

§ 5. Verschiedene Messungen der Kompressibilität.

Amagat fand (1869) für Quecksilber $10^6 \beta = 3,92$, was sehr nahe mit dem

Resultat von Sturm und Colladon (3,4) übereinstimmt. De Metz erhielt (1892) $10^6 \beta = 3,74$; Richards (1907) zwischen 100 und 500 Atm. 3,83 und Bridgman (1911) 3,70 bei 20°; die letztere Zahl bezieht sich auf den Druck von 1 kg auf den Quadratzentimeter. Cailletet bestimmte (1872) die Kompressibilität verschiedener Flüssigkeiten bei sehr hohen Drucken und einer Temperatur von etwa 10°. Er folgerte aus seinen Versuchen, daß sich die Kompressibilität der Flüssigkeiten nur sehr wenig mit dem Drucke selbst ändert. Amagat untersuchte in seinen ersten Arbeiten (1869) die Abhängigkeit der Kompressibilität einiger Flüssigkeiten von der Temperatur. Er fand für Äther:

t^0	. . . . .	13,0	25,4	63,0	78,5	99,0
$10^6\beta$	. . .	168	190	296	365	552

Für Alkohol war $10^6\beta = 101$ bei 14,0° und 202 bei 99,4°, für Benzol 90 bei 16° und 187 bei 99,3°, für CS_2 87,2 bei 15,6° und 174 bei 100°; in allen Fällen nahm die Kompressibilität mit der Temperatur stark zu. Für Wasser und Äther fanden Pagliani und Vicentini, Avenarius und Grimaldi folgende Werte von $10^6\beta$:

	0°	10°	20°	30°	40°	50°	60°	70°	80°	90°	100°
Wasser . .	51,7	48,54	46,09	44,14	42,65	41,68	41,15	41,19	41,51	42,11	43,0
Äther . . .	146,0	168,0	191,0	215,2	240,5	271,0	305,9	344,9	388,8	436,6	489,0

Für Wasser tritt das Minimum der Kompressibilität $(10^6\beta = 41,12)$ bei 62° ein.

Richards und Stull bestimmten nach ihrer oben beschriebenen Methode β für Brom, Chloroform, Bromoform, CCl_4 und Wasser, wobei als Druckeinheit das „Megabar" angenommen wurde, d. i. der Druck einer Megadyne auf 1 qcm oder 0,9878 Atm. Sie fanden für

	Brom	Chloroform	Bromoform	CCl_4	Wasser
$\beta =$	0,000 057 4	0,000 088 1	0,000 046 7	0,000 088 3	0,000 044 1

wobei für Quecksilber $\beta = 0,000 038 2$ (p in Megabaren) gesetzt war. Mit steigendem Druck (bis 600 Atm.) nimmt β ab. Carnazzi (1903) hat β für Hg bei Temperaturen zwischen 22,8° und 191,8° und Drucken bis 3000 Atm. bestimmt. Mit wachsender Temperatur wird β größer, mit wachsendem Druck kleiner. Wir führen einige seiner Werte für $10^7\beta$ an:

Druck	22,8°	84,3°	150,3°	191,8°
1—500 Atm.	38	40	44	46
1500—2000 „	36	38	43	44
2500—3000 „	34	37	43	43

Die Kompressibilität verschiedener Flüssigkeiten hat auch de Metz (1890) untersucht. Er fand für $10^6\beta$ folgende Zahlen:

Rizinusöl	. . . .	47,234	Flüssiges Paraffin . . .	62,690
Leinöl	. . . .	51,825	Destilliertes Wasser . .	47,430
Mandelöl	. . . . . .	53,473	Glyzerin	22,128
Olivenöl	. . . .	56,266	Zuckerlös. (Dichte 1,350)	20,827

Die Kompressibilität der Mischung war in einigen Fällen geringer als nach der Mischungsregel durch Rechnung gefunden wurde.

Von den neueren Arbeiten erwähnen wir die von Suchodski (1910), Biron (1912), Pearson und Cook (1912). Ersterer hat verschiedene organische Flüssigkeiten untersucht; Biron Chlorkohlenstoff ($\beta = 0{,}000\,085$), Chlorbenzol ($\beta = 0{,}000\,064\,3$), Brombenzol ($\beta = 0{,}000\,0607$), Toluol ($\beta = 0{,}000\,079\,6$), Äthylbenzol ($\beta = 0{,}000\,081\,2$) und Pseudokumol ($\beta = 0{,}000\,069\,4$).

Die Kompressibilität von Lösungen haben Aimé (1843), Grassi (1851), Röntgen und Schneider (1886), Schumann (1887), Drecker (1888), Gilbault (1897), Pohl (1906), A. W. Smith (1907) und andere untersucht. Als Resultat ergab sich hierbei, daß die Kompressibilität der Lösungen geringer ist als die des Wassers und sich mit Zunahme des Gehaltes der Lösung verringert. So fand z. B. Drecker:

Gehalt an $CaCl_2$ . . .	5,8 Proz.	17,8 Proz.	30,2 Proz.	40,9 Proz.
$10^6\,\beta$ . . .	39,7	31,3	25,6	21,7

Die Kompressibilität von wässerigen Salzlösungen nimmt im allgemeinen mit Zunahme der Temperatur ab. Lösungen von Schwefelsäure sind weniger zusammendrückbar als Wasser; das Minimum der Kompressibilität tritt bei 80 Proz. Gehalt von H_2SO_4 in Wasser ein.

Gilbault untersuchte die Kompressibilität einiger Lösungen von Alkohol und Äther, wobei sich ein Zusammenhang zwischen der kritischen Temperatur und der Kompressibilität der Lösung ergab (vgl. III. Band). Guinchant fand (1901), daß sich das Volumen des gelösten Stoffes bei der Kompression (bis 4 Atm.) einer Lösung nicht ändert, daß also die beobachtete Volumenänderung nur dem Lösungsmittel zuzuschreiben ist. Nach A. W. Smith hat eine geringe Beimengung von Wasser einen großen Einfluß auf die Kompressibilität von Alkohol; 99 proz. Alkohol ist um 4 Proz. weniger zusammendrückbar als 99,7 proz. Alkohol.

Tait findet, daß der Koeffizient β, als Funktion des Druckes p, unter welchem sich die Flüssigkeit bereits befindet, durch folgende Formel wiedergegeben wird:

$$\beta = \frac{A}{B+p} \quad \cdots \cdots \cdots \quad (5)$$

wo A und B Konstanten sind. So ist z. B. für Wasser von 0° die Größe $\beta = \dfrac{0{,}3015}{5933 + p}$, wo p in Atmosphären ausgedrückt ist. Für wässerige Salzlösungen muß Formel (5) durch die folgende ersetzt werden:

$$\beta = \frac{A}{B+p+\delta},$$

wo A und B dieselben Werte wie für Wasser haben, und wo δ dem Gewichte des in 100 Tln. Wasser gelösten Salzes proportional ist.

Röntgen und Schneider fanden für Wasser $10^6 \beta = 51{,}2$ bei 0^0 und $48{,}1$ bei 9^0.

Außer der Formel (5) wurden noch verschiedene andere Formeln vorgeschlagen, sowohl für β als auch für das Volumen v als Funktion des Druckes. Barus (1890) benutzte die beiden Formeln

$$\frac{v_0 - v}{v} = lg\,(1 + 9\,kp)^{1/9} \quad . \quad . \quad . \quad . \quad . \quad . \quad . \quad (6)$$

$$\frac{v_0 - v}{v} = \frac{ap}{1 + 4{,}5\,ap} \quad . \quad . \quad . \quad . \quad . \quad . \quad . \quad (7)$$

Hier sind k und a abhängig von der Art der Flüssigkeit und von der Temperatur. Biron (1912) gab die Formel

$$v = A + \frac{B}{C + p} \quad . \quad . \quad . \quad . \quad . \quad . \quad . \quad (8)$$

und bestimmte die Konstanten A, B, C für die obenerwähnten Flüssigkeiten. Kistjakowski benutzte die Formel

$$\beta = \frac{v - b}{k\,v} \quad . \quad . \quad . \quad . \quad . \quad . \quad . \quad . \quad (9)$$

welche Suchodski bei der Untersuchung vieler Flüssigkeiten angewandt hat. Tumlirz (1901, 1909) und Tammann (1912) gaben eine Formel, welche p, v und T verbindet, d. h. also eine Zustandsgleichung der Flüssigkeiten. Die Formel von Tumlirz lautet:

$$(p + P)(v + a) = RT \quad . \quad . \quad . \quad . \quad . \quad . \quad . \quad (10)$$

und die von Tammann:

$$v - v' = \frac{C\,T}{k + p} \quad . \quad . \quad . \quad . \quad . \quad . \quad . \quad (11)$$

Hier entspricht v' dem Druck $p = \infty$. Körber (1912) hat die Formel (11) bei vielen Flüssigkeiten angewandt.

§ 6. Untersuchungen von Amagat. Dieser Forscher hat eine größere Reihe von Arbeiten veröffentlicht, welche verschiedene Fragen bezüglich des Zusammenhanges der Kompressibilität der Flüssigkeiten mit Temperatur und Druck behandeln. Wegen ihrer Wichtigkeit wollen wir sie gesondert von den Untersuchungen der anderen Forscher, die auf diesem Gebiete gearbeitet haben, besprechen.

Amagat steigerte den Druck bis zu 3000 Atm. Er benutzte einen Apparat von folgender Konstruktion. Ein dickwandiger Stahlzylinder war mit Glyzerin gefüllt; im unteren Teile desselben befand sich Quecksilber, in welches das untere Ende der Piezometerröhre, welche die Flüssigkeit enthielt, hineinragte. Sobald auf das Glyzerin ein Druck ausgeübt wurde, hob sich das Quecksilber in der Piezometerröhre entsprechend der Volumenänderung der Flüssigkeit und des Piezometers selbst. Um die Höhe, bis zu welcher das Quecksilber gestiegen war, zu bestimmen, schmolz Amagat in die Röhrenwandung eine Reihe von Platindrähten ein, welche außen (im Glyzerin) miteinander durch kleine Platinspiralen verbunden waren und auf diese Weise eine ununterbrochene Leitung bildeten. Der letzte oberste Draht ging, von Isolatoren umhüllt, durch die Wandung des Stahlzylinders hindurch. Die Poldrähte des Stromkreises, in dem ein Galvanometer eingeschaltet war, waren an den Stahlzylinder und den hindurchgeführten Draht angeschlossen. In diesem Falle war der Strom geschlossen; er ging von der Zylinderwandung ins Quecksilber und in die Quecksilbersäule über, welche in die Piezometerröhre eingedrungen war, von dort in den untersten Platindraht und die Spiralen, deren Widerstand je zwei Ohm betrug, und schließlich in den durch den Zylindermantel hindurchgeführten Draht. Der Widerstand des Stromkreises änderte sich sprungweise, und zwar jedesmal um zwei Ohm, wenn das Quecksilber bei seinem Aufsteigen in der Röhre bis zum nächsten Drahte gelangt war, da hierbei jedesmal eine der Spiralen ausgeschaltet und durch eine kleine Quecksilbersäule ersetzt wurde, deren Widerstand zu vernachlässigen war. Entsprechend der Abnahme des Widerstandes nahm die vom Galvanometer gemessene Stromstärke zu. Es ist aus dem Vorhergehenden unmittelbar ersichtlich, wie man aus der beobachteten Stromstärke bestimmen konnte, bis zu welchem der ins Piezometer eingeschmolzenen Platindrähte die Quecksilbersäule reichte; hieraus ließ sich dann leicht das Volumen der komprimierten Flüssigkeit ermitteln. Der Stahlzylinder mit dem Piezometer wurde in ein großes Kupfergefäß mit gestoßenem Eise oder mit Wasser von bekannter Temperatur versenkt; auf diese Weise wurde der Einfluß der Erwärmung beseitigt, welche bei starker Kompression der Flüssigkeit auftritt. In der folgenden Tabelle sind die Werte von $10^6 \beta$ für vier Flüssigkeiten bei 0^0 und Drucken bis zu 3000 Atm. zusammengestellt.

Druck	Wasser	Äther	Alkohol	CS_2
1— 500 Atm.	47,5	107,2	76,9	65,7
500—1000 „	41,6	70,8	56,6	52,7
1000—1500 „	35,8	53,7	45,8	42,9
1500—2000 „	32,4	45,2	38,5	36,7
2000—2500 „	29,2	37,1	33,1	32,9
2500—3000 „	26,1	31,7	28,4	29,9

Für alle diese vier und ebenso auch für die übrigen acht von Amagat untersuchten Flüssigkeiten nimmt die Kompressibilität mit der Druckzunahme ab. Ferner verwischen sich bei sehr hohen Drucken gewissermaßen die individuellen Eigenschaften der Flüssigkeiten, denn die Kompressionskoeffizienten, die bei geringen Drucken sehr verschieden sind, nehmen bei den größten erreichten Drucken nahe beieinander liegende Zahlenwerte an.

Amagat hat ferner die Abhängigkeit der Kompressibilität der Flüssigkeiten von ihrer Temperatur untersucht. Für Äther erhielt er folgende Werte von $10^6 \beta$:

Druck		0^0	20^0	50^0	100^0	198^0
50— 100	Atm.	132,9	158,4	226,6	393,4	—
200— 300	„	108,8	125,0	150,4	240,8	564,5
500— 600	„	83,5	93,1	110,5	146,4	244,1
900—1000	„	65,4	70,6	80,1	97,4	143,6
1500—2000	„	45,2	47,7	52,6	—	—
2500—3000	„	31,7	33,8	36,6	—	—

Die Kompressibilität des Äthers nimmt also mit der Temperatur zu; mit Zunahme des Druckes nimmt sie ab und wird weniger abhängig von der Temperatur. Für Wasser findet Amagat bei geringen Drucken eine Abnahme der Kompressibilität bei Temperatursteigerung bis zu etwa 50^0; bei weiterer Temperatursteigerung nimmt die Zusammendrückbarkeit zu. Je stärker der Druck ist, um so weniger scharf ist dieses Minimum ausgesprochen; bei sehr hohen Drucken verschwindet es beinahe, und die Kompressibilität des Wassers nimmt, wie dies auch bei anderen Flüssigkeiten der Fall ist, mit der Temperatur zu. Auf die sehr bemerkenswerten Untersuchungen von Amagat über den Einfluß des Druckes auf den thermischen Ausdehnungskoeffizienten der Flüssigkeiten werden wir in der Wärmelehre zurückkommen. Hier soll nur in Kürze das Resultat mitgeteilt werden.

Der Ausdehnungskoeffizient α der Flüssigkeiten nimmt im allgemeinen mit der Druckzunahme ab, für Wasser dagegen nimmt er zu. Bei außerordentlich hohen Drucken nehmen diese für die verschiedenen Flüssigkeiten durchaus verschiedenen Koeffizienten nahezu gleiche Werte an. Die individuellen Besonderheiten der Flüssigkeiten verwischen sich auch in dieser Beziehung und verschwinden vielleicht bei sehr großen Drucken vollständig.

Mit Zunahme der Temperatur t nimmt das Wachstum des thermischen Ausdehnungskoeffizienten α für Wasser, welches man bei der Drucksteigerung beobachtet, ab; bei 50^0 hängt er fast gar nicht vom Drucke ab, für $t > 50^0$ nimmt er bei Druckzunahme ab. Dies geht aus folgender Tabelle hervor, in welcher die Werte von $10^6 \alpha$ gegeben sind:

Druck		0—10^0	10—20^0	40—50^0	60—70^0	90—100^0
1 Atm.		14	150	422	556	719
100	„	43	165	422	548	—
200	„	72	183	426	539	—
500	„	149	236	429	523	661
900	„	229	289	437	514	621

Der Ausdehnungskoeffizient α des Wassers wächst bei allen Drucken mit der Temperatur; dies gilt sogar bei einem Drucke von 3000 Atm., wie aus folgenden Zahlen ersichtlich ist:

$$\begin{array}{cccc}
 & 0{,}0{-}10{,}1^0 & 20{,}4{-}29{,}45^0 & 40{,}45{-}48{,}85^0 \\
10^6\,\alpha = & 391 & 433 & 496
\end{array}$$

Die Temperatur der **größten Dichte** des Wassers, welche bei normalem Drucke 4^0 beträgt, erniedrigt sich bei Zunahme des Druckes; sie ist

$$\begin{array}{cccc}
\text{bei } 41{,}6 \text{ Atm. Druck gleich} & 3{,}3^0 \\
\text{„ } 93{,}3 \text{ „ } \quad\text{„} \quad\text{„} & 2{,}0^0 \\
\text{„ } 144{,}9 \text{ „ } \quad\text{„} \quad\text{„} & 0{,}6^0
\end{array}$$

§ 7. Thermischer Druckkoeffizient. Soll das Volumen eines Körpers bei der Erwärmung konstant bleiben, so muß im allgemeinen der auf seine Oberfläche wirkende Druck p gesteigert werden. Man kann diesen Druck auch als Spannung des (flüssigen oder festen) Körpers bezeichnen, analog dem Ausdrucke „Spannung des Gases". Ist p_0 der Druck bei 0^0, so kann man

$$p = p_0\,(1 + \gamma t) \ \ldots\ldots\ldots\ldots \quad (12)$$

setzen, wo γ der **mittlere thermische Druckkoeffizient** zwischen 0^0 und t^0 ist, nach Analogie der Formel

$$v = v_0\,(1 + \alpha t) \ \ldots\ldots\ldots\ldots \quad (13)$$

welche sich auf die Volumenänderung bei konstantem Drucke bezieht und wo α der **mittlere thermische Volumenkoeffizient** zwischen 0^0 und t^0 ist, den man gewöhnlich den mittleren „Ausdehnungskoeffizienten nennt [vgl. Abt. I, (12) auf S. 42]. Die Größen α und γ sind im allgemeinen Funktionen des Zustandes (vgl. Abt. I, S. 39). Wenn die Temperatur t um $\varDelta t$ zunimmt, so wächst für $v = Const.$ der Druck p um

$$\varDelta p = p_0\,\gamma\,\varDelta t \ \ldots\ldots\ldots\ldots \quad (14)$$

und bei $p = Const.$ das Volumen v um

$$\varDelta v = v_0\,\alpha\,\varDelta t \ \ldots\ldots\ldots\ldots \quad (15)$$

Die Größen γ und α in (14) und (15) sind die Werte beider obigen Koeffizienten bei t^0 und dem Drucke p oder dem Volumen v, bei denen die Temperaturerhöhung $\varDelta t$ erfolgt.

Wenn bei $t = Const.$ sich der Druck um $\varDelta p$ erhöht, so ändert sich das Volumen um

$$\varDelta v = -\beta v\,\varDelta p \ \ldots\ldots\ldots\ldots \quad (16)$$

[vgl. (1) auf S. 158], wo β den **Kompressionskoeffizienten** bedeutet. Die drei Koeffizienten α, β und γ sind durch eine Gleichung miteinander verknüpft, die sich leicht herleiten läßt. Seien v, p, t die Werte des Volumens, des Druckes und der Temperatur des Körpers; erwärmen wir ihn um Δt^0, so muß sich sein Volumen um Δv, das aus Formel (15) erhalten wird, vergrößern. Komprimieren wir nun den Körper bei der konstanten Temperatur $t + \Delta t$ bis auf das ursprüngliche Volumen, so muß man den Druck um Δp wachsen lassen, wobei Δp aus Formel (16) erhalten wird, wenn man anstatt Δv (Verminderung des Volumens) $- \Delta v$ setzt, so daß

$$\Delta v = \beta v \Delta p \quad \ldots \ldots \ldots \ldots \quad (17)$$

wird, wo alsdann in (15) und (17) dasselbe Δv vorkommt. Die Größen Δp in (17) und Δt in (15) sind durch Formel (14) miteinander verknüpft, denn durch die Druckzunahme Δp ist das Volumen gleich den ursprünglichen geworden, obgleich sich die Temperatur erhöht hat. Setzt man (14) und (15) in (17) ein, so erhält man

$$\alpha v_0 = \beta \gamma v p_0 \quad \ldots \ldots \ldots \ldots \quad (18)$$

und hieraus

$$\gamma = \frac{\alpha v_0}{\beta v p_0} \cdot \quad \ldots \ldots \ldots \ldots \quad (19)$$

Nach dieser Formel kann man den thermischen Druckkoeffizienten γ berechnen, wenn der thermische Ausdehnungskoeffizient α und der Kompressionskoeffizient β des Volumens bekannt sind. Hier ist v_0 das Volumen bei $t = 0^0$ und dem Drucke p; p_0 ist der Druck bei $t = 0^0$ und dem Volumen v. Wir wollen nun γ für Quecksilber bei 0^0 und dem Drucke einer Atmosphäre berechnen, welchen Druck wir als Druckeinheit annehmen. Es ist dann $v = v_0$, $p_0 = 1$, $\beta = 0{,}000\,03$ und $\alpha = 0{,}000\,18$. Hieraus folgt $\gamma = 60$, d. h. wenn man Quecksilber bei konstantem Volumen von 0 auf 1^0 erwärmt, so wächst seine Spannung bis auf 60 Atm. Für ideale Gase ist $\alpha = \gamma = 1 : T_0$, und Formel (2) auf S. 158 gibt, da $pv = RT$ ist, den Wert $\beta = 1 : p$. Setzt man die Werte von α und β in (19) ein, so erhält man $p v_0 = p_0 v$, was auch in der Tat richtig ist, da sich v_0 auf 0^0 und den Druck p, p_0 ebenfalls auf 0^0 und das Volumen v bezieht, die Temperaturen also in beiden Fällen die gleichen sind.

Literatur.

Worthington: Trans. R. Soc. **183**, 355, 1893.
Ramstedt: Ark. f. Mat., Astron. och Fysik **4**, Nr. 16, 1908. Diss. Upsala 1910.
Canton: Philos. Trans. 1762--1764; Pogg. Ann. **12**, 39, 1828.
Perkins: Philos. Trans. **72**, 1820; Pogg. Ann. **9**, 547, 1827.
Oerstedt: Danske Vid. Selsk. Forhandl. **9**, 1822; Ann. chim. et phys. (2) **21**, 99, 1822; **22**, 192, 1823; **38**, 326, 1828; Pogg. Ann. **9**, 603, 1827.
Despretz: C. R. **21**, 1845.

Colladon et Sturm: Ann. chim. et phys. (2) **36**, 113, 225, 1827; Pogg. Ann. **12**, 93, 1828.
Regnault: Mém. de l'Acad. de Franç. **21**, 429, 1847.
Aimé: Ann. chim. et phys. (3) **8**, 257, 1843.
Grassi: Ann. chim. et phys. (3) **31**, 437, 1851.
Carnazzi: N. Cim. **5**, 180, 1903.
Richards und seine Schüler: Journ. Amer. chem. Soc. **26**, 399, 1904; Publ. Carnegie Inst. Washington Nr. 7, 76; Proc. Amer. Acad. **39**, 581, 1904; Ztschr. f. phys. Chem. **49**, 1, 1904; **61**, 77, 171, 449, 1907.
Biron: Volumenänderung bei der Mischung normaler Flüssigkeiten, Journ. d. russ. phys.-chem. Ges. **44**, S. 79—136. St. Petersburg 1912.
Cohen und de Boer: Ztschr. f. phys. Chem. **84**, 32, 1913.
Bridgman: Proc. Amer. Akad. **47**, 348, 1911.
Suchodski: Ztschr. f. phys. Chem. **74**, 257, 1910.
Pearson and Cook: Proc. R. Soc. **85**, 332, 1911.
Jamin, Amaury et Descamps: C. R. **68**, 1564, 1869.
Quincke: Wied. Ann. **19**, 401, 1883.
Schumann: Wied. Ann. **31**, 14, 1887.
Röntgen und Schneider: Wied. Ann. **29**, 165, 1886; **31**, 1000, 1887; **33**, 644, 1888; **34**, 531, 1888.
Braun: Ber. bayer. Akad. 1886, 208; Wied. Ann. **30**, 264, 1887.
Amagat: Ann. chim. et phys. (5) **11**, 520, 1877; (6) **22**, 137, 1891, **29**, 68, 505, 1893; Journ. de phys. (2) **8**, 199, 1889; (3) **2**, 449, 1893; C. R. **68**, 1170, 1869; **115**, 638, 919, 1041, 1238, 1893; **116**, 779, 946, 1893.
Pagliani e Vicentini: N. Cim. (3) **16**, 27, 1884; Journ. de phys. (2) **2**, 461, 1883.
Tait: Proc. R. Soc. Edinb. **12**, 46, 1883—84; **20**, 63, 141, 1892.
Cailletet: C. R. **75**, 77, 1872.
Röntgen: Wied. Ann. **44**, 1, 1891.
De Metz: Wied. Ann. **41**, 664, 1890; **47**, 706, 1892; Journ. d. Russ. phys.-chem. Ges. **22**, 126, 1890.
Drecker: Wied. Ann. **20**, 870, 1883; **34**, 954, 1888.
Dupré and Page: Phil. Trans. **159**, 619, 1869.
H. Gilbault: Compressibilité des dissolutions. Thèses (Toulouse). Paris 1897; Ztschr. f. phys. Chem. **24**, 385, 1897; C. R. **114**, 209, 1892.
Pohl: Diss. Bonn 1906.
A. W. Smith: Proc. Amer. Acad. **42**, 421, 1907; Contrib. from Jefferson Phys. Lab. of Harvard Univ. **4**, Nr. 9, 1907.
Dupré and Page: Pogg. Ann. Erg.-Bd. **5**, 237, 1871.
Guinchant: C. R. **132**, 469, 1901.
De Heen: Bull. de l'Acad. Roy. de Belg. (3) **9**, 1885.
Barus: Sill. Journ. (3) **39**, 478, 1890; Bull. of the U. S. Geol. Survey **14**, 1892.
Grimaldi: N. Cim. (3) **19**, 212, 1886.
Avenarius: Bull. de l'Acad. de St. Pétersb. **10**, 1877.
Tumlirz: Wien. Ber. **109**, 887, 1901; **110**, 1901; **118**, 1909.
Kistjakowski: Isvestija des St. Pétersb. Polytechn. **1**, 136, 1904.
Tammann: Ann. d. Phys. (4) **37**, 977, 1912.
Körber: Ann. d. Phys. (4) **37**, 1014, 1912.

Viertes Kapitel.

Oberflächenspannung der Flüssigkeiten.

§ 1. Druck der Oberflächenschicht. Formel von Laplace. Auf
S. 144 war gezeigt worden, daß die Moleküle der Oberflächenschicht
einer Flüssigkeit Kohäsionskräften unterworfen sind, welche sich zu
einer von Null verschiedenen, nach dem Inneren der Flüssigkeit gerichteten und senkrecht zu ihrer Oberfläche stehenden Resultanten zusammen-
setzen lassen. Die Flüssigkeit sucht die an ihrer Oberfläche befindlichen
Teilchen gewissermaßen nach innen zu ziehen oder, was dasselbe ist,
sie strebt danach ihre Oberfläche zu verkleinern.

Jede Verkleinerung der Oberfläche einer Flüssigkeit wird daher
von einer Arbeit der Kohäsionskräfte begleitet, jede Vergrößerung
dagegen von einer Arbeit der äußeren Kräfte, als deren Ergebnis ein

Fig. 66.

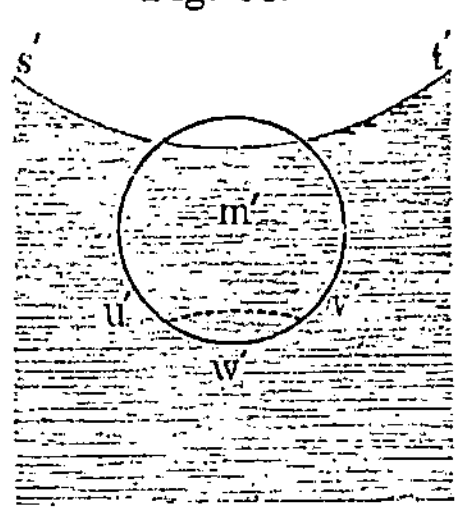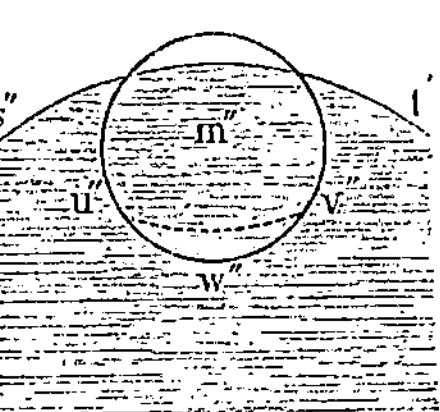

Vorrat an potentieller Energie der Flüssigkeit auftritt; dieser
Vorrat hängt somit von der Größe der Flüssigkeitsoberfläche ab. Eine
plötzliche Verkleinerung einer Flüssigkeit zieht ein Freiwerden von
potentieller Energie nach sich und gewöhnlich auch einen Übergang
der letzteren in kinetische Bewegungsenergie der Flüssigkeit selbst.
Ein Beispiel hierfür haben wir bei starkem Wellengange in dem
Überschlagen der Wellenberge. Die Verminderung der freien Wasseroberfläche wird von einer bedeutenden Vermehrung der sichtbaren Bewegungsenergie begleitet, woraus sich auch das Auftreten der sogenannten
Wellenkämme erklärt.

Die Kohäsionskräfte, welche auf die Teilchen der Oberflächenhaut
wirken, vereinigen sich zu einem Drucke, dessen Größe wir für die
Oberflächeneinheit mit P bezeichnen. Dieser Druck muß von der
Gestalt der Oberfläche abhängen. Bezeichnen wir seine Größe für
eine ebene Oberfläche mit K, so ist der Druck P, der auf einer konvexen Oberfläche lastet, größer, der auf einer konkaven Oberfläche
kleiner als K. Um dies zu beweisen, wollen wir die Kräfte betrachten,
welche auf die Teilchen m, m' und m'' (Fig. 66) einwirken, die sich in

gleichen Abständen von der ebenen Oberfläche st, der konkaven $s't'$ und der konvexen $s''t''$ befinden. Denkt man sich m, m' und m'' von ihren molekularen Wirkungssphären umgeben und die Flächen uv, $u'v'$ $u''v''$ symmetrisch zu st, $s't'$ und $s''t''$ in bezug auf die Kugelmittelpunkte gelegen, so sieht man, daß die Wirkungen aller in den Volumina $stvu$, $s't'v'u'$ und $s''t''v''u''$ enthaltenen Teilchen auf die zentralen Teilchen der Symmetrie wegen gleich Null sind. Man kann sich daher vorstellen, daß die Resultanten aller Kohäsionskräfte, welche auf m, m' und m'' wirken, nur von den innerhalb der Abschnitte uvw, $u'v'w'$ und $u''v''w''$ gelegenen Teilchen herrühren. Die größte Dicke dieser Abschnitte bei w, w' und w'' ist die gleiche und ist gleich dem Radius der Molekularwirkungssphäre minus dem Abstande der Teilchen m, m' und m'' von der Flüssigkeitsoberfläche. Offenbar ist $u'v'w' < uvw$ und $u''v''w'' > uvw$, folglich ist die Kraft, welche auf m'' wirkt, größer, die auf m' wirkende kleiner als die auf m wirkende Kraft.

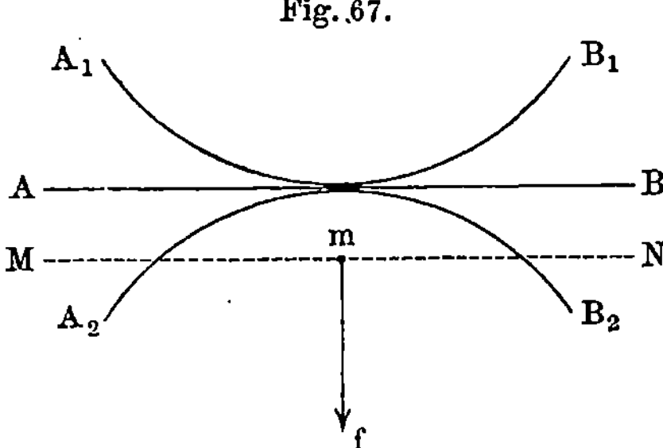

Eine ihrem Wesen nach gleiche Betrachtung ist auch die folgende: m (Fig. 67) sei ein Teilchen, welches sich in der Nähe der Oberfläche befindet, die einmal durch die konkave Fläche A_1B_1, ein andermal durch die ebene AB oder endlich durch die konvexe Fläche A_2B_2 dargestellt wird. Durch m führt man die Ebene $MN \parallel AB$. Die unterhalb MN gelegenen Teilchen ziehen m ins Innere der Flüssigkeit hinein, die Teilchen dagegen, welche höher als MN liegen, geben eine Kraft, die von m nach der Oberfläche hin gerichtet ist. Je größer diese Kraft ist, um so kleiner ist die Resultante f aller Kohäsionskräfte, die auf m wirken. Ist die Oberfläche im Vergleich zu der ebenen konkav, so befinden sich über MN mehr, ist sie dagegen konvex, so liegen über MN weniger Teilchen, als bei der ebenen Fläche. Hieraus geht hervor, daß f für die konvexe Fläche größer, für die konkave Fläche kleiner ist, als für die ebene Oberfläche.

Der Unterschied entsteht durch die Wirkung der Teilchen, welche sich im Raume zwischen AB und A_1B_1 bzw. A_2B_2 befinden. Durch Berechnung dieser Wirkung erhielt Laplace (1807) folgende Formel für den Wert des normalen Druckes P, welcher von der Oberflächenschicht der Flüssigkeit ausgeübt wird

$$P = K + \frac{H}{2}\left(\frac{1}{R_1} + \frac{1}{R_2}\right) \quad \cdots \cdots \quad (1)$$

Hier, sind K und H zwei Konstanten, die von der Art der Flüssigkeit und ihrem physikalischen Zustande abhängen; R_1 und R_2 sind die Krümmungsradien zweier normaler Hauptschnitte der Flüssigkeitsoberfläche; sie werden positiv genommen, wenn sie ins Innere der Flüssigkeit gerichtet sind. Führt man die neue Größe

$$\alpha = \frac{H}{2} \quad\cdots\cdots\cdots\cdots\cdots (2)$$

ein, so erhält man für P einen Ausdruck von folgender Form

$$P = K + \alpha\left(\frac{1}{R_1} + \frac{1}{R_2}\right) \quad\cdots\cdots\cdots (3)$$

Für die ebene Oberfläche ist $R_1 = R_2 = \infty$, folglich

$$P = K.$$

Somit ist K der normale Druck für den Fall einer ebenen Oberfläche. Für die konkave Oberfläche sind R_1 und R_2 negativ, folglich $P < K$.

Für eine Kugelfläche vom Radius R ist $R_1 = R_2 = R$ und

$$P = K + \frac{2\,\alpha}{R} \quad\cdots\cdots\cdots\cdots (4)$$

Aus gewissen Gründen, die weiter unten erläutert werden sollen, nennt man die Größe $\frac{1}{2}H = \alpha$ die Oberflächenspannung der Flüssigkeit. Die Größe K wird auch der innere Druck, oder der Binnendruck in der Flüssigkeit genannt. Die Größe α, deren Zahlenwert auf experimentellem Wege gefunden werden kann, werden wir im weiteren bei verschiedenen Erscheinungen begegnen. Der Druck K kann nicht unmittelbar durch den Versuch gefunden werden; indirekte Schlüsse jedoch, auf die wir noch zurückkommen werden, zeigen, daß K im Vergleich zum zweiten Gliede des Ausdruckes für P sehr groß ist und einige Tausend Atmosphären beträgt. Hieraus folgt, daß der Druck, welchen eine Flüssigkeit seitens ihrer Oberflächenschicht erfährt, außerordentlich groß ist. Es kann seltsam erscheinen, daß ungeachtet dieses Druckes sich eine Flüssigkeit nur wenig einer Formenänderung widersetzt, und leicht in Teile geteilt werden kann usw. Ohne hier auf Einzelheiten einzugehen, sei nur daran erinnert, daß Flüssigkeiten auch unter der Wirkung einer künstlichen, von außen einwirkenden Kompression nicht die freie Beweglichkeit ihrer Teile verlieren, wie man dies z. B. indirekt daran erkennen kann, daß es in den ungeheuren Tiefen der Ozeane Fische und andere sich bewegende Seetiere gibt.

§ 2. Formel von Gauß; Oberflächenspannung der Flüssigkeiten.

Die Theorie der in diesem und den folgenden Kapiteln behandelten Erscheinungen stammt von Gauß. Seine Theorie führt zu einer einfachen Formel, welche die Größe der Arbeit dr liefert, welche geleistet werden muß, um die Flüssigkeitsoberfläche S um dS zu vergrößern; diese Arbeit dr ist proportional dem Oberflächenzuwachs dS, so daß man

$$dr = \alpha\, dS \qquad \ldots \ldots \ldots \ldots (5)$$

setzen kann. Weiter unten wird gezeigt werden, daß der in dieser Formel enthaltene Koeffizient α identisch mit der Größe α in Formel (3) ist. Vorläufig wollen wir nachweisen, daß beide von derselben Dimension sind. Die Größen P und K in (3) bedeuten den Druck auf die Oberflächeneinheit; folglich ist ihre Dimension

$$[P] = [K] = \left[\frac{\text{Kraft}}{\text{Oberfläche}}\right] = \frac{M\,L}{T^2} : L^2 = \frac{M}{L\,T^2}.$$

Von derselben Dimension muß auch das zweite Glied auf der rechten Seite von (3) sein, da R_1 und R_2 die Dimension L haben, so ist

$$\left[\frac{\alpha}{L}\right] = \frac{M}{L\,T^2}$$

und hieraus

$$[\alpha] = \frac{M}{T^2} \qquad \ldots \ldots \ldots \ldots (6)$$

Von derselben Dimension aber ist auch die Größe α in Formel (5), denn die linke Seite ist eine Arbeit, dS ist eine Oberfläche, also erhält man

$$[\alpha] = \left[\frac{\text{Arbeit}}{\text{Oberfläche}}\right] = \frac{M\,L^2}{T^2} : L^2 = \frac{M}{T^2}.$$

Zur Vergrößerung der Oberfläche muß eine Arbeit geleistet werden, gerade als ob die Oberfläche selbst ihrer Vergrößerung entgegenwirkt. Auf den ersten Blick scheint es so, als ob die Oberflächenschicht einer Flüssigkeit sich einer Kraft, welche sie zu dehnen sucht, widersetzt. Hieraus hat man sich denn von der Oberflächenschicht eine solche Vorstellung gebildet, als ob sie vergleichbar wäre einer elastischen, gespannten Membran, etwa einer Gummiblase. Wir ziehen auf der Oberfläche einer solchen gleichmäßig gespannten Membran an einer beliebigen Stelle in beliebiger Richtung eine Linie von der Länge σ. Wenn nun der auf der einen Seite von σ gelegene Teil fortgenommen wird, so muß man offenbar, um den auf der anderen Seite von σ befindlichen Teil in unveränderter Spannung zu erhalten, an dieser Linie Kräfte angreifen lassen, die senkrecht zu ihr sind und in Tangentialebenen zur Membran liegen. Wir wollen die ganze Kraft, welche längs der Linie von der Länge $\sigma = 1$ anzubringen ist, die Spannung α der Membran nennen.

Um eine elastische Membran zu recken, hat man eine Arbeit zu leisten, die für unendlich kleine Veränderungen der Membranoberfläche sich leicht finden läßt. Die Vergrößerung der Oberfläche S wird erhalten, wenn man die Linie σ, welche sich an ihrem Rande oder irgendwo auf ihr befindet, sich selbst parallel um das Stück σ' verschiebt. Gehört σ nicht der Umgrenzung der Oberfläche S an, so wird vorausgesetzt, daß der von σ begrenzte, auf derjenigen Seite liegende Teil, nach welcher sich σ verschiebt, seine Spannung unverändert beibehält. Die Summe der Kräfte, welche man an α angreifen zu lassen hat, ist gleich $\alpha\sigma$; die Angriffspunkte dieser Kräfte verschieben sich in der Richtung der Kräfte um das Stück σ', folglich ist die gesuchte Arbeit $dr = \alpha\sigma\sigma'$. Es ist aber $\sigma\sigma' = dS$, d. h. gleich der Vergrößerung der Oberfläche, woraus sich dann

$$dr = a\,dS \quad \ldots \ldots \ldots \ldots \quad (7)$$

ergibt.

Diese Formel ist identisch mit der Formel von Gauß (5). Vergleicht man daher die Oberflächenschicht einer Flüssigkeit mit einer gespannten elastischen Membran, so bezeichnet die Größe α in der Gaußschen Formel die Spannung der Oberflächenschicht. Letztere Spannung wird durch eine Kraft gemessen, welche auf die Längeneinheit einer beliebigen auf der Flüssigkeitsoberfläche gelegenen Linie wirkt; diese Kraft ist senkrecht zur erwähnten Linie und tangential zur Flüssigkeitsoberfläche. Die Kraft f, welche in dieser Weise auf eine Linie von der Länge σ wirkt, ist gleich

$$f = \alpha\sigma \quad \ldots \ldots \ldots \ldots \quad (8)$$

Die Größe α nennt man die Oberflächenspannung der Flüssigkeit. Zu der Vorstellung von einer solchen „Spannung" der Oberflächenschicht einer Flüssigkeit ist man durch die Analogie zwischen eben dieser Schicht und einer elastischen Membran gekommen; im wesentlichen stützt sich diese Analogie auf den Umstand, daß eine Vergrößerung der Oberfläche einer Flüssigkeit nur durch Leistung einer gewissen Arbeit möglich ist.

Es gibt indes eine große Reihe von Erscheinungen, welche darauf hindeuten, daß man es hier nicht mit einer bloßen Analogie zu tun hat, sondern daß sich die Oberflächenschicht einer Flüssigkeit auch ihrer inneren Struktur nach in Wirklichkeit von den übrigen tiefer gelegenen Teilen der Flüssigkeit unterscheidet. Man glaubt, daß sie eine größere Dichte hat und dadurch in mancher Hinsicht einer gespannten, elastischen Membran ähnlich wird. Der erste, welcher die Oberflächenschicht einer Flüssigkeit mit einer gespannten, elastischen Membran verglichen hat, war Segner (1752); als Begründer der Lehre von der Oberflächenspannung der Flüssigkeiten hat man jedoch Young (1805) anzusehen.

Eine sehr große Zahl verschiedener Erscheinungen erklärt sich sehr einfach, wenn man das Vorhandensein einer Oberflächenspannung annimmt. Die Oberflächenspannung steht, wie später bewiesen werden soll, mit der Größe des Oberflächendruckes in einfachem Zusammenhang, der auch durch die Formel (3) von Laplace ausgedrückt wird, in welcher P der Oberflächendruck und α, wie bereits gesagt war, identisch mit dem α in der Formel (5) von Gauß ist und die Oberflächenspannung bezeichnet; hierauf hatte uns der Analogie nach die Formel (7) verwiesen. Wenn man aber auch diese oder jene Erscheinungen durch die Oberflächenspannung der Flüssigkeiten und überhaupt durch besondere Eigenschaften der Oberflächenhaut erklärt, so darf man jedoch nicht vergessen, daß diese Spannung, wenn sie überhaupt existiert, nur eine Folge der Grundursache aller hierher gehörigen Erscheinungen ist, nämlich der Kohäsion der Flüssigkeitsteilchen und des hierdurch unmittelbar hervorgerufenen Oberflächendruckes, dessen Größe durch die Formel (3) von Laplace gegeben ist, und des Bestrebens der Flüssigkeit eine möglichst kleine Oberfläche anzunehmen, d. h. sich der Kugelgestalt zu nähern. Immerhin bleibt es problematisch, ob man die Größe α in der Laplaceschen Formel als Spannung anzusehen hat und ebenso verhält es sich mit der Annahme, daß die Oberflächenschicht eine größere Dichte besitzt und sich dem Zerreißen, Spannen widersetzt usw.

Vielfach hat man darauf hingewiesen, daß die in der Oberflächenschicht wirkenden, ins Innere der Flüssigkeit gerichteten Kräfte eine Verdichtung der Oberfläche bewirken müßten. Aber dem ist entgegen zu halten, daß solche Kräfte einen Druck hervorrufen, der sich nach den Grundgesetzen der Hydrostatik durch die Flüssigkeit hindurch nach allen Richtungen fortpflanzt und eine gleiche Verdichtung in ihrer gesamten Masse hervorruft. Im Gegensatz zu obigem führen einige Überlegungen eher zu dem Schluß, daß die Dichte der Oberflächenhaut kleiner sei als die Dichte der übrigen Flüssigkeitsmasse, wenigstens in der Richtung normal zur Oberfläche. Die verschiedenen Versuche zur Erklärung der besonderen Eigenschaften der Oberflächenschicht kommen auf den Nachweis heraus, daß die Teilchen in dieser Haut parallel zur Oberfläche einander genähert sind; aber diese Beweise sind nur wenig überzeugend. Von den Ursachen für das Zustandekommen der Kohäsionskräfte, wie von den Gesetzen, nach denen sie wirken, ist uns nichts bekannt; wir wissen auch nicht, wie der mittlere Abstand der Teilchen voneinander einerseits unter Einwirkung jener Kräfte, andererseits im Zusammenhange mit der Art und der Geschwindigkeit, mit der sich die Teilchen bewegen, bedingt wird. Es ist daher auch nicht zu verwundern, daß wir bisher zu keiner irgendwie klaren Vorstellung von der Verteilung der Moleküle in der Oberflächenschicht gelangt sind.

Somit ist also die Lehre von der Oberflächenspannung der Flüssigkeiten auf die Analogie zwischen den Eigenschaften der Oberflächenschicht und ·den Eigenschaften einer gespannten elastischen Membran beschränkt. Diese Lehre ist jedoch von nicht geringem Nutzen, da sie uns in den Stand setzt, eine große Gruppe verschiedenartiger Erscheinungen auf ein und dasselbe Prinzip zurückzuführen; sie dient dem Verständnis als Grundlage und leistet bei der Beschreibung vieler Erscheinungen wichtige Dienste. Die Frage nach der Realität der Oberflächenspannung muß man aber offen lassen. Besonders hat sich mit der Frage nach der Entstehung der Oberflächenspannung van der Mensbrugghe beschäftigt. Er sowie einige andere Forscher glauben, daß die Dichte der Oberflächenschicht einer Flüssigkeit nicht nur nicht größer, sondern sogar kleiner ist als die der übrigen Teile der Flüssigkeit. Van der Mensbrugghe hat mehrere hierher gehörige Theorien einer äußerst scharfen Kritik unterworfen, wobei er sich unter anderem auf die Arbeiten von Mellberg (in Helsingfors) und Worthington stützte. Unter den zahlreichen theoretischen Untersuchungen über Oberflächenspannung können wir noch die von van der Waals (1894), Hulshof (1901), Donnan (1903) und Bakker (1900 bis 1918) erwähnen.

§ 3. Versuche, welche zugunsten des Vorhandenseins einer Oberflächenspannung gedeutet werden.

In diesem Paragraphen wollen wir einige hierher gehörige Versuche beschreiben. Ferner werden wir

Fig. 68.

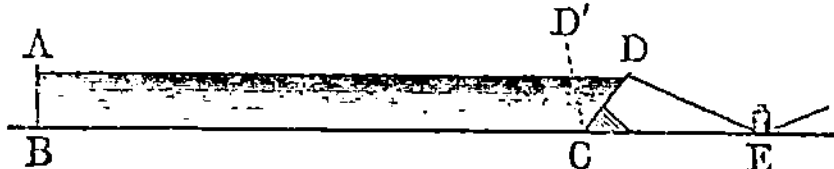

uns in diesem und den folgenden Kapiteln noch mit mehreren Erscheinungen bekannt machen, die ihre einfachste Erklärung finden, wenn man die Existenz einer Oberflächenspannung annimmt.

1. Es sei $ABCD$ (Fig. 68) ein flaches Gefäß, dessen Seitenfläche CD um die Kante C drehbar ist. Wenn man CD durch ein Klötzchen stützt, mit einem Faden an den Zapfen E bindet, das Gefäß mit Wasser füllt und den Faden DE durchbrennt, so hebt sich die Seitenfläche CD und nimmt die Lage CD' an. Als Ursache dieser Erscheinung kann man die Spannung längs der Oberfläche AD ansehen.

2. Füllt man ein tiefes Gefäß mit Quecksilber, bestreut seine Oberfläche mit irgend einem Pulver und taucht' einen dicken Glasstab vertikal ins Quecksilber, so wird das Pulver ganz in die sich um den Stab bildende Vertiefung hineingezogen, als ob das Quecksilber von einer Haut umgeben wäre, die beim Eintauchen des Stabes nicht zerreißt. Derselbe Versuch gelingt auch mit Wasser, wenn man· den Glasstab vorher mit Fett bestreicht oder statt seiner etwa ein Stearinlicht nimmt.

3. Hält man eine etwas Flüssigkeit enthaltende dünne Röhre in vertikaler Lage, so nimmt der am unteren Ende der Röhre hängende Tropfen dieselbe Form eines kleinen Sackes an, wie ein dünnes Kautschukhäutchen, das an der Röhre befestigt und in welches Wasser gegossen ist. Bringt man noch mehr Wasser in die Röhre, so wird das Säckchen allmählich länger und erinnert dabei in seiner Form fortwährend an einen sich allmählich verlängernden Tropfen.

4. Eine Nähnadel kann man bei einiger Vorsicht auf Wasser zum Schwimmen bringen, sie liegt dabei auf dem Wasser wie auf einer elastischen Membran, von der sie getragen wird. Auch das Dahingleiten einiger Insekten auf der Wasseroberfläche erinnert an die Bewegung auf einer elastischen Membran.

5. Wir wählen zum folgenden Versuche ein Aräometer oder einen anderen ähnlichen Apparat, der in vertikaler Lage schwimmt und dabei ein wenig über die Wasserfläche hinausragt; wir befestigen am oberen Ende des Apparates einen kurzen vertikalen Draht und an diesem einen horizontalen Drahtring oder ein kleines Drahtnetz. und tauchen den Apparat ganz ins Wasser ein. Er wird darauf emporsteigen; sobald aber der Ring oder das Netz an der Oberfläche angelangt ist, wird er zu steigen aufhören, ganz so als ob er an der Oberfläche den Widerstand einer Haut findet, die ihn nicht hindurchläßt. Hebt man dagegen den Apparat etwas aus dem Wasser hervor und überläßt ihn hierauf sich selbst, so wird er schwimmen, wobei der Ring oder das Netz sogar ziemlich hoch über der Wasserfläche sich befinden kann.

6. Wie wir sehen werden, ist die Oberflächenspannung bei verschiedenen Flüssigkeiten sehr verschieden; für Äther ist sie viel geringer als für Wasser. Bringt man Äther selbst in ganz geringer Menge auf Wasser, so vermindert sich die Oberflächenspannung des letzteren ganz bedeutend. Wenn beim vorhergehenden Versuche der Apparat mit dem Drahtringe an der Wasseroberfläche hängen bleibt, so genügt es, einen Tropfen Äther auf das Wasser zu gießen, um dadurch die Oberflächenspannung in dem Maße zu verringern, daß der Apparat imstande ist, die Oberflächenschicht zu durchstoßen und bis zu der Lage zu steigen, in welcher er im Wasser schwimmt.

7. Eine Wasserfläche sei mit Bärlappsamen (semen lycopodii) bestreut und ein Glas mit Äther ausgeschwenkt, so daß in ihm nur die Ätherdämpfe zurückgeblieben seien. Gießt man dann aus dem Glase die schweren Ätherdämpfe auf die Wasserfläche, so weicht das Pulver schnell nach allen Seiten von der Stelle zurück, welche mit dem Ätherdampf in Berührung gekommen ist. Die Erscheinung ist sehr effektvoll, da die Ätherdämpfe selbst unsichtbar sind und es den Anschein hat, als ob der Versuch mit einem leeren Glase ausgeführt worden sei. Diese Erscheinung erklärt sich dadurch, daß sich die Oberflächenspannung

dort, wo der Ätherdampf hingelangt, vermindert, infolgedessen der übrige Teil der Oberflächenhaut, der seine frühere Spannung beibehalten hat, sich schnell zusammenzieht und das aufgestreute Pulver mit sich zieht. Ein am unteren Ende eines vertikalen Röhrchens hängender Tropfen fällt herab, sobald man Äther in seine Nähe bringt.

8. Flüssigkeiten können die Form dünner Häute annehmen, wenn sie sich im sogenannten lamellaren Zustande, von dem weiter unten die Rede sein wird, befinden. Hier sei nur erwähnt, daß man aus reinem Wasser nur schwer Lamellen herstellen kann, aus Seifenwasser dagegen sehr leicht. Es genügt hierzu, einen Drahtring in Seifenwasser zu tauchen; hebt man ihn dann vorsichtig heraus, so ist er mit einer sehr dünnen Lamelle überzogen. An einer derartigen flüssigen Lamelle treten zu beiden Seiten die Erscheinungen der Oberflächenspannung sehr deutlich auf. Überzieht man den Rand eines Trichters mit einer solchen Lamelle, so gleitet sie, wäh-

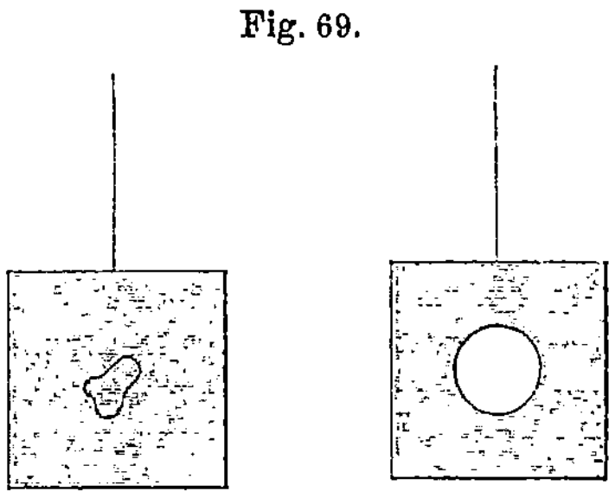

Fig. 69.

rend sich ihre Oberfläche beständig verkleinert, ins Innere des Trichters hinein. Wirft man auf eine an einem Drahtgestelle befindliche Seifenwasserlamelle eine Schlinge aus einem angefeuchteten dünnen Faden, so nimmt sie zunächst eine beliebige Gestalt an (Fig. 69 links). Durchstößt man hierauf die Lamelle im Inneren der Schlinge, so wird der Faden durch die Spannung der Lamelle, welche sich zwischen dem Faden und dem Draht befindet, zu einem Kreise gespannt (Fig. 69 rechts). Eine Reihe Abänderungen dieses Versuches hat P. Michl (1913) beschrieben.

9. Eine ähnliche Erscheinung tritt auf, wenn man die Fadenschlinge auf eine Wasserfläche bringt und hierauf etwas Spiritus oder Äther ins Innere der Schlinge träufelt. Die äußere Spannung überwindet hier die innere und veranlaßt die Schlinge Kreisform anzunehmen.

10. Ein Stückchen Kampfer gerät, auf reines Wasser geworfen, in schnelle und unregelmäßige Bewegungen. Diese sich seltsam ausnehmende Erscheinung erklärt sich dadurch, daß sich der Kampfer im Wasser auflöst, wodurch sich die Oberflächenspannung vermindert. Da jedoch die Auflösung nicht von allen Seiten gleichmäßig von statten geht, so wird das Kampferstückchen jedesmal nach der Seite hingezogen, auf welcher die Oberflächenspannung größer ist.

§ 4. Zusammenhang zwischen Normaldruck und Oberflächenspannung.

Um den Zusammenhang zwischen Normaldruck und Oberflächenspannung abzuleiten, nehmen wir an, daß es eine Oberflächenspannung α gibt, wie sie durch Formel (8) auf S. 175 ausgedrückt wird; hier ist f eine Kraft, die längs der Linie σ, senkrecht zu ihr und tangential zur Flüssigkeitsoberfläche wirkt. Ebenso wird jene Oberflächenspannung durch Formel (7) wiedergegeben, in der die Größe der Arbeit dr bestimmt wird, welche bei Vergrößerung der Oberfläche um dS zu leisten ist. Die Laplacesche Formel (3) gibt in diesem Falle den Zusammenhang zwischen dem Normaldruck P und der Oberflächenspannung α. Wir wollen jetzt diese Formel herleiten.

Wenn man die gekrümmte Oberflächenschicht der Flüssigkeit als gespannte elastische Membran ansieht und den Druck berechnet, welchen sie ausübt, so erhält man den Überschuß des Normaldruckes P über jenen Druck K, welcher auf eine ebene Oberfläche wirkt, d. h. die Größe $P - K$. Um O (Fig. 70), einem Punkte der Flüssigkeitsoberfläche, sei eine auf der Oberfläche gelegene Kurve beschrieben, deren sämtliche Punkte von O den gleichen Abstand ϱ haben. Ist ϱ unendlich klein, so kann man diese Kurve als Kreislinie betrachten. Die Wirkung der Oberflächenspannung kommt nach der von uns eingeführten Anschauung auf die Wirkung von Kräften heraus, die

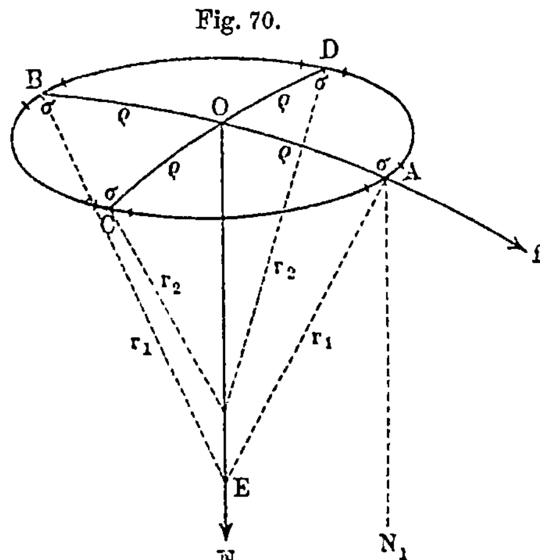

Fig. 70.

gleichmäßig längs dieser Kreislinie senkrecht zu ihr verteilt sind, wobei auf die Längeneinheit die Kraft α wirkt.

Wir fällen die Senkrechte ON zur Oberfläche und legen durch sie zwei zueinander senkrechte Ebenen, welche die Oberfläche in den Kurven AB und CD schneiden. In der Umgebung von A wählen wir das Element σ der Kreislinie und ziehen die Gerade AE senkrecht zur Oberfläche im Punkte A. Für ein unendlich kleines ϱ ist der Grenzwert der Entfernung AE gleich dem Krümmungsradius r_1 des Normalschnittes AB. Auf das Element σ wirkt die Kraft der Spannung $f = \alpha\sigma$ senkrecht zu σ und zu AE. Diese Kraft liefert eine zu ON parallele Komponente, wodurch auch die Vergrößerung des Normaldruckes bei einer konvexen und die Verminderung desselben bei einer konkaven Oberfläche hervorgerufen wird. Die Größe dieser Komponente ist gleich $f\cos(f, AN_1)$; da aber $f \perp AE$ ist, so ist sie auch gleich $f\sin OEA$; ersetzen wir den Sinus des sehr kleinen Winkels OEA durch den Winkel selbst, so erhalten wir für die zu ON parallele

Komponente den Wert $\sigma\alpha\dfrac{\varrho}{r_1}$. Die gleiche Größe hat auch die normale Komponente der Spannung, welche auf das in der Umgebung von B gelegene Element σ der Kreislinie wirkt. Beide Kräfte geben zusammen den Normaldruck $2\,\sigma\alpha\,\dfrac{\varrho}{r_1}$. Bezeichnet man mit r_2 den Krümmungsradius des Normalschnittes CD, senkrecht zu AB, so erhält man für den Normaldruck, der durch die Spannung an den Elementen σ bei C und D hervorgerufen ist, die Größe $2\,\sigma\alpha\,\dfrac{\varrho}{r_2}$. Alle vier Kräfte geben den Druck $2\,\sigma\alpha\varrho\left(\dfrac{1}{r_1}+\dfrac{1}{r_2}\right)$. Nach einem bekannten Lehrsatz ist die Summe $\dfrac{1}{r_1}+\dfrac{1}{r_2}$ gleich $\dfrac{1}{R_1}+\dfrac{1}{R_2}$, wo R_1 und R_2 die Krümmungsradien für die Hauptschnitte der Oberfläche sind. Danach geben die vier an den Elementen σ in A, B, C und D angreifenden Kräfte den Normaldruck

$$p = 2\,\alpha\sigma\varrho\left(\frac{1}{R_1}+\frac{1}{R_2}\right) \quad\cdot\ \cdot\ \cdot\ \cdot\ \cdot\ \cdot\ \cdot\ (9)$$

Den gesamten Normaldruck, welcher durch die Spannung längs der ganzen Peripherie hervorgerufen wird, erhält man, wenn man die Summe der Größen p für alle Gruppen der σ zu je vier genommen bildet, welche die gesamte Peripherie ergeben. Da $\Sigma\,4\,\sigma = 2\,\pi\varrho$ ist, so ist $\Sigma\,\sigma = \dfrac{1}{2}\,\pi\varrho$ und mithin

$$\Sigma\,p = 2\,\alpha\varrho\left(\frac{1}{R_1}+\frac{1}{R_2}\right)\Sigma\,\sigma = \alpha\,\pi\varrho^2\left(\frac{1}{R_1}+\frac{1}{R_2}\right) \quad\cdot\ \cdot\ (10)$$

Den Normaldruck $P-K$, bezogen auf die Oberflächeneinheit, erhält man, wenn man den eben erhaltenen Ausdruck für den Druck $\Sigma\,p$ durch die Flächenzahl $\pi\varrho^2$ dividiert; sonach ist

$$P-K = \alpha\left(\frac{1}{R_1}+\frac{1}{R_2}\right) \quad\cdot\ \cdot\ \cdot\ \cdot\ \cdot\ \cdot\ \cdot\ (11)$$

woraus sich die Laplacesche Formel ergibt

$$P = K + \alpha\left(\frac{1}{R_1}+\frac{1}{R_2}\right) \quad\cdot\ \cdot\ \cdot\ \cdot\ \cdot\ \cdot\ \cdot\ (12)$$

Somit kann der Unterschied zwischen dem Normaldruck für eine ebene und eine nicht ebene Oberfläche tatsächlich durch die Wirkung einer Oberflächenspannung erklärt werden. Formel (12) lehrt: Je größer die Oberflächenspannung einer Flüssigkeit ist, um so größer ist auch der Unterschied zwischen dem Normaldruck für die ebene und die gekrümmte Flüssigkeitsoberfläche.

Die Methoden zur Bestimmung des Zahlenwertes für die Oberflächenspannung α werden im folgenden Kapitel betrachtet werden.

§ 5. Absoluter Wert des Normaldruckes K. Auf S. 173 ist bereits erwähnt worden, daß die Größe des Normaldruckes K für eine ebene Fläche nicht unmittelbar gemessen werden kann, und daß die indirekten Methoden zu sehr großen Werten führen.

Es sei hier auf zwei Versuche zur Bestimmung von K verwiesen. Der erste von ihnen stammt von van der Waals. Auf S. 33 haben wir die van der Waalssche Zustandsgleichung der Gase, Formel (11), kennen gelernt, in welcher das Glied $\dfrac{a}{v^2}$ die Druckverminderung eines Gases, welche durch die Kohäsion der Gasmoleküle bewirkt wird, bedeutet. Diese Größe ist nichts anderes, als der Oberflächendruck der Gase. Van der Waals macht die Annahme, daß seine Gleichung

$$\left(p + \frac{a}{v^2}\right)(v - b) = R T \cdot \cdot \cdot \cdot \cdot \cdot \cdot (13)$$

auch für Flüssigkeiten gilt, für welche somit

$$K = \frac{a}{v^2} \cdot \cdot \cdot \cdot \cdot \cdot \cdot \cdot \cdot \cdot (14)$$

ist. Drückt man p in Atmosphären aus und wählt als Volumeneinheit das Volumen eines Kilogramms Gas bei 0^0 und 1 Atm. Druck, so erhält man für Kohlendioxyd gemäß seinen Abweichungen vom Boyle-Mariotteschen Gesetze $a = 0{,}008\,74$. Das Volumen ist, wenn sich die Kohlensäure verflüssigt hat, $v = \dfrac{1}{500}$, mithin ist für flüssige Kohlensäure der Oberflächendruck gleich

$$K = \frac{a}{v^2} = 2180 \text{ Atm.}$$

In ähnlicher Weise erhält man die folgenden Zahlen:

$$K$$

Äther	1300 bis 1430 Atm.
Alkohol	2100 bis 2400 „
Wasser	10 700 „

Sonach befindet sich die innere Masse des Wassers unter einem Drucke von 10 000 Atm., was 100 kg pro Quadratmillimeter beträgt.

Stefan (1886) stützt sich bei Bestimmung von K auf ganz andere Betrachtungen. Er überlegt folgendermaßen: Um ein Flüssigkeitsmolekül aus dem Inneren der Flüssigkeit heraus bis an die Oberfläche zu befördern, wo auf dasselbe nur noch die Halbsphäre (vgl. Fig. 52) wirkt, hat man die Hälfte der Arbeit zu leisten, welche dazu erforderlich ist, um das Molekül aus dem Inneren der Flüssigkeit heraus in den von gesättigten Dämpfen derselben Flüssigkeit erfüllten Außenraum zu befördern. Die letztere Arbeit aber kann man leicht finden, wenn man die Verdampfungswärme kennt. Stefan erhält die Formel:

$$(K - p)\,v = Q \quad \ldots \ldots \ldots \quad (14,\text{a})$$

wo p die Spannung der gesättigten Dämpfe, v das Volumen eines Grammes der Flüssigkeit und Q die Verdampfungswärme, ausgedrückt in mechanischen Einheiten, ist. Für Äther fand Stefan $K = 1284$ Atm.

§ 6. Durch die Oberflächenspannung hervorgerufene Form einer Flüssigkeitsmasse. Die Plateauschen Versuche.

Damit eine flüssige Masse, welche keiner Einwirkung von Außenkräften unterliegt, im Gleichgewicht bleibt, muß der Druck, unter dem sie sich befindet, an allen Punkten ihrer Oberfläche denselben Wert haben. Die Laplacesche Formel (12) stellt als Bedingung

$$\frac{1}{R_1} + \frac{1}{R_2} = Const. \quad \ldots \ldots \ldots \quad (15)$$

Die Oberfläche einer Flüssigkeit muß in allen Punkten ein und dieselbe mittlere Krümmung haben. Solcher Flächen gibt es unzählig viele.

Plateau (1843 bis 1863) hat eine Methode angegeben, nach welcher man flüssige Massen erhalten kann, die sich gewissermaßen nur unter Einwirkung der Oberflächenspannung befinden. Man hat zu diesem Zwecke die Flüssigkeit nur in eine andere zu bringen, mit welcher sie sich nicht vermischt und welche mit ihr die gleiche Dichte besitzt. Als einfachstes Beispiel kann Öl (z. B. Provenceröl) dienen, das man in eine entsprechende Mischung von Wasser und Alkohol bringt; es nimmt im Inneren der Mischung

Fig. 71.

Kugelform an (Fig. 71). Empfehlenswert ist es dabei, das Öl zu färben. Eine Mischung von Benzol und Bromäthylen, der besseren Sichtbarkeit wegen mit Jod gefärbt, nimmt in einer entsprechenden Lösung von Kochsalz in Wasser ebenfalls Kugelform an.

Steckt man durch die in angegebener Weise erhaltene flüssige Kugel einen Draht hindurch und versetzt ihn in schnelle Rotation, so beginnt auch die Kugel zu rotieren. Sie plattet sich hierbei ab und bei größerer Rotationsgeschwindigkeit trennt sich von ihr ein äquatorialer Wulst ab, der sich als Ring loslöst. Dieser Versuch ist für die Kosmogonie von Wichtigkeit, wie wohl allgemein bekannt ist.

Um Flüssigkeitsmassen von anderer Gestalt zu erhalten, hat man sie in Berührung mit verschiedenen Drahtgestellen zu bringen. So kann sich um einen Drahtring herum eine Flüssigkeitsmasse von der Form einer Linse A, Fig. 72, bilden. Bringt man die flüssige Kugel auf einen von einem Dreifuß getragenen Drahtring, berührt die Kugel von oben mit einem anderen Ring C, und hebt den letzteren in die Höhe, so nimmt das Öl die Gestalt eines geraden Zylinders an, dessen Grundflächen Kugelsegmenthauben sind. Die Radien dieser Segmenthauben sind gleich dem Durchmesser $2R$ der Zylindergrundfläche. Die letztere Beziehung folgt direkt aus Formel (15). Für die Seitenfläche ist $R_1 = \infty$, $R_2 = R$, für die konvexen Grundflächen ist $R_1 = R_2 = r$; nach Formel (15) ist $\dfrac{1}{R} + \dfrac{1}{\infty} = \dfrac{1}{r} + \dfrac{1}{r}$ und hieraus folgt $r = 2R$.

Fig. 72.

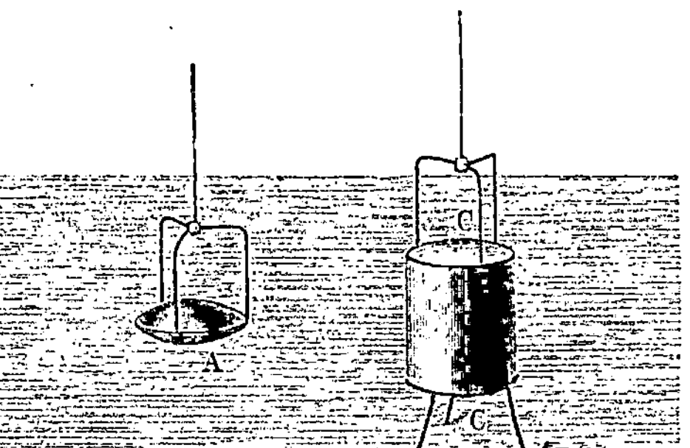

Hebt man den oberen Ring noch höher, so schnürt sich der Zylinder in der Mitte ein und erinnert in seiner Form etwa an ein Hyperboloid. Bei einer gewissen Entfernung der Ringe voneinander erhält man eine Fläche mit ebenen Grundflächen, für welche $R_1 = R_2 = \infty$ ist, hieraus folgt, daß für die Seitenfläche $R_1 = -R_2$ ist.

Eine derartige Fläche heißt Katenoid. Sie kann durch Drehung einer Kettenlinie um eine gewisse Gerade erhalten werden. Hebt man den oberen Ring noch mehr, so bildet sich eine Reihe von Einschnürungen (Unduloid) und hat man einen Draht als Achse hindurchgesteckt, so kann man eine Form erhalten, die sich nur wenig von aneinander gereihten Kugeln unterscheidet; diese Form ist jedoch eine labile. Die Theorie zeigt, daß auch der gerade Zylinder nicht von Bestand ist, wenn seine Länge π mal größer ist als der Querdurchmesser. Er zerfällt in eine Reihe von Kugeln, zwischen denen je ein oder mehrere kleine Kügelchen auftreten, die sich aus den Flüssigkeitsfäden bilden, welche vor dem vollständigen Zerfall des Zylinders die Kugeln miteinander verbanden. Plateau fand, daß die theoretische Zahl π in der Praxis durch die Zahl 4 ersetzt werden muß. Lederer (1912) hat für geschmolzene Metalle (Draht bei der Wirkung eines starken elektrischen Stromes) Zahlen bis zu 4,364 gefunden.

Plateau erhielt auch flüssige Polyeder, wenn er das Öl auf ein Drahtgestell brachte, daß die Kanten des Polyeders hatte. Nachdem das überflüssige Öl mit einer Pipette entfernt war, wurden alle Seitenflächen gleichzeitig eben, wie es die Formel (15) verlangt.

Durch die Oberflächenspannung erklärt sich die Entstehung und Form von Tropfen, welche unter verschiedenen Bedingungen erhalten werden, z. B. wenn eine Flüssigkeit langsam durch eine kleine Öffnung hindurchgeht. Ollivier (1907) hat die Eigenschaften von Tropfen vielseitig und sorgfältig untersucht, z. B. das Zurückspringen (Reflexion) von Tropfen, die auf eine nicht benetzbare Oberfläche fallen.

§ 7. Lamellenzustand der Flüssigkeiten. Seifenblasen.

Als in § 3 von den Versuchen über die Oberflächenspannung die Rede war, hatten wir bereits den lamellaren Zustand erwähnt; in einem solchen Zustand erhält man die Flüssigkeiten leicht, wenn man Drahtfiguren in sie eintaucht. Zu diesen Versuchen ist besonders Seifenwasser mit einem Zusatz von Glyzerin oder Zuckerlösung geeignet.

Ist das flüssige Häutchen g e s c h l o s s e n und besteht aus keinen ebenen Teilen, so muß die Luft im Inneren eine höhere Spannung haben als die Außenluft. In der Tat ist der Druck auf der konvexen Außenseite des Häutchens

$$P_1 = K + \alpha \left(\frac{1}{R_1} + \frac{1}{R_2} \right)$$

auf der Innenseite dagegen

$$P_2 = K - \alpha \left(\frac{1}{R_1} + \frac{1}{R_2} \right).$$

Hieraus folgt, daß es nach innen den Druck

$$P = P_1 - P_2 = 2\,\alpha \left(\frac{1}{R_1} + \frac{1}{R_2} \right) \quad \cdot \ \cdot \ \cdot \ \cdot \ \cdot \quad (16)$$

ausübt, und um diesen Betrag muß die Spannung der Luft im Inneren des geschlossenen Häutchens die der äußeren Luft übertreffen. Da diese Differenz für die verschiedenen Stellen des geschlossenen Häutchens die gleiche sein muß, so erhält man für die Oberfläche des Häutchens folgende Gleichgewichtsbedingung

$$\frac{1}{R_1} + \frac{1}{R_2} = Const. \quad \cdot \ \cdot \ \cdot \ \cdot \ \cdot \ \cdot \ \cdot \ \cdot \quad (17)$$

d. h. dieselbe Bedingung, wie für die Flüssigkeitsoberfläche im vorhergehenden Paragraphen [vgl. (15) auf S. 183].

Die Oberfläche eines ungeschlossenen Häutchens, welches von beiden Seiten dem gleichen Drucke ausgesetzt ist ($p = 0$), muß folgender Bedingung genügen

$$\frac{1}{R_1} + \frac{1}{R_2} = 0 \qquad \ldots \ldots \ldots \quad (18)$$

d. h. sie muß einen Teil einer Fläche bilden, die in allen Punkten die Krümmung Null hat. Solcher Flächen gibt es unzählig viele; eine solche Fläche erhält man z. B., wenn man die Flüssigkeitshaut zwischen zwei nicht parallelen geraden Drähten sich bilden läßt. Im besonderen Falle kann das Häutchen eben sein ($R_1 = R_2 = \infty$) und nur ein solches kann an einer ebenen Drahtfigur zustande kommen. Die einzige Rotationsfläche, welche der Bedingungsgleichung (18) Genüge leistet, ist außer der Ebene das Katenoid (vgl. S. 184). Taucht man ein Drahtgestell in Seifenwasser, so bildet sich an ihm im allgemeinen ein

Fig. 73.   Fig. 74.   Fig. 75.   Fig. 76.

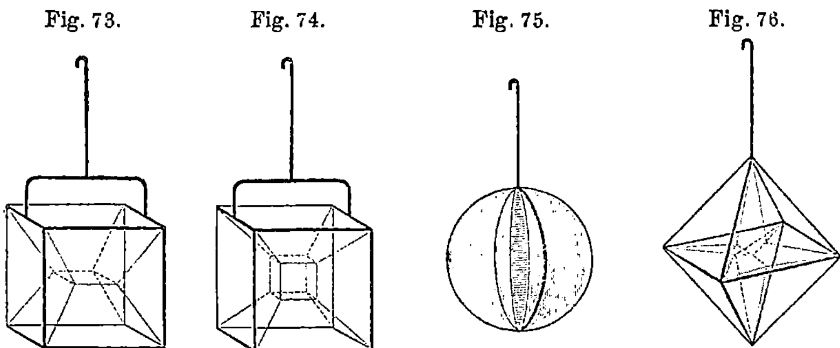

System von flüssigen Lamellen, die sich derart verteilen, daß die Summe ihrer Oberflächen ein Minimum wird.

Hieraus erhält man folgende Sätze:

1. An einer flüssigen Kante treffen nie mehr als drei Lamellen zusammen; sie bilden miteinander gleiche Winkel von (120°).

2. In einem Punkte im Inneren der Figur können nur vier Kanten zusammentreffen, die miteinander gleiche Winkel bilden.

In den Fig. 73 bis 77 sind einige dieser Gleichgewichtsfiguren wiedergegeben. Fig. 73 stellt die Figur dar, welche man mit einem würfelförmigen Draht erhält: 12 Häutchen gehen von den 12 Kanten aus nach innen, 8 von ihnen haben Trapezform und stützen sich auf die Kanten des 13. Häutchens, das sich in der Mitte befindet: die übrigen Lamellen haben Dreieckform und verbinden die Ecken der mittleren Lamelle mit den gegenüberliegenden Würfelkanten. Taucht man das Gestell nochmals in die Seifenlösung, so erhält man die Gestalt von Fig. 74; im Inneren bildet sich ein Würfel mit konvexen Seitenflächen. In Fig. 75, 76 und 77 sind die Formen dargestellt,

welche sich an einem Drahtgestelle aus zwei zueinander senkrechten
Ringen, einem solchen von der Form eines Oktaeders oder Tetraeders
bilden. Fig. 78 entsteht an einem horizontalen Drahtringe in verti-
kalem Rahmen.

Eine bemerkenswerte Form nimmt eine ebene Lamelle beim folgenden Versuche an. Hängt man an das Holzstäbchen AB (Fig. 79)
ein leichtes Stäbchen CD mittels zweier Fäden AC und CD und taucht

Fig. 77.   Fig. 78.   Fig. 79.

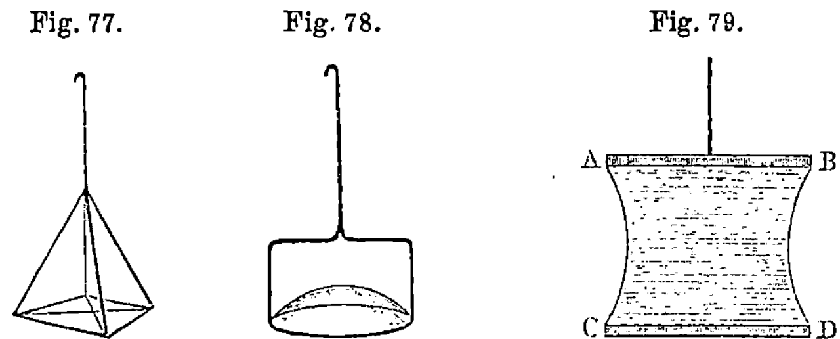

dieses Gestell in die Seifenlösung, so überspannt es sich mit einer
ebenen Lamelle, die infolge der Oberflächenspannung das Stäbchen CD
hebt, während sich die Fäden zu Kreisbögen spannen.

Allbekannt ist es, wie man
Seifenblasen mittels eines Röhrchens
herstellen kann. Formel (16) zeigt
uns, daß der Druck der Blase auf
die in ihr enthaltene Luft gleich

Fig. 80.

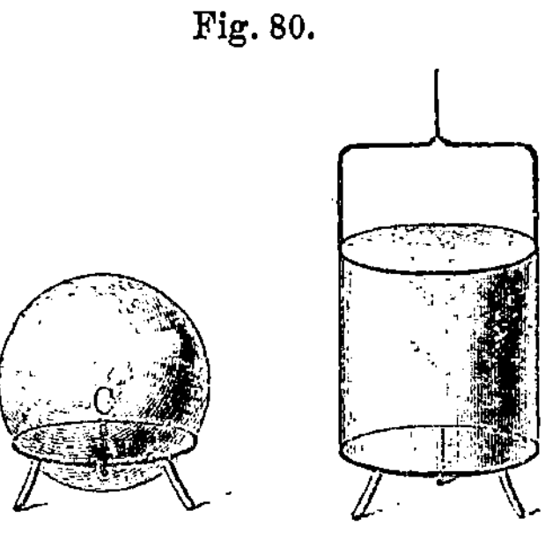

$$p = \frac{4\,\alpha}{R} \quad \cdot \ \cdot \ \cdot \quad (19)$$

ist, wo R den Radius der Seifenblase bedeutet. Dieser Druck ist
also umgekehrt proportional dem
Kugelradius; mithin muß der Druck
im Inneren der kleinen Wasserbläschen, aus welchen vielleicht die Wolken
bestehen, sehr groß sein. Unterbricht man das Aufblasen einer Seifenblase, so wird sie von selbst kleiner, während die Luft aus ihr durchs
Blaseröhrchen mit großer Kraft ausgetrieben wird. Verbindet man
eine solche Seifenblase mit einem Manometer, so kann man die Größe
des Druckes p messen. Verbindet man zwei ungleich große Seifenblasen durch ein zweimal rechtwinklig umgebogenes Röhrchen, so wird
die kleinere von ihnen noch kleiner, und geht die Luft aus ihr in die
größere über, die sich infolgedessen noch mehr aufbläht. Einer Seifenblase kann man mit Hilfe von Drahtringen alle jene Oberflächenformen
mit gleicher Krümmung geben [vgl. (17)], welche eine Flüssigkeit bei
gleicher Behandlung annimmt. Legt man die Seifenblase auf den Draht-

ring C (Fig. 80), berührt sie von oben mit einem zweiten Drahtringe und hebt letzteren, so bildet sich zuerst eine Figur mit konvexer Seitenfläche und konvexen Grundflächen, darauf ein Zylinder mit Kugelsegmenthauben als Grundflächen ($r = 2R$, vgl. S. 184). Hierauf entsteht ein Katenoid mit ebenen Grundflächen, für welches die Krümmung $\frac{1}{R_1} + \frac{1}{R_2} = 0$ ist, und endlich ein Nodoid mit stark konkaver Seitenfläche und konkaven Grundflächen. Wenn man die Häutchen, die an den Ringen haften, durchsticht, so stellt die Seitenfläche offenbar ein Katenoid dar.

Die Dicke der flüssigen Lamellen kann sehr gering sein; sie wird durch Beobachtung der Farben dünner Blättchen bestimmt, mit denen wir uns im zweiten Bande bekannt machen werden. Plateau beobachtete Seifenblasen, deren Wanddicke $0{,}000\,113$ mm $= 113\,\mu\mu$ betrug. Hieraus folgt, daß der Radius der molekularen Wirkungssphäre nicht mehr als $\varrho = 0{,}000\,056$ mm beträgt, denn die Wandung muß mindestens aus zwei Häutchen bestehen, deren jedes die Dicke ϱ hat. Drude fand für die Dicke der Flüssigkeitshäutchen in einigen Fällen $17\,\mu\mu$, und ungefähr dasselbe Resultat erhielten auch Reinold und Rücker ($12\,\mu\mu$); E. Johonnott fand (1899), daß die Dicke des Häutchens sogar nur $6{,}2\,\mu\mu$ betragen kann. Dixon hat gezeigt, daß man sehr schöne Blasen aus Quecksilber erhält, wenn man über Hg eine Wasserschicht von $1{,}7$ cm Höhe gießt und dann durch ein spitzes Rohr Luft in das Hg einbläst. Die Blasen steigen an die Oberfläche des Wassers und halten sich daselbst längere Zeit. Aus dem Gewicht berechnet sich die mittlere Dicke der Quecksilberblase zu $0{,}01$ mm, doch muß sie an der dünnsten Stelle bedeutend geringer sein, da am unteren Teile der Blase ein Tröpfchen hängt.

Nicht alle Flüssigkeiten nehmen gleich leicht den lamellaren Zustand an. Nach Plateaus Untersuchungen spielt hier eine gewisse Oberflächenzähigkeit mit, die für die verschiedenen Flüssigkeiten verschieden ist. Er untersuchte diese, indem er die Zeit bestimmte, innerhalb deren sich eine um 90^0 aus dem magnetischen Meridian abgelenkte Magnetnadel um 85^0 zurückdreht, wenn sie einmal vollkommen in die Flüssigkeit eintaucht, ein anderes Mal nur mit der Unterseite die Flüssigkeitsoberfläche berührt. Für Wasser sind im ersten Falle $2{,}37$ Sek., im zweiten Falle $4{,}59$ Sek. erforderlich, an der Wasseroberfläche geht aber dabei die Nadel um 8^0 über ihre Gleichgewichtslage hinaus, im Inneren des Wassers dagegen nur um $3{,}5^0$. Dieser scheinbare Widerspruch löste sich, als Plateau die Wasseroberfläche mit feinem Pulver bestäubte. Es zeigte sich dann, daß sich ein Teil der Oberfläche als Ganzes zugleich mit der Magnetnadel verschob. Plateau zog aus seinen Versuchen den Schluß, daß die Viskosität des Wassers an der Oberfläche größer sei als im Inneren des Wassers. Dasselbe

gilt auch für Glyzerin, gesättigte Sodalösung usw. Bei anderen
Flüssigkeiten ist die Viskosität der Oberfläche im Gegensatz zu obigem
kleiner als die im Inneren; hierher gehören Alkohol, Äther, Schwefelkohlenstoff, Terpentin und Olivenöl. Saponinlösung besitzt eine besonders große Oberflächenzähigkeit. Untersuchungen von Oberbeck,
Roiti u. a. haben die Plateauschen Versuche bestätigt. Dagegen
findet Schütt (1904), daß eine besondere Oberflächenzähigkeit im
Sinne Plateaus nicht existiert. Er überzeugte sich aber, daß sich
an der Oberfläche verschiedener Flüssigkeiten eine feste Haut bildet,
welche Scherungsfestigkeit (Abschnitt VI, Kap. III, § 11) zeigen. Flüssigkeiten, welche bei nicht allzu großer Oberflächenspannung große Oberflächenzähigkeit besitzen, schäumen stark und lassen sich leicht in den
lamellaren Zustand überführen.

§ 8. Oberflächenspannung bei Berührung mehrerer Medien.

Bei Bestimmung der Kräfte, denen ein an der Oberfläche befindliches
Teilchen unterworfen ist, hat-
ten wir auf S. 144 (Fig. 52)
die Voraussetzung gemacht,
daß auf ein solches Teilchen m''
nur die Moleküle der Flüssigkeit selbst einwirken, die in
der halben Molekularwirkungssphäre liegen, daß also oberhalb der Flüssigkeit keine
Teilchen vorhanden seien, die
auf m'' in der Richtung von
unten nach oben einwirken.
Diese Annahme kann so lange
gelten, als sich über der

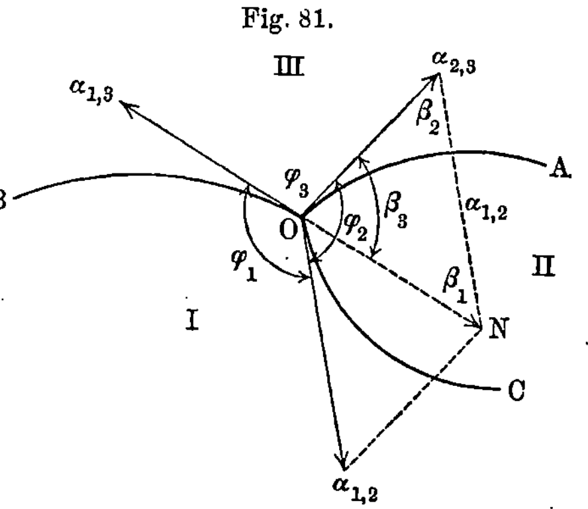

Flüssigkeit ein Gas befindet, dessen Spannung nur gering ist. Befindet
sich aber über derselben ein dichteres Medium, so ist die halbe Molekularwirkungssphäre oberhalb m'' eine andere; sie hat vielleicht einen
anderen Radius und wirkt mit einer Kraft, welche die Richtung einer
äußeren Normale zur Flüssigkeitsoberfläche hat. Hieraus folgt, daß
der Oberflächendruck P, folglich auch die Spannung α abnehmen, wenn
sich über der Flüssigkeit ein anderes flüssiges oder festes Medium
befindet. Die Oberflächenspannung $\alpha_{1,2}$ an der Grenze zweier
Flüssigkeiten ist nicht gleich der Differenz $\alpha_1 - \alpha_2$ der
Oberflächenspannungen jeder der Flüssigkeiten in der Luft,
dies ist schon aus dem Umstande klar, daß für mischbare Flüssigkeiten
$\alpha_{1,2} = 0$ ist, während doch α_1 und α_2 verschieden sein können.

Wir wollen nunmehr die Bedingungen finden, denen die Spannungen in den drei Trennungsflächen dreier Medien genügen müssen,

von denen eines Luft sein kann. In Fig. 81 sind die drei Medien I, II und III dargestellt, ihre Berührungsflächen sind OA, OB und OC. Diese Flächen schneiden sich in einer Kurve, deren durch O gehende Tangente senkrecht zur Zeichnungsebene ist. Die Oberflächenspannungen $\alpha_{1,2}$, $\alpha_{1,3}$ und $\alpha_{2,3}$ kann man als Kräfte betrachten, die am Punkte O (genauer gesagt an der Längeneinheit der Kurve) in der Richtung der Tangenten zu OC, OB und OA angreifen. Mit φ_1, φ_2 und φ_3 wollen wir die Winkel zwischen den Tangenten an diesen Oberflächen bezeichnen. Damit sich die Teilchen, welche sich längs der Trennungskurve der drei Medien befinden, im Gleichgewichte erhalten, ist es erforderlich, daß sich die drei Kräfte $\alpha_{1,2}$, $\alpha_{1,3}$ und $\alpha_{2,3}$ gegenseitig aufheben, d. h. daß eine jede von ihnen der Größe nach gleich und der Richtung nach entgegengesetzt der Resultante der beiden anderen sei. Sei nun ON die Resultante der Kräfte $\alpha_{1,2}$ und $\alpha_{2,3}$, dann muß $\alpha_{1,3} = -ON$ sein. Die Winkel β_1, β_2 und β_3 des Dreiecks $O\,\alpha_{2,3}\,N$ sind gleich

$$\beta_1 = \pi - \varphi_1; \quad \beta_2 = \pi - \varphi_2; \quad \beta_3 = \pi - \varphi_3 \quad . \ . \ (20)$$

Hieraus folgt, daß, wenn man ein Dreieck konstruiert, dessen Seiten den Spannungen $\alpha_{1,2}$, $\alpha_{1,3}$ und $\alpha_{2,3}$ proportional sind, seine Außenwinkel den Winkeln zwischen den Trennungsflächen der drei Medien gleich sind. Offenbar ist $\alpha_{1,2} : \alpha_{1,3} : \alpha_{2,3} = \sin\beta_3 : \sin\beta_2 : \sin\beta_1$, folglich ist nach Formel (20)

$$\frac{\alpha_{1,2}}{\sin\varphi_3} = \frac{\alpha_{1,3}}{\sin\varphi_2} = \frac{\alpha_{2,3}}{\sin\varphi_1} \quad . \ . \ . \ . \ . \ . \ . \ (21)$$

Ferner ist $\alpha_{1,2}^2 = \alpha_{2,3}^2 + \alpha_{1,3}^2 - 2\,\alpha_{2,3}\,\alpha_{1,3}\cos\beta_3$, also

$$\cos\beta_3 = -\cos\varphi_3 = \frac{\alpha_{2,3}^2 + \alpha_{1,3}^2 - \alpha_{1,2}^2}{2\,\alpha_{2,3}\,\alpha_{1,3}} \quad . \ . \ . \ . \ (22)$$

Die wichtigste Folgerung aus dem Vorhergehenden ist, daß jede der drei Spannungen kleiner sein muß als die Summe der beiden anderen, also z. B.

$$\alpha_{1,3} < \alpha_{2,3} + \alpha_{1,2} \quad . \ . \ . \ . \ . \ . \ . \ . \ (23)$$

Ist eines der Medien Luft, so stellt obige Ungleichheit zugleich die Bedingung dafür dar, daß Gleichgewicht einer begrenzten Flüssigkeitsmasse II (α_2) an der Oberfläche der anderen Flüssigkeit I (α_1) eintritt, nämlich

$$\alpha_1 < \alpha_2 + \alpha_{1,2} \quad . \ . \ . \ . \ . \ . \ . \ . \ (24)$$

Diese Bedingung muß erfüllt sein, damit ein Tropfen BC der Flüssigkeit II (Fig. 82) auf der Oberfläche AD einer anderen Flüssigkeit I liegen kann. Ist der Tropfen sehr flach, also Winkel φ_2 sehr klein, so kann man als Gleichgewichtsbedingung die Gleichung

$$\alpha_1 = \alpha_2 + \alpha_{1,2} \qquad \ldots \ldots \ldots \quad (24,\text{a})$$

gelten lassen.

Ist $\alpha_1 > \alpha_2 + \alpha_{1,2}$, so erhält die Kraft α_1 das Übergewicht und
der Tropfen zerfließt schnell an der Oberfläche der anderen Flüssigkeit.
So zerfließt z. B. ein Öltropfen auf Wasser, ein Wassertropfen auf
reinem Quecksilber. Ist jedoch die Quecksilberoberfläche nicht vollkommen rein, so nimmt der Wassertropfen auf ihr Linsenform an.
Bringt man daneben einen Öltropfen, so bewegt sich der Wassertropfen
zur Seite, d. h. vom Öltropfen fort. Lehmann und Stark haben eine
ganze Reihe verschiedenartiger Erscheinungen untersucht, die einesteils
bei Ausbreitung einer Flüssigkeit an der Oberfläche einer anderen,
anderenteils durch die ungleiche Spannung an verschiedenen Stellen
der Oberfläche einer und derselben Flüssigkeit auftreten.

Fig. 82.

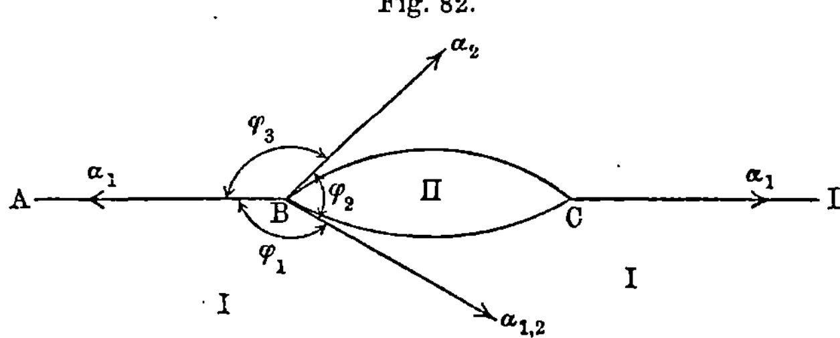

Besonders bemerkenswert ist das Zerfließen von Öl auf einer
Wasseroberfläche; hierbei erhält man außerordentlich dünne Ölschichten.
Ihre Dicke ist von Sohncke, Rayleigh (für Olivenöl betrug die
Schichtdicke $\delta = 1{,}6\ \mu\mu$, wo $1\ \mu\mu = 10^{-6}$ mm ist), Röntgen
($\delta = 0{,}6\ \mu\mu$), Oberbeck ($0{,}3\ \mu\mu$), Devaux (1912) u. a. bestimmt
worden. K. T. Fischer hat die Ausbreitung von Wasser, Öl und einer
Lösung von Glyzerin in Wasser auf einer Quecksilberoberfläche unter-
sucht. Er fand, daß man hierbei Schichten erhalten kann, deren Dicke
weniger als $5\ \mu\mu$ beträgt.

Auf der Oberfläche von Lösungen können sich äußerst dünne,
feste Häutchen bilden. Solche Häutchen wurden bereits von Melsens
(1851) bei Albuminlösungen beobachtet und dann besonders von
Ramsden (1894, 1903), Devaux (1903) und Metcalf (1905) genau
studiert. Devaux löste Spermaceti oder Paraffin in Benzin und brachte
diese Lösung auf Wasser. Nach dem Verdunsten des Benzins bildeten
sich äußerst dünne, feste Häutchen. Auch aus CuS, HgS, PbS und
AgJ konnte er solche Häutchen erhalten. Ihre Dicke schwankte zwischen 0,4 und $8\ \mu\mu$ und war nahe gleich dem Moleküldurchmesser der
betreffenden Substanz, berechnet nach einer von Nernst gegebenen
Formel. Metcalf untersuchte Peptonhäutchen auf Wasser, deren mini-

male Dicke etwa gleich $6\,\mu\mu$ ist; er hat eine Theorie der Entstehung solcher fester Häutchen entwickelt.

Aus dem Vorhergehenden leuchtet ein, daß sich der Normaldruck, also auch die Oberflächenspannung des Wassers vermindert, wenn sich auf ihm selbst die geringsten Spuren von Öl befinden. Auf eine horizontale Seifenwasserlamelle kann man, ohne sie zu verletzen, einen Wassertropfen bringen; jedoch das kleinste Tröpfchen Spiritus oder Äther zerstört das Häutchen, da sich dadurch die Spannung an einer Stelle plötzlich vermindert. Ein Wasser- oder Quecksilberstrahl geht ungehindert durch eine solche Lamelle hindurch, ohne sie zu zerstören. Seifenschaum mit Wasser bespritzt, bleibt bestehen; er verschwindet aber, wenn man ihn mit Äther besprengt. Gießt man so viel Wasser in ein Gefäß, daß es den ebenen Boden gerade bedeckt und hierauf einige Tropfen Alkohol, so weicht das Wasser nach allen Seiten zurück, nimmt den Alkohol mit und der Boden des Gefäßes wird auf diese Weise freigelegt.

Ein Tropfen, der sich an der Oberfläche einer anderen Flüssigkeit befindet, muß die Form einer Linse haben, d. h. die Kontur BC des Tropfens muß ein Kreis sein, da die Winkel φ_1, φ_2 und φ_3 an allen Punkten der Kontur dieselben Werte haben müssen; nach Analogie von (22) ist

$$cos\,\varphi_2 = \frac{\alpha_1^2 - \alpha_2^2 - \alpha_{1,2}^2}{2\,\alpha_2\,\alpha_{1,2}} \quad \ldots \ldots \quad (25)$$

Die hierher gehörige Literatur ist am Schlusse des fünften Kapitels zitiert.

———

Fünftes Kapitel.

Erscheinungen der Adhäsion und Kapillarität.

§ 1. Berührung von Flüssigkeiten mit festen Körpern. Die Kohäsionskräfte wirken auch zwischen den Molekülen einander berührender fester und flüssiger Körper. Daher muß sich, wenn eine Flüssigkeit an einen festen Körper grenzt, der Oberflächendruck P, folglich auch die Oberflächenspannung α der Flüssigkeit ändern. Die um das Teilchen m'' (Fig. 52) sonst fehlende Halbkugel ist hier vorhanden, indem die Moleküle des festen Körpers dieselbe ausfüllen.

Je nach der relativen Größe der Kohäsion zwischen den Flüssigkeitsteilchen untereinander und mit den Teilchen des festen Körpers hat man zwei Fälle zu unterscheiden, welche dadurch gekennzeichnet sind, daß der feste Körper von der Flüssigkeit einmal benetzt wird, das andere Mal nicht. Rein äußerlich genommen bestehen diese Erscheinungen in folgendem. Wenn der feste Körper von der Flüssigkeit benetzt wird, so haftet letztere an ihm. Ein Tropfen der Flüssigkeit zerfließt in obigem Falle an der Oberfläche des festen Körpers; taucht man einen solchen Körper in die Flüssigkeit und hebt ihn wieder heraus, so ist er von einer dünnen Flüssigkeitsschicht überzogen, die langsam abtropft; taucht man nur einen Teil eines solchen Körpers in die Flüssigkeit, so wird die Oberfläche der letzteren konkav, d. h. sie erhebt sich ein wenig rings um den festen Körper. So wird beispielsweise reines Glas von Wasser benetzt.

Wenn eine Flüssigkeit durch einen festen Körper nicht benetzt wird, so haftet sie eben nicht an ihm. Ein Tropfen dieser Flüssigkeit zerfließt nicht an der Oberfläche des festen Körpers, sondern nimmt eine konvexe Oberfläche an, die sich der Kugelform um so mehr nähert, je kleiner der Tropfen ist. Taucht man den Körper in die Flüssigkeit ein, so ist beim Herausheben keine Flüssigkeitsschicht an ihm vorhanden. Die Oberfläche der Flüssigkeit ist dort, wo sie an einen in sie teilweise eintauchenden Körper grenzt — konvex, d. h. liegt rings um die vertikale Oberfläche des festen Körpers herum etwas niedriger. Nicht benetzt wird beispielsweise Glas durch Quecksilber, ebenso werden Körper, die mit einer dünnen Fettschicht oder einer Schicht von Paraffin bedeckt sind, vom Wasser nicht benetzt.

§ 2. Randwinkel. Die elementare Erklärung dafür, daß sich die Horizontalität der Flüssigkeitsoberfläche *m n* (Fig. 83) an der Grenze eines festen Körpers *M N* ändert, ist die folgende: Auf das Teilchen *m* wirkt einerseits die Kohäsionskraft *p* der benachbarten Flüssigkeitsteilchen, andererseits die Anziehungskräfte *q* und *q′* der beiden Hälften des festen Körpers *M N*. Die Resultante *R* aller Kräfte, welche auf *m* wirken, kann entweder nach dem Inneren des festen Körpers (Fig. 84 A) oder ins Innere der Flüssigkeit hineingerichtet sein (Fig. 84 B).

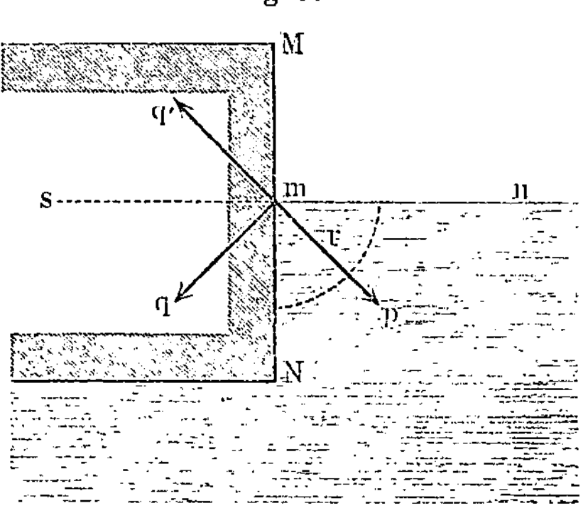
Fig. 83.

Damit sich eine Flüssigkeit im Gleichgewicht befindet, ist es erforderlich, daß die auf ihre Teilchen wirkende Kraft in jedem Punkte der Oberfläche normal zur Oberfläche sei. Hieraus folgt, daß bei benetzenden Flüssigkeiten (Fig. 84 A) die Tangente *m T* zur Flüssigkeitsoberfläche in *m* mit der eingetauchten Oberfläche des Körpers einen spitzen Winkel $\Theta = \angle\, T\,m\,N$ bildet. Die Oberfläche $m\,p$ selbst erscheint daher konkav und gehoben. Es ist dies der Fall, wenn die Wirkung des festen Körpers auf die Flüssigkeit bedeutend ist, wenn also Benetzung des ersteren stattfindet. Der Winkel Θ, welcher gleich

Fig. 84.

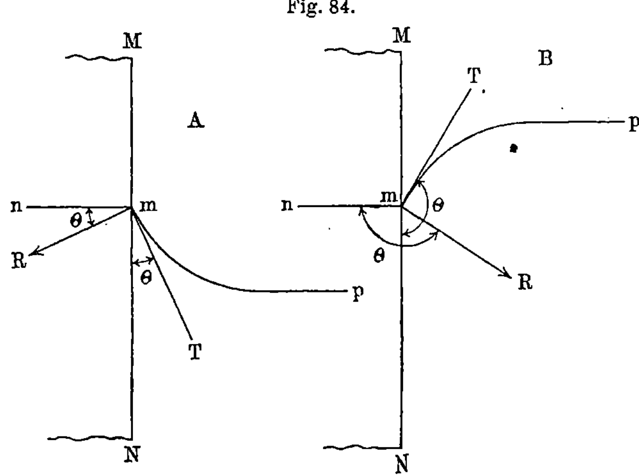

dem Winkel $n\,m\,R$ zwischen den inneren Normalen zur Oberfläche des festen und flüssigen Körpers gleich ist, heißt der Randwinkel. Seine Größe hängt von der Lage der Kraft R ab, d. h. also ausschließlich von der Beschaffenheit der Flüssigkeit und des festen Körpers. Wenn die Flüssigkeit den festen Körper benetzt, so ist der Randwinkel spitz.

Im zweiten Falle, wenn die Kohäsion der Flüssigkeitsteilchen das Übergewicht hat und die Resultante R ins Innere der Flüssigkeit gerichtet ist, Fig. 84 B, ist der Randwinkel Θ zwischen der Tangente $m\,T$ und der eintauchenden Oberfläche des festen Körpers gleich dem Winkel $n\,m\,R$ zwischen den inneren Normalen $m\,n$ und R; der Randwinkel Θ ist stumpf. In diesem Falle ist die Oberfläche $m\,p$ konvex, der feste Körper wird von der Flüssigkeit nicht benetzt.

Fig. 85.

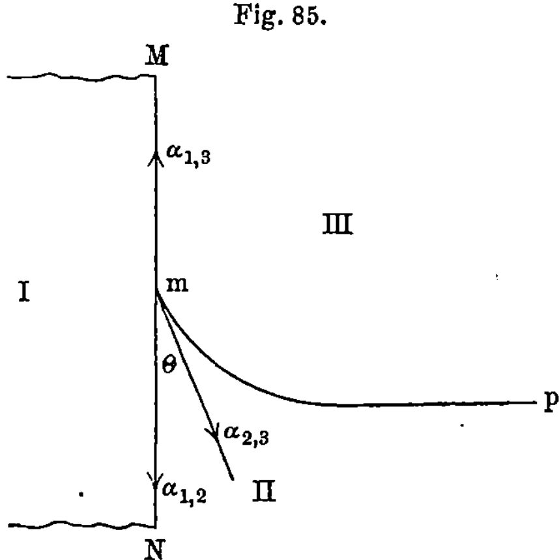

Wir betrachten nunmehr genauer die Gleichgewichtsbedingungen für die drei sich berührenden Medien (Fig. 85), von denen das eine

(I) fest, das zweite (II) flüssig ist, während das dritte (III) flüssig oder gasförmig sein kann. Wir bezeichnen mit $\alpha_{1,2}$ die Spannung an der Grenze des festen Körpers I und der Flüssigkeit II, mit $\alpha_{2,3}$ die Spannung an der Grenze der Flüssigkeit II und des Gases bzw. der Flüssigkeit III und mit $\alpha_{1,3}$ die Spannung an der Grenze von I und III. Wir nehmen somit auch eine Spannung an der Oberfläche eines von einem Gase oder vom Vakuum begrenzten festen Körpers an, wobei wir indes die Frage nach der physikalischen Bedeutung oder der Realität einer solchen Spannung offen lassen. Das Flüssigkeitsteilchen m wird, falls der feste Körper von der Flüssigkeit benetzt wird, gewissermaßen von der Masse des festen Körpers in der Richtung mM angezogen. Man kann daher der Analogie halber auch hier das Vorhandensein einer Spannung $\alpha_{1,3}$ gelten lassen. Quincke hat darauf hingewiesen, daß, wenn eine Flüssigkeitsmasse Oberflächenspannung besitzt, kein Grund vorhanden ist, weshalb sie beim Erstarren der Flüssigkeit verschwinden sollte. Wir werden später eine Erscheinung kennen lernen, welche darauf hinweist, daß tatsächlich in der Oberflächenschicht fester Körper etwas der Oberflächenspannung von Flüssigkeiten Analoges vorhanden ist. Übrigens kann man, wenn das Medium III Luft ist, die Oberflächenspannung $\alpha_{1,3}$ auch dem an der Oberfläche mM kondensierten Wasserdampfe zuschreiben.

Die zu MN normale Komponente der Kraft $\alpha_{2,3}$ wird durch den Widerstand des festen Körpers aufgehoben, daher lautet die Gleichgewichtsbedingung des Teilchens m

$$\alpha_{1,3} = \alpha_{1,2} + \alpha_{2,3} \cos \Theta \quad \ldots \ldots \ldots \quad (1)$$

Hieraus ergibt sich

$$\cos \Theta = \frac{\alpha_{1,3} - \alpha_{1,2}}{\alpha_{2,3}} . \quad \ldots \ldots \ldots \quad (2)$$

Ist $\alpha_{1,3} > \alpha_{1,2}$, so ist der Randwinkel spitz, die Oberfläche mp konkav; ist dagegen $\alpha_{1,3} < \alpha_{1,2}$, so ist der Randwinkel stumpf und die Oberfläche mp konvex. Ist $\alpha_{1,3} - \alpha_{1,2} > \alpha_{2,3}$, so ist kein Randwinkel vorhanden, eine dünne Schicht der Flüssigkeit bedeckt die Oberfläche des festen Körpers und wir haben vollständige Benetzung des festen Körpers vor uns.

Bringt man einen Tropfen der Flüssigkeit auf eine horizontale Fläche eines festen Körpers, so nimmt er die Gestalt der Fig. 86 A an, wenn $\alpha_{1,3} < \alpha_{1,2}$ ist, dagegen die Form B, falls $\alpha_{1,3} > \alpha_{1,2}$ ist.

Ist die Oberfläche einer Flüssigkeit von einem festen Körper allseitig umgeben, so wird sie von allen Seiten durch einen konkaven oder konvexen Teil umgrenzt. Sind dabei die Dimensionen der Oberfläche gering, so verschwindet der mittlere ebene Teil vollständig und man erhält einen konkaven oder konvexen Meniskus. Das letztere tritt ein, wenn sich die Flüssigkeit in einer genügend engen Röhre befindet.

In Fig. 87 ist die Gestalt einer Flüssigkeitsoberfläche im Inneren einer Röhre dargestellt, die von der Flüssigkeit benetzt wird; n und n' sind die Tangenten an der Flüssigkeitsoberfläche, R, R', R'', „R die Richtungen der Normalen, d. h. der Resultanten der in den verschiedenen Punkten wirkenden Kräfte. Wird der Stoff, aus welchem die Röhre besteht, von der Flüssigkeit nicht benetzt (Glas und Quecksilber), so wird die Flüssigkeitssäule oberhalb von einem konvexen Meniskus begrenzt.

Wir sahen oben, daß der Randwinkel Θ spitz sein muß, wenn die Flüssigkeit den festen Körper benetzt. Eine große Anzahl von Forschern behaupten, daß er in diesem Falle gleich Null sein müsse, während andere, insbesondere Quincke, ihm einen endlichen Wert zuschreiben. Gallenkamp (1902) hat diese Frage eingehend untersucht und $\Theta = 0$ gefunden, doch ist seine Arbeit von Quincke

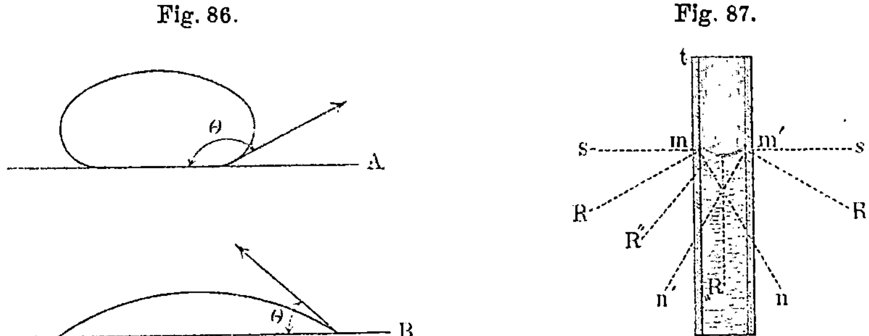

kritisiert worden, so daß man die ganze Frage noch als eine offene betrachten muß.

Infolge der Änderung der Gestalt der Oberfläche ändert sich auch der Oberflächendruck P, wie es die Laplacesche Formel (S. 181) verlangt. An einer konkaven Oberfläche ist der Druck geringer, an einer konvexen Fläche größer als der auf einer ebenen Fläche lastende Druck K. Hierauf beruhen die zahlreichen Erscheinungen der Kapillarität, welche weiter unten betrachtet werden sollen. An dieser Stelle möge noch ein Versuch Erwähnung finden, der ebenfalls auf der Änderung des Oberflächendruckes einer Flüssigkeit infolge der Änderung ihrer Oberflächenform bei Begrenzung durch einen festen Körper beruht. Dient als Boden eines kleinen Gefäßes ein Drahtnetz mit Maschen von der Größe, daß eine Nadel von mittlerer Größe hindurchgesteckt werden kann, und gießt man in dasselbe Wasser hinein, so fließt letzteres natürlich heraus, da der Metalldraht vom Wasser benetzt wird, das mithin leicht die Maschen durchdringt. Taucht man das Netz jedoch zuvor in flüssiges Paraffin und schüttelt letzteres derart ab, daß nur die Drähte von einer dünnen Paraffinschicht bedeckt bleiben, die

Maschen aber nicht, so kann man das Gefäß, wenn man den Boden zuvor mit einem Papierblatt bedeckt hat, mit Wasser füllen. Nimmt man hierauf das Papierblatt vorsichtig heraus, so sieht man, daß das Wasser im Gefäße bleibt und die Maschen nicht durchdringt. Diese Erscheinung findet ihre Erklärung darin, daß das Wasser den mit Paraffin überzogenen Draht nicht benetzt und daher an jeder Masche eine nach unten konvexe Oberfläche hat. Die Vergrößerung des Oberflächendruckes reicht hin, um die Wassersäule zu tragen.

§ 3. Widerstand und Bewegung von Tropfen in Röhren. Befindet sich in einer Röhre eine Reihe von Tropfen (Säulchen) irgend einer Flüssigkeit, so ist ein sehr großer Druck erforderlich, um sie im Inneren der Röhre zu verschieben, einerlei, ob sie die Röhrenwandungen benetzen oder nicht. In Fig. 88 ist oben ein Flüssigkeitstropfen ab dargestellt, welcher die Röhre AB benetzt; vergrößert man links den Druck, so verschiebt sich die Oberfläche a nach a', b nach b'. Dabei nimmt die Konkavität ersterer zu, die der letzteren ab, infolgedessen wird der Oberflächendruck in b' größer als in b. Daher tritt ein von rechts nach links wirkender Druck auf, welcher der äußeren Kraft entgegenwirkt.

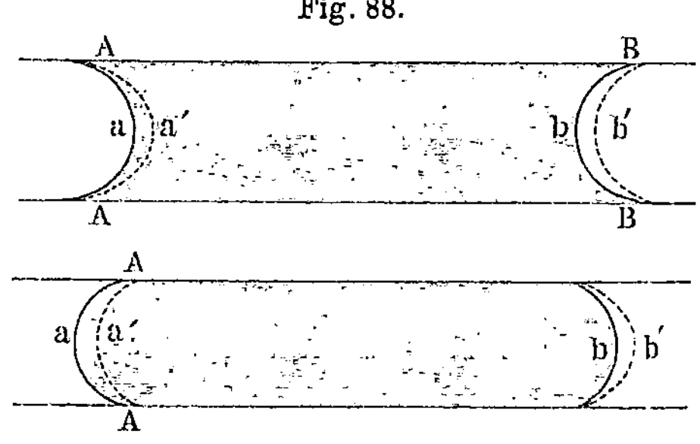

Benetzt der Tropfen ab die Röhrenwandungen nicht (vgl. Fig. 88 unten), so gibt ein von links wirkender Druck dem Tropfen die Gestalt $a'b'$, wobei die stärkere Konvexität in b' wiederum einen von rechts nach links wirkenden Druck hervorruft.

West (1911) untersuchte die Bewegung von Quecksilbertropfen in engen Röhren; es zeigte sich, daß der durch die Ungleichheit der beiden Oberflächen hervorgerufene Widerstand unabhängig ist von der Geschwindigkeit, mit der sich die Tropfen bewegen.

Der Widerstand von Tropfen, welche die Gefäßwandungen benetzen, nimmt noch stärker zu, wenn sich die sie enthaltende Röhre wechselweise verjüngt und verbreitert, wie dies in Fig. 89 dargestellt ist, wobei die untere Zeichnung eine Vergrößerung der oberen gibt. Die Tropfen AB, CD bleiben in den verjüngten Teilen der Röhre hängen (aus der weiter unten durch Fig. 91 erläuterten Ursache). Ein Druck von M aus ruft eine starke Zunahme der Konkavität (a) auf der linken und Abnahme derselben (b) auf der rechten Seite hervor; infolgedessen tritt ein starker Überdruck in b von rechts nach links auf. Eine Röhre von der Gestalt ABC (Fig. 90) kann man leicht mit

Wasser bis zur Höhe MM' füllen. Will man mittels komprimierter Luft das Wasser langsam aus dem Schenkel MN derart heraustreiben, daß in den verjüngten Stellen α, β usw. Wassertropfen übrig bleiben, so ist ein großer Druck erforderlich, um das Niveau bis nach N zu bringen. Indessen füllt Wasser sogar unter geringem Drucke leicht die Röhre NM an, indem es einen Tropfen nach dem anderen an sich heranzieht und gewissermaßen verschluckt. Man sieht hieraus, daß durch einen Kanal mit Unebenheiten, der Luft und eine Flüssigkeit enthält, diese Flüssigkeit selbst leicht hindurchdringt, während der Kanal für Luft fast undurchdringlich ist. Ein Tropfen AB (Fig. 91) bewegt sich im Inneren einer konisch verjüngten Röhre von selbst nach dem engeren Teile hin, wenn er die Röhrenwandungen benetzt, da der geringeren Konkavität in A ein größerer Druck entspricht.

Fig. 89. Fig. 90.

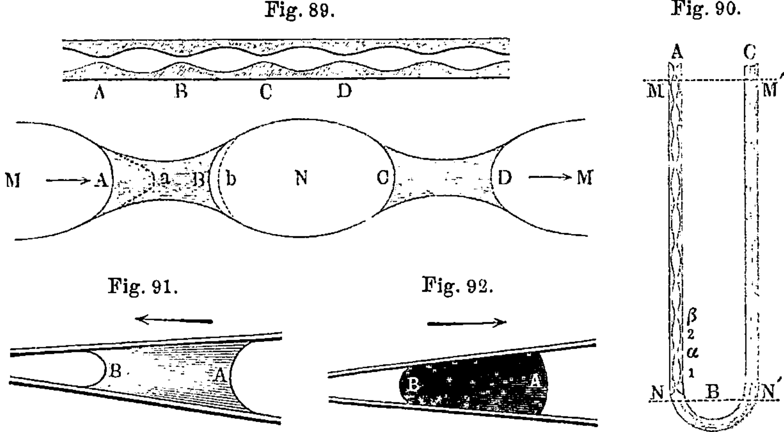

Benetzt dagegen der Tropfen die Röhre nicht (Fig. 92), so bewegt er sich von selbst nach dem weiteren Ende hin, denn auf der stärker konvexen Oberfläche B lastet ein größerer Druck.

§ 4. Kapillarität.

Taucht man in ein weites Gefäß mit Flüssigkeit eine enge Röhre AB (Fig. 93), die von der Flüssigkeit benetzt wird, so steigt letztere in der Röhre empor; wird dagegen die Röhre nicht benetzt, so senkt sich das Flüssigkeitsniveau im Inneren der Röhre (Fig. 94). Um diese Niveauerniedrigung bequemer beobachten zu können, bedient man sich kommunizierender Röhren, wie etwa der in Fig. 95 abgebildeten. Die Erscheinung, welche hier zutage tritt, heißt Kapillarität.

Die elementare Erklärung dieser Erscheinung ist die folgende. Im weiten Gefäße kann man die Oberfläche der Flüssigkeit als eben ansehen und den Normaldruck gleich K nach der Laplaceschen Formel

(S. 181) setzen. Auf einer konkaven Flüssigkeitsoberfläche wirkt der Druck

$$P = K - \alpha \left(\frac{1}{R_1} + \frac{1}{R_2} \right) \quad \cdots \cdots \quad (3)$$

wo R_1 und R_2 die positiven Krümmungsradien der Oberfläche sind. Somit erhält man einen **Überschuß** p des **Außendruckes**, welcher gleich

$$p = \alpha \left(\frac{1}{R_1} + \frac{1}{R_2} \right) \quad \cdots \cdots \cdots \quad (4)$$

ist. Durch diesen Druck muß sich die Flüssigkeit in der Röhre um eine solche Höhe h heben, daß der Druck der gehobenen Flüssigkeits-

<table>
<tr><td style="text-align:center">Fig. 93.</td><td style="text-align:center">Fig. 94.</td></tr>
</table>

säule auf die Flächeneinheit der in gleicher Höhe mit der äußeren horizontalen Oberfläche liegenden Fläche gleich p wird. Die Größe p hängt indes nur von der Oberflächenspannung α und den Krümmungsradien ab, welche wiederum ihrerseits vom Röhrendurchmesser an der Stelle, wo sich der **Meniskus** befindet, abhängen. Hieraus folgt, daß die Höhe h einer Flüssigkeitssäule, welche sich im Inneren einer Röhre halten kann, von den Dimensionen der unterhalb des Meniskus gelegenen Teile der Röhre unabhängig ist. So steht z. B. die Flüssigkeit gleich hoch in

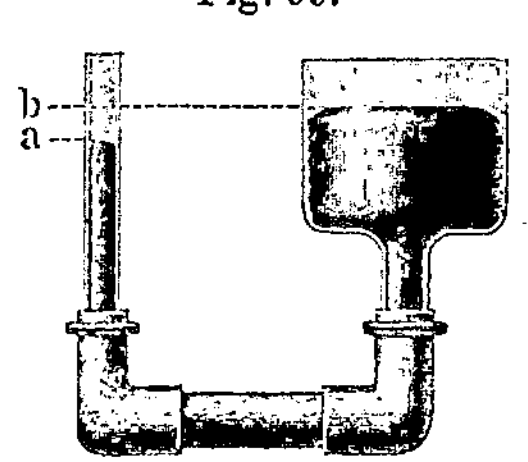

Fig. 95.

AB und CD (Fig. 96), falls AE und CD gleichen Durchmesser haben. Allerdings steigt die Flüssigkeit in CD von selbst bis auf jene Höhe, während sie in AB zunächst durch Fortsaugen der Luft bis E gehoben werden muß. Die gleiche Höhe h würde man auch erhalten, wenn der untere Teil von CD enger als der obere wäre.

Benetzt die Flüssigkeit die Röhrenwandungen nicht, so bildet sich ein konvexer Meniskus mit dem Oberflächendruck

$$P = K + \alpha \left(\frac{1}{R_1} + \frac{1}{R_2} \right),$$

wo R_1 und R_2 wiederum positive Krümmungsradien sind. Der Drucküberschuß p, dessen Wert durch Formel (4) gegeben ist, erniedrigt
das Flüssigkeitsniveau im Inneren der Röhre um einen derartigen Betrag h, daß der hydrostatische Druck der außerhalb der Röhre befindlichen Flüssigkeit dem Drucküberschuß p auf die konvexe Oberfläche
das Gleichgewicht hält. Auch in diesem Falle hängt die Niveauerniedrigung h nur von dem Röhrendurchmesser an der Stelle ab, an
welcher sich der Meniskus bildet.

§ 5. Gesetz von Jurin. (1718.)

Mit diesem Namen bezeichnet
man ein bereits vor Jurin im Jahre 1670 von Borelli ausgesprochenes
Gesetz: Die Höhe h, um welche eine Flüssigkeit im Inneren

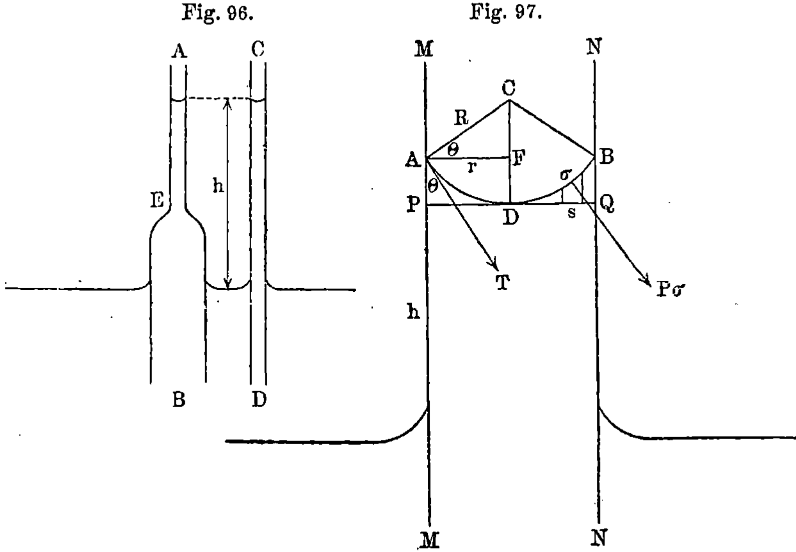

Fig. 96.　　　　　Fig. 97.

einer Kapillarröhre ansteigt oder sich senkt, ist dem Durchmesser d oder dem Radius r der Röhre umgekehrt proportional.

Die Größe h kann auf zwei Wegen berechnet werden.

$MMNN$ (Fig. 97) ist eine Röhre mit dem inneren Radius r;
ADB stelle die Flüssigkeitsoberfläche dar, die man als Teil einer
sphärischen Oberfläche mit dem Mittelpunkt in C und dem Radius
$R = AC$ ansehen kann. Den Randwinkel, den wir mit $\Theta = \angle PAT$
$= \angle CAF$ bezeichnen, hängt, wie wir sahen, nur von der Art
der Flüssigkeit und des festen Körpers ab, falls deren Oberflächen
vollkommen rein sind. Weiter unten wird gezeigt werden, wie
man, falls die Röhrenwandung von der Flüssigkeit benetzt wird,

$\Theta = 0$ machen kann. Setzt man in Formel (3) $R_1 = R_2 = R$ so wird

$$P = K - \frac{2\alpha}{R} \quad \cdots \cdots \cdots \cdots \quad (5)$$

Auf jedes Element σ der Oberfläche ADB wirkt ein Normaldruck $P\sigma$, dessen vertikale Komponente offenbar gleich Ps ist, wenn s die Projektion des Elementes σ auf eine Horizontalebene bedeutet. Der gesamte vertikale Druck auf die Einheit der horizontalen Ebene PQ ist gleich $P = K - \dfrac{2\alpha}{R}$. Auf der äußeren horizontalen Oberfläche ist der Druck auf die Oberflächeneinheit gleich K, folglich muß der Druck der Flüssigkeitssäule auf die Flächeneinheit ihrer horizontalen Basis gleich $\dfrac{2\alpha}{R}$ sein. Der Druck der Säule ist gleich $h\,\delta$, wenn δ die Dichte der Flüssigkeit bedeutet; folglich ist $\dfrac{2\alpha}{R} = h\,\delta$. Es ist aber $R = \dfrac{r}{\cos\Theta}$, mithin

$$\frac{2\alpha\cos\Theta}{r} = h\delta \cdot \quad \cdots \cdots \cdots \cdots \quad (6)$$

woraus sich

$$h = \frac{2\alpha}{\delta}\cdot\frac{\cos\Theta}{r} = \frac{4\alpha}{\delta}\cdot\frac{\cos\Theta}{d} \quad \cdots \cdots \cdots \quad (7)$$

ergibt, wo $d = 2r$ der Röhrendurchmesser ist. Wir wollen hierfür noch eine andere Ableitung geben. Auf die Längeneinheit der Kontur des Meniskus wirkt die Spannung α in der Richtung der Tangenten an die Flüssigkeitsoberfläche; die gesamte Spannung beträgt $2\pi\alpha r$ und ihre vertikale Komponente $2\pi\alpha r\cos\Theta$. Stellen wir uns vor, diese Spannung trage eine Flüssigkeitssäule von der Höhe h, dem Querschnitt πr^2 und der Dichte δ; dann ist

$$2\pi\alpha r\cos\Theta = \pi r^2 h\delta \quad \cdots \cdots \cdots \quad (8)$$

woraus sich wiederum Formel (7) ergibt. Dieselbe Formel gilt auch für die Depression einer die Röhrenwandungen nicht benetzenden Flüssigkeit und ist es leicht, beide Herleitungen für diesen Fall durchzuführen.

Tritt vollständige Benetzung ein, so ist $\Theta = 0$, mithin

$$h = \frac{2\alpha}{\delta}\cdot\frac{1}{r} = \frac{4\alpha}{\delta}\cdot\frac{1}{d} \quad \cdots \cdots \cdots \quad (9)$$

Die Formel (7) enthält das Jurinsche Gesetz.

§ 6. Benennungen und Bezeichnungsweise der Konstanten.

Leider haben sich bis jetzt weder allgemein übliche Bezeichnungen, noch auch, was besonders unbequem ist, allgemein übliche Benennungen jener Größen eingebürgert, mit denen man es in der Lehre von den Kapillaritäts- und verwandten Erscheinungen zu tun hat. Die Hauptrolle spielen hier namentlich zwei Größen.

I. Die erste unserer beiden Größen ist die Größe α in der Laplaceschen Formel (12) auf S. 181; Laplace selbst schreibt sie in der Form $H : 2$. Es ist dies die Größe der Spannung, welche auf die Längeneinheit einer auf der Oberfläche vorhanden gedachten Linie wirkt. Man pflegt sie in Milligrammen pro Millimeter der Länge auszudrücken. Nicht selten bezeichnet man α als die erste „Kapillaritätskonstante". Zur Vermeidung etwaiger Mißverständnisse wollen wir indes die Größe α nur als Oberflächenspannung bezeichnen. Wir setzen also

$$\left(\frac{H}{2}\right)_{\text{Laplace}} = \alpha = \text{„Oberflächenspannung"} \ . \ . \ . \ (10)$$

Die Dimension von α ist nach (6) auf S. 174 gleich

$$[\alpha] = \left[\frac{\text{mgr}}{\text{mm}}\right] = \frac{ML}{T^2} : L = \frac{M}{T^2} \ \cdot \ \cdot \ \cdot \ \cdot \ \cdot \ \cdot \ (11)$$

Die C. G. S.-Einheit der Spannung ist

$$1 \frac{\text{Dyne}}{\text{Zentimeter}} = \frac{1{,}02 \, \text{mgr}}{10 \, \text{mm}} = 0{,}102 \frac{\text{mgr}}{\text{mm}},$$

also wird der Zahlenwert der Größe α in C. G. S.-Einheiten durch Multiplikation der gewöhnlich angegebenen Zahlenwerte $\left(\text{in} \ \frac{\text{mgr}}{\text{mm}} \ \text{Einheiten}\right)$ mit 9,81 erhalten.

II. Die zweite unserer Größen, welche man mit a^2 zu bezeichnen pflegt, ist gleich

$$a^2 = \frac{2\,\alpha}{\delta} \cdot \ \cdot \ \cdot \ \cdot \ \cdot \ \cdot \ \cdot \ \cdot \ \cdot \ (12)$$

wo δ die Dichte der Flüssigkeit ist, also die Anzahl der Gramme, die ein Kubikzentimeter, oder der Milligramme, die ein Kubikmillimeter der Flüssigkeit wiegt. Die Dimension der Größe δ ist gleich

$$[\delta] = \left[\frac{\text{Gewicht}}{\text{Volumen}}\right] = \frac{ML}{T^2} : L^3 = \frac{M}{T^2\,L^2} \ \cdot \ \cdot \ \cdot \ (13)$$

Hieraus ergibt sich die Dimension der Größe a^2, nämlich:

$$[a^2] = [\alpha] : [\delta] = \frac{M}{T^2} : \frac{M}{T^2\,L^2} = L^2 \ \cdot \ \cdot \ \cdot \ \cdot \ \cdot \ \cdot \ (14)$$

Die Größe a^2 ist also von der Dimension L^2; man pflegt sie in Quadratmillimetern auszudrücken, nennt sie gewöhnlich die spezifische Kohäsion und betrachtet sie als zweite Kapillaritätskonstante. Wir wollen indes nur die Größe a^2 als Kapillaritätskonstante bezeichnen. Es sei hier noch bemerkt, daß Gauß die Größe $\dfrac{1}{2} a^2 = \dfrac{\alpha}{\delta} = \dfrac{H}{2\,\delta}$ mit α^2 bezeichnet. Die Formeln (9) und (12) geben

$$a^2 = h\,r \quad . \quad . \quad . \quad . \quad . \quad . \quad . \quad . \quad . \quad (15)$$

oder, wenn man annimmt, daß für $r = 1$ der Wert $h = h_1$ erhalten wird

$$a^2 = h_1 \quad . \quad . \quad . \quad . \quad . \quad . \quad . \quad . \quad . \quad (16)$$

Die Kapillaritätskonstante einer gegebenen Flüssigkeit ist numerisch gleich der Steighöhe dieser Flüssigkeit in einer Röhre, deren innerer Radius gleich 1 mm ist und deren Wandungen von der Flüssigkeit vollkommen benetzt werden [$\Theta = 0$ in Formel (7)]. Nach Formel (15) muß das Produkt aus dem Röhrendurchmesser $2\,r$ und der Steighöhe h für eine gegebene Flüssigkeit konstant sein.

§ 7. Kapillaritätserscheinungen in nichtzylindrischem Raume.

I. Parallele Platten. Taucht man in eine Flüssigkeit zwei parallele Platten ein, deren Abstand d ist, so steigt oder senkt sich die Flüssigkeit um den Betrag h, den man leicht bestimmen kann. Die Flüssigkeit ist an ihrer Oberfläche von einer Zylinderfläche begrenzt, deren Achse den Platten parallel ist. Es mögen jetzt MM und NN (Fig. 97) zwei Platten sein, deren gegenseitiger Abstand $PQ = d$ ist. Der Druck P auf die Einheit der Oberfläche ADB ist, wie immer, gleich $K - \alpha\left(\dfrac{1}{R_1} + \dfrac{1}{R_2}\right)$; für den Zylinder ist jedoch $R_1 = \infty$, $R_2 = R = AC$, also $P = K - \dfrac{\alpha}{R}$· Analog dem früheren sehen wir, daß der Druck $h\,\delta$ der gehobenen Flüssigkeitsschicht hier gleich dem Überschusse des Druckes K auf die ebene Außenfläche über den Druck P ist, also

$$h\,\delta = \frac{\alpha}{R} = \frac{\alpha\,cos\,\Theta}{r} = \frac{2\,\alpha\,cos\,\Theta}{d};$$

hieraus folgt

$$h = \frac{2\,\alpha\,cos\,\Theta}{\delta\,d} \quad . \quad . \quad . \quad . \quad . \quad . \quad . \quad . \quad (17)$$

Vergleicht man diese Formel mit (7), so sieht man, daß die Steighöhe einer Flüssigkeit zwischen parallelen Platten gleich der Hälfte ihrer Steighöhe in einer Röhre ist, deren Durchmesser gleich dem Plattenabstande ist. Werden die Platten vollkommen benetzt, so ist [vgl. (12)]

$$h = \frac{2\,\alpha}{\delta\,d} = \frac{a^2}{d} \quad\cdots\cdots\cdots\cdots \quad (18)$$

Die Steighöhe einer Flüssigkeit zwischen parallelen Platten ist dem Plattenabstande umgekehrt proportional.

II. **Nicht parallele Platten.** Senkt man in eine Flüssigkeit zwei Platten, welche miteinander den Flächenwinkel φ bilden (Fig. 98), so steigt die Flüssigkeit zwischen ihnen um so höher, je kleiner der Plattenabstand d ist, d. h. je näher sie der Kante des Flächenwinkels

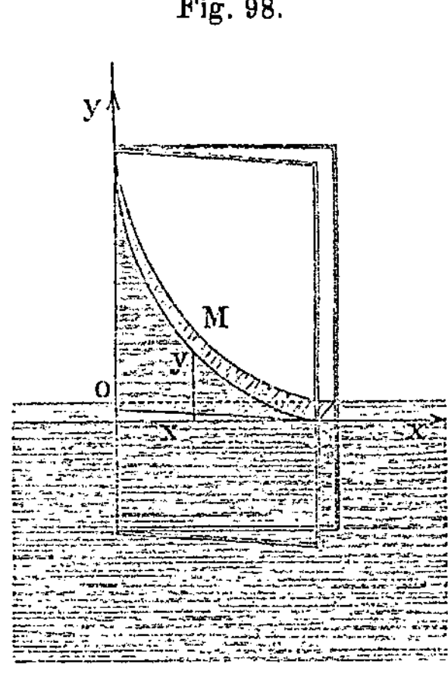

Fig. 98.

ist. Die Flüssigkeitsoberfläche ist von einer gewissen Kurve begrenzt, deren Gleichung sich leicht finden läßt. Wir wählen die Kante des Flächenwinkels als y-Achse und legen die x-Achse auf der Flüssigkeitsoberfläche, und zwar in der Richtung der Winkelhalbierenden des horizontalen Winkels φ. Der Punkt M habe die Koordinaten x und y; die Steighöhe y wird durch Formel (17) bestimmt, in welcher d den Plattenabstand an der Stelle bedeutet, welche von der Kante Oy um die Strecke x entfernt ist. Führt man durch M eine horizontale Ebene, so erhält man im Durchschnitt ein gleichschenkeliges Dreieck mit der Spitze auf der Kante Oy, der Grundlinie d, der Höhe x und dem Winkel φ an der Spitze. Offenbar ist $d = 2\,x\,tg\dfrac{\varphi}{2}$; setzt man diesen Ausdruck in (17) ein und schreibt y anstatt h, so erhält man:

$$x\,y = \frac{\alpha\,cos\,\Theta}{\delta\,tg\dfrac{\varphi}{2}} \quad\cdots\cdots\cdots\cdots \quad (19)$$

Auf der rechten Seite kommen nur Konstante vor, mithin hat die gesuchte Gleichung die Form $x\,y = Const.$ Es ist dies die Gleichung einer Hyperbel. Wenn die Flüssigkeit die Platten vollständig benetzt, so ist in (19) $cos\,\Theta = 1$ zu setzen.

§ 8. Scheinbare Anziehung und Abstoßung teilweise in Flüssigkeit tauchender Körper.

Zwei schwimmende oder an Fäden hängende und teilweise in eine Flüssigkeit eintauchende Körper suchen sich zu nähern, wenn beide benetzt oder beide nicht benetzt werden; sie suchen sich voneinander zu entfernen, wenn der eine von ihnen benetzt wird, der andere nicht.   Diese Erscheinung erklärt sich leicht durch den hydrostatischen Druck.   Sei ST (Fig. 99) die Flüssigkeitsoberfläche; AB und CD seien zwei von der Flüssigkeit vollkommen benetzte Platten, zwischen welchen die Flüssigkeit um die Höhe h bis nach ab gestiegen sei; der Luftdruck betrage H.   Der Druck unterhalb der ebenen Oberfläche ist dann gleich $H + K$, unter der konkaven Oberfläche ab dagegen gleich $H + K - \dfrac{\alpha}{R}$ (vgl. § 7).   Legt man nun die horizontale Ebene PQ unterhalb der Platten im Abstande z von der Oberfläche, so ist der Druck p auf die Einheit dieser Oberfläche

Fig. 99.

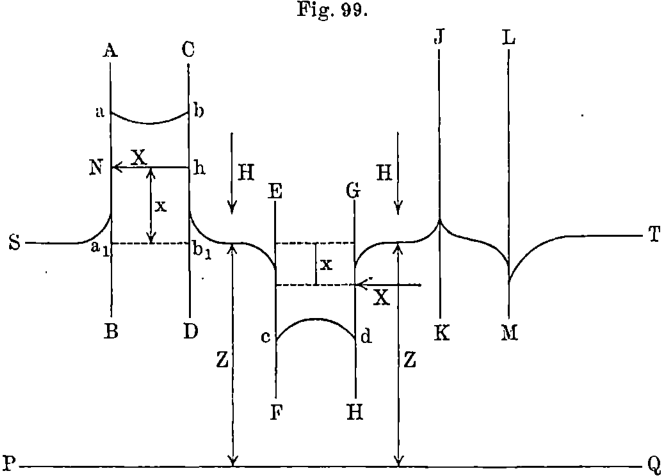

überall der gleiche.   Unterhalb der horizontalen Oberfläche ist dieser Druck gleich $H + K + z\delta$, wenn δ die Dichte der Flüssigkeit ist, unter ab dagegen gleich $H + K - \dfrac{\alpha}{R} + (z + h)\delta$.   Mithin ist

$$p = H + K + z\delta = H + K - \frac{\alpha}{R} + (z + h)\delta,$$

woraus sich wie früher $\delta h = \dfrac{\alpha}{R}$ ergibt.   Wir bestimmen nun noch den Druck X auf die Platte AB im Punkte N, in der Höhe x über dem Flüssigkeitsspiegel ST.   Der Druck p_x in Inneren der Flüssigkeit ist an dieser Stelle gleich $p_x = p - (x + z)\delta = H + K - x\delta$, der gesuchte Druck dagegen ist $X = p_x - K$, da sich der Druck K auf die Platte nicht überträgt.   Danach ist also

$$X = H - x\delta \qquad \ldots \ldots \ldots \ldots \quad (20)$$

Dieser Druck ist geringer als der Außendruck H, daher sucht sich die Platte AB nach rechts zu bewegen; ebenso sucht sich die Platte CD nach links zu bewegen, und die Platten ziehen daher einander scheinbar an. Ist l die Breite der Platte, so ist die ganze auf sie einwirkende Kraft F gleich

$$F = l\,\delta \int_0^h x\,dx = \frac{l\,\delta}{2}\,h^2 \quad \ldots \ldots \ldots \quad (21)$$

Werden die Platten EF und GH nicht benetzt, so wird offenbar in der Höhe x über der Oberfläche ST der Außendruck $X = H + x\,\delta$. Der Überschuß über den inneren Druck H ist auch hier gleich $x\,\delta$.

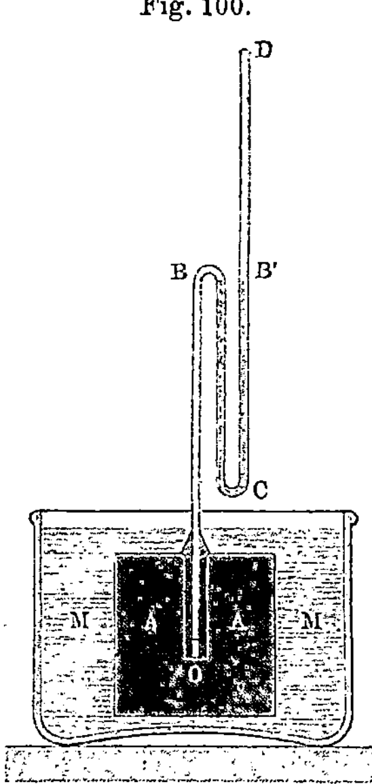

Fig. 100.

Wird endlich JK benetzt, LM dagegen nicht, so steigt die Flüssigkeit an der Außenseite von JK höher und senkt sich an der Außenseite von LM tiefer als an den Innenseiten. In diesem Falle befindet sich die Platte JK gewissermaßen in derselben Lage wie CD, sie bewegt sich nach links, während LM eine analoge Lage wie EF einnimmt, sich also nach rechts bewegt. Es tritt daher eine scheinbare Abstoßung von JK und LM auf.

Hierdurch erklärt es sich auch, weshalb Körper, die auf einer Flüssigkeit schwimmen und von ihr benetzt werden, sich an einer Stelle anhäufen, wie z. B. Schaumblasen, Blätter auf Teichen usw.

§ 9. Aufsaugung von Flüssigkeiten durch poröse und durch pulverförmige Körper.

Auf Kapillarität beruht eine sehr große Zahl verschiedenartiger Erscheinungen. Schwamm, Zucker, Löschpapier, Sand, Kreide, Holz, die Steine der Lithographen usw. saugen mit bedeutender Kraft Flüssigkeiten auf. In Fig. 100 ist ein Apparat von Jamin dargestellt, der folgende Einrichtung hat. In das mit Wasser gefüllte Gefäß MM ist ein Stück Kreide AA gebracht, in welchem sich eine zylindrische Vertiefung befindet. Das heberartig gebogene Glasrohr $OBCB'D$ enthält in BCD Quecksilber oder gefärbtes Wasser und dient als Manometer; es ist mit seinem unteren Ende in die genannte Vertiefung versenkt und oben mit Siegellack am Kreidestück befestigt. Wird nun Wasser von der Kreide angesaugt, so treibt es die in ihren Poren befindliche Luft in den kleinen Hohlraum O und in die Röhre hinein. Ist das Ende D

zugeschmolzen, so kann man eine Kompression der Luft bis zu 3 Atm. und darüber hinaus beobachten. In Fig. 101 ist ein anderer Apparat von Jamin abgebildet. Die unglasierten Tongefäße A und B werden mittels des Trichters E mit ausgekochtem Wasser gefüllt; die Röhre FGH reicht in eine Schale mit Quecksilber hinein. Während nun das Wasser ununterbrochen durch die Gefäßwandungen hindurchsickert und an der Außenseite derselben verdunstet, entsteht oberhalb des

Fig. 101.   Fig. 102.

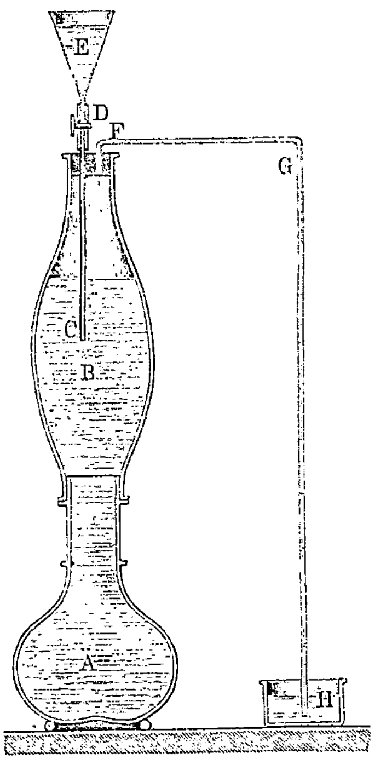
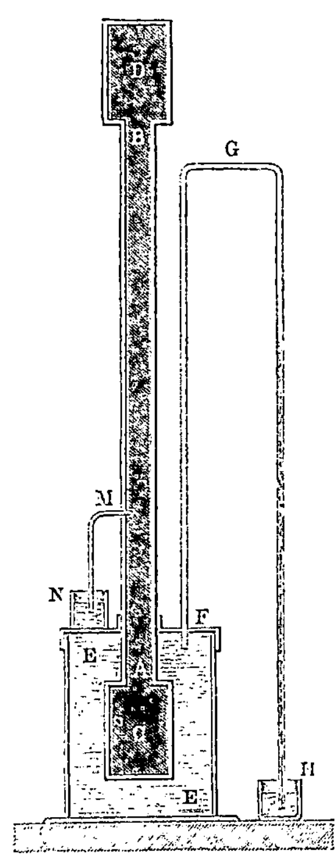

Wassers ein luftverdünnter Raum, und das Quecksilber steigt in der Röhre HG bis zu 600 mm und darüber empor.

Die Kapillaritätserscheinungen spielen im Leben der Pflanzen eine hervorragende Rolle.

In Fig. 102 ist ein Apparat von Jamin dargestellt, welcher sowohl die Wirkung der Kapillarkräfte in der Pflanze als auch die des Verdunstens von Wasser an der Oberfläche der Blätter erläutert. D und C sind poröse, mit Gips gefüllte Gefäße, AB eine Säule aus Gips, umschlossen von einer Blechröhre. Die Oberfläche des Gefäßes D entspricht der Blattoberfläche, an ihr verdunstet das aus dem hermetisch verschlossenen Gefäße E aufsteigende Wasser. Die Röhre FGH reicht mit ihrem unteren Ende in Quecksilber, die Röhre MN in Wasser hinein. Man kann sich nun überzeugen, wie das Verdunsten in D ein sehr bedeutendes Steigen des Quecksilbers in der Röhre HG und ein recht schnelles Ansaugen des Wassers aus N durch die Röhre NM bewirkt.

Eine merkwürdige Kapillarerscheinung entdeckte Ludwig (1849); er fand, daß poröse Körper (tierische Blase) aus Lösungen von Salzen in Wasser einen bedeutenden Überschuß der reinen Flüssigkeit aufsaugen, so daß die Konzentration der übrigbleibenden Lösung vergrößert wird. Mathieu (1902) untersuchte verschiedene poröse Körper und Kapillarröhren; er fand, daß stets eine verdünnte Lösung aufgesaugt wird und daß daher die Formel (7), S. 201, für die Steighöhe bei Lösungen nicht anwendbar ist, da sich δ ändert.

§ 10. Methoden zur Bestimmung der Oberflächenspannung und der Kapillaritätskonstanten.

Es gibt eine sehr große Zahl von Methoden, die Größen α und $a^2 = \dfrac{2\,\alpha}{\delta}$ (wo δ die Dichte der Flüssigkeit ist) zu bestimmen; wir können hier nur die wichtigsten anführen.

I. Methode der Kapillarröhren (Bestimmung von a^2). Aus der auf S. 201) abgeleiteten Formel (8) geht hervor, daß die Spannung $2\,\pi\,\alpha\,r\,cos\,\Theta$ das Gewicht der Flüssigkeitssäule $\pi\,r^2 h\,\delta$ trägt. Ist h die Höhe der Flüssigkeitssäule bis zum tiefsten Punkte des Meniskus, so muß man noch das Gewicht des Meniskus selbst hinzufügen. Benetzt die Flüssigkeit die Gefäßwandungen vollständig, so ist $\Theta = 0$ und das Volumen des Meniskus, welches von einer Halbkugelfläche begrenzt ist, ist gleich dem Volumen eines Zylinders, dessen Höhe r und dessen Grundflächenradius ebenfalls r ist, vermindert um das Volumen einer Halbkugel, also gleich $\pi\,r^2 r - \dfrac{2}{3}\,\pi\,r^3 = \dfrac{1}{3}\,\pi\,r^3$. Daher muß man (für $\Theta = 0$) den Ausdruck (8) in folgender Form schreiben:

$$2\,\pi\,r\,\alpha = \pi\,r^2 h\,\delta + \frac{1}{3}\,\pi\,r^3\delta = \pi\,r^2\,\delta\left(h + \frac{1}{3}\,r\right) \quad . \quad . \ (22)$$

Hieraus ergibt sich

$$a^2 = \frac{2\,\alpha}{\delta} = r\left(h + \frac{1}{3}\,r\right) \ . \ . \ . \ . \ . \ . \ (23)$$

Für weniger enge Röhren gab Poisson als zweiten Faktor den Ausdruck $h + \dfrac{1}{3}\,r - \dfrac{r^3}{3\,a^2}\,(lg\,4 - 1)$ oder $h + \dfrac{1}{3}\,r - 0{,}1288\,\dfrac{r^2}{h}$. Hagen und Desains führten anstatt $h + \dfrac{1}{3}\,r$ in Formel (23) den Faktor $h + b$ ein, wo

$$b = \frac{3\,a^2 r}{3\,a^2 + r^2} \quad . \ . \ . \ . \ . \ . \ . \ (24)$$

ist. Mißt man r und h und bringt nach einer der gegebenen Formeln die Korrektion an, so kann man die Kapillaritätskonstante a^2 finden und — kennt man ferner die Dichte δ — auch die Spannung α erhalten. Die Größen r und h müssen in Millimetern ausgedrückt sein. Um Formel (23) anwenden zu können, hat man die Beobachtung derart anzustellen, daß der Randwinkel $\Theta = 0$ wird. Dies wird dadurch erreicht, daß man die innere Röhrenwandung zunächst mit einer Schicht der zu untersuchenden Flüssigkeit in Berührung bringt, indem man sie bis über die Höhe h hinaus ansaugt und sie dann sich selbst überläßt; sie senkt sich dann bis zur Höhe h hinab, es tritt vollständige Benetzung ein und der Randwinkel verschwindet.

Nach obiger Methode sind Bestimmungen vorgenommen worden von Gay-Lussac, Desains, Simon de Metz, Quet, Mendelejew, De Heen, Quincke, Volkmann, Frankenheim u. a. Piltschikow hat diese Methode in der Weise abgeändert, daß er den Höhenunterschied in Röhren von verschiedenem Durchmesser beobachtete. Den Einfluß des Stoffes, aus welchem die Röhren bestehen und ihres Radius r auf die Versuchsergebnisse haben Quincke (1897) und Volkmann (1898) untersucht; letzterer findet, daß diese Größen keinen Einfluß ausüben.

Es möge hier eine Zusammenstellung der Werte von a^2 und α für einige Stoffe folgen:

Stoff	$a^2 = \dfrac{2\alpha}{\delta}$	$\alpha = \dfrac{\delta a^2}{2}$
Quecksilber	7,0 qmm	47,0 mg/mm
Wasser (0^0)	15,40 „	7,70 „
Alkohol (0)	6,06 „	2,58 „
Äther (0^0)	5,43 „	1,97 „
Benzol (15^0)	6,82 „	2,88 „
Chloroform $(12,5^0)$ . . .	3,80 „	2,81 „
Schwefelkohlenstoff . . .	— „	3,27 „
Olivenöl	7,16 „	3,27 „

So beträgt z. B. die Spannung des Wassers 7,70 mg pro Millimeter der Länge. Die von den verschiedenen Beobachtern gefundenen Zahlen differieren untereinander im allgemeinen recht beträchtlich. Von großer Bedeutung ist die Reinheit der Flüssigkeitsoberfläche; die Spannung α des Wassers steigt fast auf das Doppelte, wenn man seine Oberfläche künstlich reinigt. Verschaffelt hat nach dieser Methode die kapillaren Eigenschaften von flüssigem CO_2 und N_2O untersucht.

Eine Abänderung der Methode der Kapillarröhren stellt die Methode von Jäger (1891) dar, die sich übrigens nur wenig von der von Simon de Metz (1831) unterscheidet. Zwei Röhren von verschiedener Weite sind mit ihren Enden in einer Flüssigkeit bis zu verschiedenen Tiefen gesenkt, ihre oberen Enden sind miteinander und mit einem Raume verbunden, in welchem sich schwach verdichtete Luft befindet. Hierauf stellt man die Röhren derart ein, daß die Luftbläschen gleichzeitig aus den unteren Röhrenenden entweichen; zu diesem Zwecke muß die weitere Röhre bis zu einer etwas größeren Tiefe reichen als die engere. Jäger gibt die Formel

$$\alpha = c\,\frac{h\,\delta}{1 + \beta\,\delta} \quad \cdots \cdots \cdots \quad (24,\text{a})$$

wo h der Vertikalabstand der unteren Röhrenenden, δ die Dichte der Flüssigkeit und β und c Konstanten sind, von denen β für jede Röhre ein für allemal bestimmt wird. Formel (24, a) liefert nur relative Werte der Größe α. Brjuchanow hat die Jägersche Methode derart abgeändert, daß man nach ihr die absoluten Werte von α finden kann.

Verschaffelt und Frl. Van der Noot (1911) haben die Ansicht ausgesprochen, daß man zur Berechnung von α aus beobachteten h überhaupt keine der theoretischen Formeln benutzen darf. Sie bestimmten rein empirisch die Funktion $h = f(r)$ und fanden, daß sie für verschiedene Flüssigkeiten durch Kurven von gleicher Form dargestellt werden; aus den Dimensionen dieser Kurven ließen sich die relativen Werte der Größen α ermitteln. Frl. Van der Noot hat nach dieser Methode die Spannung an der Berührungsfläche von Wasser mit Benzol, Äther, Schwefelkohlenstoff, Nitrobenzol und Anilin bestimmt. Michaud hat den Druck gemessen, der eine Flüssigkeit gerade verhindert, in einer Kapillarröhre emporzusteigen.

II. Methode der parallelen Platten (Bestimmung von a^2). Wir hatten Formel (17) auf S. 203 unter der Voraussetzung abgeleitet, daß h die Höhe der Flüssigkeitsschicht zwischen den um d voneinander abstehenden Platten sei. Wir erhalten hier die Korrektion für h, wenn wir zum Gewichte $dh\delta$ der Flüssigkeitssäule mit der Einheit der Breite noch das Gewicht des zylindrischen Meniskus hinzufügen; letzteres ist gleich dem Gewichte $d \cdot \frac{1}{2}\,d\delta$ des Prismas, vermindert um das Gewicht $\frac{1}{2}\,\pi\left(\frac{d}{2}\right)^{2}\delta$ des Halbzylinders. Das Gewicht der gehobenen Masse ist folglich gleich $d\delta\left(h + \frac{1}{2}\,d - \frac{\pi}{8}\,d\right)$. Offenbar ergibt Formel (18) den Wert $\left(\text{es ist } \frac{1}{2} - \frac{\pi}{8} = 0{,}107\right)$

$$a^2 = \frac{2\,\alpha}{\delta} = d\,(h + 0{,}107\,d) \quad \cdots \cdots \cdots \quad (25)$$

Grunmach (1910) bestimmte α mit Hilfe nichtparalleler Platten, d. h. auf Grund der Formel (19), S. 204.

III. Methode von Wilhelmy (Bestimmung von α). Läßt man eine vertikale Platte teilweise in eine Flüssigkeit eintauchen, so hebt sich an derselben entlang eine gewisse Flüssigkeitsmenge. Ihr Gewicht, bezogen auf die Längeneinheit der Umgrenzung, ist gleich $\alpha \cos \Theta$, d. h. gleich der vertikalen Komponente der Spannung. Bezeichnet man mit l die Breite, mit d die Dicke der Platte, so ist $2\,(l + d)\,\alpha \cos \Theta$ das Gewicht der gehobenen Flüssigkeitsmenge, so daß der scheinbare Gewichtsverlust der Platte

$$p = l\,d\,h\,\delta - 2\,(l + d)\,\alpha \cos \Theta \ \ldots \ldots \quad (26)$$

beträgt, wo h die Tiefe bedeutet, bis zu welcher die Platte eingetaucht ist. Richtet man es derart ein, daß $\Theta = 0$ wird, so kann obige Formel zur Bestimmung der Größe α dienen.

IV. Methode der abreißenden Platte (Bestimmung von α und a^2). Eine horizontale Platte, deren Oberfläche gleich S, deren Umfang gleich s ist, wird zur Berührung mit der Flüssigkeitsoberfläche gebracht, während sie an einem Ende eines Wagebalkens hängt. Man bestimmt nun das Gewicht P, welches die Platte von der Flüssigkeitsoberfläche gerade loszureißen vermag. Vergrößert man die Belastung der Wage ganz allmählich, so sieht man, wie sich die Flüssigkeit zugleich mit der Platte bis zu einer gewissen Höhe z hebt, die für den Augenblick des Losreißens, d. h. für den Augenblick, wo sie ihren größten Wert erreicht, mit h bezeichnet werden möge. Es sei Θ der Winkel zwischen der Tangentialebene an die Flüssigkeitsoberfläche dort, wo sie den Plattenrand berührt und einer vertikalen durch den Plattenrand gehenden Ebene (oder einer vertikalen Tangente an denselben); das Gewicht der gehobenen Flüssigkeitsmenge ist gleich $S\,z\,\delta$, die vertikale Komponente der Spannung ist gleich $s\,\alpha \cos \Theta$ und die Belastung p ist daher gleich

$$p = S\,z\,\delta + s\,\alpha \cos \Theta \ \ldots \ldots \ldots \quad (27)$$

Im Augenblick des Losreißens ist $\Theta = 0$, $p = P$, $z = h$, so daß $P = S\,\delta\,h + s\,\alpha$ wird. Nach der Theorie von Laplace, s. u. (33), ist die Höhe

$$h = a = \sqrt{a^2} = \sqrt{\frac{2\,\alpha}{\delta}},$$

folglich ist

$$P = S\,\sqrt{2\,\alpha\,\delta} + s\,\alpha = S\,\delta\,a + \frac{s\,\delta\,a^2}{2} \ \ldots \ldots \quad (28)$$

Hat man P bestimmt, so kann man a^2 oder α durch Rechnung finden. Leduc und Sacerdote (1902) und Gallenkamp (1902) haben diese Methode näher untersucht.

14*

V. Methode der Tropfenwägung (Bestimmung von α). Wenn eine Flüssigkeit aus einer engen vertikalen Röhre langsam herausfließt, so bilden sich Tropfen, die, nachdem sie ein gewisses Gewicht p erlangt haben, herabfallen. Vor dem Niederfallen nehmen sie die in Fig. 103 dargestellte Form an; diese wird durch die Spannung längs dem Umfange des etwas zusammengezogenen Teiles aufrecht erhalten. Bezeichnet man den Radius des horizontalen Querschnittes an der Kontraktionsstelle mit r, so ist

$$p = 2\pi r\alpha \ldots \ldots \ldots \ldots \ldots (29)$$

Bestimmt man nun p und r, so findet man auch α; p wird durch Wägung einer bestimmten Anzahl von Tropfen ermittelt. Schwieriger ist die Bestimmung des Radius r, welcher etwas kleiner als der innere Radius der Röhre ist. Man kann die Tropfen auch erhalten, indem man die Flüssigkeit an einem Stäbchen herabrinnen läßt. Guye und Perrot haben diese Methode kritisch untersucht (1901 und 1903);

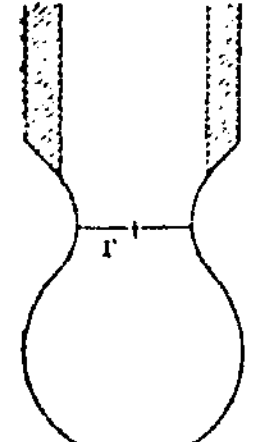

Fig. 103.

sie fanden, daß die Formel (29) den Beobachtungen nicht entspricht. Guglielmo (1903) ersetzte sie durch die genauere

$$\alpha = \frac{p}{2\pi r}\left(1 + \frac{r}{R}\right) \ldots \ldots (29,a)$$

wo r der Radius der Ausflußöffnung und R der Krümmungsradius am untersten Punkte des Tropfens bedeutet. Das durch die Formel (29) ausgedrückte Gesetz wird meist als das Tatesche (1864) bezeichnet. Lohnstein (1908, 1913) und besonders Morgan und seine Schüler (1908 bis 1913), ferner Vaillant (1914) haben dies Gesetz sorgfältig untersucht. Sie gelangten aber zu widersprechenden Resultaten, auf die wir daher nicht näher eingehen.

Duclaux hat ein Alkoholometer in der Gestalt einer Pipette konstruiert, dessen inneres Volumen gleich 5 ccm war und aus dessen unterer Öffnung die Flüssigkeit abtropfte. Die Zahl der Tropfen, die man bei Entleerung einer Pipette erhielt, gab nach einer zugehörigen Tabelle den Prozentgehalt des reinen Alkohols an; so gab z. B. reines Wasser 100 Tropfen, 10 prozentiger Spiritus 145 Tropfen, 90 prozentiger Spiritus 259 Tropfen. Quincke hat die Methode der Tropfenwägung zur Bestimmung der Oberflächenspannung α von geschmolzenen Metallen und anderen Körpern verwandt, indem er die Enden von Stäbchen oder Drähten glühend machte und das Gewicht der sich bildenden und niederfallenden Tropfen bestimmte. So erhielt er z. B. für Ag den Wert $\alpha = 42{,}75$. Bei Bestimmung von $a^2 = \dfrac{2\alpha}{\delta}$ (wo δ die Dichte des flüssigen Körpers bedeutet) fand er, daß die Körper in Gruppen zerfallen, in denen a^2 ein bestimmtes Vielfaches von 4,3 ist: so ist a^2

nahezu gleich 4,3 für Br, S, P, NaBr, KBr und andere; nahezu gleich
4,3 × 2 = 8,6 für Hg, Pb, Ag, Wachs, Paraffin, Zucker und andere;
nahezu gleich 4,3 × 6 = 25,8 für Pd, Zn, Fe; nahezu gleich 4,3 × 20
= 86 für K.

VI. Methode der Größenbestimmung von Tropfen und
Bläschen. Auf einer horizontalen Fläche MN (Fig. 104) befinde sich
ein Tropfen AOB von solcher Größe, daß man unweit seines konvexen Randes die Krümmung seiner horizontalen Querschnitte vernachlässigen kann. Wir wählen zum Anfangspunkte der Koordinaten
den höchsten Punkt O des Tropfens; die x-Achse verlaufe horizontal,
die y-Achse vertikal; ein beliebiger Punkt D auf dem Meridiane des
Tropfens habe die Koordinaten x und y. Der Druck im Punkte O
ist gleich $K + H$, wo H den Außendruck, K den Normaldruck nach
der Laplaceschen Formel bedeutet. Ist δ die Dichte der Flüssigkeit,

Fig. 104.

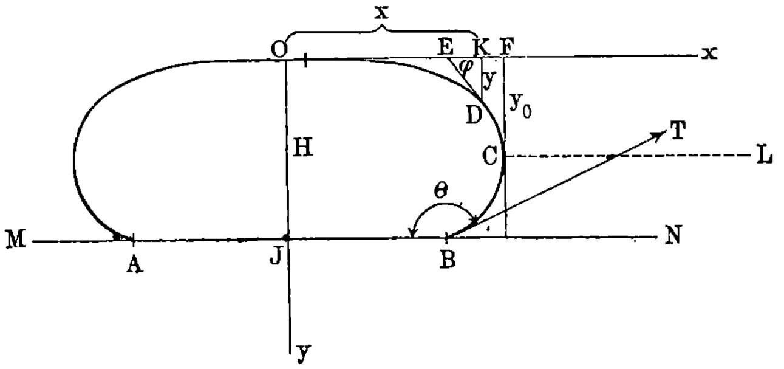

so beträgt der im Inneren des Tropfens auf den Punkt D übertragene
Druck $K + H + y\delta$; dieser muß dem in D herrschenden Drucke das
Gleichgewicht halten, welcher nach der Laplaceschen Formel gleich
$H + K + \alpha \left(\dfrac{1}{R_1} + \dfrac{1}{R_2} \right)$ ist. Nach der Voraussetzung ist aber der
Krümmungsradius des horizontalen Querschnittes im Punkte D unend-
lich groß, somit ist $R_1 = \infty$, R_2 dagegen ist gleich dem Krümmungsradius R des Meridians OCB im Punkte D. Aus der Gleichheit der
auf den Punkt D wirkenden Drucke folgt

$$K + H + y\delta = K + H + \frac{\alpha}{R} \quad \cdots \cdots \quad (30)$$

oder

$$y = \frac{\alpha}{\delta}\frac{1}{R} \quad \cdots \cdots \cdots \quad (31)$$

Für die Krümmung $\dfrac{1}{R}$ gilt der Ausdruck $\dfrac{1}{R} = \dfrac{d^2y}{dx^2} : \left\{ 1 + \left(\dfrac{dy}{dx} \right)^2 \right\}^{\frac{3}{2}}.$

Setzt man diesen Ausdruck in Formel (31) ein, so erhält man nach Multiplikation mit $dy = \dfrac{dy}{dx}\,dx$

$$y\,dy = \frac{\alpha}{\delta}\;\frac{\dfrac{d^2y}{dx^2}\dfrac{dy}{dx}\,dx}{\left\{1 + \left(\dfrac{dy}{dx}\right)^2\right\}^{\frac{3}{2}}} = -\,\frac{\alpha}{\delta}\,d\left\{\frac{1}{\left\{1 + \left(\dfrac{dy}{dx}\right)^2\right\}^{\frac{1}{2}}}\right\}.$$

Zieht man durch D die Tangente DE und setzt $\angle\,DEx = \varphi$, so ist $tg\,\varphi = \dfrac{dy}{dx}$, folglich $y\,dy = -\,\dfrac{\alpha}{\delta}\,d\cos\varphi$. Man hat hier das $(-)$ Zeichen zu nehmen, da für $\varphi < \dfrac{\pi}{2}$ der Ausdruck $d\cos\varphi < 0$ wird.

Durch Integration erhält man

$$\int\limits_0^y y\,dy = -\,\frac{\alpha}{\delta}\int\limits_0^{\varphi} d\cos\varphi$$

oder

$$y^2 = \frac{2\,\alpha}{\delta}\,(1 - \cos\varphi)$$

$$\left.\begin{aligned} y &= \sqrt{\frac{2\,\alpha}{\delta}}\;\sqrt{1 - \cos\varphi}\\[2mm] y &= \sqrt{a^2}\qquad \sqrt{1 - \cos\varphi} \end{aligned}\right\}\quad\dots\dots\dots\;(32)$$

Für den Punkt C, in welchem die Vertikalebene den Rand des Tropfens berührt, ist $\varphi = 90^0$, daher erhält man für die Ordinate $CF = y_0$ dieses Punktes den Ausdruck

$$y_0 = \sqrt{\frac{2\,\alpha}{\delta}} = \sqrt{a^2} = a\;\dots\dots\dots\;(33)$$

Dieses Resultat läßt sich leicht verallgemeinern: der Vertikalabstand zweier Elemente einer Flüssigkeitsoberfläche, von denen das eine horizontal, das andere vertikal ist, ist gleich der Quadratwurzel aus der Kapillaritätskonstante der Flüssigkeit. Hieraus erklärt sich auch, weshalb bei Ableitung der Formel (28) $h = a$ gesetzt wurde. Formel (33) ergibt

$$\left.\begin{aligned} a &= y_0\\[2mm] \alpha &= \frac{y_0^2\,\delta}{2} \end{aligned}\right\}\quad\dots\dots\dots\dots\dots\;(34)$$

Siedentopf hat nach obiger Methode den Wert von a^2 für geschmolzene Metalle (Cd, Sn, Pb, Hg, Bi) und Legierungen bestimmt. Für die Legierungen aus Zinn und Wismut konnte a^2 nach der

Mischungsregel berechnet werden, wenn die Werte a_1^2 und a_2^2 für geschmolzenes Sn und Bi bekannt waren. Ähnliche Untersuchungen hat Herzfeld für geschmolzenes Ni, Co und Fe ausgeführt, ferner Lohnstein, Heydweiller, Kasterin (1893), Gradenwitz (1899), Stöckle (Hg, 1898), G. Meyer (Hg, 1898) u. a. Frl. M. Petrow (1905) hat diese Methode benutzt, um α für Quecksilber bei Zimmertemperatur und bei der Erstarrungstemperatur zu vergleichen. Der Unterschied erwies sich als äußerst gering.

Fig. 104 gilt für den Fall, daß der Flüssigkeitstropfen die Oberfläche MN des festen Körpers nicht benetzt; man sieht aber leicht ein, daß Formel (34) sich auch auf eine unterhalb der Platte MN (Fig. 105) im Inneren einer Flüssigkeit vorhandene Luftblase beziehen muß.

Um die Entfernung $CF = y_0$ (Fig. 104) zu messen, bringt Lippmann nach L einen leuchtenden Punkt und stellt das Fernrohr des Kathetometers auf die helle Fokallinie ein, die bei C

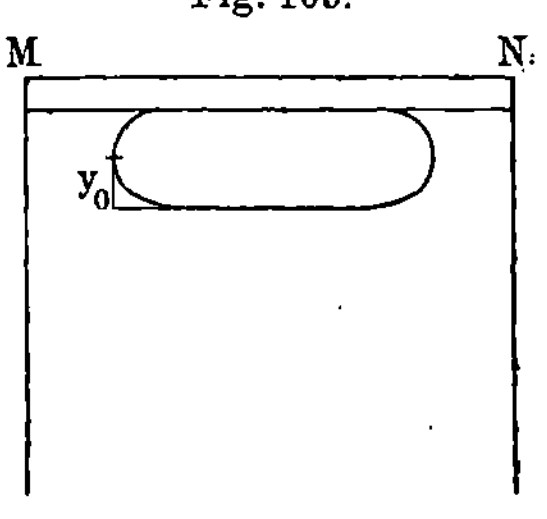

in einem Konvexspiegel erscheint. Begeht man bei Einstellung von L einen Fehler von 1 mm in vertikaler Richtung, so verschiebt sich hierdurch die Fokallinie nur um 0,001 mm. Quincke hat nach obiger Methode unter Benutzung liegender Tropfen bzw. schwimmender Luftblasen zahlreiche Bestimmungen von α ausgeführt. N. Kasterin benutzte kleine Tropfen und leitete für sie eine Theorie ab, die genauer ist als die, welche der eben erwähnten Methode von Quincke zugrunde liegt.

Auf der Untersuchung der Tropfenform beruht auch die Methode von W. Thomson (Lord Kelvin). Es handelt sich hierbei um einen Tropfen, der unter einem bekannten hydrostatischen Drucke p aus einer kleinen Öffnung heraustritt. Sind R_1 und R_2 die Hauptkrümmungsradien an einem beliebigen Punkte der Oberfläche des Tropfens, so erhält man α aus der Formel

$$\alpha \left(\frac{1}{R_1} + \frac{1}{R^2} \right) = p \quad \ldots \ldots \ldots \quad (34,\,a)$$

Worthington (1881 bis 1885) projektierte den Tropfen auf eine Wand; Verschaffelt und Nicaise (1912) und auch Ferguson (1912) photographierten den Tropfen. Eine bemerkenswerte Abänderung dieser Methode benutzten Raman (1907) und C. T. R. Wilson (1907).

VII. Messung von α für Flüssigkeiten im Lamellenzustande. Von den verschiedenen Methoden sei hier nur auf die verwiesen, welcher die Formel (19) auf S. 187 zugrunde liegt. Um α zu finden, hat man hiernach den Radius und den inneren Druck einer Blase (z. B. einer Seifenblase) zu messen.

VIII. **Messung der Spannung** $\alpha_{1,2}$ **an der Grenze zweier Medien.** Die Methode VI kann unmittelbar auch hier angewandt werden. Wir nehmen an, es befinde sich oberhalb des Tropfens AOB (Fig. 104) eine andere Flüssigkeit oder Fig. 105 stelle statt einer Luftblase einen Flüssigkeitstropfen dar, der in einer anderen Flüssigkeit schwimme. In diesem Falle erhält man statt (30) die Formel

$$K + H + y\,(\delta_1 - \delta_2) = K + H + \frac{\alpha_{1,2}}{R} \quad \cdots \quad (35)$$

wo δ_1 und δ_2 die Dichten zweier Flüssigkeiten und $\delta_1 > \delta_2$ ist. Offenbar gibt dann (35) anstatt der Formel (34) die Beziehung

$$\alpha_{1,2} = \frac{y_0^2}{2}\,(\delta_1 - \delta_2) \quad \cdots \cdots \cdots \quad (36)$$

Nach dieser Methode hat Quincke die Größe $\alpha_{1,2}$ für verschiedene Kombinationen aus je zwei Flüssigkeiten bestimmt. Es mögen hier einige der Resultate folgen, die er für die Spannung $\alpha_{1,2}$ erhielt:

	α_1	α_2	$\alpha_{1,2}$
Quecksilber—Wasser	55,03	8,25	42,58
Quecksilber—Alkohol	55,03	2,60	40,71
Quecksilber—CS_2	55,03	3,27	37,97
Wasser—CS_2	8,25	3,27	4,26
Wasser—Olivenöl	8,25	3,76	2,09

Frl. A. Pockels hat $\alpha_{1,2}$ mit Hilfe der Beziehung $\alpha_1 = \alpha_2 + \alpha_{1,2}$, vgl. (24, a) S. 191, bestimmt, indem sie α_1 und α_2 gesondert ermittelte. Die Größe $\alpha_{1,2}$ nimmt bisweilen, nachdem man die Flüssigkeiten miteinander in Berührung gebracht hat, schnell ab; dies erklärt sich dadurch, daß eine Schicht entsteht, welche ein Gemisch beider Flüssigkeiten darstellt. Antonow (1907) fand, daß $\alpha_{1,2}$ nahezu gleich ist $\alpha_1 - \alpha_2$ für den Fall der Berührung von Wasser mit Chloroform, Benzol, Äther und einigen anderen Flüssigkeiten.

IX. **Messung des Randwinkels** Θ. Der Randwinkel Θ kann unmittelbar bestimmt werden analog der Messung von Flächenwinkeln an Kristallen (Abt. I, S. 300), d. h. durch Beobachtung der Reflexion eines Lichtstrahles am Rande einer Flüssigkeitsmenge. Winkel Θ kann auch aus den Beobachtungen der Meniskushöhe h oder der Höhe H eines großen ebenen Tropfens berechnet werden.

Stellt KD in Fig. 104 eine vertikale Wandung dar, so ist $KD = h$ und $\Theta = 180 - \angle\, EDK = 180^0 - (90^0 - \varphi) = 90^0 + \varphi$, also $\varphi = \Theta - 90^0$; aus Formel (32) ergibt sich dann

$$h = a\,\sqrt{1 - \sin\Theta} \quad \cdots \cdots \cdots \quad (37)$$

Für Punkt B ist $y = H$ und $\varphi = 0$, folglich

$$H = a \sqrt{1 - \cos \Theta} \qquad \dots \dots \dots \quad (38)$$

Die Formeln (37) und (38) liefern a^2 und Θ; für Quecksilber findet man $\Theta = 138^0$.

X. Methode der kleinen Wellen. Eine Glasplatte ist an einer der Zinken einer tönenden Stimmgabel befestigt und ruft auf der Oberfläche einer in einer flachen Schale befindlichen Flüssigkeit eine kontinuierliche Reihe von Wellen hervor. Kennt man die Schwingungszahl N der Stimmgabel, so hat man nur die Wellenlänge λ zu messen (nach der stroboskopischen Methode, wobei die Wellen unbeweglich scheinen). Auf S. 280 werden wir die Formel

$$\alpha = \frac{N^2 \lambda^3 \delta}{2 \pi g} \cdot \qquad \dots \dots \dots \quad (38,\text{a})$$

herleiten (δ ist hier die Gewichtsdichte der Flüssigkeit), welche für kleine λ den Zusammenhang zwischen N und α liefert und auf diese Weise α finden läßt. Die vorliegende Methode ist insbesondere von Dorsey (1897) und Grunmach (1899 bis 1913) angewandt worden. Letzterer benutzte sie zur Bestimmung von α für geschmolzene Metalle und für verflüssigte Gase. In seiner ersten Arbeit untersuchte er die flüssigen SO_2, NH_3 und Cl_2 und die Pictetsche Flüssigkeit (Mischung von flüssigem SO_2 und CO_2). Sodann fand er (1901) für flüssige Luft $\alpha = 12 \frac{\text{Dyn}}{\text{cm}}$ und $a^2 = 23,2$; für flüssigen Sauerstoff (1907) $\alpha = 13,074$, $a = 23,038$ bei $-182,7^0$. Ferner hat Grunmach Mischungen von Wasser und Essigsäure (1909) und Mischungen von Wasser und Alkohol (1912) untersucht. Endlich baute er (1913) einen Apparat, um die Kapillarwellen zu photographieren und mikrometrisch auszumessen. Mit Hilfe der Kapillarwellenmethode hat auch Kolowrat α für Wasser gemessen.

XI. Verschiedene andere Methoden. Außer den im Vorhergehenden aufgezählten Methoden zur Bestimmung der Größen α und a^2 gibt es noch manche andere, so z. B. die Methode von Sentis für Quecksilber, auf welchem ein Prisma aus Eisen schwimmt. Aus der Größe der Vertiefung, welche das Prisma hervorrief, konnte er die Größen α und a^2 berechnen. A. M. Mayer (1897) brachte reine Metallringe, welche ein kleines Schälchen tragen, auf Wasser, streute Sand auf das Schälchen und bestimmte das Gesamtgewicht von Ring und Schälchen, bei welchem der Ring ins Wasser einzutauchen begann.

Von den zahlreichen weiteren Methoden wollen wir noch einige kurz erwähnen.

Die Methode der pulsierenden Flüssigkeitsstrahlen und die Methode der pulsierenden fallenden Tropfen (Kap. IX, § 3). Die Pulsationen, um die es sich hier handelt, werden durch die Oberflächenspannung hervorgerufen. Die erste Methode wurde von Rayleigh (1879) vorgeschlagen und von Piccard (1890), G. Meyer (1898), Pedersen (1907) und Bohr (1909) angewandt. Die zweite Methode wurde insbesondere von Lenard (1887, 1910) ausgearbeitet und von Jahnke (1909) benutzt, in dessen Arbeit man auch eine ausführliche Darstellung der ziemlich schwierigen Theorie finden kann.

Methode der Messung des Druckes in kleinen Blasen. In die Flüssigkeit wird eine vertikale Röhre getaucht und der Druck p gemessen, unter dem am unteren Ende der Röhre Luftblasen sich loslösen. In diesem Falle ist

$$\alpha = \frac{r}{2}\, p \quad \cdots \cdots \cdots \cdots \quad (39)$$

hier ist r der innere Radius der Röhre. Diese Methode wurde von Cantor (1892) vorgeschlagen und von Monti (1897), Feustel (1905), Zlobicki (1906), Zickendraht (flüssiger Schwefel, 1906) und Magini (1910) benutzt. Feustel ersetzte die Formel (39) durch die genauere

$$\alpha = \frac{r}{2}\, p \left(1 - \frac{2}{3}\, \frac{\delta r}{p} - \frac{\delta^2 r^2}{p^2} \right) \quad \cdots \cdots \quad (39,\ a)$$

hier ist δ die Gewichtsdichte der Flüssigkeit.

Nach dieser Methode hat F. Jäger (1914 bis 1917) und seine Schüler zahlreiche Stoffe zwischen -80 und 1650° untersucht. Dabei ergab sich, daß die Oberflächenspannung der geschmolzenen Halogenide der Alkalimetalle, ferner die der Sulfate, Nitrate und anderer organischer Salze von Na, K, Rb, Cs viel höher ist als bei den organischen Flüssigkeiten; sie übertrifft sogar die des Wassers bei einzelnen Salzen (bis zu 250 Erg pro Quadratzentimeter, Wasser 72,6 Erg pro Quadratzentimeter). Die Temperaturkoeffizienten sind im allgemeinen bei den Halogensalzen kleiner als bei den organischen Flüssigkeiten und verlaufen in den meisten Fällen nahezu geradlinig.

§ 11. Weitere Messungsergebnisse von α und a^2. Einfluß der Temperatur. Wir haben bereits einige Zahlenwerte für α und a^2 angeführt und wollen nunmehr auf einige Folgerungen verweisen, die sich aus diesen Zahlen ergeben, und auch noch einige weitere Resultate anführen.

Die Zusammenstellung auf S. 209 zeigt, daß die Spannung des Chloroforms größer als die des Äthers, aber kleiner als die des Wassers ist. Die Dichte des Chloroforms ist 1,52, die des Äthers 0,74. Befindet sich in einer Schenkelröhre (Fig. 106) Chloroform $A\,B$ und gießt man darauf Wasser BC und Äther AD, so entsteht in B ein konvexer, in A ein konkaver Meniskus.

Eine Übersicht der Messungen von α für Quecksilber findet sich in der Arbeit von Cenac (1913). Amalgame wurden von G. Meyer (1911) und F. Schmidt (1912) untersucht. Es zeigte sich, daß Zn, Cd, Tl, Au, Sn und Pb selbst bei starken Konzentrationen die Größe α nur sehr wenig beeinflussen; die ersten drei vergrößern, die letzten drei verringern α. Ferner vergrößern Li, Ca, Sr und Ba die Größe α, während Na, K, Rb und Cs sie verringern; in beiden Fällen ist die Änderung selbst bei schwachen Konzentrationen eine sehr bedeutende. Die ersten Spuren von Na, K, Rb und Cs haben aber gar keinen Einfluß auf α, dessen stärkste Änderung bei einer bestimmten, nicht großen Konzentration stattfindet. Ein äußerst geringes α besitzt die Flüssigkeit $Ni(CO)_4$.

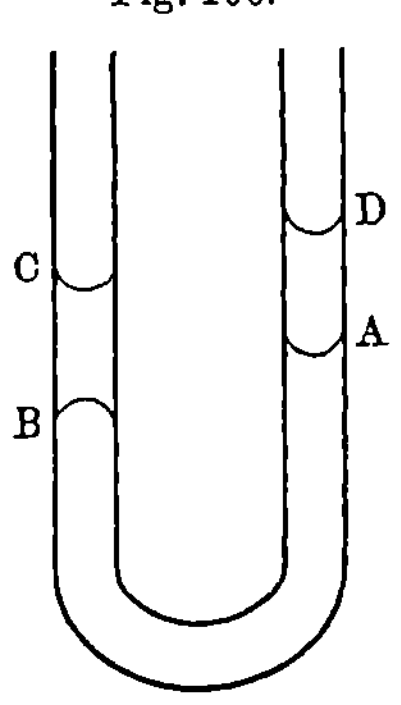
Fig. 106.

Quincke hat (1877) die Werte von α und a^2 für Lösungen von Salzen und Säuren im Wasser und Alkohol bestimmt. Es zeigte sich dabei, daß die Spannung α nahezu proportional der Zahl y der Äquivalente des Salzes wächst, welche in 100 Äquivalenten Wasser gelöst sind. Die kapillaren Eigenschaften der Lösungen haben ferner untersucht Sentis, Kasankin, Klupathy, C. Forch (1899), Agnes Pockels (1902), Brümmer (1902), Grabowsky (1904), Zemplèn (1907), Heydweiller (1908), Srebnitzki (1912) u. a. Forch fand, daß das Gesetz, nach welchem die Spannung proportional der Menge der gelösten Substanz wächst, sich für Lösungen von $NaCl$, Na_2SO_4, $NaNO_3$, Phosphorsäure und Zucker bestätigt. Heydweiller und seine Schüler haben für Lösungen die Formel

$$\alpha = \alpha_0 (1 + Am + Bm^2 + Ci) \quad\quad\quad (40)$$

aufgestellt; hier bezieht sich α_0 auf das reine Wasser, A, B und C sind Konstante, m ist die Konzentration der Lösung und i der Grad der elektrolytischen Dissoziation (Kap. VII, § 4 und Band IV). Srebnitzki hat α für Lösungen zweier Stoffe als lineare Funktion der Konzentrationen dieser Stoffe dargestellt.

Mit Zunahme der Temperatur nehmen α und a^2 ab. Untersuchungen von Volkmann (1895) haben für Wasser ergeben:

$t =$	0^0	5^0	10^0	15^0	20^0	25^0	30^0	35^0	40^0
$a^2 =$	15,387	15,266	15,109	14,969	14,833	14,694	14,552	14,41	14,29
$\alpha =$	7,693	7,633	7,552	7,478	7,403	7,325	7,245	7,16	7,09

Monti fand (1897), daß α für Wasser beständig abnimmt, wenn die Temperatur von 0 bis 30^0 wächst. Zwischen 4 und 0^0 tritt keine besondere Erscheinung auf. Kasterin hat die Oberflächenspannung des Äthers bei hohen Temperaturen untersucht und auch überhaupt die Abhängigkeit der Kohäsion von Flüssigkeiten von der Temperatur studiert. Er fand unter anderem, daß bei Temperaturzunahme die Kohäsion einer Flüssigkeit schneller abnimmt als das Quadrat der Dichte.

Für viele Flüssigkeiten werden α und a^2 durch lineare Funktionen der Temperatur dargestellt

$$\alpha = \alpha_0 \, (1 - \beta \, t) \quad \ldots \ldots \ldots \quad (41)$$
$$a^2 = a_0^2 \, (1 - \gamma \, t) \quad \ldots \ldots \ldots \quad (42)$$

B. Weinberg findet für Wasser $\beta = 0,002\,254$, $\gamma = 0,001\,975$, wenn t zwischen 0 und 70^0 schwankt. Cantor (1892), Siedentopf (1892) und Cenac (1913) fanden für Quecksilber $\beta = 0,0005$; Frl. Skala (1912) untersuchte Lösungen von Glyzerin in Wasser. Sie fand, daß für Lösungen, welche mehr als 60 Proz. Glyzerin enthalten, β negativ ist (die Spannung wächst mit der Temperatur); für die 60proz. Lösung ist $\beta = 0$, für reines Glyzerin $\beta = -0,0012$, für reines Wasser $\beta = +0,002\,24$. Walden (1908) hat die Richtigkeit der Formeln (41) und (42) für eine große Anzahl von Flüssigkeiten innerhalb weiter Temperaturgrenzen bestätigt.

Mit Zunahme der Temperatur nähert sich a^2 der Null und bei einer gewissen Temperatur, die durch die Gleichung $t_1 = \dfrac{1}{\gamma}$ gegeben wird, erhält man $a^2 = 0$; die Flüssigkeit steigt bei dieser Temperatur in der Kapillarröhre nicht empor und die, für den flüssigen Aggregatzustand charakteristische Kohäsion ihrer Teilchen verschwindet; die Flüssigkeit hört auf, sich von einem Gase zu unterscheiden. Auf S. 27 nannten wir diese Temperatur die kritische, und in der Tat ist für Äther $\gamma = 0,005\,25$, woraus der Wert $t_1 = 191^0$ folgt, und dies steht mit den unmittelbaren Bestimmungen der kritischen Temperatur des Äthers (193^0) in guter Übereinstimmung. Für Wasser erhält man $t_1 = 332^0$ (anstatt 365^0) usw.

Verschaffelt hat die kapillaren Eigenschaften von flüssigem CO_2 und N_2O untersucht. Für flüssige CO_2 fand er als Steighöhe h in einer der Röhren $h = 26,04 - 0,825\,t$, woraus $h = 0$ für $t = 31,5^0$ wird. Für die Kapillaritätskonstante der flüssigen CO_2 und N_2O fand er

$$a^2 = A \left(1 - \frac{T}{T_c} \right)^B \quad \ldots \ldots \ldots \ldots \quad (43)$$

wo T_c die absolute kritische Temperatur der Flüssigkeit, A und B für beide Gase gleiche Zahlen sind, und zwar ist $B = 1,31$. Das Verhältnis $T : T_c$ stellt die sogenannte reduzierte Temperatur dar, mit deren Bedeutung wir uns im III. Bande bekannt machen werden.

Antonow (1907) fand, daß in dem kritischen Lösungsgebiete (Kap. VI, § 8) die Oberflächenspannung unabhängig ist von der Konzentration.

Die Elektrisierung hat, wie wir im IV. Bande sehen werden, einen großen Einfluß auf die Oberflächenspannung.

Nach einem Zusammenhange zwischen der Größe α und der chemischen Zusammensetzung haben Mendelejew, Wilhelmy, Schiff, Eötvös, Ramsay und Shields, J. Hock u. a. gesucht.

Eötvös war der erste, der den Begriff der molekularen Oberflächenenergie einführte. Ist M das Molekulargewicht einer Flüssigkeit, v das spezifische Volumen, so ist, wie wir sahen, Mv das Molekularvolumen. Die Größe $(Mv)^{\frac{2}{3}}$ kann als Molekularoberfläche aufgefaßt werden. Die Größe $\alpha(Mv)^{\frac{2}{3}}$ ist dann die molekulare Oberflächenenergie. Eötvös fand, daß $\dfrac{d\,\alpha(Mv)^{\frac{2}{3}}}{dt} = \text{const}$ ist, was integriert $\alpha(Mv)^{\frac{2}{3}} = k(\vartheta - t)$ lieferte; hier bedeutete ϑ die kritische oder eine der kritischen nahe Temperatur, t die Beobachtungstemperatur und k eine Konstante, die für alle einfachen, d. h. nicht polymerisierte Stoffe gleich groß sein sollte. Ramsay und Shields ersetzten die letzte Gleichung durch die folgende

$$\alpha(Mv)^{\frac{2}{3}} = k\,(\tau - d) \quad . \quad . \quad . \quad . \quad . \quad . \quad . \quad (44)$$

Hier ist τ die Differenz zwischen der kritischen und der beobachteten Temperatur, d und k sind konstante Größen, und zwar ist d stets nahe gleich 6 (manchmal auch größer). Die Konstante k sollte nun nach Ramsay und Shields für alle Flüssigkeiten ungefähr den gleichen Wert haben, und zwar sollte im Mittel $k = 2{,}12$ sein. Wird dieser Wert als gegeben angenommen, so kann aus den bei verschiedenen Temperaturen beobachteten Werten von α das Molekulargewicht der Substanz berechnet und auf diese Weise die Existenz einer Polymerisation entdeckt werden. Versuche von Dutoit und Friederich (1900) zeigten, daß k für verschiedene Flüssigkeiten zwischen 1,53 und 2,63 schwankt. Für eine gegebene Flüssigkeit ist aber k tatsächlich konstant, falls sie in dem Versuchsintervall ihr Molekulargewicht nicht ändert.

Baly und Donnan fanden, daß für verflüssigte Gase $k = 2$ ist, und dieselbe Zahl ergaben die Versuche von Mc. Intosh und Steele (1906) für HBr, HJ und H_2S; außerdem fanden sie $d = 16{,}3$ für HBr, $d = 15{,}7$ für HJ, $d = 0{,}2$ für H_2S und $d = -11{,}9$ für HCl. Guye und seine Schüler (1904) haben ebenfalls k bestimmt und Werte bis $k = 3{,}68$ gefunden. Ferner hat Walden (1911) für zahlreiche

Flüssigkeiten k bestimmt und Zahlen bis $k = 6{,}21$ erhalten. Andererseits fand er für Äthylencyanid $k = 0{,}565$ bis $0{,}601$ und für Formamid $k = 0{,}594$ bis $0{,}710$. Ist $k < 2{,}12$, so ist die Flüssigkeit wahrscheinlich assoziiert, bei $k > 2{,}12$ dissoziiert. Batschinski (1912) hat die Formel (44) verändert, indem er statt der kritischen Temperatur eine andere einführte, welche er die metakritische nennt. Den Einfluß der Temperatur untersuchten ferner Walden und Swinne. Zuerst (1912) bestimmten sie k für 38 organische Flüssigkeiten, von denen 31 überhaupt zum ersten Male untersucht wurden. Es fanden sich für k Werte zwischen $2{,}30$ und $3{,}51$. Später (1913) untersuchten sie 8 weitere Flüssigkeiten, für welche k zwischen $2{,}20$ und $3{,}32$ schwankte. Sie zeigten, daß k eine lineare Funktion der Größe $\Sigma \sqrt{A}$ ist, wo A die Atomgewichte der das Molekül bildenden Atome bedeuten.

Weiter erschienen (1913) noch die Untersuchungen von Bennet und Mitchell, Kistjakowski, Madelung, Born und Courant und Cenac. Von diesen Forschern haben Madelung und Born und Courant die Formel (44) theoretisch abgeleitet. Cenac bestimmte k für Hg; gegen die Arbeit hat sich Morgan gewandt. Kistjakowski (1904) fand die Formel

$$Ma^2 = CT. \quad \ldots \ldots \ldots \ldots \quad (45)$$

Hier sind M das Molekulargewicht, T die absolute Siedetemperatur der Flüssigkeit und $C = 1{,}16$. Walden (1908) ist unabhängig ebenfalls zu der Formel (45) gelangt und außerdem noch zu der wichtigen Beziehung

$$\beta\, T_c = \text{Const.} \quad \ldots \ldots \ldots \ldots \quad (45,\text{a})$$

wo T_c die absolute kritische Temperatur bedeutet und β durch (41) definiert ist. Swinne hat die letztere Formel theoretisch abgeleitet.

In sehr umfassender Weise hat in letzter Zeit F. Jäger (1914 bis 1917) mit seinen Schülern den Temperaturkoeffizienten der Oberflächenenergie von Flüssigkeiten untersucht. Auf Grund von an 72 organischen Flüssigkeiten angestellten Beobachtungen ergab sich, daß die Flüssigkeiten nach den Temperaturkoeffizienten der molekularen Oberflächenenergie sich in zwei Gruppen einteilen lassen: solche, bei denen der Mittelwert von k ungefähr gleich $2{,}2$, und solche, bei denen er beträchtlich kleiner ist. k ist nur in seltenen Fällen konstant, so daß die Beziehungen von Eötvös und Ramsay und Shields nicht als erfüllt gelten können. Die Zunahme von k scheint auch nicht durch die Assoziation oder Dissoziation bedingt zu sein.

§ 12. Größe des Radius ϱ der Molekularwirkungssphäre und Dicke der Übergangsschicht.

Wir betrachten zuerst einige Versuche, die Größe ϱ zu bestimmen.

Auf S. 188 war bereits erwähnt worden, daß Plateau aus Beobachtungen über die Dicke der Seifenblasen aus glyzerinhaltigem Seifenwasser den Schluß zog, daß ϱ nicht mehr als 56 $\mu\mu$ oder 0,056 μ, was etwa 0,1 der Wellenlänge des gelben Lichtes entspricht, betragen kann. Die Versuche von Drude geben für ϱ nicht mehr als 9 $\mu\mu$, die Beobachtungen von Reinold und Rücker sogar nicht mehr als 6 $\mu\mu$, wobei freilich vorausgesetzt ist, daß die Dicke des flüssigen Häutchens nicht kleiner als 2 ϱ sein könne.

Quincke hat ϱ nach folgender Methode bestimmt: er bedeckte eine Glasplatte AB (Fig. 107) mit einer keilförmigen Silberschicht CD, versenkte sie bis zu verschiedenen Tiefen ins Wasser und maß den Randwinkel Θ. In M am reinen Glase wurde ein Wert Θ_1 für diesen Winkel erhalten, in N, wo die Silberschicht schon eine genügende Dicke besaß, ein anderer Wert Θ_2. Wenn man von C weiter nach unten ging, wuchs der Randwinkel allmählich von Θ_1 bis auf Θ_2 und nahm Zwischenwerte an, was darauf hinweist, daß die Glasmasse durch die Silberschicht hindurch ihre Wirkung äußerte. Quincke maß die Dicke der Silberschicht an der Stelle, an welcher der Randwinkel den konstanten Wert Θ_2 annahm; diese Dicke muß dem gesuchten ϱ gleich sein. An Stelle von Wasser wurde auch Quecksilber genommen, wobei das Silber durch Kollodium, AgJ oder Ag_2S ersetzt wurde. Quincke findet für ϱ etwa 0,05 $\mu\mu$ und nur für Glas-Kollodium-Quecksilber erhält er $\varrho = 0,08\ \mu = 80\ \mu\mu$.

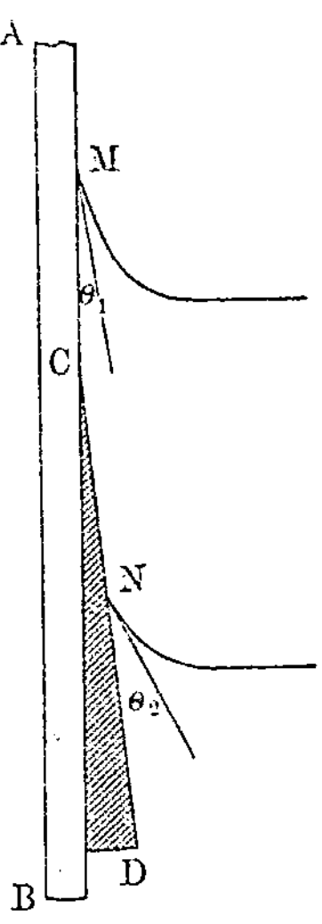

Fig. 107.

G. Vincent (1900) stellte sich die Aufgabe, die Dicke der Übergangsschicht an der Oberfläche eines Körpers zu messen. Es ist dies die inhomogene Schicht, welche sich an der Oberfläche eines jeden flüssigen oder festen Körpers ausbilden muß, während unterhalb dieser Schicht sich erst die eigentliche homogene Substanz befindet. Er untersuchte dünne Silberschichten, die auf Spiegelglasplatten auf chemischem Wege niedergeschlagen waren. Die Dicke der Silberschichten schwankte zwischen 0 und 170 $\mu\mu$. Indem er den elektrischen Widerstand solcher Schichten maß, gelangte er zu folgendem Ergebnis: Jede Silberschicht, deren Dicke größer als 50 $\mu\mu$ ist, besteht aus einer inneren homogenen Schicht, die sich zwischen zwei Übergangsschichten (von geringerer elektrischer Leitfähigkeit) befindet. Die Summe der Dicken der beiden Übergangsschichten ist gleich 50 $\mu\mu$. Dürfte man annehmen, daß beide Schichten die gleiche Dicke haben, so würde man für die Dicke der Übergangsschicht 25 $\mu\mu$ erhalten. G. Vincent glaubt, daß auch die von Quincke gemessene Größe nicht der Radius der Wirkungssphäre, sondern die Dicke der Übergangsschicht sei, und spricht die Vermutung aus, daß diese Dicke für alle Körper die gleiche sei. Moreau (1902) fand ebenfalls für die Dicke der Übergangsschicht den Wert 25 $\mu\mu$.

Literatur.

Oberflächenspannung und Kapillarität.

Geschichtliches: Gehler, Physikalisches Wörterbuch II, Kapillarität.
Jurin: Phil. Trans. **30**, Nr. 355, 363, 759, 1083 (1718).
Young: Phil. Trans. **1**, 65, 1805; Lectures on natural phylosophy II, p. 649, 1807.
Laplace: Supplem. au X livre du traité de mécanique céleste. Oeuvres, T. IV, p. 389.
Gauß: Principia generalia usw. Gesamm. Werke **5**, 9 (1867).
Poisson: Nouvelle théorie de l'action capillaire.
Weinstein: (Eine Vergleichung der Theorien.) Wied. Ann. **27**, 544, 1886.
Stahl: Pogg. Ann. **139**, 239, 1870.
Quet: Progrès de la capillarité. Paris 1867.
Segner: Commentationes Soc. sc. Goettingensis I, 1752.
Boussinesq: (Theorie.) Ann. éc. norm. **31**, 15, 1914.
Bakker: (Theorie.) Ztschr. f. phys. Chem. **21**, 497, 1897; **33**, 477, 1900; **48**, 1, 1904; **56**, 95, 1906; **60**, 464, 1907; **73**, 641, 1910; **80**, 129, 1912; **86**, 129; **89**, 1, 1914; **90**, 359, 1915; **91**, 571, 1916; Journ. de phys. (3) **8**, 545, 1899; **9**, 344, 1900; **10**, 135, 1901; (4) **1**, 105, 1902; **2**, 354, 1903; **3**, 927, 1904; **4**, 96, 1905; **5**, 550, 1906; **6**, 983, 1907; **9**, 409, 749, 1910; Ann. d. Phys. (4) **11**, 207, 1903; **17**, 471, 1905; **20**, 35, 981, 1906; **23**, 532, 1907; **24**, 381, 1907; **26**, 35, 1908; **29**, 738, 1909; **32**, 241, 1910; **48**, 770, 1915; **54**, 245, 1917; Phil. Mag. (6) **12**, 557, 1906; **14**, 509, 1907; **15**, 413, 1908; **17**, 333, 1909; **20**, 135, 1910; Théorie de la couche capillaire plane des corps purs. Scientia, phys. mathém. No. 31, 1911.
Bertrand: Journ. de Liouville **13**, 1832; **9**, 117, 1844.
Van der Mensbrugghe: Bull. de l'Acad. de Belgique (2) **22**, 272, 1866; **39**, 375, 1875; (3) **11**, 338, 1886; **17**, 518, 1889; **21**, 327, 1891; **24**, 343, 1892; **25**, 233, 1893; **26**, 37, 1893; **37**, 558, 1899; Annales de la Soc. scientif. de Bruxelles, T. 18, 1 partie; Mém. couronnés de l'Acad. de Belg. **34**, 1869. C. R. **115**, 1859; **121**, 461; Rapports Congrés intern. **1**, 487, 1900; Phys. Ztschr. **1**, 521, 1900; Ann. d. Phys. (4) **15**, 1043, 1904.
Mellberg: Om Ytspänningen, hos vätskor. Helsingfors 1871.
Van der Waals: Ztschr. f. phys. Chem. **13**, 657, 1894.
Hulshof: Ann. d. Phys. (4) p. 165, 1901.
Donnan: Ztschr. f. phys. Chem. **46**, 197, 1903.
Michl: Phys. Ztschr. **14**, 1218, 1913.
Worthington: Phil. Mag. (5) **18**, 334, 1884.
Quincke: Pogg. Ann. **134**, 356, 1868; **135**, 621, 1868; **137**, 402, 1869; **139**, 1, 1870; **160**, 371, 1877; Ann. d. chem. et phys. (4) **16**, 502, 1869; Wied. Ann. **27**, 222, 1886; **52**, 1, 1894; **61**, 266, 1897; **64**, 618, 1898; Ann. d. Phys. (4) **7**, 57, 631, 701, 1902; **9**, 1, 793, 969, 1902; **10**, 478, 673, 1903; **11**, 54, 449, 1099, 1903; **13**, 65, 217, 1904; **15**, 55, 1904.

R. Sresnewski: Kohäsion der wässerigen Lösungen des Chlorzinks (russ.). Journ. d. russ. phys.-chem. Ges. **13**, 242, 1881.

Duclaux: Théorie élém. de la capillarité. Paris 1872.

P. Hersel: Methoden zur Bestimmung der Oberflächenspannung. Iserlohn 1893.

J. Gromeka: Zur Theorie der Kapillaritätserscheinungen (russ.). Kasan 1886.

Plateau: Mém. de l'Acad. de Belg. 1843 bis 1863. Statique des liquides soumis aux seules forces molécul. Gand et Paris 1873. Pogg. Ann. **114**, 604, 1861.

Lederer: Wien. Ber. **121**, 17, 1912.

Ollivier: Ann. d. chim. et phys. (8) **10**, 229, 1907; Journ. de Phys. (4) **6**, 757, 1907.

Guye et Perrot: Arch. sc. phys. (4) **10**, 225, 349, 1901; **15**, 132, 1903.

Drude: Wied. Ann. **43**, 158, 1891.

Ruecker: Proc. Roy. Soc. London **26**, 334, 1877.

Reinold und Ruecker: Phil. Trans. London **174**, II, 645, 1883; **184**, A, 505, 1893; Wied. Ann. **44**, 778, 1891; Proc. Roy. Soc. **31**, 524, 1881.

E. Johonnott: Phil. Mag. (5) **47**, 501, 1899.

Dixon: Nature **68**, 199, 1903.

Schütt: Ann. d. Phys. (4) **13**, 712, 1904.

Simon (de Metz): Compt. rend. **12**, 892, 1841; Ann. chim. et phys. (3) **32**, 5, 1851.

Van der Waals: Kontinuität des gasförmigen und flüssigen Zustandes. Übers. von Roth. Leipzig 1881, S. 103.

Stefan: Wied. Ann. **29**, 655, 1886, vgl. Ztschr. physik. Ch. 1, 45, 1887.

Boys: Seifenblasen. Deutsche Übers. Leipzig 1893.

Oberbeck: Wied. Ann. **11**, 634, 1880.

Roiti: Nuov. Cim. (3) **3**, 1878. (Beibl. 1878, S. 381.)

Lehmann: Wied. Ann. **56**, 771, 1895.

Stark: Wied. Ann. **65**, 287, 1898; Münch. Ber. 1898, S. 91.

Rayleigh: Nature (engl.) **42**, 43, 1890.

Sohncke: Wied. Ann. **40**, 345, 1890.

Röntgen: Wied. Ann. **41**, 321, 1890.

Oberbeck: Wied. Ann. **49**, 366, 1893.

K. T. Fischer: Die geringste Dicke von Flüssigkeitshäutchen. Diss. München, 1897. Wied. Ann. **68**, 414, 1899 (enthält eine genaue Zusammenstellung der betreffenden Literatur).

Melsens: Ann. d. chim. et phys. (3) **33**, 170, 1851.

Ramsden: Arch. f. Physiologie u. Anatomie 1894, S. 517; Proc. Roy. Soc. **72**, 156, 1903; Ztschr. f. phys. Chem. **47**, 336, 1904.

Devaux: Proc.-verb. des Séances Soc. Phys. Bordeaux, Nov., Dec. 1903, Janv., Avr. 1904; Journ. de phys. (4) **3**, 450, 1904.

West: Proc. Roy. Soc. **86**, 20, 1911.

Metcalf: Ztschr. f. phys. Chem. **52**, 1, 1905.

Gallenkamp: Ann. d. Phys. (4) **9**, 475, 1902.

Ludwig: Ztschr. f. rat. Med. von Henle und Pfeufer 8, 19, 1849.

Mathieu: Ann. d. Phys. (4) **9**, 340, 1902.

Jamin: Leçons sur les lois de l'équilibre et du mouvement des liquides dans les corps poreux.

Jungk: Pogg. Ann. **125**, 292, 1865.

Lagergren: Bihang K. Svenska Vet. Akad. Hand. **24**, Abt. 2, 1899; Beibl. 1900, S. 754.

Hagen: Pogg. Ann. **67**, 1, 170, 1846.

Désains: Ann. chim. et phys. **51**, 385, 1832.

De Heen: Recherches touchant la phys. comparée. Paris 1888, p. 77.

Frankenheim: Die Lehre von der Kohäsion. Breslau 1835. Pogg. Ann. **72**, 177, 1847.

Wilhelmy: Pogg. Ann. **119**, 186, 1863; **121**, 44; **122**, 1, 1864.

Duclaux: Ann. chim. et phys. (4) **21**, 386, 1870.

Grunmach: Phys. Ztschr. **11**, 980, 1910; Verh. d. D. Phys. Ges. ,**12**, 647, 1910.

Leduc et Sacerdote: Compt. rend. **134**, 589, 1902; Journ. de Phys. (4) **1**, 364, 1903.

Guglielmo: Rend. Accad. dei Lincei **12**, 462, 1903; **15**, 287, 1906; N. Cim. **13**, 68, 1907.

Guye et Perrot: Arch. sc. phys. (4) **11**, 225, 345, 1901; **14**, 699, 1902; **15**, 132, 1903; Compt. rend. **135**, 458, 621, 1902.

Frl. M. Petrow: Journ. d. russ. phys.-chem. Ges. **37**, 203, 1905.

Tate: Phil. Mag. (4) **27**, 176, 1864.

Lohnstein: Ztschr. f. phys. Chem. **64**, 686, 1908; **84**, 410, 1913; Ann. d. Phys. (4) **20**, 237, 506, 1906; **21**, 1030, 1906; **22**, 737, 1907; Ztschr. f. phys. Chem. **94**, 410, 1913.

Morgan und seine Schüler: Journ. Amer. Chem. Soc. **30**, 360, 1055, 1908; **33**, 349, 643, 657, 672, 1041, 1060, 1275, 1713, 1911; Ztschr. f. phys. Chem. **63**, 151, 1908; **64**, 170, 1908; **77**, 339, 1911; **78**, 129, 148, 169, 185, 1912; Journ. Amer. chem. Soc. **35**, 1750, 1759, 1821, 1834, 1845, 1856, 1913; **37**, 1461, 1915; **38**, 555, 1916; Ztschr. f. phys. Chem. **89**, 385, 1914.

Vaillant: Compt. rend. **158**, 936, 1914.

Verschaffelt et Mlle. Van der Noot: Bull. de l'Acad. Belg. 1911, p. 383.

Mlle. Van der Noot: Bull. de l'Acad. Belg. 1911, p. 493.

Michaud: Compt. rend. **151**, 868, 1910.

Brunner: Pogg. Ann. **70**, 485, 1847.

Wolf: Pogg. Ann. **98**, 643, 1856; **101**, 550; **102**, 571, 1857.

Weinberg: Ztschr. f. phys. Chem. **10**, 34, 1892; Journ. d. russ. phys.-chem. Ges. **24**, 13 u. 44, 1892 (enthält ausführliche Literaturangaben bezüglich der Frage nach der Bestimmung von α und α^2 für Wasser).

Kasankin: Kapillare Eigenschaften der Salzlösungen (russ.). Kasan 1893.

Kasterin: Über Änderung der Kohäsion von Flüssigkeiten mit der Temperatur (russ.). Journ. d. russ. phys.-chem. Ges. **24**, phys. Teil, 196, 1892; **25**, 51, 203, 1893.

Lord Rayleigh: Phil. Mag. (5) **33**, 363, 1892.

Eötvös: Wied. Ann. **27**, 448, 1886.

Hall: Phil. Mag. (5) **36**, 385, 1893.

Sentis: Compt. rend. **118**, 1132, 1894; Journ. de phys. (2) **6**, 571, 1887; **9**, 384, 1890; (3) **6**, 183, 1897.

Siedentopf: Wied. Ann. **61**, 267, 1897.

Herzfeld: Wied. Ann. **62**, 450, 1897.

Lohnstein: Wied. Ann. **53**, 1062, 1894; **54**, 713, 1895.

Heydweiller: Wied. Ann. **62**, 695, 1897; **65**, 311, 1898.

Gradenwitz: Wied. Ann. **67**, 467, 1899.

Stoeckle: Wied. Ann. **66**, 499, 1898.

Worthington: Proc. Roy. Soc. 1881; Phil. Mag. (5) **20**, 1885.

Verschaffelt et Nicaise: Bull. de l'Acad. de Belg. 1912, p. 192.

Ferguson: Phil. Mag. (6) **23**, 417, 1912.

Raman: Phil. Mag. (6) **14**, 591, 1907.

Wilson: Cambr. Proc. **14**, 206, 1907.

Monti: Nuovo Cim. (4) **5**, 5, 186, 1897.
G. Meyer: Wied. Ann. **66**, 523, 1898.
Jaeger: Wien. Ber. **100**, IIa, 258, 493, 1891.
Brjuchanow: Mitteil. d. phys.-mathem. Ges. bei der kaiserl. Univ. zu Kasan (russ.) (2) **7**, 203, 1898.
Agnes Pockels: Wied. Ann. **67**, 669, 1899; Ann. d. Phys. (4) **8**, 854, 1902.
A. M. Mayer: Sill. Journ. (4) **3**, 253, 1897.
Dorsey: Phys. Rev. **5**, 170, 213, 1897; Phil. Mag. (5) **44**, 369, 1897.
Antonow: Journ. d. russ. phys.-chem. Ges. **39**, chem. Teil, 342, 1907; Journ. Chim. Phys. **5**, 372, 1907.
Grunmach: Verh. d. D. Phys. Ges. **1**, 13, 1899; **4**, 279, 1902; **6**, 243, 1904; **8**, 385, 1906; **15**, 134, 1913; Berl. Ber. 1900, S. 829; 1901, S. 914; 1904. S. 1198; 1906, S. 679; Ann. d. Phys. (4) **3**, 660, 1900; **4**, 267, 1901; **6**, 559, 1901; **9**, 1261, 1902; **15**, 401, 1904; **22**, 107, 1907; **28**, 217, 1909; **38**, 1018, 1912; Phys. Ztschr. **1**, 613, 1900; **3**, 217, 1902; **5**, 677, 1904; **7**, 740, 1906; Boltzmann-Festschrift, S. 460, 1904; Wissenschaftl. Abhandlungen der Normal-Eichungskommission, Heft III, VII.
A. M. Mayer: Amer. Journ. Soc. (4) **3**, 253, 1897.
Feustel: Ann. d. Phys. (4) **16**, 61, 86, 1905.
F. M. Jäger und seine Schüler: Versl. K. Ak. van Wet **23**; 330, 365, 386, 395, 405, 416, 611, 627, 1464, 1914; **24**, 220, 1915; **25**, 284, 301, 308, 1916.
Bohr: Phil. Trans. (A) **209**, 281, 1909; Proc. Roy. Soc. **84**, 395, 1910.
Rayleigh: Proc. Roy. Soc. **29**, 71, 1879.
Piccard: Arch. sc. phys. et nat. (3) **24**, 561, 1890.
G. Meyer: Wied. Ann. **66**, 523, 1898.
Pedersen: Proc. Roy. Soc. **80**, 26, 1907; Phil. Trans. **207**, 341, 1907.
Lenard: Wied. Ann. **30**, 209, 1887; Heidelb. Ber. 1910, Nr. 18.
Jahnke: Diss. Heidelberg, 1909.
Cantor: Wied. Ann. **42**, 442, 1892.
Monti: N. Cim. (4) **5**, 1897.
Zlobicki: Bull. Cracov. 1906, S. 497.
Zickendraht: Ann. d. Phys. (4) **21**, 141, 1906.
Magini: Rend. R. Accad. dei Lincei (5a) **19**, 184, 1910.
Forch: Wied. Ann. **68**, 801, 1899; Ann. d. Phys. (4) **17**, 744, 1905; **18**, 867, 1905.
Kolovrat: Journ. d. russ. phys.-chem. Ges. **36**, 265, 1904.
Brümmer: Diss. Rostock, 1902.
Grabowsky: Diss. Königsberg, 1904.
Zemplèn: Ann. d. Phys. (4) **20**, 783, 1906; **22**, 391, 1907.
Knipp: Phys. Rev. **11**, 129, 1900.
Humphreys und Mohler: Phys. Rev. **2**, 387, 1894.
Hock: Wien. Ber. **108**, 1516, 1900.
Wilhelmy: Pogg. Ann. **121**, 55.
Schiff: Lieb. Ann. **223**, 47.
Heydweiller: Ann. d. Phys. (4) **33**, 145, 1910; Verh. d. D. Phys. Ges. 1908, S. 245.
Lewis: Ztschr. f. phys. Chem. **73**, 129, 1910; **74**, 619, 1910.
Cenac: Ann. Chim. Phys. (8) **29**, 298, 1913.
G. Meyer: Phys. Ztschr. **12**, 975, 1911; Verh. d. D. Phys. Ges. 1911, S. 793.
F. Schmidt: Ann. d. Phys. (4) **30**, 1108, 1912; Diss. Freiburg, 1911.
Heydweiller: Verh. d. D. Phys. Ges. 1908, S. 245; Ann. d. Phys. (4) **33**, 145, 1910.
Juliana Skala: Wien. Ber. **121**, 1213, 1912.

Walden: Ztschr. f. phys. Chem. **65**, 129, 257, 1908; **66**, 385, 1909; **70**, 569, 1909; **75**, 555, 1911; Ztschr. f. Elektrochem. **14**, 713, 1908. Jon **1**, 402, 1909.

McIntosh a. Steele: Ztschr. f. phys. Chem. **55**, 129, 1906; Phil. Trans. (A) **205**, 99, 1905.

Guye et Homfray: Journ. Chim. Phys. **1**, 529, 1904.

Guye et Rolle: Journ. Chim. Phys. **3**, 40, 1905.

Batschinski: Ztschr. f. phys. Chem. **75**, 665, 1911; **82**, 90, 1913.

Walden und Swinne: Ztschr. f. phys. Chem. **79**, 700, 1912; **82**, 271, 1913.

Swinne: Ztschr. f. phys. Chem. **79**, 461, 1912.

Bennet und Mitchell: Ztschr. f. phys. Chem. **84**, 475, 1913.

Madelung: Phys. Ztschr. **14**, 729, 1913.

Born und Courant: Phys. Ztschr. **14**, 731, 1913.

Srebnitzky: Journ. d. russ. phys.-chem. Ges. **44**, 145, 1912.

Marenin: Journ. d. russ. phys.-chem. Ges. **45**, 28, 1913.

Hesehus: Journ. d. russ. phys.-chem. Ges. **45**, 31, 1913.

Kistjakowski: Isvestija d. St. Petersb. Polytechn. Inst. **1**, 441, 1904; Ztschr. f. Elektrochem. **12**, 513, 1906; Journ. d. russ. phys.-chem. Ges. **45**, chem. Teil, 782, 1913.

Rances: Phil. Mag. (6) **14**, 591, 1907.

Ramsay und Shields: Ztschr. f. phys. Chem. **12**, 433, 1893.

Eötvös: Wied. Ann. **27**, 448, 1886.

Dutoit und Friederich: Arch. sc. phys. (4) **9**, 105, 1900; Compt. rend. **130**, 327, 1900.

Volkmann: Wied. Ann. **11**, 187, 1880; **17**, 356, 1882; **28**, 136, 1886; **56**, 457, 1895; **62**, 507, 1897; **66**, 194, 1898.

Marangoni: Journ. de phys. (3) **2**, 68, 1893.

Klupathy: Mathem. und naturw. Ber. aus Ungarn **5**, 101, 1887; Beibl. **12**, 750, 1888.

Piltschikow: Journ. d. russ. phys.-chem. Ges. **20**, phys. Teil, 83, 1888.

Verschaffelt: Zittingsverlag. Kon. Akad. v. Wet. Amsterdam, 1895 bis 1896, S. 74; Beibl. **20**, 343, 1896; Communic from the labor. of the univers. of Leyden No. 18, 28; Referat in Journ. de phys. (3) **6**, 444, 445, 1897.

Krajewitsch: Journ. d. russ. phys.-chem. Ges. **7**, 129, 1875.

Kasankin: Das Aufsteigen von wässerigen Lösungen in Kapillarröhren (russ.). Journ. d. russ. phys.-chem. Ges. **23**, 122, 1891.

Kasankin: Kapillaritätskonstanten gesättigter Lösungen (russ.) Journ. d. russ. phys.-chem. Ges. **23**, 468, 1891.

G. Vincent: (Übergangsschicht.) Ann. chim. et phys. (7) **19**, 421, 433, 1900; **9**, 78, 1900; Phys. Ztschr. **1**, 429, 1900.

Moreau: Ann. chim. et phys. (7) **25**, 204, 1902.

Fuchs: Ann. d. Phys. (4) **21**, 825, 1906.

Sechstes Kapitel.

Lösungen von festen und flüssigen Körpern.

§ 1. Allgemeines über Lösungen. Wenn sich ein fester Körper in Berührung mit einer Flüssigkeit befindet, so geht er zum Teil oder ganz in den flüssigen Zustand über und bildet mit der gegebenen Flüssigkeit eine gleichartige Mischung, die Lösung genannt wird. Die Menge der festen Substanz, welche sich in einer gegebenen Flüssigkeitsmenge zu lösen vermag, ist begrenzt, und zwar hängt diese Grenze von der Art der beiden gewählten Subtanzen, von der Temperatur, dem Druck und überhaupt von den Verhältnissen ab, unter welchen die Lösung vor sich geht. Ist die erwähnte Grenze erreicht, so sagt man die Lösung sei gesättigt.

Leider wird der Begriff der Löslichkeit bis jetzt auf zwei verschiedene Arten definiert, wodurch leicht Mißverständnisse entstehen. Als Löslichkeit oder Löslichkeitskoeffizienten bezeichnet man:

1. Die Gewichtsmenge S einer Substanz, welche in 100 Gewichtsteilen des Lösungsmittels (Wasser, Alkohol usw.) enthalten ist.

2. Die Gewichtsmenge P einer Substanz, welche in 100 Gewichtsteilen der Lösung enthalten ist.

Der Zusammenhang zwischen S und P läßt sich leicht finden; sind S Teile der Substanz in 100 Teilen des Lösungsmittels enthalten, so sind sie in $100 + S$ Teilen der Lösung enthalten, daher sind in 100 Teilen der Lösung

$$P = \frac{100\,S}{100 + S} \quad \cdots \cdots \cdots \cdots (1)$$

Teile der gelösten Substanz enthalten. Umgekehrt ist

$$S = \frac{100\,P}{100 + P} \quad \cdots \cdots \cdots \cdots (2)$$

Häufiger wird der Koeffizient S gegeben; er kann zwischen Null und irgend beliebigen Zahlen liegen. Der Koeffizient P kann den Grenzwert 100 nie erreichen, da er dann einer unendlichen Löslichkeit entsprechen würde ($S = \infty$). Die Zusammensetzung von nichtgesättigten Lösungen wird durch die Größen s und p bestimmt, welche S und P entsprechen (Maximum von s und p) und ebenfalls durch die Formeln (1) und (2) miteinander verknüpft sind. Nur selten wird die Löslichkeit statt durch das Gewichtsverhältnis durch das Volumenverhältnis zwischen Lösungsmittel, gelöster Substanz und Lösung ausgedrückt. Bei Berührung zweier Flüssigkeiten, die sich nicht in allen Verhältnissen mischen, entstehen ebenfalls Lösungen. Wahrscheinlich löst sich ein jeder Stoff, wenigstens in gewisser Menge, in jeder Flüssigkeit. Ist diese Menge aber sehr gering oder läßt sie sich überhaupt nicht bestimmen, so spricht man von Unlöslichkeit des einen Stoffes im anderen.

Der Lösungsvorgang ist eine äußerst verwickelte Erscheinung, und spielen dabei eine ganze Reihe verschiedener Faktoren mit. Die Lehre von den Lösungen stellt gegenwärtig einen Hauptabschnitt einer umfangreichen Wissenschaft dar, die man als physikalische Chemie bezeichnet. Begründer dieser Disziplin sind Mendelejew, Ostwald, Arrhenius, Raoult, van 't Hoff, Nernst, Pfeffer u. a. Es gibt für dieses Gebiet besondere Lehrbücher und Zeitschriften, und wird sie vielfach als gesonderter Lehrgegenstand vorgetragen. In diesem Bande soll bloß ein kurzer Hinweis auf einige besonders wichtige Sätze aus der Lehre von den Lösungen gegeben werden.

Wenn sich ein fester Körper löst, so geht er erstlich in den flüssigen Aggregatzustand über und verteilt sich ferner in der ganzen Masse des Lösungsmittels. Der Übergang aus einem Aggregatzustand in den anderen, sowie die Ausdehnung einer Substanz sind mit Arbeitsverlust verbunden, welcher gewöhnlich auf Kosten der Wärmeenergie der Substanzen selbst erfolgt. Deshalb ist der Lösungsvorgang sehr oft mit einer Temperaturerniedrigung verbunden.

Die Geschwindigkeit v, mit der ein fester Körper sich in einer Flüssigkeit löst, wurde von Noyes und Whitney (1898) untersucht; sie fanden für schwer lösliche Körper, daß v proportional sei der Differenz zwischen der augenblicklichen und der maximalen Konzentration. Zu ähnlichem Resultat gelangten Bruner und Tolloczko (1903), welche die Flüssigkeit in heftiger Bewegung erhielten. Schürr (1905) untersuchte nicht den variablen, sondern den permanenten Lösungsvorgang, indem er die Konzentration der Lösung konstant hielt. Er fand, daß die Lösungsgeschwindigkeit v proportional ist der Differenz der Logarithmen der augenblicklichen und der maximalen Konzentration. Nernst und J. Andrejew (1908) haben gleichfalls die Geschwindigkeit, mit welcher ein Körper sich löst oder aus einer Lösung ausscheidet, gemessen; J. Andrejew untersuchte die ungleiche Löslichkeit der verschiedenen Seitenflächen kristallinischer Körper.

Beim Lösungsvorgange spielt eine große und vielleicht die Hauptrolle der Chemismus, dessen Äußerungen sehr verschiedenartig sind. Zunächst kann man die Lösung selbst in vielen Fällen als eine besondere Art einer unbeständigen chemischen Verbindung des Lösungsmittels und der zu lösenden Substanz ansehen. Einen direkten Beweis dafür, daß der Lösungsvorgang nicht ein einfaches Sichmischen der betreffenden Substanzen ist, gibt die Dichteänderung der Lösung, von welcher später die Rede sein soll. Der Lösungsvorgang kann ferner begleitet werden vom Zerfall kompliziert gebauter Moleküle (vgl. S. 147) oder von Bildung verschiedener Hydrate, Alkoholate usw. innerhalb der Lösung. Außerdem wird von einer großen Zahl von Forschern angenommen, daß viele Stoffe, z. B. die Salze, Säuren und Basen, in manchen Lösungsmitteln (z. B. Wasser, Alkohol usw.) elektrolytisch dissoziiert sind. Nach dieser Auffassung sind in sehr verdünnten Salzlösungen fast sämtliche Moleküle der gelösten Substanz dissoziiert, d. h. in ihre Bestandteile zerlegt, und zwar in die, welche sich beim Hindurchleiten eines elektrischen Stromes durch die Lösung an den Elektroden abscheiden und Ionen heißen. Auf diese Lehre von den freien Ionen werden wir noch häufig zurückzukommen haben.

Die Zahlenwerte einiger Eigenschaften der Lösungen lassen sich nach der Mischungsregel berechnen. Solche Eigenschaften nennt man auf Vorschlag von Ostwald „additive Eigenschaften". (Abt. I, S. 50.)

Eine Lösung, welche ein Grammolekül (S. 1) der gelösten Substanz in jedem Liter der Lösung enthält, heißt normale Lösung.

§ 2. Trennung des Lösungsmittels von der gelösten Substanz.

Es gibt drei Methoden zur Trennung der Bestandteile einer Lösung.

1. Erwärmung der Lösung. Hierbei geht das flüssige Lösungsmittel in den gasförmigen Zustand über und kann durch Abkühlung wieder in flüssiger Form in dem besonderen Falle rein erhalten werden, daß die gelöste Substanz keine flüchtige ist, d. h. sich bei der Erwärmung nicht auch selbst in Dampf verwandelt. Wenn indes die gelöste Substanz sich beim Erwärmen ebenfalls in Dampf verwandelt, jedoch einen anderen Siedepunkt als das Lösungsmittel hat (z. B. Alkohol und Wasser), so wird eine mehr oder weniger vollständige Trennung beider durch wiederholte fraktionierte Destillation erreicht, wobei die überdestillierte Substanz bei jeder Wiederholung der Destillation reicher an dem Bestandteile der Lösung wird, dessen Siedepunkt der niedrigere ist.

2. Abkühlung der Lösung. Bei Abkühlung einer konzentrierten Lösung irgend einer Substanz in einer Flüssigkeit scheidet sich im allgemeinen diese Substanz aus der Lösung, und zwar oft in Form von Kristallen; bei hinreichender Abkühlung schwacher wässeriger Lösungen scheidet sich im allgemeinen Eis aus. Auf diese wichtige Erscheinung werden wir in der Wärmelehre zurückkommen.

3. Durch Hinzufügen einer dritten Substanz, welche gegen den gelösten Stoff indifferent ist, kann man oft einen Teil der gelösten Substanz aus der Lösung zur Ausscheidung bringen.

§ 3. Abhängigkeit der Löslichkeit von der Temperatur.

Mit Zunahme der Temperatur nimmt die Löslichkeit im allgemeinen zu, doch kommen auch Abweichungen von dieser Regel vor. Es sind von vielen Forschern empirische Formeln für den Zusammenhang der Löslichkeit mit der Temperatur gegeben worden, wobei wiederum einige der Formeln sich auf die Größe S, andere auf P beziehen. Am anschaulichsten wird dieser Zusammenhang durch Kurven dargestellt. So ist beispielsweise in Fig. 108 dieser Zusammenhang für die salpetersauren Salze von Ag, Ca, Na, Li, Sr, Pb, Rb, K, Cs und Ba dargestellt. Auf der Abszissenachse sind die Temperaturen aufgetragen, auf der Ordinatenachse die Größen S, d. h. die Gewichtsmengen des Salzes, welche sich in 100 Teilen Wasser lösen. Wir sehen aus diesen Kurven beispielsweise, daß die Löslichkeit von $Pb(NO_3)_2$ sich mit Zunahme der Temperatur ganz besonders regelmäßig steigert und daß bei niedrigen Temperaturen $NaNO_3$ leichter löslich ist, als $LiNO_3$ und KNO_3; bei höheren Temperaturen dagegen schwerer löslich als die beiden letzteren Salze. Ferner sieht man, daß für KNO_3 die Löslichkeit mit der Temperatur besonders schnell wächst, und daß die Löslichkeit von $Sr(NO_3)_2$ eine auffallende Eigentümlichkeit zeigt: sie wächst von 0^0 bis etwa 33^0 und wird darauf fast konstant. Von Salzen, deren Wasserlöslichkeit sich graphisch durch eine von einer geraden Linie wenig abweichenden Kurve darstellt, für welche somit S eine lineare Funktion der Temperatur ist, seien genannt: $BaCl_2$, KCl, K_2SO_4, KBr, KJ.

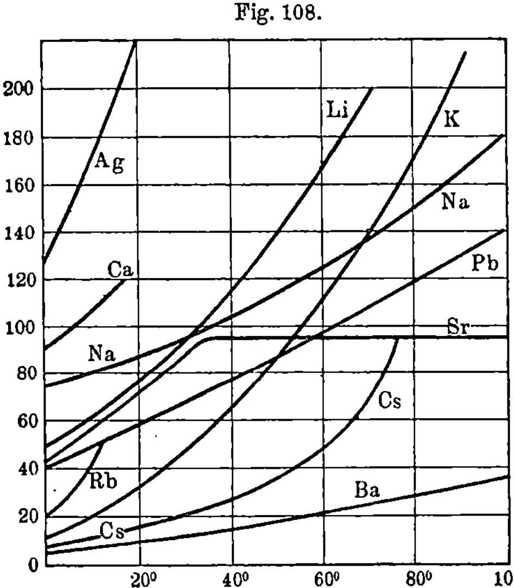

Für andere Salze sind die empirischen Formeln im allgemeinen verwickelter. So lautet z. B. die Formel von Mendelejew für die Löslichkeit von KNO_3 im Wasser:

$$S = 13,3 + 0,574\,t + 0,017\,17\,t^2 + 0,000\,003\,6\,t^3.$$

Nordenskjöld gibt eine ganze Reihe empirischer Formeln von folgender Gestalt:

$$lg\,S = a + b\left(\frac{t}{100}\right) + c\left(\frac{t}{100}\right)^2 \cdot \quad \cdots \quad (3)$$

Bei einigen Stoffen nimmt die Löslichkeit mit der Temperaturzunahme zunächst zu, erreicht ein Maximum und nimmt darauf wieder ab. Hierher gehört die Soda; $Na_2CO_3 + 10\,H_2O$ hat bei 38^0 ein Maximum der Löslichkeit, nämlich $S = 1142,17$; für das wasserfreie Salz gelten folgende Zahlen:

$t^0 =$	10^0	20^0	30^0	$32,5^0$	34^0 bis 79^0	100^0
$S =$	12,6	21,4	38,1	59,0	46,2	45,4

Das Maximum der Löslichkeit liegt für $3\,CdSO_4 + 8\,H_2O$ bei 68^0 für $MnSO_4$ bei 57^0, für (wasserfreies) $ZnSO_4$ bei 81^0. Auffallend wenig ändert sich die Löslichkeit von $NaCl$ bei Änderung der Temperatur:

$$t^0 = -15^0 \qquad 0^0 \qquad 40^0 \qquad 80^0 \qquad 100^0$$
$$S = 32,73 \qquad 35,52 \qquad 36,64 \qquad 38,22 \qquad 40,35$$

Für das Intervall von 0^0 bis 10^0 gibt Mendelejew die Formel

$$S = 35,7 + 0,024\,t + 0,0002\,t^2.$$

Für Rohrzucker ist

$$t^0 = 0^0 \qquad 25^0 \qquad 50^0 \qquad 75^0 \qquad 100^0$$
$$S = 179,2 \qquad 211,4 \qquad 260,4 \qquad 339,9 \qquad 487,2$$

Im Jahre 1894 veröffentlichte Étard eine umfangreiche Untersuchung über die Löslichkeit einer großen Zahl verschiedener Salze im Wasser und einer ganzen Reihe von organischen Flüssigkeiten. Wir können hier auf die Resultate dieser Untersuchung nicht näher eingehen.

Die Löslichkeit in Wasser sehr schwer löslicher Substanzen haben F. Kohlrausch und Rose, Herz, Hollemann, Böttger (1906), Biltz (1907), Weigel (1907), F. Kohlrausch (1908), Rimbach und Schubert (1909) u. a. untersucht. Es mögen hier einige Resultate von Hollemann folgen, wobei N die Zahl der Teile Wasser, in denen sich ein Teil des Salzes löst, bedeutet:

$$\begin{array}{ccccc} & BaSO_4 & AgBr & AgJ & SrCO_3 \\ N = & 429\,700 & 1\,971\,650 & 1\,074\,040 & 121\,760 \\ t^0 = & 18,4^0 & 20,2^0 & 28,4^0 & 8,8^0 \end{array}$$

Kohlrausch hat die Wasserlöslichkeit verschiedener Salze speziell bei einer Temperatur von 18^0 untersucht; irgendwelche allgemeinere oder klar ausgesprochene Beziehungen zwischen der Löslichkeit eines Salzes und seiner Zusammensetzung haben sich indes hierbei nicht ergeben. Im Jahre 1900 erschien eine sehr eingehende Untersuchung über die Löslichkeit verschiedener Salze in Wasser, ausgeführt von Dietz, Funk u. a. in der Physikalisch-Technischen Reichsanstalt.

Étard hat die Löslichkeit von Schwefel in CS_2, Benzol und einigen anderen Flüssigkeiten untersucht und Giran (1903) die Löslichkeit von Phosphor in CS_2 und Benzol. Für die Größe $100\,P$ findet Giran folgende Werte, wenn Phosphor in CS_2 gelöst wird:

$$\begin{array}{ccccccccc} -79^0 & -49^0 & -23^0 & -9^0 & -3,5^0 & -2^0 & 0^0 & 14,5^0 & 25^0 \\ 100\,P = 4,6 & 9,5 & 19,1 & 30,9 & 66,8 & 75,8 & 83,6 & 89,2 & 92,8 \end{array}$$

Im Benzol ist Phosphor viel weniger löslich:

$$\begin{array}{ccccccc} +18^0 & 36^0 & 58^0 & 70^0 & 81^0 & 99^0 & 115^0 \\ 100\,P = 2,0 & 4,2 & 6,4 & 7,7 & 9,1 & 11,1 & 12,4 \end{array}$$

Die Löslichkeit von Stoffen in verschiedenen organischen Lösungsmitteln hat auch W. Timofejew gemessen.

A. Larsen hat (1900) den Einfluß der Temperatur auf die Löslichkeit von Metallen im Quecksilber untersucht. Ausgehend von der Formel

$$S = S_{20}\,[1 + \beta\,(t - 20)],$$

wo S_{20} die Löslichkeit bei 20^0 bedeutet, findet Larsen für eine Lösung von Blei $\beta = 0{,}017$, für Zink $\beta = 0{,}021$, für Zinn $\beta = 0{,}025$ und Wismut $\beta = 0{,}058$.

In verschiedenen geschmolzenen Metallen lösen sich Kohlenstoff und Silicium; allbekannt ist die Löslichkeit des Kohlenstoffs in flüssigem Eisen. Vigouroux (1897) fand, daß Si sich in geschmolzenem Zn, Pb, Ag, Sn und Al löst. Moissan nnd F. Siemens (1904) haben die Löslichkeit von Si in Pb und Zn bei verschiedenen Temperaturen untersucht und folgende Zahlen für die Löslichkeit in Prozenten gefunden:
Si in Pb

1250^0	1330^0	1400^0	1450^0	1550^0
0,024	0,070	0,150	0,210	0,780

Si löst sich also in Pb nur bei sehr hohen Temperaturen und erreicht die Löslichkeit bei dem Siedepunkt des Bleies (1550^0) noch nicht 1 Proz. In Zn ist Si bedeutend löslicher:

600^0	650^0	750^0	800^0	850^0
0,06	0,15	0,57	0,92	1,62

Geschmolzenes Zn siedet bei etwa 920^0.

Die Arbeiten von Walden über Lösungen in organischen Flüssigkeiten und über den Zusammenhang zwischen Löslichkeit und Dielektrizitätskonstante werden wir im Bd. IV besprechen.

§ 4. Lösung in Gemischen von mehreren Flüssigkeiten und Löslichkeit von Gemischen in einer Flüssigkeit.

Gießt man zu einer Lösung eine Flüssigkeit hinzu, in der sich die gegebene Substanz nur schwer löst, so scheidet sich ein Teil dieser Substanz aus; dies tritt z. B. bei vielen wässerigen Salzlösungen ein, wenn man Alkohol hinzufügt. Überhaupt kann man den Satz aussprechen, daß die Löslichkeit in einem Flüssigkeitsgemisch im allgemeinen kleiner ist, als die Summe der Löslichkeiten derselben Substanz in den einzelnen Flüssigkeiten. Hierauf war schon im § 2, S. 231 aufmerksam gemacht worden. Die Verteilung einer Substanz im Inneren zweier (z. B. durch Schütteln) gemischten Flüssigkeiten haben Berthelot und Jungfleisch, van't Hoff, Riecke, Aulich, Nernst und Jakowkin untersucht. Letzterer hat die Lösung von J und Br in

Gemischen aus Wasser und CS_2, Wasser und $CHBr_3$, sowie Wasser und CCl_4 studiert.

Neuere Untersuchungen über den Einfluß eines gelösten Stoffes auf die Löslichkeit eines anderen rühren her von Rothmund und Wilsmore (1902), Herz und Knoch (1904), Hoffmann und Langbeck (1905), Smirnow (1906), Rothmund (1910), D'Ans und Siegler (1913) u. a.

Bodländer beschäftigte sich mit der Frage, wie sich eine gegebene Substanz in einer Mischung von zwei Flüssigkeiten löst, von denen nur die eine die Substanz in beträchtlicherem Maße auflöst. Er fand, daß sich eine in Alkohol unlösliche Substanz in einer Mischung aus Wasser und Alkohol proportional dem Kubus des Prozentgehaltes an Wasser löst. Fleckenstein (1905) hat die Löslichkeit von NH_4NO_3 in Mischungen von Wasser und Äthylalkohol oder Wasser und Methylalkohol untersucht. Er fand, wie auch andere Forscher, daß bei Auflösung eines Salzes in homogenen Flüssigkeitsmischungen sich, unter gewissen Bedingungen, zwei Schichten bilden, die sich durch ihre Zusammensetzung aus den betreffenden drei Stoffen voneinander unterscheiden. Diese Erscheinung studierten z. B. auch Herz und Knoch an Lösungen in Wasser-Aceton-Mischungen.

Die Löslichkeit eines Gemenges mehrerer Salze in einer Flüssigkeit ist ebenfalls geringer als die Summe der Löslichkeiten aller Bestandteile des Gemenges. In einigen Fällen entstehen Lösungen, in denen die Menge der gelösten Substanzen sich in einem bestimmten Verhältnis zueinander befinden. Hierher gehören KNO_3 und $Pb(NO_3)_2$, Na_2SO_4 und $CuSO_4$, $NaCl$ und $CuCl_2$, KJ und KCl, $NaCl$ und KCl, NH_4Cl und Na_2CO_3. Andere Salze wiederum verdrängen einander aus den Lösungen, so daß man gesättigte Lösungen mit verschiedenem relativen Salzgehalt bekommen kann.

§ 5. Übersättigte Lösungen.

Läßt man eine gesättigte Lösung sich langsam abkühlen, so scheidet sich aus ihr in vielen Fällen die gelöste Substanz nicht aus, obgleich von ihr bereits eine weit größere Menge in der Lösung enthalten ist, als zur Sättigung bei der neuen, niedrigeren Temperatur erforderlich ist. Eine derartige Lösung heißt übersättigt. Besonders schön läßt sich diese Erscheinung zeigen, wenn man vier Teile Na_2SO_4 in einem Teil siedenden Wassers löst und die Lösung langsam erkalten läßt. Man kann es dann dahin bringen, daß die Lösung das Achtfache von der Salzmenge enthält, die zur unmittelbaren Sättigung bei der gleichen Temperatur hinreicht. Gerät aber nun die geringste Menge des Salzes $Na_2SO_4 + 10\,H_2O$ in diese Lösung hinein, so beginnt sich das Salz schnell auszuscheiden. Da im Staube der Zimmerluft Partikelchen dieses Salzes vorhanden sind, so kristallisiert die übersättigte Lösung, wenn man sie offen an der Luft stehen läßt, ziemlich schnell. In einem zugeschmolzenen Gefäße oder wenn nur gereinigte Luft hinzutreten kann, läßt sich jene übersättigte Lösung sehr lange aufbewahren. Löwel und Gernez haben die mechanischen Vorgänge, welche sich in derartigen übersättigten Lösungen abspielen, klargelegt. Man hat nämlich drei verschiedene Salze zu unterscheiden: das wasserfreie Na_2SO_4, ferner $Na_2SO_4 + 7 H_2O$ und endlich $Na_2SO_4 + 10 H_2O$, die alle verschiedene Löslichkeit besitzen. Beim Erkalten einer gesättigten Lösung von $Na_2SO_4 + 10 H_2O$ geht ein Teil des Salzes in $Na_2SO_4 + 7 H_2O$ über. Bringt man einen Kristall des letzteren Salzes in die Lösung, so ruft dies keine Ausscheidung des gelösten Salzes hervor, während diese Ausscheidung eintritt, sobald nur das kleinste Partikelchen von $Na_2SO_4 + 10 H_2O$ vorhanden ist.

Überhaupt wird ein Salz aus einer übersättigten Lösung ausgeschieden, sobald ein festes Teilchen desselben Salzes oder eines anderen isomorphen (S. 301), d. h. mit derselben Kristallform, zugegen ist. So ruft z. B. $Na_2SO_4 + 10 H_2O$ Kristallisation einer übersättigten Lösung von $Na_2Cr_2O_7 + 10 H_2O$ hervor.

Es gibt Salze, welche in zwei nur wenig voneinander abweichenden Kristallformen auftreten können, deren Lösungen sich jedoch voneinander beträchtlich durch ihre optischen Eigenschaften unterscheiden, das eine dreht die Polarisationsebene des Lichtes (vgl. II. Bd.) nach rechts, das andere nach links. Wirft man in eine Lösung, welche beide Modifikationen enthält, einen Kristall, das der einen von ihnen angehört, so scheiden sich bloß Kristalle dieser Art aus, während das Salz der anderen Art in Lösung bleibt. Schnelles Ausscheiden der gelösten Substanz aus einer übersättigten Lösung ist bisweilen mit beträchtlicher Wärmeentwickelung verbunden.

§ 6. Dichte der Lösungen.

Die Auflösung ist fast immer von einer Verdichtung der Substanz begleitet, d. h. das Volumen der Lösung ist kleiner als die Summe der Volumina von gelöster Substanz und Lösungsmittel. Mendelejew hat dieser Frage eine umfangreiche Arbeit gewidmet, die unter dem Titel „Untersuchungen wässeriger Lösungen nach dem spezifischen Gewichte" (russ.) im Jahre 1887 in St. Petersburg erschienen ist.

Unter Kontraktion versteht man die relative Volumenverminderung bei der Lösung. Ist v_1 das Flüssigkeitsvolumen, v_2 das Volumen der gelösten Substanz und V das Volumen der Lösung, so ist die Kontraktion k gleich

$$k = \frac{v_1 + v_2 - V}{v_1 + v_2} = 1 - \frac{V}{v_1 + v_2} \quad \cdots \cdots \quad (4)$$

Bezeichnet man die entsprechenden Gewichtsmengen mit p_1, p_2 und P, die Dichten mit d_1, d_2 und D, so ist

$$v_1 = \frac{p_1}{d_1}, \quad v_2 = \frac{p_2}{d_2} \quad \text{und} \quad V = \frac{P}{D},$$

also

$$k = 1 - \frac{\dfrac{P}{D}}{\dfrac{p_1}{d_1} + \dfrac{p_2}{d_2}} \quad \cdots \cdots \cdots \cdots \quad (5)$$

Wüllner löste 21,522 ccm Salpeter (44,293 g) in 554,077 ccm Wasser und erhielt für das Volumen der Lösung anstatt $554{,}077 + 21{,}522 = 575{,}599$ den Wert von 570,838 ccm. Hieraus folgt $k = 0{,}00827$.

Nimmt die Menge der gelösten Substanz zu, so nimmt im allgemeinen auch die Kontraktion zu und erreicht bei einer gewissen Zusammensetzung der Lösung ihr Maximum. So entspricht das Maximum der Kontraktion einer Lösung von $SrCl_2$ in Wasser dem Werte $S = 100$ oder $P = 50$ (gleichen Gewichtsteilen Salz und Wasser). Geritsch findet für die Volumenverminderung δ des Wassers, die bei Bildung von 100 g der Lösung auftritt, in welcher p Proz. Salz enthalten sind, folgenden Ausdruck: $\delta = C(100 - p)p$. Hier ist C eine in bezug auf p konstante, jedoch von der Temperatur abhängige Größe. Das Maximum der Kontraktion entspricht dem Werte $p = 50$.

Im Zusammenhange mit der Kontraktion steht auch die Erscheinung, daß beim Verdünnen von Lösungen mittels reinen Wassers entweder Erwärmung oder Abkühlung eintritt. Mischt man gleiche Volumina der gesättigten Lösung und reinen Wassers, so tritt eine Temperaturerhöhung ein für Lösungen von KCl, $ZnSO_4$, die essigsauren Salze von Natrium und Zink; eine Temperaturerniedrigung dagegen für Lösungen von Na_2SO_4, KNO_3, HNO_3 usf. Valson hat eine bemerkenswerte Regel gefunden, nach welcher sich die Dichte normaler Lösungen berechnen läßt, die äquivalente Salzmengen in Volumina Wasser enthalten, nämlich 1 Grammolekül pro Liter der Lösung. Ausgegangen wird hierbei von der Dichte 1,015 einer normalen Lösung von NH_4Cl (53,5 g pro Liter). Die Dichte der normalen Lösungen anderer Salze erweist sich danach als „additive" Eigenschaft (Abt. I, S. 50), die durch Addition der Teile erhalten wird. Letztere hängen im einzelnen vom Metall und der Säure ab, denen bestimmte „Moduln" entsprechen. Diese Moduln sind für Metalle die folgenden:

K	Na	Ca	Mg	Sr	Ba	Mn	Fe	Zn	Cu	Cd	Pb	Ag
30	25	27	20	55	73	37	37	41	42	61	103	105

für Säuren

HBr	HJ	H_2SO_4	HNO_3	H_2CO_3
34	64	20	15	14

Man hat obige Moduln zur dritten Dezimale der Zahl 1,015 hinzuzuaddieren, um die Dichte der normalen Lösung zu erhalten; so ist z. B. die Dichte der normalen Lösung von $Ca(NO_3)_2$ gleich

$$1,015 + \frac{27 + 10}{1000} = 1,057.$$

Bender hat (1883) die Valsonsche Regel auch auf die vielfachnormalen Lösungen ausgedehnt. Vaillant (1904) zeigte, daß die Dichte von Lösungen in vielen Fällen als additive Eigenschaft der betreffenden Ionen auftritt (Bd. IV). Die Abhängigkeit der Dichtigkeit von dem Grade der elektrolytischen Dissoziation (Bd. IV) haben Heydweiller (1909) und Tereschin (1909) untersucht.

In einigen Fällen ist der Lösungsvorgang von einer Ausdehnung begleitet, d. h. das Volumen der Lösung fällt größer aus, als die Summe der Volumina von Lösungsmittel und gelöster Substanz. Zuerst beobachteten diese Erscheinung an einer Lösung von Salmiak in Wasser Michel und Krafft (1854), danach Schiff (1859), Gerlach (1859), Nicol (1883) und Lecoq de Boisbaudran. Eine umfangreiche Untersuchung dieser Erscheinung haben Schiff und Monsacchi (1896) ausgeführt. Sie fanden eine erhebliche Ausdehnung bei Lösung von NH_4NO_3 in Wasser (bis zu 4 Proz. in 63 Proz. Lösung), in Salpetersäure, in Salpeterlösung und in einer Salmiaklösung. Bei Lösung in Methyl- und Äthylalkohol dagegen tritt Zusammenziehung ein. Ferner fanden sie eine Ausdehnung beim Lösen von NH_4Cl und NH_4Br in Wasser, während Lösen von NH_4J in Wasser von Kontraktion begleitet ist. Einige Stoffe $(NH_3,\ Na_2S_2O_3 + 5\,H_2O)$ rufen Zusammenziehung in schwachen und Ausdehnung in konzentrierteren Lösungen hervor. Ferner haben Buchanan (1911) und Gähr (1911) die Dichte von Lösungen studiert. Gähr fand, daß für viele wässerige Lösungen (z. B. von NaCl) die Formel $lg\,d = ac$ gilt, wo d die Dichte, c die Konzentration und a eine Konstante bedeuten.

§ 7. Zusammenstellung einiger weiterer Eigenschaften der Lösungen.

Es seien hier noch einige weitere, wichtigere Eigenschaften der Lösungen aufgezählt, auf welche wir zum Teil später zurückkommen werden.

I. Der Druck vergrößert die Löslichkeit solcher Substanzen, deren Lösung von Kontraktion begleitet ist; tritt umgekehrt eine Volumenzunahme $(V > v_1 + v_2$ und folglich $k < 0)$ bei der Lösung zutage, so nimmt die Löslichkeit mit Zunahme des Außendruckes ab. Diese Tatsache ist von Sorby beobachtet worden. Die Löslichkeit von Kochsalz nimmt beispielsweise fast um $1/2$ Proz. zu, wenn der Druck bis auf 121 Atm. gesteigert wird, die Löslichkeit von Salmiak dagegen nimmt bei einer Drucksteigerung bis zu 164 Atm. um mehr als 1 Proz. ab.

Braun hat für die Änderung der Löslichkeit bei Zunahme des Außendruckes um eine Einheit folgende theoretische Formel aufgestellt:

$$\varepsilon = \frac{\eta \, \varphi}{Q} \, T,$$

in der ε die Salzmenge bedeutet, welche sich in einer gesättigten Lösung auflöst, wenn letztere sich unter dem Druck p befindet und p um eine Einheit wächst; η ist die Salzmenge, die sich in der gesättigten Lösung auflöst, wenn die absolute Temperatur T um 1^0 wächst, φ die Volumenzunahme und Q die (in mechanischen Einheiten ausgedrückt) bei Lösung von 1 g Salz in einer nahezu gesättigten Lösung absorbierte Wärmemenge. E. Stackelberg hat den Einfluß des Druckes auf die Löslichkeit von $NaCl$, NH_4Cl und Alaun untersucht.

II. Die Spannung p' des Dampfes einer Lösung ist geringer als die Spannung p des Dampfes ihres Lösungsmittels. Sind g Gramme einer Substanz in G Grammen des Lösungsmittels enthalten, dann ist für schwache Lösungen der relative Spannungsabfall des Dampfes gleich

$$\frac{p - p'}{p} = \frac{g\,M}{g\,M + G\,m} \quad \dots \dots \dots \dots \quad (6)$$

wo M und m die Molekulargewichte des Lösungsmittels bzw. der gelösten Substanz bedeuten. Die Formel (6) kann man auch folgendermaßen schreiben

$$\frac{p - p'}{p} = \frac{n}{n + N} \quad \dots \dots \dots \dots \quad (7)$$

wo n die Anzahl der Moleküle der gelösten Substanz bedeutet, welche auf N Moleküle des Lösungsmittels kommen. Für sehr verdünnte Lösungen kann man setzen

$$\frac{p - p'}{p} = \frac{g\,M}{G\,m} = \frac{n}{N} \quad \dots \dots \dots \dots \quad (8)$$

III. Der Siedepunkt t' einer Lösung liegt höher als der Siedepunkt t des reinen Lösungsmittels; die Siedepunktserhöhung $\varDelta t = t' - t$ ist gleich

$$\varDelta t = \frac{2\,g\,T^2}{m\,G\,\varrho} \quad \dots \dots \dots \dots \quad (9)$$

wo g, G und m dieselbe Bedeutung haben wie in (6), T die absolute Siedetemperatur und ϱ die latente Verdampfungswärme ist.

IV. Die Erstarrungstemperatur t' liegt niedriger als die Erstarrungstemperatur t des Lösungsmittels. Die Erniedrigung derselben $\varDelta t_1 = t - t'$ ist gleich

$$\varDelta t_1 = \frac{2\,g\,T_0^2}{m\,G\,\varrho_1} \quad \dots \dots \dots \dots \quad (10)$$

wo T_0 die absolute Temperatur, ϱ_1 die latente Schmelzwärme ist.

Die Formeln (6), (8) und (9) können zur Bestimmung des Molekulargewichtes m der gelösten Substanz dienen. Für Lösungen von Elektrolyten ändern sich alle Formeln, wie wir in Bd. III sehen werden.

V. Die Wärmekapazität von wässerigen Salzlösungen ist kleiner als die Summe der Wärmekapazitäten des Wassers und Salzes.

VI. Die Temperatur der größten Dichte von wässerigen Lösungen liegt unterhalb $+ 4^0$ C, d. h. unterhalb der des reinen Wassers.

VII. Viele optische und elektrische Eigenschaften der Lösungen, insbesondere der verdünnten Lösungen, sind „additive". Hierher gehören die Brechbarkeit, die Drehung der Polarisationsebene (natürliche und elektromagnetische), die Elektrizitätsleitung usw.

§ 8. Gegenseitige Lösung von Flüssigkeiten. Man hat drei verschiedene Fälle zu unterscheiden, die übrigens nicht scharf voneinander getrennt sind.

1. Einige Flüssigkeiten lösen sich ineinander gar nicht auf oder, was das wahrscheinlichere ist, in unmerklich geringem Grade; hierher gehört z. B. Wasser und Öl.

2. Einige Flüssigkeiten können miteinander in jedem beliebigen Verhältnisse gemischt werden, wie z. B. Alkohol und Wasser, viele Säuren und Wasser, Chloroform und Schwefelkohlenstoff usw.

3. Einige Flüssigkeiten lösen sich ineinander in bestimmten Mengen auf. Mischt man zwei solche Flüssigkeiten, schüttelt sie durcheinander und läßt die Mischung stehen, so teilt sie sich nach einiger Zeit in zwei Teile. Im unteren Teile sammelt sich die schwerere Flüssigkeit an, gesättigt von der in ihr gelösten leichteren, und darüber befindet sich die gesättigte Lösung der schwereren Flüssigkeit in der leichteren. Zwei solche Lösungen erhält man z. B. aus Wasser und Äther, Alkohol und CS_2; 100 Vol. Wasser lösen z. B. 8,11 Vol. Äther (bei 20^0), 100 Vol. Äther 2,93 Vol. Wasser.

Die gegenseitige Lösung von Flüssigkeiten hat zuerst D. Abaschew (1857) untersucht, hierauf W. Aleksejew (1876 bis 1886), F. Guthrie (1884), Klobbie (1897), Rothmund (1898), Kuenen und Robson (1899), Aignan und Dugas (1899) u. a. Die genannten Autoren haben gefunden, daß sich mit Zunahme der Temperatur die gegenseitige Löslichkeit (Fall 3) erhöht, bis schließlich bei einer bestimmten Temperatur Θ die Flüssigkeiten sich in jedem beliebigen Verhältnisse miteinander mischen. Aus Gründen, welche im III. Bande erörtert werden, kann man diese Temperatur die kritische Lösungstemperatur nennen.

Aleksejew hat diese Temperatur Θ für 14 Paare von Flüssigkeiten bestimmt, so u. a. für Lösungen von Phenol, Anilin, Kreosol, Salicylsäure usw. in Wasser und für Lösungen von Schwefel in Anilin, Benzol, Toluol usw. Eine ähnliche Erscheinung fand er auch für die Paare Zn—Pb und Ag—Bi. Aus den Untersuchungen von Rothmund und Guthrie geht hervor, daß in bestimmten Fällen die Temperatur Θ durch Abkühlung erreicht wird, so daß bei $t < \Theta$ sich die Flüssigkeiten vollkommen mischen, für $t > \Theta$ dagegen der Fall 3 eintritt. .

Die gegenseitige Lösung von Flüssigkeiten wird von Wärmeabsorption oder von Wärmeentwickelung begleitet; so tritt z. B. beim Mischen von Chloroform und Benzin eine Temperaturerhöhung (um $7,2^0$) auf, beim Mischen von essigsaurem Äther mit Alkohol eine Temperaturerniedrigung (um $2,4^0$). Die wichtige Frage nach der Dampfspannung eines Gemisches aus mehreren Flüssigkeiten wird im III. Bande behandelt werden.

Beim Mischen von Flüssigkeiten tritt bisweilen eine beträchtliche Verdichtung ein: das Volumen der Mischung ist kleiner als die Summe der Volumina ihrer Bestandteile. Die Verdichtung, welche beim Mischen von Wasser mit Alkohol auftritt, ist von Mendelejew sorgfältig gemessen worden. Sie beträgt bis zu 4,15 Proz. der Volumensumme; diese Kontraktion tritt ein beim Mischen von 45,88 Teilen Alkohol mit 54,12 Teilen Wasser, was der Bildung einer Verbindung $C_2 H_6 O + 3 H_2 O$ entspricht. Für Zimmertemperatur (etwa 20^0) kann die Größe der Verdichtung aus folgender Tabelle abgelesen werden:

100 Vol. Wasser	+	0 Vol. Alkohol	geben	100	Vol. der Mischung
90 „ „	+	10 „ „ „		99,4 „	„ „
80 „ „	+	20 „ „ „		98,2 „	„ „
60 „ „	+	40 „ „ „		96,6 „	„ „
50 „ „	+	50 „ „ „		96,3 „	„ „
40 „ „	+	60 „ „ „		96,5 „	„ „ .
20 „ „	+	80 „ „ „		97,4 „	„ „
10 „ „	+	90 „ „ „		98,3 „	„ „
0 „ „	+	100 „ „ „		100 „	„ „

Die Größe der Verdichtung hängt von der Temperatur ab, und das Maximum der Verdichtung entspricht bei verschiedenen Temperaturen nicht genau denselben Gemischen. Eine theoretische Erklärung des Verdichtungsvorganges, welcher beim Mischen von Wasser mit Alkohol auftritt, ist von J. van Laar (1899) gegeben worden. Nach demselben soll die Bildung der Wassermoleküle $(H_2 O)_2$ (vgl. S. 147) aus $H_2 O + H_2 O$ mit einer beträchtlichen Vergrößerung des Volumens verbunden sein. Ähnliches gilt auch vom Äthylalkohol; die Bildung von 46 g $(C_2 H_6 O)_2$ aus $2 C_2 H_6 O$ ist mit einer Volumenzunahme um 2 ccm verknüpft. Beim Mischen von Wasser mit Alkohol wird die

Dissoziation vermehrt, d. h. es zerfallen zahlreiche Moleküle $(H_2O)_2$ und $(C_2H_6O)_2$, was eine Verminderung des Gesamtvolumens zur Folge hat.

Taylor hat Gemische aus drei Flüssigkeiten untersucht, von denen jede nur bestimmte Mengen der beiden anderen zu lösen vermochte.

§ 9. Lösungen in Gasen.

Hannay und Hogarth (1880), Cailletet (1880) und Cailletet und Colardeau (1889) waren die ersten, welche darauf hingewiesen haben, daß sich feste und flüssige Körper in Gasen, die sich unter großem Drucke befinden, aufzulösen vermögen. Genauer hat diese Erscheinung Villard (1896) untersucht, welcher fand, daß Sauerstoff und Luft bei 200 Atm. Druck sechsmal mehr Brom auflösen, als beim Drucke von nur 1 Atm. Ferner fand er, daß Methan CS_2, J, Paraffin und Kampfer auflöst, die sich bei Druckverminderung ausscheiden; Äthylen löst J, Paraffin, Stearinsäure und Kampfer; Br löst sich in Stickstoffoxydul, J in Kohlensäure. N. N. Schiller hat für diese Erscheinungen eine Erklärung gegeben, auf die wir im III. Bande zurückkehren werden (Einwirkung äußerer Kräfte auf die Dampfspannung).

Auf weitere Eigenschaften der Lösungen soll in diesem Kapitel nicht eingegangen werden. Ihre Kompressibilität und die Oberflächenspannung ist bereits auf S. 164 bzw. 219 besprochen worden; ihr optisches, thermisches und elektrisches Verhalten wird in späteren Abschnitten und außerdem die Theorie im III. Bande ausführlich behandelt werden.

Literatur.

Rothmund: Löslichkeit und Löslichkeitsbeeinflussung. Leipzig 1907.

Tammann: Über die Beziehungen zwischen den inneren Kräften und Eigenschaften der Lösungen. Leipzig 1907.

Walden: Lösungstheorien. Stuttgart 1910.

Noyes and Whitney: Bull. Soc. chim. de Paris **20**, 419, 1898; Amer. Chem. Soc. **19**, 930.

Bruner et Tolloczko: Bull. Acad. de Cracovie 1903, p. 555.

Schürr: Journ. de Phys. (4) **4**, 17. 1905; Journ. de Chim. phys. **2**, 245, 1904; Thèse de Clermont, 1904.

Bruner: Ztschr. f. phys. Chem. **47**, 57, 1904.

Nernst: Ztschr. f. phys. Chem. **47**, 52, 1904.

D. J. Mendelejew: Untersuchung wässeriger Lösungen nach dem spezifischen Gewichte (russ.). St. Petersburg 1887.

Nordenskjöld: Pogg. Ann. **136**, 309, 1869.

Étard: Compt. rend. **98**, 1432, 1884; **104**, 1615, 1887; **106**, 740, 1888; **108**, 117, 1889; Ann. chim. et phys. (7) **2**, 503, 1894.

Gernez: Annales de l'École Normale (1) **3**, 167 (1866); (2) **5**, 9, 1876.

Valson: Compt. rend. **73**, 441, 1871; **77**, 806, 1873.

Bender: Wied. Ann. **20**, 560, 1883.

D. J. Mendelejew: Über die Vereinigung des Äthylalkohols mit Wasser (russ.) St. Petersburg 1865.

Wir beschränken uns hier darauf, die im Texte erwähnten Arbeiten zu zitieren. Umfangreichere Literaturangaben findet man in Landolt-Börnstein Phys.-chem. Tabellen. Berlin 1912.

W. Timofejew: Löslichkeit von Stoffen in organischen Lösungsmitteln (russ.) Arbeiten der phys.-chem. Sektion d. Ges. f. experim. Wissenschaften bei der Charkower Univers. Jahrg. 21, Beilagen, 6. Lieferung. Charkow 1894.

Geritsch: Journ. d. russ. phys.-chem. Ges. **21**, 51, 1889; Arb. d. phys. Sekt. d. Moskauer Naturf.-Ges. **3**, Lieferung 1, S. 18, 23, 1890; Wied. Ann. **36**, 115, 1889.

Ljubawin: Über die Untersuchungen von A. Geritsch. Arb. d. phys. Sekt. d. Moskauer Naturf.-Ges. **3**, Lieferung 2, S. 9, 1890.

Kohlrausch und Rose: Wied. Ann. **50**, 127, 1893.

Dietz, Funke, Wrochem und Mylius: Abhandl. d. Physik.-Techn. Reichsanstalt **3**, 427, 1900.

Hollemann: Ztschr. f. phys. Chem. **12**, 125, 1893.

Herz: Chem. Ber. **31**, 2669, 1898.

Kohlrausch: Berl. Ber. 1897, S. 90.

A. Larsen: Ann. d. Phys. (4) **1**, 123, 1900.

Giran: Journ. de Phys. (4) **2**, 807, 1903.

Vigouroux: Ann. d. chim. et phys. (7) **12**, 5, 1897.

Moissan et F. Siemens: Compt. rend. **138**, 657, 1904.

Rothmund und Wilsmore: Ztschr. f. phys. Chem. **40**, 611, 1902.

Herz und Knoch: Verh. d. D. Phys. Ges. **6**, 221, 1904.

Hoffmann und Langbeck: Ztschr. f. phys. Chem. **51**, 385, 1905.

Fleckenstein: Phys. Ztschr. **6**, 419, 1905.

Vaillant: Compt. rend. **138**, 1210, 1904.

Böttger: Ztschr. f. phys. Chem. **56**, 83, 1906.

Biltz: Ztschr. f. phys. Chem. **58**, 288, 1907.

Weigel: Ztschr. f. phys. Chem. **58**, 293, 1907.

F. Kohlrausch: Ztschr. f. phys. Chem. **64**, 129, 1908.

Rimbach und Schubert: Ztschr. f. phys. Chem. **67**, 183, 1909.

Berthelot et Jungfleisch: Ann. chim. et phys. (4) **26**, 400, 1872.

van 't Hoff: Ztschr. f. phys. Chem. **5**, 322, 1890.

Riecke: Ztschr. f. phys. Chem. **7**, 97, 1891.

Aulich: Ztschr. f. phys. Chem. **8**, 105, 1891.

Nernst: Ztschr. f. phys. Chem. **8**, 111, 1891.

Jakowkin: Ztschr. f. phys. Chem. **13**, 539, und Journ. d. russ. phys.-chem. Ges. **28**, chem. Teil, S. 175 u. 860, 1896.

Smirnow: Journ. d. russ. phys.-chem. Ges. **38**, chem. Teil, S. 1243, 1906; Ztschr. f. phys. Chem. **58**, 373, 1907.

Rothmund: Ztschr. f. phys. Chem. **69**, 523, 1909.

D'Ans und Siegler: Ztschr. f. phys. Chem. **82**, 35, 1913.

Bodländer: Ztschr. f. phys. Chem. **7**, 308, 358; **16**, 729.

Michel et Krafft: Ann. chim. et phys. (3) **41**, 471, 1854.

Schiff: Lieb. Ann. **109**, 325, 1859; **113**, 349, 1860.

Gerlach: Ztschr. f. anal. Chem. **27**, 271, 1888.

Nicol: Proc. R. Soc. Edinburg 1881—1882, p. 819.

Lecocq de Boisbaudran: Compt. rend. **120**, 540; **121**, 100, 1895.

Schiff und Monsacchi: Ztschr. f. phys. Chem. **21**, 277, 1896; **24**, 512, 1897.

Buchanan: Edinb. Proc. **31**, 635, 1911.

Gaehr: Phys. Rev. **32**, 476, 1911.
Heydweiller: Verh. d. D. Phys. Ges. 1909, S. 37.
Tereschin: Verh. d. D. Phys. Ges. 1909, S. 211; 1910, S. 50.
Braun: Wied. Ann. **30**, 250, 1887; Ztschr. f. phys. Chem. **1**, 259, 1897.
Sorby: Proc. Roy. Soc. **12**, 538, 1863.
Stackelberg: Bull. de l'Acad. Imp. des Sc. (5) **4**, Nr. 2, 1896; Ztschr. f. phys. Chem. **20**, 159, 1896.
Kasankin: Kontraktion von Salzlösungen. Journ. d. russ. phys.-chem. Ges. **26**, 218, 1884.
D. Abaschew: Recherches sur la dissolubilité mutuelle des liquides. Bull. de la soc. Impér. des natural. de Moscou **30**, 271. Moskau 1857.
W. Aleksejew: Journ. d. russ. phys.-chem. Ges. 1876 bis 1885; Wied. Ann. **28**, 305, 1886.
F. Guthrie: Phil. Mag. (5) **18**, 29, 499, 1884.
Klobbie: Ztschr. f. phys. Chem. **24**, 618, 1897.
V. Rothmund: Ztschr. f. phys. Chem. **26**, 433, 1898.
J. Kuenen und W. Robson: Ztschr. f. phys. Chem. **28**, 342, 1899.
A. Aignan et E. Dugas: Compt. rend. **129**, 643, 1899.
J. van Laar: Ztschr. f. phys. Chem. **13**, 8, 1899.
Hannay and Hogarth: Proc. R. Soc. **29**, 324, 1879; **30**, 178, 1880; Chem. News **41**, 103, 1880.
Hannay: Proc. R. Soc. **30**, 484, 1880.
Cailletet: Journ. de phys. (1) **9**, 193, 1880.
Cailletet et Colardeau: Compt. rend. **108**, 1280, 1884.
Villard: Journ. de phys. (3) **5**, 453, 1896; Ann. chim. et phys. (7) **10**, 409, 1897; **11**, 289, 1897; Rév. gén. des Sc. **9**, 824, 1899; Compt. rend. **120**, 182, 1895.
Taylor: Journ. phys. Chem. (engl.) **1**, 461, 542, 1897.

Siebentes Kapitel.

Diffusion und Osmose.

§ 1. Freie Diffusion der Flüssigkeiten. Auf S. 127 war eine allgemeine Definition des Ausdrucks „Diffusion" gegeben worden. Zwei mischbare Flüssigkeiten, die miteinander in Berührung gebracht sind, diffundieren ineinander; die Diffusion ist beendet, wenn eine vollkommen homogene Mischung entstanden ist. Die Flüssigkeiten können entweder stofflich ganz verschieden sein, wie z. B. Wasser und Alkohol, oder die eine von ihnen ist eine reine Flüssigkeit, die andere eine Lösung irgendeiner Substanz in dieser Flüssigkeit. Im letzteren Falle besteht die Diffusion darin, daß sich die gelöste Substanz allmählich in der überschüssigen Menge des Lösungsmittels verteilt. Dieser Fall ist besonders wichtig.

Graham hat (1850) die Erscheinungen der Diffusion nach zwei Methoden untersucht. Auf den Boden eines großen, mit Wasser gefüllten Gefäßes (Fig. 109) wurde eine kleine Flasche, welche die zu untersuchende Lösung enthielt, gestellt. Nach Ablauf einer gewissen Zeit wurde die Flasche herausgenommen und bestimmt, welche Menge der gelösten Substanz aus der Flasche ins Wasser übergetreten war. Bei späteren Untersuchungen brachte Graham die Flüssigkeiten direkt übereinander und entnahm nach bestimmten Zeitabschnitten aus verschiedenen horizontalen Schichten Proben mittels eines Kapillarhebers. Die Analyse ergab dann die Zusammensetzung der einzelnen Schichten. Hieraus konnte er die relative Zeitdauer bestimmen, innerhalb deren verschiedene Substanzen in gleicher Weise diffundieren, d. h. in gleicher Menge in gegebener Entfernung von der ursprünglichen Trennungsfläche zwischen der Lösung und dem reinen Wasser auftreten. Die verschiedenen Lösungen hatten dabei ursprünglich die gleiche Konzentration. Besonders langsam diffundierten Albumin und Karamelzucker, die zu den am Ende dieses Abschnittes betrachteten sogenannten Kolloiden gehören.

Fig. 109.

W. Thomson (Lord Kelvin) hat eine bequeme Methode angegeben, um die aufeinander folgenden Stadien der Diffusion zu beobachten. In ein zylindrisches Gefäß, in dessen unterem Teile sich die schwerere Flüssigkeit (z. B. eine Lösung) und über dieser die leichtere befindet, wird eine Anzahl hohler Glaskügelchen von verschiedener mittlerer Dichte hineingebracht. Anfangs befinden sich alle Kügelchen an der Grenzfläche beider Flüssigkeiten, sobald sich aber die Dichte in den verschiedenen Horizontalschichten ändert, sinken einige der Kügelchen in die untere Flüssigkeit ein, während andere in die obere aufsteigen. Aus der Lage, welche die Kügelchen einnehmen, kann man auf die Zusammensetzung der Flüssigkeit in verschiedenen Abständen von der ursprünglichen Trennungsfläche schließen. Beilstein brachte (1856) die Lösungen in ein Gefäß, dessen Gestalt an einen umgekehrten Heber erinnerte; das kurze Knierohr des letzteren endete unter der Oberfläche von Wasser, das sich in einem großen Gefäße befand.

Berthollet (1803), Fick (1855), Stefan (1874) u. a. haben die Theorie der Diffusion mathematisch entwickelt. Wir haben es hier mit einer Formel zu tun, welche der Formel (24) auf S. 127 vollkommen analog ist. Es sei dq die Menge der Substanz (eines Salzes, einer Säure usw.), welche im Verlaufe der Zeit dt in der vertikalen Richtung x (von unten nach oben) durch die horizontale Fläche s geht; dann ist

$$dq = -ks\frac{du}{dx}dt \quad \ldots \ldots \ldots \ldots (1)$$

wo u die Konzentration der Lösung (die Gewichtsmenge der gelösten Substanz in der Volumeneinheit der Lösung) in der Horizontalfläche bedeutet, deren vertikale Koordinate x ist und in welcher sich der betrachtete Flächenraum s befindet. Der Faktor k ist für die gegebene Lösung charakteristisch und hängt von ihrer Zusammensetzung und ihrem physikalischen Zustande ab; er heißt der Diffusionskoeffizient. Er ist numerisch gleich der Gewichtsmenge der gelösten Substanz, welche in der Zeiteinheit durch die Einheit der Horizontalfläche diffundiert, wenn der Konzentrationsunterschied zweier um die Längeneinheit entfernter Schichten gleich Eins ist. Es läßt sich hieraus leicht die Definition der C. G. S.-Einheit für den Diffusionskoeffizienten geben. Die Dimension dieser Größe wird erhalten, wenn man beachtet, daß dq eine gewisse Substanzmenge, du dagegen die in der Volumeneinheit enthaltene Substanzmenge. ist, daß also $[du] = [dq] : L^3$ ist. Es ist

$$k = -\frac{dq}{s\,\dfrac{du}{dx}\,dt},$$

s ist eine Fläche, dx eine Länge, dt eine Zeit, mithin

$$[k] = \frac{[dq]}{L^2\,\dfrac{[dq]}{L^3 . L}\,T} = \frac{L^2}{T} \quad . \quad . \quad . \quad . \quad . \quad . \quad (2)$$

Sehr oft wird als Einheit der Zeit der Tag, als Einheit der Länge das Zentimeter gewählt; bedient man sich des C. G. S.-Systems, so schreibt man k in der Form $k = N . 10^{-7}\,\dfrac{(\text{cm}^2)}{\text{sec}}$. Bezeichnet man mit n den Zahlenwert von k im Tag-Zentimeter-System, so ist

$$k = N . 10^{-7}\,\frac{(\text{cm})^2}{\text{sec}} = n\,\frac{(\text{cm})^2}{\text{Tag}}.$$

Ein Tag hat 86 400 Sek.; folglich ist $n = 86400\,N . 10^{-7}$ und schließlich

$$N = 115,7\,n \quad . \quad . \quad . \quad . \quad . \quad . \quad . \quad . \quad . \quad (3)$$

So ist z. B. für eine gesättigte Kochsalzlösung von 15^0

$$k = 108 . 10^{-7}\,\frac{(\text{cm})^2}{\text{sec}} = 0,93\,\frac{(\text{cm})^2}{\text{Tag}}.$$

Hier ist $N = 108$, $n = 0,93$. Fick nahm als Zeiteinheit die Stunde an, in diesem Falle müssen die Zahlenwerte für k gleich $\dfrac{1}{24}\,n$ sein, z. B. im eben angeführten Beispiele $k = 0,039$.

Stefan hat k aus den Versuchsresultaten von Graham berechnet, die sich auf einen veränderlichen Zustand der Lösung bezogen. Er fand für $k.10^7$ folgende in C. G. S.-Einheiten ausgedrückte Werte:

Karamel	Albumin	Zucker	NaCl		HCl
$9^0 - 10^0$	$13^0 - 15^0$	$9^0 - 10^0$	5^0	$9^0 - 10^0$	5^0
$k.10^7 = 5{,}4$	$7{,}3$	$39{,}9$	$88{,}5$	$107{,}8$	$201{,}6 \dfrac{(\mathrm{cm})^2}{\sec}$.

Für eine Lösung von J in Alkohol war $k.10^7 = 61{,}7$.

H. F. Weber hat eine umfangreiche Untersuchung über die Diffusion einer $ZnSO_4$-Lösung angestellt; durch Elektrolyse zwischen zwei Zinkplatten wurde zunächst die anfänglich überall gleich konzentrierte Salzlösung in genau angebbarer Weise an der unteren Platte, der Anode, konzentrierter, und an der oberen, der Kathode, verdünnter gemacht und dann nach Unterbrechung des elektrischen Stromes der Verlauf der Diffusion untersucht. Dieselbe Methode hat Seitz auf verschiedene Salze von Zink, Cadmium, Zinn, Blei und Silber angewandt.

Schumeister und insbesondere Scheffer haben den Einfluß der Konzentration und Temperatur der Lösung auf die Größe k untersucht. Dabei hat sich ergeben, daß bei zunehmender Konzentration die Größe k für einige Lösungen wächst, für andere abnimmt. A. Griffiths benutzte bei seinen Untersuchungen ein durch eine horizontale Scheidewand in zwei gleiche Hälften geteiltes Gefäß; durch die Scheidewand führten hinreichend lange vertikale Röhren hindurch. Der untere Teil enthielt die Lösung, der obere Teil reines Wasser. Die Diffusion fand durch die vertikalen Röhren hindurch statt. Für $CuSO_4$ findet Griffiths $k.10^7 = 28{,}7$ C.G.S. Lenz hat die Diffusion von Alkohollösungen der Salze KJ, NaJ, CdJ_2 und K_2CrO_4 untersucht; er findet, daß die Diffusionsgeschwindigkeit proportional dem elektrischen Widerstande der Lösung ist.

Die schöne Methode von Wiener zur Untersuchung der Diffusion beruht auf der Beobachtung des Weges, den ein Lichtstrahl in einer Flüssigkeitssäule einschlägt, in der Diffusion vor sich geht. Eine andere Methode desselben Verfassers beruht darauf, daß man die Krümmungen mißt, welche das Bild eines unter 45^0 gegen den Horizont geneigten hellen Spalts erfährt, wenn das Spaltbild auf das Diffusionsgefäß projiziert wird. Boltzmann und Thovert (1901) haben die Theorie der Wienerschen Methode mathematisch entwickelt. Thovert hat dann in einer Reihe von Untersuchungen die optische Methode praktisch ausgearbeitet und benutzt. Er fand für Lösungen von Säuren, Salzen und anderen Stoffen, daß k mit wachsender Konzentration sich ändert, entweder wächst oder kleiner wird. Ferner (1904) hat er gezeigt, daß die Diffusionsgeschwindigkeit des Phenols in 12 verschiedenen Flüssigkeiten genau umgekehrt proportional ist der inneren

Reibung (Kap. VIII) dieser Flüssigkeit. Dabei variierte $k \cdot 10^5$ C.G.S. in den weiten Grenzen von 3,10 (Äther) bis 0,0104 (Glyzerin mit 20 Proz. Wasser).

Mit Zunahme der Temperatur nimmt der Diffusionskoeffizient zu. So ist z. B. für $NaCl$ $k_t = k_0 (1 + 0,0429 \, t)$. De Heen findet für $MgSO_4$, KNO_3, $NaCl$, Na_2HPO_4 und K_2CO_3 fast die gleiche Abhängigkeit von der Temperatur; als Koeffizient von t aber findet er 0,012. Neuere Messungen von k wurden ausgeführt von J. C. Graham (1904), Öholm (1904) und Heimbrodt (1904, Methode von Wiener).

G. Meyer (1897) hat die Diffusion von Metallen durch Quecksilber untersucht; er findet folgende Werte:

$$
\begin{array}{ccccc}
\text{Zn} & \text{Cd} & \text{Pb} & \text{Au} & \\
k = 2{,}09 & 1{,}56 & 1{,}37 & 0{,}72 & \dfrac{(\text{cm})^2}{\text{Tag}}.
\end{array}
$$

Ähnliche Untersuchungen hatte noch früher Humphreys (1896) angestellt. Er findet, daß die Metalle um so schneller durch Hg diffundieren, je näher sie im periodischen System von Mendelejew dem Quecksilber stehen.

§ 2. Diffusion der Flüssigkeiten durch eine poröse Scheidewand oder Osmose.

Sind zwei Flüssigkeiten voneinander durch eine poröse

Fig. 110.

Scheidewand (aus schwach gebranntem, unglasiertem Ton, Tierblase, Pergament usw.) getrennt, so durchdringen sie diese im allgemeinen mit verschiedener Geschwindigkeit. Diese Erscheinung nennt man Osmose. Die besonderen Bezeichnungen Exosmose und Endosmose für ein langsameres oder schnelleres Durchdringen sind gegenwärtig nicht mehr üblich.

Die Erscheinung der Osmose ist von Nollet (1748) entdeckt worden. Derselbe stellte ein kleines, mit Alkohol gefülltes und mit Tierblase fest verschlossenes Gefäß in Wasser und umgekehrt ein mit Wasser gefülltes Gefäß in Alkohol; dabei beobachtete er, daß sich im ersten Falle die Blase aufblähte (Fig. 110), im zweiten Falle ins Gefäß hineingedrückt wurde. In beiden Fällen durchdrang das Wasser die Blase offenbar schneller, als der Alkohol.

Der erste, welcher diese Erscheinung aufmerksam verfolgte, war Dutrochet (1827 bis 1835); der von ihm benutzte Apparat ist in Fig. 111 abgebildet. Eine Blase verschließt unten das Gefäß b, durch dessen Hals eine vertikale, beiderseits offene Röhre aa führt, welche durch den Deckel des weiteren Gefäßes nn hindurchgeht. Die eine der zu untersuchenden Flüssigkeiten befindet sich in nn, während die andere das Gefäß b und bisweilen einen Teil der Röhre aa erfüllt. Ist in b eine wässerige Salzlösung, in nn reines Wasser enthalten, so beginnt die Flüssigkeit in der Röhre zu steigen; hieraus geht hervor, daß reines Wasser durch die Scheidewand schneller hindurchdringt, als die Salzlösung. Ein Nachteil des Apparates von Dutrochet besteht darin, daß die Flüssigkeitssäule in der Röhre aa einen starken hydrostatischen Druck ausübt, der einen entgegengesetzten „Filtrationsstrom" in der Flüssigkeit hervorruft. Deshalb gab Vierordt (1847) der Blase eine vertikale Stellung, so daß die hydrostatischen Drucke auf sie von beiden Seiten die gleichen blieben. Er bestätigte das bereits von Dutrochet gefundene Ergebnis, daß der Überschuß der Geschwindigkeit der einen Strömung über die Geschwindigkeit der anderen proportional der Differenz der Konzentration zweier Lösungen derselben Substanz ist, welche sich zu beiden Seiten der Scheidewand befinden. Die Vorstellung von einem besonderen „endosmotischen Äquivalente", zu welcher Jolly durch seine Untersuchungen geführt wurde, ist später aufgegeben worden, weshalb wir sie übergehen.

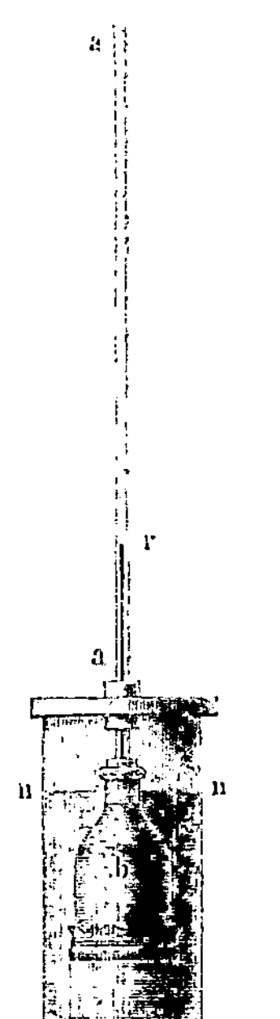

Fig. 111.

Die Richtung, in welcher die schnellere Strömung erfolgt, hängt von der Wahl der beiden Flüssigkeiten, von der Substanz der Scheidewand, sowie von dem Konzentrationsgrade, wenn zwei Lösungen gewählt sind, ab. Es mögen hier einige Beispiele folgen:

Sind Wasser und Alkohol voneinander durch Tierblase getrennt, so dringt das Wasser schneller hindurch; nimmt man dagegen eine dünne Kautschukmembran, so findet das Umgekehrte statt.

Die Erklärung der osmotischen Erscheinungen stößt auf große Schwierigkeiten. Früher glaubte man, daß es reine Kapillaritätserscheinungen seien, und daß diejenige Flüssigkeit die Scheidewand schneller durchdringt, welche in Kapillarröhren höher aufsteigt. Diese Erklärungsweise hat man jetzt aufgegeben, aber Quincke hat auf die Bedeutung hingewiesen, welche die Oberflächenspannung von Flüssigkeiten haben kann, die sich an der Kanalwandung im Inneren der porösen Scheidewand berühren; diese Spannung kann eine Verschiebung der Flüssigkeiten nach der einen oder anderen Seite zur Folge haben.

Liebig erklärte die Osmose durch die ungleiche Fähigkeit der Scheidewand, verschiedene Flüssigkeiten in sich aufzunehmen. Er fand, daß 100 Gewichtseinheiten trockener Ochsenblase in 24 Stunden

268 Gewichtsteile Wasser, 133 Teile NaCl-Lösung, 38 Teile (84 Proz.) Spiritus und 17 Gewichtsteile Knochenöl in sich aufsaugen. Eine mit Wasser gesättigte Blase verliert einen Teil dieses Wassers, wenn man sie mit Salz bestreut oder in Alkohol bringt. Auf Grund dieser Tatsache erklärt Liebig die Osmose dadurch, daß die Scheidewand die beiden Flüssigkeiten, welche sie berührt, ungleich schnell absorbiert. Die auf der einen Seite angesaugte Flüssigkeit wird auf der anderen Seite ausgeschieden. Verwickelte Erklärungen der Osmose stammen von Bruecke und Fick.

Mit Zunahme der Temperatur nimmt die Osmose durch Tierblase im allgemeinen zu, jedoch nur in sehr geringem Grade. Flusin hat die Osmose verschiedener organischer Substanzen durch Kautschuk untersucht.

§ 3. Osmotischer Druck. Wir sahen im § 1, daß, wenn man auf eine Lösung irgend eines Salzes, einer Säure, einer Zuckerlösung usw. reines Wasser gießt, sich die gelöste Substanz gewissermaßen ausdehnt und allmählich über das ganze Flüssigkeitsvolumen ausbreitet. Daß diese Erscheinung analog der Ausdehnung eines Gases ist, welche eintritt, falls der vom Gase eingenommene Raum mit einem Vakuum in Verbindung gesetzt wird, ist zuerst von Gay-Lussac bemerkt worden. Das reine Wasser oder die weniger konzentrierte Lösung haben hier für die gelöste Substanz die Bedeutung des Vakuums oder luftverdünnten Raumes. Man kann sagen, die Substanz habe das Bestreben, ein möglichst großes Volumen einzunehmen. Ist dies aber der Fall, so muß eine besondere Art von Druck auftreten, welcher auf die zwischen dem Wasser und der Lösung befindliche Scheidewand einwirkt. Ein solcher Druck — man nennt ihn osmotischen Druck — wird auch in der Tat beobachtet; er läßt sich z. B. mit dem Apparat von Dutrochet (Fig. 111) unmittelbar nachweisen, da die Flüssigkeitssäule, die in der Röhre aa aufsteigt, durch diesen Druck getragen wird.

Das Studium des osmotischen Druckes hat sich erst entwickelt, nachdem man die sogenannten „halbdurchlässigen" Membranen entdeckt hat. Diese bilden sich bei der Berührung zweier passend gewählter Flüssigkeiten und bestehen aus der Substanz, welche sich infolge chemischer Reaktion zwischen den Flüssigkeiten ausscheidet. Solche Membranen hat zuerst Traube (1867) benutzt, der sie Niederschlagsmembranen nannte; sie entstehen, wenn man z. B. ein mit Leim gefülltes Röhrchen in Gerbsäure taucht. Pfeffer (1877) u. a. haben eine ganze Reihe von Methoden angegeben, nach denen man halbdurchlässige Membranen erhalten kann. Eine der bequemsten besteht darin, daß man Lösungen von Kupfervitriol und Ferricyankalium miteinander in Berührung bringt, wobei sich dann eine aus Ferricyankupfer bestehende Membran bildet (Pfeffer). Noch zweckmäßiger ist es, ein poröses Tongefäß zuerst

von einer Kupfervitriollösung und darauf von einer Lösung von Ferricyankalium durchdringen zu lassen. Dann werden alle Poren des Gefäßes mit einer solchen Membran geschlossen.

Eine halbdurchlässige Membran hat die Eigentümlichkeit, daß sie
Wasser ungehindert durchläßt, die in demselben gelösten Substanzen
aber in höherem oder geringerem Grade zurückhält, besonders die, durch
deren Wechselwirkung sie entstanden ist. Übrigens haben de Vries
und Quincke gezeigt, daß in sehr geringen Mengen selbst diese Substanzen die Membran durchdringen.

Füllt man ein Pffeffersches poröses Tongefäß mit irgend einer
Lösung, verschließt es durch einen Kork, durch welchen eine Manometerröhre führt, und setzt das Gefäß in reines Wasser, so steigt die
Manometerflüssigkeit bis zu einem gewissen Maximal-
wert; dieser wird der osmotische Druck genannt.

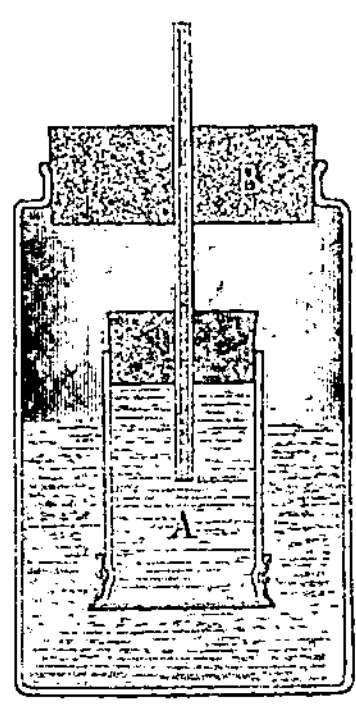

Fig. 112.

Ostwald und seine Schüler führten diesen in
manchen Fällen bis zu vielen Atmosphären reichen-
den Druck unmittelbar auf die gelöste Substanz
zurück, deren Moleküle auf die halbdurchlässige
Membran Stöße ausüben, die in ihrer Gesamtheit
ähnlich wie bei Gasen (S. 74) den Druck ausmachen.
Dies ist die sogenannte kinetische Theorie des osmotischen Druckes. Van't Hoff, einer der Begründer der Lehre vom osmotischen Druck, weist
bloß auf die Analogie zwischen diesem Druck und
der Spannung eines Gases hin. Diese Analogie
reicht, wie wir später sehen werden, sehr weit.
Die Frage nach dem Mechanismus des Entstehens
dieses Druckes läßt van't Hoff unerörtert. Dasselbe tun auch Lord
Kelvin u. a. Gegen die kinetische Theorie hat sich besonders
K. Schreber (1899) ausgesprochen. Unmittelbare Messungen des osmotischen Druckes sind nur von wenigen Autoren ausgeführt worden
wegen der Schwierigkeit der Messungen. Außerordentlich zuverlässige
Ergebnisse haben Morse und seine Schüler erhalten, nachdem sie in
jahrzehntelanger Arbeit alle in Betracht kommenden Einzelheiten der
Versuchsanordnung genau studiert und verbessert haben. Wir werden
später die Formeln angeben, nach denen eine indirekte Bestimmung
des osmotischen Druckes möglich ist, wenn man die Dampfspannung,
die Siedetemperatur oder endlich die Erstarrungstemperatur der Lösung
gefunden hat.

In Fig. 112 ist ein Apparat von Nernst abgebildet, in welchem
eine Wasserschicht an Stelle der halbdurchlässigen Membran tritt. Das
größere Gefäß enthält mit Wasser gesättigten Äther, das kleinere
Gefäß *A* dagegen Äther, welcher ebenfalls mit Wasser und einer bedeutenden Menge Benzol gesättigt ist. Das Gefäß *A* ist unten durch

Tierblase verschlossen, welche von Wasser durchtränkt ist und hier die
Rolle des porösen Tongefäßes im Pfefferschen Apparate übernimmt;
es dient letztere also nur dazu, die halbdurchlässige, aus Wasser bestehende, für Äther durchlässige, für Benzol aber undurchlässige
Membran ganz zu erhalten. In der vertikalen Röhre steigt allmählich
eine Äthersäule empor.

Lösungen, welche denselben osmotischen Druck ausüben, heißen
isotonische oder isoosmotische Lösungen.

Tammann (1888) hat eine schöne Methode angegeben, nach der
man solche isotonische Lösungen finden kann, die bei ihrem Zusammentreffen eine halbdurchlässige Membran bilden, wie z. B. Kupfervitriol
und Ferricyankalium. Hat die Lösung A die Konzentration a und soll
die Konzentration b der isotonischen Lösung B gefunden werden, so
bringt man einen Tropfen der Lösung B in die Lösung A; derselbe
überzieht sich sofort mit einem Häutchen. Ist die Konzentration b'
der Lösung B größer als b, so dringt das Wasser von außen in den
Tropfen ein, die Lösung rings herum wird konzentrierter und sinkt in
Form eines Strahles, den man mit bloßem Auge, noch besser aber nach
einer optischen Methode (Schlierenmethode, s. Bd. II) beobachten kann,
zu Boden. Ist jedoch b' kleiner als b, so tritt reines Wasser aus dem
Tropfen heraus und eine Strömung von verdünnter Lösung steigt
empor. Sind beide Lösungen isotonisch, so tritt keinerlei Strömung
auf, d. h. es findet kein Wasseraustausch statt. Traube, de Vries
und Pfeffer haben den osmotischen Druck in den Zellen lebender
Pflanzen und Tiere untersucht. Die innere Wandung dieser Zellen
läßt Wasser hindurch, ist aber für viele in demselben gelöste Substanzen
undurchlässig. Infolgedessen entsteht in den Zellen ein Druck, der bis
zu 4 und sogar bis zu 18 Atm. gehen kann; dies ist z. B. in den Zellen
der Burkane der Fall und, wie die Untersuchungen von Wladimirow
(1891) gezeigt haben, auch in den Zellen einiger Bakterien.

Bringt man eine lebende Zelle in eine Lösung, deren osmotischer
Druck größer als der in der Zelle herrschende Druck ist, so löst sich
die innere Wandung von der äußeren, und kann man sich dieses Um-
standes zum Auffinden isotonischer Lösungen bedienen.

Isotonische Lösungen haben (bei gegebenem Lösungsmittel) die gleiche Dampfspannung, sowie den gleichen
Siede- und Gefrierpunkt. Diese wichtigen Gesetze haben van't
Hoff und Duhem auf theoretischem Wege ermittelt; van't Hoff hat
folgende Formeln aufgestellt:

$$P = 82{,}2\,\frac{T\,D_0}{M}\,\frac{p-p'}{p} = \frac{41{,}1\,D_0\,\varrho}{T'}\,\varDelta t = \frac{41{,}1\,D_0\,\varrho_1}{T_1}\,\varDelta t_1 \quad . \quad (4)$$

Hier bedeutet P den osmotischen Druck in Atmosphären, D_0 die
auf Wasser bezogene Dichte des Lösungsmittels, M das Molekular-

gewicht des Lösungsmittels, p und p' den Druck des Dampfes und der Lösung bei der absoluten Temperatur T, ϱ die latente Verdampfungswärme, ϱ_1 die latente Schmelzwärme von 1 g des Lösungsmittels, ausgedrückt in Grammkalorien, T' und T_1 die absolute Siede- und Schmelztemperatur, $\varDelta t$ die Erhöhung des Siedepunktes, $\varDelta t_1$ die Erniedrigung des Schmelzpunktes (S. 239).

Für wässerige Lösungen ist

$$P = 4{,}57\, T\, \frac{p - p'}{p} = 59{,}2\, \varDelta t = 12{,}07\, \varDelta t_1 \quad . \quad . \quad (4,\mathrm{a})$$

Alle diese hier angeführten Formeln sollen im dritten Bande abgeleitet werden. Nach ihnen kann man die oben erwähnte (S. 251) indirekte Bestimmung der Größe P vornehmen.

§ 4. Die Gesetze von Boyle-Mariotte, Gay-Lussac und Avogadro für Lösungen.

Van't Hoff, Ostwald, Arrhenius, Raoult u. a. haben nachgewiesen, daß eine große Reihe von grundlegenden Eigenschaften der Lösungen ähnlich oder sogar identisch sind mit denen der Gase. Dies erhellt auch ohne weiteres aus den folgenden drei Gesetzen:

I. Der osmotische Druck P ist bei konstanter Temperatur der Konzentration der Lösung proportional oder umgekehrt proportional dem von einer gegebenen Menge der gelösten Substanz eingenommenen Volumen v (Boyle-Mariotte).

II. Der osmotische Druck P ist proportional der absoluten Temperatur T, d. h. sein Temperaturkoeffizient ist gleich 0,00367 (Gay-Lussac).

III. Gleiche Volumina v der isotonischen Lösungen (bei gleichem osmotischem Drucke P) enthalten bei gegebener Temperatur t die gleiche Anzahl N von Molekülen gelöst, welche zudem gleich der Zahl der Gasmoleküle ist, die sich im Volumen v beim Drucke P und der Temperatur t vorfinden würde (Avogadro).

Das Gesetz I wird durch die folgenden, für Zuckerlösungen geltenden Zahlen bestätigt:

Konzentrationsgrad m	Druck P	Verhältnis beider $\dfrac{P}{m}$
1 Proz.	53,5 cm	53,5
2 „	101,6 „	50,8
4 „	208,2 „	52,1
6 „	307,5 „	51,3

Der Druck ist in Zentimetern der Höhe einer Quecksilbersäule ausgedrückt.

Das Gesetz II wird durch folgende, für eine einprozentige Zuckerlösung geltende Zahlen bestätigt:

t^0	P beob.	P ber.	Differenz
6,8⁰	0,664 Atm.	0,665 Atm.	$+$ 0,001
13,7⁰	0,691 „	0,681 „	$-$ 0,010
14,2⁰	0,671 „	0,682 „	$+$ 0,011
15,5⁰	0,684 „	0,686 „	$+$ 0,002
22,0⁰	0,721 „	0,701 „	$-$ 0,020
32,0⁰	0,716 „	0,725 „	$+$ 0,009
36,0⁰	0,746 „	0,735 „	$-$ 0,011

Die in der dritten Kolumne stehenden Werte von P sind nach folgender Formel berechnet worden:

$$P = 0{,}649\,(1 + 0{,}00367\,t) \quad\dots\dots\dots \quad (5)$$

Die Kombination unserer beiden ersten Gesetze führt auf eine Formel, die der Clapeyronschen Formel analog ist, vgl. (5), S. 31, nämlich zur Formel

$$Pv = RT \quad\dots\dots\dots\dots \quad (6)$$

wo R eine Konstante ist. Wir hatten gesehen, daß, falls man das Volumen v in Litern, den Druck P in Atmosphären ausdrückt und von jeder Substanz ein Grammolekül nimmt, also soviel Gramm, als das Molekulargewicht der betreffenden Substanz Einheiten enthält, oder, mit anderen Worten, von den verschiedenen Substanzen die gleiche Anzahl von Molekülen nimmt, für alle Gase

$$R = 0{,}0821 \quad\dots\dots\dots\dots \quad (7)$$

wird, vgl. (8) auf S. 32. Wir berechnen nunmehr die Größe P für eine einprozentige Zuckerlösung von 0⁰ unter der Voraussetzung, daß für sie ebenfalls $R = 0{,}0821$ ist. In der Formel

$$P = \frac{RT}{v} \quad\dots\dots\dots\dots \quad (8)$$

ist also $R = 0{,}0821$ und $T = 273$. Das Molekulargewicht des Zuckers $C_{12}H_{22}O_{11}$ ist gleich 342. Das Volumen von 100 g Lösung, welche 1 g Zucker enthalten, ist gleich 99,7 ccm, folglich ist das Volumen v gleich $99{,}7 \times 342$ ccm oder $v = 34{,}1$ Liter. Somit ist nach der Theorie

$$P = \frac{0{,}0821 \times 273}{34{,}1} = 0{,}660\ \text{Atm.}$$

Diese Zahl stimmt mit der auf experimentellem Wege gefundenen $P = 0{,}649$ Atm., vgl. Formel (5), überraschend gut überein. Es ist somit in der Tat der Druck des gelösten Zuckers gleich dem Drucke, welchen er ausüben würde, wenn er den ihm zur Verfügung stehenden Raum in Form von nicht dissoziiertem Dampf erfüllen würde.

Auch die Messungen von Morse und seiner Schüler, die sich bis 80° erstreckten, haben die genaue Gültigkeit des Gay-Lussacschen Gesetzes ergeben. Dagegen steigt das Verhältnis des osmotischen Druckes zu dem nach den Gasgesetzen berechneten bei niedrigen Temperaturen von der 0,1-normalen zur 1-normalen Lösung von 1,08 bis auf 1,11, um bei etwas erhöhter Temperatur sich schnell der Einheit zu nähern. Morse schreibt dies einer Hydratbildung zu, die bei höherer Temperatur zerfällt.

Für viele andere Lösungen indes findet eine derartige Übereinstimmung der Beobachtungen. mit den nach Formel (8) berechneten Werten für den Druck keineswegs statt; für diese ist die Formel (6) durch folgenden Ausdruck zu ersetzen:

$$Pv = iRT \quad \dots\dots\dots\dots \quad (9)$$

Hier hat R für alle Lösungen den gleichen Wert und ist gleich der Konstanten, welche in der entsprechenden für Gase geltenden Formel vorkommt, wenn man ein Grammolekül der Substanz nimmt. Der Faktor i zeigt die Abweichung der gegebenen Lösung von einer „Normallösung" an. Diese Abweichungen erinnern an das, was auf S. 134 über die Dissoziation der Gase gesagt war. Wenn i nicht gleich 1 ist, so deutet dieses darauf hin, daß die gelöste Substanz dissoziiert ist, daß also die Zahl der freien Moleküle vermehrt ist.

Für Lösungen von Nichtelektrolyten, d. h. von Körpern, die durch den elektrischen Strom nicht zerlegt werden, ist der Koeffizient $i = 1$, für Elektrolyte dagegen ist $i > 1$. Hieraus haben Planck und Arrhenius den Schluß gezogen, daß die Elektrolyte (Salze, Säuren) in den Lösungen zum Teil dissoziiert sind, also in ihre Bestandteile, und zwar in Ionen gespalten sind (S. 230). Es mögen hier einige Zahlenwerte des Faktors i folgen:

	HCl	$CaCl_2$	$NaNO_3$	Na_2CO_3	$K_2Al_2(SO_4)_4$	$KClO_3$	$Na_2B_4O_7$
$i =$	1,98	2,52	1,82	2,18	4,45	1,78	3,57

Ponsot (1899) findet, daß der Grenzwert von i für sehr schwache Lösungen gleich 1,8 ist. Arrhenius zeigte, daß man i nach folgender Formel berechnen kann:

$$i = 1 + (k-1)\alpha \quad \dots\dots\dots \quad (10)$$

wo k die Gesamtzahl der Teile ist, in welche ein Molekül des Elektrolyten innerhalb der Lösung zerfällt; es ist z. B. $k = 2$ für KCl, $k = 3$ für $BaCl_2$, K_2SO_4 usw. Die Größe α bestimmt den Grad der Dissoziation, d. h. das Verhältnis der Anzahl zerlegter Moleküle zur Gesamtzahl der Moleküle. Je verdünnter die Lösung ist, desto weniger ist α

von Eins verschieden, d. h. desto vollständiger ist die Dissoziation (vgl. S. 136). Die Größe α kann durch Beobachtung der Elektrizitätsleitung in Lösungen gefunden werden; setzt man die so ermittelten Werte für α in Formel (10) ein, so erhält man für i Werte, welche mit den zum Teil früher angeführten sehr gut übereinstimmen.

Nernst (1888) hat eine vollständige Molekulartheorie für die Diffusion der Lösungen entwickelt; wir werden auf sie im III. Bande zurückkommen. Mac Gregor (1897) hat eine Formel angegeben, welche verschiedene Eigenschaften (Dichte, thermische Ausdehnung, Reibung, Oberflächenspannung, Brechungsquotient) wässeriger Salzlösungen mit den entsprechenden Eigenschaften reinen Wassers in Zusammenhang bringt. In dieser Formel kommt ebenfalls ein Koeffizient vor, welcher den Grad der Dissoziation (oder Ionisierung) der Lösung angibt.

Literatur.

Graham: Phil. Trans. **1**, 1, 1850; **2**, 805; **2**, 483, 1851; Lieb. Ann. **77**, 56 u. 129; **£0**, 197, 1851; **121**, 1, 1862.
Beilstein: Lieb. Ann. **99**, 165, 1856.
Berthollet: Essai de statique chimique. Paris 1803, S. 412.
Fick: Pogg. Ann. **94**, 59, 1855.
Stefan: Wien. Ber. **79**, II, 161, 1879.
H. F. Weber: Wied. Ann. **7**, 469 u. 536, 1879.
Seitz: Wied. Ann. **64**, 759, 1898.
G. Meyer: Wied. Ann. **61**, 225, 1897; **64**, 752, 1898.
Humphreys: Journ. chem. Soc. **69**, 1679, 1896.
Schumeister: Wien. Ber. **79**, II, 603, 1879.
Scheffer: Chem. Ber. **15**, 788, 1882; **16**, 1903, 1883.
De Heen: Bull. Ac. Belg. (3) **8**, 219, 1884; **19**, 197, 1890.
Nollet: Histoire de l'Acad. des sciences 1748, p. 101.
Dutrochet: Ann. de chim. et phys. (2) **35**, 393; **37**, 191; **49**, 411; **51**, 159; **60**, 337, 1827 bis 1835.
Vierordt: Archiv v. Roser u. Wunderlich **6**, 1847; Pogg. Ann. **73**, 519, 1848.
Jolly: Ztschr. f. rat. Med. **7**, 83, 1849; Pogg. Ann. **78**, 261, 1849.
Liebig: Ursachen der Säftebewegung. Braunschweig 1848. Theorie der Osmose. Lieb. Ann. **121**, 78, 1862.
Flusin: Compt. rend. **126**, 1497, 1898.
A. Griffiths: Phil. Mag. (5) **46**, 453, 1898; **47**, 530, 1899.
Quincke: Pogg. Ann. **160**, 118, 1877.
Wiener: Wied. Ann. **49**, 105, 1893.
Boltzmann: Wied. Ann. **53**, 959, 1894.
Thovert: Compt. rend. **133**, 1197, 1901; **137**, 1249, 1903; **138**, 481, 1904; Ann. de chim. et phys. (7) **26**, 366, 1902; Journ. de phys. (4) **1**, 772, 1902; Thèse, Paris 1902.
J. C. Graham: Ztschr. f. phys. Chem. **50**, 257, 1904.
Öholm: Ztschr. f. phys. Chem. **50**, 309, 1904.
Heimbrodt: D. A. **13**, 1028, 1904.
Umow: Über Diffusion, Journ. d. russ. phys.-chem. Ges. **23**, 335, 1891.

Gribojedow: Über Diffusion, Journ. d. russ. phys.-chem. Ges. **23**, 36, 1893.
Traube: Arch. f. Anat. u. Physiol. 1867, S. 87.
Pfeffer: Osmotische Untersuchungen. Leipzig 1877.
Adie: Journ. of Chem. Soc. 1891, S. 344.
De Vries: Arch. Néerland. **31**, 344, 1878 (Beibl. **3**, 7); Ztschr. f. phys. Chem.
    2, 414, 1888.
Lord Kelvin: Nature 1897, Nr. 1421, 1422.
Morse und seine Schüler: Amer. chem. Journ. **34**, 1, 1905; **36**, 1, 39, 1906;
    37, 425, **38**, 175, 1907; **40**, 1, 194, 1908; **41**, 1, 1909; **45**, 91, 237, 383,
    517, 554, 1911; **48**, 29, 1912.
K. Schreber: Ztschr. f. phys. Chem. **28**, 79, 1899.
Tammann: Ztschr. f. phys. Chem. **8**, 685, 1891; Wied. Ann. **34**, 229, 1888.
Van't Hoff: Arch. Néerland. **20**, 239, 1885; Ztschr. f. phys. Chem. **1**, 481,
    1887.
Nernst: Ztschr. f. phys. Chem. **2**, 611, 1888; **6**, 37, 1890.
Arrhenius: Ztschr. f. phys. Chem. **3**, 115, 1889; **10**, 51, 1892.
Duhem: Journ. de phys. (2) **6**, 134, 397, 1887; **7**, 391, 1888.
Fick: Ztschr. f. phys. Chem. **5**, 527, 1890.
Pupin: Der osmotische Druck. Berlin 1889.
Dieterici: Wied. Ann. **45**, 207, 589, 1892.
Fuchs: Exners Repert. **27**, 176, 1891.
Ponsot: Compt. rend. **128**, 1447, 1899.
Poynting: (Osmotic pressure). Phil. Mag. (5) **42**, 289, 1896.
Mac Gregor: Phil. Mag. (5) **43**, 46, 98, 1897.

Achtes Kapitel.

Reibung im Inneren der Flüssigkeiten.

§ 1. Koeffizienten der inneren Reibung. Die innere Reibung
tritt nicht nur in Gasen, sondern auch in Flüssigkeiten auf.

Formel (59) von Seite 103

$$f = \eta s \frac{dv}{dx} \qquad \cdots \cdots \cdots \quad (1)$$

bezieht sich daher in gleicher Weise auf Gase und Flüssigkeiten. Hier
bedeutet η den **Koeffizienten der inneren Reibung**, s den
Flächenraum, in welchem sich die zwei Nachbarschichten berühren,
v die Geschwindigkeit der Schicht, $\dfrac{dv}{dx}$ das Maß der Geschwindigkeits-
änderung in der Richtung x, senkrecht zu s, f die Kraft, welche die
Bewegung der einen Schicht beschleunigt, die der anderen verzögert.
Die Größe η heißt auch die **Viskosität** der gegebenen Flüssigkeit.
Auf S. 103 war die Einheit der Viskosität definiert worden.

Die Dimension der Größe η ergibt sich leicht, wenn man bedenkt, daß f eine Kraft, dv eine Geschwindigkeit, s einen Flächeninhalt und dx eine Länge bedeutet. Es ist

$$[f] = \frac{ML}{T^2}; \quad [s] = L^2; \quad [dv] = \frac{L}{T} \quad \text{und} \quad [dx] = L;$$

hieraus folgt

$$\frac{ML}{T^2} = [\eta]\, L^2\, \frac{L}{TL}$$

und mithin

$$[\eta] = \frac{M}{LT} \quad \cdots\cdots\cdots \quad (2)$$

Man pflegt die Viskosität auf zweierlei Weise auszudrücken, entweder in C. G. S.-Einheiten, in welchem Falle sie mit η bezeichnet werden soll, oder man vergleicht die Viskosität verschiedener Flüssigkeiten mit der Viskosität von Wasser bei 0^0, welche man gleich 100 setzt. Die auf diese Weise erhaltenen Zahlen messen die spezifische Viskosität, welche mit z bezeichnet werden möge. Bezeichnet man die in C. G. S.-Einheiten ausgedrückte Viskosität des Wassers bei 0^0 mit η_0', so besteht zwischen η und z offenbar folgende Beziehung

$$z = \frac{\eta}{\eta_0'}\, 100 \quad \cdots\cdots\cdots \quad (3)$$

Jäger hat eine Theorie der Flüssigkeiten nach Analogie der kinetischen Gastheorie (S. 79) entwickelt und unter anderem auch eine Theorie der inneren Reibung in Flüssigkeiten gegeben, welche der Theorie der Reibung in Gasen (S. 103) entspricht. Er findet für den Durchmesser der Wassermoleküle $\delta = 70 \cdot 10^{-9}$ Zentimeter und für die mittlere Weglänge $\lambda = 91 \cdot 10^{-11}$ Zentimeter, so daß $\lambda < \delta$ ist, während in Gasen $\lambda > \delta$ ist.

§ 2. Koeffizient der äußeren Reibung und Gleitungskoeffizient.

Wenn eine Flüssigkeit einen unbeweglichen festen Körper berührt und die Geschwindigkeit V der Flüssigkeitsschicht, welche unmittelbar an die Oberfläche des festen Körpers angrenzt und sich längs dieser Oberfläche bewegt, nicht den Wert Null hat, so kommt zwischen der Flüssigkeit und dem festen Körper Reibung zustande. Die Kraft f, welche in diesem Falle auf die in Betracht gezogene Flüssigkeitsschicht wirkt, ist der Oberfläche s der Schicht und der Geschwindigkeit V, die man auch als Differenz der Geschwindigkeiten von festem Körper und Flüssigkeit auffassen kann, direkt proportional. Es ist demnach

$$f = \lambda s V \quad \cdots\cdots\cdots\cdots \quad (4)$$

Hier ist λ der Koeffizient der äußeren Reibung der Flüssigkeit. Die Dimension dieser Größe ist offenbar

$$[\lambda] = \frac{M}{L^2 T} \quad \cdots \cdots \cdots \cdots \quad (5)$$

Navier hat (1822) zuerst obige Größe eingeführt. Gewöhnlich
macht man die Annahme, daß in der Mehrzahl der Fälle

$$\lambda = \infty \quad \cdots \cdots \cdots \cdots \cdots \quad (6)$$

d. h $V = 0$ ist. Dies bedeutet aber, daß die Grenzschicht der Flüssigkeit an der Oberfläche des festen Körpers haftet und unbeweglich ist,
daß also ein unmittelbares Gleiten der Flüssigkeit längs der Oberfläche
des festen Körpers überhaupt nicht zustande kommt. Ist λ nicht unendlich groß, so nennt man die Größe

$$\gamma = \frac{\eta}{\lambda} \quad \cdots \cdots \cdots \cdots \cdots \quad (7)$$

den Gleitungskoeffizienten. Aus (2) nnd (5) folgt

$$[\gamma] = L \quad \cdots \cdots \cdots \cdots \cdots \quad (8)$$

Ist $\lambda = \infty$, so ist $\gamma = 0$; ein Gleiten findet in diesem Falle
nicht statt.

**§ 3. Bestimmung des Reibungskoeffizienten nach der Methode
der Kapillarröhren.** Poiseuille hat (1842) folgende Formel für das
Volumen Q einer Flüssigkeit gegeben, welche in der Zeit T durch eine
Kapillarröhre mit dem inneren Durchmesser D und der Länge L hindurchströmt, während sich die Flüssigkeit unter dem Drucke P befindet

$$Q = k \frac{P D^4}{L} T \quad \cdots \cdots \cdots \cdots \quad (9)$$

Der Proportionalitätsfaktor k hängt, wie aus der Theorie hervor-
geht, von der inneren Reibung η und dem Gleitungskoeffizienten γ ab.
Die mathematische Theorie der Bewegung einer Flüssigkeit in einer
Kapillarröhre führt zur Formel

$$Q = \frac{\pi P}{8 \eta L} (R^4 + 4 \gamma R^3) T \cdots \cdots \cdots \quad (10)$$

wo $R = \frac{1}{2} D$ ist. Setzt man $\lambda = \infty$, folglich $\gamma = 0$, so erhält man

$$Q = \frac{\pi P R^4}{8 \eta L} T \quad \cdots \cdots \cdots \cdots \quad (11)$$

17*

d. h. die Poiseuillesche Formel, in welcher folglich $(R = \frac{1}{2} D)$

$$k = \frac{\pi}{128 \, \eta} \quad \cdots \cdots \cdots \quad (12)$$

ist. Mißt man die Größen P, R, Q, L und T, so erhält man η aus der Formel

$$\eta = \frac{\pi P R^4}{8 Q L} T \quad \cdots \cdots \cdots \quad (13)$$

[vgl. Formel (11)]; will man η in C.S.G.-Einheiten erhalten, so hat man P in Dynen pro Quadratzentimeter der Oberfläche, L und R in Zentimetern, Q in Kubikzentimetern und T in Sekunden auszudrücken.

Hagenbach hat gezeigt, daß man bei großer Ausflußgeschwindigkeit zu dem durch Formel (13) gegebenen Werte noch ein Ergänzungsglied hinzuzufügen hat; es ist

$$\eta = \frac{\pi P R^4}{8 Q L} T - \frac{Q \delta}{2^{\frac{10}{3}} \pi g L} \quad \cdots \cdots \quad (13, \text{a})$$

wo δ die Dichte der Flüssigkeit, g die Beschleunigung der Schwerkraft ist.

Knibbs hat eine Formel vorgeschlagen, welche von der Hagenbachschen etwas abweicht; er hat eine große Anzahl von Bestimmungen der Größe η für Wasser (aus den Jahren 1846 bis 1894) zusammengestellt und kritisch beleuchtet. Kann hat nach derselben Methode die innere Reibung für Brom bestimmt. Wetzstein (1899) hat gefunden, daß für Wasser, Äther und Chloroform die nach Formel (13, a) berechneten Werte von η bei zunehmendem P zu groß ausfallen. Die nach Formel (13) berechneten Werte von η können in folgender Form dargestellt werden

$$\eta = \frac{b}{P} + a \quad \cdots \cdots \cdots \quad (13, \text{b})$$

wo b und a Konstante sind. Grüneisen (1905) hat theoretisch und experimentell die Grenzen bestimmt, innerhalb deren die Abweichungen vom Poiseuilleschen Gesetze eine gewisse Größe, z. B. 1 Proz. nicht übersteigen. Die Hagenbachsche Korrektion erwies sich nicht als genauer Ausdruck für die erwähnten Gesetze. Auch Duff (1905) hat die Anwendbarkeit der Poiseuilleschen Formeln untersucht.

Um die spezifische Viskosität z zu bestimmen, vgl. (3) § 1, könnte man die Ausflußdauer T und T' gleicher Volumina der zu untersuchenden Flüssigkeit (η) und des Wassers (η') aus ein und derselben Röhre $(R$ und $L)$ und unter demselben Drucke P messen, denn Formel (13) gibt in diesem Falle

$$\frac{\eta}{\eta'} = \frac{T}{T'} \quad \cdots \cdots \cdots \quad (14)$$

Auf dieselbe Weise kann man das Verhältnis von η' zu η'_0 und hierauf z nach Formel (3) ermitteln. Etwas anders angestellte Versuche, von denen weiter unten die Rede sein wird, ergeben für Wasser

$$\eta'_0 = 0{,}0178 \ \frac{g}{cm/sec} \cdot \ \cdots \cdots \quad (15)$$

Setzt man diesen Wert in Formel (3) ein, so erhält man für den Zusammenhang zwischen η und z:

$$\eta = 0{,}000178\,z \ \cdots \cdots \cdots \quad (16)$$

Couette (1890) folgerte aus seinen Versuchen, daß der Reibungskoeffizient des Wassers von dem Material der benutzten Röhre unabhängig ist, daß also $\lambda = \infty$ und $\gamma = 0$ ist, selbst wenn das Wasser die Röhrenwandungen (aus Paraffin) nicht benetzt. Ebenso hatte Warburg (1870) gefunden, daß für Quecksilber und Glas $\lambda = \infty$ und $\gamma = 0$ ist. N. P. Petrow (1896) meint, daß die Schlußfolgerungen von Couette unrichtig sind; er findet z. B., daß man aus den Versuchen von Couette für Rapsöl einen zwischen 0,029 und 0,0012 liegenden Wert von γ und keineswegs Null erhält. Es sei hier bemerkt, daß bei Ableitung der Formel (13) vorausgesetzt wurde, die Geschwindigkeit des Flüssigkeitsstrahles beim Ausströmen aus einer Kapillarröhre sei gleich Null; man hat daher bei den Versuchen schwache Drucke anzuwenden, die ein sehr langsames Durchströmen bewirken (vgl. das folgende Kapitel, S. 278).

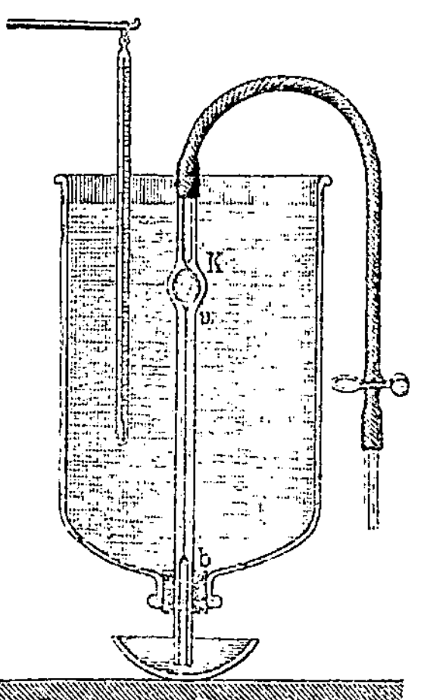

Fig. 113.

Die in der Praxis zur Bestimmung von η und z angewandte Methode wird aus der Beschreibung des zu diesem Zwecke dienenden Apparates verständlich. Eine Kapillarröhre ab (Fig. 113) endet unten in einer breiteren Röhre und geht oben in eine Erweiterung über, von welcher eine breitere, bei K verengte Röhre weiterführt. An diese wird ein Gummischlauch mit Quetschhahn angesetzt. Die ganze Röhre bK befindet sich in einem Gefäß mit Wasser, dessen Temperatur durch ein daneben befindliches Thermometer gemessen wird. Man saugt nun zunächst durch den Gummischlauch die zu untersuchende Flüssigkeit bis etwas über K hinauf und bestimmt sodann nach Öffnung des Quetschhahnes die Zeit T, in welcher die ganze Flüssigkeitsmenge durch die Kapillarröhre hindurchströmt. Hierauf wiederholt man denselben Versuch mit einer anderen Flüssigkeit, z. B. mit Wasser, wobei die Zeitdauer des Ausströmens etwa gleich T' sein mag. Der Druck P in Formel (13) stellt hier eine variable Größe dar, denn er ist in jedem gegebenen Augenblicke gleich dem Drucke der noch nicht entströmten Flüssigkeitssäule. Da jedoch das Gesetz, nach dem sich dieser Druck ändert, für beide Flüssigkeiten das gleiche ist, so kann man trotzdem die Formel (13) benutzen, aus der sich offenbar

$$\frac{\eta}{\eta'} = \frac{TP}{T'P'}$$

ergibt. Sind δ und δ' die Dichten der beiden Flüssigkeiten, so ist $P:P' = \delta:\delta'$ und daher

$$\frac{\eta}{\eta'} = \frac{T\delta}{T'\delta'} \quad \cdots \cdots \cdots \cdots (17)$$

Wenn eine der beiden Flüssigkeiten Wasser ist, so ist $\delta' = 1$, und man kann die Werte von η' aus entsprechenden Tabellen (vgl. § 5) entnehmen. Die zur Verwendung gelangenden Flüssigkeiten müssen sorgfältig filtriert sein, damit keine fremden Beimengungen in die Kapillarröhre hineingelangen. Washburn und G. Y. Williams (1913) haben die Glaskapillare durch eine aus geschmolzenem Quarz ersetzt, was manche Vorzüge mit sich bringt.

§ 4. Methode von Coulomb, Helmholtz, Margules u. a. zur Bestimmung von η. Eine runde horizontale Metallscheibe hängt im Inneren der zu untersuchenden Flüssigkeit an einem von ihrem Mittelpunkt ausgehenden Draht. Man dreht die Scheibe ein wenig um den Draht, überläßt sie sodann sich selbst und beobachtet nun die Schwingungsdauer τ (d. h. die Zeit, in welcher sie aus einer Grenzlage in die andere gelangt) und das logarithmische Dekrement λ (Abt. I, S. 158). Ist λ_0 gleich dem logarithmischen Dekrement bei Schwingungen in der Luft, so führt die Theorie zu folgender Formel:

$$\lambda = \lambda_0 + \frac{\pi R^4}{2K} \sqrt{\frac{\pi}{2}\,\delta\tau\eta} \quad \cdots \cdots \cdots (18)$$

wo R der Radius der Scheibe, K ihr Trägheitsmoment in bezug auf die Drehungsachse und δ die Dichte der Flüssigkeit ist; hieraus läßt sich η finden (Coulombsche Methode). Durch Einführung einiger Korrektionen in obige Formel hat O. E. Meyer (1887) Resultate erhalten, welche mit den nach der Methode der Kapillarröhren erhaltenen gute Übereinstimmung zeigen. König (1887) benutzte anstatt der Scheibe eine um ihre Achse schwingende Kugel. Eine Abänderung dieser Methode rührt von Verschaffelt (1914) her, bei der eine Messingkugel sich innerhalb einer zweiten hohlen dreht, während der Zwischenraum mit der zu untersuchenden Substanz gefüllt ist. Mit Hilfe dieses Verfahrens wurde die innere Reibung für flüssige Mischungen von Sauerstoff und Stickstoff untersucht.

Helmholtz und Piotrowski (1860) beobachteten umgekehrt die Schwingungen einer mit der zu untersuchenden Flüssigkeit gefüllten, an einem Draht befestigten Hohlkugel; diese führte, indem sie sich um den Draht drehte, Schwingungen um ihren vertikalen Durchmesser aus. Mißt man die Schwingungsdauer und ihr logarithmisches Dekrement, so lassen sich η und γ berechnen. Sehr bemerkenswert ist hierbei der Umstand, daß sich γ nicht gleich Null und folglich λ nicht gleich Unendlich ergab. Für Wasser wurde vielmehr $\eta = 0{,}011\,86 \dfrac{g}{cm\,sec}$ und $\gamma = 0{,}235\,34$ cm gefunden. Umani hat die Kugel durch einen Zylinder ersetzt und für Quecksilber $\eta = 0{,}015\,77 \dfrac{g}{cm\,sec}$ gefunden.

Margules (1881) hat folgende Methode vorgeschlagen: Man taucht einen vertikalen Zylinder vom Grundflächenradius r_1 in die Flüssigkeit und umgibt ihn mit einer dünnwandigen zylindrischen Röhre vom Radius r_2. Den äußeren Zylinder dreht man nun mit einer gewissen Winkelgeschwindigkeit ω und mißt das Moment M des Kräftepaares, welches auf den inneren Zylinder wirkt. Es ist dann

$$M = 4\pi c \eta h \ \ldots \ldots \ldots \ldots \ (19)$$

wo h die Höhe des inneren Zylinders ist und c folgenden Wert hat:

$$c = \frac{\omega}{2\gamma\left(\dfrac{1}{r_1^3} + \dfrac{1}{r_2^3}\right) + \left(\dfrac{1}{r_1^2} - \dfrac{1}{r_2^2}\right)} \ \ldots \ldots \ (20)$$

Findet kein Gleiten der Flüssigkeit statt ($\lambda = \infty$ und $\gamma = 0$), so ist

$$c = \frac{\omega}{\dfrac{1}{r_1^2} - \dfrac{1}{r_2^2}} \ \ldots \ldots \ldots \ldots \ (21)$$

Couette (1890) und Brodmann (1892) haben nach dieser Methode den Reibungskoeffizienten η bestimmt. Eine Abänderung derselben rührt von Mallock her. Jones bestimmte η nach der Formel von Stokes, indem er die konstante Geschwindigkeit v maß, welche ein im Inneren der Flüssigkeit niederfallendes Kügelchen erlangt:

$$v = \frac{2}{9}\,g r^2 \frac{\sigma - \varrho}{\eta} \ \ldots \ldots \ldots \ldots \ (21,a)$$

wenn r den Radius, σ die Dichte des Kügelchens, ϱ die Dichte der Flüssigkeit bedeutet. Jones beobachtete das Niederfallen von Quecksilberkügelchen. Zu der Formel (21, a) werden wir am Ende dieses Kapitels (S. 268) zurückkehren.

§ 5. Einfluß von Temperatur und Druck auf die Viskosität der Flüssigkeiten.

Sämtliche Versuche zeigen, daß η und ε mit Zunahme der Temperatur sehr schnell abnehmen. Für Wasser erhält man folgende Werte:

	0^0	10^0	20^0	30^0	40^0	50^0	60^0	70^0
η	0,0181	0,0133	0,0102	0,0081	0,0066	0,0057	0,0049	0,0042
ε	100	73,3	56,2	44,9	36,7	31,5	26,9	23,5

Pacher findet für Wasser eine Anomalie in der Nähe von 4^0, und zwar wächst η bei der Abkühlung bis 7^0 langsam, zwischen 7^0 und 5^0 rascher und dann zwischen 5^0 und 4^0 wieder langsamer; dabei zeigt sich zwischen 5^0 und 4^0 ein Maximum und ein Minimum des Wertes von η. Für Quecksilber ist (nach Koch, 1881):

t^0	$-21{,}4^0$	0^0	99^0	$196{,}7^0$	$340{,}1^0$
η	0,01847	0,01697	0,01223	0,01017	0,009054

Der Koeffizient η_t kann durch folgende empirische Formel ausgedrückt werden:

$$\eta_t = \frac{\eta_0}{1 + at + bt^2} \quad\cdots\cdots\cdots\quad (22)$$

in welcher z. B. für Wasser nach den Untersuchungen von O. E. Meyer $a = 0{,}0332$, $b = 0{,}000244$ und $\eta_0 = 1{,}775$ ist. Grätz (1888) hat gezeigt, daß für reine Flüssigkeiten (also nicht für Lösungen) η_t durch folgende Formel ausgedrückt werden kann:

$$\eta_t = A \frac{t_0 - t}{t - t_1} \quad\cdots\cdots\cdots\cdots\quad (23)$$

in welcher A und t_1 konstante Zahlen und t_0 die kritische Temperatur (S. 27) der Flüssigkeit bedeuten. So ist beispielsweise für Wasser $A = 7{,}338$ und $t_1 = -28{,}619$. Für flüssige Kohlensäure ist

t^0	5^0	10^0	20^0	29^0
η	0,000925	0,000852	0,000712	0,000539

Von Heydweiller, Thorpe und Rodger, Stoel und de Haas ist die innere Reibung von Flüssigkeiten bei Temperaturen, welche oberhalb ihres Siedepunktes liegen, untersucht worden.

Stoel hat die empirische Formel $\eta = Ce^{-at}$ vorgeschlagen, in welcher C und a Konstante sind. Andere kompliziertere Formeln sind von A. Duff aufgestellt worden (1899). Batschinsky findet, daß für Quecksilber die Formel

$$\eta = \frac{a}{T} + b + cT$$

gültig sei; hier sind a, b und c Konstante, T die absolute Temperatur. In erster Annäherung kann man $\eta T = Const = 4{,}60815$ setzen. In einer Reihe von Arbeiten zeigte Batschinsky ferner, daß für eine große Anzahl von Körpern die Beziehung $\eta\, T^3 = Const$ gilt, wo T die absolute Temperatur ist. Von Garvanoff, Koller und Perry ist die Abhängigkeit der inneren Reibung von der Temperatur für verschiedene Öle untersucht worden.

Die Viskosität der flüssigen Kohlensäure ist die geringste bisher beobachtete, bei 15^0 ist sie $14{,}6$ mal geringer als die des Wassers. Geringe Viskosität besitzt auch der Äther, für welchen $z_{10} = 14{,}5$ ist (während für Wasser der Wert $73{,}3$ gilt).

Umgekehrt haben Glyzerin, einige Öle und ähnliche Flüssigkeiten außerordentlich hohe Viskosität. So ist z. B. für Glyzerin:

t	$2{,}8^0$	$8{,}1^0$	$14{,}3^0$	$20{,}3^0$	$26{,}5^0$
η	$42{,}2$	$25{,}2$	$13{,}9$	$7{,}78$	$4{,}94$

Die Viskosität des Glyzerins bei $2{,}8^0$ ist 2500 mal größer als die des Wassers. Dorn und Völlmer haben die innere Reibung einer Lösung von HCl in Wasser ($24{,}3$ Proz.), von LiCl in Methylalkohol ($1{,}56$ Proz.) bei $15{,}6^0$ und bei $-79{,}3^0$ untersucht und folgende Werte für η gefunden:

HCl		LiCl	
$15{,}6^0$	$-79{,}3^0$	$15{,}6^0$	$-79{,}3^0$
$0{,}016\,35$	$0{,}9000$	$0{,}007\,97$	$0{,}0707$

Für HCl ist der zweite Wert 55 mal größer als der erste, für LiCl dagegen nur $8{,}9$ mal. G. Tammann hat η für unterkühlte Flüssigkeiten nach der Methode von Jones (S. 263) bestimmt, wobei sich ergab, daß η bei Temperaturzunahme sehr schnell abnimmt.

Den Einfluß des Druckes auf die Viskosität haben Röntgen (1884), Warburg und Sachs (1884), Cohen (1892), G. Tammann (1899) und Hausser (1900) untersucht. Es zeigt sich, daß bei Druckzunahme die Viskosität des Wassers abnimmt, und zwar bis zu Temperaturen von etwa 32^0. Oberhalb 32^0 findet Hausser eine Zunahme der Viskosität bei einer Drucksteigerung bis zu 400 Atm.; die Viskosität konzentrierter Lösungen von NaCl und NH_4Cl im Wasser nimmt dagegen zu; eine starke Zunahme der Viskosität tritt auch für Terpentinöl auf. Bingham und seine Schüler haben zahlreiche Untersuchungen (1905 bis 1913) über die innere Reibung von Flüssigkeiten und ihre Abhängigkeit von der Temperatur und der chemischen Beschaffenheit veröffentlicht. In den Arbeiten von 1912 und 1913 gibt Bingham eine Übersicht aller erhaltenen Resultate, auf die wir aber hier nicht eingehen können.

§ 6. Innere Reibung in Lösungen und Mischungen.

Die Viskosität von Lösungen ist bisweilen größer, bisweilen kleiner als die des Wassers, und manchmal treten bei Zunahme der Konzentration Maxima oder Minima der Viskosität auf. Die Viskosität der Lösungen von $NaCl$, K_2SO_4, $NaBr$, NaJ, $NaNO_3$, Na_2SO_4, $BaCl_2$, $CaCl_2$, $MgSO_4$, der Salze der Schwermetalle usw. ist größer als die Viskosität des Wassers. Die Viskosität der Lösungen von KCl, KBr, KJ, KNO_3, $KClO_3$, NH_4Cl, NH_4Br, NH_4J, NH_4NO_3, $Ba(NO_3)_2$ ist bei niedriger Temperatur geringer, bei höheren Temperaturen dagegen größer als die des reinen Wassers. Für viele schwache Lösungen wird die Viskosität z durch folgende Formel von Arrhenius

$$z = A^x \quad . \quad . \quad . \quad . \quad . \quad . \quad . \quad . \quad . \quad (24)$$

ausgedrückt, wo A eine Konstante, x die Zahl der Grammoleküle gelöster Substanz in einem Liter Wasser bedeutet. So ist z. B. für Äther $A = 1,026$, für Zucker $A = 1,046$, für KNO_3 $A = 0,9664$, für $ZnSO_4$ $A = 1,3613$, für $CuSO_4$ $A = 1,3533$, für H_2SO_4 $A = 1,0880$. Reyher und J. Wagner haben die Richtigkeit der Formel (24) für viele Lösungen bestätigt. Nach Kendall (1913) gibt die Formel (24) die Beobachtungen gut wieder, und zwar sowohl für wässerige als auch für nichtwässerige Lösungen über einen weiten Konzentrationsbereich, wenn man das Lösungsmittel seinem Gewicht und nicht seinem Volumen nach einführt. Die innere Reibung von Gemischen aus mehreren Lösungen hat Kanitz untersucht. Für Gemische gilt die Formel

$$z = A^x B^y C^v . \quad . \quad . \quad . \quad . \quad . \quad . \quad . \quad (24, a)$$

wo A, B, C Konstanten, x, y, v ... die Zahl der Grammoleküle der verschiedenen Substanzen, welche in einem Liter Wasser gelöst sind, bedeutet. H. Euler hat die Formel (24, a) zur Untersuchung der Viskosität von Lösungen teilweise dissoziierter Elektrolyte benutzt. Kendall (1913) hat gezeigt, daß die Formel die experimentell gefundenen Resultate besser darstellt, wenn man Molekularprozente einführt. Ch. Lees fand (1901), daß die Größe η für eine Mischung zweier Flüssigkeiten, für welche jene Größe gleich η_1 und η_2 ist, aus der Formel

$$\left(\frac{1}{\eta}\right)^m = c_1 \left(\frac{1}{\eta_1}\right)^m + c_2 \left(\frac{1}{\eta_2}\right)^m$$

berechnet werden kann, wo c_1 und c_2 die Volumina sind, welche die Volumeneinheit der Mischung bilden ($c_1 + c_2 = 1$), und m eine Konstante.

Moore hat die innere Reibung von verschiedenen Salzlösungen untersucht; er findet, daß die Formel von Arrhenius für konzentriertere Lösungen ihre Geltung verliert. Mehrere Forscher haben statt der Formel (24) die einfache lineare Beziehung

$$\eta = \eta_0 + a\dot{x} \quad . \quad . \quad . \quad . \quad . \quad . \quad . \quad . \quad (25)$$

benutzt. Rudorf (1903) untersuchte wässerige Lösungen von Säuren Salzen, Harnstoff, Zucker usw. und fand, daß keine der beiden Formeln

(24) und (25) den tatsächlichen Verhältnissen genau entspricht. Die Abweichungen von der Formel (25) erklärt er durch Polymerisation oder durch lose Verbindung mit dem Lösungsmittel. Weitere Untersuchungen wurden ausgeführt von Taylor und Romken (1903), von Wagner (1903) u. a. Für alkoholische Lösungen gilt nach Haffner (1903) die Formel (24) nicht.

Mischungen untersuchten neben anderen Scarpa (1904) und Dunstan (1905). Scarpa untersuchte Wasser-Phenolmischungen bei verschiedenen Temperaturen und fand, daß die Kurven bei allen Temperaturen Wendepunkte besitzen, welche einem Gehalt von 15 und 58 Proz. Phenol entsprechen. Für eine Reihe von Mischungen fand Dunstan ein Maximum oder ein Minimum der inneren Reibung bei bestimmter Zusammensetzung.

Bezeichnet m die Anzahl von Grammäquivalenten im Liter Lösung, so gilt für schwache Lösungen von Elektrolyten die Formel

$$\frac{\eta - 1}{m} = A\,i + B\,(1 - i) + Cm \quad . \quad . \quad . \quad . \quad . \quad (26)$$

wo i der Dissoziationsgrad der Lösung bedeutet. Für Lösungen von Nichtelektrolyten erhält man hieraus die bereits von O. E. Meyer (1887) gegebene quadratische Formel

$$\frac{\eta - 1}{m} = B + Cm \quad . \quad . \quad . \quad . \quad . \quad . \quad (27)$$

Die Dissoziation erhöht ausnahmslos die innere Reibung. Im Band IV werden wir den Zusammenhang zwischen der inneren Reibung und der elektrischen Leitfähigkeit der Lösungen besprechen.

Smoluchowski hat gefunden, daß die innere Reibung flüssiger Isolatoren, wie z. B. von CS_2, Alkohol und anderen zunimmt, wenn in ihnen J, KJ, NH_4NO_3 aufgelöst werden.

Die innere Reibung von Amalgamen hat Schweidler untersucht. Linebarger hat die Viskosität von Mischungen verschiedener Flüssigkeiten, wie von Benzol, Toluol (C_7H_8), Nitrobenzol ($C_6H_5NO_2$), Chloroform, Äther, CCl_4 u. a. gemessen. Er fand, daß die Viskosität einer Mischung im allgemeinen kleiner ist als der Mischungsregel entspricht.

Eine ausführliche Darlegung aller Arbeiten, die auf einen Zusammenhang zwischen Viskosität und chemischer Zusammensetzung Bezug haben, findet man bei Graham-Otto, Lehrbuch der Chemie I, 3, S. 467 bis 591, 1898 (3. Auflage).

In letzter Zeit haben weitere Arbeiten über die innere Reibung von Lösungen veröffentlicht Schneider (1910), Applebey (1910), Findlay (1910), Drucker und Kassel (1911), Drapier (1911), Faust (1912) und andere.

§ 7. Die Formel von Stokes.

§ 7. Die Formel von Stokes. Wir erwähnten S. 263 die Formel von Stokes

$$v = \frac{2}{9} g r^2 \frac{\sigma - \varrho}{\eta} \quad \dots \dots \dots \quad (28)$$

Hier ist v die Geschwindigkeit, mit welcher eine Kugel vom Radius r und der Dichte σ gleichförmig in einer Flüssigkeit hinabsinkt, deren Dichte ϱ ist. Diese Formel, welche auch für das Fallen kleiner Kügelchen in Gasen gilt, hat in letzter Zeit eine große Bedeutung erlangt, da sie bei vielen Experimentaluntersuchungen im Gebiete der elektrischen Erscheinungen eine Rolle spielt (siehe Band V). Infolgedessen erschienen zahlreiche Untersuchungen, welche sich auf jene Formel beziehen; wir wollen hier einige Resultate anführen. Zeleny und McKeehan ließen mikroskopische Kügelchen von Quecksilber, schwarzem Wachs und Paraffin, ferner die Sporen einiger Pflanzen (Lycopodium, Lycoperdon, Polytrichum) in Luft herabfallen. Für die ersteren wurde eine gute Übereinstimmung mit (28) gefunden, während für die Sporen die Größe v sich kleiner erwies als die Hälfte des theoretischen Wertes, was sich durch die nichtsphärische Form erklären läßt.

Für den Widerstand F des Mittels gibt Stokes die Formel

$$F = 6 \pi \eta r v \quad \dots \dots \dots \dots \quad (29)$$

Cunningham (1910) erhält dagegen

$$F = 6 \pi \eta r v \left(1 + 1{,}63 \frac{\lambda}{r} \right)^{-1} \quad \dots \dots \quad (30)$$

wo λ die mittlere Weglänge der Gasmoleküle bedeutet. Ähnliche Korrektionen führten Reinganum (1910) und Millikan (1910) an; letzterer findet für das Fallen in Luft die Formel

$$v = \frac{2}{9} g r^2 \frac{\sigma - \varrho}{\eta} \left(1 + A \frac{\lambda}{r} \right) \quad \dots \dots \quad (31)$$

wo $A = 0{,}815$. Ferner hat McKeehan (1911) die Formel (30) verallgemeinert. Theoretische Untersuchungen über die Formel (28) veröffentlichten Oseen (1911), Lamb (1911), Boussinesq (1913) u. a.; experimentelle Arnold (1911), Knudsen und S. Weber (1911), Roux (1912), Schidloff und Frl. Murzynowska (1903), Nordlund (1913), Silvey (1916) u. a. Von diesen Forschern haben Knudsen und S. Weber gefunden, daß man in (31) die Größe A durch eine Exponentialfunktion von $r : \lambda$ ersetzen muß.

Gans (1911) untersuchte das Fallen von Stäben und Platten in einer Flüssigkeit. Rybczynski und Hadamard haben gleichzeitig (1911) ein und dieselbe Formel für die Fallgeschwindigkeit eines flüssigen Tropfens in einer anderen Flüssigkeit abgeleitet, nämlich

$$v = \frac{2}{9} g r^2 \frac{\sigma - \varrho}{\eta} \cdot \frac{3 (\eta + \eta')}{2 \eta + 3 \eta'} \quad \dots \dots \quad (32).$$

Hier ist η' der innere Reibungskoeffizient des Tropfens. Wenn eine Luftblase in der Flüssigkeit emporsteigt, erhält man aus (32) für v einen etwa 1,5 mal größeren Wert als aus (28), da man für diesen Fall in (32) $\eta' = 0$ setzen kann. Die Formel (32) konnte durch Silvey (1916) nicht bestätigt werden.

Literatur.

Poiseuille: Compt. rend. **15**, 1167, 1842.
Couette: Ann. chim. et phys. (6) **21**, 433, 1890; Journ. de phys. (2) **9**, 560, 1890.
Jäger: Wien. Sitzungsber. **99**, 860, 1890; **100**, 268, 1891; **101**, 920, 1892; **102**, 253, 1893.
Warburg: Pogg. Ann. **140**, 367, 1870.
Washburn und Williams: Journ. Amer. Chem. Soc. **35**, 737, 1913.
Coulomb: Mém. de l'Institut. **3**, 246, an. X, 1802.
Navier: Mém. de l'Institut. **4**, 431, 1822.
Verschaffelt: Versl. K. Ak. van Wet. **24**, 770, 790, 967, 1742, 1916.
Helmholtz und Piotrowski: Wien. Ber. **50**, 107, 1865; Helmholtz: Wiss. Abh. I, S. 172.
Umani: Nuovo Cim. (4) **3**, 151, 1896.
Margules: Wien. Ber. **83** [2], 588, 1881.
Jones: Phil. Mag. (5) **37**, 451; 1894.
A. Heydweiller: Wied. Ann. **55**, 561, 1896; **59**, 193, 1896.
Thorpe und Rodger: Phil. Trans. **185**, II A., 397, 1895; Proc. R. Soc. **55**, 148, 1895; **60**, 152, 1897.
Stoel: Commun. Lab. of phys. Leiden Nr. 2, 1891.
De Haas: Commun. Lab. ot phys. Leiden Nr. 12, 1894.
Grüneisen: Wiss. Abh. d. Phys.-Techn. Reichsanst. **4**, 151, 237, 1905.
Reynolds: Phil. Trans. **174**, 935, 1883.
Garvanoff: Wien. Ber. **103**, II A, 873, 1894.
Koller: Wien. Ber. **98**, 1890.
Perry: Phil. Mag. (5) **35**, 1893.
Brodmann: Wied. Ann. **45**, 159, 1891.
Dorn und Völlmer: Wied. Ann. **60**, 468, 1897.
G. Tammann: (Unterkühlte Flüssigkeiten) Ztschr. f. phys. Chem. **28**, 17, 1899.
Grätz: Wied. Ann. **34**, 25, 1888.
Röntgen: Wied. Ann. **22**, 510, 1884.
Warburg und Sachs: Wied. Ann. **22**, 518, 1884.
Cohen: Wied. Ann. **45**, 666, 1892.
G. Tammann: (Einfluß des Druckes) Wied. Ann. **69**, 771, 1899.
Faust: Gött. Nachr. 1913, 489.
Hausser: Diss. Stuttgart 1900; Beibl. 1900, S. 1253.
Bingham und seine Schüler: Diss. John Hopkins Univ., 1905; Amer. Chem. Journ. **34**, 481, 1905; **35**, 195, 1906; **40**, 277, 1908; **43**, 287, 1910; **45**, 264, 1911; **46**, 278, 1911; **47**, 185, 1912; **50**, 380, 1913; Carnegie Inst. of Wash. Publ. Nr. 80, 1907; Journ. Amer. Chem. Soc. **33**, 1257, 1911; Ztschr. f. phys. Chem. **57**, 193, 1906; **66**, 1, 238, 1909; **80**, 670, 1912; **83**, 641, 1913; Phys. Rev. (1) **35**, 407, 1912; (2) **1**, 96, 1913.
Arrhenius: Ztschr. f. phys. Chem. **1**, 285, 1887.

N. Petrow: Reibung der Flüssigkeiten und Maschinen (russ.); Ber. der St. Petersburger technol. Instituts 1885 bis 1886; Journ. f. Ingenieure (russ.) 1883, Nr. 1, 2, 3, 4; Journ. d. russ. phys.-chem. Ges. **16**, 14, 1884; Bull. d. kaiserl. Akad. d. Wiss. zu St. Petersburg **5**. 365, 1896.

N. E. Shukowski: Hydrodynamische Theorie der Reibung gut gefetteter fester Körper; Journ. d. russ. phys.-chem. Ges. **18**, 209, 1886.

Smoluchowski: Wien. Sitzber. **102**a, 1136, 1893.

Hagenbach: Pogg. Ann. **109**, 385, 1860.

G. Knibbs: Royal Soc. N. S. Wales 1895 (3. Juli u. 2. Sept.); Beibl. **21**, 574, 575, 1897.

G. Pacher: Nuovo Cim. **10**, 368, 1899.

Kann: Wien. Ber. **106**, 431, 1898.

G. Wetzstein: Wied. Ann. **68**, 441, 1899.

Batschinsky: Sitzungsber. d. naturf. Ges. in Moskau 1900, 1901, 1902; Ztschr. f. phys. Chem. **37**, 214, 1901.

O. E. Meyer: Wied. Ann. **2**, 394, 1877.

Schweidler: Wiener Sitzungsber. **104**, 273, 1895.

Mallock: Proc. R. Soc. **45**, 126, 1888.

Reyher: Ztschr. f. phys. Chem. **2**, 744, 1888.

Wagner: Ztschr. f. phys. Chem. **5**, 30, 1890.

Kendall: Medd. K. Vetens. Akad. Nobelinst. **2**, Nr. 25, 1913.

Kanitz: Ztschr. f. phys. Chem. **22**, 336, 1897.

E. Euler: Ztschr. f. phys. Chem. **25**, 537, 1898.

Lees: Phil. Mag. (6) **1**, 128, 1901.

Moore: Physical Review **3**, 321, 1896.

Rudorf: Ztschr. f. phys. Chem. **43**, 275, 1903; Ztschr. f. Elektrochem. **10**, 473, 1903.

Taylor und Romken: Edinb. Proc. **25**, 231, 1903/4.

Wagner: Ztschr. f. phys. Chem. **46**, 867, 1903.

Haffner: Diss. Erlangen 1903.

Scarpa: Journ. de chim. phys. **2**, 447, 1904.

Dunstan: Journ. Chem. Soc. **87**, 11, 1905; Proc. Chem. Soc. **20**, 248, 1904; Phil. Trans. **85**, 817, 1904; Ztschr. f. phys. Chem. **49**, 590, 1904; **51**, 732, 1905.

Hechler: Ann. d. Phys. **15**, 157, 1904.

Lyle und Hosking: Phil. Mag. (6) **3**, 487, 1902.

Hosking: Phil. Mag. (6) **7**, 469, 1904.

Linebarger: Amer. J. of Sc. (4) **2**, 331, 1896.

Schneider: Diss. Marburg 1910.

Applebey: Journ. Chem. Soc. **97**, 2000, 1910.

Drucker und Kassel: Ztschr. f. phys. Chem. **76**, 367, 1911.

Faust: Ztschr. f. phys. Chem. **79**, 97, 1912.

Drapier: Bull. de l'Acad. Belg. 1911, S. 621.

Findlay: Ztschr. f. phys. Chem. **69**. 203, 1910.

Linebarger: Amer. Journ. of Sc. (4) **2**; 331, 1896.

N. Shukowski: Apparat zur Bestimmung des Koeffizienten der Viskosität von Flüssigkeiten (russ.); Arbeiten d. phys. Sekt. d. Moskauer Ges. von Freunden der Naturf. (4) **1**, 25, 1891.

Weitere Literaturangaben finden sich in Landolts Tabellen, S. 303, 1894.

Die Formel von Stokes.

Stokes: Mathem. and phys. papers **3**, 59.

Zeleny und McKeehan: Phys. Rev. **30**, 535, 1910; Phys. Ztschr. **11**, 78, 1910; Rep. Brit. Assoc. 1909, S. 407.

Cunningham: Proc. R. Soc. **83**, 357, 1910.
Reinganum: Verh. d. Deutschen Phys. Ges. 1910, S. 1025.
Millican: Phys. Ztschr. **11**, 1097, 1910; Phys. Rev. **32**, 349, 1911; Le Radium
        7, 345, 1910; Science **32**, 436, 1910.
McKeehan: Phys. Rev. **32**, 341, 1911; **33**, 153, 1912; Phys. Ztschr. **12**,
        707, 1911.
Oseen: Ark. f. Mat., Astr. och Fysik (2) **6**, Nr. 29, 1910; **7**, Nr. 12, 14, 1911.
Lamb: Phil. Mag. (6) **21**, 112, 1911.
Boussinesq: Ann. chim. et phys. (8) **29**, 364, 1913.
Arnold: Phil. Mag. (6) **22**, 755, 1912.
Knudsen und S. Weber: Ann. d. Phys. (4) **36**, 981, 1911.
Roux: Compt. rend. **155**, 1490, 1912; Ann. chim. et phys. (8) **28**, 89, 1913.
Schidlof und Mlle Murzynowska: Compt rend. **156**, 304, 1913.
Gans: Münch. Ber. 1911, S. 44.
Rybczinski: Bull. Cracov. 1911, S. 44.
Hadamard: Compt. rend. **152**, 1735, 1911.
Nordlund: Ztschr. f. phys. Chem. **87**, 40, 1914.
Silvey: Phys. Rev. **7**, 87, 106, 1916; Phys. Ztschr. **17**, 43, 1916.

Neuntes Kapitel.

Bewegung der Flüssigkeiten.

§ 1. Stationärer Bewegungszustand der Flüssigkeiten. Erfolgen in einer gegebenen Flüssigkeit irgendwelche Bewegungen, so bewegt sich jedes ihrer Teilchen auf einer gewissen Linie, wobei sich die Geschwindigkeit des Teilchens im allgemeinen kontinuierlich ändert. Die Bewegung heißt stationär, wenn die Geschwindigkeit in einem beliebigen gegebenen Punkte des Raumes nach Größe und Richtung konstant ist; diese Geschwindigkeit kommt in den aufeinander folgenden Zeitmomenten den verschiedenen Flüssigkeitsteilchen zu, welche ununterbrochen hintereinander diesem Punkte zuströmen, und deren Bewegung auf ein

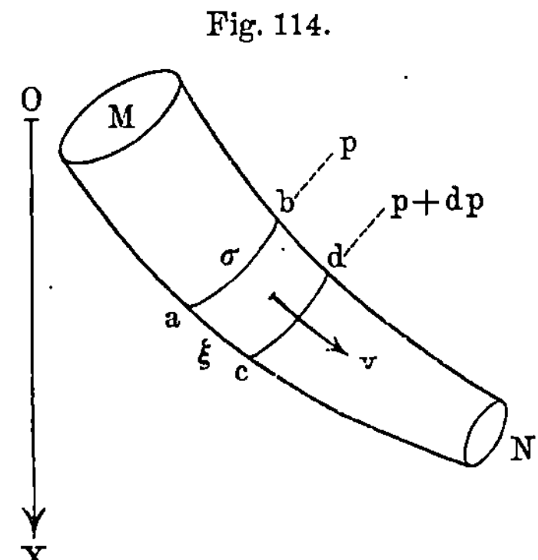

Fig. 114.

und derselben durch diesen Punkt gehenden Kurve erfolgt. Letztere Kurve bleibt so lange konstant, als der stationäre Bewegungszustand andauert; sie heißt Stromlinie (Strömungskurve). Dementsprechend bezeichnen wir als Stromröhre den Flüssigkeitsstrahl, dessen Oberfläche der geometrische Ort aller Stromlinien ist, welche durch die Punkte irgendeiner geschlossenen Kurve hindurchgehen.

MN (Fig. 114) sei eine äußerst dünne Stromröhre, aus welcher wir die Schicht $abcd$, deren Geschwindigkeit v ist, herausschneiden. Auf die Flüssigkeit wirke erstlich die Schwerkraft in der vertikalen Richtung OX, wobei x die Koordinate der in Betracht gezogenen kleinen

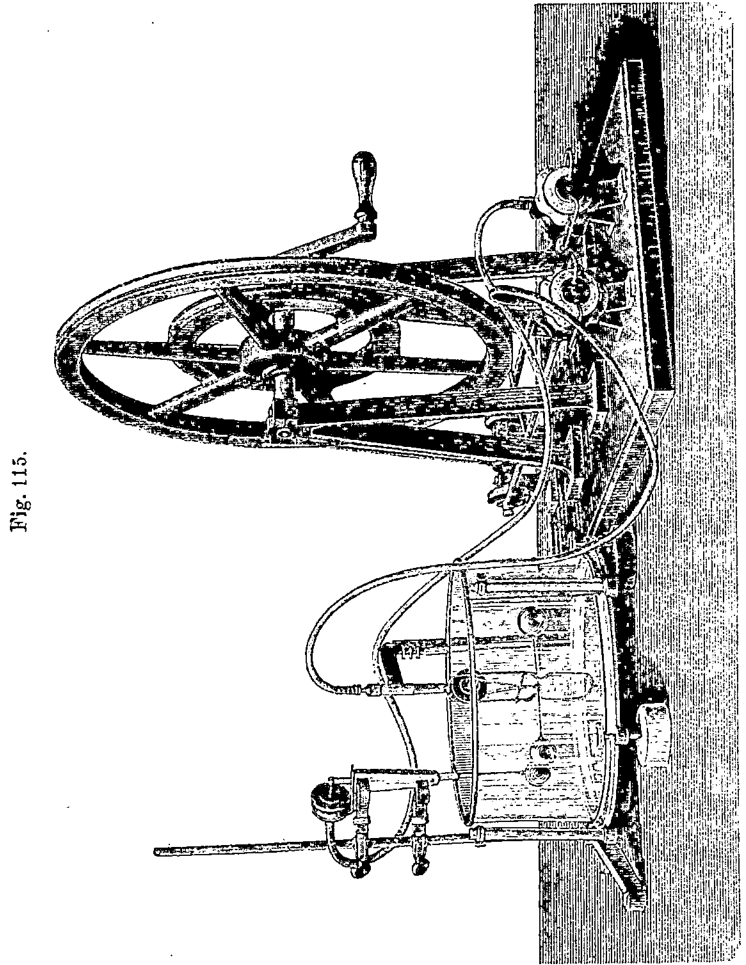

Fig. 115.

Flüssigkeitsmenge ist, und zweitens ein Druck, der für die Grundfläche ab mit p bezeichnet werden möge. Ist dann noch ferner δ die Massendichte der Flüssigkeit, so besteht die von Bernouilli abgeleitete Gleichung

$$\frac{1}{2}\,v^2 - gx + \frac{p}{\delta} = Const. \quad\ldots\ldots\ldots (1)$$

welche für die ganze Zeit gilt, während welcher sich die betrachtete Flüssigkeitsschicht bewegt.

Das Studium der Bewegung von Flüssigkeiten unter verschiedenen Bedingungen bildet den Gegenstand einer besonderen Wissenschaft — der Hydrodynamik, welche außerhalb des Rahmens dieses Buches liegt. Wir wollen hier nur ein Problem besprechen.

Wir denken uns in einer Flüssigkeit zwei Hohlkugeln aus elastischem Material und nehmen an, daß diese Kugeln pulsieren, d. h. daß ihr Volumen abwechselnd wächst und wieder abnimmt, und zwar möge die Dauer der einzelnen Pulsationen bei beiden Kugeln die gleiche sein. Es zeigt sich nun, daß, wenn beide Pulsationen die gleiche Phase haben, die Kugeln sich gegenseitig anziehen; haben die Pulsationen der Kugeln entgegengesetzte Phasen, so stoßen sie sich ab. Dies ist so zu verstehen, daß die Gegenwart der einen pulsierenden Kugel die Ursache ist, daß auf die andere Kugel eine Kraft F wirkt, welche die Richtung der Zentrallinie der beiden Kugeln hat und entweder zu der ersten Kugel oder von ihr weggerichtet ist. Das Merkwürdigste ist nun, daß die Größe dieser Kraft durch die Formel

$$F = \pm q \, \frac{n_1 \, n_2}{4 \, \pi \, r^2} \quad \cdots \cdots \cdots \quad (1,\ a)$$

ausgedrückt wird, in welcher q die Dichte der Flüssigkeit, r die Entfernung der Kugelmittelpunkte und n_1 und n_2 zwei Größen sind, welche als Maß der Intensität der Pulsationen gelten können: es sind dies die Differentialquotienten der Kugelvolumina nach der Zeit.

In Fig. 115 ist ein Apparat dargestellt, an welchem auf leicht verständliche Weise die scheinbare Wechselwirkung der beiden pulsierenden Kugeln gezeigt werden kann. Die eine Kugel ist unbeweglich, die andere an das Ende einer drehbaren horizontalen Röhre angebracht. Die Pulsationen werden durch eine Pumpe hervorgerufen, deren Kolben abwechselnd die Luft in den beiden elastischen Kugeln zusammenpreßt und verdünnt. Diese Untersuchungen rühren von C. A. Bjerknes her; auf seine hierauf gegründete Gravitationstheorie haben wir Abt. I, S. 214 aufmerksam gemacht.

§ 2. Ausströmen von Flüssigkeiten aus einer kleinen Öffnung.

Das Gefäß $ABCD$ (Fig. 116) sei bis MN mit Flüssigkeit gefüllt; es soll die Ausflußgeschwindigkeit V aus einer in der Seitenwandung oder am Boden des Gefäßes befindlichen Öffnung bestimmt werden. Offenbar vermindert sich die Geschwindigkeit V in dem Maße, als die Höhe des Flüssigkeitsniveaus im Gefäße abnimmt. Um V zu bestimmen, wenn die Höhe des Niveaus MN gegeben ist, denken wir uns, daß wir auf irgendeine Weise (durch Hinzuströmenlassen) dieses Niveau unverändert erhalten, wodurch im Gefäße der Bewegungszustand stationär wird.

Wir können dann Formel (1) auf die Stromröhre, welche an der Flüssigkeitsoberfläche oder einer anderen horizontalen Ebene MN beginnt, anwenden. P_0 sei der Druck an der Ebene MN, s der Flächeninhalt von MN, v_0 die Geschwindigkeit in MN, d. h. die Geschwindigkeit, mit welcher die Flüssigkeitsoberfläche sich senken würde, wenn kein Zufluß stattfände. Hat man ein weites Gefäß mit einer kleinen Ausflußöffnung vom Flächeninhalt σ, so wird man in dieser die Geschwindigkeit als überall gleich ansehen dürfen und es gilt wegen des stationären Zustandes

$$s\,v_0 = \sigma\,V. \quad \ldots \ldots \ldots \ldots \quad (2)$$

Den an der Ausflußöffnung wirkenden Druck wollen wir mit P bezeichnen, die Höhe der Flüssigkeitssäule oberhalb der Ausflußöffnung mit h. Gestützt auf Formel (1) wollen wir nunmehr den Ausdruck $\frac{1}{2}\,v^2 - gx + \frac{P}{\delta}$ für die in MN und die an der Öffnung σ liegenden

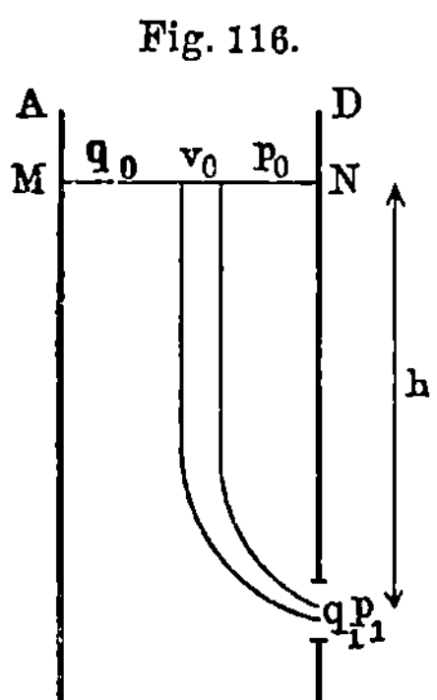

Teilchen berechnen. Liegt der Anfangspunkt der Koordinatenachsen in MN, so ist $x = 0$ für MN und $x = h$ für σ:

$$\frac{1}{2}\,v_0^2 + \frac{P_0}{\delta} = \frac{1}{2}\,V^2 - gh + \frac{P}{\delta} \quad \cdot\;\cdot\;(3)$$

Setzt man den Wert von v_0 aus Formel (2) ein, so erhält man

$$V^2 = \frac{2\,gh + 2\,\dfrac{P_0 - P}{\delta}}{1 - \dfrac{\sigma^2}{s^2}} \quad \ldots \ldots \quad (4)$$

Wir betrachten nun einige Sonderfälle:

I. Die Flüssigkeit strömt unter starkem Druck P_0 aus dem einen Gefäß in ein anderes, in welchem der Druck P herrscht. Hier kann man die Wirkung der Schwere vernachlässigen; σ ist im Vergleiche zu s sehr klein. Aus Formel (4) ergibt sich dann

$$V = \sqrt{\frac{2(P_0 - P)}{\delta}} \quad \ldots \ldots \ldots \ldots \quad (5)$$

Diese Formel ist identisch mit der Formel (14) auf S. 121, wo nur die Bezeichnungen andere sind.

II. Die Drucke P_0 und P sind einander gleich, σ ist sehr klein. Es ist dies der Fall, wenn eine Flüssigkeit aus einer Seitenöffnung eines offenen Gefäßes ausströmt; es ist

$$V = \sqrt{2\,gh} \quad \ldots \ldots \ldots \ldots \ldots \quad (6)$$

Diese Formel, welche das aus der Elementarphysik bekannte Torricellische Theorem (1643) ausdrückt, stellt sich somit als ein Sonderfall des allgemeineren Ausdrucks (4) dar; sie zeigt, daß die Geschwindigkeit V die gleiche ist wie beim freien Fall aus einer Höhe h. Auf Versuche zur Verifizierung des Torricellischen Theorems soll hier nicht eingegangen werden.

§ 3. Kontraktion des Strahls.

Die Flüssigkeitsmenge Q, welche in der Zeiteinheit aus einer kleinen Öffnung ausströmt, ist nicht gleich $V\sigma$, sie ist vielmehr beträchtlich geringer und wird durch die Formel

$$Q = \varepsilon V\sigma \quad\ldots\ldots\ldots\ldots \text{(7)}$$

bestimmt, wo ε ein echter Bruch ist, nämlich

$$\varepsilon = 0{,}62 \quad\ldots\ldots\ldots\ldots \text{(8)}$$

Es erklärt sich dies aus dem Umstande, daß der Strahl sich beim Verlassen der Ausflußöffnung zusammenzieht und der Flächeninhalt seines Querschnittes nur 0,62 vom Flächeninhalt σ der Ausflußöffnung beträgt. Diese „contractio venae" ist bereits von Newton beobachtet worden. Nach der Theorie von Bayer (1848) ist

$$\varepsilon = \left(\frac{\pi}{4}\right)^2 = 0{,}617,$$

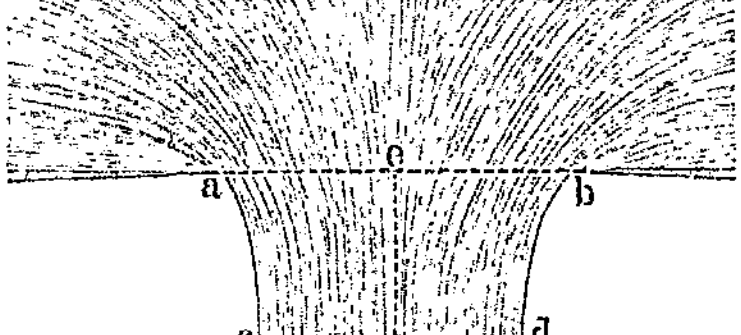

Fig. 117.

was mit der Beobachtung gut über-einstimmt.

Die Kontraktion der Strahlen entsteht aus zweierlei Ursachen. Erstens strömen die Teilchen der Ausflußöffnung von allen Seiten her in krummen Linien zu (Fig. 117), infolgedessen verlassen die Rand-teilchen die Öffnung nicht in senkrechter Richtung zur Gefäßwandung. Zweitens wirkt die Oberflächenspannung auf den Strahl an seiner Bildungsstelle wie ein komprimierender Ring. Isarn (1875) hat gezeigt, daß sich die Kontraktion eines Wasserstrahles beträchtlich verringert und die ausfließende Wassermenge sich dementsprechend vermehrt, wenn man in der Nähe der Ausflußöffnung Äther verdunsten läßt, infolge-dessen, wie wir gesehen haben (S. 178), die Oberflächenspannung ab-nimmt.

§ 4. Konstitution eines Flüssigkeitsstrahls.

In der Nähe der Ausflußöffnung ist ein Flüssigkeitsstrahl durchsichtig und überall gleich dick, in einiger Entfernung von der Öffnung aber wird er undurch-sichtig und sein Querschnitt wird periodisch größer und kleiner. Der Strahl hört nämlich an dieser Stelle auf kontinuierlich zu sein und zer-fällt in einzelne große Tropfen, welche gewissermaßen Pulsationen aus-

führen, d. h. während des Niederfallens die in Fig. 118 dargestellten
Formen annehmen, die zwischen den Grenzformen langgestreckter und
abgeplatteter Rotationsellipsoide liegen. Zwischen je zwei großen

Fig. 118.   Fig. 119.

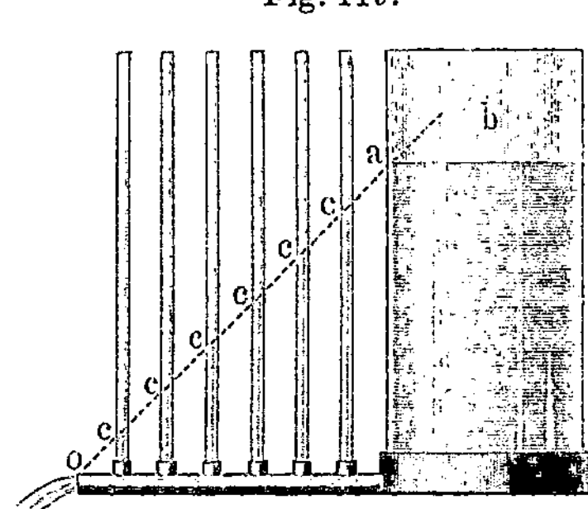

Tropfen befindet sich ein kleines Tröpfchen. Beobachten
kann man diese Tropfen z. B. durch Beleuchtung des Strahls
mit einem elektrischen Funken oder mittels Momentphotographie des Strahls, ferner mittels einer stroboskopischen
Scheibe usw. Der Zerfall des Strahls in Tropfen erklärt
sich aus jenem labilen Gleichgewicht eines Flüssigkeits-
zylinders, welches auf S. 188 erwähnt wurde. Dort ist
auch bereits auf die Ursache hingewiesen worden, weshalb sich die kleinen Tröpfchen in den Zwischenräumen
zwischen den großen bilden. Lullin hat die Erscheinungen untersucht, welche beim Auftreffen eines Flüssigkeitsstrahls auf eine Flüssigkeitsmasse derselben Art zustande kommt.

§ 5. Das Strömen einer Flüssigkeit durch Röhren.

Wenn eine Flüssigkeit unter einem Drucke eine horizontale
Röhre durchströmt, so ist die Größe des hydrostatischen
Druckes in derselben eine lineare Funktion des Abstandes
vom Ende der Röhre; wie aus Fig. 119 ersichtlich, kann
man diese Erscheinungen an offenen, vertikalen, seitlich
angebrachten Röhren wahrnehmen. Ist die Druckdifferenz
am Anfange und Ende der Röhre gleich P und die Länge
der Röhre gleich L, so nennt man die Größe $J = P : L$,
d. h. die Abnahme des Druckes auf der Längeneinheit, den
Druckabfall. Die Geschwindigkeit V der Strömung ist in allen
Teilen einer Röhre von konstantem Querschnitt selbstverständlich die
gleiche; sie hängt von der Größe des Gesamtwiderstandes R ab,
welchen die Flüssigkeit im Inneren der Röhre erfährt.

Für weite Röhren ist es bisher noch nicht gelungen, die Größe der Geschwindigkeit V theoretisch zu berechnen, da diese Aufgabe äußerst verwickelt ist. Für zylindrische Röhren sind verschiedene empirische Formeln vorgeschlagen, z. B. die folgenden:

$$\left.\begin{aligned} D &= a\,V + b\,V^2 \\ D &= a\,V^{\frac{3}{2}} + b\,V^2 \\ D &= c\,V^k \end{aligned}\right\} \cdot \quad \cdots \quad \cdots \quad (9)$$

in denen D der Röhrendurchmesser, a, b, c und k verschiedene Konstanten sind, von denen übrigens einige Autoren glauben, daß sie selbst vom Durchmesser D abhängen. Mertsching hat gefunden, daß für Wasser und Petroleum die erste obiger Formeln mit den Beobachtungsergebnissen übereinstimmt und daß für beide Flüssigkeiten der Koeffizient a mit Zunahme des Röhrendurchmessers zunimmt, der Koeffizient b dagegen abnimmt.

Für engere Röhren wird die Geschwindigkeit V durch eine Formel wiedergegeben, die sich von Formel (4) dadurch unterscheidet, daß im Nenner noch eine gewisse Größe R auftritt. So ist z. B. für den Fall, auf welchen sich Formel (5) bezieht

$$V = \sqrt{\frac{2\,(P_0 - P)}{\delta\,(1 + R)}} \quad \cdots \quad \cdots \quad (10)$$

Wenn die Flüssigkeit aus einem offenen Gefäße durch eine horizontale Röhre strömt, nimmt die Torricellische Formel (6) folgende Gestalt an

$$V = \sqrt{\frac{2\,g\,h}{1 + R}} \quad \cdots \quad \cdots \quad (11)$$

Für eine zylindrische Röhre ist

$$R = k\,\frac{L}{D} \quad \cdots \quad \cdots \quad (12)$$

Nach Weissbach hat k folgenden Wert:

$$k = 0{,}014\,39 + \frac{0{,}017\,16}{\sqrt{V}} \quad \cdots \quad \cdots \quad (13)$$

hängt somit selbst von der Geschwindigkeit V ab. Neuere Untersuchungen von Hamilton Smith (1884) haben zu einer noch verwickelteren Formel geführt.

Für Kapillarröhren läßt sich die Frage nach der Ausflußgeschwindigkeit der Flüssigkeiten vollkommen lösen. Die erste sorgfältige Experimentaluntersuchung hierüber stammt von Poisseuille, welcher aus seinen Versuchen fand, daß das Volumen Q einer Flüssigkeit, welche in der Zeit T eine Kapillarröhre durchströmt, proportional dem Drucke P ist und nicht etwa proportional der Quadratwurzel aus P, wie dies für weitere Röhren gilt [vgl. (10)]. Ferner fand er, daß das Volumen Q umgekehrt proportional der Röhrenlänge L, proportional der vierten Potenz des Röhrendurchmessers D und proportional der Zeit T ist. Somit hat die Poisseuillesche Formel, die übrigens bereits früher erwähnt wurde, vgl. (9) auf S. 259, folgende Form:

$$Q = k\,\frac{PD^4}{L}\,T \quad \ldots \ldots \ldots \ldots \quad (14)$$

Auf S. 259 war noch die genauere theoretische Formel·

$$Q = \frac{\pi P}{8\,\eta L}\,\{R^4 + 4\,\gamma\,R^3\}\,T \quad \ldots \ldots \ldots \quad (15)$$

angegeben worden, in welcher η und γ den Reibungs- bzw. Gleitungskoeffizienten bedeuten. Für $\gamma = 0$ folgt hieraus die Poisseuillesche Formel. Der Faktor k in Formel (14) ist umgekehrt proportional η und nimmt bei Temperaturerhöhung schnell zu, da η in diesem Falle, wie wir auf S. 264 sahen, schnell abnimmt. Poisseuille selbst hat aus seinen Versuchen für Wasser folgende Formel abgeleitet:

$$k = k_0\,(1 + 0{,}033\,68\,t + 0{,}000\,221\,t^2) \quad \ldots \ldots \quad (16)$$

In den verschiedenen Punkten eines Querschnittes der Röhre ist die Geschwindigkeit der Strömung eine verschiedene. Bei nicht zu großer mittlerer Geschwindigkeit kann man annehmen, daß an der Röhrenwand $V = 0$ ist, d. h., daß keine Gleitung stattfindet; das Maximum von V entspricht der Röhrenachse und die Bewegung findet in parallelen Geraden statt. Reynolds hat gezeigt, daß dies nur so lange der Fall ist, als die mittlere Geschwindigkeit V einen gewissen kritischen Wert V_c nicht übersteigt, welcher durch die Gleichung

$$\frac{\varrho\,D\,V_c}{\eta} = 2000 \quad \ldots \ldots \ldots \ldots \quad (16,\mathrm{a})$$

bestimmt wird. Hier ist ϱ die Dichte der Flüssigkeit, D der Durchmesser des Röhrendurchschnitts und η der Reibungskoeffizient der Flüssigkeit. Auf Grund der Formel (2), S. 258, überzeugt man sich leicht, daß die linke Seite in (16, a) die Dimension Null besitzt. Ist $V > V_c$, so entstehen in der Flüssigkeit Wirbelbewegungen, die Bewegungen finden nicht mehr in parallelen Geraden statt, und an der Röhrenwand ist die Geschwindigkeit nicht mehr gleich Null. Die Richtigkeit der Formel (16, a) wurde bestätigt durch Couette (1890), Cocker (1902, Wasser), W. Wien (1907), Schnetaler (1910), Sorkau (1912 —1914) und dann von Cocker (1912, Quecksilber). Hopf (1910) fand, daß die Zahl 2000 in (16, a) durch 330 zu ersetzen ist, wenn die Flüssigkeit in einer Rinne von halbzylindrischer Form fließt, daher vermutlich auch für das Wasser eines Flusses. Nach Sorkau ist für die

Reynoldsche Zahl 2000 bei Wasser 448,3 zu setzen; sie wächst ferner, wie aus den Messungen desselben Verf. an Benzylalkoholen hervorgeht, mit der Temperatur. Für strömende Gase gelten ähnliche Beziehungen, wie aus den Untersuchungen von Becker (1907), Tyndall und Fry (1911), Kohlrausch (1914) u. a. hervorgeht.

§ 6: Wellen und Wirbel. Wie bereits oben erwähnt, bildet die Hydrodynamik einen besonderen Teil der Mechanik und kann in diesem Buche keine Aufnahme finden. Doch wollen wir hier noch einige Erscheinungen von besonderer Wichtigkeit kurz erwähnen.

A. Wellen. Die schwingende Bewegung der Oberflächenteilchen einer Flüssigkeit ruft die allbekannte Erscheinung sich ausbreitender Wellen hervor. Eine sorgfältige Untersuchung über diesen Gegenstand verdanken wir den Gebrüdern E. und W. Weber (1825). Die an der Oberfläche selbst befindlichen Teilchen bewegen sich, je nach den Ursachen, welche die Wellenbewegung hervorrufen, in vertikalen Geraden oder in geschlossenen, in vertikalen Ebenen liegenden Kurven. Diese Bewegungen machen selbst Teilchen mit, deren Tiefe unterhalb der Flüssigkeitsoberfläche die Höhe der Wellenberge um das 350fache übertrifft. Die Ausbreitungsgeschwindigkeit V der Wellen, d. h. die Geschwindigkeit ihrer scheinbaren fortschreitenden Bewegung hängt von der Tiefe h der Flüssigkeitsschicht ab, an deren Oberfläche sich die Wellen bilden, ferner von der Wellenlänge λ, die man hier auch Wellenbreite nennen kann, und endlich von der Gewichtsdichte δ der Flüssigkeit und der Oberflächenspannung α derselben. Die allgemeinste Formel für V hat folgende Gestalt:

$$V^2 = g\left(\frac{\lambda}{2\,\pi} + \frac{2\,\pi\,\alpha}{\delta\,\lambda}\right)\frac{e^k - e^{-k}}{e^k + e^{-k}} \quad \cdot \cdot \cdot \cdot \cdot \cdot (17)$$

wobei g die Beschleunigung der Schwerkraft darstellt und k folgenden Wert hat:

$$k = \frac{2\,\pi\,h}{\lambda} \quad \cdot \cdot \cdot \cdot \cdot \cdot \cdot \cdot (18)$$

Nach dem C. G. S.-System ist $g = 981$, für Wasser ist $\delta = 1$. Ferner hatten wir für Wasser auf S. 219 die Werte von α kennen gelernt, welche den verschiedenen Temperaturen entsprechen. Nimmt man $\alpha = 7,4\,\frac{mg}{mm}$, so erhält man nach der Regel für den Übergang von einem Maßsystem zum anderen $\alpha = 72$ C. G. S.-Einheiten.

Wir betrachten zwei wichtige Sonderfälle:

I. Die Tiefe h ist sehr groß. Dann ist k sehr groß und daher

$$V^2 = \frac{g\,\lambda}{2\,\pi} + \frac{2\,\pi\,\alpha\,g}{\delta\,\lambda} \quad \cdot \cdot \cdot \cdot \cdot \cdot \cdot \cdot (19)$$

Für Wasser ist $\delta = 1$, also:

$$V^2 = g\left(\frac{\lambda}{2\pi} + \frac{2\pi\alpha}{\lambda}\right) \quad \ldots \ldots \ldots \quad (20)$$

Die Größe V hat ein Minimum für $\lambda = 2\pi\sqrt{\alpha} = 2\pi\sqrt{0{,}074} = 1{,}7$ cm; dasselbe ist gleich $23\,\dfrac{\text{cm}}{\text{sec}}$. Kürzere sowohl wie längere Wellen bewegen sich schneller. Die Versuche von Matthiessen (1887) und Ahrendt (1888) haben obige Formel vollkommen bestätigt.

Für sehr kurze Wellen ist $e^{-k} = 0$, daher nach Formel (17):

$$V = \sqrt{\frac{2\pi\alpha g}{\delta\lambda}} \quad \ldots \ldots \ldots \ldots \quad (21)$$

d. h. $\lambda V^2 = Const.$ Setzt man $V = N\lambda$, so wird

$$\alpha = \frac{N^2\lambda^3\delta}{2\pi g} \quad \ldots \ldots \ldots \ldots \quad (21,\text{a})$$

Diese Formel war bereits auf S. 217 vgl. (38, a) angeführt worden.

Ist die Oberflächenspannung α einer Flüssigkeit sehr gering, so folgt aus Formel (20)

$$V = \sqrt{\frac{g\lambda}{2\pi}} \quad \ldots \ldots \ldots \ldots \quad (22)$$

d. h. $\dfrac{V^2}{\lambda} = Const.$

II. Die Tiefe h ist gering. Für Wellen, deren Länge λ im Vergleich zur Tiefe h groß ist, ist k sehr klein. In diesem Falle ist der letzte Faktor in Formel (17) gleich $k = \dfrac{2\pi h}{\lambda}$, und es folgt aus ebendieser Formel (bei großem λ)

$$V = \sqrt{gh} \quad \ldots \ldots \ldots \ldots \quad (23)$$

Die Bewegung der Luft (Wind) an der Flüssigkeitsoberfläche kann auf Form und Geschwindigkeit der Wellen einen beträchtlichen Einfluß ausüben. Es sei noch bemerkt, daß die hier gegebenen Größen V die Geschwindigkeiten eines Wellenzuges bedeuten. Die Geschwindigkeit einer einzelnen Welle ist größer.

Rayleigh (1902) hat allgemein gezeigt, daß auf jeden Körper, der die freie Ausbreitung einer Schwingungsbewegung in einem Medium stört, ein Druck ausgeübt wird. Geschieht die Ausbreitung im Raume und ist E die Energie der Bewegung in der Volumeneinheit, so ist der Druck $P = 2E$, wenn der Körper die Bewegung reflektiert; es ist dagegen $P = E$, wenn der Körper die Bewegung absorbiert. Auf diesen Satz werden wir in der Akustik und Optik zurückkommen. Nach der Theorie von Rayleigh muß auch ein Wellenzug, der sich längs der Oberfläche einer Flüssigkeit ausbreitet und auf einen Körper trifft, auf diesen einen Druck ausüben, der proportional ist der in der Einheit der Oberfläche enthaltenen Energie der Bewegung und bei Reflexion der Wellen doppelt so groß ist, als bei Absorption derselben. Eine solche Absorption findet statt wenn der Wellenzug eine feste Wand trifft, welche einen kleinen Winkel mit der Oberfläche bildet, so daß also die Tiefe der Flüssigkeit allmählich gleich Null wird. Kapzow (1905) ist es zuerst gelungen, die Größe jenes Druckes, und zwar für den Fall der Absorption, zu messen und mit der theoretischen Größe zu vergleichen, wobei sich eine gute Übereinstimmung herausstellte.

B. Wirbel. Von Helmholtz stammt die Lehre von den Wirbelbewegungen im Inneren einer idealen Flüssigkeit, deren Viskosität gleich Null ist. Er hat die folgende Reihe von Lehrsätzen bewiesen.

Drehungs- oder Wirbelbewegungen können in einer idealen Flüssigkeit weder entstehen, noch vergehen. Sind sie einmal vorhanden, so müssen sie sich bis in die Ewigkeit erhalten.

Die Teilchen, welche an der Wirbelbewegung teilnehmen, behalten diese Bewegung dauernd, d. h. wenn die Wirbelbewegung von einer Stelle der Flüssigkeit zu einer anderen fortschreitet, so bewegen sich hierbei auch die Teilchen, welche diese Bewegung mitmachen.

Der geometrische Ort für die Rotationsachsen der Teilchen ist eine Linie, welche Wirbellinie heißt; von dieser gilt der Satz: alle Teilchen, welche auf einer Wirbellinie liegen, bleiben beständig auf derselben. Zieht man durch sämtliche Punkte der Peripherie einer kleinen Fläche Wirbellinien, so erhält man einen Wirbelfaden. Wie Helmholtz bewiesen, kann ein solcher Faden nicht frei in der Flüssigkeit endigen; er muß entweder an der Flüssigkeitsoberfläche endigen oder er muß geschlossen sein. Im letzteren Falle hat man einen Wirbelring. Als Beispiel können die bekannten Ringe aus Tabaksrauch dienen. Ein Wirbelfaden kann nicht durchschnitten werden; zwei Wirbelfäden können sich nicht schneiden, daher kann sich eine im Wirbelfaden etwa vorhandene Schlinge nicht lösen. In jedem Wirbelfaden ist das Produkt aus der Winkelgeschwindigkeit der Rotationsbewegung und dem Flächeninhalt des Fadenquerschnittes längs dem Faden eine konstante Größe; man kann sie die Wirbelkraft des Fadens nennen. Ein Wirbelfaden wirkt auf ein außerhalb befindliches Teilchen der Flüssigkeit derart ein, daß sich letzteres mit einer Geschwindigkeit bewegt, die nach Größe und Richtung einer Kraft entspricht, mit welcher nach dem Biot-Savartschen Gesetze ein elektrischer Strom auf einen Magnetpol wirkt. Hierbei muß der elektrische Strom am Wirbelfaden entlang fließen und eine Spannung haben, die gleich der Wirbelkraft des Fadens ist, während der Magnetpol die

Einheit der magnetischen Menge besitzen und sich an der Stelle des in Betracht gezogenen Teilchens befinden muß. Die Wirbellinien wirken aufeinander derart ein, daß sie fortschreitende und Drehungsbewegungen verschiedener Art hervorrufen. Ein einzelner Wirbelring hat eine gleichförmig fortschreitende Bewegung in der Richtung, in welcher sich die Flüssigkeit im Inneren des Ringes bewegt. In einer Flüssigkeit mit innerer Reibung können Wirbelbewegungen sowohl entstehen, als auch verschwinden. Die Grundeigenschaft der Wirbel (in einer idealen Flüssigkeit), nämlich ihre Unzerstörbarkeit, hat W. Thomson (Lord Kelvin) zu seiner Theorie der Wirbelatome geführt; nach dieser sind die Atome Wirbel in einem das ganze Universum füllenden Medium, das die Eigenschaften einer idealen Flüssigkeit besitzt.

———

Literatur.

Torricelli: Opera geometrica, Teil 2, Florenz 1643.
Bernoulli: Hydrodynamica. Argentorati (Straßburg) 1738.
Euler: N. Comm. Ac. Petrop. (1) **14**, 358, 1759.
Lagrange: Mécan. analyt. 3 éd., **2**, 250.
V. Bjerknes: Vorlesungen über hydrodynamische Fernkräfte nach C. A. Bjerknes. Leipzig 1900; Rapports au Congrès Internat. de Physique **1**, 251, 1900.
Bayer: Crelles Journ. f. Baukunst **25**; Compt. rend. **26**, 1848.
Isarn: J. de phys. (1) **4**, 167, 1875.
Mertsching: Von der Bewegung der Flüssigkeiten in Röhren (russ.). St. Petersburg 1889; Wied. Ann. **39**, 312, 1890.
Lullin: Arch. des sc. phys. et natur. (4) **2**, 201, 1896.
Hamilton Smith: Dingl. polyt. Journ. **252**, 89, 1884.
Poisseuille: Mém. des savants étrangers **9**, 1846; Compt. rend. **15**, 1842.
E. H. und W. Weber: Wellenlehre. Leipzig 1825.
L. Matthiesen: Wied. Ann. **32**, 626, 1827; **38**, 118, 1889.
Ahrendt: Exners Repert. d. Phys. **24**, 318, 1888.
Helmholtz: Crelles Journ. **55**, 25, 1858; Wiss. Abh. **1**, 101.
W. Thomson: Trans. R. Soc. Edinb. **25**, 217, 1867.
Kirchhoff: Theorie freier Flüssigkeitsstrahlen. Crelles Journ. **70**, 1869.
Rayleigh: Resistance of fluids. Phil. Mag. (5) **2**, 430, 1876.
Rayleigh (Druck der Wellen): Phil. Mag. (6) **3**, 338, 1902.
Kapzow: Journ. d. russ. phys.-chem. Ges. **37**, 187, 1905; Ann. d. Phys. (4) **17**, 64, 1905.
Reynolds: Trans. R. Soc. London **174**, 935, 1883; Proc. R. Soc. **56**, 40, 1895.
Coker: Proc. R. Soc. **71**, 152, 1902; Phys. Ztschr. **13**, 1159, 1912.
W. Wien: Verh. d. D. Phys. Ges. 1907, S. 446.
Schnetzler: Verh. d. D. Phys. Ges. 1910, S. 817; Phys. Ztschr. **11**, 1002, 1910.
Hopf: Diss. München, 1909; Ann. d. Phys. (4) **32**, 777, 1910.
Becker: Ann. d. Phys. **24**, 823, 1907.
Tyndall und Fry: Phil. Mag. **21**, 348, 1911.
K. W. Kohlrausch: Ann. d. Phys. **44**, 297, 1914.
Couette: Ann. chim. et phys. (7) **21**, 433, 1890.

Sorkau: Diss. Greifswald, 1912; Phys. Ztschr. **12**, 582, 1911; **13**, 805, 1912; **14**, 828, 1913; **15**, 768, 1914,
Kármán: Phys. Ztschr. **12**, 283, 1911.
Ronceray: Ann. chim. et phys. (8) **22**, 107, 1911,

Zehntes Kapitel.

Kolloide.

§ 1. Kolloide. Graham hat zuerst darauf hingewiesen, daß es einen besonderen Aggregatzustand gibt, der sich vom flüssigen und festen Zustande unterscheidet; er nannte ihn den kolloidalen Zustand. Er stellte einander die Kolloide und Kristalloide gegenüber, die nach seinen eigenen Worten „zwei verschiedene Welten der Materie" darstellen. Er glaubte, daß die Grundeigenschaft der Kolloide in ihrer Unfähigkeit zu kristallisieren bestände, während die Kristalloide hierzu leicht fähig sein sollten. Da dies indes nicht das einzige Unterscheidungsmerkmal ist und ein und derselbe chemische Körper, wie z. B. Silber, bisweilen die Eigenschaften eines Kristalloids, bisweilen die eines Kolloids haben kann, so hat man wohl von einem besonderen „kolloidalen Zustande" dieser oder jener Substanz zu sprechen. Die Lösungen von Kolloiden haben sehr oft eine gallertartige Konsistenz und stellen ein Mittelding zwischen einem flüssigen oder festen Körper dar. Zu den Kolloiden gehören Eiweiß, Albumin, Stärke, Dextrin, Gelatine, Leim, Glykogen, Gummi arabicum, Agar-agar (japanische pflanzliche Gelatine), Tannin, Kieselsäure, Eisenhydroxyd, Hydrate der Kiesel- und Tonerde, Wolframsäure (H_2WO_4) u. a.

Die Lehre von den Kolloiden hat sich gegenwärtig zu einer umfangreichen Wissenschaft erweitert, mit der sich viele Forscher beschäftigen und der besondere Lehrbücher und Zeitschriften gewidmet sind. Wir können hier selbst auf eine elementare Darstellung dieses Gebiets, das einen Teil der physikalischen Chemie bildet, nicht eingehen und begnügen uns mit wenigen Andeutungen.

Bei Erwärmung oder bei Berührung mit einigen Substanzen, namentlich Elektrolyten, gerinnen die Lösungen von Kolloiden; dies ist ebenfalls ein Kennzeichen des kolloidalen Zustandes.

Graham bezeichnete die Lösung eines Kolloids als Sol und unterscheidet Hydrosol, Alkosol usw., je nachdem die Lösung Wasser, Alkohol usw. enthält. Die unlösliche Form des Kolloids nannte er Gel und unterscheidet entsprechend Hydrogel, Alkogel usw.

Faraday machte zuerst die Beobachtung, daß man bei einigen chemischen Reaktionen, welche mit Ausscheidung eines Metalles verbunden sind, bisweilen herrlich gefärbte durchsichtige, dem Anscheine nach homogene Flüssigkeiten erhält. Viele Forscher haben sich mit dem Studium dieser Flüssigkeiten beschäftigt, wie Carey Lea, Stark, Zsigmondy, Bredig u. a. Nach der Ansicht von Carey Lea und von Zsigmondy haben wir es hier mit einer Lösung von kolloidalem Metall zu tun. Dagegen haben Barus und Schneider (1891), Lindner und Picton (1892 bis 1895), Stöckl und Vanino (1899), sowie Bredig (1900) zu beweisen gesucht, daß eine äußerst feine Verteilung des Metalles im Inneren der Flüssigkeit, nicht aber eine Lösung vorliegt. Die genannten Autoren haben auf den Einfluß der Erwärmung (fast das gesamte Metall scheidet sich aus), auf die optischen Eigenschaften jener Flüssigkeiten (elliptische Polarisation der in der Flüssigkeit zerstreuten Strahlen, vgl. Band II) und auf ihre elektrischen Eigenschaften hingewiesen, welche sämtlich beweisen sollen, daß man es nicht mit Lösungen zu tun hat.

Wir können hier auf die Streitfrage, ob kolloidale „Lösungen" wirkliche Lösungen oder Suspensionen sind, nicht näher eingehen und begnügen uns mit dem Hinweis auf eine Reihe neuerer Arbeiten in der Literaturübersicht. Wir wollen nur bemerken, daß verschiedene Forscher, besonders aber van Bemmelen, die Gels für Niederschlagsmembranen halten, die eine maschen- oder schaumartige Struktur besitzen und aus „Mizellen" bestehen, die mit der Lösungsflüssigkeit gefüllt sind. Die Sole bilden einen Übergang von diesen Mizellen zu wirklichen Lösungen.

§ 2. Diffusion und Osmose der Kolloide. Dialyse. Auf S. 245 war bereits erwähnt worden, daß Albumin und Karamel in nur sehr geringem Maße die Fähigkeit besitzen, aus der Lösung in reines Wasser hineinzudiffundieren. Hierin besteht nun auch ein Hauptkennzeichen des kolloidalen Zustandes: alle Kolloide diffundieren sehr langsam, nicht nur bei direkter Berührung mit einer anderen Flüssigkeit, sondern auch durch kolloidale Membranen hindurch, wie durch Papier, Pergament, Tierblase usw.

Umgekehrt lassen die Kolloide sich sehr leicht von Kristalloiden durchdringen. Gießt man eine erwärmte Lösung von Kupfervitriol und Gelatine in ein hohes Glasgefäß und läßt sie erkalten, d. h. den Zustand einer recht festen Gallerte annehmen, und erzeugt über derselben eine ebensolche Gallerte, die indes kein Kupfervitriol enthält, so dringt die blaue Färbung aus dem unteren Teile des Gefäßes allmählich nach oben empor. Das gleiche wird beobachtet, wenn man feste Kristalle in eine erstarrte Gelatinelösung einbettet.

Auf der geringen Diffusionsfähigkeit der Kolloide beruht eine besondere Methode, Kristalloide von Kolloiden aus einer Lösung, welche beide enthält, abzuscheiden. Diese Methode heißt Dialyse und der hierzu benutzte Apparat „Dialysator"; er ist in Fig. 120 abgebildet.

Das Gefäß *B C* enthält reines Wasser, die Glasglocke *A*, welche sich auf einige Querhölzchen stützt, enthält die Flüssigkeit, welche der Dialyse unterworfen werden soll; sie ist unten statt durch einen Boden, durch ein Blatt aus ungeleimtem Papier verschlossen, welches auf kurze Zeit in Schwefelsäure getaucht war. Feuchtet man ein so behandeltes Papierblatt an, so reckt es sich und wird halbdurchsichtig; bisweilen überzieht man das Papier mit einer Eiweißschicht, die man durch Erwärmen gerinnen läßt. Durch eine solche Papiermembran hindurch diffundieren die Kristalloide ziemlich schnell, während die Kolloide in der Lösung verbleiben.

Wie die Versuche von Pfeffer (1877) mit einer halbdurchlässigen Membran aus Ferricyankupfer (vgl. S. 250) gezeigt haben, ist der osmotische Druck gelöster Kolloide sehr gering. So ist z. B. der osmotische Druck einer Gummiarabikumlösung 10 mal geringer, als der Druck einer Zuckerlösung von der gleichen prozentischen Konzentration. Nach der Formel $pv = 0,0821\,T$, vgl. (8) auf S. 254, kann man das Volumen eines gelösten Grammmoleküls eines Kolloids und somit sein Molekulargewicht finden. Eine Lösung von 24,67 g H_2WO_4 in einem Liter Wasser gibt bei 17^0 einen Druck von $p = 25,2$ cm Quecksilbersäule. Hieraus erhält man leicht das Molekulargewicht 1700, und dementsprechend die Formel $(H_2WO_4)_7$.

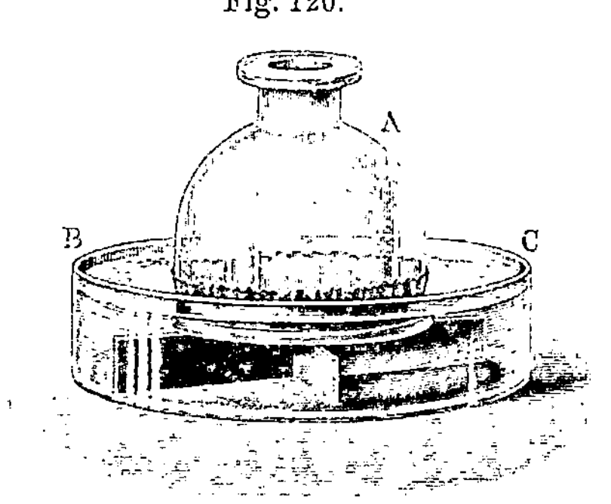

Fig. 120.

Aus den Versuchen von Tammann (1887) ergibt sich, daß die Spannung des Dampfes einer Kolloidlösung sich nur wenig von der Dampfspannung reinen Wassers unterscheidet (vgl. S. 252); aus den Versuchen von Sabanejew und Alexandrow (1892) folgt, daß gelöste Kolloide den Gefrierpunkt des Wassers nur in sehr geringem Maße erniedrigen.

Die Messungen des osmotischen Druckes ergeben für viele Kolloide, wie bereits erwähnt, sehr große Werte des Molekulargewichtes; sie übersteigen 30 000 für die Stärke, Kieselsäure, Eisenoxyd u. a. Kolloide dieser Art nennt Sabanejew höhere oder typische Kolloide. Diese zeichnen sich durch große Veränderlichkeit ihrer Eigenschaften aus, die wahrscheinlich durch Änderungen im Bau der Moleküle hervorgerufen wird. Läßt man die Lösung eines typischen Kolloids durch Abkühlen erstarren und erwärmt sie hierauf wieder, so wird das Kolloid unlöslich und scheidet sich aus der Lösung aus, während Kolloide mit geringerem Molekulargewicht nach Erwärmung ihrer festgewordenen Lösung von neuem eine durchsichtige Lösung geben (Ljubawin, 1890).

De Metz hat den Kompressionskoeffizienten einiger Kolloide bestimmt, vgl. S. 163; für $10^6\beta$ fand er folgende Werte:

	δ	$10^6\beta$
Lösung von Gummiarabikum in Wasser	1,041	44,59
Gelatineleim	1,005	48,49
Lösung von Kanadabalsam in Wasser	0,950	57,21
Lösung von Metaphosphorsäure in Wasser . . .	1,545	19,663

Hier bedeutet δ die Dichte der betreffenden Substanz.

Literatur.

Graham: Ann. de chem. et phys. (3) **65**, 1862; Lieb. Ann. **121**, 1, 1862.
Pfeffer: Osmotische Untersuchungen. Leipzig 1877.
Sabanejew u. Alexandrow: J. d. russ. phys.-chem. Ges. **23**, Chem. Teil, 7, 1891.
Tammann: Mém. de l'Acad. de St. Pétersb. **35**, Nr. 9, 1887.
Ljubawin: Chem. Zentralbl. **1**, 515, 1890.
De Metz: Wied. Ann. **41**, 663, 1890.
Faraday: Pogg. Ann. **101**, 316, 1857.
J. Stark: Wied. Ann. **65**, 301, 1898; **68**, 117, 1899.
Zsigmondy: Lieb. Ann. **301**, 29, 1898; Ztschr. f. Elektrochem. **4**, 546, 1898; Ztschr. f. phys. Chem. **33**, 63, 1900.
Barus u. Schneider: Ztschr. f. phys. Chem. **8**, 278, 1891.
Barus: Sill. Journ. **48**, 451, 1894.
Carey Lea: Ztschr. f. anorg. Chem. **7**, 341; Sill. Journ. **48**, 343, 1894.
K. Stöckl u. L. Vanino: Ztschr. f. phys. Chem. **30**, 98, 1899.
Lindner u. Picton: Ztschr. f. phys. Chem. **9**, 523, 1892; **17**, 184, 1895; Journ. of chem. Soc. **61**, 137, 148, 1802; **67**, 63, 1895.
G. Bredig: Ztschr. f. phys. Chem. **32**, 127, 1900; Ztschr. f. angew. Chem. 1898, S. 952.
Lottermoser: Phys. Ztschr. **1**, 148, 1900.
van Bemmelen: Ztschr. f. anorg. Chem. **13**, 232, 1897; **17**, 14, 98, 1898; **20**, 185, 1899; **23**, 111, 321, 1900; Rec. des trav. chim. de Pays-Bas. **7**, 1888.
Duhem: Journ. of phys. Chem. **4**, 65, 1900.
Duclaux: Compt. rend. **138**, 144, 1904.
Billitzer: Wien. Ber. **111**, 1393, 1902; **112**, 1098, 1904; **113**, 1159, 1904; Ztschr. f. phys. Chem. **45**, 307, 1903; **51**, 129, 1905.
Garrett: Phil. Mag. (6) **6**, 374, 1903.
Henry et Meyer: Compt. rend. **138**, 757, 1904.
Bronn: Ann. d. Phys. (4) **16**, 166, 1905.
Perrin: J. de chim. phys. **2**, 601, 1904; **3**, 50, 1905.
Lottermoser: Anorganische Kolloide, Stuttgart 1901.
A. Müller: Die Theorie der Kolloide. Wien 1903.
A. Müller: Allgemeine Chemie der Kolloide. Leipzig 1907.
Freundlich: Kapillarchemie, eine Darstellung d. Chemie d. Kolloide. Leipzig 1909.
Zsigmondy: Zur Erkenntnis der Kolloide. Jena 1905.
Zsigmondy: Über Kolloid-Chemie. Leipzig 1907.
Cotton et Mouton: Les Ultramicroscopes. Paris 1906.
Lottermoser: Sol und Gel. Ztschr. Phys. Chem. **60**, 451, 1907.
Ztschr. für Chemie und Industrie der Kolloide, herausgegeben von Wolfgang Ostwald.

Dritter Abschnitt.

Lehre von den festen Körpern.

―――――

Erstes Kapitel.

Die Materie im festen Zustande.

§ 1. Kennzeichen des festen Zustandes der Materie. Wir haben gesehen, daß die Flüssigkeiten keine bestimmte Form haben und sich infolgedessen der Gestalt des Gefäßes anschmiegen; wir haben weiter gefunden, daß sie bei Formänderungen das den gegebenen Bedingungen entsprechende Volumen beibehalten. Hieraus folgt, daß den gegebenen Bedingungen ein bestimmter mittlerer Abstand der Flüssigkeitsteilchen voneinander entspricht, zu. dessen Änderung (Verminderung) die Einwirkung verhältnismäßig beträchtlicher äußerer Kräfte erforderlich ist. Eine Änderung in der gegenseitigen Lage der Teilchen aber kann selbst durch sehr kleine äußere Kräfte in beinahe unbegrenztem Maße erfolgen. Je größer die innere Reibung oder Viskosität einer Flüssigkeit ist, um so schwerer wird eine Änderung in der inneren Anordnung der Teilchen eintreten. Flüssigkeiten, deren innere Reibung sehr beträchtlich ist, stellen gewissermaßen einen Übergang zu den festen Körpern dar. Die festen Körper unterscheiden sich von den flüssigen vor allem dadurch, daß sie eine bestimmte Form haben, welche im allgemeinen nur durch äußere, auf den Körper einwirkende Kräfte verändert werden kann. In den festen Körpern verändert sich weder der mittlere Abstand, noch die relative Lage der Teilchen im allgemeinen durch Einwirkung minimer Außenkräfte. Übrigens besitzen feste Körper einen Rest der Eigenschaften von Flüssigkeiten und eine bestimmte, freilich außerordentlich große Zähigkeit (Viskosität). Daß dies der Fall ist, geht daraus hervor, daß durch Einwirkung sehr großer Außenkräfte die Mehrzahl und vielleicht auch alle festen Körper, wie wir sehen werden, eine gewisse Verschiebbarkeit der Teilchen ― ein Fließen ― zeigen; ja, bei einigen Körpern nimmt man eine, wenn auch sehr langsame Formänderung wahr, falls auf sie selbst sehr kleine Kräfte andauernd einwirken. Als Beispiel sei darauf hingewiesen, daß ein Glas- oder Siegellackstäbchen, welches in horizontaler Lage nahe seinen Enden unterstützt ist, durch Einwirkung einer verhältnismäßig sehr geringen Kraft, nämlich der seines Eigengewichtes, sich allmählich krümmt.

Äußere Kräfte rufen in festen Körpern bestimmte Verschiebungen der Teilchen und somit Formänderungen hervor, die zugleich mit diesen Kräften vollkommen oder teilweise verschwinden. Die hierhergehörigen Erscheinungen der Elastizität werden in einem besonderen Kapitel betrachtet werden.

Auch für die Teilchen der festen Körper nimmt man an, daß sie, wie die der Gase und Flüssigkeiten, sich im Zustande äußerst schneller und verwickelter Bewegung befinden, wobei sich jedoch jedes einzelne Teilchen nicht aus dem kleinen Raumteile entfernt, welcher seine mittlere Lage umgibt. Gewisse Gründe sprechen allerdings dafür, daß auch für die festen Körper gewisse, wenn auch sehr langsame Änderungen in der Mittellage der Teilchen und sogar ohne Einwirkung äußerer Kräfte eintreten. Die Anordnung der Teilchen eines festen Körpers kann nämlich sehr verschieden und dementsprechend auch die sogenannte „Struktur" eine sehr verschiedene sein. Es ist hier die physikalische Struktur gemeint, im Gegensatz zu der chemischen Struktur, welche durch Anordnung der Atome im Molekül selbst bedingt ist. Bei den Flüssigkeiten findet man nichts, was etwa der physikalischen Struktur entsprechen könnte, ihre Eigenschaften sind hinreichend definiert durch ihre chemischen Bestandteile und die physikalischen Bedingungen. Die Eigenschaften der festen Körper hängen dagegen noch in jedem gegebenen Falle von der speziellen Anordnung ihrer Teilchen, d. h. von der Struktur der Körper ab. Es gibt Fälle, wo ohne merkliche Wirkung von äußeren Kräften sich diese oder jene Eigenschaften fester Körper allmählich verändern. Dies kann nur durch eine allmähliche, wenn auch sehr langsame Strukturänderung erklärt werden, welche ihrerseits darauf hindeutet, daß eine Umordnung der Teilchen stattgefunden hat, also letztere ihre Mittellagen verlassen haben. Eine solche Strukturänderung wird durch äußere Ursachen begünstigt, welche zeitweilig die Beweglichkeit der Teilchen erhöhen, wie z. B. durch Erschütterung. Als Beispiel sei hier daran erinnert, daß die Achsen an Eisenbahnwagen ihre ursprüngliche faserige Struktur allmählich mit einer spröderen, kristallinischen vertauschen.

Äußere Kräfte, welche die Anordnung der Teilchen und dadurch die Form eines Körpers zu ändern suchen, treffen auf einen Widerstand, welcher jede Änderung des Abstandes der Teilchen voneinander zu verhindern sucht. Diese Wiederstandskräfte, von denen in den vorhergehenden Abschnitten wiederholt die Rede war, heißen molekulare oder Kohäsionskräfte. Sie sind auch dann vorhanden, wenn die Anordnung der Teilchen die normale ist, und verhindern, daß ein Körper in die kleinsten Teilchen zerfällt, aus denen er besteht. Insbesondere aber äußert sich ihre Wirkung, wenn eine Änderung in der Anordnung der Teilchen veranlaßt wird: eine solche suchen sie zu verhindern. Worin das Wesen der Kohäsionskräfte besteht, wie man sich ihr Auftreten zu erklären hat und namentlich nach welchen Gesetzen sie wirken, alles das sind Fragen, auf welche die Wissenschaft heute noch keine befriedigende Antwort zu geben vermag. Jedenfalls wirken diese Kräfte auch in festen Körpern nur auf sehr kleine Entfernungen hin. Daher vereinigen sich die Teile eines zerbrochenen Körpers beim Aneinanderfügen und selbst wenn man sie stark aneinanderpreßt, im allgemeinen nicht mehr zu einem Ganzen.

Die Moleküle der festen Körper stoßen bei ihrer Bewegung ununterbrochen miteinander zusammen, und zwar wahrscheinlich in vielen Fällen noch häufiger als die Moleküle einer Flüssigkeit. Diese Annahme, die sogenannte „kinetische Theorie der festen Körper", ist aber noch nicht ausreichend begründet, vielmehr eine erst im Entstehen begriffene Lehre. Die Theorie der Elektronen hat zu der Frage geführt, wie sich die mit einem Elektron behafteten kleinsten Teilchen bewegen. J. J. Thomson hat diese Bewegungen theoretisch untersucht und gezeigt, wie man aus der Wirkung magnetischer Kräfte auf den elektrischen Widerstand (Bd. IV) eines Metalles die mittlere Weglänge λ eines Elektrons berechnen kann. Patterson (1902) hat auf diesem Wege λ für Pt, Au, Sn, Ag, Cu, Zn, Cd, Hg und C bestimmt und Werte von 1,3 bis $5,9 \cdot 10^{-7}$ cm gefunden, also im Durchschnitt etwa $3 \mu\mu$. In einer späteren Arbeit fand er auf anderem Wege Werte von derselben Größenordnung.

Unter den vielfachen Versuchen, die Größe der Moleküle fester Körper zu bestimmen, erwähnen wir die Arbeit von Houllevigue (1904), welcher äußerst dünne Metallniederschläge auf Glas der Wirkung von Joddämpfen aussetzte. Er fand, daß das kleinste Kupferteilchen, welches mit Joddämpfen chemisch reagiert, die Dimension von etwa $40 \mu\mu$ und das Gewicht von etwa $5 \cdot 10^{-13}$ mg besitzt.

Die Oberflächenteilchen fester Körper können ebenso wie die der flüssigen, wenn auch weit seltener und nur in ausnahmsweise günstigen Fällen sich aus der Masse der Körper entfernen, mit anderen Worten, ein fester Körper kann sich unmittelbar verflüchtigen. Möglicherweise findet ein derartiges Verdunsten fortwährend und an der Oberfläche sämtlicher fester Körper statt, jedoch in so geringem Maße, daß die hierdurch bewirkte Verminderung der Masse selbst nach langer Zeit sich nicht bemerkbar macht. Es gibt jedoch auch Fälle, wo das Verdunsten wenigstens durch das Geruchsorgan wahrgenommen werden kann. Der Energievorrat eines festen Körper setzt sich aus mehreren Teilen zusammen, aus der kinetischen Energie der Moleküle, der intramolekularen Bewegungsenergie der Atome und aus der potentiellen Lagenenergie der Moleküle.

Einige besondere Eigenschaften haben **pulverförmige Körper,** welche aus einer großen Zahl kleiner fester Teilchen bestehen, die miteinander, wenn sie vollkommen trocken sind, keinerlei Zusammenhang haben. Ihre Form ändert sich unter der Einwirkung von äußeren Kräften verhältnismäßig leicht. Petruschewski war der erste, welcher (1884) die regelmäßigen Formen, welche pulverisierte Körper auf Platten in Abhängigkeit von der Plattenkontur annehmen, eingehend untersuchte. Ähnliche Untersuchungen in bedeutend erweiterter Form sind von Auerbach (1901) ausgeführt worden. Teilweise hierher gehören auch die Untersuchungen von Shukowski über den Einfluß des Druckes auf Sand, welcher mit Wasser gesättigt ist.

§ 2. Kristallinischer und amorpher Zustand der Materie.

Die feste Materie hat unter gewissen Verhältnissen die Fähigkeit, die Gestalt bestimmter Polyeder anzunehmen, die man Kristalle nennt. Jeder von ebenen Flächen umgrenzte Kristall stellt ein gesondertes Individuum dar, zu dem, wenn es vollständig ausgebildet ist, ganz bestimmte Ebenen, Kanten und Raumwinkel gehören.

Die Materie kann kristallisieren beim Übergang aus dem flüssigen oder gasförmigen Zustande in den festen; im ersten Falle kann sie entweder in einer anderen Flüssigkeit gelöst sein oder sich im geschmolzenen Zustande befinden. Kristallausscheidung aus einer Flüssigkeit erfolgt am· einfachsten durch Temperaturerniedrigung oder beim Verdunsten der Flüssigkeit; auch bei chemischer oder elektrolytischer Ausscheidung treten die Substanzen häufig in Kristallform auf. Kristalle haben die Fähigkeit zu wachsen, d. h. ihr Volumen unter Beibehaltung derselben Polyederform zu vergrößern. Dieses Wachstum erfolgt dadurch, daß sich auf der Oberfläche des anfangs gebildeten Kristalls, der gewissermaßen den Keimling darstellt, die gelöste Substanz aus dem umgebenden Medium niederschlägt.

Dem kristallinischen Zustande entgegengesetzt ist der amorphe. Befindet sich die Materie in diesem letzteren Zustande, so zeigen selbst ihre kleinsten, der Beobachtung eben noch zugänglichen Teilchen keine „kristallinische Struktur".

Das Ausscheiden von Kristallen aus Lösungen ist bisweilen von Lichtentwickelung begleitet, was vielleicht darauf hinweist, daß während der Kristallisation auch elektrische Erscheinungen auftreten. Im Bd. III werden wir die Ansichten Tammanns über den kristallinischen und den amorphen Zustand darlegen.

§ 3. Kristallsysteme. Die Formen der verschiedenen Kristalle sind sehr mannigfach, in allen Fällen aber sind es konvexe Polyeder. Die Zahlen F der Seitenflächen, K der Kanten und E der Winkel sind bekanntlich durch die Beziehung $F + E = K + 2$ miteinander verknüpft. Das geometrische Studium und die Gruppierung der verschiedenen Kristallformen ist Gegenstand einer besonderen Disziplin, der Kristallographie, die eine wichtige Rolle in der Mineralogie und Chemie spielt. An dieser Stelle müssen wir uns mit einer flüchtigen Beschreibung der sechs Kristallsysteme begnügen, in welche man die einzelnen Kristallformen, je nach der Lage der sie begrenzenden Ebenen, einreiht.

Vollkommen außer acht lassen wir die Lehre von den sogenannten Zonen, welche durch die Gesamtheit aller sich in parallelen Geraden schneidender Seitenflächen gebildet werden. Ebenso soll die Lehre von dem Symmetriegrade der verschiedenen Kristallformen, der für die Bestimmung der Kristallsysteme als Richtschnur dient, ganz übergangen werden.

Die einfachste Methode zur Bestimmung der sechs Hauptsysteme der Kristallformen (die wiederum in 32 Gruppen zerfallen) besteht in folgendem. Wenn man durch irgendeinen Punkt im Inneren eines Kristalls Koordinatenachsen parallel zu irgendwelchen drei wirklich vorhandenen oder kristallographisch möglichen Seitenflächen des Kristalls zieht, so schneidet eine mit einer vierten Seitenfläche zusammenfallende Ebene von diesen Achsen gewisse Stücke ab, die wir mit a, b und c bezeichnen wollen. Nimmt man dann an, daß eine fünfte Seitenfläche die Strecken $m\,a$, $n\,b$ und $p\,c$ abschneidet, so sind die Koeffizienten m, n und p rationale Zahlen für alle nur möglichen Seitenflächen. Dies Gesetz ist 1781 von Hauy entdeckt worden. Die einzelnen Kristallsysteme werden durch die relative Lage der „kristallographischen" Achsen und durch das Verhältnis ihrer „Länge", d. h. der Zahlen a, b und c bestimmt. Diese Einteilung ist zuerst von Weiß (1809) vorgenommen worden. Die erwähnten sechs Kristallsysteme sind die folgenden.

I. Das reguläre System. Dieses ist durch drei zueinander senkrechte und gleiche Achsen gekennzeichnet (Fig. 121); es ist hier also $a : b : c = 1$. In dieses System gehört zunächst das regelmäßige Oktaeder (Fig. 122) und der Würfel oder das Hexaeder (Fig. 123). Eine etwas verwickeltere Gestalt hat das Rhombendodekaeder (Fig. 124). Einige Formen entstehen durch Kombination von zwei einfacheren, so stellen z. B. die Fig. 125, 126 und 127 Kombinationen des Oktaeders und Würfels dar. In der ersten von ihnen überwiegen die Oktaederflächen, in der zweiten die Würfelflächen, während in der dritten die Flächen von Oktaeder und Würfel gleich stark ausgebildet sind.

Nach dem regulären System kristallisieren unter anderen folgende Substanzen: Fe, Pb, Cu, Ag, Hg, Au, Pt usw., C (Diamant), PbS, Ag_2S, CoS, Sb_2O_3, NaCl (Würfel), AgCl, AgBr, Fe_3O_4 (Magneteisenstein,

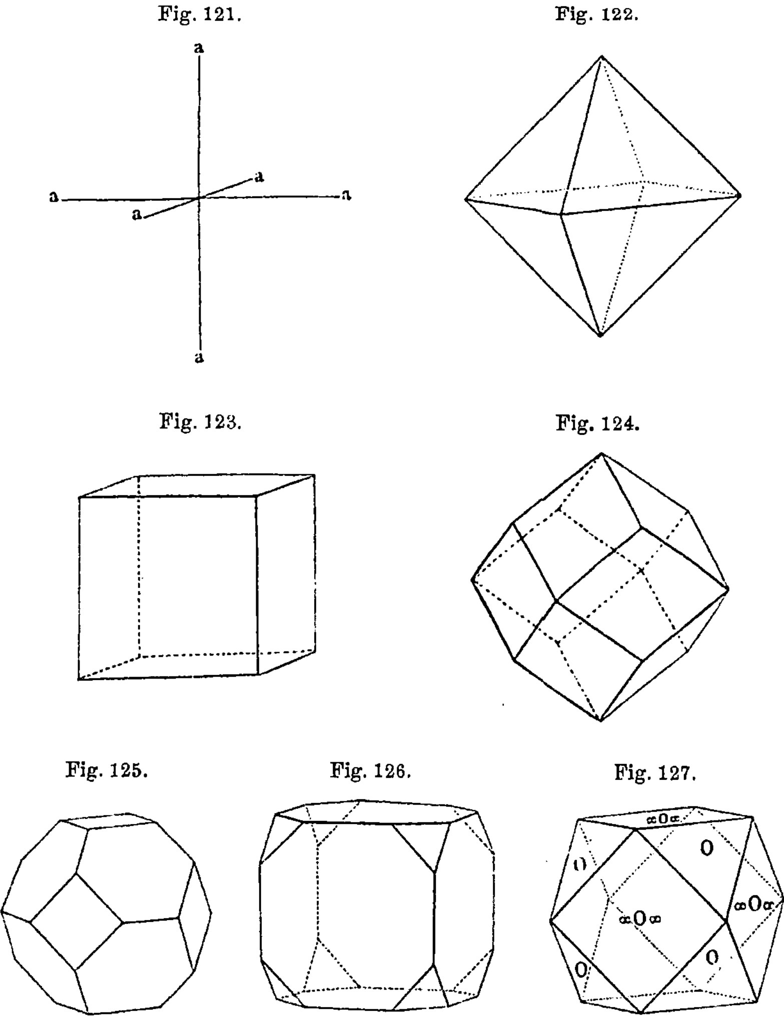

Fig. 121.

Fig. 122.

Fig. 123.

Fig. 124.

Fig. 125.

Fig. 126.

Fig. 127.

Oktaeder), ZnS, Cu_2O, KCl, NH_4Cl (Salmiak), FeS_2 (Schwefelkies), $NaClO_3$, $(PbNO_3)_2$, $CaFl_2$ (Flußspat), Alaun (Oktaeder), Granat usw.

II. **Hexagonales System.** Dieses System ist durch vier Achsen charakterisiert, von denen eine, die Hauptachse, senkrecht zu den drei anderen ist, welche ihrerseits miteinander gleiche Winkel (von 60°) bilden. Die Nebenachsen sind von gleicher Länge, während

die Hauptachse länger oder kürzer als die ersteren sein kann (Fig. 128).
Zu diesem System gehört vor allem die hexagonale oder sechsseitige
Pyramide (Fig. 129) und das hexagonale Prisma, das ungeschlossen
ist und daher nur in Kombination mit anderen Formen vorkommt.
Derartige Kombinationen sind in Fig. 130 und 131 abgebildet, die
erste von ihnen ist eine Kombination von hexagonaler Pyramide und
Prisma, die zweite ein hexagonales Prisma mit zwei zum Hauptschnitt
des Systems parallelen Ebenen. Eine sehr wichtige Form des hexa-

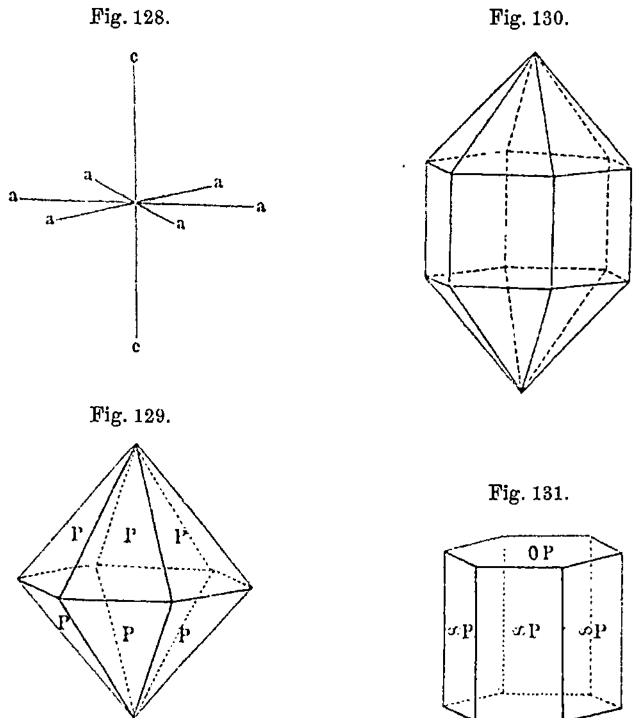

Fig. 128.

Fig. 130.

Fig. 129.

Fig. 131.

gonalen Systems stellt das **Rhomboeder** dar, man rechnet es jedoch zu
den hemiedrischen Formen, von denen weiter unten die Rede sein soll.

Zum hexagonalen System gehören die Kristalle folgender Sub-
stanzen: As, Sb, Bi, H_2O (Eiskristalle, Schneeflöckchen), Al_2O_3, Fe_2O_3,
$NaNO_3$, $CaCO_3$ (isländischer Spat, Rhomboeder), $MgCO_3$, $FeCO_3$,
$ZnCO_3$, $MnCO_3$, Turmalin, SiO_2 (Quarz), HgS usw.

Retgers, Rinne u. a. haben auf den bemerkenswerten Umstand
aufmerksam gemacht, daß die Elemente und einfachen Verbindungen
nach den Systemen kristallisieren, welche die größte Symmetrie zeigen,
nämlich nach dem regulären und hexagonalen System. Dies findet sich
durch die von uns angeführten Beispiele bestätigt. Unter anderen

gehören die Sauerstoff- und Schwefelverbindungen der Metalle fast alle zu den erwähnten beiden Systemen.

III. Quadratisches oder tetragonales System. Hier sind drei zueinander senkrechte Achsen vorhanden, von denen zwei einander gleich sind, während die dritte, die Hauptachse, kürzer oder länger als die beiden anderen sein kann (Fig. 132). Die wichtigste hierher

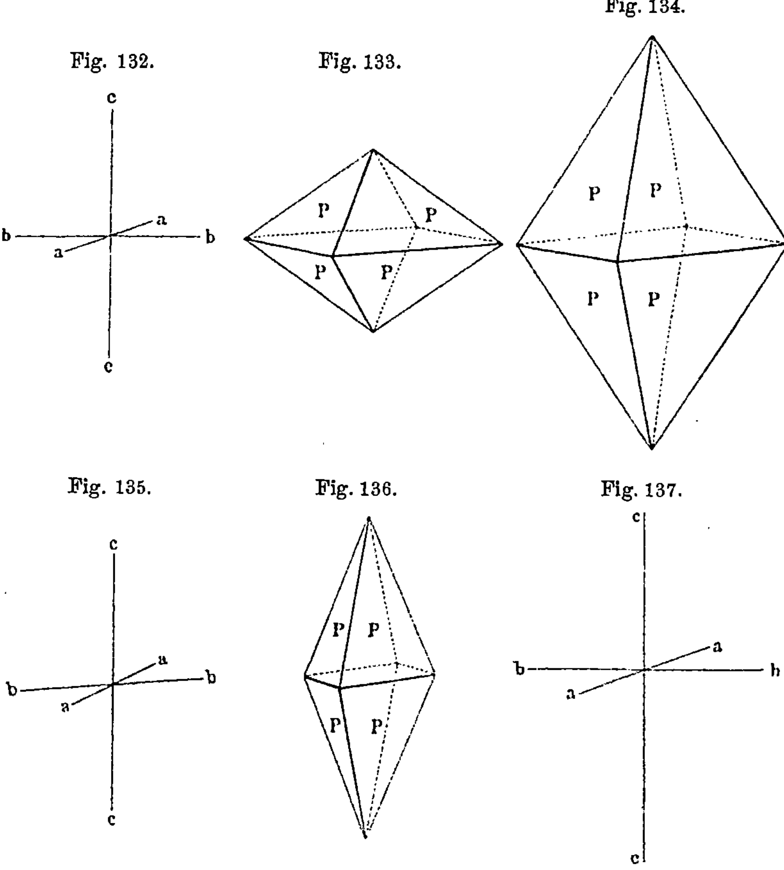

Fig. 132.

Fig. 133.

Fig. 134.

Fig. 135.

Fig. 136.

Fig. 137.

gehörige Form ist die des Oktaeders mit quadratischer Basis, welches von acht gleichen und gleichschenkligen Dreiecken begrenzt ist. Je nachdem die Hauptachse kürzer oder länger ist als die beiden anderen, erhält man die in Fig. 133 und 134 abgebildeten Formen. Ist die Hauptachse unendlich groß, so entsteht ein quadratisches Prisma, das wiederum nur in Kombinationen vorkommen kann.

Nach dem quadratischen System kristallisieren: Sn, SnO_2, Hg_2Cl_2. $CuFeS_2$ (Kupferkies), schwefelsaures Chinin, Harnstoff usw.

IV. **Rhombisches System.** Die drei Achsen sind zwar zueinander senkrecht, jedoch von ungleicher Länge (Fig. 135). Die wichtigste hierhergehörige Form ist die des **rhombischen Oktaeders** (Fig. 136), welches von acht ungleichseitigen Dreiecken begrenzt ist. Aus dieser Form leitet sich das rhombische Prisma ab, sowie verschiedene Kombinationen mit Ebenen, welche entweder zur Hauptachse oder zu einer der beiden Nebenachsen senkrecht sind. Die Nebenachsen stellen die Diagonalen des als Basis dienenden Rhombus dar.

Nach diesem System kristallisieren sehr viele Mineralien und künstlich hergestellte Stoffe, z. B. S, Cu_2S, $CaCO_3$ (Aragonit), KNO_3, K_2SO_4, $CaSO_4$ (Anhydrit), $MgSO_4 + 7H_2O$, $ZnSO_4 + 7H_2O$, $PbSO_4$, Topas, Schwerspat ($BaSO_4$) usw.

V. **Monoklines System.** Dieses ist dadurch charakterisiert, daß zwei Achsen aa und bb (Fig. 137) zueinander senkrecht sind, während

Fig. 138.

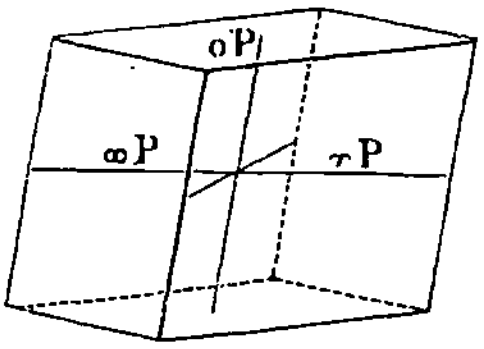

Fig. 139.

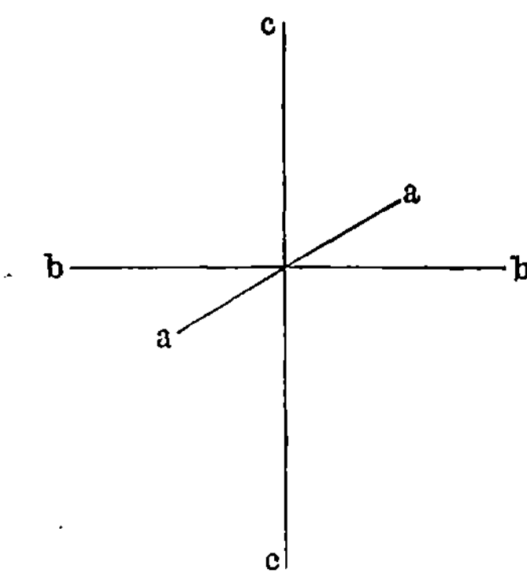

die dritte cc zur Ebene der beiden ersten geneigt, jedoch senkrecht zu bb ist. In Fig. 138 ist ein **monoklines Prisma** dargestellt mit Angabe der kristallographischen Achsen.

Zum monoklinen System gehören die Kristalle von: S (dimorphe Modifikation), $KClO_3$, $Na_2CO_3 + 10H_2O$, $Na_2SO_4 + 10H_2O$, $CaSO_4 + 2H_2O$ (Gips), $FeSO_4 + 7H_2O$, Glimmer, Weinsäure, Rohrzucker und viele andere organische Verbindungen.

VI. **Triklines System.** Die drei Achsen sind von ungleicher Länge und bilden miteinander spitze (oder stumpfe) Winkel (vgl. Fig. 139).

Zu diesem System gehören die Kristalle von $K_2Cr_2O_7$, $CuSO_4 + 5H_2O$, Albit, Labrador usw.

§ 4. Hemiedrie.

Sind alle einer gegebenen Kristallform entsprechenden Seitenflächen wirklich vorhanden, so nennt man diese Kristallform eine **holoedrische.** Es kommen indes Formen vor, die man sich aus den holoedrischen dadurch hervorgegangen denken kann, daß sich die eine Hälfte der Begrenzungsflächen gewissermaßen nach

Fig. 140.

Fig. 141.

Fig. 142.

Fig. 143.

Fig. 144.

Fig. 145.

Fig. 146.

Fig. 147.

Fig. 148.

Fig. 149.

allen Seiten ausdehnt, so daß endlich die andere Hälfte der Flächen von ihnen vollständig unterdrückt wird. Solche Formen heißen hemiedrische. Seltener sind drei Viertel oder sogar sieben Achtel aller Kristallflächen auf Kosten der übrigen unterdrückt. Im ersten Falle entstehen tetartoedrische, im letzteren ogdoedrische Formen.

Zu den hemiedrischen Formen gehört das Tetraeder (Fig. 141), welches aus dem regelmäßigen Oktaeder (Fig. 140) entsteht, wenn sich vier Flächen desselben bis zum Verschwinden der vier anderen entwickeln, und zwar wachsen in Fig. 140 von den unteren Flächen die vordere linke und hintere rechte, von den oberen Flächen die vordere rechte und hintere linke. Aus der hexagonalen holoedrischen Form der sechsseitigen Pyramide (Fig. 142) entsteht die hemiedrische Form des Rhomboeders (Fig. 143), wenn sechs Flächen wachsen, und zwar $s\,a\,f$, $s\,b\,c$, $s'\,b\,a$ und die mit diesen parallelen hinteren; entwickeln sich dagegen die anderen sechs Flächen, so entsteht ein Rhomboeder, dessen Form aus Fig. 144 ersichtlich ist. Eine andere hemiedrische Form

Fig. 150.

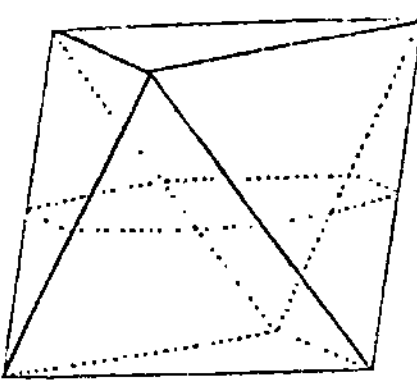

Fig. 151.

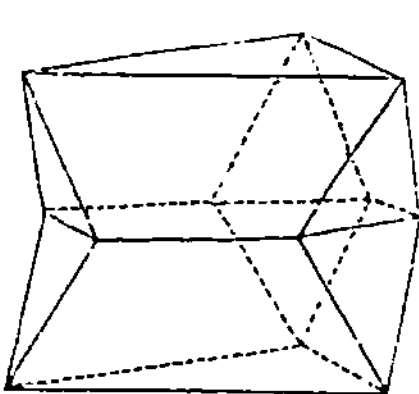

stellt das Skalenoeder (Fig. 145) dar, dessen Seitenkanten mit den Kanten des Rhomboeders (in Fig. 144 und im Inneren von Fig. 145 dargestellt) zusammenfallen; die holoedrische, dem Skalenoeder entsprechende Form ist die der zwölfseitigen Pyramide.

Zwei Figuren, die symmetrisch gleich, aber nicht kongruent, d. h. nur spiegelbildlich gleich sind, wie der rechte Handschuh dem linken, heißen enantiomorphe oder gyroedrische. Sie können durch Drehung nicht ineinander übergeführt werden. In Fig. 146 und 147 sind zwei solche dem hexagonalen System angehörige Formen abgebildet, in Fig. 148 und 149 zwei enantiomorphe Formen, die zum regulären System gehören (chlorsaures Natrium); sie unterscheiden sich voneinander durch die Anordnung der Tetraederflächen.

§ 5. Zwillinge. Zwei Kristalle, die nach einem bestimmten Gesetze miteinander verbunden sind, heißen Zwillinge. In vielen Fällen erhält man ihre Form geometrisch, wenn man sich den Kristall in zwei gleiche Teile geteilt und den einen von ihnen um 180° gedreht denkt. So entsteht z. B. aus dem Oktaeder (Fig. 150) der in Fig. 151 dargestellte Zwilling, wenn die Trennungsebene die durch Punkte in Fig. 150

angedeutete Lage hat. Ein solcher Zwilling heißt Verwachsungzwilling. Eine andere Art von Zwillingen wird durch zwei einander durchdringende Kristalle dargestellt (Durchdringungszwillinge). Fig. 152 stellt einen solchen aus zwei Würfeln, Fig. 153 einen aus zwei Tetraedern bestehenden Zwilling dar. Die erstere Form haben Flußspatkristalle.

§ 6. Bau der Kristalle. Die Kristalle sind homogene und anisotrope (Abt. I, S. 37) Körper. Nur die Kristalle des regulären Systems sind isotrop hinsichtlich mehrerer Eigenschaften, wie z. B. der optischen.

Die Kristalle des hexagonalen und quadratischen Systems heißen einachsig. In ihnen ist eine Richtung bevorzugt, derart, daß nach allen Richtungen, welche mit ihr denselben Winkel bilden, sämtliche Eigenschaften des Kristalls (Wärmeleitung, thermische Ausdehnung, Lichtgeschwindigkeit usw.) die gleichen sind. Diese Richtung

Fig. 152.

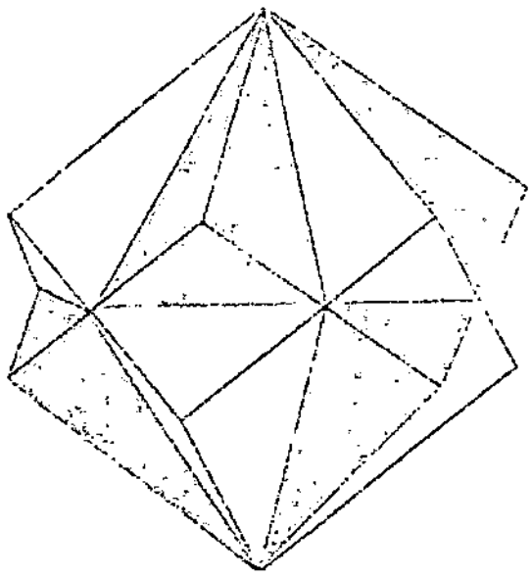

Fig. 153.

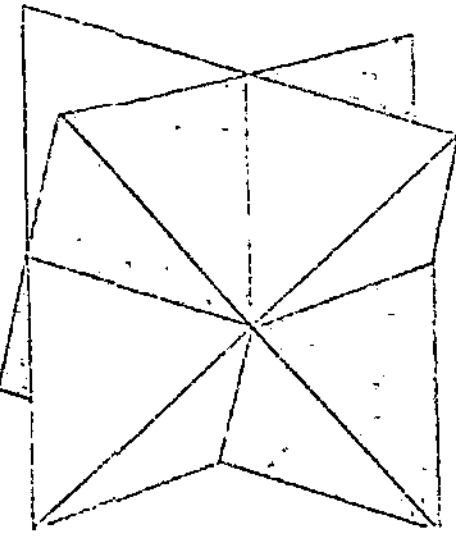

ist in dem hexagonalen und quadratischen System den Hauptachsen parallel und wird Richtung der optischen Achse genannt. In dieser Richtung erfährt ein Lichtstrahl keine Doppelbrechung, wird also nicht in zwei Strahlen gespalten.

Die Kristalle des rhombischen, monoklinen und triklinen Systems heißen zweiachsig. Sie haben zwei optische Achsen, d. h. zwei Richtungen, in denen Lichtstrahlen keine Doppelbrechung erfahren. Diese Richtungen fallen indes mit den kristallographischen nicht zusammen.

Die Kristalle lassen sich in verschiedenen Richtungen vielfach nicht gleich leicht spalten; es muß daher die Kohäsion in verschiedenen Richtungen verschieden sein. Die Ebenen, parallel zu denen sich ein Kristall am leichtesten spalten läßt, heißen Spaltungsflächen. Einige Kristalle haben nur eine, andere mehrere Spaltungsflächen, die immer gewissen Kristallflächen parallel sind. Besonders leicht auffindbar ist die Lage der Spaltungsfläche beim Glimmer, der bequem in sehr

dünne Blättchen gespalten werden kann. Sind mehrere Spaltungsflächen vorhanden, so kann der Grad der Spaltbarkeit für sie ein verschiedener sein.

Die Regelmäßigkeit der Kristallformen führt auf den Gedanken,
daß die Moleküle in den Kristallen nach einem bestimmten Gesetze gelagert sein müssen. Frankenheim (1832 bis 1856) und Bravais
(1849) waren die ersten, welche eine netzförmige Lagerung der Moleküle im Inneren der Kristalle annahmen. Was wir hierunter verstehen,
soll durch das Folgende erläutert werden. Wir denken uns zu diesem
Zwecke schiefwinklige Koordinatenachsen O_x, O_y, O_z (Fig. 154) und
ziehen drei Systeme äquidistanter, den Koordinatenachsen paralleler
Ebenen. Die Gleichungen derselben lauten: $x = 0$, $x = a$, $x = 2a$,

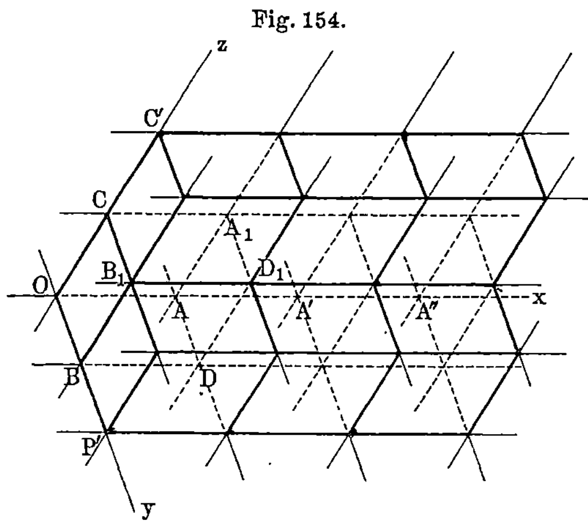

Fig. 154.

$x = 3a\ldots$, $y = 0$, $y = b$, $y = 2b$, $y = 3b\ldots$, $z = 0$, $z = c$,
$z = 2c$, $z = 3c\ldots$ Diese Ebenen teilen den Raum in Parallelepipede,
an deren Scheitelpunkten die Mittelpunkte der Moleküle des Kristalls, die
sich aber nicht zu berühren brauchen, verteilt gedacht werden. Bezeichnet
man ein solches Parallelepipedon als Element ($OADBCA_1D_1B_1$), so
erhält man folgende Übersicht:

1. Das Element ist ein Würfel; reguläres System.

2. Das Element ist ein Rhomboeder; hexagonales und damit ver-
bundenes rhomboedrisches System.

3. Das Element ist ein gerades Prisma mit quadratischer Basis;
quadratisches System.

4. Das Element ist ein gerades Prisma mit rechtwinkliger oder
rhombischer Basis; rhombisches System.

5. Das Element ist ein gerades Prisma mit einem Parallelogramm
oder ein schiefes Prisma mit einem Rhombus als Basis, wobei eine von
den Diagonalen des Rhombus senkrecht zur Ebene ist, welche durch

die andere Diagonale und Prismenachse gezogen ist; monoklinoedrisches System.

6. Das Element ist ein schiefes Parallelepipedon; triklinoedrisches System.

Auf diese Weise kann man sich die Grundformen aller Kristallsysteme durch Raumgitter veranschaulichen.

Sohncke hat (1867) die Theorie von Bravais modifiziert; er geht von der einen Annahme aus, daß die Lage der Moleküle um einen gegebenen Punkt herum für alle Moleküle die gleiche sein muß und zeigt, daß 65 Lagen möglich sind, welche alle der gestellten Bedingung genügen. Zu einem gewissen Abschluß ist die Theorie am Ende des 19. Jahrhunderts durch Schönfließ und Fedorow gebracht worden.

§ 7. Polymorphismus (oder Heteromorphismus).

Auf die Erscheinungen des Polymorphismus, des Isomorphismus und der Morphotropie können wir nur mit wenigen Worten eingehen. Die Kristalle einer gegebenen Substanz haben, wenn sie sich unter bestimmten Bedingungen bilden, immer ein und dieselbe Form. Wenn sich jedoch jene Bedingungen ändern, so kann sich auch die Kristallform ändern oder, mit anderen Worten, ein und dieselbe Substanz kann auch verschiedene Kristallformen annehmen. Diese Erscheinung wird Polymorphismus genannt, und zwar je nachdem zwei oder drei Formen auftreten: Dimorphismus und Trimorphismus. Die Zahl der polymorphen Körper ist eine überaus große; vielleicht würden sogar alle Körper Polymorphismus zeigen, wenn man es nur verstehen würde, die Kristallisationsbedingungen für sie in geeigneter Weise abzuändern.

Die Kristalle derselben Substanz, welche von verschiedener Form sind, haben im allgemeinen auch verschiedene physikalische Eigenschaften, wie z. B. verschiedene Farbe, Härte, Dichte δ usw. Es mögen hier einige Beispiele für den Polymorphismus folgen.

S kommt in der Natur in rhombischen Kristallen vor, aus Lösungen in CS_2 und Kohlenwasserstoffen scheidet er sich in rhombischen Kristallen aus, aus der Schmelzmasse dagegen in monoklinen Kristallen. Die Kristalle des letzteren Systems stellen eine labile Form dar, die allmählich unter Wärmeentwickelung in die rhombische übergeht. $CaCO_3$: Kalkspat ($\delta = 2,7$) hexagonales (rhomboedrisches) System und Aragonit ($\delta = 2,9$) rhombisches. C: reguläres System (Diamant, $\delta = 3,55$) und monoklines — früher glaubte man hexagonales — Graphit ($\delta = 2,3$). SiO_2: hexagonales System Quarz ($\delta = 2,66$), eine andere Form, Tridymit ($\delta = 2,3$), von geringerem Symmetriegrade, kann dem rhombischen angehören. TiO_2: zwei verschiedene quadratische Formen (Rutil, $\delta = 4,25$ und Anatas, $\delta = 3,9$) und rhombisches (Brookit, $\delta = 4,05$); FeS_2: reguläres (Pyrit, $\delta = 5,1$) und rhombisches (Markasit, $\delta = 4,86$). Al_2SiO_5: rhombisches (Andalusit, $\delta = 3,16$) und triklines (Disthen, $\delta = 3,66$) System.

Die wichtige Frage nach den Beziehungen zwischen Kristallform und chemischer Zusammensetzung einer Substanz gehört nicht in den Rahmen dieses Buches. Eine ausführliche Darstellung dieses Gebietes findet man im Werke von Arzruni, Physikalische Chemie der Kristalle (1893).

§ 8. Isomorphimus und Morphotropie.

Bisweilen kristallisieren zwei Körper, deren Zusammensetzung verschieden ist, in Formen, die einander sehr nahe stehen; solche Körper nennt man isomorphe. Isomorphe Körper sind in bezug auf ihre chemische Zusammensetzung ähnlich. Wenn sie gleichzeitig in ein und derselben Lösung enthalten sind, so treten sie auch in dem aus der Lösung sich bildenden Kristall auf. Isomorphe Bestandteile können sich somit in schwankenden und unbestimmten Verhältnissen gegenseitig vertreten. Dies ist ihre wichtigste Eigenschaft. Man unterscheidet gegenwärtig verschiedene Grade von Isomorphismus, je nachdem sich die Substanzen im Kristall in allen nur möglichen Verhältnissen miteinander mischen können oder nicht.

Der Isomorphismus ist von Mitscherlich (1820) an vier rhombischen Kristallen H_2KPO_4, H_2KAsO_4, $H_2(NH_4)PO_4$ und $H_2(NH_4)AsO_4$ entdeckt worden. Isomorphismus zeigen z. B. $ZnSO_4 + 7H_2O$ und $MgSO_4 + 7H_2O$; $BaCl_2 + 2H_2O$ und $SrCl_2 + 2H_2O$; $NaClO_3$ und $AgClO_3$. Bei den obigen Körpern nimmt der Grad des Isomorphismus in der Reihenfolge ab, in der sie genannt sind. Als weitere Beispiele können gelten $CaCO_3$, $MgCO_3$, $ZnCO_3$, $FeCO_3$ und $MnCO_3$ (Rhomboeder): As, Sb, Te, Bi (hexagonales System). Die Alaune sind ebenfalls isomorph. Bringt man einen Kristall von Chromalaun in eine Lösung von Tonerdealaun, so fährt er fort zu wachsen, ohne daß seine Gestalt sich dabei ändert. Ein interessantes Beispiel von Isomorphismus stellen im triklinoedrischen System Anorthit $CaAl_2Si_2O_8$ und Albit $Na_2Al_2Si_6O_{16}$ dar. Bisweilen sind die Kristalle chemisch ganz verschiedener Körper einander ähnlich. Eine derartige Erscheinung tritt z. B. beim Natronsalpeter und Kalkspat auf.

Unter Morphotropie versteht man die gesetzmäßige Änderung, die bei einer gegebenen Kristallform hervorgerufen wird durch partielle Substitution im Molekül (z. B. Ersatz eines Wasserstoffatoms durch ein anderes Atom oder eine Atomgruppe), durch Umlagerung der Atome innerhalb des Moleküls durch Polymerisation oder durch Addition.

Mit der Frage nach dem Zusammenhange zwischen der Kristallform einer Substanz und der Stellung derselben oder ihres Hauptbestandteiles (z. B. des Metalls eines Salzes) im periodischen System von Mendelejew haben sich u. a. G. Linck und W. Ortloff beschäftigt. Mit

Hilfe des äußerst wichtigen röntgenometrischen Verfahrens von Laue, Friedrich und Knipping, von W. H. Bragg und W. L. Bragg, sowie von P. Debye ist es in letzter Zeit gelungen, für eine Reihe von Kristallen die Verteilung der Atome oder besser ihrer Schwingungszentren, also die Struktur, festzustellen. Wir werden hierauf später zurückkommen und verweisen hier nur auf den im Jahrbuch der Radioaktivität und Elektronik **14**, 52, 1917 erschienenen Bericht von A. Johnsen über diesen Gegenstand.

§ 9. Allotropie. Berzelius bezeichnete mit Allotropie die Eigenschaft eines chemischen Elementes, in verschiedenen Formen aufzutreten, die sich durch ihre physikalischen Eigenschaften mehr oder weniger wesentlich voneinander unterscheiden. Diamant, Graphit und gewöhnliche Kohle stellen alle drei allotrope Modifikationen des Kohlenstoffs dar. Moissan hat untersucht, auf welche Weise die verschiedenen allotropen Modifikationen des Kohlenstoffs erhalten werden und welches ihre Eigenschaften sind.

Bor kommt in Form eines braunen amorphen Pulvers und in Form von Kristallen vor. Phosphor ist schon seit längerer Zeit in drei allotropen Formen bekannt, als weißer, roter (wird durch andauernde Erwärmung des weißen Phosphors auf 250° erhalten) und metallischer Phosphor. In neuerer Zeit (1914 bis 1916) hat Bridgman noch zwei Modifikationen dargestellt, einen schwarzen und einen violetten. Schwefel kommt in drei Formen vor, als rhombischer, monoklinoedrischer und plastischer Schwefel. Außer dem gelben Schwefel gibt es höchst wahrscheinlich noch eine blaue Modifikation, welche, mit dem gelben gemischt, einen grünen Körper ergibt. Orlow (1902) ist es gelungen, die grüne Modifikation zu erhalten. Silber ist in einer ganzen Reihe allotroper Formen bekannt, die sich auch durch ihre Farbe voneinander unterscheiden. Selen kennt man als rotes und schwarzes amorphes Pulver, dunkelrote Kristalle, graue Kristalle (die Leitfähigkeit für Elektrizität nimmt bei den letzteren zu, falls man sie belichtet). Zinn kann zwei Formen annehmen, die gewöhnliche weiße und die eines grauen Pulvers. Unter 20° befindet sich die weiße Modifikation im Zustande labilen Gleichgewichtes; je niedriger die Temperatur ist, um so schneller geht das Zinn in die für praktische Zwecke unbrauchbare graue Modifikation über. Die Geschwindigkeit, mit welcher sich diese Umwandlung vollzieht, hat bei — 48° ein Maximum, bei weiterer Temperaturerniedrigung nimmt sie ab. Die Geschwindigkeit der Umwandlung wird beträchtlich gesteigert, falls sich das weiße Zinn in Berührung mit grauem befindet, das ersteres gewissermaßen ansteckt; auf diese Weise können große Vorräte dieses Metalles verderben (die sogenannte Zinnpest). E. Cohen und C. v. Eijk haben 1899 diese Erscheinungen untersucht.

Die allotropen Modifikationen einer und derselben Substanz entstehen wahrscheinlich dadurch, daß die Atome in verschiedener Zahl und verschiedener Gruppierung zu Molekülen zusammentreten. Sauerstoff (O_2) und Ozon (O_3) stellen ein Beispiel für die Allotropie eines gasförmigen Elementes dar. Wir hätten es also hier mit einer Art von Polymerisation zu tun. Orlow hält den blauen Schwefel für eine Polymerieform. Schenk fand, daß dasselbe auch für den roten Phosphor gilt; sein Molekulargewicht entspricht P_8 oder noch höheren Polymerisationsprodukten. Kurbatow (1907) hat experimentell zwei allotrope Formen beim Jod nachgewiesen. In letzter Zeit ist eine große Zahl von Arbeiten über Allotropie erschienen. Wir führen einige derselben an in der Literaturübersicht mit Hinweisen auf die untersuchten Körper.

Literatur.

Zu § 1.

Th. Th. Petruschewski: Journ. d. russ. phys.-chem. Ges. **16**, 410, 458, 1884.
Auerbach: Ann. d. Phys. **5**, 170, 1901.
N. E. Shukowski: Arb. d. phys. Sekt. d. Mosk. Naturf. Ges. **3**, Heft 1, 52, 1890.
J. J. Thomson: Rapports présentés au Congrès internat. de Physique **3**, 138, 1900.
Paterson: Phil. Mag. (6) **3**, 643, 1902; **4**, 652, 1902.
Houllevigue: Boltzmann-Festschrift, S. 62, 1904.

Zu § 3 bis 8.

Kristalle, siehe die Lehrbücher der Kristallographie z. B.:

Groth: Physikalische Kristallographie.
Karsten: Kristallographie. (Allg. Enzyklop. d. Physik.)
Rammelsberg: Kristallographische Chemie.
Mallard: Cours de cristallographie. Paris 1874 bis 1884.
Liebisch: Geometrische Kristallographie. Leipzig 1881.
Liebisch: Physikalische Kristallographie. Leipzig 1891.
Liebisch: Grundriß der physikalischen Kristallographie. Leipzig 1896.
Schönfließ: Kristallsysteme und Kristallstruktur. Leipzig 1891.
V. von Lang: Lehrbuch der Kristallographie. Wien 1869.
H. Kopp: Einleitung in die Kristallographie. Braunschweig 1862.
S. Th. Glinka: Allgemeiner Kursus der Kristallographie (russ.). St. Petersburg 1895.
S. Th. Glinka: Allgemeiner Kursus der Mineralogie (russ.). Teil I. St. Petersburg 1896.
P. Semjattschenski: Kurzes Lehrbuch der Kristallographie (russ.). St. Petersburg 1899.
Arzruni: Physikalische Chemie der Kristalle. Braunschweig 1892.
Graham-Otto: Lehrbuch der Chemie I, **3**, 1—350, 1898.
V. von Lang: Symmetrieverhältnisse der Kristalle. Ztschr. f. phys. Chem. **21**, 218, 1896.

Baumhauer: Die neuere Entwickelung der Kristallographie. Braunschweig 1905.

Enzyklopädie der mathem. Wiss. **5**, I, 391—429 (Liebisch).

E. Sommerfeldt: Geometrische Kristallographie. Leipzig 1906.

E. Sommerfeldt: Physikalische Kristallographie. Leipzig 1907.

Retgers: Ztschr. f. phys. Chem. **14**, 1, 1894.

Rinne: Ztschr. f. phys. Chem. **16**, 529, 1896.

Delafosse: Mémoires des sav. étrangers **8**, 647, 1893.

Bravais: Études cristallographiques. Paris 1851. Journ. de l'école polyt. **19**, 1850.

Sohncke: Die unbegrenzten regelmäßigen Punktsysteme. Karlsruhe 1876.

Fedorow: Abhandlungen in den Bull. d. russ. min. Ges. und in der Ztschr. f. Kristallographie.

Gadolin: Mémoire sur la déduction d'un seul principe de tous les systèmes cristallographiques etc. Acta societ. scien. fenn. Helsingfors 1871; desgl. in den Bull. d. russ. min. Ges. 1868.

Zu § 9.

Moissan: Ann. chim. et phys. (7) **8**, 289, 306, 466, 1896.

Bridgman: Journ. Amer. Chem. Soc. **36**, 1394, 1914; **38**, 609, 1916.

G. Linck: Ztschr. f. phys. Chem. **19**. 193, 1896.

W. Ortloff: Ztschr. f. phys. Chem. **19**, 201, 1896.

E. Cohen und C. von Eijk: Ztschr. f. phys. Chem. **30**, 601, 1899.

Orlow: Journ. d. russ. phys.-chem. Ges. **34**, 52, 1902.

Schenk: (P). Chem. Ber. **35**, 351, 1901.

Kurbatow: Journ. d. russ. phys.-chem. Ges. **34**, chem. Teil, 1543, 1907; Ztschr. f. anorg. Chem. **56**, 230, 1907.

A. Smith und seine Schüler: Ztschr. f. phys. Chem. **52**, 606, 1905; **54**, 257, 1906; **61**, 200, 1907; **77**, 661, 1911.

Marc: (Se). Chem. Ber. **39**, 697, 1906.

Wiegand: (Sn und S). Marburger Ber. 1906, S. 196.

Cohen: (Sn). Ztschr. f. phys. Chem. **63**, 625, 1908; **68**, 214, 1909; **71**, 301, 1910.

Van't Hoff: Zinn, Gips und Stahl. Berlin 1901.

Benedicks: (Fe). Journ. of the Iron and Steel Institute 1912, p. 242.

Cohen und seine Schüler: (P). Ztschr. f. phys. Chem. **50**, 225, 1904; **71**, 1, 1910 (Metalle); Chem. Zentralbl. **2**, 2127, 1909.

Gernez: (P). Ann. chim. et phys. (8) **21**, 5, 1910; Compt. rend. **151**, 382, 1910.

Smits: (Theorie). Ztschr. f. phys. Chem. **76**, 421, 1911; **77**, 367, 1911; (S) **83**, 221, 1913.

Leeuw: (S). Ztschr. f. phys. Chem. **83**, 245, 1913.

Zweites Kapitel.

Dichte der festen Körper.

§ 1. Einleitende Bemerkungen. Um den Zahlenwert δ für die Dichte eines festen Körpers zu bestimmen, muß man entsprechend der Formel

$$\delta = \frac{P}{Q} \quad \cdots\cdots\cdots\cdots (1)$$

das Gewicht P des Körpers, sowie das Gewicht Q der Wassermenge bestimmen, deren Volumen bei 4^0 gleich dem Volumen des festen Körpers bei jener Temperatur ist, für welche wir seine Dichte suchen. Die von uns als „tabellarische" (Abt. I, S. 45) bezeichnete Dichte bezieht sich auf 0^0, und diese ist es, die gewöhnlich bestimmt wird.

Zur Dichtebestimmung fester Körper gibt es viele verschiedene Methoden; je nach der Art und Menge der zu untersuchenden Substanz, und je nach dem Genauigkeitsgrade, den man zu erreichen wünscht, hat man die eine oder andere Methode vorzuziehen. Besondere Eigentümlichkeiten der Körper zwingen uns bisweilen, besondere Maßnahmen zu treffen; solche sind z. B. anzuwenden, wenn die gegebene Substanz leichter als Wasser ist oder sich in Wasser löst, oder nicht in der Luft gewogen werden kann (K, Na); ferner, wenn sie Pulverform hat oder in hohem Grade porös ist (Kohle, Kreide). Im letzteren Falle hat man sie, wenn möglich, mit einer dünnen Schicht irgendeiner Substanz zu überziehen, welche für Wasser oder die Flüssigkeit, deren man sich bei Bestimmung von δ bedient, nicht durchlässig ist.

Taucht man den Körper in Wasser oder eine andere Flüssigkeit, so hat man sorgfältig darauf zu achten, daß an ihm keine Luftbläschen hängen bleiben; man kann sie bisweilen mit einem Pinselchen entfernen. Bei Vornahme der verschiedenen Wägungen hat man die erforderlichen Korrektionen wegen des Gewichtsverlustes in der Luft und wegen der Temperatur anzubringen (siehe Abt. I, S. 321 und Abt. II, S. 149).

§ 2. Dichtebestimmung fester Körper. Wir wollen einige der Bestimmungsmethoden betrachten.

1. Kennt man das Gewicht P und das Volumen V eines Körpers, so findet man entsprechend der ursprünglichen Definition des Dichtebegriffes die Dichte δ des gegebenen Körpers nach der Formel

$$\delta = \frac{P}{V} \quad \cdots \cdots \cdots \cdots (2)$$

In Ausnahmefällen, wenn die Körper z. B. sehr regelmäßige Form haben oder eine ungefüge Größe, kann man das Volumen bisweilen, falls man die geometrische Form des Körpers (Kugel, Zylinder, Parallelepipedon usw.) kennt, durch Rechnung ermitteln. In anderen Fällen kann man das Volumen V mit Hilfe des Volumenometers (Abt. I, S. 303) bestimmen. Auch das Volumen und damit die Dichte von pulverförmigen oder in Wasser löslichen Körpern kann man mit Hilfe dieses Apparats erhalten, wenn keine große Genauigkeit erforderlich ist.

2. Gießt man in einen graduierten und kalibrierten Zylinder Wasser bis zu einem bestimmten Teilstrich und taucht darauf den zu untersuchenden Körper, dessen Gewicht P zuvor bestimmt sein muß, hinein,

so gibt die Größe, um welche der Wasserspiegel steigt, direkt das Volumen V an. Geht der Körper in Wasser nicht unter, so hat man an Stelle des Wassers eine andere, leichtere Flüssigkeit zu nehmen oder einen anderen schwereren Körper von bekanntem Volumen an den zu untersuchenden anzubringen.

Man kann auch ein mit einer seitlichen Ausflußröhre versehenes Gefäß verwenden, das man dann bis zu dieser Röhre mit Wasser füllt. Durch Wägung der Wassermenge, welche beim Eintauchen des Körpers überfließt, erhält man das gesuchte Volumen V. Es ist dies die Methode, die bereits von Al-Biruni († 1039), einem arabischen Gelehrten, welcher im nordwestlichen Indien lebte, angewandt worden ist.

3. Die Dichte eines festen Körpers kann ferner bestimmt werden, indem man eine Flüssigkeit sucht, in welcher der gegebene Körper weder emporsteigt, noch niedersinkt. Auf S. 245, wo von der Diffusion der Flüssigkeiten die Rede war, wurde auf eine analoge Methode verwiesen, die allerdings dort zur Bestimmung der Dichte von Flüssigkeiten diente.

Als Flüssigkeiten können nach Retgers (Ztschr. f. phys. Chem. **3**, 280, 1889; **4**, 189, 1889; **11**, 328, 1893) dienen eine Mischung von Methylenjodid (CH_2J_2, $\delta = 3{,}3$) und Benzol oder Xylol; ferner eine Mischung von Jodsilber- und Jodkalium- oder Jodbaryumlösungen usw. Zum selben Zwecke können auch verwendet werden: Bromal (CBr_3COH, $\delta = 3{,}34$), Jodal (CJ_3COH, $\delta = 3{,}7$ bis $3{,}8$), kieselsaures Jodoform ($SiHJ_3$, $\delta = 3{,}4$), Lösung von Selen in Bromselen ($SeBr$, $\delta = 3{,}7$), Vierbromacetylen ($CHBr_2 - CHBr_2$, $\delta = 3{,}0011$ bei 6^0), welches billig ist, sich nicht an der Luft verändert und sich mit Äther in allen Verhältnissen mischt (Muthmann, Ztschr. f. Krist. **30**, 73, 1899). Die Dichte der erhaltenen Mischung kann darauf mit Hilfe des Pyknometers (S. 151) bestimmt werden. Schwerere Körper kann man in ein Stück Paraffin einbetten oder an ihnen einen Haken aus Glas befestigen; die Einwirkung dieser Körper kann hernach eliminiert werden. Andreae (Ztschr. f. phys. Chem. **76**, 491, 1911); Mervin (Journ. Wash. Acad. **1**, 52, 1911) und Escard (Compt. rend. **154**, 603, 1912) haben diese Methode vervollkommnet. Warrington (vgl. S. 150) hat auch einen Apparat zur Dichtebestimmung fester Körper konstruiert. Derselbe schwebt bei t^0 in Wasser, wenn sich in seinem unteren Teile p Gramm Quecksilber oder in seinem Inneren P Gramm des Körpers und p_1 Gramm Quecksilber befinden. Sind D, δ und δ_1 die Dichten von Wasser, dem zu untersuchenden Körper und Quecksilber bei t^0, so ist offenbar

$$P - \frac{P}{\delta} D = (p - p_1) - \frac{p - p_1}{\delta_1} D$$

oder

$$P \left(1 - \frac{D}{\delta}\right) = (p - p_1)\left(1 - \frac{D}{\delta_1}\right).$$

4. Mit Hilfe eines Aräometers von konstantem Volumen (Fig. 59 auf S. 154) kann man ebenfalls die Dichte fester Körper bestimmen. Zu dem Zweck legt man auf die Schale C so viel Gewichtsstücke p, daß das Aräometer bis zu der an dem Stäbchen O angebrachten Marke einsinkt; hat man dann, nachdem der zu untersuchende Körper auf die Schale A gebracht ist, p_1 Gewichtstücke, und nachdem der Körper nach C gebracht ist, p_2 Gewichtstücke zu legen, damit das Aräometer beide Male bis zur Marke eintaucht, so ist das Gewicht des Körpers $P = p - p_1$, sein Gewichtsverlust im Wasser $p_2 - p_1$, also ist

$$\delta = \frac{p - p_1}{p_2 - p_1} \quad \cdots \cdots \cdots \cdots \quad (3)$$

5. In § 4 auf S. 151 hatten wir mehrere Pyknometer kennen gelernt, welche zur Bestimmung der Dichte von Flüssigkeiten dienten. Mit Hilfe des Pyknometers kann man auch die Dichte von festen Körpern ermitteln, doch muß das Pyknometergefäß zu diesem Zwecke einen genügend breiten Hals haben, damit man den zu untersuchenden Körper in das Gefäß einführen kann. Ist p_1 das Gewicht des mit Wasser gefüllten Pyknometers, p_2 das Gewicht der zu untersuchenden Substanz und p_3 das Gewicht des bis m (Fig. 56) mit Wasser gefüllten und die Substanz enthaltenden Pyknometers, dann ist das Gewicht des verdrängten Wassers

$$p_1 - (p_3 - p_2) = p_1 + p_2 - p_3$$

und daher

$$\delta = \frac{p_2}{p_1 + p_2 - p_3} \quad \cdots \cdots \cdots \cdots \quad (4)$$

Darf der Körper, wie z. B. Na, weder an der Luft gewogen, noch ins Wasser gebracht werden, so wendet man statt des Wassers Petroleum an, dessen Dichte δ' zuvor bestimmt wird. Das Gewicht p_2 wird dadurch gefunden, daß man das Pyknometer zuvor etwa bis zur Hälfte mit Petroleum füllt, abwägt, darauf das Natrium hineinbringt und dann von neuem wägt. Ist der Körper in Wasser löslich, so nimmt man an Stelle von Wasser eine andere Flüssigkeit, in der sich der Körper nicht löst und deren Dichte δ' bekannt ist. In beiden Fällen ergibt sich das gesuchte δ aus der Formel

$$\delta = \frac{p_2 \delta'}{p_1 + p_2 - p_3} \quad \cdots \cdots \cdots \cdots \quad (5)$$

Bei genauen Bestimmungen hat man Korrektionen wegen der Ausdehnung des Wassers (zwischen 4^0 und der Versuchstemperatur), der Ausdehnung des Glases und des gegebenen Körpers selbst anzubringen.

6. Ist P das Gewicht des Körpers an der Luft, P_1 sein Gewicht im Wasser, so ist nach dem Archimedischen Prinzipe, ohne Anbringung von Korrektionen

$$\delta = \frac{P}{P - P_1} \quad \cdots \cdots \cdots \cdots \cdots \quad (6)$$

Ist der Körper leichter als Wasser, so bringt man an ihm einen schwereren Körper, z. B. ein Stück gebogenen Kupferdraht an. Sei nun p_1 das Gewicht des Körpers an der Luft, p_2 das Gewicht des Aufhängefadens und des ins Wasser tauchenden Drahtes, p_3 das Gewicht des Fadens samt dem ins Wasser eingetauchten Körper und Draht, so ist das Gewicht des Körpers im Wasser gleich der negativen Größe $p_3 - p_2$, der Gewichtsverlust gleich

$$p_1 - (p_3 - p_2) = p_1 + p_2 - p_3$$

und somit

$$\delta = \frac{p_1}{p_1 + p_2 - p_3} \quad \cdots \cdots \cdots \cdots \quad (7)$$

Hat man es mit einem pulverförmigen Körper zu tun, so verfährt man in ähnlicher Weise, wobei hier die Rolle des Kupferdrahtes ein kleines Glasgefäß mit Vaselin vertritt (z. B. ein Uhrgläschen). Der zuvor an der Luft gewogene pulverförmige Körper wird ins Vaselin eingebettet. Die Formel (7) gilt auch für diesen Fall. Die erforderlichen Korrektionen sollen hier nicht weiter besprochen werden. Anstatt den Körper am Wagebalken zu befestigen und seinen scheinbaren Gewichtsverlust im Wasser zu bestimmen, kann man, wenn die Wage nicht dementsprechend eingerichtet ist, auch folgendermaßen verfahren. Man stellt auf eine der Wagschalen ein Gefäß mit Wasser und bestimmt nun die Gewichtszunahme, welche das Gefäß erfährt, wenn man den mittels einen Fadens an einem neben der Wage stehenden Stative befestigten Körper ins Wasser taucht. Diese Gewichtszunahme ist gleich dem gesuchten Gewichtsverlust, den der Körper im Wasser erleidet. Guglielmo hat gezeigt, wie man sein völlig untertauchendes Aräometer (S. 156) benutzen kann, um die Dichte minimaler Mengen eines festen Körpers zu bestimmen. Andreae (Ztschr. f. phys. Chem. **82**, 109, 1913) hat eine Methode angegeben, die Dichte löslicher fester Körper zu finden.

§ 3. Spezifisches, Atom- und Molekularvolumen.

In den letzten Paragraphen, sowie in den vorhergehenden beiden Abschnitten haben wir die Methoden zur Bestimmung der Dichte δ von gasförmigen, flüssigen und festen Körpern kennen gelernt. Diese Größe ist numerisch gleich dem Gewichte der Volumeneinheit der gegebenen Substanz. Der reziproke Wert der Dichte ist numerisch gleich dem Volumen, welches von der Gewichtseinheit derselben Substanz eingenommen wird, und heißt das spezifische Volumen dieser Substanz. Bezeichnet man es mit v, so ist

$$v = \frac{1}{\delta} = \frac{V}{P} \cdot \quad \cdots \cdots \cdots \cdots \quad (8)$$

wo P das Gewicht, V das Volumen der Substanz ist; beide sollen wie gewöhnlich in Grammen bzw. Kubikzentimetern ausgedrückt werden.

Vergleicht man miteinander nicht die gleichen Gewichtsmengen der verschiedenen Substanzen, sondern nimmt man von jeder ein Grammolekül, d. h. so viel Gramm, als im Molekulargewichte μ der Substanz Einheiten enthalten sind, so nennt man die von diesen Substanzmengen eingenommenen Volumina w die Molekularvolumina der Substanzen, z. B. die Anzahl der Kubikzentimeter, welche von $23 + 35{,}5 = 58{,}5\,g$ NaCl eingenommen werden. Somit ist allgemein

$$w = \mu v = \frac{\mu V}{P} = \frac{\mu}{\delta} \quad \cdots \cdots \cdots \cdots \quad (9)$$

Der letztere Bruch ist für die Berechnung von w am bequemsten, da μ und δ für viele Körper bekannt sind. Aus dem auf S. 4 Erörterten folgt, daß alle Gase die gleichen Molekularvolumina besitzen, wenigstens insoweit, als man die Eigenschaften der Gase mit denen idealer Gase identifizieren kann.

Die Molekularvolumina verschiedener Flüssigkeiten sind zuerst von Kopp (1842) untersucht worden; er fand für sie das einfache Gesetz, daß das Molekularvolumen w einer Flüssigkeit beim Siedepunkt eine additive Eigenschaft, d. h. gleich der Summe der Atomvolumina jener Atome ist, welche im Molekül enthalten sind. Hierbei ist das Atomvolumen von C 11, H 5,5, S 22,6, Cl 22,8, Br 27,8, J 37,5 usw. Für O hat man zwei Fälle zu unterscheiden: ist das Atom Sauerstoff mit beiden Affinitäten an ein Kohlenstoffatom gebunden (Carbonylgruppe), so ist $w = 12{,}2$; ist der Sauerstoff jedoch nur mit einer Affinität an ein Kohlenstoffatom gebunden, mit der anderen aber an ein anderes Atom des Sauerstoffs oder eines anderen Elementes (Hydroxylgruppe), so ist $w = 7{,}8$. Für die Essigsäure $CH_3CO(OH)$ ist z. B. 2 C $= 22$, 4 H $= 22$, O (Carbonyl) $= 12{,}2$, O (Hydroxyl) $= 7{,}8$, was in Summa 64,0 gibt. Die Beobachtung gibt $w = 63{,}7$. Es kommen indes viele Abweichungen vom Koppschen Gesetze vor. Sehr leicht möglich ist es, daß man genauere Gesetze finden würde, wenn man die Molekularvolumina nicht bei den Siedetemperaturen, sondern bei solchen absoluten Temperaturen vergleichen würde, die gleiche Bruchteile der absoluten kritischen Temperaturen (S. 27) darstellen.

Auch für die festen Körper hat man verschiedene regelmäßige Beziehungen gefunden, die man jedoch nicht als Gesetze bezeichnen kann.

So zeigen z. B. nach Schröder (1859) die Molekularvolumina der Haloidsalze von K, Na und Ag eine einfache Beziehung, wie aus folgenden Zahlen für w hervorgeht:

KCl	37,4	NaCl	27,1	AgCl	25,6
KBr	44,3	NaBr	33,8	AgBr	31,8
KJ	54,0	NaJ	43,5	AgJ	42,0

Für alle Jodverbindungen ist w um etwa 16 größer als für die entsprechenden Chlorverbindungen; auch in den Horizontalreihen obiger Tabelle sind die Differenzen der Zahlen ziemlich konstant.

Für die freien Elemente ist das Atomvolumen eine periodische Funktion des Atomgewichtes.

Die Atomgewichte von flüssigem Cl und Br sind gleich 22,7 und 26,9, d. h. kommen den von Kopp gefundenen Zahlen nahe. Bemerkt sei hier noch, daß isomorphe Verbindungen (S. 301) wenig verschiedene Molekularvolumina haben. So ist z. B. für Chromalaun $CrK(SO_4)_2 + 12 H_2O$ $\mu = 499$, $\delta = 1,8$ und $w = 2,77$, für Tonerdealaun $AlK(SO_4)_2 + 12 H_2O$ ist $\mu = 474$, $\delta = 1,7$ und $w = 279$.

Eine ausführliche Erörterung der auf Molekularvolumina bezüglichen Fragen findet man in der Schrift von A. Horstmann: Beziehung zwischen der Raumerfüllung fester und flüssiger Körper und deren chemischen Zusammensetzung (Graham-Otto, Lehrbuch der Chemie I, 3, 352—464, Braunschweig 1898).

§ 4. Dichte von Legierungen.

Die Dichte einer Legierung stellt bisweilen eine additive Eigenschaft dar; so sind z. B. die Volumina der Legierungen von Cu und Au oder Sb und Bi gleich der Summe der Volumina ihrer Bestandteile. Dagegen ist das Volumen der Legierungen von Cu—Sn, Ag—Au, Sn—Au, Pb—Bi kleiner, das Volumen der Legierungen von Sb—Sn, Sn—Cd, Pb—Cd größer als die Summe der Volumina der in ihnen enthaltenen Metalle. Einige Legierungen zeigen besondere Eigentümlichkeiten, z. B. die Legierung aus Fe und Ni (22 bis 25 Proz.), von der bei einer und derselben Temperatur gewissermaßen zwei verschiedene Zustände bekannt sind; der Übergang aus einem Zustande in den anderen erfolgt durch Abkühlung bis auf —20° oder — 30° und durch Erwärmung auf 600°. Nach voraufgegangener Abkühlung ist die Legierung magnetisierbar; diese Fähigkeit verliert sie indes bei 600° und muß man sie, um ihr diese Eigenschaft zurückzugeben, von neuem stark abkühlen. Die Dichte δ der Legierung ist verschieden, je nachdem die zuerst vorgenommene Temparaturänderung eine Erhitzung oder Abkühlung war. Für die Dichte dieser Legierung erhält man:

	25 Proz. Ni	22 Proz. Ni
Nach Erhitzung (unmagnetisch)	8,15	8,13
„ Abkühlung (magnetisch)	7,88	7,96

Auch noch durch andere Eigenschaften unterscheiden sich diese beiden verschiedenen Zustände der erwähnten Legierung.

Ist das Volumen einer Legierung nicht gleich der Summe der Volumina ihrer Bestandteile, kann also die Dichte nicht nach der Mischungsregel gefunden werden, so weist dies höchstwahrscheinlich auf **chemische Verbindungen** zwischen den Metallen hin. Nach dieser Richtung hat besonders **M a e y** (Zeitschr. f. phys. Chem. **38**, 292, 1901; **50**, 200, 1904) zahlreiche Legierungen studiert und das Vorhandensein einer Reihe von chemischen Verbindungen nachgewiesen, darunter auch solcher, welche bisher auf anderen Wegen (Schmelzpunkt, Bd. III) noch nicht gefunden waren. Einen höchst merkwürdigen Fall hat **v a n   A u b e l** (Compt. rend. **132**, 1266, 1901) untersucht. Es ist dies die der chemischen Verbindung $SbAl$ entsprechende Legierung von Antimon und Aluminium, über deren abnormen Schmelzpunkt wir in Bd. III das Nähere mitteilen werden. Diese Legierung besitzt die Dichte 4,2176, während die Mischungsregel die Dichte 5,2246 ergeben würde. Es findet also hier eine Volumvergrößerung statt, deren Größe daraus ersichtlich ist, daß 7,07 ccm Al und 12,07 ccm Sb nicht 19,14, sondern 23,71 ccm der Legierung $SbAl$ ergeben.

N. **B a c h m e t j e w** (Journ. d. russ. phys.-chem. Ges. **25**, 219, 1893) und andere haben die Dichte der Amalgame untersucht. Hierbei fand man, daß das Volumen der Amalgame von Magnesium, Wismut, Zinn, Platin, Zink und Silber größer, das Volumen der Amalgame von Cadmium und Kupfer kleiner ist als der Mischungsregel entspricht. **L a b o r d e** (Journ. de phys. (3) **5**, 547, 1896) hat gefunden, daß die Dichte fast aller Legierungen von Fe und Al größer ist, als die Dichte von Fe.

Drittes Kapitel.

Deformation fester Körper.

§ 1. Allgemeines über die Deformation fester Körper. Wie wir sahen, setzt ein fester Körper jeder Lagenänderung seiner Teilchen gegeneinander einen gewissen Widerstand entgegen. Eine solche Lagenänderung der Teilchen wollen wir als **D e f o r m a t i o n** bezeichnen; sie kann nur durch Kräfte hervorgerufen werden, die von außen her auf den Körper einwirken. Aller Wahrscheinlichkeit nach gibt es keinerlei Deformation eines festen Körpers, die nicht auch mit einer **F o r m e n änderung** des Körpers, d. h. einer Änderung der Gestalt seiner Oberfläche verknüpft wäre. Nichtsdestoweniger hat man die Fälle, wo die

Formenänderung unmittelbar in die Augen fällt und, äußerlich genommen, das Wesen der Deformation darstellt (z. B. die Biegung eines Stabes), während wir auf die Lagenänderung der Teilchen nur indirekt schließen, wohl zu unterscheiden von den Fällen von Deformation, in denen umgekehrt die Formenänderung, wofern sie vorhanden ist, unmerklich klein ist, während die Lagenänderung der Teilchen von vornherein gegeben ist und gewissermaßen das Wesen der Deformation darstellt. Diesen zweiten Fall haben wir z. B. in der Torsion eines Stabes oder Drahtes vor uns, bei welcher die äußere Form sich meist nur ganz unmerklich ändert.

Die wichtigsten Arten der Deformation sind: die D e h n u n g und ihr entgegensetzt die K o m p r e s s i o n , die entweder bloß l o n g i t u d i n a l, d. h. in einer Richtung erfolgen oder a l l s e i t i g sein können; ferner die T o r s i o n und die B i e g u n g. Verwickeltere Deformationen kann man als Kombinationen obiger drei einfachen Fälle ansehen. Jede Deformation erscheint als Folge irgendeiner äußeren Ursache, die sowohl eine Einzelkraft, als auch ein Kräftepaar sein kann; wir wollen diese Ursache d e f o r m i e r e n d e K r a f t nennen und mit P bezeichnen. Die Deformation selbst stellt die Änderung einer gewissen Größe dar, die mit x bezeichnet werden möge; sie kann eine Linie, Fläche, Volumen, Winkel usw. sein. Die Größe der Änderung von x, also die Deformation selbst bezeichnen wir mit $\varDelta x$.

In engen Grenzen, d. h. für geringfügige Deformationen gelten folgende drei Sätze, die als Grundlage für unsere weiteren Schlüsse dienen.

1. Die G r ö ß e d e r r e l a t i v e n D e f o r m a t i o n $\varDelta x : x$ ist proportional der sie hervorrufenden deformierenden Kraft P. Dieser Satz ist von H o o k e (1675) in den Worten „ut tensio, sic vis" ausgesprochen worden.

2. Ein Z e i c h e n w e c h s e l d e r d e f o r m i e r e n d e n K r a f t P bewirkt bloß einen Z e i c h e n w e c h s e l d e r D e f o r m a t i o n $\varDelta x$ ohne Änderung ihres absoluten Wertes. Kompression und Ausdehnung, Torsion nach der einen und nach der entgegengesetzten Seite rufen der absoluten Größe nach gleiche Deformationen hervor.

3. W i r k e n m e h r e r e ä u ß e r e d e f o r m i e r e n d e K r ä f t e e i n, so entsteht eine Deformation, welche durch die Summe der einzelnen, von den einzelnen Kräften hervorgerufenen Deformationen bestimmt wird.

Diese drei Sätze behalten, wie erwähnt, ihre Geltung nur in einem mehr oder weniger eng umgrenzten Gebiete. In Wirklichkeit sind die Deformationen $\varDelta x$ selbst in den einfachsten Fällen Funktionen der deformierenden Kraft P oder mit anderen Worten, die bei der Deformation auftretenden und der deformierenden Kraft P das Gleichgewicht haltenden inneren Kräfte sind Funktionen der entstandenen Deformation. Außerhalb der Grenzen, wo P und $\varDelta x$ aufhören, proportional zu sein, kann man sich folgender empirischer Formel bedienen: $P = a\,\varDelta x + b\,(\varDelta x)^2$, in welcher a und b Konstanten sind. Es gibt indes einen Fall (Torsion dünner Drähte oder Fäden), wo die Deformation (der Drehungswinkel des einen Endes) in sehr weiten Grenzen der deformierenden Kraft (dem Momente des wirkenden Kräftepaares) proportional ist.

Im folgenden wird vorausgesetzt, daß der zu deformierende Körper homogen und isotrop ist.

Leider ist die auf die Deformationserscheinungen bezügliche Terminologie keine ganz einheitliche, und werden ein und dieselben Größen von verschiedenen Autoren in verschiedener Weise bezeichnet. Wir wollen Koeffizienten der Deformation diejenigen Größen nennen, durch welche die Größe der Deformation bestimmt wird, wenn die Einheit der deformierenden Kraft wirkt. Als Moduln wollen wir die reziproken Werte jener Koeffizienten bezeichnen, diese können als Maß für die deformierende Kraft dienen, durch welche die Einheit der Deformation hervorgerufen wird oder richtiger, hervorgerufen würde, wenn $\varDelta x$ und P einander proportional bleiben würden. Die Koeffizienten sind im allgemeinen sehr kleine und die Moduln entsprechend sehr große Größen.

Die Lehre von den Deformationen fester Körper bildet die Grundlage für die Lehre von der Festigkeit der Baumaterialien, welche ihrerseits eine wichtige Rolle in der Baukunst spielt. Die hierauf bezüglichen praktischen Fragen können in diesem Buche keinen Raum finden. Es sei hier bloß darauf hingewiesen, daß im Jahre 1891 zu Paris eine besondere Kommission begründet worden ist, welche Methoden zur Untersuchung von Baumaterialien auszuarbeiten hat. Die Kommission gliedert sich in zwei Sektionen, von denen sich die eine die Untersuchung von Metallen, die andere die Untersuchung der übrigen Baumaterialien zur Aufgabe machte. Die Arbeiten dieser Kommission sind unter dem Titel: „Commission des méthodes d'essai des matériaux de construction" veröffentlicht worden.

§ 2. Elastizitätsgrenze, Bruch und permanente Deformation.

Durch geringfügige Kräfte P hervorgerufene Deformationen verschwinden im allgemeinen, sobald jene Kräfte zu wirken aufhören. Bei Zunahme von P wird indes schließlich eine Grenze erreicht, derart, daß beim Verschwinden von P sich die ursprüngliche Form nicht wieder ganz herstellt; es bleibt ein Deformationsrest übrig, der gewissermaßen die unvertilgbare Spur der ehemaligen Einwirkung auf den Körper darstellt. Wächst P noch weiter, so nimmt sowohl die zeitweilige Deformation, als auch der Deformationsrest zu. Beim Auftreten der ersten Spur eines Deformationsrestes sagt man, die Elastizitätsgrenze sei erreicht.

Nehmen wir an, die deformierende Kraft P habe die totale Deformation a hervorgerufen, welche aus zwei Teilen ($a = b + c$) besteht, von denen der eine (b) die elastische Deformation sei, die zugleich mit P verschwindet, der andere (c) dagegen die permanente Deformation oder den Deformationsrest darstellt. Läßt man jetzt an Stelle von P die deformierende Kraft $P' < P$ einwirken, so bringt sie bloß die elastische Deformation $b' < b$ hervor, dieselbe deformierende Kraft P' würde, wenn sie auf den noch nicht deformierten Körper gewirkt hätte, in ihm außer b' noch eine restierende Deformation $c' < c$ hervorgerufen haben. Ist $P' = P$, so ist die elastische Deformation $b' < b$. Ist endlich $P' > P$, so entsteht außer der elastischen Deformation $b' > b$ noch eine neue restierende Deformation. Demgemäß ergibt sich, daß die Wirkung der deformierenden Kräfte von den Kräften abhängt, welchen der gegebene Körper schon vorher unterworfen war, obige Wirkung hängt also sozusagen von der Vergangenheit der Körper ab. Man kann nun nach obigem auch umgekehrt die maximale deformierende Kraft P, welche auf einen Körper gewirkt hat, ermitteln, wenn man die Kraft P' bestimmt, welche die restierende Deformation hervorruft. Offenbar ist $P = P'$. Es ist diese Methode natürlich nur dann anwendbar, wenn die Kraft P ihrerseits schon einen Deformationsrest hinterlassen hat. Fürst A. Gagarin (1901) hat das Auftreten des Deformationsrestes bei Konstruktion eines Apparates angewandt, der dazu dient, den Druck zu ermitteln, welchem ein Körper ausgesetzt worden ist, z. B. den Druck der Pulvergase auf eine kleine Kupfersäule im Inneren eines Flintenlaufes oder eines Kanonenrohres. Im Augenblicke, wo der Schuß losgeht, wird dies Säulchen zusammengedrückt. Mit Hilfe eines Apparates (einer Presse) bestimmt nun Gagarin den Druck P', bei dem die kleine Messingsäule denselben Deformationsrest wie vorhin zeigt; P' ist dann gleich dem gesuchten Drucke der Pulvergase. Später hat Fürst Gagarin (1912) eine umfangreiche experimentelle und theoretische Untersuchung über die Messung von Kräften und Deformationen während eines Stoßes veröffentlicht.

Körper, deren Elastizitätsgrenze erst nach beträchtlichen vorausgegangenen Deformationen erreicht wird, heißen im allgemeinen elastische, wie z. B. Stahl, Glas, Kautschuk, Elfenbein usw. Umgekehrt nennt man solche Körper unelastisch, deren Elastizitätsgrenze schon durch verhältnismäßig kleine Kräfte P und bei unbeträchtlichen vorausgegangenen Deformationen Δx erreicht wird; zu diesen Körpern gehört z. B. das Blei. Man kann natürlich zwischen elastischen und unelastischen Körpern keine strenge Grenze ziehen und eine jede gegebene Substanz hat ihre besondere Elastizitätsgrenze. Nehmen P

und Δx immer weiter zu, so tritt schließlich Trennung der Teilchen ein und der Körper zerfällt in Stücke (er wird zerrissen, zerdrückt, zerbrochen usw.). Körper, bei denen diese Trennung eintritt, ehe noch die Elastizitätsgrenze erreicht ist, heißen spröde. Solche Körper dagegen, bei welchen die Elastizitätsgrenze schnell erreicht wird und beträchtliche Deformationsreste auftreten, heißen zähe.

Einige Autoren sehen als charakteristisch für die Elastizität eines Körpers die Größe der deformierenden Kraft an, welche erforderlich ist, um eine bestimmte Deformation hervorzurufen. Bei dieser Auffassung hat man Kautschuk oder Gummielastikum, die nach dem gewöhnlichen Sprachgebrauch sehr elastisch sind, zu den Körpern mit sehr geringer Elastizität zu rechnen. Wir wollen indes den Grad der Elastizität daran erkennen, wie schnell die Elastizitätsgrenze für die betreffende Substanz erreicht wird.

In den Erscheinungen der Elastizität spielt eine sehr wichtige Rolle auch die Zeitdauer: die Deformation, welche durch das Auftreten oder eine Änderung der deformierenden Kräfte hervorgerufen wird, erreicht nicht sogleich ihren Endwert, sondern fährt fort, sich im Verlaufe eines bisweilen recht großen Zeitintervalls zu ändern. Alle auf die Elastizität bezüglichen Versuche und Messungen, bei denen die Zeit, innerhalb deren eine deformierende Kraft wirkte oder welche seit der Änderung oder dem Aufhören derselben verflossen ist, unbeachtet gelassen ist, müssen daher in gewissem Sinne willkürlich und unbestimmt erscheinen. Wir werden auf diesen Punkt bei Besprechung der elastischen Nachwirkung (S. 377) eingehender zurückkommen.

§ 3. Härte. Der Widerstand, den eine Substanz dem Eindringen eines anderen Körpers entgegensetzt, kennzeichnet ihre Härte. Von zwei Substanzen gilt die als die härtere, welche die Oberfläche der anderen zu verletzen imstande ist oder bei hinreichendem Drucke in sie einzudringen vermag (Meißel, Bohrer). In der Mineralogie unterscheidet man zehn Härtegrade, als deren Vertreter folgende Substanzen gelten:

1. Talk ⎱ lassen sich mit dem	6. Feldspat.
2. Gips ⎰ Fingernagel ritzen.	7. Quarz ⎫
3. Kalkspat.	8. Topas ⎪
4. Flußspat.	9. Korund ⎬ schneiden Glas.
5. Apatit.	10. Diamant ⎭

Somit ist die Härte einer beliebigen Substanz nur durch eine Ziffer gekennzeichnet und stellt keine bestimmte Größe dar, die man nach der Art anderer physikalischer Größen messen kann. Zum Vergleichen der Härte von verschiedenen Substanzen, insbesondere Kristallen, kann das Sklerometer dienen (vgl. Fig. 155). Am Hebel OC, welcher sich um die Achse O dreht, ist die Schale C samt dem Stichel P befestigt; letzterer stützt sich auf den auf dem Tischchen D ruhenden Körper. Auf die Schale C legt man so viel Gewichtstücke, daß beim Verschieben des Tischchens nach links oder nach rechts ein Strich auf der Oberfläche des untersuchten Körpers entsteht. Die Größe der verwendeten Belastung kann dann als ungefähres Maß für die Härte des betreffenden Körpers dienen.

Im Jahre 1882 gab der früh verstorbene große Physiker H. Hertz eine streng wissenschaftliche Definition des Härtebegriffes. Stellt man sich vor, daß auf einen kleinen kreisrunden Teil der Oberfläche eines Körpers ein sich allmählich steigender Druck ausgeübt wird und daß P der Druck ist, der hierbei auf die Oberflächeneinheit im mittleren Teile jenes Kreises wirkt. Für spröde Körper tritt alsdann ein

Fig. 155.

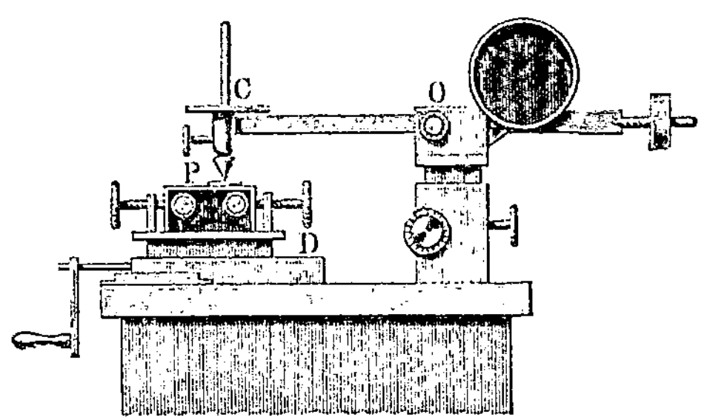

Moment auf, wo im Inneren des untersuchten Körpers Bruch erfolgt und eine Spalte sich bildet. Die Größe des Druckes P in diesem Augenblicke dient als Maß für die Härte des spröden Körpers. Die Theorie der Hertzschen Methode ist von Brillouin (1898), Huber (1904) und Friesendorf (1905) entwickelt worden. Auerbach (1891) hat einen Apparat konstruiert, bei welchem auf die ebene Oberfläche der untersuchten Substanz die konvexe Oberfläche eines anderen linsenförmigen Körpers gedrückt wird; die Größe der Berührungsfläche wird mit Hilfe eines Mikroskops bestimmt. Für nichtspröde Körper machte Auerbach den Vorschlag, als Maß der Härte jenen Maximaldruck gelten zu lassen, der auf die Oberflächeneinheit einwirkt und bei dem die untersuchte Substanz sich der Form der den Druck ausübenden Linse vollkommen anpaßt. Nimmt der Druck noch weiter zu, so dringt zwar die Linse noch tiefer in die Substanz ein, der Druck aber auf die Einheit der Berührungsfläche, die hierbei zunimmt, bleibt nun ungeändert. Auerbach hat (1896) auf diese Weise folgende Werte für die Härte verschiedener Substanzen, in Kilogrammen pro Quadratmillimeter ausgedrückt, gefunden, die somit als absolute Werte für die Härte gelten können:

Talk	5	Apatit	237
Gips	14	Adular	253
Steinsalz	20	Crownglas (Borsilikat)	274
Kalkspat	92	Quarz ($\perp$ zur Achse)	308
Flußspat	110	Topas	525
Schweres Flintglas	170	Beryll	588
Leichtes „	210	Korund	1150

Eine Reihe von Methoden wurde vorgeschlagen, um die Härte nichtspröder Körper zu messen. Föppl (1896) hat zwei Zylinder aus dem zu untersuchenden Material kreuzförmig nebeneinander gelegt und die Härte durch den Druck gemessen, bei dem eine bestimmte Deformation hervorgerufen wird. Schwerd (1897) hat diese Methode genauer untersucht. Kipp (1907) maß den Druck, bei welchem ein Diamant den Körper in meßbarer Weise ritzt.

Vielfache Anwendung in der Technik fand die Methode von Brinell (1905), in dessen Apparat eine kleine Stahlkugel in den Körper hineingedrückt und der Druck durch den Bruch $p : s$ gemessen wird, wo p den Druck in Kilogrammen und s die eingedrückte Oberfläche in Quadratmillimetern bedeuten. Diese, von Kürth (1907) näher beschriebene Methode, hat eine große Zahl von Untersuchungen hervorgerufen. E. Meyer (1908) fand, daß $p : s$ keine konstante Größe ist, sondern von p abhängt; er gelangte zu dem Resultat, daß die Härte überhaupt nicht durch eine einzige Zahl ausgedrückt und nur durch die Form der Kurve, welche die Größe der Deformation als Funktion des Druckes p darstellt, charakterisiert werden kann. Parsons (1910) hat die Kugel durch einen spitzen Körper ersetzt. Eine Reihe weiterer Untersuchungen hat Ludwik (1908) dieser Methode gewidmet; er ersetzt die Kugel durch einen Kegel, der an der Spitze einen Winkel von 90° besitzt; hierher gehören unter anderen auch die Arbeiten von Leon. Endlich hat Shore (1908) die Härte eines Körpers durch die Höhe gemessen, bis zu der eine Stahlkugel reflektiert wird, welche von gegebener Höhe h auf die horizontale Oberfläche des Körpers frei herabfällt. Dinnik hat diese Methode studiert und gefunden, daß die Größe der Kugel und die Fallhöhe h einen merkbaren Einfluß haben auf die so erhaltenen relativen Härtewerte.

Man ersieht aus dem obigen, daß eine wissenschaftlich einwandfreie Methode der Härtemessung noch nicht gefunden ist.

Rydberg (1900) fand, daß die Härte der Elemente eine periodische Funktion des Atomgewichtes sei, daß also auch diese Eigenschaft in dem periodischen System der Elemente eine Rolle spielt.

Die Härte einer Substanz hängt von der Art ihrer Bearbeitung ab; Eisen, Kupfer und andere Metalle haben, je nachdem sie gegossen, geschmiedet, gewalzt, gestreckt sind usw., verschiedene Dichte und einen ungleichen Härtegrad.

Die Härte der reinen Metalle nimmt bei Hinzufügung selbst sehr geringer Mengen verschiedener Stoffe in bedeutendem Maße zu, wenn es sich hierbei um eine sogenannte feste Lösung, nicht aber um eine einfache Beimengung handelt. So bildet z. B. der Kohlenstoff im gehärteten Stahl eine homogene feste Lösung (Martensit), während der nicht gehärtete Stahl eine mechanische Mischung von Karbid und reinem Eisen darstellt.

Bottone (1873) fand, daß die Härte reiner Metalle proportional dem Bruch $d:m$ ist, wo d die Dichte, m das Atomgewicht bedeutet. Diesen Bruch nennt Benedicks (1901) die Atomkonzentration des Metalles, so daß also die Härte reiner Metalle proportional der Atomkonzentration ist. Hierin findet Benedicks eine Analogie mit dem Avogadroschen Gesetz, nach welchem der Druck des Gases bei gegebener Temperatur proportional der Atomkonzentration ist; es kann nun die Härte wohl als eine Art Druck aufgefaßt werden, und nach Hertz wird sie ja auch, wie wir sahen, durch einen Druck gemessen. Andererseits weist Benedicks darauf hin, daß die Härte fester Lösungen (Legierungen) zugleich mit einer Größe wächst, die dem osmotischen Drucke analog ist.

Ssaposhnikow, Kanewski und Ssacharow (1907) haben die Härte der Legierungen Pb + Sb, Cd + Zn, Al + Zn, Pb + Sn, Bi + Sb, Al + Sn systematisch untersucht; Kurnakow und Shemtschushny (1910) ebenso die Härte der Legierung Ag + Cu. Endlich haben Kurnakow (1913) und seine Schüler für zahlreiche Körper die Härte im Zusammenhang mit der Ausflußgeschwindigkeit gemessen (s. S. 369).

Von großem Einfluß auf die Härte ist vielfach die Geschwindigkeit, mit der die stark erhitzte Substanz abgekühlt worden ist. Allbekannt ist es, wie sich geglühter und abgelassener Stahl durch ihre verschiedene Härte voneinander unterscheiden. Eine interessante Erscheinung bietet in dieser Beziehung auch das Glas dar. Kühlt man heißes oder geschmolzenes Glas schnell ab, so erfolgt eine augenblickliche Zusammenziehung der Oberflächenschicht, und auf die Masse im Inneren wird ein äußerst starker Druck ausgeübt, so daß sie eine besondere labile Struktur annimmt. Der Zustand, in dem sich hier die Oberflächenschicht befindet, erinnert an die Oberflächenspannung, welche wir in der Lehre von den Flüssigkeiten kennen lernten. Glas dieser Art weist eine scheinbar sehr große Härte auf, zerbricht selbst dann nicht, wenn man darauf kräftig losschlägt, zerfällt indes in sehr kleine Stückchen, sobald die Kontinuität der Oberflächenschicht irgendwie beschädigt wird, z. B. durch Ritzen. Aus solchem schnellgeglühten Glase bestehen

z. B. die sogenannten Bologneser Fläschchen, kleine dickwandige Gläschen, auf die man ziemlich kräftig hämmern kann, ohne sie zu beschädigen, während sie durch den kleinsten Riß in Stücke gehen. Füllt man ein solches Fläschchen mit eisernen Nägeln und schüttelt es kräftig, so bleibt das Fläschchen heil, wirft man dagegen ein noch so kleines Quarzkörnchen hinein, so zerspringt das Fläschchen, sobald die Oberfläche geritzt wird.

Die bekannten Glastränen erhält man dadurch, daß man geschmolzenes Glas in Wasser tropfen läßt; sie haben die Form eines länglichen Tropfens mit einem Anhängsel, wie aus Fig. 156 A ersichtlich ist; bricht man den Glastropfen ab, so zerfällt die Glasträne in kleine Stückchen. In Fig. 156 ist eine Glasträne abgebildet, bei welcher die Bruchstücke wieder zu einem Ganzen zusammengesetzt sind, und ersieht man namentlich aus Fig. 156 B die Anordnung der Bruchstücke. Löst man den Glasfaden ganz allmählich in Flußsäure auf, indem man vom Ende desselben beginnt, so zerspringt die Glasträne in dem Augenblick, wo die Säure den etwas dickeren Teil des Anhängsels erreicht. Offenbar wird die ganze Masse der Glasträne durch einen kleinen Streifen, der sich am Halse befindet, im Zustande labilen Gleichgewichtes erhalten. Dufour (1869) und Lerp (1909) haben die Wärmeerscheinungen untersucht, welche das Zerspringen der Glastränen begleiten.

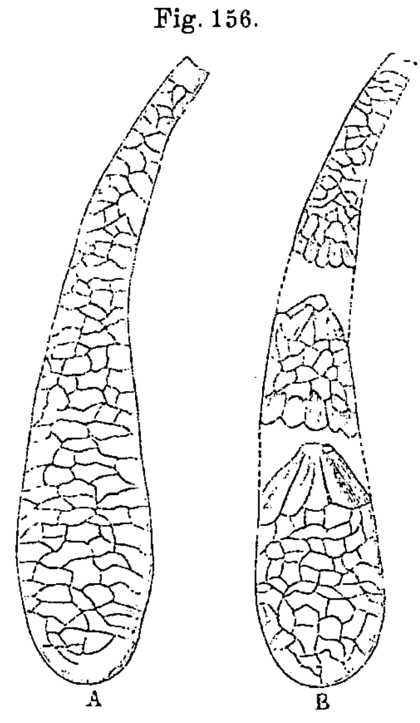

§ 4. Zusammenstellung der Größen, welche in der elementaren Elastizitätslehre vorkommen.

Um die verschiedenen Fälle von Deformation eines festen isotropen Körpers wissenschaftlich zu beschreiben, hat man eine große Anzahl verschiedener Größen eingeführt, für welche leider keine allgemein üblichen Bezeichnungen gelten, so daß hierdurch die Lektüre der hierhin gehörigen Lehrbücher und Abhandlungen nicht wenig erschwert wird. Die Zahl der zwischen jenen Größen vorhandenen Beziehungen ist um zwei kleiner, als die Zahl der Größen selbst, so daß es möglich ist, alle jene Größen durch zwei von ihnen auszudrücken; diese sind für die elastischen Eigenschaften einer gegebenen Substanz charakteristisch und werden daher zweckmäßig zum Ausgangspunkt gewählt. Nun gehen aber die verschiedenen Autoren nicht immer von denselben Größen aus; dadurch erhalten die in der Elastizitätslehre auftretenden Formeln eine recht verschiedenartige Gestalt. Auch die Tatsache, daß die von den verschiedenen Autoren für dieselben Größen benutzten Buchstaben nicht immer die gleichen sind, verursacht eine große Erschwerung des Studiums der hierhin gehörigen Arbeiten.

Zur Erleichterung für den Leser beginnen wir mit einer Übersicht über jene Größen und die für sie geltenden Bezeichnungen, die im folgenden vorkommen werden. Die Herleitungen der zwischen jenen Größen bestehenden Beziehungen sollen später folgen; im § 12 werden wir schließlich eine Zusammenstellung der gebräuchlichsten Fundamentalgrößen und der sich daraus ableitenden Formelgruppen geben.

Die Größen, mit denen wir es im folgenden zu tun haben, sind:

1. α der Koeffizient der linearen Dilatation (Verlängerung) oder Kompression (Verkürzung) eines Stabes oder Drahtes.

2. $E = \dfrac{1}{\alpha}$ Dilatations- oder Kompressionsmodul, Elastizitätsmodul, Modul von Young; derselbe bezieht sich auf Stäbe oder Drähte.

3. α' Koeffizient der einseitigen Kompression einer Schicht.

4. $E' = \dfrac{1}{\alpha'}$ Modul der einseitigen Kompression einer Schicht.

5. β Koeffizient der bei Längsausdehnung auftretenden Querkontraktion.

6. $\sigma = \dfrac{\beta}{\alpha}$ Verhältnis der Querkontraktion zur Längsstreckung, Koeffizient von Poisson.

7. η Koeffizient der Volumenvergrößerung beim Zug.

8. γ Koeffizient der allseitigen Kompression.

9. $K = \dfrac{1}{\gamma}$ Modul der allseitigen Kompression.

10. n Scherungskoeffizient.

11. $N = \dfrac{1}{n}$ Scherungsmodul.

12. f Torsionsmodul eines gegebenen Drahtes.

13. λ Hilfsgröße, die in den Gleichungen der Elastizitätstheorie vorkommt und mit den übrigen Größen folgendermaßen zusammenhängt:

$$\lambda = \frac{\sigma E}{(1 + \sigma)(1 - 2\sigma)} \quad \cdots \cdots \cdots \quad (1)$$

§ 5. Dehnung von Stäben; Modul von Young. Der zu untersuchende Stab (oder Draht) sei mit seinem oberen Ende in der Weise befestigt, wie es Fig. 157 zeigt: L_0 bedeute die ursprüngliche Länge des Stabes, s den Flächeninhalt seines Querschnittes. An das untere

Ende des Stabes hängt man das Gewicht P, welches spannendes Gewicht genannt werden möge. Die Belastung, welche hierbei auf die Flächeneinheit des Querschnittes wirkt, werde mit p bezeichnet und heiße die spannende Kraft, so daß also

$$p = \frac{P}{s} \quad \cdots \cdots \cdots \cdots \quad (2)$$

ist. Durch die Wirkung des spannenden Gewichtes P entsteht eine Längenzunahme $\varDelta L_0$. Innerhalb enger Grenzen (vgl. S. 312, Satz 1)

Fig. 157.

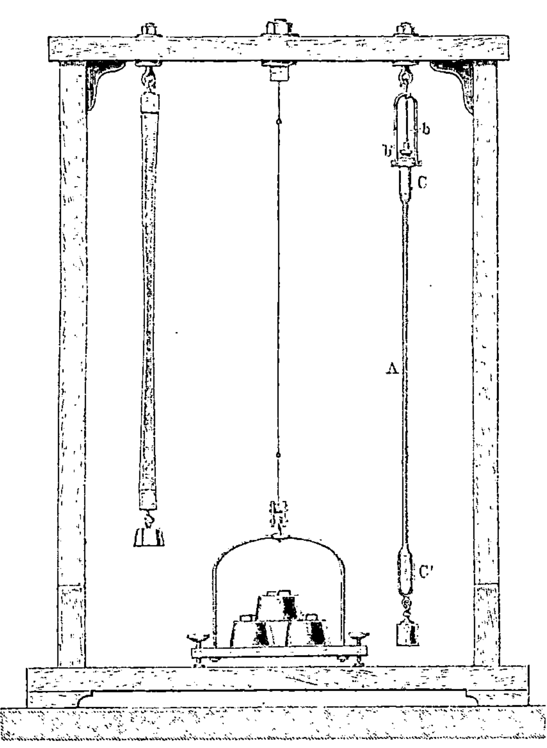

ist $\varDelta L_0$ proportional dem spannenden Gewichte P; ferner ist $\varDelta L_0$ offenbar proportional der Länge L_0 selbst und schließlich umgekehrt proportional dem Flächeninhalte s, da z. B. bei Verdoppelung dieses Flächeninhaltes auch ein doppelt so großes spannendes Gewicht erforderlich ist, um dieselbe Längenzunahme $\varDelta L_0$ hervorzurufen. Es ergibt sich also folgende Formel:

$$\varDelta L_0 = \alpha \frac{L_0\,P}{s} \quad \cdots \cdots \cdots \cdots \quad (3)$$

in welcher α ein Proportionalitätsfaktor ist, den wir den Koeffizienten der linearen Dilatation (Verlängerung) nennen wollen. Ist P negativ, so gibt uns Formel (3) die Verkürzung des Stabes an; wir nennen daher α auch den Koeffizienten der linearen Verkürzung. Führt man in Formel (3) die spannende Kraft p (vgl. Formel 2) ein, so wird

$$\Delta L_0 = \alpha L_0 p \;\ldots\ldots\ldots\ldots\; (4)$$

Die neue Länge L des Stabes ist nun $L_0 + \Delta L_0$, also ist

$$L = L_0 \,(1 + \alpha p) \;\ldots\ldots\ldots\; (5)$$

Aus Formel (4) folgt

$$\alpha = \frac{\Delta L_0}{L_0} \cdot \frac{1}{p} \;\ldots\ldots\ldots\ldots\; (6)$$

aus welchem Ausdrucke hervorgeht, daß der lineare Verlängerungskoeffizient α gleich der relativen Längenzunahme des Stabes ist, welche durch die Einheit der spannenden Kraft hervorgerufen wird.

Wir wollen hier P und p in Kilogrammen ausdrücken und als Längeneinheit das Millimeter wählen. In diesem Falle ist α gleich der relativen Verlängerung des Stabes, welche durch eine spannende Kraft von 1 kg pro Quadratmillimeter des Querschnittes hervorgerufen wird, oder noch einfacher α ist gleich dem Zuwachs der Längeneinheit des Stabes unter der Einwirkung obiger spannenden Kraft. Die Größe E ist gleich dem reziproken Wert von α:

$$E = \frac{1}{\alpha} \;\ldots\ldots\ldots\ldots\; (7)$$

und heißt der Modul der linearen Verlängerung, der Youngsche Modul oder einfach der Elastizitätsmodul. Führt man diesen in (3) und (4) ein, so ergibt sich

$$\Delta L_0 = \frac{1}{E} \frac{L_0 P}{s} = \frac{L_0 p}{E} \;\ldots\ldots\ldots\; (8)$$

also

$$E = \frac{L_0 P}{\Delta L_0\, s} = \frac{L_0}{\Delta L_0}\, p \;\ldots\ldots\ldots\; (9)$$

Behielte Formel (8) ihre Geltung für alle Werte von p, so würde die Verlängerung ΔL_0 schließlich gleich L_0 und man erhielte somit für die Stablänge den Wert $L = 2 L_0$. In Wirklichkeit ist eine derartige Verlängerung nur möglich für eine kleine Anzahl von Stoffen; im allgemeinen tritt schon viel früher, d. h. bei einer sehr viel kleineren spannenden Kraft ein Zerreißen des Stabes auf. Noch früher wird die Elastizitätsgrenze erreicht und außerdem hört bei einer noch kleineren spannenden Kraft jene Proportionalität zwischen der Deformation ΔL_0

und der deformierenden Kraft P oder p auf, welche unseren oben abgeleiteten Formeln zugrunde liegt. Nichtsdestoweniger kann man sich denken, daß die Verlängerung, die bei kleinen Werten von P beobachtet wird, auch weiterhin proportional P bleibt, bis sie gleich L_0 wird. Ist $\Delta L_0 = L_0$, so ist nach Formel (9) $E = p$. Hieraus folgt, daß der Youngsche Modul gleich der spannenden Kraft ist, welche die Stablänge verdoppeln würde, oder wenn man bei den vorhin gewählten Einheiten bleibt, ist der Youngsche Modul gleich der Anzahl Kilogramme, welche auf jeden Quadratmillimeter des Stabquerschnittes wirken müßten, damit sich die Stablänge verdoppelt (falls der Stab nicht schon lange vorher zerreißt).

Wir wollen nunmehr die Arbeit R berechnen, welche geleistet werden muß, um durch Zug die ursprüngliche Stab- bzw. Drahtlänge L_0 um ΔL_0 zu vergrößern. L sei die durch die Belastung Q hervorgerufene Drahtlänge. Fügt man noch die Belastung dQ hinzu, so nimmt L um dL zu und wird hierbei die Arbeit $dR = QdL$ geleistet. Die Verlängerung dL wird aber aus (3) erhalten, wenn man dQ anstatt P einsetzt, d. h.

$$dL = \frac{\alpha L_0}{s}\, dQ,$$

folglich

$$dR = \frac{\alpha L_0}{s}\, Q\, dQ.$$

Die Gesamtarbeit R des Zuges wird erhalten, wenn man die Summe aller entsprechenden Ausdrücke für Q bildet zwischen den Grenzen $Q = 0$ und $Q = P$. Danach ist

$$R = \frac{\alpha L_0 P^2}{2\,s}\,.$$

Diese Arbeit R ist gleich der potentiellen Energie J des gereckten Drahtes. Zieht man für ΔL_0 die Formel (3) in Betracht oder führt man die Zugkraft $p = P:s$ ein, so erhält man folgende Ausdrücke für die potentielle Energie J des gereckten Drahtes:

$$\left.\begin{aligned} J &= \frac{\alpha L_0}{2\,s} P^2 = \frac{1}{2}\, P\,\Delta L_0 \\[2mm] J &= \frac{1}{2}\, \alpha L_0 s p^2 \end{aligned}\right\} \quad \ldots \ldots \quad (10)$$

Für $L_0 = 1$, $s = 1$ und $P = \sqrt{2}$ ist $J = \alpha$. Daraus ersieht man, daß der Elastizitätskoeffizient numerisch gleich der potentiellen Energie der Längeneinheit des Drahtes ist, dessen Querschnitt gleich Eins ist und auf den ein Zug von $\sqrt{2}$ Krafteinheiten einwirkt.

21*

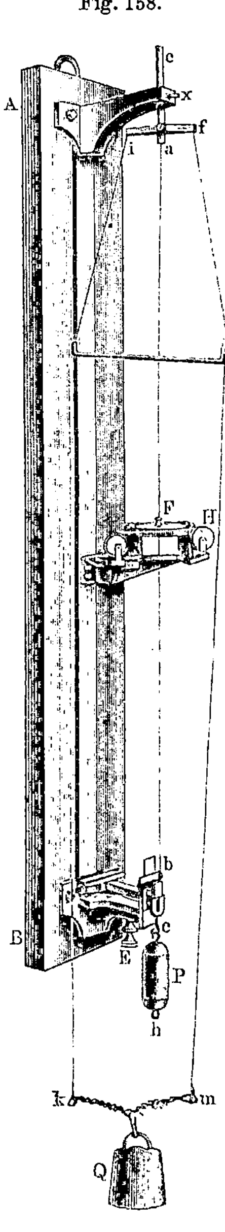
Fig. 158.

Der Modul E bezieht sich auf den Fall einer **isothermischen** Dehnung. Bei **adiabatischer** (plötzlicher) Dehnung findet eine Abkühlung statt und es wird ein anderer Modul $E' > E$ erhalten (s. Bd. III).

Zur experimentellen Bestimmung des die Eigenschaften einer gegebenen Substanz gut charakterisierenden Young schen Moduls befestigt man den aus der zu untersuchenden Substanz verfertigten Stab oder Draht in der Weise, wie Fig. 157 (S. 321) zeigt. Am Drahte bringt man oben und unten zwei Marken an, etwa zwei Striche oder sehr dünne Drahtringe, auf denen bei seitlich einfallendem Lichte je eine helle horizontale Lichtlinie sichtbar wird. Auf diese Marken nun stellt man die Horizontalfäden der Okularmikrometer beider Fernrohre eines Kathetometers vor und nach der Belastung ein. Der Unterschied der Verschiebungen beider Marken, die man nach der auf S. 284, Abt. I dargelegten Methode bestimmt, gibt uns die Verlängerung ΔL_0 der Drahtlänge L_0 innerhalb der beiden Merkzeichen. Mißt man dann noch den Drahtdurchmesser (S. 289, Abt. I), so erhält man s und endlich nach Formel (9) die Größe des Modul E.

In Fig. 158 ist der zur Bestimmung des Young schen Moduls sehr geeignete Apparat von Lermantow abgebildet. An einem Brette AB sind zwei Kniestücke befestigt, welche das obere und untere Ende des Drahtes ab tragen, dessen Veränderungen beim Zuge untersucht werden sollen. Die einzelnen Teile des unteren horizontalen Ansatzes sind in Fig. 159 im vergrößerten Maßstabe dargestellt, jedoch in entgegengesetzter Lage, so daß das Brett AB sich rechts, das Drahtende b sich links befindet. Der mittlere Teil des Drahtes steht mit einer besonderen Vorrichtung FH in Verbindung, die zur Bestimmung des sogenannten Scherungsmoduls dient; letzterer soll in § 15 gesondert besprochen

werden. Das obere Drahtende a ist an einem Stäbchen $a'c$ befestigt, welches durch eine vertikale Durchbohrung hindurchgesteckt ist und in ihr mittels der Schraube x festgeschraubt werden kann. Das untere

Drahtende b ist an einem Zylinder befestigt, der sich am Ende des um C drehbaren Hebels CD befindet. Das an den Haken e gehängte Gewicht ruft eine Verlängerung des Drahtes hervor, so daß sich also die Enden D des Hebels CD, sowie des Zylinders Db senken. Ein zweiter knieförmiger Ansatz befindet sich unterhalb CD und trägt einen vertikalen Rahmen, durch welchen CD hindurchführt. Am oberen Rande dieses Rahmens sind um eine Achse drehbar ein kleiner vertikaler Spiegel g und fest mit ihm verbunden eine horizontale dreieckige Platte angebracht. An letztere ist ein kleines Kügelchen von unten her angelötet, das auf der oberen Grundfläche des Zylinders bD frei aufliegt. Senkt sich infolge der Belastung des Drahtes das Ende bD um den Betrag $\varDelta L_0$, so senkt sich auch das Kügelchen um den gleichen Betrag;

Fig. 159.

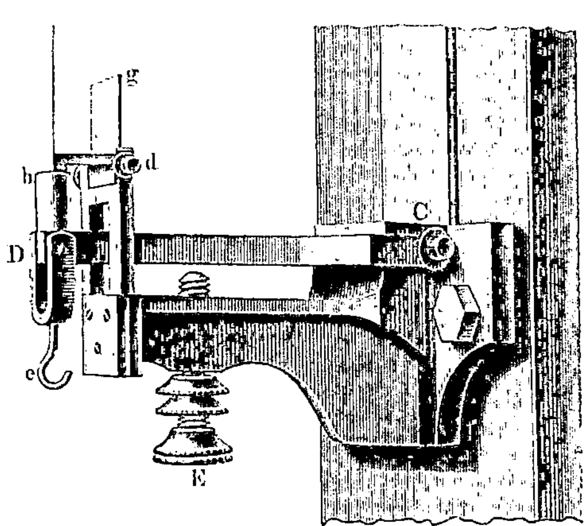

infolgedessen dreht sich die Platte und mit ihr das Spiegelchen g um einen gewissen Winkel α nach links. Bezeichnet man den Abstand des Berührungspunktes der Kugel von der Drehungsachse d mit r, so ist

$$tg\,\alpha = \frac{\varDelta L_0}{r}.$$

Das zylindrische Gewicht P (Fig. 158) dient als beständige Belastung (in Fig. 159 ist es fortgelassen). Das Gewicht Q, welches den Zug auf den Draht auszuüben hat, wird an den unteren Haken von P gehängt. Da sich beim Anhängen von Q das obere Drahtende a auch verschiebt, wird Q zunächst, wie aus Fig. 158 ersichtlich, am Bügel km angebracht, dessen Enden mittels der beiden Schnüre fm und ik mit dem horizontalen Stäbchen if verbunden sind. Auf solche Weise wird erreicht, daß sich die Belastung des oberen Kniestückes und somit die Lage des Punktes a nicht ändert, wenn Q von Bügel km abgehängt und nach h gebracht wird. Damit beim Einhängen des Gewichtes in den Haken h keine Erschütterungen erfolgen, schraubt man E so weit nach oben, daß sich der Hebel CD auf das Ende von E stützt; ist dies der Fall, so kann das eingehängte Gewicht keinen Zug auf den Draht ausüben. Hierauf, nachdem Q nach h gebracht ist, schraubt man E so weit herab, daß sich CD wiederum frei bewegen kann; das Gewicht Q fängt dann ganz allmählich an, seinen Zug auf den Draht auszuüben, und ruft ohne jegliche Erschütterung die gesuchte Verlängerung $\varDelta L_0$ des Drahtes hervor.

Zur Messung von $\varDelta L_0$ wendet man die Methode der Spiegelablenkung Abt. I (S. 297) an. Das Fernrohr stellt man in einiger Entfernung vom Apparate derart auf, daß die Fernrohrachse angenähert mit der Normalen zur Spiegelebene g zusammenfällt. Neben dem Fernrohre stellt man eine vertikale Skala auf, deren Teilung sich in g spiegelt und auf diese Weise im Fernrohre sichtbar wird. Ist l der Abstand zwischen Skala und Spiegel und n die Anzahl der Skalenteile, welche bei der Verlängerung des Drahtes den horizontalen Okularfaden passieren, so ergibt sich der Winkel α, um welchen sich der Spiegel gegen die Vertikalebene neigt, aus der Formel $tg\, 2\,\alpha = \dfrac{n}{l}$ vgl. (2) auf S. 298, Abt. I. Hat man hieraus α bestimmt, so wird die gesuchte Verlängerung $\varDelta L_0$ aus

$$tg\,\alpha = \frac{\varDelta L_0}{r}$$

gefunden.

Für kleine α kann man die Tangenten durch die Winkel selbst ersetzen und erhält sonach den Ausdruck

$$\frac{\varDelta L_0}{r} = \frac{n}{2\,l} \quad\cdots\cdots\cdots\cdots (11)$$

in welchem n, l und r bekannt sind. Hat man $\varDelta L_0$ gemessen, so kann man, wie oben gezeigt wurde, den Youngschen Modul E aus der Formel (9) berechnen. Fournel (1905) benutzt als spannende Kraft die Anziehung zwischen einem an den Draht gehängten Eisenzylinder und einem Solenoid (Bd. IV). Eine wichtige Methode zur Bestimmung von E hat Cassie (1902) angegeben. Ein horizontaler Stab wird von zwei parallelen, nahe beieinander befindlichen Drähten getragen, deren Entfernung d geändert werden kann. Man läßt den Stab um die durch seine Mitte gehende vertikale Achse oszillieren; n_1 und n_2 seien die Schwingungszahlen bei $d = d_1$ und $d = d_2$. Dann läßt man den Stab in der Ebene der Drähte um eine horizontale, zur Achse des Stabes senkrechte Achse oszillieren, wobei abwechselnd ein Draht verlängert, der andere verkürzt wird; seien jetzt n_3 und n_4 die Schwingungszahlen bei $d = d_1$ und $d = d_2$, dann ist

$$E = \frac{1}{2}\, P \frac{n_3^2 - n_4^2}{n_1^2 - n_2^2},$$

wo P das Gewicht des Stabes bedeutet. Das Trägheitsmoment des Stabes muß in bezug auf beide Drehungsachsen das gleiche sein.

Lees und Grime (1905) haben eine Methode vorgeschlagen, E für dünne Drähte zu messen. Der Draht wird horizontal ausgespannt und in seiner Mitte durch ein Gewicht P beschwert, infolgedessen sinkt diese Mitte um eine Länge y herab; ein zweites Gewicht P_1 gibt die Senkung y_1. Ist $2\,l$ die Länge des Drahtes und s die Fläche seines Querschnittes, so berechnet sich E aus der Formel

$$ E = \frac{l}{2\,s} \cdot \frac{A\dfrac{P_1}{y_1} - \dfrac{P}{y}}{A - 1}; \qquad A = \sqrt{\frac{l^2 + y_1^2}{l^2 + y^2}} $$

oder angenähert

$$ E = \frac{l^3}{s} \cdot \frac{P_1 y - P y_1}{y\,y_1\,(y_1^2 - y^2)}. $$

Ganz andere Methoden zur Bestimmung von E werden wir später in der Akustik kennen lernen.

§ 6. Bruchfestigkeit, absoluter Widerstand, numerische Werte.

Vergrößert man die Zugkraft p immer mehr und mehr, so zerreißt schließlich der Stab oder Draht. Der Wert p_2 der Größe $p = P : s$, für welchen dies erfolgt, dient als Maß für den sogenannten absoluten Widerstand der Substanz. Die entsprechenden numerischen Werte zeigen, daß der absolute Widerstand fast immer viel kleiner als E ist, bei welchem der Theorie nach Verdoppelung der Länge auftreten würde.

Weiter unten sind die Werte von E, p_1 (spannende Kraft bei Erreichung der Elastizitätsgrenze) und p_2 (die den Bruch hervorrufende Kraft) in Kilogrammen pro Quadratmillimeter Querschnitt gegeben. Dieselben Größen erhält man im C. G. S.-System, d. h. in Dynen pro Quadratzentimeter durch Multiplikation jener Zahlen mit 981.10^5, denn es ist $1\,\text{kg} = 1000\,\text{g} = 981.10^3$ Dynen; ferner ist $1\,\text{qcm} = 100\,\text{qmm}$ und daher wird jener Zahlenwert im C. G. S.-System noch 10^2 mal größer. In vielen Formeln ist es bequemer, das Meter als Längeneinheit zu nehmen. In diesem Falle muß E auf einen Quadratmeter des Querschnittes bezogen werden und wird daher sein Zahlenwert 10^6 mal größer. Solche Werte für E hat man zuweilen in die Formeln einzuführen, welche in der Lehre von der Fortpflanzung von Wellen in einem elastischen festen Medium vorkommen, also beispielsweise in die Formeln der Akustik.

Wir wollen zunächst einige Werte von E, p_1 uns p_2 anführen, um zu zeigen, wie außerordentlich verschieden sie voneinander sind.

	$E \dfrac{\text{kg}}{\text{qmm}}$ Elastizitätsmodul	$p_1 \dfrac{\text{kg}}{\text{qmm}}$ Elastizitätsgrenze	$p \dfrac{\text{kg}}{\text{qmm}}$ Bruch (absoluter Widerstand)
Blei	1 800	0,25	2,2
Eisen, hartes	20 870	32	63
„ weiches	20 790	5	48
„ „	1 770	—	—
Kupfer, hartes	12 450	12	40
„ weiches	10 520	3	31
Platin, hartes	17 040	26	34
„ weiches	15 518	14	25
Stahl	22 000	33	70
Silber, weiches	7 270	11	29
„ hartes	7 140	3	16

Die Mehrzahl obiger Werte ist den Beobachtungen von Wertheim entlehnt. Auerbach hat (1896) den Modul E für einige sehr harte Substanzen bestimmt und ist dabei zu außerordentlich großen Zahlen gekommen, die z. B. für Korund bis zu 52 000 gehen, d. h. den Elastizitätsmodul des Stahls um das 2,5 fache übertreffen. Es mögen hier einige der von ihm gefundenen Werte folgen:

	$E \dfrac{\text{kg}}{\text{qmm}}$		$E \dfrac{\text{kg}}{\text{qmm}}$
Korund	52 000	Flußspat	9110
Bras. Topas	30 200	Kalkspat	8440
Beryll $\perp$ zur Achse . .	23 200	Glassorten	$\begin{cases} \text{von } 4700 \\ \text{bis } 7950 \end{cases}$
Beryll $\parallel$ zur Achse . .	21 100		
Quarz $\parallel$ zur Achse . .	10 300		

Grüneisen (1907) fand für Rhodium $E = 30\,000$ und für Indium sogar etwas mehr als 52 000 (Korund).

Der Youngsche Modul für Legierungen ist nahezu gleich dem Mittel aus den Moduln ihrer Komponenten. Eine Ausnahme bilden die Legierungen von Eisen und Nickel, auf deren besondere Eigenschaften wir bereits einmal hingewiesen haben. Mit wachsendem Nickelgehalt sinkt der Modul E bis zu 20 Proz. Ni, dann erreicht er bei 24,1 Proz. ein Maximum, sinkt wieder bis etwa 37,2 Proz., um dann wieder anzusteigen. Bei 24,1 Proz. Ni ist E für die nicht magnetische Legierung (nach Erwärmung) größer, nämlich 19 300, als für die magnetische (nach starker Abkühlung), wo E gleich 17 400 ist. Das Minimum bei 37,2 Proz. Ni ist gleich 14 600, während bei 5 Proz. Ni die Größe $E = 21\,700$ ist, also ziemlich den gleichen Wert wie für reines Nickel hat. Guillaume hat die Legierungen Fe + Ni in einer großen Reihe von Arbeiten studiert; eine weitere Untersuchung rührt von Tittler her.

Für Holz erhält man sehr verschiedene Werte, je nachdem der Holzstab parallel zur Faser oder senkrecht zu ihr geschnitten ist; im letzteren Falle sind die Werte wiederum verschieden, wenn der Stab in radialer Richtung zum Stamm oder in einiger Entfernung von dessen Achse senkrecht zum Radius herausgeschnitten ist; das wird aus folgenden Zahlen ersichtlich:

	$E\ \dfrac{\text{kg}}{\text{qmm}}$ $\parallel$ zur Faser	$\perp$ zur Faser in radialer Richtung	$\perp$ zur Faser $\perp$ zum Radius
Pappelholz . ·	517	73	39
Fichtenholz	564	98	29
Eichenholz	921	189	130
Buchenholz	980	270	159
Birkenholz	997	81	155
Ahornholz	1021	157	73
Tannenholz. . . . .,	1113	95	31

Die elastischen Eigenschaften weicher Körper sind von Stefan, Warburg, Smoluchowski, Mallock und Segel (1899) untersucht worden. Letzterer hat die Werte von E für Paraffin bei verschiedenen Temperaturen bestimmt und dabei folgende Ergebnisse erhalten:

$$t^0 = \quad 5,7 \qquad 7,4 \qquad 11,0 \qquad 13,1 \qquad 16,0 \qquad 17,9 \qquad 23,0$$
$$E = 226,2 \quad 212,6 \quad 193,3 \quad 177,8 \quad 164,4 \quad 151,6 \quad 126,7$$

Für gelben Wachs hat Segel $E = 59,1$, bei $t = 11,5^0$ und $E = 46,6$ bei $t = 19,4^0$ gefunden.

Villari hat Untersuchungen am Kautschuk vorgenommen und gefunden, daß von $\varDelta L_0 = 0$ bis $\varDelta L_0 = L_0$ der Modul E ziemlich konstant ist und zwischen 0,07 bis 0,10 liegt; wenn $\varDelta L_0$ von L_0 bis $3 L_0$ ($L = 4 L_0$) zunimmt, wächst der Modul E von 0,1 bis 300; ist $\varDelta L_0 > 3 L_0$, so ist der Modul wiederum ziemlich konstant und liegt zwischen $E = 300$ und $E = 350$.

Bei Zunahme der Temperatur nimmt der Modul E im allgemeinen ab, z. B. für Kupfer von 10 520 bei 15⁰ bis 7860 bei 200⁰.

Für Eisen und Stahl beobachtete Wertheim eine Zunahme des Moduls um 5,2 Proz. bei Erwärmung von 0⁰ bis 100⁰ und eine Abnahme um 19,1 Proz. bei Erwärmung von 100⁰ auf 200⁰. Kupffer fand für Fe, Cu und Messing eine Abnahme von E um 5,5 Proz., 8,2 Proz. und 3,9 Proz. bei Erwärmung von 0⁰ bis 100⁰. Ähnliche Ergebnisse haben Kohlrausch und Loomis, Streintz, Kiewiet, Pisati, Tomlinson, Noyes, A. Martens, A. M. Mayer, P. A. Thomas, Horton u. a. erhalten. Die Zahlenwerte von A. M. Mayer sind die folgenden, wobei p angibt, um wieviel Prozent sich E bei Erwärmung von 0^0 auf 100^0 vermindert:

$$p$$

St. Gobain-Glas 1,16
Verschiedene Stahlsorten . . 2,24 bis 3,09
Messing 3,73
Aluminium 5,5
Silber . . . . 2,47 (von 0^0 bis 60^0)
Zink . . . . 6,04 (von 0^0 bis 62^0)

P. A. Thomas fand, daß sich E bei Änderung der Temperatur proportional einer Potenz n der Dichte ändert, wobei für das untersuchte Flußeisen $n = 31,3$ gefunden wurde. Für sehr tiefe Temperaturen wurde E gemessen von Dewar, Cl. Schäfer, Benton und von Dewar und Hadfield (1905). Cl. Schäfer untersuchte E für Pt, Ni, Ag, Cu, Pd und Fe bei Temperaturen von $+ 20^0$ bis $— 186^0$ und fand, daß innerhalb dieser Grenzen der Temperaturkoeffizient des Moduls E eine konstante Größe ist. Benton (1903) bestimmte E für Cu und Stahl bei $— 186^0$ und $+ 20^0$; das Verhältnis der ersten Größe zur zweiten war bei Kupfer 1,180, bei Stahl 1,087. Dewar und Hadfield untersuchten gegen 500 Eisenlegierungen auf ihre Dehnbarkeit und Zerreißfestigkeit bei der Temperatur der flüssigen Luft ($— 185^0$).

Eine bemerkenswerte Methode, den Temperaturkoeffizienten β von E zu bestimmen, rührt von Wassmuth her. Voigt hatte gezeigt, daß bei Biegung eines Stabes in allen seinen Querschnitten die gleiche mittlere Temperaturänderung τ stattfindet und daß τ durch eine Formel ausgedrückt wird, welche den Koeffizienten β enthält. Durch Messung von τ ist es Wassmuth (1903) gelungen, β zu berechnen. Er fand so für einen Eisenstab $\beta = 0,000\,241$, für Stahl $\beta = 0,000\,26$. Später (1906) erhielt er die folgenden Werte:

	Pt	Pd	Ni	Cu	Au	Ag	Al	Zn
$10^4\,\beta =$	1,07	2,05	3,25	3,59	4,09	7,48	19,98	34,9.

Nach den Untersuchungen von N. A. Hesehus vermindert Wasserstoff, welcher von Palladium und dessen Legierungen (75 Proz. Pd und 25 Proz. Pt, Au oder Ag) absorbiert ist, den Elastizitätsmodul. K. R. Koch (1917) hat dies Ergebnis für Palladium bestätigt und das gleiche für den Torsionsmodul nachgewiesen.

Ercolini (1905) hat ebenfalls den Einfluß des Wasserstoffs auf die elastischen Eigenschaften des Palladiums, insbesondere auf die elastische Hysteresis (§ 11), untersucht. Von anderen hierhingehörigen Arbeiten seien noch die von Winkelmann und Schott erwähnt, welche für verschiedene Glassorten Werte von E fanden, die zwischen 4699 und 7592 kg pro Quadratmillimeter schwanken, für den absoluten Widerstand p_2 dagegen Werte zwischen 3,5 und 8,5 kg. Ferner hat

Winkelmann allein (1897) die Abhängigkeit des Moduls E von der Temperatur für verschiedene Glassorten untersucht. Er fand, daß sich seine Messungen durch folgende Formel

$$E_t = E_{20} [1 - \alpha (t - 20)^\beta],$$

in der α und β konstante Zahlen sind, gut wiedergeben lassen. Erhitzung und darauf folgende Abkühlung des Glases ruft im allgemeinen eine Vergrößerung von E hervor, das dann nach längerer Ruhe sich langsam wieder vermindert. Sehr beachtenswert ist, daß sich die gleiche Eigenschaft auch beim Platin zeigt, für welches Winkelmann $log \beta = 0,008\,51$, $log \alpha = 0,366\,88 - 4$ fand.

Im Jahre 1891 veröffentlichte J. O. Thompson eine Arbeit über die Abhängigkeit der Verlängerung ΔL_0 von dem spannenden Gewichte P. Er wies nach, daß eine Proportionalität dieser beiden Größen nur innerhalb sehr enger Grenzen besteht und daß ihr genauerer Zusammenhang durch folgende empirische Formel $\Delta L_0 = a P + b P^2 + c P^3$, in der a, b und c für den gegebenen Draht konstante Werte haben, ausgedrückt wird. Georg S. Meyer fand für einen Aluminiumdraht eine ungewöhnlich starke Abweichung von der Hookeschen Regel (S. 312). Seine Formel für die Verlängerung ΔL_0 eines Drahtes von der Länge $L_0 = 18\,315$ mm lautet

$$\Delta L_0 = 62{,}863\,p + 14{,}312\,p^2,$$

wobei p von 0 bis 0,3 kg anwächst. Der Koeffizient von p^2 ist ungewöhnlich groß.

Wir betrachten nun den absoluten Widerstand p_2, für welchen einige numerische Werte bereits auf S. 328 gegeben worden sind; aus diesen geht schon klar hervor, daß die Zerreißungsfestigkeit eines harten (gezogenen) Drahtes beträchtlich größer ist als die eines weichen (geglühten) Drahtes.

Man hat für den absoluten Widerstand die Fälle, wo die Wirkung der spannenden Kraft p eine kurzdauernde war, von denen zu unterscheiden, wo obige Kraft dauernd eingewirkt hat; im letzteren Falle ist der absolute Widerstand, wie aus folgenden von Wertheim stammenden Bestimmungen hervorgeht, beträchtlich geringer:

Substanz	$p_2 \; \dfrac{\text{kg}}{\text{qmm}}$	
	Langsam erfolgender Bruch	Schnell erfolgender Bruch
Gegossenes Blei	1,25	2,21
Gegossenes Zinn	3,40	4,16
Gezogenes Zink	12,80	15,77
Gezogenes Kupfer	40,30	41,00
Gezogenes Eisen	61,10	62,5 bis 65,1
Gezogener Stahl	70,00	85,9 bis 99,1

Jeder in vertikaler Lage hängende Stab muß, wenn seine Länge hinreichend ist, durch sein eigenes Gewicht zerreißen.

Der absolute Widerstand von Metallen ändert sich bisweilen in beträchtlichem Maße durch geringfügige Beimengungen anderer Metalle, was aus folgenden Zahlen ersichtlich ist:

Reines Gold $\cdots\cdots\cdots\cdots\cdots$ $p_2 = 10$ $\dfrac{\text{kg}}{\text{qmm}}$

99,8 Proz. Au $+$ 0,2 Proz. K oder Bi $\ldots\ldots$	0,8	„
99,8 „ „ $+$ 0,2 „ Te oder Pb $\ldots\ldots$	6	„
99,8 „ „ $+$ 0,2 „ Th, Sn, Sb $\ldots\ldots$	10	„
99,8 „ „ $+$ 0,2 „ aller übrigen Metalle $\ldots$	11 bis 14	„

Mit Zunahme der Temperatur verringert sich der absolute Widerstand beim Kupfer gemäß der Formel $p_2 = 29{,}40 - 0{,}037\,t$. In unregelmäßiger Weise ändert sich p_2 mit der Temperatur für Eisen und Stahl, wobei mehrere Maxima und Minima auftreten. Dewar hat den absoluten Widerstand von Drähten bei der sehr niedrigen Temperatur von -182^0 bestimmt, indem er sie in flüssige Luft brachte. Seine Werte sind:

Drahtdurchmesser 2,49 mm			Drahtdurchmesser 5,1 mm		
Substanz	p_2		Substanz	p_2	
	$+15^0$	-182^0		$+15^0$	-182^0
Weicher Stahl $\ldots$	191 kg	318 kg	Zinn $\ldots\ldots$	91 kg	177 kg
Eisen $\ldots\ldots$	145 „	304 „	Blei $\ldots\ldots$	35 „	77 „
Kupfer $\ldots\ldots$	91 „	136 „	Zink $\ldots\ldots$	16 „	12 „
Gold $\ldots\ldots$	116 „	154 „	Quecksilber $\ldots$	0 „	14 „
Silber $\ldots\ldots$	150 „	191 „	Woodsches Metall	64 „	204 „

Die Bruchfestigkeit eines Palladiumdrahtes vermindert sich, wenn er Wasserstoff absorbiert hat.

Für Holz erhält man drei verschiedene Werte für den absoluten Widerstand p_2, entsprechend den drei Werten des Moduls E (S. 329).

Substanz	$p_2\ \dfrac{\text{kg}}{\text{qmm}}$		
	$\parallel$ der Faser	$\perp$ zur Faser in radialer Richtung	$\perp$ zur Faser, $\perp$ zum Radius
Pappelholz $\ldots\ldots\ldots$	1,97	0,15	0,21
Fichtenholz $\ldots\ldots\ldots$	2,48	0,26	0,20
Ahornholz $\ldots\ldots\ldots$	3,58	0,72	0,37
Tannenholz $\ldots\ldots\ldots$	4,18	0,22	0,30
Birkenholz $\ldots\ldots\ldots$	4,30	0,82	1,06
Eichenholz $\ldots\ldots\ldots$	6,49	0,58	0,41

Der absolute Widerstand eines Stabes oder Drahtes hängt von der Größe seines Querschnittes s ab. Nach unseren früheren Annahmen (S. 321) müßte er unabhängig vom Querschnitt sein, denn es ist $p_2 = P_2 : s = $ Konst., wo P_2 das spannende Gewicht bedeutet, bei welchem das Zerreißen eintritt. Bei dünnen Drähten läßt sich aber P_2 nur durch die Formel

$$P_2 = as + b\sigma \quad . \quad . \quad . \quad . \quad . \quad . \quad . \quad . \quad (12)$$

darstellen, in welcher σ den Umfang des Drahtes bedeutet, a und b zwei Konstanten sind. Somit besteht also die Kraft P_2 aus zwei Teilen, von welchen der erste proportional dem Querschnitte, der letztere proportional dem Umfange ist. Es erklärt sich dies dadurch, daß die Oberflächenschicht eines Drahtes, insbesondere eines ausgezogenen, eine besondere Spannung besitzt; diese Schicht hat wahrscheinlich eine größere Dichte als die übrige Masse und setzt dem Zerreißen einen besonderen Widerstand entgegen. Je dünner ein Draht ist, eine um so größere Bedeutung kommt dem zweiten Gliede unserer Formel (12) zu, denn s nimmt proportional dem Quadrate, σ dagegen proportional der ersten Potenz des Drahtradius ab. Hieraus erklärt sich auch, weshalb sehr dünne Drähte oder Blättchen einen relativ sehr großen absoluten Widerstand darbieten. Einen solchen zeigen z. B. dünne Glasfäden; trotzdem dürfen sie zum Aufhängen von Körpern in physikalischen Apparaten (Galvanometern, Elektrometern u. a.) nicht verwendet werden, da sie große elastische Nachwirkung zeigen (§ 21).

Im Jahre 1889 hat Boys eine Methode gefunden, Quarzfäden herzustellen: der Pfeil einer kräftigen Armbrust wird an einem Stückchen Quarz befestigt, das an einer Knallgasflamme erweicht wird; durch Losschnellen der Armbrustsehne entsteht dann ein äußerst dünner Quarzfaden. Die Dicke dieser Fäden kann den minimen Wert von 0,0003 mm erreichen; dabei besitzen sie einen bemerkenswert hohen absoluten Widerstand. Ein solcher Quarzfaden von nur 0,0018 mm Dicke vermag ein Gewicht von 2 g zu tragen, was einer Belastung von 820 kg pro Quadratmillimeter entspricht, während bei $p = 80 \ \dfrac{\text{kg}}{\text{qmm}}$ für fast alle Stahlsorten Bruch auftritt. Guthe (1904) hat gezeigt, daß sich aus dem Steatit (Seifenstein $Mg_3 H_2 Si_4 O_{12}$) ebenfalls äußerst dünne Fäden erhalten lassen, deren elastische Eigenschaften denen der Quarzfäden ähnlich sind.

Quincke hat den Wert der Konstanten b aus Formel (12) bestimmt, und zwar in Grammen pro Millimeter des Umfanges; er fand

Zn	Au	Cu	Ag	Pt	Fe	Stahl	
$b = 557$	1592	2388	2388	3023	5731	6685	$\dfrac{\text{g}}{\text{mm}} \cdot$

§ 7. Absoluter Widerstand gegen einseitigen Druck.

Nach dem Satz 2 auf S. 312 gelten die Formeln (3) bis (9) auch für negative Werte von P und p, d. h. auch für den Fall, daß der Stab (Zylinder, Prisma) einem longitudinal wirkenden Drucke unterworfen wird. Dementsprechend hatten wir den Modul von Young auch als Kompressionsmodul bezeichnet. Die Gültigkeit der Formeln ist indes auf sehr kleine Werte von $\varDelta L_0$ beschränkt.

Nimmt die komprimierende Kraft p zu, so tritt ein Augenblick ein, wo der Zusammenhang zwischen den Teilchen des Körpers überwunden und letzterer zerdrückt wird, wobei er sich bisweilen wie bei einer Explosion in feines Pulver verwandelt (Glas). Den hierher gehörigen Wert von p kann man den **absoluten Widerstand gegen einseitigen Druck** nennen. Für alle Körper ist dieser Wert größer als der oben betrachtete p_2; eine Ausnahme jedoch bildet Holz.

Auf S. 330 waren die von Winkelmann und Schott für verschiedene Glassorten gefundenen Werte von E und p_2 angeführt worden. Diese Autoren erhielten für den Widerstand gegen die Kompression Werte zwischen 60,6 und 120,8 kg pro Quadratmillimeter. Wir führen noch einige Zahlen für den Widerstand gegen einseitigen Druck an: Gußeisen 57 bis 102, Kupfer 30 bis 45, Granit 12 bis 22, Marmor 6 bis 12, fester Kalkstein 14, weicher Kalkstein 1, Ziegel 0,5 bis 2, Eichenholz 7, Fichtenholz 4,8, Birkenholz 4,5, Pappelholz 3,6; alle Zahlen bedeuten die Anzahl Kilogramme pro Quadratmillimeter Oberfläche.

§ 8. Querkontraktion, Koeffizient von Poisson.

Wird ein Stab oder Draht der Länge nach gedehnt, so tritt auch immer eine Querkontraktion auf; der Stab wird also dünner und sein Durchmesser d_0 nimmt um einen gewissen Wert $\varDelta d_0$ ab, den man nach Analogie von (4) auf S. 322 gleich

$$\varDelta d_0 = \beta\, d_0\, p \quad\ldots\ldots\ldots\ldots (13)$$

setzen kann. Den Faktor β werden wir den **Koeffizienten der Querkontraktion** nennen; er ist numerisch gleich der relativen Dickenabnahme $\left(\dfrac{\varDelta d_0}{d_0}\right)$ für die Einheit der spannenden Kraft. Für die neue Dicke erhalten wir somit $d = d_0 - \varDelta d_0$ oder

$$d = d_0\,(1 - \beta p) \quad\ldots\ldots\ldots\ldots (14)$$

In der Elastizitätslehre spielt das Verhältnis σ der Koeffizienten β und α eine wichtige Rolle, und zwar ist

$$\sigma' = \frac{\beta}{\alpha} = \frac{\varDelta d_0}{d_0} : \frac{\varDelta L_0}{L_0} \cdot \quad\ldots\ldots\ldots\ldots (15)$$

Dieses Verhältnis der Querkontraktion zur Längsdehnung heißt der Poissonsche Koeffizient. Wir werden sehen, daß nicht nur stets $\beta < \alpha$ ist, d. h. $\sigma < 1$, sondern daß auch für sämtliche Körper

$$\sigma < \frac{1}{2} \quad \cdots \cdots \cdots \cdots \quad (16)$$

sein muß.

Wir wollen nun die Änderung $\varDelta v_0$ des ursprünglichen Volumens v_0 eines Stabes unter Einwirkung der spannenden Kraft p berechnen. Es ist $v_0 = \frac{\pi}{4} L_0 d_0^2$; das neue Volumen ist gleich $v = \frac{\pi}{4} L d^2$ oder [vgl. (5) auf S. 322 und (14)] $v = \frac{\pi}{4} L_0 d_0^2 (1 - \beta p)^2 (1 + \alpha p)$ oder schließlich

$$v = v_0 (1 - \beta p)^2 (1 + \alpha p) \quad \cdots \cdots \quad (17)$$

Für sehr kleine αp und βp kann man hierfür $v = v_0 [1 + (\alpha - 2\beta)p]$ setzen oder

$$v = v_0 [1 + \alpha (1 - 2\sigma)p] \quad \cdots \cdots \quad (18)$$

Schreibt man nun nach Analogie von (4) und (13)

$$\varDelta v_0 = \eta v_0 p \quad \cdots \cdots \cdots \cdots \quad (19)$$

so ergibt sich

$$\eta = \alpha (1 - 2\sigma) \quad \cdots \cdots \cdots \quad (20)$$

Die Größe η kann man den Koeffizienten der Volumenvergrößerung beim Zuge nennen. Durch diese Größe wird die Volumenkompression bei einseitigem, longitudinal wirkendem Drucke bestimmt, die immer von einer Ausdehnung in die Breite begleitet ist. Ein Prisma, auf welches senkrecht zu den Grundflächen ein Druck ausgeübt wird, nimmt an Dicke zu: es baucht sich nach den Seiten aus. Da das Volumen eines Stabes während des Zuges immer zunimmt, so muß $\eta > 0$ sein, woraus die Beziehung $\sigma < 0,5$, vgl. (16), folgt. Dies bezieht sich indes auf kleine Werte von αp; ist die Verlängerung eine beträchtliche, so hat man (17) heranzuziehen, woraus sich (bei Substitution von $\beta = \alpha \sigma$)

$$\varDelta v_0 = v_0 [(1 + \alpha p)(1 - 2\sigma \alpha p) - 1]$$

ergibt. Hieraus folgt, daß das Volumen ungeändert bleibt, somit $\varDelta v_0 = 0$ ist, z. B. für $\alpha p = 0,001$ und $\sigma = 0,4996$ ebenso für $\alpha p = 0,03$ und $\sigma = 0,486$ usw. Poisson fand auf theoretischem Wege, daß für alle homogenen und isotropen Körper

$$\sigma = \frac{1}{4} \quad \cdots \cdots \cdots \cdots \quad (21)$$

sein müßte.

Es gibt eine ganze Reihe verschiedener Methoden zur Bestimmung von σ, und werden wir uns weiter unten (§ 15 und § 17) mit ihnen bekannt machen. An dieser Stelle mögen einige von verschiedenen Autoren für σ gefundene Werte folgen:

$$\sigma$$

Gehärteter Stahl	0,294 (Kirchhoff)
„ „	0,294 (Okatow)
Ausgeglühter Stahl	0,304 (Okatow)
Eisen	0,243 bis 0,310
Kupfer	0,348
„ (galvanoplastisches)	0,250 (Voigt)
Blei	0,375
Zink	0,205
Glas	0,197 bis 0,319 (Straubel)
Ebonit	0,389
Paraffin	0,50
Kautschuk (schwacher Zug)	0,37 bis 0,64 (Röntgen)
„ „ „	0,50 (Amagat)
„ (starker Zug)	0,31 bis 0,41
Kork	0,0

Smoluchowski erhielt für Wachs, Paraffin und Wallrat für σ Werte zwischen 0,4 und 0,44. Bei Zunahme der Temperatur von 0^0 bis 100^0 wächst σ nach den Untersuchungen von Katzenelsohn für Pt um 5,5 Proz., Fe 3,7 Proz., Au 2,5 Proz., Ag 12,2 Proz., Al 15,7 Proz.; derselbe findet folgende Werte von σ: Pt 0,16 Proz., Fe 0,27 Proz., Au 0,17 Proz., Ag 0,37 Proz., Al 0,13 Proz. Bock findet für σ und die prozentuale Änderung q dieser Größe bei Erwärmung von 0^0 bis 100^0:

	σ	q Proz.		σ	q Proz.
Fe	0,256	2	Ni	0,329	2,4
Cu	0,346	4	Ag	0,346	10

Cardani (1903) bestimmte für lange Drähte die Verlängerung und die Änderung des Volumens bei der Dehnung, also α und η aus der Formel (20), welche dann sofort σ ergibt; er fand für Kupfer und Messing $\sigma = 0,363$ und für Eisen $\sigma = 0,321$. Bauschinger und Stromeyer ermittelten σ, indem sie an Stäben nicht nur die longitudinale Vergrößerung bei der Dehnung, sondern zugleich auch direkt die Querkontraktion maßen. Dieselbe Methode benutzte Morrow (1903) in verbesserter Form. Er fand für verschiedene Sorten Stahl, Eisen, Messing und Kupfer Werte von σ zwischen 0,23 und 0,35. Endlich hat F. A. Schulze (1904) σ für drei Stahlstäbe (0,18 — 0,19 — 0,22), für Wismut (0,20), Messing (0,19), Glas (0,21) und Ebonit (0,30) bestimmt.

Everett, Cornu, Voigt, Cantone, Kowalski, Amagat und Straubel (1899) haben den Wert von σ für Glas bestimmt. Letzterer erhielt für die verschiedenen Glassorten Zahlen, die zwischen 0,197 und 0,319 lagen.

Alle oben angeführten Zahlen beweisen, daß σ im allgemeinen nicht gleich 0,25 ist, wie es die Theorie von Poisson verlangt, sondern innerhalb sehr weiter Grenzen schwankt. Die Annahme, daß dies daher rühre, daß die von den verschiedenen Substanzen untersuchten Proben sämtlich inhomogen oder anisotrop waren, dürfte nicht stichhaltig sein. Weit näher liegt vielmehr die Vermutung, daß die Größe σ, anfangend von den Flüssigkeiten, für welche sie theoretisch genommen $= 0,5$ ist, für die verschiedenen festen Körper alle möglichen Werte annimmt. Stokes und Bock haben zuerst die Vermutung ausgesprochen, daß σ mit wachsender Temperatur dem Werte 0,5 zustrebt und diesen bei der Schmelztemperatur erreicht. Cl. Schäfer (1902) hat daher σ für leichtflüssige Legierungen (Bd. III) und für Selen bestimmt; er fand bei 20^0 folgende Resultate:

	Schmelzpunkt ^{0}C	σ
Selen	125	0,447
Woodsche Legierung	65	0,489
Lipowitzsche Legierung . . .	75	9,452

Für Selen erhielt er bei etwa 80^0 $\sigma = 0,490$.

Bemerkenswerte Grenzfälle bieten Kork und Kautschuk dar; für ersteren ist $\sigma = 0$, d. h. er zeigt bei der Kompression keine seitliche Ausbauchung; für Kautschuk dagegen ist σ beinahe 0,5, d. h. er verändert bei Druck oder Zug sein Volumen fast gar nicht. Messungen von σ für Kautschuk wurden ausgeführt von Röntgen, Villari, Frank (1906) und L. Schiller (1907). Röntgen hat die nur für sehr geringe Deformationen gültige Formel (15) für σ durch eine allgemeinere ersetzt. Frank fand $\sigma = 0,46$, L. Schiller $\sigma = 0,48$.

Direkte Versuche von Cagniard-Latour zeigen, daß $\eta > 0$ ist, daß sich also das Volumen eines Drahtes beim Zuge vergrößert. Der untersuchte Draht befand sich im Inneren einer mit Wasser gefüllten vertikalen Röhre, und konnte man aus der Änderung des Wasserniveaus auf die Volumenzunahme des Drahtes innerhalb der Röhre schließen.

Wertheim hat die Änderung des inneren Volumens von Röhren beim Zuge bestimmt. Dieses Volumen ändert sich beim Zuge um so viel, als sich das entsprechende Volumen ändern würde, wenn man statt einer Röhre einen massiven Stab vor sich hätte. Wertheim fand für Glas und Messing $\sigma = \dfrac{1}{3}$; er benutzte hierbei die Formel (20), nach welcher $\sigma = \dfrac{1}{2} - \dfrac{\eta}{2\alpha}$ ist, indem er die relativen Änderungen des Volumens und der Länge maß.

Durch besondere Sorgfalt zeichnen sich die Untersuchungen von Okatow aus, dessen Resultate bereits im Vorhergehenden angeführt wurden; sie wurden nach einer Methode von Kirchhoff ausgeführt, die sich auf eine Kombination der beim Biegen und Tordieren erhaltenen Ergebnisse gründet. Ausführlicheres kann hierüber nicht mitgeteilt werden.

Wir setzten bisher voraus, daß der deformierte feste Körper homogen und isotrop sei. Bei anisotropen Körpern können ganz andere Verhältnisse obwalten und kann es geschehen, daß die Bedingung $\sigma < 0{,}5$ nicht erfüllt ist. Ein merkwürdiges Beispiel hierfür bieten die Untersuchungen von Beaulard, welcher σ für Seidenfäden bestimmte und enorme Werte zwischen $\sigma = 1{,}47$ und $\sigma = 1{,}65$ fand, also etwa dreimal größere, als das theoretische Maximum $0{,}5$; die Fäden sind unzweifelhaft anisotrop.

§ 9. Koeffizient und Modul der einseitigen Kompression für eine unbegrenzte Schicht.

Wir ziehen im unbegrenzten Medium zwei einander parallele Ebenen AB und CD (Fig. 160) in der Entfernung $mr = ns = L_0$ voneinander und nehmen an, daß die zwischen ihnen befindliche Schicht dem Drucke p auf die Flächeneinheit sowohl von der einen, als auch von der anderen Seite ausgesetzt sei. Wir denken uns ferner ein Prisma oder einen Zylinder $mnsr$ von der Länge $L_0 = mr$

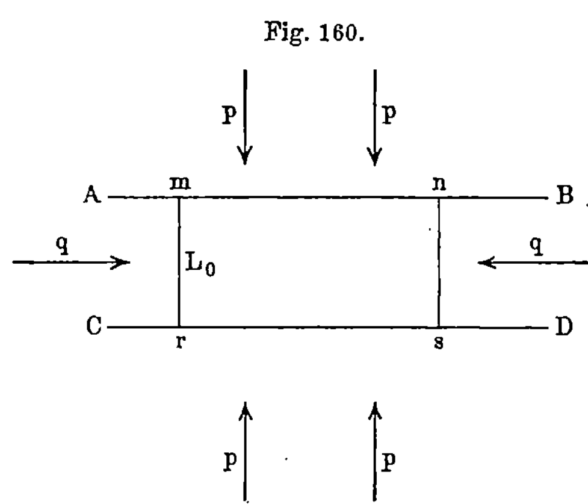

aus dieser Schicht herausgeschnitten; wäre dieses Prisma nicht allseitig vom Stoff des Mediums umgeben, so daß es sich nach den Seiten frei ausdehnen könnte, so würde sich seine Länge L_0 in

$$L = L_0\,(1 - \alpha p) \quad \ldots \ldots \ldots \ldots (22)$$

verwandeln und der Kompressionsmodul (der Youngsche Modul) wäre
gleich

$$E = \frac{1}{\alpha} \quad \cdots \cdots \cdots \cdots \quad (23)$$

Der Druck p auf die Flächen mn und rs sucht zwar die Seitenflächen auszubauchen, aber dies wird durch die das Prisma allseitig
umgebende Masse völlig verhindert, d. h. der Druck auf die Seitenflächen, der infolge des Drucks p hervorgerufen wird und der, wenn
das Prisma nicht von Masse umgeben wäre, eine Ausbuchtung bewirkt hätte, wird durch einen gleich großen Gegendruck im Gleichgewicht gehalten. Dieser Seitendruck — wir bezeichnen ihn pro
Flächeneinheit mit q — ruft aber eine Zunahme der Dimensionen
des Prismas senkrecht zu q hervor, so daß die Prismenlänge größer

wird, als es dem Ausdruck
(22) für L entspricht.
Die Kompression der
Schicht ist also ge-
ringer als die Kom-
pression des freien
Prismas. Die ursprüng-
liche Dicke L_0 der Schicht
wird gleich

$$L' = L_0(1 - \alpha' p) . \quad (24)$$

wo $\alpha' < \alpha$ ist. Den reziproken Wert von α' wollen
wir mit E' bezeichnen

$$E' = \frac{1}{\alpha'} \quad \cdots \quad (25)$$

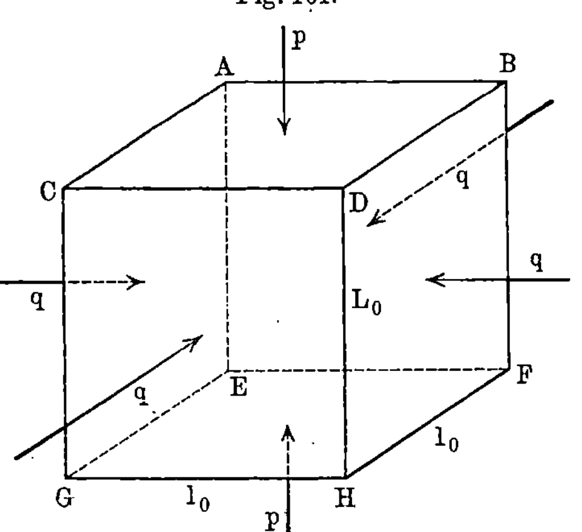

Offenbar ist $E' > E$. Die Größen α' und E' bezeichnen wir als
den Koeffizienten bzw. den Modul der einseitigen Kompression der Schicht. Um zwischen α und α' einerseits und E
und E' andererseits einen Zusammenhang zu finden, betrachten wir
die Fig. 161. Wir nehmen an, es sei aus der in Betracht gezogenen
Schicht ein rechtwinkeliges Parallelepipedon mit quadratischer Grundfläche und den Kanten $HD = L_0$ (Dicke der Schicht) und $HF = HG$
$= l_0$ herausgeschnitten. Auf die Flächeneinheit der Grundflächen wirkt
die Kraft p, auf die Flächeneinheit der Seitenflächen die Kraft q. Der
Voraussetzung gemäß muß l_0 unverändert bleiben. Was wird nun
aus L_0 unter der Wirkung aller auf das Parallelepipedon einwirkenden
Kräfte? Infolge der Wirkung von p verwandelt sich die Länge L_0
in $L_0(1 - \alpha p)$. Die beiden Drucke q von links und rechts (auf
$BFHD$ und $CAEG$) bewirken eine relative Verkürzung von GH,

die αq beträgt, und somit eine relative Verlängerung der Kante $HD = L_0$, die gleich $\sigma \alpha q$ ist. Mithin verwandelt sich $L_0 (1 - \alpha p)$ nach Satz 3 auf S. 312 in $L_0 (1 - \alpha p)(1 + \alpha \sigma q)$. Die beiden Drucke q auf die vordere und hintere Seitenfläche $CDHG$ und $ABEF$ bewirken eine ebensolche Verlängerung der Kante DH, deren schließliche Länge L' also gleich

$$L' = L_0 (1 - \alpha p)(1 + \alpha \sigma q)^2$$

wird; für kleine Werte von αp wird

$$L' = L_0 \left\{ 1 - \alpha p \left(1 - 2 \frac{q}{p} \sigma \right) \right\} \quad \cdots \cdots \quad (26)$$

Vergleicht man diesen Ausdruck mit (24), so ergibt sich

$$\alpha' = \alpha \left(1 - 2 \frac{q}{p} \sigma \right) \quad \cdots \cdots \cdots \quad (27)$$

Das Verhältnis $q : p$ findet man, indem man berücksichtigt, daß die Kante $GH = l_0$ ihre Länge unverändert beibehalten soll. Ihre Änderungen sind dreierlei Art: die Drucke q auf $DBFH$ und $AEGC$ bewirken eine relative Verkürzung von l_0, die gleich αq ist; die Drucke q auf $CDHG$ und $ABFE$ haben eine relative Verlängerung der Kante $GH = l_0$ zur Folge, die gleich $\sigma \alpha q$ ist, und endlich rufen die Drucke p eine relative Verlängerung vom Betrage $\sigma \alpha p$ hervor. Hieraus folgt, daß sich l_0 in

$$l = l_0 (1 - \alpha q)(1 + \sigma \alpha q)(1 + \sigma \alpha p)$$

oder

$$l = l_0 (1 - \alpha q + \sigma \alpha q + \sigma \alpha p)$$

verwandelt.

Die Bedingungsgleichung $l = l_0$ gibt, wenn man noch durch α hebt,

$$- q + \sigma q + \sigma p = 0$$

d. h.

$$\frac{q}{p} = \frac{\sigma}{1 - \sigma} \cdot \quad \cdots \cdots \cdots \quad (28)$$

Diese bemerkenswerte Formel liefert das Verhältnis zwischen dem äußeren Druck p auf die Flächen der Schicht und dem im Inneren der Schicht auftretenden seitlichen Drucke q. Substituiert man (28) in (27), so ist

$$\alpha' = \alpha \left(1 - \frac{2 \sigma^2}{1 - \sigma} \right) = \alpha \, \frac{1 - \sigma - 2 \sigma^2}{1 - \sigma}$$

oder schließlich

$$\alpha' = \frac{(1 + \sigma)(1 - 2 \sigma)}{1 - \sigma} \alpha . \quad \cdots \cdots \quad (29)$$

Für den **Modul** E' der einseitigen Kompression des Mediums erhält man

$$E' = \frac{1 - \sigma}{(1 + \sigma)(1 - 2 \sigma)} E \quad \cdots \cdots \quad (30)$$

Die Formeln (28), (29) und (30) lösen die wichtige Frage nach der Kompression einer unbegrenzt ausgedehnten Schicht vollkommen. Für $\sigma = 0$ ist offenbar $\alpha' = \alpha$; für $\sigma = \dfrac{1}{2}$ würde man $\alpha' = 0$ erhalten.

Wir wollen nun noch einige Zahlenwerte für die Verhältnisse $q : p$, $\alpha' : \alpha$ und $E' : E$ mit den Werten von σ zusammenstellen:

σ	q	α'	E'
0 (Kork)	0	α	E
$\dfrac{1}{4}$ (Nach Poisson)	$\dfrac{1}{3}\,p$	$\dfrac{5}{6}\,\alpha$	$\dfrac{6}{5}\,E$
$\dfrac{1}{3}$ (Nach Wertheim)	$\dfrac{1}{2}\,p$	$\dfrac{2}{3}\,\alpha$	$\dfrac{3}{2}\,E$
0,4	$\dfrac{2}{3}\,p$	$\dfrac{7}{15}\,\alpha$	$\dfrac{15}{7}\,E$
$\dfrac{1}{2}$ (Flüssigkeiten, Kautschuk)	p	0	∞

Somit ist der Seitendruck q, der in den Flüssigkeiten und beim Kautschuk gleich dem wirkenden Drucke p ist, in den übrigen festen Körpern nach Poisson gleich $\dfrac{1}{3}\,p$, nach Wertheim gleich $\dfrac{1}{2}\,p$: für Kork ist er, wenigstens in gewissen Grenzen, gleich Null. Aus unserer Tabelle ist ersichtlich, wievielmal die deformierende Kraft, welche eine Schicht um einen geringen Bruchteil ihrer Dicke, z. B. um 0,0001 zu komprimieren vermag, größer ist als die Kraft, durch welche ein Prisma aus demselben Stoffe sich um den gleichen Betrag verkürzt; erstere wird durch die Größe E' letztere durch E gemessen.

§ 10. Koeffizient des allseitigen Druckes.

Das Volumen v_0 eines Körpers vermindert sich unter Einwirkung eines auf seine gesamte Oberfläche wirkenden Druckes p um eine gewisse Größe, deren absoluten Betrag wir mit $\varDelta v_0$ bezeichnen wollen. Für kleine Deformationen können wir entsprechend dem Satz 1 auf S. 312 folgenden Ausdruck gelten lassen:

$$\varDelta v_0 = \gamma\, v_0\, p \quad\ldots\ldots\ldots\ldots (31)$$

wo γ der Koeffizient des kubischen allseitigen Druckes ist; er ist gleich

$$\gamma = \frac{\varDelta v_0}{v_0}\,\frac{1}{p} \quad\ldots\ldots\ldots\ldots (32)$$

Das neue Volumen ist $v = v_0 - \varDelta v_0$, d. h.

$$v = v_0\,(1 - \gamma p) \quad\ldots\ldots\ldots (33)$$

Um eine Beziehung zwischen γ und α zu erhalten, wenden wir uns wiederum der Fig. 161 zu und setzen $q = p$ und der Einfachheit halber $l_0 = L_0$, d. h. wir machen die Annahme, daß das komprimierte Volumen die Form eines Würfels hat. Offenbar ist $v_0 = L_0^3$. Jede Kante erfährt eine relative Verkürzung αp und zwei relative Verlängerungen $\alpha \sigma p$, infolgedessen sich L_0 in

$$L = L_0 (1 - \alpha p) (1 + \alpha \sigma p)^2$$

verwandelt, oder für kleine Werte von αp in

$$L = L_0 [1 - \alpha (1 - 2 \sigma)p] \quad \dots \dots \dots (34)$$

welcher Ausdruck sich direkt aus (26) ergibt, wenn man $q = p$ setzt. Das neue Volumen des Würfels ist $v = L^3$, folglich ist

$$v = v_0 [1 - \alpha (1 - 2 \sigma)p]^3.$$

Für kleine Werte von αp erhält man demnach

$$v = v_0 [1 - 3 \alpha (1 - 2 \sigma)p] \quad \dots \dots \dots (35)$$

Vergleicht man diese Formel mit (33), so erhält man schließlich für den K o e f f i z i e n t e n   d e s   a l l s e i t i g e n   D r u c k e s folgenden Ausdruck:

$$\gamma = 3 \alpha (1 - 2 \sigma) \quad \dots \dots \dots (36)$$

Für $\sigma = \dfrac{1}{4}$ ist $\gamma = \dfrac{3}{2} \alpha$, für $\sigma = \dfrac{1}{3}$ (W e r t h e i m) ist $\gamma = \alpha$.

Den reziproken Wert von γ nennen wir den M o d u l d e s a l l s e i t i g e n   D r u c k e s und bezeichnen ihn mit K. Es ist

$$K = \frac{1}{\gamma} = \frac{1}{3 \alpha (1 - 2 \sigma)} \quad \dots \dots \dots (37)$$

oder, da $E = \dfrac{1}{\alpha}$ ist,

$$K = \frac{E}{3 (1 - 2 \sigma)} \quad \dots \dots \dots (38)$$

Für $\sigma = \dfrac{1}{4}$ ist $K = \dfrac{2}{3} E$, für $\sigma = \dfrac{1}{3}$ ist $K = E$, d. h. die Moduln des allseitigen und des einseitigen Druckes werden einander gleich. Es gilt dies, wohl zu merken, für ein Prisma, nicht aber für eine unbegrenzte Schicht, für welche E durch $E' = \dfrac{3}{2} E$, vgl. S. 341, zu ersetzen ist. Die Größe K nennt man bisweilen den M o d u l d e r V o l u m e l a s t i z i t ä t.

Bevor wir die Methoden zur Bestimmung von γ besprechen, müssen wir zunächst auf folgenden wichtigen Satz hinweisen. Wenn die

Wandungen eines Gefäßes von innen und außen dem gleichen Drucke ausgesetzt werden, so vermindert sich das Volumen des Gefäßes um ebensoviel, wie ein demselben entsprechendes Volumen, das einen Teil eines massiven Körpers bildet und auf dessen Oberfläche derselbe Druck wie eben wirkt. Zum Beweise denken wir uns, eine massive Kugel (Fig. 162) sei einem gleichmäßigen Drucke p ausgesetzt. Wir ziehen zwei Tangenten mn und pq und betrachten eine dünne Schicht, die dem durch die Berührungspunkte s und o gehenden größten Kreise entspricht. Teilt man diese Schicht in Streifen, welche mn parallel sind, so werden durch die äußere Kraft p alle diese Streifen zusammengedrückt und infolgedessen schmäler. Dasselbe gilt auch von den mittleren Teilen jener Streifen, die innerhalb des Kreises ab liegen. Hieraus folgt, daß die innere Kugel, die wir aus der Masse der gegebenen Kugel herausgenommen denken, denselben Druck p von allen Seiten her erfährt wie die ganze Kugel, und hieraus folgt wieder umgekehrt,

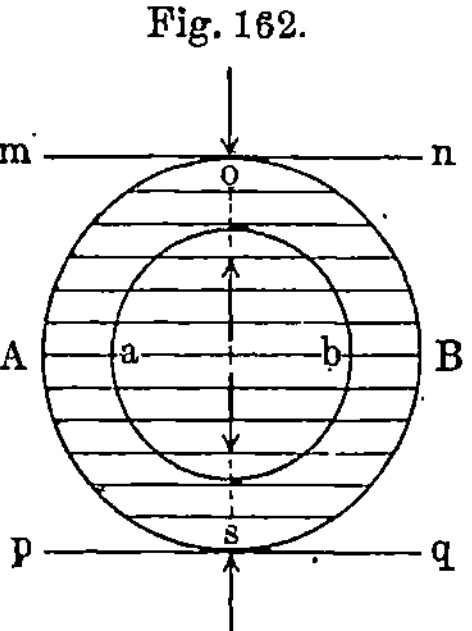

daß diese innere Kugel auf die innere Fläche der sie allseitig umgebenden Kugelschale den Druck p ausübt. Wenn wir also die innere Kugel entfernen, dafür aber auf die Innenfläche der übrigbleibenden Kugelschale den Druck p ausüben, so ändert sich für eben jene Schale nichts; sowohl das Volumen der Kugelschale als auch das des Hohlraumes nehmen um so viel ab, als ob sie Teile einer massiven Kugel bildeten.

Regnault verwandte zur Bestimmung des allseitigen Druckes das in Fig. 64 auf S. 160 abgebildete Piezometer. Wir haben bereits angegeben, in welcher Weise man auf das innere Gefäß A entweder nur von außen oder von innen, oder endlich gleichzeitig von außen und innen einen Druck ausüben kann. Aus der Höhe der Flüssigkeitssäule in der mit A verbundenen Kapillarröhre kann man auf die Volumenänderung des Gefäßes eines Schluß ziehen und durch Kombination der drei genannten Beobachtungen kann man unter Zuhilfenahme entsprechender Formeln aus der Elastizitätslehre den gesuchten Druckkoeffizienten der Substanz bestimmen, aus welcher das innere Gefäß besteht. Wir wollen die erwähnten Formeln ohne Herleitung anführen und überall mit $\varDelta V$ die Zunahme des ursprünglichen Volumens V bezeichnen.

I. Hohlkugel; innerer Radius R_0, äußerer Radius R.

1. Der Druck wirkt nur von außen

$$\frac{\varDelta_1 V}{V} = -\frac{9(1-\sigma)}{2E}\frac{R^3}{R^3-R_0^3}p \quad\cdot\quad\cdot\quad\cdot\quad\cdot\quad\cdot\quad\cdot\quad\cdot\quad (39,\,\text{a})$$

2. Der Druck wirkt nur von innen

$$\frac{\varDelta_2 V}{V} = \frac{3\,(1-2\,\sigma)\,R_0^3 + \frac{3}{2}\,(1+\sigma)\,R^3}{E\,(R^3 - R_0^3)}\,p \quad \ldots\ldots \quad (39,\,\mathrm{b})$$

3. Der Druck wirkt von außen und innen

$$\frac{\varDelta_3 V}{V} = -\frac{3\,(1-2\,\sigma)}{E}\,p = -\gamma\,p \quad \ldots\ldots\ldots \quad (39,\,\mathrm{c})$$

Offenbar ist

$$\varDelta_3 V = \varDelta_1 V + \varDelta_2 V. \quad \ldots\ldots\ldots\ldots \quad (39,\,\mathrm{d})$$

II. Hohlzylinder; innerer Radius R_0, äußerer R.

1. Druck bloß von außen

$$\frac{\varDelta_1 V}{V} = \frac{5-4\,\sigma}{E}\,\frac{R^2}{R^2 - R_0^2}\,p \quad \ldots\ldots\ldots \quad (40,\,\mathrm{a})$$

2. Druck bloß von innen

$$\frac{\varDelta_2 V}{V} = \frac{3\,(1-2\,\sigma)\,R_0^2 + 2\,(1+\sigma)\,R^2}{E\,(R^2 - R_0^2)} \quad \ldots\ldots \quad (40,\,\mathrm{b})$$

3. Druck von außen und innen

$$\frac{\varDelta_3 V}{V} = -\frac{3\,(1-2\,\sigma)}{E}\,p = -\gamma\,p \quad \ldots\ldots\ldots \quad (40,\,\mathrm{c})$$

Auch hier ist

$$\varDelta_3 V = \varDelta_1 V + \varDelta_2 V \quad \ldots\ldots\ldots\ldots \quad (40,\,\mathrm{d})$$

Sacerdote hat eine elementare Herleitung dieser Formeln gegeben. Die unmittelbaren Beobachtungen des Flüssigkeitsniveaus in der Kapillarröhre des Regnaultschen Apparats geben noch nicht die wahren Werte für die Änderung des Gefäßvolumens an, da die Flüssigkeit durch den Druck eine gewisse Volumenänderung $\varDelta V$ erfährt; es ist

$$\varDelta V = -\gamma_1\,V p \quad \ldots\ldots\ldots\ldots \quad (41)$$

wo γ_1 den kubischen Kompressionskoeffizienten der Flüssigkeit bedeutet. Diese Volumenänderung wird zu $\varDelta_2 V$ und $\varDelta_3 V$ bei der zweiten und dritten Messung von Regnault hinzugefügt. Die beobachteten oder scheinbaren Volumenänderungen sind

$$\left.\begin{array}{l} \varDelta' V \;= \varDelta_1 V \\ \varDelta'' V \;= \varDelta_2 V - \varDelta V \\ \varDelta''' V = \varDelta_3 V - \varDelta V \end{array}\right\} \cdot \ldots\ldots\ldots \quad (42)$$

Substituiert man hier (39) oder (40) und (41), so erhält man drei Gleichungen, die uns γ_1, d. h den Kompressionskoeffizienten der Flüssigkeit (vgl. S. 161 die Grassischen Versuche) und die Größen E und σ und sodann noch das gesuchte γ auf Grund der Formel (36), in der $\alpha = 1 : E$ ist, geben. Die Zahlenwerte für γ fallen verschieden aus, je nachdem man als Einheit des Druckes p den Atmosphärendruck oder den Druck von 1 kg pro Quadratmillimeter oder den einer Dyne pro Quadratzentimeter (C. G. S.-System) annimmt. Wir wollen die erste der genannten Druckeinheiten benutzen, so daß also die folgenden Zahlen angeben, um welchen Teil sich das Volumen eines Körpers vermindert, wenn der Außendruck um den einer Atmosphäre $= 10\,333$ kg pro Quadratmeter $= 0,010\,333$ kg pro Quadratmillimeter $= 1,013 \cdot 10^6$ Dynen pro Quadratzentimeter zunimmt. Genaue Bestimmungen der Kompressibilität fester Körper sind von Regnault, Voigt und Amagat ausgeführt worden.

$$\gamma \cdot 10^6$$

Blei	2,761 (Amagat)	Glas. . . .	1,67 (Regnault)
Kupfer . .	1,23 (Regnault)	„	2,197 (Amagat)
„ . .	0,857 (Amagat)	Stahl . . .	0,68 „
Messing . .	1,07 (Regnault)	Steinsalz . . .	4,2—5,0
„ . .	0,953 (Amagat)	Topas . . .	0,61 (Voigt)
Bergkristall	2,675 (Voigt)	Turmalin. .	0,1128 „

Auf S. 161 hatten wir die Methode von Richards und Stull beschrieben und einige Resultate derselben für Flüssigkeiten angeführt. Diese Forscher wandten ihre Methode auch bei festen Körpern an, indem sie γ für Jod, Phosphor und Glas bestimmten; sie fanden:

	Jod	Phosphor	Glas
γ	0,000 013	0,000 021	0,000 002 3

wobei als Druckeinheit das Megabar (0,987 Atm.) angenommen ist. Richards und Speyers (1914) haben die Kompressibilität des Eises bei $-7,03^0$ bei Drucken zwischen 100 und 500 Atm. zu $120 \cdot 10^{-7}$ bestimmt; dieser Wert ist ungefähr ein Viertel von der Kompressibilität des Wassers bei gleicher Temperatur. Neuere Messungen von γ an Pt, Au, Cu, Al, Mg, Hg und Glas hat Buchanan ausgeführt.

Die Abhängigkeit der Größe γ von der Temperatur haben Protz (1910) und Grüneisen (1910) untersucht. Protz fand für K und Na ein Wachsen von γ mit der Temperatur, wir führen einige Werte von $\gamma \cdot 10^5$ an:

Na	$t = 1^0$	$28,5^0$	$71,7^0$	$94,0^0$	
	1,592	1,672	1,834	1,865	

K	$t = 1^0$	$35,1^0$	$58,7^0$	$67,6^0$	$90,0^0$
	4,096	4,370	4,551	(4,648)	(4,821)

Die letzten zwei Zahlen beziehen sich auf geschmolzenes Kalium. Grüneisen hat γ für Fe, Cu, Ag, Pt zwischen -190^0 und $+165^0$,

für Al zwischen -190^0 und $+125^0$ und für Sn und Pb zwischen
-190^0 und $+16^0$ gemessen. Es zeigte sich, daß γ stets mit der Temperatur wächst, in manchen Fällen linear, in anderen schneller. Bei niedrigen Temperaturen ist der Einfluß der Temperatur um so größer, je größer die Wärmeausdehnung des Metalles ist.

§ 11. Scherungsmodul. Wir denken uns im Inneren eines festen Körpers zwei parallele Ebenen AB und CD (Fig. 163); sie mögen senkrecht zur Zeichnungsebene sein. Die Ebene CD werde in unveränderlicher Lage erhalten und längs der Ebene AB seien gleichmäßig Kräfte verteilt, die einander parallel sind und in dieser Ebene liegen, wobei auf jede Flächeneinheit eine Kraft p komme. Diese Kraft bewirkt dann eine Verschiebung der Ebene AB und aller zwischen CD und AB dazwischen liegenden Ebenen nach der Seite der Kraft hin; infolgedessen geht die physikalische Gerade GE, welche ursprünglich zu allen diesen Ebenen senkrecht war, in die Lage GE' über, die ihrerseits

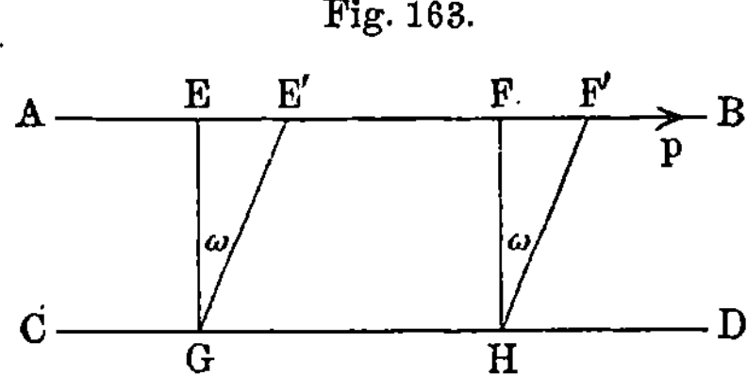

Fig. 163.

mit der geometrischen Normale GE zu AB und CD einen sogenannten Scherungswinkel ω bildet. Ein beliebiger Teil EF der Ebene AB gelängt hierbei nach $E'F'$, und das rechtwinklige Parallelepipedon $GEFH$ verwandelt sich in das schiefwinklige $GE'F'H$.

Als Ursache für die Deformation tritt in unserem Falle eine auf die Flächeneinheit wirkende Kraft oder ein Zug p auf; als Maß für die Deformation dient im gegebenen Falle der Winkel ω, um welchen sich die ursprüngliche Normale zu den verschiedenen parallelen Ebenen gedreht hat. Nach Satz 1 auf S. 312 kann man folgende Beziehung aufstellen:

$$\omega = np \quad \ldots \ldots \ldots \ldots \ldots (43)$$

wo n ein für die gegebene Substanz konstanter Faktor ist, den man als **Scherungskoeffizient** bezeichnen kann. Sein reziproker Wert $N = 1:n$ wird **Scherungsmodul** genannt. Führt man ihn ein, so ist

$$\omega = \frac{1}{N} p \quad \ldots \ldots \ldots \ldots \ldots (44)$$

Für $\omega = 1$ wird $N = p$, d. h. der Scherungsmodul ist in diesem Falle gleich der Zugkraft, welche einen Scherungswinkel gleich der Einheit ($\omega = 57^0\,17'\,44{,}8''$) hervorrufen würde, falls die Formeln (43) und (44) auch für so gewaltige Scherungen ihre Gültigkeit behalten würden und falls nicht schon viel früher die Elastizitätsgrenze erreicht oder ein Bruch der Körper erfolgen würde.

Wir bezeichnen mit f die Kraft, welche an der in der Ebene AB liegenden Fläche S angreift; es ist dann $p = f : S$. Ist der Abstand der Ebenen AB und CD voneinander gleich ξ, der absolute Betrag der Scherung $EE' = FF' = \sigma$, so ist $\omega = \dfrac{\sigma}{\xi}$. Setzt man p und ω in Formel (44) ein, so ergibt sich

$$N = \frac{f\xi}{S\sigma} \qquad \cdots \cdots \cdots \quad (44,\text{a})$$

Zwischen den Moduln E und N und der Größe σ besteht eine einfache Beziehung, die wir nunmehr herleiten wollen. Wir stellen uns einen Würfel $ABDC$ (Fig. 164) vor, dessen Kanten wir der Einfachheit halber gleich der Längeneinheit setzen, und nehmen an, daß an zwei gegenüberliegenden Seitenflächen AB und CD senkrechte Zugkräfte p angreifen, unter deren Einwirkung der Würfel sich in ein rechtwinkliges Parallelepipedon $A_1 B_1 C_1 D_1$ mit den Seiten $B_1 D_1 = 1 + \alpha p$ und $A_1 B_1 = 1 - \sigma \alpha p$ verwandelt. Die Diagonalebenen CB und AD werden hierbei in $C_1 B_1$ und $A_1 D_1$ übergehen. Die physikalische Gerade (Molekülreihe) OA, welche zur Ebene CB senkrecht war, wird nun mit der neuen Lage dieser Ebene $C_1 B_1$ den Winkel $A_1 O B_1$ bilden, der sich von einem rechten Winkel um den Winkel 2φ unterscheidet, wo $\angle \varphi = \angle A_1 O A = \angle B_1 O B$ ist. Hieraus folgt, daß die zur Diagonalebene CB parallelen Ebenen eine Scherung erfahren haben, wobei der Scherungswinkel ω gleich

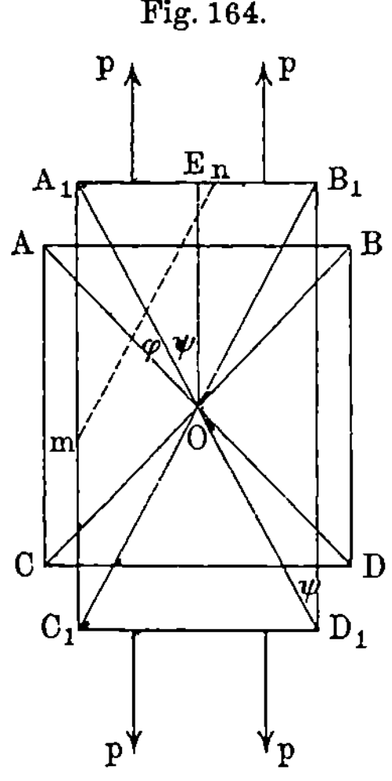

$$\omega = 2\varphi \quad \cdots \cdots \quad (45)$$

ist. Die Größe der parallel zu diesen Ebenen wirkenden und die Scherung hervorrufenden Zugkräfte bezeichnen wir jetzt mit p_1, so daß (44) für den Scherungsmodul N folgenden Wert gibt

$$N = \frac{p_1}{\omega} = \frac{p_1}{2\varphi} \qquad \cdots \cdots \cdots \quad (46)$$

Um p_1 zu bestimmen, betrachten wir eine der verschobenen Ebenen mn, welche parallel zu $C_1 B_1$ ist. Auf sie überträgt sich die Kraft, welche auf den Teil $A_1 n$ der Grundfläche $A_1 B_1$ wirkt, und daher kommt auf die Einheit der Fläche mn die Kraft

$$\frac{A_1 n}{m n}\, p = p\, cos\,(A_1 n m)$$

Diese Kraft ist der Kante $C_1 A_1$ parallel; die gesuchte Kraft p_1, welche die Scherung bewirkt, ist gleich der Projektion dieser Kraft auf die verschobene Ebene mn, d. h. es ist

$$p_1 = p \cos(A_1\, nm)\, \sin(A_1\, nm).$$

Ist jedoch die Deformation sehr gering, so unterscheidet sich der Winkel $A_1 nm$ nur sehr wenig von 45^0, und man kann daher $\cos(A_1 nm) = \sin(A_1 nm) = 1 : \sqrt{2}$ oder $p_1 = 0{,}5\, p$ setzen. Setzt man dies in (46) ein, so ist

$$N = \frac{p}{2\,\omega} = \frac{p}{4\,\varphi} \quad \cdot \quad \cdot \quad \cdot \quad \cdot \quad \cdot \quad \cdot \quad (47)$$

Es bleibt nun übrig, den Winkel φ zu bestimmen. Bezeichnet man $\angle\ A_1\, O\, E = \angle\ A_1\, D_1\, B_1$ mit ψ, so ist

$$tg\,\psi = \frac{A_1 B_1}{B_1 D_1} = \frac{1 - \alpha\,\sigma\,p}{1 + \alpha\,p}.$$

Für ein sehr kleines αp ist

$$tg\,\psi = (1 - \alpha\,\sigma\,p)(1 - \alpha\,p) = 1 - \alpha(1 + \sigma)p \quad . \quad . \quad (48)$$

Andererseits ist

$$tg\,\psi = tg\left(\frac{\pi}{4} - \varphi\right) = \frac{tg\,\dfrac{\pi}{4} - tg\,\varphi}{1 + tg\,\dfrac{\pi}{4}\,tg\,\varphi} = \frac{1 - tg\,\varphi}{1 + tg\,\varphi}$$

oder für kleine Werte von φ

$$tg\,\psi = \frac{1 - \varphi}{1 + \varphi} = 1 - 2\,\varphi.$$

Vergleicht man diesen Ausdruck mit (48), so erhält man $\varphi = \dfrac{\alpha(1 + \sigma)}{2}\,p$. Setzt man nun noch diesen Wert in (47) ein und führt die Größe $\dfrac{1}{\alpha} = E$ ein, so ergibt sich schließlich

$$N = \frac{E}{2(1 + \sigma)} \quad \cdot \quad \cdot \quad \cdot \quad \cdot \quad \cdot \quad \cdot \quad \cdot \quad \cdot \quad (49)$$

Diese wichtige Formel stellt den Zusammenhang des Youngschen Moduls E und des Scherungsmoduls N mit dem Poissonschen Koeffizienten σ dar.

§ 12. Zusammenstellung der Formeln.

Im § 4 auf S. 319 war bereits erwähnt worden, daß es möglich sei, alle die verschiedenen Größen, welche in der Elastizitätstheorie benutzt werden, durch zwei Fundamentalgrößen auszudrücken. Da aber die verschiedenen Forscher verschiedene Größen zum Ausgangspunkt wählen und daher die in der einschlägigen Literatur vorkommenden Formeln sehr mannigfaltig sind, so daß sich der Anfänger nur schwer zurechtfindet, so wollen wir in diesem Paragraphen eine Zusammenstellung der gebräuchlichsten Fundamentalgrößen und der sich hieraus ableitenden Formelgruppen geben. Die hauptsächlichsten Fundamentalgrößen sind folgende vier:

$$E \qquad K \qquad N \qquad \sigma$$

Modul für den Zug   Modul für den allseitigen Druck   der Scherungsmodul   der Poissonsche Koeffizient

Ferner hat man fünf Koeffizienten:

$$\alpha = \frac{1}{E}; \qquad \gamma = \frac{1}{K}; \qquad n = \frac{1}{N}; \qquad \beta = \alpha\sigma; \qquad \eta\left(=\frac{1}{3}\gamma\right)$$

Koeff. der Querkontraktion   Koeff. d. Volumen-Ausdehnung

beim Zug

Ferner beziehen sich zwei Größen

$$E' \text{ und } \alpha' = \frac{1}{E'}$$

auf die einseitige Kompression einer unbegrenzten Schicht und schließlich wird noch die Hilfsgröße

$$\lambda$$

[vgl. Gleichung (1) auf S. 320] eingeführt, deren Bedeutung aus dem Folgenden klar werden wird. Aus den zahlreichen möglichen von den verschiedenen Autoren benutzten Formelgruppen wollen wir drei auswählen.

I. Als Fundamentalgröße nehmen wir den Youngschen Modul E und den Poissonschen Koeffizienten σ. Es sind dies die beiden Größen, durch welche wir bereits bei unseren Ableitungen alle übrigen Größen ausgedrückt haben.

Wir hatten folgende Formeln erhalten:

$$(30) \text{ auf S. 340} \qquad E' = \frac{(1-\sigma)E}{(1+\sigma)(1-2\sigma)} \quad \cdots \cdots \cdots \quad (50,\text{a})$$

$$(38) \text{ „ „ 342} \qquad K = \frac{E}{3(1-2\sigma)} \quad \cdots \cdots \cdots \cdots \quad (50,\text{b})$$

$$(49) \text{ „ „ 348} \qquad N = \frac{E}{2(1+\sigma)} \quad \cdots \cdots \cdots \cdots \quad (50,\text{c})$$

$$(15) \text{ „ „ 334} \qquad \beta = \alpha\sigma = \frac{\sigma}{E} \quad \cdots \cdots \cdots \cdots \quad (50,\text{d})$$

$$(20) \text{ „ „ 335} \qquad \eta = \alpha(1-2\sigma) = \frac{1-2\sigma}{E} \quad \cdots \cdots \quad (50,\text{e})$$

$$(1) \text{ „ „ 320} \qquad \lambda = \frac{\sigma E}{(1+\sigma)(1-2\sigma)} \quad \cdots \cdots \cdots \quad (50,\text{f})$$

Die Formeln (50, e) und (50, b) geben

$$\eta = \frac{1}{3K} = \frac{1}{3}\gamma \quad \cdots \cdots \cdots \cdots \quad (51)$$

II. Als Fundamentalgrößen wählen wir den Modul des allseitigen Druckes K und den Scherungsmodul N. Die Gleichungen (50, b) und (50, c) geben zunächst σ und E, worauf dann die übrigen Größen leicht gefunden werden können:

$$\sigma = \frac{3K - 2N}{2(3K + N)} \quad \cdots \cdots \cdots \quad (51,\text{a})$$

$$E = \frac{9NK}{3K + N} \quad \cdots \cdots \cdots \quad (51,\text{b})$$

$$E' = K + \frac{4}{3}N \quad \cdots \cdots \cdots \quad (51,\text{c})$$

$$\lambda = K + \frac{2}{3}N \quad \cdots \cdots \cdots \quad (51,\text{d})$$

$$\alpha = \frac{1}{E} = \frac{1}{3N} + \frac{1}{9K} \quad \cdots \cdots \quad (51,\text{e})$$

$$\beta = \alpha\sigma = \frac{1}{6N} - \frac{1}{9K} \quad \cdots \cdots \quad (51,\text{f})$$

Beiläufig sei bemerkt, daß die beiden letzten Formeln einen wichtigen Ausdruck für den Scherungskoeffizienten $n = \dfrac{1}{N}$ geben, nämlich

$$n = 2(\alpha + \beta) \quad \cdots \cdots \cdots \quad (52)$$

In Formel (40, a) auf S. 344) kam ein Faktor vor, der nunmehr folgende einfache Form annimmt

$$\frac{5 - 4\sigma}{E} = \frac{1}{N} + \frac{1}{K} \quad \cdots \cdots \cdots \quad (53)$$

III. Die Koeffizienten von Lamé λ und $2N$. Lamé und Cauchy haben in die Elastizitätslehre zwei Koeffizienten eingeführt, nämlich erstens λ, welche Größe von uns in die vorhergehende Formelzusammenstellung aufgenommen worden ist, und zweitens $2N$, d. h. den doppelten Scherungsmodul. Diese Koeffizienten werden auf Grund folgender Überlegungen erhalten: man stellt sich einen Würfel (Fig. 164) vor, dessen Kanten gleich der Längeneinheit sind; auf zwei von den Seitenflächen wirken die Zugkräfte p. Diese rufen eine Verlängerung αp und eine Volumenzunahme ηp hervor. Man kann sich dabei denken, daß ein Teil der wirkenden Kräfte p die Deformation αp, der andere die Deformation ηp hervorruft, und daß nach Satz 1 auf S. 312 diese Teile den von ihnen hervorgerufenen Deformationen proportional sind. Bezeichnet man die Proportionalitätskoeffizienten vorläufig mit $2N$ und λ, so ist $p = 2N\alpha p + \lambda \eta p$ oder

$$2N\alpha + \lambda\eta = 1 \quad \cdots \cdots \cdots \quad (54)$$

Ausgehend von obiger Vorstellung, kann man die ganze Theorie der Elastizität eines isotropen Körpers entwerfen und den Youngschen Modul, den Kompressions- und Scherungsmodul, den Poissonschen Koeffizienten usw. durch $2N$ und λ ausdrücken. Hierbei zeigt sich auch, daß der Koeffizient $2N$ gleich dem doppelten Scherungsmodul ist und daß λ durch die Formeln (50, f) oder (51, d) ausgedrückt wird. Hier wollen wir uns auf den Hinweis beschränken, daß sich Formel (54) in eine Identität verwandelt, wenn man in sie die Werte aus (50, c), (50, f), (50, e) und $\alpha = \dfrac{1}{E}$ einsetzt. Löst man die Gleichungen (50) und (51) auf, so ergibt sich

$$\sigma = \frac{\lambda}{2\,(\lambda + N)} \quad \cdots \cdots \cdots \quad (55, a)$$

$$E = \frac{N\,(3\,\lambda + 2\,N)}{\lambda + N} \quad \cdots \cdots \cdots \quad (55, b)$$

$$K = \lambda + \frac{2}{3}\,N \quad \cdots \cdots \cdots \quad (55, c)$$

$$\eta = \frac{1}{3\,\lambda + 2\,N} \quad \cdots \cdots \cdots \quad (55, d)$$

$$E' = \lambda + 2\,N \quad \cdots \cdots \cdots \quad (55, e)$$

Bedient man sich der Laméschen Konstanten, so bezeichnet man gewöhnlich $2N$ durch einen einzigen Buchstaben, z. B. $2N = \mu$.

IV. **Andere Konstanten.** Der Vollständigkeit halber sei bemerkt, daß Kirchhoff zwei Konstanten eingeführt hat (K) und L, welche mit unseren Konstanten folgendermaßen zusammenhängen:

$$(K) = N$$

$$L = \frac{\lambda}{2\,N} = \frac{\sigma}{1 - 2\,\sigma}.$$

Einige Autoren benutzen die Größen $A = \lambda + 2\,N = E'$ und $B = N$.

Bisweilen benutzt man auch das Verhältnis

$$\varkappa = \frac{N}{K};$$

dann ergibt die Formel (51, a)

$$\sigma = \frac{3 - 2\,\varkappa}{2\,(3 + \varkappa)}.$$

Die Poissonsche Theorie, d. h. die Annahme $\sigma = \dfrac{1}{4}$, führt, wenn man diesen Wert in die vorhergehenden Gleichungen einsetzt, zu folgenden Formeln:

$$N = \lambda; \quad L = \frac{1}{2}; \quad A = 3\,B; \quad K = \frac{5}{3}\lambda = \frac{5}{3}\,N;$$

$$E = \frac{5}{2}\,\lambda = \frac{5}{2}\,N; \quad \varkappa = \frac{3}{5}.$$

§ 13. Torsion. Die ersten genauen Untersuchungen der Torsionsgesetze stammen von Coulomb, der für die Torsion von Drähten zu folgenden Ergebnissen gelangte. Macht man das eine Drahtende unbeweglich, so ist zum Drehen oder Drillen des anderen Endes um einen gewissen Winkel φ ein Kräftepaar erforderlich, dessen Moment mit P bezeichnet werden möge. Diese Größe spielt im vorliegenden Falle die Rolle einer äußeren, die Deformation hervorrufenden Kraft. In hergebrachter Weise werden wir (obgleich dies sehr ungenau ist) das Moment P des wirkenden Kräftepaares die tordierende Kraft nennen. Die Länge des Drahtes sei l und r der Radius seines Querschnittes für den besonderen Fall, daß dieser Querschnitt ein Kreis ist.

Coulomb fand, daß der Torsionswinkel φ direkt proportional der tordierenden Kraft P, direkt proportional der Drahtlänge l und umgekehrt proportional der vierten Potenz des Radius r ist. Der Winkel φ hängt vom Grade der Spannung des Drahtes nicht ab. Diese Coulombschen Beobachtungen führen somit zu folgender Formel

$$\varphi = C\,\frac{Pl}{r^4} \quad \cdot \quad \cdot \quad \cdot \quad \cdot \quad \cdot \quad \cdot \quad \cdot \quad \cdot \quad (56)$$

wo C ein von der Substanz des Drahtes abhängiger Faktor ist. Bezeichnet man $\dfrac{1}{C}$ mit F, so ergibt sich für das tordierende Moment P folgender Ausdruck

$$P = \frac{F\varphi\,r^4}{l} \quad \cdot \quad \cdot \quad \cdot \quad \cdot \quad \cdot \quad \cdot \quad \cdot \quad (57)$$

Setzt man

$$\frac{F\,r^4}{l} = f \quad \cdot \quad \cdot \quad \cdot \quad \cdot \quad \cdot \quad \cdot \quad \cdot \quad (58)$$

so ist

$$P = f\varphi \quad \cdot \quad \cdot \quad \cdot \quad \cdot \quad \cdot \quad \cdot \quad \cdot \quad (59)$$

Letztere Formel gilt für einen Draht von beliebiger Querschnittsform. Die Größe f kann man den Torsionsmodul des gegebenen Drahtes nennen. Diese Größe ist numerisch gleich dem Momente des

Kräftepaares oder der tordierenden Kraft, durch welche das Drahtende um den Einheitswinkel, d. h. um $\varphi = 57^0\ 17'\ 44{,}8''$ gedreht wird.

Wir wollen jetzt die Arbeit R bestimmen, welche geleistet werden muß, um das Drahtende um den Winkel φ zu tordieren. Sei Q das Moment des Kräftepaares, welches den Draht um den Winkel ψ tordiert, dann ist die Zunahme der Arbeit dR, welche geleistet wird, wenn der Winkel ψ um $d\psi$ größer wird, $dR = Q\,d\psi$. Es ist aber $Q = f\psi$, vgl. (59), folglich $dR = f\psi\,d\psi$. Hieraus ergibt sich für die Gesamtarbeit

$$R = f\int_0^\varphi \psi\,d\psi = \frac{1}{2}\,f\varphi^2 = \frac{1}{2}\,P\varphi \quad \dots \quad (59,\mathrm{a})$$

Mithin ist die potentielle Energie J des tordierten Drahtes ebenfalls gleich

$$J = \frac{1}{2}\,f\varphi^2 \quad \dots\dots\dots \quad (59,\mathrm{b})$$

Für $\varphi = \sqrt{2}$, d. h $\varphi = 81^0\ 1'\ 42''$ ist $J = f$.

Der Torsionsmodul f eines gegebenen Drahtes ist numerisch gleich der potentiellen Energie, welche der Draht besitzt, wenn der Torsionswinkel gleich $\varphi = \sqrt{2} = 81^0\ 1'\ 42''$ ist.

Die Proportionalität zwischen P und φ ist für dünne Drähte bis zu sehr großen Werten von φ eine befriedigend genaue; infolgedessen sind die Torsionsschwingungen eines Körpers, der sich am unteren Ende eines tordierten und darauf sich selbst überlassenen Drahtes befindet, in hohem Maße isochron, d. h. die Schwingungsdauer derselben hängt von der Amplitude nicht ab. Hierauf war bereits auf S. 331, Abt. I, hingewiesen worden. Die Schwingungsdauer T findet sich zu

$$T = \pi\,\sqrt{\frac{Q}{f}} \cdot \quad \dots\dots\dots \quad (60)$$

wo Q das Trägheitsmoment (Abt. I, S. 98) des Körpers ist, welcher am unteren Drahtende hängt. Dieses läßt sich, wie wir sahen, in speziellen Fällen mit Hilfe der Formeln (36) bis (39) auf S. 100 bis 101 berechnen. Identisch mit (60) ist (23) auf S. 332, wo anstatt Q und f die Buchstaben K und C gewählt sind. Die Formel (60) kann dazu dienen, die Coulombschen Gesetze zu verifizieren, denn ändert man Länge und Durchmesser eines Drahtes von gegebenem Stoff, so muß

$$\frac{f}{f_1} = \frac{T_1^2}{T^2}$$

sein, wo das Verhältnis $\dfrac{f}{f_1}$ sich aus (58) im Zusammenhange mit der gewählten Länge und dem Durchmesser des Drahtes ergibt.

Wenn das untere Ende eines Drahtes, während das obere fest-
bleibt, Torsionsschwingungen vollführt, so vermindert sich allmählich
die Amplitude der letzteren nicht nur aus äußeren, sondern auch aus
inneren Gründen; es entsteht infolge von innerer Reibung ein Energie-
verlust.

Die Größe F ist charakteristisch für die gegebene Substanz, und
wir werden sehen, in welchem Zusammenhange sie mit den in den letzten
Paragraphen betrachteten Größen steht.

Coulomb hat seine Untersuchungen auf Drähte beschränkt;
Savart (1829) und Wertheim (1857) haben die Torsion von Stäben

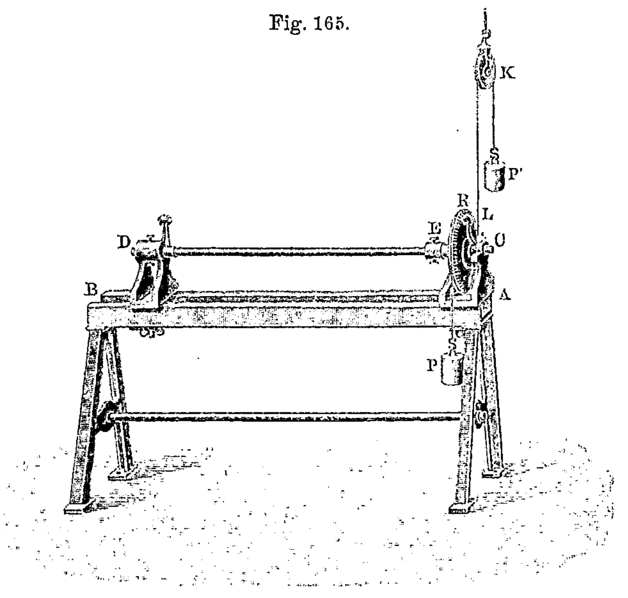

Fig. 165.

untersucht. Der Apparat, welchen Wertheim benutzte, ist in Fig. 165
abgebildet. Der zu untersuchende Stab wurde in den Klemmen D und
E oberhalb eines gußeisernen Tischchens befestigt. In der Nähe des
Endes D war am Stabe ein Zeiger angebracht, von dem aus die Stablänge l bis zur Hülse E gerechnet wurde. Aus den Verschiebungen
des Zeigers auf einem kleinen an D befestigten Kreisbogen läßt sich
die minime Torsion des linken Stabendes bestimmen; diese Torsion
wurde vom Torsionswinkel des anderen Endes E subtrahiert, um den
Torsionswinkel φ zu erhalten. Zwei gleiche Gewichte P und P'
wirkten tangential zur Kreisscheibe R, deren Drehungswinkel mittels
des Index L, des auf demselben angebrachten Nonius und der Grad-
teilung auf dem Kreise R bestimmt wurde. Ist ϱ der Radius dieses
Kreises und p das Gewicht jedes der beiden Gewichtstücke, so ist

das Produkt $2p\varrho$ gleich der tordierenden Kraft. Wertheim fand, daß die Coulombschen Gesetze auch für Stäbe ihre volle Geltung behalten; der Winkel φ ist proportional Pl und für runde Stäbe umgekehrt proportional r^4.

§ 14. Zusammenhang zwischen dem Torsionsmodul f und dem Scherungsmodul N.

Wir wollen nun den Zusammenhang zwischen dem Torsionsmodul f eines Drahtes von beliebigem Querschnitt und dem Scherungsmodul N der Drahtsubstanz aufsuchen. AB (Fig. 166) sei die Achse des Drahtes, um die sich die untere Grundfläche um den Winkel φ gedreht hat; ferner sei ds ein Flächenelement der Grundfläche, das sich ursprünglich bei D im Abstande $DB = AC = \varrho$ von der Drehungsachse befand und nach der Torsion nach D_1 gelangt ist, wobei $\angle\,DBD_1 = \varphi$ ist. Zieht man $DC \parallel BA$, so findet man bei C das dem vorhergehenden entsprechende Element ds der anderen Grundfläche; beide Elemente in D und C waren vor der Torsion einander parallel und befanden sich auf derselben Senkrechten. Nach der Torsion war diese Gerade in die Schraubenlinie CD_1 übergegangen, die sich, wie bekannt, bei Abwickelung der Zylinderfläche (vom Grundflächenradius r) in eine Gerade verwandelt. Der Scherungswinkel ω wird durch den Dreieckswinkel C dargestellt, so daß $tg\,\omega = \dfrac{\frown DD_1}{DC}$

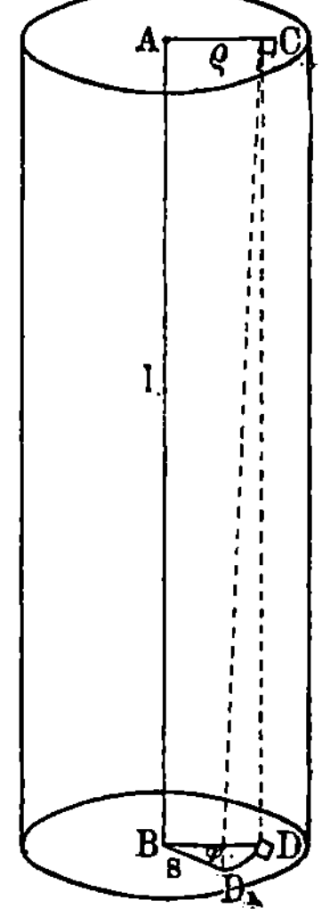
Fig. 166.

$= \dfrac{\varrho\,\varphi}{l}$ ist. Wegen der Kleinheit des Winkels ω kann man sogar für große Werte von φ

$$\omega = \frac{\varrho}{l}\,\varphi \quad\cdots\cdots\quad (61)$$

setzen. Um den Scherungswinkel ω zu erhalten, muß an die Oberflächeneinheit die Kraft $p = N\omega$ angreifen, vgl. (44) auf S. 346, also am Flächenelement ds die Kraft $N\omega\,ds$. Das Moment dieser Kraft in bezug auf die Drehungsachse ist gleich $N\varrho\,\omega\,ds$ oder, wenn man (61) berücksichtigt, $N\dfrac{\varrho^2}{l}\,\varphi\,ds$. Hieraus folgt, daß die tordierende Kraft P, d. h. das Moment des Kräftepaares, welches alle Elemente ds der Grundfläche um den Winkel φ dreht, gleich

$$P = \frac{N\,\varphi}{l}\iint \varrho^2\,ds \quad\cdots\cdots\cdots\quad (62)$$

ist, wobei sich die Integration auf alle Elemente ds der Grundfläche des Drahtes oder Stabes erstreckt. Da ds von der Dimension $[L^2]$ ist, so

23*

stellt das gesamte Integral eine Größe von der Dimension $[L^4]$ dar, d. h. P ist eine Größe von der vierten Potenz in bezug auf die linearen Dimensionen des Draht- oder Stabquerschnittes. Bezeichnet man sie symbolisch mit B^4, so ist

$$P = \frac{N \varphi B^4}{l} \quad \cdots \cdots \cdots \cdots \quad (63)$$

Es ist aber $P = f\varphi$, also

$$\left. \begin{aligned} f &= N \frac{B^4}{l} \\ B^4 &= \iint \varrho^2 ds \end{aligned} \right\} \quad \cdots \cdots \cdots \cdots \quad (64)$$

Diese Formel liefert in allgemeinster Form den Zusammenhang zwischen dem Torsionsmodul f eines Drahtes und dem Scherungsmodul N des Stoffes, aus welchem er besteht.

Führen wir für einen gewöhnlichen zylindrischen Draht vom Radius r die Polarkoordinaten ϱ und α ein, so ist $ds = \varrho\, d\varrho\, d\alpha$ und

$$B^4 = \int_{\varrho=0}^{r} \int_{\alpha=0}^{2\pi} \varrho^3 d\varrho\, d\alpha = 2\pi \int_0^r \varrho^3 d\varrho = \frac{\pi r^4}{2} \cdot \cdot \cdot \quad (65)$$

Berechnet man B^4 auch für andere Querschnittsformen, so erhält man:

für einen kreisförmigen Querschnitt $\quad \ldots \ldots$ $B^4 = \dfrac{\pi}{2} r^4$,

für eine Röhre mit den Radien r_1 und r_2 $\ldots$ $B^4 = \dfrac{\pi}{2} (r_1^4 - r_2^4)$,

für einen rechtwinkligen Querschnitt mit den

Seiten a und b $\ldots \ldots \ldots \ldots \ldots$ $B^4 = \dfrac{ab\,(a^2 + b^2)}{12}$.

Bleiben wir bei dem gewöhnlichen zylindrischen Draht stehen und setzen (65) in (63) und (64) ein, so ergibt sich

$$P = \frac{\pi N r^4}{2l} \varphi \quad \cdots \cdots \cdots \cdots \quad (66,\text{a})$$

$$f = \frac{\pi N r^4}{2l} \quad \cdots \cdots \cdots \cdots \quad (66,\text{b})$$

Vergleicht man diesen Ausdruck mit Formel (57), welche die von Coulomb gefundenen Torsionsgesetze wiedergibt, so sieht man, daß beide miteinander vollkommen übereinstimmen. Der Koeffizient F in der Coulombschen Formel ist gleich $\dfrac{\pi}{2} N$, wo N der Scherungsmodul ist.

§ 15. Experimentelle Bestimmung des Scherungsmoduls N und des Poissonschen Koeffizienten σ. Die obigen Formeln setzen uns in den Stand, nach zwei Methoden den Scherungsmodul N und sodann den Poissonschen Koeffizienten σ des Stoffes zu bestimmen, aus welchem der Draht besteht.

I. Schwingungsmethode (Dynamische Methode). Ein am unteren Ende eines Drahtes von bekannter Länge und bekanntem Querschnitt befestigter Körper, dessen Trägheitsmoment gleich Q ist, wird in Schwingungen um die Drahtachse versetzt. Hat man Q aus der Dichte, Form und den Dimensionen des Körpers berechnet oder indirekt mit Hilfe der auf S. 346, Abt. I, angegebenen Methoden ermittelt und außerdem die Schwingungsdauer T des Körpers bestimmt, so ergibt sich N indem man (66, b) in Formel (60) substituiert,

$$N = \frac{2\,\pi\,l\,Q}{T^2\,r^4} \quad \cdots \cdots \cdots \cdots (67)$$

Ist der Körper eine Kugel vom Gewichte Π, so erhält man $Q = \dfrac{2}{5}\,\dfrac{\Pi R^2}{g}$, wobei R den Kugelradius und g die Beschleunigung der Schwerkraft, vgl. (39) auf S. 101, Abt. I, bedeutet. In diesem Falle ist

$$N = \frac{\pi}{5}\,\frac{l\,\Pi}{g}\left(\frac{2\,R}{r^2\,T}\right)^2 \quad \cdots \cdots \cdots (67,\text{a})$$

Kennt man Q, l und r und mißt T, so ergibt sich aus Formel (67) der Scherungsmodul N. Berechnet man N in den üblichen Einheiten, d. h. in Kilogrammen pro Quadratmillimeter Oberfläche, so hat man Π in Formel (67, a) oder in einer anderen diese Größe enthaltenden Formel in Kilogrammen auszudrücken, l, r und andere lineare Größen aber, wie z. B. R in (67, a) in Millimetern. Drückt man T in Sekunden aus, so ist $g = 9810\,\dfrac{\text{mm}}{(\text{sec})^2}$. Die Dimension des Moduls N ist

$$[N] = \frac{\text{Kraft}}{\text{Oberfläche}} = \frac{ML}{T^2} : L^2 = \frac{M}{LT^2} \quad \cdots \cdots (68)$$

Von derselben Dimension sind auch die Moduln E und K.

II. Torsionsmethode (Statische Methode). Hat man das Moment P des Kräftepaares, welches man am unteren Drahtende angreifen lassen muß, um den Draht um den Winkel φ zu drehen, durch Messung ermittelt, so findet man den Scherungsmodul N aus Formel (66, a)

$$N = \frac{2\,l\,P}{\pi\,r^4\,\varphi} \quad \cdots \cdots \cdots \cdots (69)$$

wo l die Länge, r der Querschnittsradius des Drahtes ist. Der Winkel φ muß in den auf S. 353 betrachteten Einheiten, l und r in Millimetern, P in Millimeterkilogrammen ausgedrückt werden.

Man kann auch beide Drahtenden befestigen, das Kräftepaar in der Drahtmitte angreifen lassen und den Drehungswinkel φ messen. In diesem Falle ist zur Tordierung jeder Hälfte des Drahtes ein Kräftepaar erforderlich, dessen Moment man erhält, wenn man in (66, a) den Wert $\frac{1}{2}l$ anstatt l einsetzt. Das gesuchte Moment P_1, das auf den Draht einwirkt, muß jetzt zweimal größer sein, also

$$P_1 = \frac{2\,N\pi\,r^4}{l}\,\varphi$$

woraus dann

$$N = \frac{l\,P_1}{2\,\pi r^4\,\varphi} \quad \cdots \cdots \cdots \quad (69,\text{a})$$

folgt. Wie man sieht, ist $P_1 = 4\,P$.

Zur Bestimmung des Scherungsmoduls kann der Apparat von Lermantow dienen, welchen wir auf S. 324 und 325 (Fig. 158 und 159) beschrieben hatten, und zwar insbesondere sein in der Mitte angebrachter Teil FHp (Fig. 158). Derselbe ist in Fig. 167 in größerem Maßstabe dargestellt und hat folgende Einrichtung. An der Mitte des Drahtes ist eine horizontale Scheibe F befestigt. Diese ist mit einer (in der Figur nicht dargestellten) Kreisteilung versehen, der gegenüber sich die beiden festen Indizes nn befinden, so

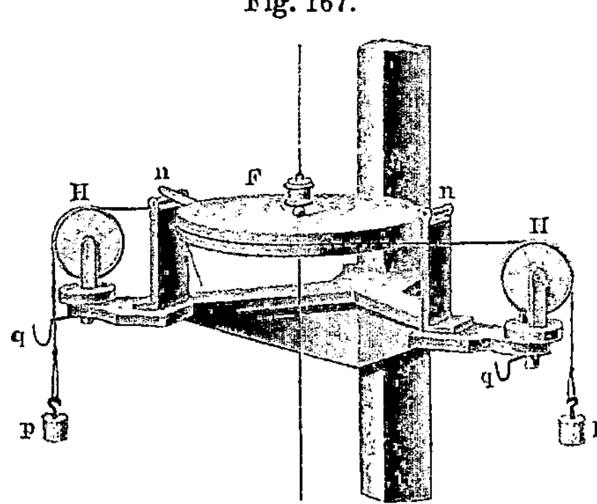

Fig. 167.

daß man mit ihrer Hilfe den Drehungswinkel φ der Scheibe ablesen kann. Zwei Fäden, deren Enden am Rande der Scheibe befestigt sind, ruhen auf den festen Rollen HH, die einander parallel sind und die Richtung horizontaler Tangenten zum Scheibenrande haben. An ihnen hängen die Gewichte pp; letztere werden an die Haken qq gehängt, wenn man die Lage der Scheibe F bei nicht tordiertem Drahte beobachtet. Bezeichnet p das in Kilogrammen ausgedrückte Gewicht jedes der beiden Gewichtstücke und d den Scheibendurchmesser in Millimetern, so ist das Moment $P_1 = p\,d$; den Scherungsmodul N erhält man aus der Formel

$$N = \frac{l\,p\,d}{2\,\pi\,r^4\,\varphi} \quad \cdots \cdots \cdots \quad (69,\text{b})$$

wo l die Länge des ganzen Drahtes und r der Radius seines Querschnittes ist.

Der Poissonsche Koeffizient σ. Es gibt, wie wir bereits erwähnten (S. 336), eine ganze Reihe von Methoden, um die Größe σ experimentell zu ermitteln. Zwei haben wir bereits kennen gelernt: direkte Messung der Querkontraktion (Bauschinger, Stromeyer, Morro,w) und Messung der Volumenänderung (Cardani). Man kann auch folgendermaßen verfahren: Hat man nach einer der beiden oben angegebenen Methoden den Scherungsmodul N und ferner nach der auf S. 321 beschriebenen Methode den Young schen Modul E bestimmt, so erhält man den Poisson schen Koeffizienten nach Formel (49) auf S. 348; es ist

$$N = \frac{E}{2\,(1+\sigma)}$$

mithin

$$\sigma = \frac{E}{2\,N} - 1 \quad \cdots \cdots \cdots \cdots \quad (70)$$

Bei dickeren Stäben kann die Schwingungszahl bei Torsionsschwingungen aus der Tonhöhe bestimmt werden. Weitere Methoden, die mit der Biegung der Stäbe zusammenhängen, werden wir im § 17 erwähnen.

§ 16. Zahlenwerte des Scherungsmoduls N.

Da σ zwischen Null und $\frac{1}{2}$ liegt, so ist offenbar

$$\frac{1}{3}\,E < N < \frac{1}{2}\,E.$$

Nach der Theorie von Poisson ($\sigma = 0{,}25$) muß $N = 0{,}4\,E$ sein. Für Kork ist $\sigma = 0$, folglich $N = 0{,}5\,E$; für Kautschuk ist $\sigma = 0{,}5$, also $N = \frac{E}{3}$. Die Messungen nach der dynamischen Methode liefern im allgemeinen etwas größere Werte, als die nach der statischen Methode angestellten. Es mögen hier einige Werte folgen:

$$N\,\frac{\mathrm{kg}}{\mathrm{qmm}}$$

Kupfer	4213	(Savart)
Gußstahl	7458	(Wertheim)
Glas	2346	"
Weiches Eisen	8100	(Baumeister)
Hartes Eisen	7850	"
Silber	2650	"
Messing	3500	"
Zinn	1543	"
Zink	3820	"
Aluminium	3350	"

Mit Zunahme der Temperatur nimmt der Scherungsmodul ab, und zwar im allgemeinen schneller, als es der Temperaturzunahme bei einfacher Proportionalität entsprechen würde. Wir wollen hier einige von Pisati für Eisen und Stahl gefundene Werte der Moduln E und N anführen:

t^0	Eisen		Stahl	
	$E\ \dfrac{\text{kg}}{\text{qmm}}$	$N\ \dfrac{\text{kg}}{\text{qmm}}$	$E\ \dfrac{\text{kg}}{\text{qmm}}$	$N\ \dfrac{\text{kg}}{\text{qmm}}$
0	21 483	8108	18 518	8290
100	21 212	7934	18 232	8094
200	20 458	7784	17 820	7846
300	19 175	7706	17 372	7585

Benton (1903) verglich N bei 20^0 und -186^0; er fand für Kupfer $N\,(-186^0) = N\,(20^0)\,.\,1{,}073$ und für Stahl $N\,(-186^0) = N\,(20^0)\,.\,1{,}079$.

Für Glas ist $N = N_0\,(1 - 0{,}001\,51\,t)$, während für Eisen angenähert $N = N_0\,(1 - 0{,}000\,206\,t)$ ist. Bei Erwärmung von 0^0 bis 100^0 nimmt N für Pt um 1,64 Proz. ab, für Cu um 3,65 Proz., Ag um 7,10 Proz., Al um 21,3 Proz., Zn um 40 Proz. und Pb um 80 Proz.

Der Scherungsmodul des Kautschuks ist bei 20^0 gleich $0{,}163\ \dfrac{\text{kg}}{\text{qmm}}$, bei Steigerung der Temperatur nimmt er zu.

Grüneisen (1907, 1908) bestimmte den Youngschen Modul, den Torsionsmodul, den Kompressionskoeffizienten und den Poissonschen Koeffizienten für 20 Metalle bei kleinen Deformationen.

§ 17. Biegung. Wir wollen zunächst die Formeln anführen, welche sich auf die durch Biegung hervorgerufene Deformation beziehen,

Fig. 168.

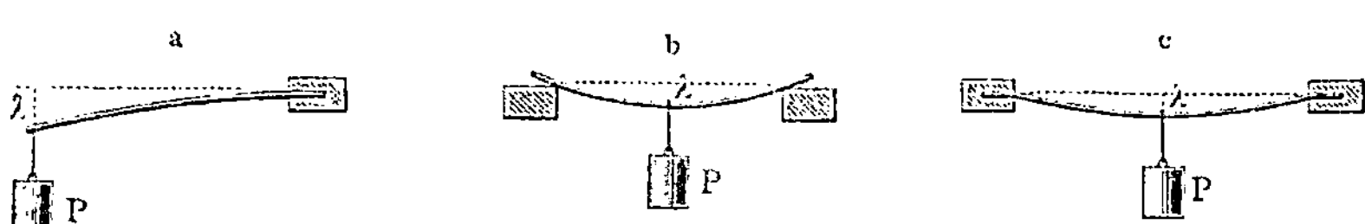

und ferner die hierhin gehörigen theoretisch gefundenen und experimentell bestätigten Gesetze ausdrücken. Gewöhnlich unterscheidet man drei Fälle der Biegung eines geradlinigen Stabes; ihr Wesen läßt sich aus der Fig. 168 erkennen. Im ersten Falle (a) ist der Stab an einem Ende befestigt, im zweiten (b) stützt er sich mit beiden Enden frei auf seine Unterlage und im dritten Falle (c) ist der Stab an beiden Enden befestigt. Die Kraft P wirkt, wie aus den Figuren zu ersehen ist, in allen drei Fällen senkrecht zur Länge des Stabes. Die Senkung des Angriffspunktes der Kraft, d. h. des Stabendes (a) oder der Stabmitte (b und c) heißt der Biegungspfeil; wir wollen ihn mit λ bezeichnen. Für diese Größe erhält man folgende allgemeine Formel:

$$\lambda = \frac{k}{12\,q}\,\frac{P\,l^3}{E} \quad \cdot \ \cdot \ \cdot \ \cdot \ \cdot \ \cdot \ \cdot \ \cdot \quad (71)$$

Hier bedeutet P die wirkende Kraft, l die Stablänge, E den Youngschen Modul, k eine Konstante, welche für die drei verschiedenen Arten von Biegung verschieden ist, und q einen Ausdruck, welcher von den Dimensionen und der Form des Stabquerschnittes abhängt. Der Faktor k hat folgende Werte:

Biegungsfall a b c

$$k \ = \ 4 \qquad ^1\!/_4 \qquad ^1\!/_{16}$$

Hieraus folgt, daß, wenn man λ in den drei Fällen a, b und c (Fig. 168) der Reihe nach mit λ_a, λ_b und λ_c bezeichnet, man für ein und denselben Stab die Beziehung

$$\lambda_a : \lambda_b : \lambda_c \ = \ 64 : 4 : 1$$

erhält.

Die Größe q hat für verschiedene Querschnitte verschiedene Werte, und zwar:

Runder Querschnitt vom Radius R . . . . $q = \dfrac{\pi\,R^4}{4}$

Rechtwinkliger Querschnitt mit den Seiten a ($\perp$ zu

$\quad P$, horizontal) und b ($\parallel$ zu P) . . . . $q = \dfrac{a\,b^3}{12}$

Quadratischer Querschnitt (a^2) . . . . $q = \dfrac{a^4}{12}$

Röhre mit den Radien R und r . . . . $q = \dfrac{\pi\,(R^4 - r^4)}{4}.$

Setzt man den zum rechtwinkligen Querschnitt gehörigen Wert von q in (71) ein, so ergibt sich

$$\lambda = k\,\frac{P\,l^3}{a\,b^3\,E}\cdot \quad \cdot \ \cdot \ \cdot \ \cdot \ \cdot \ \cdot \quad (71,\,a)$$

wo $k = 4$, $^1\!/_4$ oder $^1\!/_{16}$ ist, je nach dem vorliegenden Biegungsfall.

Die angeführten Formeln drücken folgende Gesetze der Biegung aus:

Der Biegungspfeil ist der wirkenden Kraft und dem Kubus der Stablänge direkt und dem Youngschen Modul für die Stabsubstanz indirekt proportional; für einen Stab mit rechtwinkligem Querschnitt ist der Biegungspfeil außerdem indirekt proportional der Breite und dem Kubus der Höhe des Stabes. Formel (71) ergibt

$$E = \frac{k}{12\,q}\,\frac{Pl^3}{\lambda} \quad\cdots\cdots\cdots\cdots (72)$$

und speziell für einen Stab mit rechtwinkligem Querschnitt

$$E = k\,\frac{Pl^3}{a\,b^3\,\lambda} \quad\cdots\cdots\cdots\cdots (72,\text{a})$$

Obige Formeln können dazu dienen, den Youngschen Modul E zu ermitteln, wenn man den Biegungspfeil λ gemessen hat. Zu diesem Zwecke hat man mit Hilfe des Kathetometers die Senkung des Stabendes bzw. der Stabmitte zu bestimmen; man kann übrigens auch die Methode der Spiegelablenkung anwenden, wobei man das Spiegelchen derart anzubringen hat, daß seine Drehung als Maß für den Biegungspfeil dient.

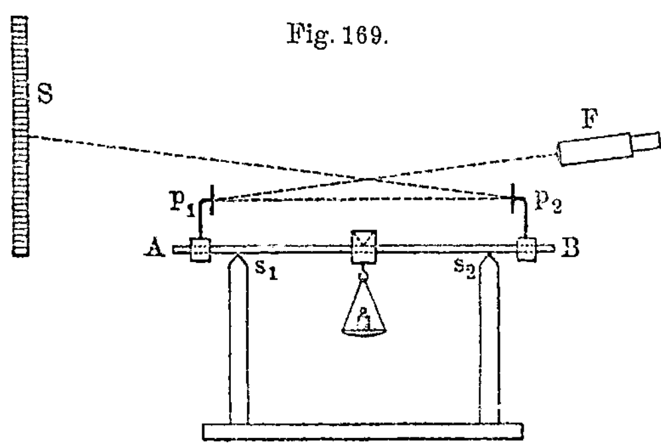

Viel genauer als λ kann man den Winkel Θ zwischen der Tangente zur Achse des gebogenen Stabes an seinem Ende und der ursprünglichen Richtung dieser Achse bestimmen. Die Theorie ergibt für den Fall (a), wo $k = 4$ ist:

$$\lambda = \frac{2}{3}\,l\,tg\,\Theta \quad\cdots\cdots\cdots\cdots (73)$$

woraus für einen rechtwinkligen Stab

$$E = \frac{6\,Pl^2}{a\,b^3\,tg\,\Theta} \quad\cdots\cdots\cdots\cdots (73,\text{a})$$

folgt. Befestigt man das Spiegelchen am Stabende, so läßt sich Θ leicht messen.

Noch empfindlicher ist eine von A. König (1886) vorgeschlagene Methode, für welche der in Fig. 169 abgebildete Apparat diente. An beiden Enden des in der Mitte belasteten Stabes AB sind die Spiegelchen p_1 und p_2 befestigt. Die von der Skala S ausgehenden Strahlen fallen zunächst auf das Spiegelchen p_2, werden nach p_1 reflektiert und treten darauf ins Fernrohr F ein. Im vorliegenden Falle ist $k = 0{,}25$ und hat man in (73) $0{,}5\,l$ an Stelle von l zu setzen; demgemäß ist

$$E = \frac{3\,Pl^2}{4\,a\,b^3\,tg\,\Theta}\,.$$

Für den Apparat von König ist, wie sich leicht ergibt,

$$tg\,\Theta = \frac{n}{4\,D + 2\,d}\,,$$

wo n die Anzahl der Skalenteile ist, die während der erfolgenden Biegung durch das Gesichtsfeld des Fernrohres wandern, D der Abstand von S und p_2, und endlich d der Abstand der Spiegelchen p_1 und p_2 voneinander. Demgemäß erhält man schließlich den Ausdruck:

$$E = \frac{3\,Pl^2(2\,D + d)}{2\,n\,a\,b^3} \quad \cdot \quad \cdot \quad \cdot \quad \cdot \quad \cdot \quad \cdot \quad (74)$$

Kombiniert man die Messungsresultate für die Biegung mit denen für die Torsion, so kann man E und N und hieraus nach Formel (70) die Größe σ finden. Cornu (1869) hat eine wichtige Methode angegeben, um aus einer Beobachtung σ zu erhalten. Ein Stab von rechteckigem Querschnitt, dessen Dicke gering gegen seine Breite und Länge (linealförmig) ist, wird auf zwei horizontale Schneiden gelegt, die ihn auf $^1/_4$ und $^3/_4$ seiner Länge berühren. An die beiden freien Enden werden Gewichte angebracht. Infolgedessen biegt sich der Stab, und zwar nicht nur in der vertikalen Ebene, welche durch die Längsachse des Stabes geht, sondern auch in der zu dieser Achse senkrechten Ebene. Die obere Fläche des Stabes erhält dabei in der Mitte eine sattelförmige Krümmung. Ein Schnitt durch die Längsrichtung gibt einen konvexen, der dazu senkrechte Schnitt einen konkaven Kreisbogen. Die Rechnung zeigt, daß das Verhältnis der Krümmungsradien gleich σ ist. Bringt man in geringer Entfernung über der Plattenmitte eine horizontale Glasplatte und beleuchtet sie von oben mit monochromatischem Lichte, so läßt sich nach Pulfrichs Methode (Bd. II u. III) ein System von Interferenzstreifen beobachten. Dasselbe besteht aus zwei Reihen von Hyperbeln, welche gemeinsame Asymptoten besitzen. Bezeichnet man mit $2\,\varphi$ den Winkel zwischen diesen Asymptoten, welcher die Normale zur Biegungsebene enthält, so ist $\sigma = tg^2\,\varphi$. Straubel (1899) hat diese Methode experimentell durchgearbeitet und Cl. Schäfer (1902) hat sie bei den S. 337 erwähnten Versuchen an leichtflüssigen Stoffen benutzt.

Wird ein Stab an dem einen Ende festgeklemmt, so kann er drei Arten von Schwingungen ausführen; transversale, longitudinale und drehende (Torsionsschwingungen). Die Schwingungszahlen werden durch Formeln ausgedrückt, in welchen E und N enthalten sind (siehe Akustik). Wir wollen diese Zahlen mit n_{tr}, n_l und n_{to} bezeichnen; sie können durch Messung der Tonhöhe bestimmt werden. Wertheim (1857) und Schneebeli (1870) bestimmten n_l und n_{to}, um σ zu berechnen. F. A. Schulze (1904) benutzte Stäbe von rechteckigem Querschnitt und bestimmte n_{tr} und n_{to} bei seinen S. 336 erwähnten Versuchen.

Wir gehen nunmehr dazu über, zu zeigen, wie die Formeln (71) und (73) gefunden werden, und wollen uns dabei auf den ersten Fall der Biegung (Fig. 168, a) beschränken, wo $k = 4$ ist. Wir wollen demnach beweisen, daß

$$\left.\begin{array}{l} \lambda = \dfrac{1}{3\,q}\,\dfrac{P\,l^3}{E} \\[2ex] \lambda = \dfrac{2}{3}\,l\,tg\,\Theta \end{array}\right\} \quad \cdot \quad \cdot \quad \cdot \quad \cdot \quad \cdot \quad \cdot \quad (75)$$

ist.

Die allgemeine Bedeutung der Größe q, welche vom Flächeninhalt des Stabquerschnittes abhängt, wird aus der folgenden Betrachtung

Fig. 170.   Fig. 171.

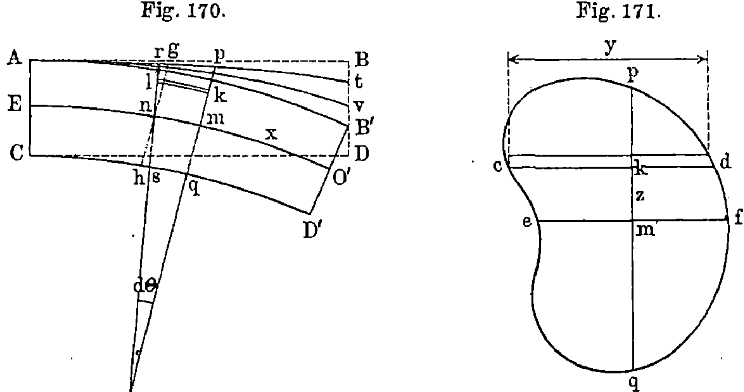

klar werden; ihre speziellen Werte sind bereits auf S. 361 angeführt worden. Der Querschnitt des Stabes habe eine beliebige Form, z. B. die in Fig. 171 angegebene. Wir legen nun durch den Stab eine senkrechte Ebene, parallel zu seiner Seitenfläche. Diese Ebene wird den ungebogenen Stab im Rechtecke $ABDC$ (in Fig. 170 punktiert gezeichnet) schneiden und verwandelt sich bei der Biegung in die Figur $AB'D'C$. Der in Fig. 171 dargestellte Querschnitt befinde sich bei pq (Fig. 170) und die Geraden $pkmq$ sollen in beiden Figuren dieselbe Durchschnittslinie zweier zueinander senkrechten Ebenen darstellen; denkt man sich den ungebogenen Stab in dünne horizontale Schichten zerlegt, so verlängern sich bei der Biegung des Stabes die oberen

Schichten, indem sie ausgereckt werden (z. B. $AB' > AB$) und verkürzen sich die unteren, welche wiederum zusammengedrückt werden ($CD' < CD$). Zwischen diesen und jenen Schichten befindet sich nun eine neutrale, deren Länge ungeändert bleibt. Sei EO' diese Schicht; sie schneidet den betrachteten Querschnitt längs der Geraden emf. Dieser Querschnitt steht unter der Wirkung eines Kräftepaares, welches ihn um die Gerade ef zu drehen sucht, denn die elastischen Kräfte wirken auf den oberen Teil $ecpdf$ in der Richtung zum unbeweglichen Stabende hin, auf den unteren Teil eqf dagegen in der entgegengesetzten Richtung; der Teil $mpAE$ (Fig. 170) sucht sich zu verkürzen, der Teil $mqCE$ sich zu verlängern.

Wir wollen nun das Moment M des Kräftepaares berechnen, welches auf den Querschnitt pq (vgl. Fig. 170 u. 171) wirkt. Zu diesem Zwecke ziehen wir unendlich nahe zu diesem Schnitte noch einen anderen rs und bezeichnen den Winkel zwischen diesen senkrechten Schnitten mit $d\Theta$. Bezeichnet man ferner den Abstand des betrachteten Querschnittes pq vom Stabende $D'B'$, auf welches die Kraft P einwirkt, mit x, so ist $mn = dx$. Den Teil des gebogenen Stabes, welcher zwischen den Schnitten pq und rs liegt, zerlegt man in unendlich dünne Schichten, parallel zur neutralen Schicht mn oder ef. Sei lk eine dieser Schichten, ihre Breite bezeichnen wir mit $y = cd$ und setzen $km = z$, so daß die Dicke der Schicht gleich dz ist. Endlich ziehen wir noch zwei Tangenten rt und pv; es ist dann leicht einzusehen, daß $tv = d\lambda$ den Zuwachs einer gewissen variablen Größe $B'v$ darstellt, deren Wert für $x = l$, wenn die Tangente AB ist, den gesuchten Biegungspfeil $\lambda = B'B$ darstellt. Die Schicht lk hatte ursprünglich die Länge $mn = dx$; zieht man $hg \parallel pq$, so sieht man, daß seine Verlängerung gleich $nld\Theta = zd\Theta$ ist. Um die Länge dx um den Betrag $zd\Theta$ zu vermehren, muß man die Kraft f wirken lassen, für welche man leicht einen Ausdruck aus (8) auf S. 322 findet. Setzt man $L_0 = dx$, $\Delta L_0 = zd\Theta$ und $s = ydz$ (s ist gleich dem Streifen cd in Fig. 171), so erhält man für die gesuchte Kraft

$$f = E\,\frac{yz\,dz\,d\Theta}{dx} \quad \cdot \quad \cdot \quad \cdot \quad \cdot \quad \cdot \quad \cdot \quad \cdot \quad (75,\text{a})$$

Diese Kraft aber wirkt auf cd in der Richtung von kl und sucht den Querschnitt pq um die neutrale Linie ef zu drehen. Das Moment dieser Kraft erhält man durch Multiplikation derselben mit z; es ist gleich

$$fz = E\,\frac{yz^2\,dz\,d\Theta}{dx} \cdot$$

Das ganze auf den Querschnitt pq wirkende Drehungsmoment M erhält man, wenn man die Summe der entsprechenden Ausdrücke für alle zum Teil ausgereckten, zum Teil zusammengedrückten Schichten bildet, welche den Querschnitt pq berühren. Da bei beliebiger Form des Querschnitts $y = cd$ von $z = km$ abhängt, so ist jenes ganze Moment M gleich

$$M = E\,\frac{d\,\Theta}{d\,x}\int_{-z_1}^{z_2} y\,z^2\,dz \quad \ldots \ldots \ldots \quad (76)$$

wo z_1 und z_2 die absoluten Grenzwerte der Größe z bedeuten. Wir wollen nun für das Integral

$$\int_{-z_1}^{z_2} y\,z^2\,dz = q \quad \ldots \ldots \ldots \ldots \quad (77)$$

setzen.

Offenbar ist q das Trägheitsmoment des Stabquerschnittes in bezug auf die Schnittlinie ef des Querschnittes mit der neutralen Fläche. Das Moment M wird vom Moment Px der die Biegung hervorrufenden Kraft im Gleichgewicht erhalten, folglich geben (76) und (77)

$$E\,\frac{d\,\Theta}{d\,x}\,q = Px$$

oder

$$E\,q\,d\,\Theta = Px\,dx \quad \ldots \ldots \ldots \quad (78)$$

Der Winkel zwischen den Tangenten rt und pv ist gleich $d\,\Theta$, ihre Länge beträgt x; da $tv = d\,\lambda$ ist, so ist $d\,\lambda = x\,d\,\Theta$. Ferner erhält man die Formel (78)

$$E\,q\,d\,\lambda = Px^2\,dx.$$

Bildet man die Summe dieser Gleichungen für dx von $x = 0$ bis $x = l$, so ist $E\,q\,\lambda = \dfrac{Pl^3}{3}$ oder

$$\lambda = \frac{Pl^3}{3\,E\,q} \quad \ldots \ldots \ldots \ldots \quad (79)$$

dies aber ist die erste der Formeln (75). Für einen rechtwinkligen Querschnitt ist $y = a$, $z_1 = z_2 = \dfrac{b}{2}$ und

$$q = a\int_{-\frac{b}{2}}^{\frac{b}{2}} z^2\,dz = \frac{a\,b^3}{12}$$

entsprechend dem auf S. 361 angegebenen Werte von q.

Integriert man Formel (78), so erhält man $Eq\,\Theta = \dfrac{1}{2}\,Pl^2$, woraus sich für Θ oder bei geringen Deformationen für $tg\,\Theta$ folgender Wert ergibt:

$$tg\,\Theta = \frac{Pl^2}{2\,Eq} \quad \cdots \quad (79,\mathrm{a})$$

Vergleicht man dies mit (79), so erhält man

$$\lambda = \frac{2}{3}\,l\,tg\,\Theta,$$

d. h. die zweite der Formeln (75). Formel (79,a) gibt

$$E = \frac{Pl^2}{2\,q\,tg\,\Theta},$$

d. h. eine Verallgemeinerung von Formel (73,a). Wir sahen, daß auf einen Streifen vom Querschnitt $s = y\,d\varepsilon$ eine Kraft $f = E\,\dfrac{y\,z\,dz\,d\Theta}{dx}$ einwirkt. Das Verhältnis $f : s = \varphi$ gibt ein Maß für die Spannung, welche die Stabsubstanz an der gegebenen Stelle auszuhalten hat. Es ist $\varphi = E\,z\,\dfrac{d\,\Theta}{d\,x}$; aus (76) und (77) aber ist $M = E\,\dfrac{d\,\Theta}{d\,x}\,q$, woraus sich für die Spannung folgende Formel ergibt:

$$\varphi = \frac{M\,z}{q} \quad \cdots \quad (79,\mathrm{b})$$

Von dieser Formel macht man in der Praxis Gebrauch, wenn man die Festigkeit verschiedener Bauanlagen zu berechnen hat.

§ 18. Relativer Widerstand; Bruch und Zerreißen infolge von Torsion. In § 6 und 7 hatten wir die Erscheinung betrachtet, daß ein Körper durch einen auf ihn wirkenden Zug oder durch einseitige Kompression zerrissen bzw. zerdrückt wird. Dies kann auch bei Biegung oder Torsion eintreten. Im ersten Falle spricht man von einem B r u c h; die Größe der deformierenden Kraft charakterisiert in diesem Falle den sogenannten r e l a t i v e n W i d e r s t a n d d e r S u b s t a n z, aus welcher der gebogene Stab besteht. Ist der Stab in der Mitte unterstützt und greifen an seine Enden zwei Kräfte P an, welche ihn biegen, dann ist

$$P = q'\,\frac{p'}{L} \quad \cdots \quad (80)$$

die Kraft, welche den Bruch hervorruft; hier bedeutet L die Länge jeder Stabhälfte. p' unterscheidet sich nur wenig vom absoluten Widerstand p_2, von dem in § 6 die Rede war; q' hängt von der Gestalt und den Dimensionen des Querschnittes ab, und zwar ist

für einen rechteckigen Querschnitt (a Breite, $b \parallel P$ . . . $q' = \dfrac{1}{6} a\,b^2$,

für einen quadratischen Querschnitt . . . . $q' = \dfrac{1}{6} a^3$,

für einen runden Querschnitt . . . . $q' = \dfrac{\pi}{4} r^3$.

Liegt der Stab frei auf beiden Enden (Fig. 168 b, S. 360) auf, so ist der Bruchwiderstand (falls P in der Mitte angreift) viermal größer, sind jedoch seine beiden Enden festgeklemmt (Fig. 168 c), so ist er achtmal größer. Für einen rechtwinkligen Querschnitt ist

$$P = \frac{a\,b^2}{6\,L}\,p'.$$

Um aus einem runden Baumstamm vom gegebenen Durchmesser D einen rechtwinkligen Balken von größtmöglicher Bruchfestigkeit herauszuschneiden, hat man $a = \dfrac{b}{\sqrt{2}} = \dfrac{D}{\sqrt{3}}$ zu machen.

Bruch infolge von Torsion tritt ein, falls ein gewisses Kräftepaar wirkt, dessen Moment vom Stoff abhängt und einer mit dem Querschnitt zusammenhängenden Größe q'' proportional ist; hierbei ist

für einen runden Querschnitt . . . . $q'' = \dfrac{\pi}{2} r^3$

für einen rechtwinkligen Querschnitt . . . . . . $q'' = \dfrac{2}{3} \dfrac{a^3 b^3}{(a^2 + b^2)^{\frac{3}{2}}}$

für einen quadratischen Querschnitt . . . . . . $q'' = \dfrac{a^3}{3\sqrt{2}}$.

Diese Formeln zeigen den Zusammenhang des Bruchwiderstandes eines Stabes bei der Torsion mit der Form seines Querschnittes.

Deformationen können nicht bloß durch äußere Kräfte hervorgerufen werden, sondern auch durch Wärmewirkungen, wenn die Temperatur in verschiedenen Punkten des Körpers ungleichmäßig ist. Winkelmann und Schott haben den Begriff des thermischen Widerstandskoeffizienten eingeführt; er kennzeichnet die Temperaturänderung in einem Teile eines Körpers, bei der, wenn sie plötzlich erfolgt, Bruch eintritt. Es hängt diese Größe ab vom Youngschen Modul E, dem absoluten Widerstande, dem thermischen Ausdehnungskoeffizienten, der Wärmeleitungsfähigkeit, der Wärmekapazität und der Dichte der Substanz. Auffallend ist die Tatsache, daß Glas leichter eine plötzliche Steigerung der Temperatur überdauert als eine plötzliche Abkühlung.

Faust und Tammann (1910) haben die Vorstellung von zwei verschiedenen Elastizitätsgrenzen eingeführt. Sie unterwarfen kleine metallische Würfel einer langsam anwachsenden Kompression und beobachteten die eine der Seitenflächen, welche sehr gut poliert war. Den Druck U (auf die Flächeneinheit), bei welchem diese Fläche anfing matt zu werden infolge des Heraustretens von Kristallen, haben sie als die erste Elastizitätsgrenze bezeichnet. Wird der Würfel einem Druck $P > U$ unterworfen, sodann der Druck aufgehoben und dieselbe Seitenfläche frisch poliert, so wird diese erst bei Druck P wieder matt. Diese Erscheinung wiederholt sich bei jeder weiteren Erhöhung des Druckes. Wenn aber dieser Druck bis zu einem gewissen Werte O ansteigt, den jene Forscher als zweite Elastizitätsgrenze bezeichnen, so wird die Seitenfläche stets bei diesem Druck O matt, wenn der Würfel auch vorher einem Druck $P > O$ ausgesetzt wurde. Für Cu ist $O : U = 13{,}7$, für Zn, Ni, Mg, Pb, Cd, Fe, Al und Sn sind die Werte geringer, und der kleinste wurde für Sn gefunden, nämlich $1{,}64$. Bei der Dehnung wurde für den Druck U derselbe Wert erhalten wie bei der Kompression, der Druck O konnte aber nicht erreicht werden, da ein Zerreißen früher stattfand.

§ 19. Zähigkeit und Fluidität.

Auf S. 315 bezeichneten wir als zähe solche Körper, welche die Fähigkeit besitzen, durch Einwirkung hinreichend starker äußerer Kräfte schnell sehr bedeutende restierende Deformationen zu erfahren, ohne dabei ihren Zusammenhang zu verlieren, d. h. zu zerreißen, zu zerbrechen usw. Damit ein Körper als zähe gelten kann, ist es erforderlich, daß er seine Elastizitätsgrenze erreicht lange bevor er zerreißt, daß also p_1 sehr viel kleiner sei als p_2 (S. 327). Spröde Körper können keine Zähigkeit in diesem Sinne besitzen; zurückbleibende Deformationen werden in ihnen nicht durch Kräfte von kurzer Wirkungsdauer hervorgerufen, vielmehr bewirken letztere entweder eine zeitweilige Deformation oder Bruch, Zerreißen usw.

Von der Zähigkeit zu unterscheiden ist die Fluidität oder Plastizität; es ist dies die Fähigkeit von Körpern, unter gewissen Umständen ihre Form angenähert in der Weise zu ändern, wie man es an Flüssigkeiten von sehr beträchtlicher Viskosität beobachtet (S. 257). Fluidität tritt in zwei Fällen auf: erstens bei Wirkung schwacher, aber sehr lange andauernder Kräfte, zweitens, wenn fast auf die ganze Oberfläche des Körpers ungeheure Druckkräfte wirken.

Die Zähigkeit kann sich darin äußern, daß die Substanz ohne zu zerreißen in sehr dünne Fäden ausgezogen werden kann, während auf sie ein einseitig wirkender Zug ausgeübt wird, oder daß sie ohne zu zerreißen die Gestalt dünner Platten annehmen kann, falls sie gehämmert, plattiert oder gewalzt wird. Die Reihenfolge, in welcher sich die Metalle nach ihrer Fähigkeit, zu Fäden ausgezogen oder zu dünnen Platten gewalzt zu werden, aneinanderordnen, ist nicht die gleiche. Dies läßt sich leicht einsehen, da die Drähte beim Ausziehen eine starke Spannung erfahren und daher außer der Dehnbarkeit noch einen genügend großen Widerstand gegen das Zerreißen aufweisen müssen. In bezug auf ihre Fähigkeit, zu dünnen Drähten ausgezogen zu werden, ordnen sich die Metalle in folgender Weise: Pt, Ag, Fe, Cu, Au, Zn, Sn, Pb. Auf indirektem Wege ist es gelungen, aus Pt einen Draht herzustellen, dessen Dicke nur $0,000\,05$ mm $= 0,05\,\mu$ betrug. Die von B o y s hergestellten Quarzfäden haben einen Durchmesser von $0,3\,\mu$. Hinsichtlich ihrer Fähigkeit, zu dünnsten Blättchen gewalzt zu werden, ordnen sich die Metalle folgendermaßen: Au, Ag, Cu, Pt, Sn, Zn, Fe. Gewöhnliches Blattgold hat eine Dicke von ungefähr $0,1\,\mu$; F a r a d a y ist es gelungen, auf indirektem Wege Goldblättchen herzustellen, deren Dicke gegen $1\,\mu\mu = 10^{-6}$ mm betrug.

Mit Zunahme der Temperatur nimmt die Zähigkeit zu; besonders gilt dies für einige Körper, welche bei gewöhnlicher Temperatur spröde sind, wie z. B. Glas, Schellack (Siegellack).

Wir betrachten nunmehr die F l u i d i t ä t (das Fließen), welche unter Einwirkung g e r i n g e r, aber andauernd in einer Richtung wirkender Kräfte auftritt. Solche Kräfte können sogar an spröden Körpern kontinuierliche Formenänderungen hervorrufen. So biegt sich z. B. eine an beiden Enden unterstützte Siegellackstange allmählich durch ihr eigenes Gewicht, und dasselbe beobachtet man, wenn auch in sehr viel geringerem Grade, an Glasstäbchen. B o t t o m l e y in Glasgow hat es (1881) unternommen, „säkulare" Beobachtungen an Drähten aus Au, Pt, Ag und anderen Metallen anzustellen, deren allmähliche Änderungen im Verlaufe vieler Jahre beobachtet werden sollten. Eine bemerkenswerte Fluidität besitzt E i s, dessen vollkommen spröde Masse unter fortdauerndem Drucke in 'einer Weise fließt, die in hohem Grade an die Gesetze des Strömens von Flüssigkeiten erinnert. Man kann dies am besten an Gletschern beobachten, die allmählich in die Täler hinabgelangen. Die Massen des festen Eises schmiegen sich der wechselnden Breite des Bettes, in dem sie sich befinden, an, indem sie sich zusammendrängen und auseinanderrücken wie eine zähe Flüssigkeit. Hierbei strömt die Mitte des Eisstromes schneller als seine Ränder, was man leicht an der Verschiebung von quer über den Gletscher aufgestellten Meßpfählen erkennen kann.

Eine bemerkenswerte Fluidität besitzt das sogenannte S c h u s t e rp e c h, ein schwarzer, harzartiger und überaus spröder Körper. Ein dünner Stab aus Pech kann leicht gebogen werden, wenn man ganz allmählich einen nicht zu starken Druck darauf ausübt; sobald man es aber schnell biegen will, zerbricht es wie Glas, wobei auch die Bruchfläche glatt und glänzend ausfällt und einer Bruchfläche am Glase vollkommen ähnlich ist. Stücke Pech fließen langsam unter Wirkung ihres eigenen Gewichtes. Bringt man Stücke von festem Pech in einen Trichter, so vereinigen sie sich allmählich, bilden eine zusammenhängende Masse mit horizontaler Oberfläche, die dann allmählich durch den Trichter hinabfließt. Stellt man aus Holz das Modell eines Berges mit abfallendem Tale her, das sich verengt und erweitert, und legt auf dem höchsten Punkte dieses Holzmodells Pechstückchen nieder, so kann man sämtliche Erscheinungen beobachten, welche bei der Gletscherbewegung auftreten. Legt man auf eine horizontale Pechplatte ein Metallstück, so sinkt es langsam unter; ein Pfropfen, auf den man die Pechplatte legt, steigt durch sie hindurch langsam in die Höhe. N. Orlow (1907) hat gezeigt, daß, wenn man die breite Öffnung eines Trichters mit einer Pechplatte zudeckt und dann Luft in den Trichter hineinbläst, sich die Platte blasenförmig aufbläht.

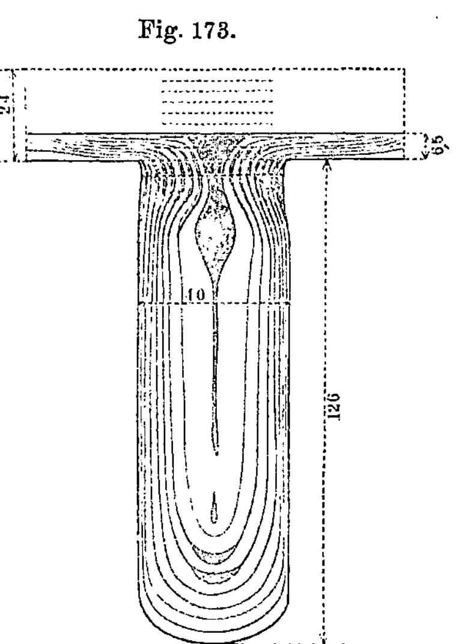

Fig. 173.

Fig. 172.

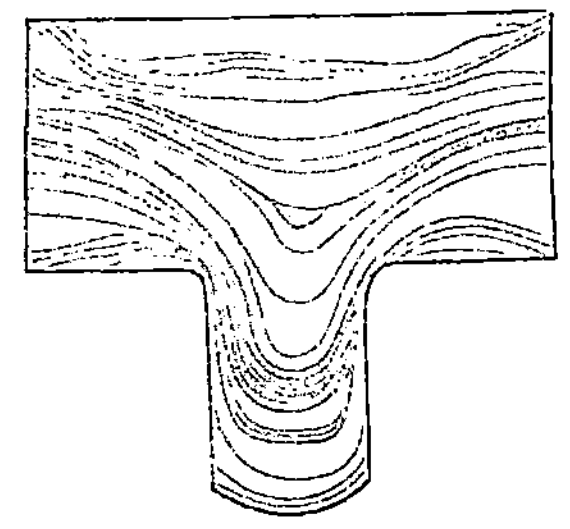

Ein zweiter Fall von Fluidität tritt auf, wenn ein sehr starker Druck auf den größten Teil der Oberfläche von Körpern, z. B. von Metallen, ausgeübt wird. Hierher gehörige Versuche sind insbesondere von Tresca angestellt worden. Auf eine starke, in der Mitte mit einer runden Öffnung versehene Platte wurde eine Reihe von kleinen Platten aus dem zu untersuchenden Metall übereinandergestapelt und starkem Drucke ausgesetzt. Hierbei lagen die Platten frei übereinander, so daß sie sich seitlich ausdehnen konnten; bei einer anderen Versuchsreihe wurden die Platten in einem dickwandigen Zylinder, dessen Boden mit einer Öffnung versehen war, aufeinandergepreßt. In beiden Fällen floß das Metall gewissermaßen aus der Öffnung heraus, wobei es in Form eines Stäbchens heraustrat. Den nach erfolgter Kompression entstandenen Körper durchsägte Tresca sodann der Länge nach und schliff die erhaltene Schnittfläche. Hierbei ließen sich die Berührungsflächen der ursprünglich übereinandergelegten Metallplatten an deut-

24*

lich auftretenden Linien erkennen, so daß man die Formveränderungen unterscheiden konnte, welche jede der Platten erfahren hatte. In Fig. 172 ist ein Querschnitt durch einen Körper dargestellt, der durch Kompression erhitzter Eisenplatten erhalten wurde, in Fig. 173 dasselbe für Bleiplatten. Die Form der Schichten erinnert lebhaft an die Konturen einer aus einer Öffnung heraustretenden zähen Flüssigkeit. Verschiedene Forscher haben die Versuche von Tresca wiederholt, besonders Obermayer (1868 bis 1904), Daubrée (1879), Dewar (1894), Tammann allein und später (1903) mit seinen Schülern Werigin und Lewkojeff. In der letzteren Arbeit haben die Autoren gezeigt, daß man die Metalle nach ihren Ausflußgeschwindigkeiten oder den Plastizitäten in folgende Reihe ordnen kann: K, Na, Pb, Tl, Sn, Bi, Cd, Zn, Cu. Ferner fanden sie, daß bei gegebenem Druck jede Temperaturerhöhung um etwa 10^0 die Ausflußgeschwindigkeit verdoppelt.

Auf der Fluidität der Metalle beruhen viele in der Technik übliche Bearbeitungsmethoden, z. B. die Herstellung von Gefäßen für Ölfarben. Auf den Boden eines Zylinders wird ein Stück Zinn gebracht und durch einen langen Kolben, dessen Durchmesser etwas kleiner als der des Zylinders ist, komprimiert. Unter der Einwirkung des auf ihm lastenden Druckes fließt das Zinn in den freien Raum zwischen Zylinder und Kolben hinein und nimmt dabei die gewünschte Gefäßform an. Auch das Prägen von Münzen und Medaillen beruht auf der Fluidität der Metalle.

Die Fluidität tritt auch in nichtmetallischen Körpern auf, wie aus den Versuchen von Spring hervorgeht, die wir zugleich mit anderen Versuchen desselben Forschers im folgenden Paragraphen besprechen werden.

Kurnakow und Shemtschushny (1913) haben in einer umfangreichen und äußerst sorgfältigen Arbeit die Ausflußgeschwindigkeit von mehr als 100 plastischen Körpern untersucht, und zwar von Metallen, Jod, verschiedenen Salzen und organischen Verbindungen. Diese Forscher bestimmten mit Hilfe der Fürst Gagarinschen Presse den Druck, unter welchem der untersuchte Körper mit einer bestimmten, für alle Körper gleichen Geschwindigkeit ausfloß. Der größte Druck, über den sie verfügten, war 84,85 kg auf das Quadratmillimeter. Der Ausflußdruck wurde mit der nach der Brinelschen Methode (S. 317) gemessenen Härte verglichen. Es zeigte sich eine vollkommene Parallelität zwischen diesen beiden physikalischen Größen. Ferner haben die genannten Forscher binäre Systeme untersucht, z. B. die den Legierungen analogen Mischungen zweier Salze oder zweier organischer Körper; endlich auch die sogenannten festen Lösungen. Wir können hier auf die zahlreichen weiteren sehr wichtigen Ergebnisse dieser großen Arbeit nicht näher eingehen.

§ 20. Wirkung des Druckes auf sich berührende Körper; Versuche von Spring und Roberts-Austen. Diffusion bei festen Körpern.

Die Molekularkräfte wirken zwischen den Teilchen eines festen Körpers nur auf sehr kleine Entfernungen hin. Da die beim Bruch der Körper meistens auftretenden Unebenheiten die genügende Annäherung der Teile verhindern, so erklärt es sich, weswegen letztere sich in der Regel nicht wieder beim Aneinanderlegen miteinander vereinigen. In den Fällen jedoch, wo die Oberflächen einander genügend genähert werden, können die Molekularkräfte in Wirksamkeit treten, so daß die Teile sich gewissermaßen wieder zu einem einzigen Körper zusammenschließen. Eine solche Annäherung ist möglich, erstens, wenn einer der Körper in den flüssigen Aggregatzustand übergeführt ist; hierauf beruht das Löten, Leimen usw. Ferner läßt sich eine Annäherung bis auf den Radius der molekularen Wirkungssphäre für weiche Körper leicht erreichen; Stücke von geschnittenem Wachs, Kautschuk und sogar Blei vereinigen sich beim Aneinanderdrücken leicht, falls die Schnittfläche noch frisch ist (Schweißen von glühendem Eisen); Staub, Oxydschichten usw. verhindern die Wiedervereinigung.

Die Molekularkräfte treten auch beim Zusammendrücken von Stücken anderer fester Körper in Wirksamkeit, falls deren Oberflächen zuvor sorgfältig poliert worden sind. Es muß übrigens an dieser Stelle bemerkt werden, daß die scheinbare Kohäsion zweier aneinandergedrückter Glasplatten (sogenannte Kohäsionsplatten), die gewöhnlich in elementaren Physikbüchern beschrieben wird, sich, wie Stefan gezeigt hat, nicht durch das Auftreten von Molekularwirkungen beider Glasplatten erklärt. Beim Aneinanderdrücken der Platten wird vielmehr die zwischen ihnen eingeschlossene Luft verdünnt, so daß die Platten durch den äußeren Luftdruck aneinander gehalten werden. Nichtsdestoweniger aber unterliegt es keinem Zweifel, daß, falls die ebenen Oberflächen zweier Körper sehr sorgfältig poliert worden sind, in der Tat auch wirkliche Kohäsion auftreten kann, und zwar ohne daß allzu stark gedrückt wird.

Die Annäherung der Oberflächen und somit die Vereinigung der Körper wird natürlich durch Zusammenpressen begünstigt, und in dieser Richtung sind seit 1878 viele sehr wichtige Versuche von dem belgischen Physiker M. Spring angestellt worden. Dieser hat auch unter anderem den Einfluß des Druckes auf verschiedene Körper untersucht, wobei er auch die oben beschriebenen Versuche von Tresca wiederholt hat. Spring zeigte, daß wirklich feste Körper, die keine Hohlräume enthalten, also z. B. klar kristallisierte Substanzen oder Metalle, die bereits einmal einem starken Druck ausgesetzt wurden, eine vollkommene Volumenelastizität besitzen, d. h. genau wie die Gase und die Flüssigkeiten bei der Einwirkung eines beliebig starken allseitigen Druckes zwar eine Verminderung des Volumens erleiden, aber nach Aufhören dieses Druckes ihr früheres Volumen vollständig wieder gewinnen. Wirklich feste Körper erleiden also selbst bei dem größten allseitigen Druck keine permanente Verminderung des Volumens.

Fernere Versuche von Spring bezogen sich auf die Kompression von Pulvern und Feilicht, welche in einem Parallelepipedon aus Stahl Drucken bis zu 20 000 Atmosphären ausgesetzt wurden. Hierbei verwandelte sich das Feilicht vieler Metalle unter der Wirkung des gewaltigen Druckes in eine vollkommen homogene Masse, die in vielen Fällen ein kristallinisches Gefüge hatte; offenbar übte der Druck die gleiche Wirkung aus wie das Schmelzen. Aus den Versuchen von Spring, die sich auf 83 Körper erstreckten, ergab sich, daß der Druck nicht nur ein Aneinanderschweißen der getrennten Teile, sondern auch Strukturänderungen bewirkt, welche mit einer Dichtezunahme der betreffenden Substanz verbunden sind und schließlich sogar chemische Reaktionen und die Bildung von Legierungen hervorruft, die gewöhnlich nur beim Schmelzen der Körper auftreten. So verwandeln sich z. B. Bleifeilspäne in eine homogene, kompakte Masse unter einem Druck von 2000 Atm., Zinkspäne bei 5000 Atm.; Graphitpulver gibt bei 5000 Atm. eine harte Masse und übermangansaures Kali einen Körper, welcher mit dem in der Natur vorkommenden Pyrolusit identisch ist. Gepulverter Salpeter verwandelte sich in eine homogene, halbdurchsichtige Masse. Holzfeilicht gab eine harte Masse (von der Dichte 1,328) mit muscheligem Bruch. Stücke prismatischen, sowie plastischen Schwefels verwandelten sich in eine kompakte Masse von oktaedrischem Schwefel mit größerer Dichte. Roter amorpher Phosphor ging über in metallischen Phosphor. Ein fast weißgefärbtes Pulver von $CuSO_4 + 5 H_2O$ ging bei 6000 Atm. Druck in eine hellblaue, durchsichtige Masse über; Kampfer gab einen bemerkenswert durchsichtigen Körper. Torf verwandelte sich bei 6000 Atm. Druck in eine glänzende schwarze Masse, welche vollkommen an Steinkohle erinnerte und außerdem vollständig fließend wurde. Wachs bei 700 Atm. und Paraffin bei 2000 Atm. Druck fließen wie Wasser. Stärke gibt bei 6000 Atm. eine kompakte, an den Rändern durchscheinende Masse. Zusatz von einigen Tropfen Wasser verhindert das Zusammenschweißen von Metallen, begünstigt es hingegen bei Marmor, Quecksilberoxyd usw.

Aus seinen an 83 Substanzen vorgenommenen Versuchen zog Spring den Schluß, daß alle kristallinischen Substanzen sich bei starkem Druck zusammenschweißen lassen; waren sie in amorphem Zustande, so nehmen sie durch den Druck kristallinische Struktur an. Viele amorphe Substanzen dagegen lassen sich nicht zusammenschweißen. Spring komprimierte auch Feilichtgemenge von verschiedenen Metallen und erhielt dabei vollkommen homogene Legierungen, z. B. Woodsches Metall (aus Bi, Pb, Sn, Cd) mit dem Schmelzpunkt 70° und sogar

Messing (aus Cu- und Zn-Feilicht). Drewitz (1902) hat durch Druck
(bis 12000 Atm.) die Legierungen von Rose, Wood, Lipowitz und
Darcet (Bd. III) hergestellt und ihre Eigenschaften mit denen der
Legierungen verglichen, welche durch gewöhnliches Zusammenschmelzen
der Bestandteile erhalten wurden. Es zeigte sich, daß die Dichte
der gepreßten Legierungen um etwa 10 Proz. geringer war als die der
geschmolzenen. Ferner sind die gepreßten Legierungen widerstands-
fähiger gegen Druck, von größerer Härte, aber spröde und haben
im Bruch ein feineres Korn als die geschmolzenen. Neuere Versuche
von Masing (1909) haben gezeigt, daß die durch Kompression einer
Mischung von Feilicht zweier Metalle erhaltenen Körper im allgemeinen
andere Eigenschaften besitzen als die entsprechenden Legierungen,
wenn die Kompression bei gewöhnlicher Temperatur stattfindet.

Von besonderem Interesse ist das Auftreten chemischer Reaktionen
beim Komprimieren von Gemischen aus verschiedenen Körpern. So
erhielt Spring Verbindungen von Metallen mit Arsen und Schwefel,
indem er die betreffenden Elemente im pulverförmigen Zustande ver-
mischte und komprimierte. Ein Gemenge von Quecksilberchlorid und
Kupferfeilicht lieferte Cu_2Cl_2 und Hg, ein Gemenge von Jodkalium
und Quecksilberchlorid gab Quecksilberjodid und Chlorkalium. Ein
Gemenge aus Na_2CO_3 und $BaSO_4$ verwandelte sich in $BaCO_3$ und
Na_2SO_4.

In allen diesen Fällen ersetzt der starke Druck gewissermaßen
den Schmelzprozeß; indem der Druck die Moleküle einander nähert,
bringt er die Kohäsionskräfte zur Wirkung und veranlaßt sogar das
Auftreten chemischer Kräfte. Spring dehnte die Erklärung auch auf
das Zusammenbacken zweier Eisstücke aus, das auch bei geringem
Drucke auftritt; er verwirft somit die Thomsonsche Erklärung, welche
auf der Schmelzpunktserniedrigung des Eises beim Drucke beruht (siehe
Wärmelehre). Im Jahre 1894 publizierte Spring neue Versuche über
das Zusammenschweißen von Metallen und die Bildung von Legierungen bei sehr schwachem aber lange wirkendem Druck und erhöhter
Temperatur (zwischen 200 und 400°).

Es sei zunächst die Erklärung erwähnt, welche Spring selbst für
diese Erscheinungen gibt. Seiner Meinung nach besitzen die Moleküle
der festen Körper, gleich denen der Gase (vgl. S. 96) verschiedene
Geschwindigkeiten; es kommen, falls ein Körper nicht allzu streng-
flüssig ist, auch Geschwindigkeiten vor, die den der Moleküle bei der
Schmelztemperatur gleich sind. Solche „flüssige" Moleküle müssen in
besonders großer Zahl an der Oberfläche des Körpers, wo die Bewegung
der Moleküle überhaupt eine freiere ist, auftreten. Diese Moleküle nun
sind es, welche das allmähliche Zusammenschweißen der sich berührenden
Körper bewirken. Spring stellte bei seinen ersten derartigen Versuchen zwei Zylinder aus demselben Metalle mit ihren sehr sorgfältig

geschliffenen Grundflächen aufeinander, drückte sie schwach aneinander
und erhielt sie so einige Zeit bei erhöhter Temperatur. Sie wurden
hierbei aneinander geschweißt und bildeten schließlich einen einzigen
massiven Zylinder. Das Zusammenschweißen erfolgte für Zylinder

$$
\begin{array}{lllllll}
\text{aus} & Sb & \text{bei} & 395^0 & \text{in} & 12 & \text{Stunden} \\
\text{„} & Al & \text{„} & 418 & \text{„} & 8 & \text{„} \\
\text{„} & Bi & \text{„} & 240 & \text{„} & 7 & \text{„} \\
\text{„} & Cu & \text{„} & 403 & \text{„} & 8 & \text{„} \\
\text{„} & Sn & \text{„} & 190 & \text{„} & 8 & \text{„} \\
\text{„} & Au & \text{„} & 400 & \text{„} & 4 & \text{„} \\
\text{„} & Pt & \text{„} & 400 & \text{„} & 4 & \text{„} \\
\text{„} & Pb & \text{„} & 300 & \text{„} & 6 & \text{„} \\
\text{„} & Zn & \text{„} & 385 & \text{„} & 3 & \text{„}
\end{array}
$$

Nur beim Antimon, einem sehr spröden Körper, waren die Zylinder
schwach zusammengeschweißt. Eine zweite Versuchsreihe wurde mit
Zylindern aus verschiedenen Metallen vorgenommen. Hierbei wurden
die Metalle nicht nur vollständig zusammengeschweißt, sondern es bil-
dete sich sogar eine dicke Schicht einer Legierung. So gaben Cu und
Zn in sechs bis acht Stunden bei 400^0 eine Legierungsschicht von
18 mm Dicke, beide Metalle waren gewissermaßen ineinander
hineindiffundiert.

G. Schulze (1913) hat den wichtigen Fall der Diffusion von
metallischem Silber aus geschmolzenem $AgNO_3$ bei 250^0 in gewöhnliches Thüringer Glas untersucht. Dabei tritt Na aus dem Glase und
bildet $NaNO_3$. Die elektrische Leitfähigkeit des Glases vergrößert sich
um 1,5 mal. Warburg (1913) hat die Theorie dieser Erscheinung
gegeben und gezeigt, daß die in das Glas eintretende Silbermenge proportional ist der Quadratwurzel aus der Zeit, und bei Temperaturänderung proportional dem Produkt der elektrischen Leitfähigkeit in
die absolute Temperatur. Die Versuche von G. Schulze haben diese
theoretischen Resultate bestätigt.

Die Diffusion geschmolzener und auch fester Metalle ineinander
hat Roberts-Austen untersucht. Er stellte einen Zylinder aus Pb
auf eine Platte aus Au und erhielt sie längere Zeit bei einer hohen
Temperatur, die jedoch unter dem Schmelzpunkt des am niedrigsten
schmelzenden Bestandteiles lag, z. B. im Verlaufe eines Monats bei 250^0
(Pb schmilzt erst bei 325^0). Durch Analyse der horizontalen Schichten
des Zylinders konnte er sodann die Diffusion von Au in Pb hinein
untersuchen. Eine derartige Diffusion ließ sich schon bei 40^0 nachweisen. Bei 800^0 diffundiert Au durch Ag und Cu ebenso schnell
wie bei 100^0 durch Pb. In späteren Versuchen (1900) fand Roberts-
Austen, daß eine gegenseitige Diffusion von Blei und Gold selbst
bei gewöhnlicher Temperatur stattfindet. Eine Goldscheibe war mit

einer Bleistange verbunden worden und vier Jahre lang sich selbst überlassen. Die hierauf ausgeführte Untersuchung zeigte, daß das Gold in das Blei eingedrungen war.

§ 21. Elastische Nachwirkung und elastische Hysteresis.

W. Weber beobachtete 1835 folgende Erscheinung: Als er einen Seidenfaden durch ein Gewicht spannte, verlängerte sich letzterer augenblicklich um einen gewissen Betrag; dieser blieb aber nicht unveränderlich, sondern nahm sodann im Verlaufe von 36 Stunden langsam zu. Entfernte man das Gewicht, so verkürzte sich der Faden augenblicklich, aber nicht bis auf seine ursprüngliche Länge; er war vielmehr länger und fuhr fort, im Verlauf von 20 Tagen sich merklich zu verkürzen. Weber nannte diese Erscheinung elastische Nachwirkung. Eine Untersuchung dieser wichtigen Erscheinung, welche, vollständig aufgeklärt, ein helles Licht auf die Gesetze, nach denen die Molekularkräfte wirken, werfen und den Bau der festen Körper zu erklären helfen könnte, begann 1863 F. Kohlrausch. Er untersuchte die elastische Nachwirkung bei Torsion von Glasfäden, Metalldrähten und Kautschuk. Er fand, daß die Nachwirkung der Größe der Deformation nahezu proportional ist und bei Erhöhung der Temperatur schnell zunimmt. Bezeichnet man die elastische Nachwirkung, d. h. die Deformation, welche, nachdem das tordierende Kräftepaar zu wirken nachgelassen hat, übrig bleibt, mit x, so ist diese Größe eine Funktion der Zeit t, welche bei Zunahme von t unendlich abnimmt. Für alle untersuchten Körper kann x in folgender Form dargestellt werden

$$x = Ce^{-a\,t^m} \quad \ldots \quad \ldots \quad \ldots \quad (81)$$

In vielen Fällen genügt sogar die einfachere Formel

$$x = \frac{C}{t^a} \quad \ldots \quad \ldots \quad \ldots \quad (82)$$

wo C, a und m Konstanten sind. Sehr bemerkenswert ist die folgende, von Kohlrausch gemachte Beobachtung: Er tordierte zunächst einen Draht kräftig in einer Richtung, überließ ihn darauf sich selbst und beobachtete, wie sich der Torsionswinkel infolge der elastischen Nachwirkung allmählich verminderte. Während dieser Winkel noch einen recht großen Wert hatte, tordierte er dann den Draht auf einen Augenblick um einen kleinen Winkel in entgegengesetzter Richtung und überließ ihn darauf wieder sich selbst. Der Draht drehte sich nun in der Richtung der ursprünglichen Deformation um einen gewissen Winkel und begann sich darauf wieder ganz allmählich loszudrehen. Somit trat die erste elastische Nachwirkung, bevor sie zu wirken aufgehört hatte, gewissermaßen von neuem auf, obgleich dazwischen eine Deformation in entgegengesetzter Richtung erfolgt war.

Auch Streintz, O. E. Meyer, Boltzmann, Maxwell, Wiechert, G. Wiedemann, Braun, Neesen, Austen, Cantone, L. Weinhold (1899), Hesehus, Philipps (1905), Joffe (1906) u. a. haben sich mit experimentellen und theoretischen Untersuchungen der elastischen Nachwirkung beschäftigt. Besonders auffallend tritt diese Erscheinung beim Kautschuk, Guttapercha, Glas und Blei auf; bei anderen Metallen ist sie kaum merklich, obgleich sie Austen für Silber,

Fig. 174.

Kupfer und Messing gemessen hat. Austen fand, daß die elastische Nachwirkung in den drei genannten Metallen bei einer Temperaturerhöhung um 1⁰ sich um 3 Proz. vermehrt.

Joffe hat eingehend die elastische Nachwirkung im kristallinischen Quarz untersucht; sie erwies sich als unmeßbar gering bei der Deformation der Biegung.

Hesehus hat insbesondere die elastische Nachwirkung bei Kautschuk untersucht. Um die allmählichen Längenänderungen einer Kautschukschnur verfolgen zu können, bediente er sich des in Fig. 174

abgebildeten Apparates, dessen Hauptbestandteile die folgenden waren. Ein vertikaler Metallzylinder, vor jedem Versuche mit einem Papierstreifen überspannt, wurde durch ein Uhrwerk in gleichförmige Rotation versetzt. Am unteren Ende der zu untersuchenden Kautschukschnur hing eine Schreibvorrichtung, die bei jeder Längenänderung der Schnur mittels dreier Röllchen an zwei in einem großen Holzrahmen straff eingespannten Drähten sich hin und her bewegte. Ein an dieser Vorrichtung angebrachter Schreibstift verzeichnete auf der Zylinderfläche eine Linie, und war es mit Hilfe der letzteren möglich, die Gesetze zu ermitteln, nach denen sich die Längenänderungen der Schnur in den verschiedenen Fällen vollzogen. Die hauptsächlichsten Resultate, zu denen N. A. Hesehus gelangte, sind folgende: Dauert die Deformation nur sehr kurze Zeit an, so ist die elastische Nachwirkung unmerklich. Ist der Kautschuk noch nicht ausgereckt, so kehrt er nach erfolgter Deformation schneller in seinen Gleichgewichtszustand zurück, als wenn er schon zuvor ausgereckt war. Je größer bei gegebener Masse die Oberfläche ist, um so geringer ist die elastische Nachwirkung. Mit Zunahme der Temperatur nimmt die Nachwirkung beim Kautschuk ab. Ferner sprach Hesehus den Gedanken aus, daß das umgebende Medium von Einfluß auf die Erscheinungen der elastischen Nachwirkung sein muß. Die von N. Bachmetjew und P. Vaskow an Kupfer und Nickeldrähten in Luft, Petroleum und $CuSO_4$- oder $NiSO_4$-Lösung ausgeführten Beobachtungen weisen, wie es scheint, ebenfalls auf einen solchen Einfluß hin.

Phillips (1905) fand, daß für „Indiarubber", Glas, Kupfer, Platin, Silber und Gold die durch einen konstanten Zug hervorgerufene Verlängerung x, als Funktion der Zeit t, sich sehr genau durch die Formel

$$x = a + b \log t$$

ausdrücken läßt, in welcher a und b Konstanten sind; nur für sehr kleine Werte von t, also sofort, nachdem die erste große Verlängerung hervorgerufen wurde, gilt die obige Formel nicht.

Erklärungen für die elastische Nachwirkung sind von verschiedenen Gelehrten gegeben worden. Wir wollen auf sie indes nicht eingehen, da keine von ihnen als befriedigend und zur völligen Aufklärung dieser wichtigen Erscheinung hinreichend gelten kann. Nur hingewiesen soll noch werden auf den von Maxwell eingeführten, wichtigen Begriff der Relaxationszeit. Relaxation im allgemeinen bedeutet die allmähliche Abnahme der infolge von Deformationsbewegungen in einem Körper wachgerufenen Druckkräfte. Die Zeit, in der diese Kräfte auf $\frac{1}{e}$ sinkt, ist die Relaxationszeit (e natürlicher Log.).

Eine Erscheinung von besonderer Art ist die von M. Cantone (1893 bis 1898), L. Weinhold (1899), Bouasse, Ercolini ($Pd + H_2$),

Beaulard (Kokonfaden), Berliner (1906) u. a. untersuchte elastische Hysteresis. Läßt man zunächst die deformierende Kraft f bis zu einem gewissen Maximalwert F allmählich zunehmen und vermindert sie hierauf ebenso allmählich, so kann man bei gleichen Werten von f eine stärkere Deformation beobachten, wenn der betreffende Wert von f bei Abnahme, als wenn er bei Steigerung der Kraftwirkung erreicht wird. Ändert man f zwischen den Grenzwerten $+F$ und $-F$, so besteht die Kurve, welche die Deformation als Funktion der Kraft f darstellt, aus zwei Ästen, die sich in zwei Punkten mit den Abszissen $+F$ und $-F$ schneiden; der eine von ihnen entspricht den zunehmenden, der andere den abnehmenden Werten von f. Die ganze Kurve schließt einen gewissen Teil der Ebene ein, und die Größe dieses Flächenraumes ist ein Maß für die innere Arbeit, die bei der Deformation verbraucht und beim allmählichen Nachlassen der Deformation nicht vollständig zurückgewonnen wurde. M. Cantone hat diese Erscheinung, die elastische Hysteresis genannt wird, bei Zug, Biegung und Torsion von Drähten und Streifen aus Fe, Ni, Pt, Cu, Al und Messing, sowie die Wirkung der Temperatur auf diese Erscheinung untersucht. Übrigens waren bereits vorher von G. Wiedemann einige der von Cantone beschriebenen Erscheinungen entdeckt worden.

§ 22. Elastizität der Kristalle. Bevor wir das Kapitel über die Deformationen fester Körper beschließen, wollen wir noch einiges über die elastischen Erscheinungen, welche in anisotropen Körpern auftreten, mitteilen. Dieselben zeichnen sich durch ihre Kompliziertheit aus, weswegen wir uns auf einige wenige Hinweise beschränken müssen. Besonders eingehend sind sie von Voigt untersucht worden. In anisotropen Körpern sind die elastischen Eigenschaften in den verschiedenen Richtungen verschiedene. Die isotropen Körper hatten, wie wir sahen, zwei Elastizitätsmoduln, durch welche alle übrigen ausgedrückt werden konnten; als solche konnten z. B. der Kompressionsmodul K und der Scherungsmodul N gewählt werden. Ein Kristall des regulären Systems hat bereits drei Moduln, einen für die Kompression und zwei für die Scherung. Ein Kristall des hexagonalen Systems hat vier Moduln, zwei verschiedene K und zwei N; ein zweiachsiger Kristall hat sechs Moduln, drei Kompressionsmoduln und drei Scherungsmoduln.

Der Youngsche Modul E und der Poissonsche Koeffizient σ hängen von der Richtung ab. Bei allseitigem Druck bleiben sich alle dem regulären Systeme nicht angehörigen Kristalle nicht ähnlich und erfahren außer einer Volumenverminderung auch eine Formveränderung. Die Biegung wird von Torsion begleitet und die Torsion von Biegung. Sämtliche Deformationen hängen nicht bloß von der Form des betreffenden Stäbchens, Blättchens usw. und von den äußeren wirkenden

Ursachen ab, sondern auch von der Richtung, in welcher diese Körper aus dem Kristall herausgeschnitten worden sind.

Zieht man von einem beliebigen Punkte aus Gerade nach allen möglichen Richtungen, so daß ihre Länge proportional dem Youngschen Modul E in der entsprechenden Richtung wird, so bildet der geometrische Ort der Endpunkte aller dieser Geraden die sogenannte **Modulfläche der Dilatation.** Nach der Gestalt der Fläche zerfallen die Kristalle in neun Klassen. Zwei Figuren mögen zur Veranschaulichung genügen. Fig. 175 stellt die Modulfläche der Dilatation für den Flußspat dar, dessen Kristalle dem regulären Systeme angehören. In Fig. 176 ist dieselbe Fläche für den Baryt (schwefelsaures Baryum, rhombisches System) dargestellt.

Fig. 175.Fig. 176.

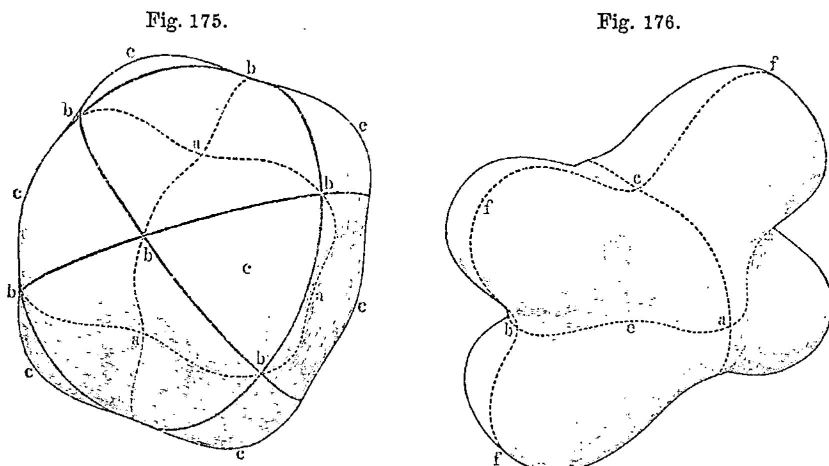

Die ausführlichste Darstellung der elastischen Eigenschaften kristallinischer Körper findet sich in dem „Lehrbuch der Kristallphysik" von W. Voigt (1910).

Literatur.

Lehrbücher über die Theorie der Elastizität.

A. Clebsch: Theorie der Elastizität. Leipzig 1862.

F. Grashof: Theorie der Elastizität und Festigkeit. Berlin 1878.

D. Bobylew: Hydrostatik und Theorie der Elastizität (russ.). St. Petersburg 1886.

A. Beer: Einleitung in die mathematische Theorie der Elastizität und Kapillarität. Leipzig 1869.

G. Lamé: Leçons sur la théorie mathématique de l'élasticité. Paris 1866.

F. Neumann: Vorlesungen über die Theorie der Elastizität. Leipzig 1883.

Weyhrauch: Theorie elastischer Körper. Leipzig 1884.

Mathieu: Théorie de l'élasticité. Paris 1890.

Zu § 1.

Hooke: A description of helioscopes, London 1675; Lectures de potentia restitutiva, London 1678; Philosophical tracts and collections, London 1679.

Poisson: Mémoire sur le mouvement des corps élastiques. Mém. de l'Acad. des Sciences 8, 1829; Journ. de lécole politechn. 20 cahier, 1831.

Kirchhoff: Crelles Journ. 40 und 56.

Fürst Gagarin: Artillerie-Journ. 1901 Nr. 6 (russ.). Apparate, welche den Zusammenhang zwischen Druck und Deformation während eines Stoßes angeben, St. Petersburg 1912, (russ.). Internat. Verband für die Materialprüfungen der Technik, VI. Kongreß, New York, Nr. IV, 8, 1912.

Tammann: Ztschr. f. phys. Chem. 80, 687, 1912; Ztschr. f. Elektrochem. 18, 584, 1912.

Zu § 3.

H. Hertz: Crelles Journ. 92, 156, 1882; Gesammelte Werke 1, 155.

F. Auerbach: Wied. Ann. 43, 61, 1891; 45, 262, 1892; 53, 1000, 1894; 58, 357, 1896; Instr. 12, 430, 1892; Ann. d. Phys. (4) 3, 108, 1900.

Rydberg: Ztschr. f. phys. Chem. 33, 353, 1900.

Benedicks: Ztschr. f. phys. Chem. 36, 529, 1901.

Bottone: Chem. News 27, 215, 1873.

Brillouin: Ann. chim. et phys. (7) 13, 231, 1898.

Huber: Ann. d. Phys. (4) 14, 153, 1904.

Lermantow: Journ. d. russ. phys.-chem. Ges. 38, 82, 1906.

Friesendorf: Diss. St. Petersburg, 1905 (russ.); Journ. d. russ. phys.-chem. Ges. 38, 464, 1906.

Föppl: Wied. Ann. 63, 103, 1897; Instr. 18, 88, 1898.

Ssaposhnikow und Kanewski: Journ. d. russ. phys.-chem. Ges. 1907, chem. Teil, S. 901.

Ssaposhnikow und Ssacharow: Journ. d. russ. phys.-chem. Ges. 1907, chem. Teil, S. 907.

Ssaposhnikow: Journ. d. russ. phys.-chem. Ges. 1908, S. 92, 95, 665.

Kurnakow, Shemtschushny u. a.· Journ. d. russ. phys.-chem. Ges. 1908, chem. Teil, S. 1067; 1909, S. 1182; 1910, S. 733; 1911, S. 725, 726; Ztschr. f. anorg. Chem. 60, 2, 1908; 64, 149, 1909; 68, 123, 1910; 72, 31, 1911; Isvestija (Nachr.) des St. Petersburger Polytechnikums 13, 347, 1910; 19, 322, 1913.

Föppl: Zentralbl. der Bauverwaltung 1896, S. 199; Mitteil. aus d. mech.-techn. Labor. 1902, Nr. 28.

Schwerd: Mitteil. d. techn. Hochschule. München 1897, Nr. 25.

Kip: Amer. Journ. of Science (4) 24, 23, 1907.

Brinell: Dingl. polytechn. Journ. 320, 280, 1905.

Kürth: Phys. Ztschr. 8, 417, 1907.

E. Meyer: Phys. Ztschr. 10, 66, 1908.

Parsons: Amer. Journ. of Science (4) 29, 162, 1910.

Ludwik: Die Kegelprobe. Berlin 1908. Ztschr. f. anorg. Chem. 94, 161, 1916; Ztschr. f. phys. Chem. 91, 232, 1916.

Leon: Stahl und Eisen 1907, Nr. 50.

Shore and Springer: The Iron Age. 1908, S. 555; Metallurgie 1909, S. 197.

Dinnik: Isvestija (Nachr.) des Kiewer Polytechn. Inst. 1910.

Dufour: Pogg. Ann. 137, 640, 1869.

Lerp: Phys. Ztschr. 10, 639, 1909.

Osmond: Sur la dureté, sa definition et sa mesure. Comiss. des methodes d'essais, 3 Sec. A. (2), S. 285, 1900.

Zu § 5 und § 6.

Th. Young: Course of lectures on natural Philosophy. London 1807.

S'Gravesande: Physicae Elementa mathematica 1, 375. Leyden 1721.

Wertheim: Ann. chim. et phys. (3) 12, 385, 1844; 50, 262, 1857; Pogg. Ann., Ergb. 2, 1, 73, 1848.

Kupffer: Mém. de l'Akad. d. Scienc. de St. Pétersb. (6), Scienc. mathém. (8) 6, 1856.

Kohlrausch und Loomis: Pogg. Ann, 141, 481, 1870.

Tomlinson: Phil. Mag. 23, 245, 1887.

P. A. Thomas: Ann. d. Phys. 1, 232, 1900; Diss. Jena 1899.

Noyes: Physical Review 2, 277, 1895; 3, 432, 1896.

A. M. Mayer: Phil. Mag. (5) 41, 168, 1896.

Cl. Schäfer: Verh. d. D. Phys. Ges. 2, 122, 1900; Ann. d. Phys. (4) 5, 220, 1901; 9, 665, 1124, 1902.

Neljubow: Sbornik (Sammlung) zur Erinnerung an Petruschewski, St. Petersburg 1904, S. 63.

Fournel: Journ. de phys. (4) 4, 26, 1905.

Cassie: Phil. Mag. (6) 4, 402, 1902.

Lees and Grime: Phil. Mag. (6) 9, 258, 1905.

Guillaume: Journ. de phys. (4) 2, 268, 1904; Arch. scienc. phys. (4) 15, 16, 1902.

Tittler: Diss. Leipzig 1903.

Streintz: Pogg. Ann. 150, 368, 1873.

Kiewiet: Wied. Ann. 29, 617, 1886.

Sutherland: Ann. d. Phys. (4) 8, 474, 1902.

Benton: Phys. Rev. 16, 17, 1903.

Horton: Proc. Roy. Soc. 73, 334, 1904.

Dewar and Hatfield: Ann. d. chim et phys. (8) 4, 556, 1905.

Pisati: Gaz. chem. ital. 6, 1876; 7, 1877; N. Cim. (3) 1, 181, 1877; 2, 137, 1877; 4, 152, 1878; 5, 135, 145, 1879.

Grüneisen: Ann. d. Phys. (4) 22, 801 (s. S. 850), 1907.

Auerbach: Wied. Ann. 58, 381, 1896.

Stefan: Wien. Ber. 77, II, 1868.

Smoluchowski: Wien. Ber. 103, 1894.

Warburg: Wied. Ann. 136, 89, 1869.

Mallock: Proc. Roy. Soc. 1879, S. 157.

M. Segel: Versuch einer Anwendung der Interferenzstreifen zur Untersuchung der Elastizität von weichen Körpern (russ.). Kasan 1899.

N. Hesehus: Journ. d. russ. phys.-chem. Ges. 11, 98, 1879.

Ercolini: N. Cim. (5) 9, 5, 1905.

Wassmuth: Phys. Ztschr. 6, 755, 1905; Wien. Ber. 112, 1903; D. A. 13, 182, 1904; Boltzmann-Festschrift, S. 560, 1904.

Guthe: Phys. Rev. 18, 256, 1904.

Georg S. Meyer: Wied. Ann. 59, 668, 1896.

Villari: Pogg. Ann. 143, 88, 1871.

K. R. Koch: Ann. d. Phys. 54, 1, 1917.

Winkelmann und Schott: Wied. Ann. 51, 698, 1894.

Winkelmann: Wied. Ann. 61, 104, 1897; 63, 117, 1897 (für Pt); siehe auch Hovestadt, Jenaer Glas, Jena 1900, S. 149—202.

J. O. Thompson: Wied. Ann. 44, 555, 1891.

Dewar: Chem. News 71, 192, 199, 1895; Instr. 15, 375, 1895.

Zu § 8.

Okatow: Theorie des Gleichgewichtes und der Bewegung eines elastischen Drahtes (russ.), St Petersburg 1867; Pogg. Ann. 119, 11, 1863.

Schneebeli: Pogg. Ann. **140**, 589, 1870.
Kirchhoff: Pogg. Ann. **108**, 369, 1859.
Voigt: Berl. Ber. 1883, S. 961; 1884, S. 1004.
Röntgen: Pogg. Ann. **159**, 601, 1876.
Bouasse: Journ. de phys. (4) **2**, 490, 1903.
Cardani: N. Cim. **5**, 73, 1903; Phys. Ztschr. **4**, 144, 449, 1902/3.
Bauschinger: Der Zivilingenieur **25**, 81, 1879.
Stromeyer: Proc. Roy. Soc. **55**, No. 334, S. 373.
Morrou: Phil. Mag. (6) **6**, 417, 1903; Proc. Phys. Soc. **18**, 582, 1903.
F. A. Schulze: Ann. d. Phys. (4) **13**, 583, 1904; Marburger Ges. **8**, 80, 1903;
    9, 94, 1903.
Beaulard: C. N. **135**, 623, 1902; **136**, 1303, 1903; Journ. de phys. (4) **2**, 785,
    1903.
Frank: Ann. d. Phys. (4) **21**, 602, 1906.
L. Schiller: Ann. d. Phys. (4) **22**, 204, 1907.
Katzenelsohn: Diss. Berlin 1887.
Bock: Wied. Ann. **52**, 609, 1894.
Everett: Proc. Roy. Soc. **15**, 356, 1867; **16**, 248, 1868; Phil. Trans. **157**, 139, 1867.
Cornu: Compt. rend. **69**, 333, 1869.
Voigt: Wied. Ann. **15**, 497, 1882.
Cantone: Rend. Ac. dei Lincei **4**, 220, 292, 1888.
Kowalski: Wied. Ann. **36**, 307, 1889; **39**, 155, 1890.
Amagat: Ann. chim. et phys. (6) **22**, 95, 1891; Compt. rend. **107**, 618, 1888.
Straubel: Wied. Ann. **68**, 369, 1899.
Smoluchowski: Wien. Ber. **103**, 739, 1894.
Cagniard Latour: Ann. chim. et phys. **36**, 384, 1827; Pogg. Ann. **12**, 516, 1828.

Zu § 10.

Sacerdote: Journ. de phys. (3) **7** 516, 1898; **8**, 209, 1899.
Regnault: Mém. de l'Acad. des Scienc. **21**, 1847.
Amagat: Compt. rend. **99**, 130, 1884; **106**, 479, 1888; Ann. chim. et phys.
    (6) **22**, 95, 1891.
Voigt: Wied. Ann. **31**, 479, 1888; **34**, 981, 1888; **35**, 642, 1888; **41**, 712, 1890.
Richards and Stull: Ztschr. f. phys. Chem. **49**, 1, 1904; **61**, 77, 100, 171,
    183, 1907.
Richards and Speyer: Journ. Amer. chem. Soc. **36**, 491, 1914.
Buchanan: Trans. R. S. Edinb. **39**, 589; Proc. Roy. Soc. **73**, 296, 1904.
Protz: Ann. d. Phys. (4) **31**, 127, 1910.
Grüneisen: Ann. d. Phys. (4) **33**, 1239, 1910.

Zu § 13.

Coulomb: Mém. de l'Acad. des Sc. Paris 1784.
Savart: Ann. chim. et phys. (2) **41**, 373, 1829; Pogg. Ann. **16**, 206, 1829.
Bouasse: Ann. chim. et phys. (7) **14**, 106, 1898.
Wertheim: Ann. chim. et phys. (3) **12**, 385, 1844; **23**, 52, 1849; **50**, 202,
    1857; Pogg. Ann. **78**, 381, 1829.
Saint-Venant: Torsion des prismes. Paris 1855.

Zu § 16.

Baumeister: Wied. Ann. **18**, 578, 1882.
Pisati: Nuovo Cimento (3) **4**, 152, 1878; **5**, 34, 135, 1878.
Grüneisen: Ann. d. Phys. (4) **22**, 801, 1907; **25**, 825, 1908.

Zu § 17 und 18.

A. König: Wied. Ann, **28**, 108, 1886.
Cornu: Compt. rend. **69**, 333, 1869.
Straubel: Wied. Ann. **68**, 370, 1899.
Cl. Schaefer: Ann. d. Phys. (4) **9**, 1124, 1902.
Orlow: Phys. Ztschr. **8**, 612, 1907.
Faust und Tammann: Ztschr. f. phys. Chem. **75**, 108, 1910.

Zu § 19.

Bottomley: Reports- of the Brit. Assoc. 1881—1887.
Tresca: Compt. rend. **59**, 754, 1864; **60**, 398, 1865; **64**, 809, 1867; **66**, 263, 1868.
W. Spring: Ann. chim. et phys. (5) **22**, 170, 1881.
Obermayer: Wien. Ber. **58**; **72**; **106**; **113**, 511, 1904.
Dewar: Proc. Chem. Soc. 1894, Nr. 140, S. 136.
Tammann: Ann. d. Phys. (4) **7**, 98, 1902; **10**, 467, 1903.
Werigun, Lewkojeff und Tammann: Ann. d. Phys. (4) **10**, 647, 1903; Journ. d. russ. phys.-chem. Ges. **35**, 665, 1903.
Daubrée: Études synthétiques de géologie éxperimentale 1879, S. 442.
Kurnakow und Shemtschushny: Isvestija (Nachr.) des St. Petersb. Polytechn. Inst. **19**, 323, 1913.

Zu § 20.

Spring: Bull. de l'Acad, R. de Belg. (2) **45**, 746, 1878; **49**, 323, 1880; (3) **5**, 55, 492, 1883; **6**, 507, 1883; **14**, 595, 1887; **28**, 238, 1894; **30**, 311, 1895; Chem. Ber. **15**, 595, 1881; **16**, 324, 999, 1883; Bull. Soc. Chim. (Paris) **40**, 520, 1883; **41**, 488, 1884; **44**, 166, 1885; **46**, 299, 1886; **50**, 218, 1888; Sill. Journ. (3) **35**, 78, 1888; **36**, 286, 1888; Ann. Soc. géol. Belg. **15**, 156, 1888; Ztschr. f. phys. Chem. **2**, 536, 1888; Rapports au Congrés internat. de physique **1**, 402, 1900.
Roberts-Austen: Proc. Roy. Soc. of London **49**, 281, 1896; **67**, 101, 1900; Phil. Trans. **187**, 383, 1896.
Drewitz: Diss., Rostock 1902.
Masing: Ztschr. f. anorg. Chem. **62**, 265, 1909; Tammann, Ztschr. f. Elektrochem. **15**, 447, 1909.
Spezia: Atti di Torino **45**, 4, 1910.
G. Schulze: Ann. d. Phys. (4) **40**, 335, 1913.
Warburg: Ann. d. Phys. (4) **40**, 327, 1913.

Zu § 21.

W. Weber: Pogg. Ann. **34**, 247, 1835; **54**, 1, 1841.
F. Kohlrausch: Pogg. Ann. **119**, 337, 1863; **128**, 1, 1866; **158**, 337, 1876; **160**, 225, 1877.
Streintz: Pogg.-Ann. **153**, 387, 1874; Wien. Ber. **79**, 1874; **80**, 397; Carls Repert. **16**, 476, 1880.
Maxwell: Encyklop. Br., 9. Aufl., **6**, 313.
Neesen: Pogg. Ann. **157**, 579, 1876.
Braun: Pogg. Ann. **159**, 337, 1876; Carls Repert. **17**, 253, 1881.
G. Wiedemann: Pogg. Ann. **103**, 563, 1858; **106**, 161; **107**, 139, 1859; **117**, 183, 1862; Wied. Ann. **6**, 502, 1879.
Boltzmann: Crelles Journ. **81**, 96; Wied. Ann. **5**, 430, 1878.

O. E. Meyer: Crelles Journ. **78**, 130; Pogg. Ann. **151**, 108, 1874; **154**, 358, 1875; Wied. Ann. **4**, 249, 1878.
N. Hesehus: Journ. d. russ. phys.-chem. Ges. **14**, 287, 1882; Beibl. **7**, 654, 1883.
N. Bachmetjew und P. Vaskow: Journ. d. russ. phys. Ges. **28**, 217, 1896.
M. Cantone: Rendic. R. Acc. Lincei (5) **2**, II, 246, 295, 339, 385, 1893; **3**, I, 26, 1894; **3**, II, 122, 1894; **4**, I, 437, 488, 1895; **4**, II, 270, 354, 1896; **5**, II, 191, 1897; Nuovo Cimento (4) **2**, 180, 1895.
Bouasse: Ann. d. chim. et phys. (7) **29**, 384, 1903; (8) **2**, 5, 1904.
Berliner: Ann. d. Phys. (4) **20**, 527, 1906.
Phillips: Phil. Mag. (6) **9**, 513, 1905.
Joffe: Ann. d. Phys. (4) **20**, 919, 1909; Diss., München 1906.
L. Weinhold: Zur Elastizität der Metalle. Diss. (Leipzig), Chemnitz 1899.
G. Wiedemann: Wied. Ann. **6**, 485, 1879; **27**, 402, 1886.

Zu § 22.

Voigt: Lehrbuch der Kristallphysik, S. 560—790, 1910.

Viertes Kapitel.

Reibung und Stoß fester Körper.

§ 1. Innere Reibung in festen Körpern. Auf S. 103 und 257 hatten wir uns mit der Erscheinung der inneren Reibung in gasförmigen und flüssigen Körpern bekannt gemacht. Da feste Grenzen zwischen den drei Aggregatzuständen nicht bestehen und Spuren der Eigenschaften, welche für die eine Aggregatform scharf ausgeprägt sind, fast immer auch in den anderen auftreten, so kann man erwarten, daß Anzeichen einer inneren Reibung oder Viskosität sich auch bei den festen Körpern werden finden lassen; der Reibungskoeffizient (vgl. S. 103 und 257) muß jedoch, wenn von einem solchen die Rede sein darf, außerordentlich groß sein. In der Tat weisen die Arbeiten vieler Forscher darauf hin, daß man auch für die festen Körper den Begriff der inneren Reibung einführen kann. So erklären z. B. einige Autoren die Erscheinungen der elastischen Nachwirkung durch innere Reibung im deformierten Körper. In besonders engem Zusammenhang mit der inneren Reibung steht indes die Erscheinung der Dämpfung (Abt. I, S. 156), welche man bei den Schwingungen elastischer Körper beobachtet. Befestigt man einen Körper am unteren Ende eines Drahtes, dreht ihn um einen gewissen Winkel und überläßt ihn darauf sich selbst, so fängt er an Drehungsschwingungen nach der einen und anderen Seite hin auszuführen. Indes nimmt seine Schwingungsamplitude ab, was sich nur zum Teil durch Reibung an der Luft und durch Abgabe der Bewegungsenergie an die umgebenden Körper durch den Aufhängepunkt des Drahtes erklären läßt. Es bleibt noch ein Teil der Dämpfung übrig, den man nur durch innere Reibung, welche die Scherung der Drahtschichten begleitet, erklären kann.

Die Versuche, welche man zur Messung der inneren Reibung fester Körper angestellt hat, haben seither noch zu keinen klaren und bestimmten Resultaten geführt. Für den Reibungskoeffizienten η, dessen Definition und Dimension wir S. 103 angegeben haben, ließen sich bisher nur Näherungswerte finden. Eine Reihe von Methoden beruht auf der Beobachtung der allmählichen Formänderung, die der Körper unter dem Einfluß einer konstanten deformierenden Kraft erleidet. Wohl die ersten hierhingehörigen Messungen wurden von Obermayer (1879) an Schwarzpech und an Storax ausgeführt und zwar nach drei Methoden: erstens wurde eine kreisförmige Platte von beiden Seiten zusammengepreßt und die Veränderung ihrer Dicke als Funktion der Zeit gemessen; zweitens wurde ein Parallelepiped zwischen zwei an dasselbe fest haftende Metallplatten gelegt und die eine durch eine seitwärts gerichtete Kraft verschoben; drittens wurde ein Zylinder durch ein Kräftepaar tordiert. Aus jedem dieser Versuche läßt sich η berechnen. Für Schwarzpech ergaben die drei Methoden gut übereinstimmende Resultate, und zwar bei verschiedenen Temperaturen für η in C. G. S.-Einheiten die Werte

$$
\begin{array}{ccc}
6^0 \text{ bis } 7^0 & 10^0 & 12{,}2^0 \\
\eta = 21 \cdot 10^8 & 5{,}3 \cdot 10^8 & 2{,}6 \cdot 10^8
\end{array}
$$

Für Storax erwies sich (bei 15^0) $\eta = 1{,}7 \cdot 10^{11}$.

Barus (1890) untersuchte Leim, Paraffin und Stahl und fand für harten Stahl $\eta = 1 \cdot 10^{17}$ bis $6 \cdot 10^{17}$. Für Kupfer erhielt Voigt (1892) $\eta = 3{,}73 \cdot 10^6$ und für Nickel $\eta = 12{,}5 \cdot 10^6$. Heydweiller (1897) gibt für Menthol bei $14{,}9^0$ den Wert $\eta = 2 \cdot 10^{12}$ und Reiger (1901) für Kolophonium $\eta = 10^{17}$ bei 12^0 und $\eta = 5 \cdot 10^{12}$ bei 46^0. Alle diese Zahlen sind in C. G. S.-Einheiten ausgedrückt. Segel (1903) benutzte ringförmige Körper von rechteckigem Querschnitt, die von außen und von innen an Zylindern hafteten. Der innere Zylinder wurde durch ein in Richtung seiner Achse wirkendes Gewicht P bewegt und die Geschwindigkeit w seiner Bewegung gemessen. Ist H die Höhe, R der äußere, r der innere Radius des Ringes und Q sein Gewicht, so berechnet sich η aus der Formel

$$
\eta = \frac{P + Q}{2 \pi H w} \, lg \, \frac{R}{r} \cdot
$$

Für Siegellack fand Segel $\eta = 10^{11}$ C. G. S. bei $19{,}2^0$.

Trouton und Andrews (1904) beobachteten die Torsion von runden Stäben unter dem Einfluß eines Kräftepaares. Ist R der Radius des Querschnitts, M das Moment des Kräftepaares, U die Winkelgeschwindigkeit auf die Längeneinheit des Stabes bezogen, so ist

$$\eta = \frac{2\,M}{\pi\,U\,R^4}\,.$$

Für Pech (pitch) fanden sie:

0^0	8^0	15^0
$\eta = 5,1\,.\,10^{11}$	$9,9\,.\,10^{10}$	$1,3\,.\,10^{10}$ C.G.S.

Für Glas:

575^0	660^0	710^0
$\eta = 1,1\,.\,10^{13}$	$2,3\,.\,10^{11}$	$4,5\,.\,10^{10}$ C.G.S.

Für Schuhwichse (Shoemaker's wax) $\eta = 4,7\,.\,10^6$ bei 8^0.

Nach derselben Methode fand Weinberg (1904) für Blei $\eta = 10^{14}$ bis 10^{16}, für Schusterpech $\eta = 10^6$ bis 10^8, für ausgeglühtes Kupfer $\eta = 10^{17}$ bis 10^{19} C.G.S.

Während beim Übergang eines Körpers aus dem festen in den flüssigen Aggregatzustand gewöhnlich eine sprungweise Änderung seiner Zähigkeit und seiner elastischen Eigenschaften auftritt, ist dies nach Pochettino (1914) bei plastischen Körpern nicht der Fall. Bei Schwarzpech änderte sich zwischen 9^0 bis 100^0 der Koeffizient der inneren Reibung η und der Elastizitätsmodul ganz kontinuierlich.

Ein besonderes Interesse bietet die innere Reibung des Eises, welche bei der Bewegung der Gletscher eine große Rolle spielen muß. Sie wurde von Mc Connel (1891), Hess (1902) und Weinberg (1905) untersucht. Mc Connel fand für η Werte, die zwischen 10^{11} und 10^{12} C.G.S. lagen. Hess beobachtete die Biegung von Eisstäben; er fand für reines Eis bei kurzer Wirkung der Kraft $\eta = 2,7\,.\,10^{10}$, für geschichtetes (mit Sand und Staub) Eis $\eta = 1,2\,.\,10^{11}$ C.G.S. Weinberg benutzte die Methode der Tordierung von Eisstäben und fand für Newa-Eis $\eta = 10^{13}$ C.G.S. Im Sommer 1905 setzte Weinberg seine Versuche auf dem Hintereis ferner (Gletscher in Tirol) fort. Die an zwei Apparaten mit neun Zylindern aus Gletschereis ausgeführten Versuche ergaben bei -2^0 den Mittelwert $\eta = 2\,.\,10^{13}$ C.G.S. Dieser Wert ist eher zu klein als zu groß, da die möglichen Versuchsfehler in der Richtung einer Verkleinerung von η wirken. Die innere Reibung des Eises hat ferner Deeley (1908) berechnet, und zwar auf Grund der beobachteten Gletscherbewegungen. Er fand Zahlen zwischen $\eta = 3\,.\,10^{12}$ und $\eta = 176\,.\,10^{12}$ C.G.S. Für Eiskristalle erhielt er bedeutend kleinere Werte, z. B. $2\,.\,10^{10}$ bei 0^0; für die Abhängigkeit von der Temperatur fand er $log\,\eta = 10{,}301 - 0{,}153\,t - 0{,}00231\,t^2$. Später haben Deeley und Parr die theoretischen Grundlagen dieser

Berechnungen weiter entwickelt und wiederum Zahlen gefunden, die bis $147,7.10^{12}$ reichten.

Guye und seine Schüler (1908 bis 1913) haben eine lange Reihe von Bestimmungen der inneren Reibung in Metalldrähten ausgeführt, indem sie das logarithmische Dekrement k von Torsionsschwingungen bestimmten, und dabei die Wirkung des Luftwiderstandes in Abrechnung brachten. Die ersten Versuche von Guye und Mintz (1908) zeigten, daß k bei Drähten von Pt, Ag, Cu und Stahl wächst, wenn die Temperatur von 210^0 bis 370^0 steigt. Sodann haben Guye und Fréedericksz (1909) zwischen $+100^0$ und -196^0 beobachtet. Bei Al, Ag und Fe wird k bei der Abkühlung immer kleiner; bei Mg und Au wird ein Minimum von k bei -80^0 erhalten. Bei einem Quarzfaden verringert sich k bis -196^0. Fréedericksz (1910) fand, daß bei Al die Größe k bei -196^0 etwa 274 mal kleiner ist als bei $+100^0$. Guye und Schaper (1910) fanden bei Cu und Zn eine Verkleinerung von k bis -196^0; bei Ni, Pd und Pt ließ sich eine Abhängigkeit von der Temperatur nicht nachweisen; bei Au fand sich wiederum ein Minimum bei -80^0. Eine Übersicht aller seiner und seiner Mitarbeiter Arbeiten hat Guye (1912) zusammengestellt. C. Schmidt (1911) bestimmte η, indem er die Torsionsschwingungen von Stäben beobachtete.

Glaser (1907) hat die innere Reibung der Mischungen von Kolophonium und Terpentinöl untersucht. Bei 80 Proz. Kolophonium ist $\eta = 9{,}2.10^6$, bei 90 Proz. bereits $\eta = 4{,}7.10^{11}$. Mit sinkender Temperatur wird η größer und z. B. für eine der Mischungen ist η bei $7{,}1^0$ etwa 18 mal größer als bei $11{,}8^0$.

Dunstan (1909) hat η für die Legierungen Pb + Sn gemessen, indem er Drähte durch starke Spannung sich verlängern ließ; für Pb ist η etwa 70 mal kleiner als für Sn; für die Legierungen ist η kleiner als es die Mischungsregel verlangt.

Weinberg und seine Schüler Smirnow, Gostjunin, Le Dantü, Monstrow, Miloradow und Tolmatschew haben (1912) eine Reihe von Untersuchungen über die innere Reibung fester Körper und über die verschiedenen Messungsmethoden der Größe η angestellt. Besonders sorgfältig haben sie Schusterpech und Asphalt untersucht; bei Temperaturerhöhung um 1^0 verringert sich η bei diesen zwei Körpern um 23 bis 44 Proz.

§ 2. Reibung fester Körper beim Gleiten. Wenn die Oberfläche eines festen Körpers längs der Oberfläche eines anderen, den man sich als unbeweglich denken kann, dahingleitet, während beide Körper durch eine gewisse Kraft P aneinander gedrückt werden, so tritt eine neue Kraft F tangential zur Berührungsfläche auf, welche auf den sich bewegenden Körper in einer seiner Bewegung entgegengesetzten Richtung wirkt. Diese Kraft verzögert die relative Bewegung

der sich berührenden Körper und wird als Kraft der Reibung bezeichnet. Die Ursachen der Reibung können verschiedene sein; zunächst sind es die Unebenheiten der Oberfläche, die gewissermaßen
kleine Buckel bilden und eine ununterbrochene Reihe von Hindernissen
für das Dahingleiten darstellen. Gleichzeitig kann auch die unmittelbare Kohäsion zwischen den Teilchen der sich gegeneinander reibenden
Körper eine gewisse Rolle spielen. Die Untersuchungen von Warburg und Babo (1877) haben zu dem Resultate geführt, daß die Reibung durch Verbiegung der kleinen Buckel entsteht, welche auch an
gut geschliffenen Oberflächen immer vorhanden sind; somit bilden
elastische Kräfte, welche in den rauhen Oberflächenschichten auftreten,
die ursprüngliche Ursache der Reibung. Die Reibung fester Körper
ist von einem Sich-Loslösen kleinster Teilchen der sich aneinander
reibenden Körper begleitet. Bisweilen haften dabei die Teilchen des
einen Körpers an der Oberfläche des anderen; hierauf beruht das
Schreiben mit Bleifeder (Graphit) auf Papier, mit Kreide auf Holz usw.

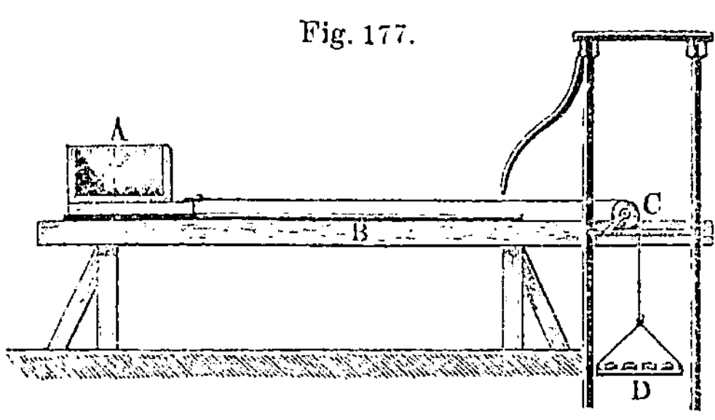

Fig. 177.

Hierher gehört auch die
seltsame Erscheinung,
daß Teilchen von Alu-
minium am Glase haf-
ten; diese besonders von
Margot untersuchte Er-
scheinung tritt in gerin-
gerem Maße auch beim
Magnesium, Zink und
Kadmium auf.

Die Gesetze der Reibung sind zuerst von Coulomb (1781) untersucht worden. Der von ihm benutzte, ohne weiteres verständliche
Apparat ist in Fig. 177 dargestellt. Die auf dem Tische liegende Tafel B
und der Boden des Kästchens A stellen die sich reibenden Oberflächen
dar. Das Kästchen wird durch auf die Schale D gelegte Gewichtstücke in Bewegung versetzt. Es zeigt sich hierbei, daß diese Bewegung eine gleichförmig veränderliche (Abt. I, S. 63) ist, woraus hervorgeht, daß während der Bewegung eine beständige Kraft
wirkt. Es sei P das Gewicht des Kästchens, somit also auch die
Kraft, mit welcher die sich aneinander reibenden Oberflächen gegeneinander gedrückt sind; p sei das Gewicht von D mit den darauf-
liegenden Gewichtstücken, d. h. also die am Kästchen angreifende Kraft.
Subtrahiert man von p die Kraft der Reibung F, so erhält man die
treibende Kraft $p - F$, welche gleich sein muß dem Produkte der bewegten Masse $\dfrac{P+p}{g}$ und der Bewegungsbeschleunigung γ. Somit ist

$$p - F = \frac{P+p}{g}\,\gamma \quad . \quad . \quad . \quad . \quad . \quad . \quad . \quad . \quad (1)$$

Die Beschleunigung γ kann durch Beobachtung der Zeit t gefunden werden, während welcher sich das Kästchen um die Strecke s verschiebt. Es ist dann $s = \gamma \dfrac{t^2}{2}$, also $\gamma = \dfrac{2\,s}{t^2}$ und schließlich

$$F = p - \frac{(P+p)\,2\,s}{g\,t^2} \quad \cdots \cdots \cdots \quad (2)$$

Mit Hilfe dieser Formel kann man die Größe der Reibung finden, und hat Coulomb für sie folgende Gesetze aufgestellt:

I. Die Reibung ist dem Druck, welcher zwischen den sich reibenden Oberflächen herrscht, proportional.

II. Die Reibung ist unabhängig von der Größe der sich reibenden Flächen.

III. Die Reibung ist unabhängig von der Geschwindigkeit, mit der sich die eine Fläche längs der anderen dahinbewegt.

Die von der Art der sich reibenden Oberflächen abhängige Konstante

$$f = \frac{F}{P} \cdot \quad \cdots \cdots \cdots \cdots \quad (3)$$

heißt der Reibungskoeffizient. Morin hat (1833) die Coulombschen Versuche nach einer besonderen graphischen Methode wiederholt,

welche es ermöglichte, das Gesetz, nach welchem die Bewegung des gleitenden Körpers erfolgt, sehr genau zu studieren. Er hat den Reibungskoeffizienten f für verschieden beschaffene Oberflächen bestimmt und gefunden, daß die Kraft F während der Bewegung kleiner ist als zu Anfang,

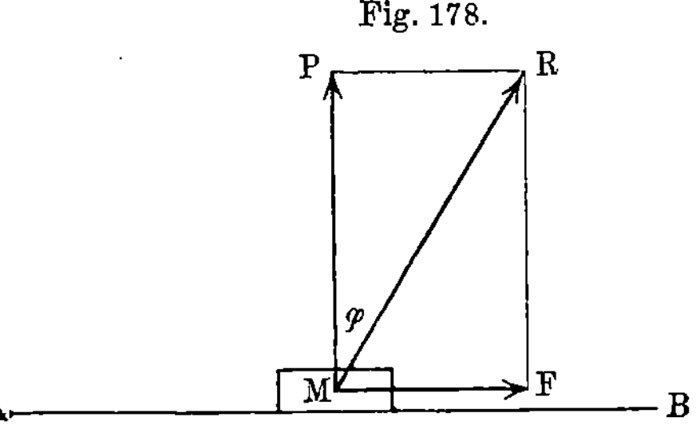

wo der Körper noch in Ruhe war und erst in Bewegung versetzt werden mußte. Endlich fand er, was übrigens schon vorher bekannt war, daß sich die Reibung merklich verringert, wenn man zwischen die aneinander gleitenden Flächen ein Schmiermittel, wie etwa Öl, Petroleum, trockene Seife usw. bringt.

Die von Coulomb gefundenen sogenannten Reibungsgesetze sind zweifellos nur angenähert richtig und stellen nicht die wirklichen Gesetze dar. So fand z. B. Rennie, daß der Koeffizient f mit Zunahme des Drucks P, den die Körper aufeinander beim Gleiten ausüben, selbst zunimmt.

Wenn sich der Körper M (Fig. 178) längs der Oberfläche AB eines anderen Körpers hinbewegt, so wirken seitens dieses Körpers auf

ihn zwei Kräfte ein: der Widerstand P in der Richtung der Senkrechten zur Oberfläche und die Kraft der Reibung F in tangentialer
Richtung; die Resultante R bildet mit der Senkrechten einen Winkel φ,
dessen Tangente gleich $F:P$ ist,

$$tg\,\varphi = f \ . \ . \ . \ . \ . \ . \ . \ . \ . \ . \ (4)$$

Liegt der Körper auf einer schiefen Ebene, welche den Winkel α
mit der Horizontalebene einschließt, so beginnt das Gleiten für

$$\alpha > \varphi \ . \ . \ . \ . \ . \ . \ . \ . \ . \ . \ (5)$$

Ist $\alpha < \varphi$, so bleibt der Körper in Ruhe. Um den Körper auf
der schiefen Ebene am Herabgleiten zu verhindern, während $\alpha > \varphi$
ist, muß an demselben eine Kraft Q angreifen, welche parallel zur
schiefen Ebene ist und, wie man sich leicht überzeugen kann, zwischen
den Grenzen

$$P\frac{sin\,(\alpha + \varphi)}{cos\,\varphi} > Q > P\frac{sin\,(\alpha - \varphi)}{cos\,\varphi}$$

liegt.

Schon längst war es von Technikern bemerkt worden, daß die
zwischen gut gefetteten Maschinenteilen auftretende Reibung durchaus
nicht die Coulombschen Gesetze befolgt. N. P. Petrow hat (1883)
zuerst die Gesetze der Reibung für diesen Fall untersucht, wobei es
sich herausstellte, daß die innere Reibung in der aufgetragenen
Schicht des Schmiermaterials die Hauptrolle spielt. Die wichtigsten
Ergebnisse seiner Untersuchungen bestehen im folgenden:

Die Größe der Reibung gefetteter Maschinenteile ist unter sonst
gleichen Verhältnissen proportional der Oberfläche der sich reibenden Teile.

Die Größe der Reibung ist proportional der Geschwindigkeit, mit
der die relative Bewegung der Maschinenteile erfolgt.

Die Größe der Reibung ist umgekehrt proportional der mittleren
Dicke der Schmierschicht.

Die Größe der Reibung ist proportional der Quadratwurzel aus
dem gesamten zwischen den sich aneinander reibenden Oberflächen vorhandenen Drucke.

Neuere Untersuchungen über gleitende Reibung wurden ausgeführt von Painlevé (1905) und von A. Mayer (1901); eine hydrodynamische Theorie der Schmiermittelreibung hat Sommerfeld (1904)
entwickelt. Weitere Arbeiten werden wir in der Literaturübersicht
angeben.

§ 3. Der Pronysche Zaum.
Dieser Apparat dient dazu, die
Arbeitsfähigkeit T (Abt. I, S. 115) einer in Bewegung befindlichen Maschine

zu bestimmen. Dieselbe wird hierbei durch die Arbeit gemessen, welche eine rotierende Welle in je einer Sekunde zu liefern vermag. Der in Fig. 179 dargestellte Apparat besteht aus zwei Holzklötzen FE und CD, zwischen denen in entsprechenden Ausschnitten die auf die Achse AB befestigte eiserne Trommel T eingeklemmt ist. Unterhalb EF ist der Hebel GH angebracht, welcher die Wagschale W trägt. Der Hebel KJ und die Wagschale W' dienen dazu, GH und W zu äquilibrieren. Dreht sich die Achse AB und die Scheibe T in der Richtung des Pfeiles, so wird auf W ein Gewicht aufgelegt, welches wir mit P bezeichnen wollen. Die Größe dieses Gewichts und der Druck von EF und CD auf T werden (letzterer durch die Schrauben S' und S) so reguliert, daß das Ende H zwischen den Anschlägen N

Fig. 179.

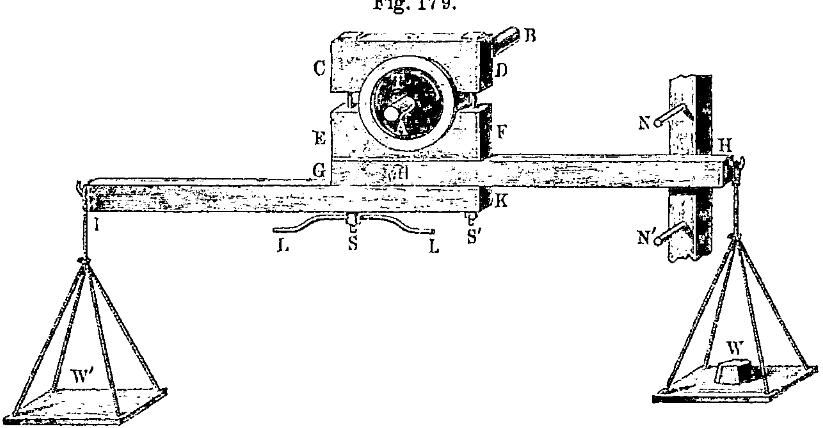

und N' in Ruhe bleibt. Ist F die Kraft der Reibung, r der Radius der Welle und ω ihre Winkelgeschwindigkeit, so ist die gesuchte Arbeitsfähigkeit T gleich $F \omega r$. Das Moment der Belastung P ist gleich Pl, wo l die Länge des Hebels L bedeutet. In diesem Falle ist die Gleichgewichtsbedingung des Hebels $Fr = Pl$ und unter Berücksichtigung des Ausdrucks $T = Fr\omega$.

$$T = Pl\omega.$$

Ist n die Anzahl der Umdrehungen pro Minute, so ist $\omega = \dfrac{2\pi n}{60}$, und man findet die gesuchte Arbeitsfähigkeit in Pferdekräften (Abt. I, S. 116) nach der Formel

$$T = 2n\pi \frac{Pl}{60 \times 75} \quad\cdot\quad\cdot\quad\cdot\quad\cdot\quad\cdot\quad\cdot\quad\cdot\quad (6)$$

wo P und p in Kilogrammen, l in Metern ausgedrückt sein muß.

§ 4. Rollende Reibung. Wenn ein Körper über die Oberfläche eines anderen hinrollt, so tritt ebenfalls Reibung auf, deren Größe F_1 nach Coulomb durch die Formel

$$F_1 = \alpha \frac{P}{r} \quad \cdots \cdots \cdots \cdots \cdots \quad (7)$$

bestimmt wird, wobei P das Gewicht, r der Radius des rollenden Körpers (Zylinders) und α der Koeffizient für die rollende Reibung ist. Die rollende Reibung ist beträchtlich geringer als die gleitende.

§ 5. Stoß der Körper; allgemeine Bemerkungen. Wenn die Oberflächen zweier sich mit nach Größe oder Richtung verschiedenen Geschwindigkeiten bewegender Körper zur Berührung gelangen, so tritt die Erscheinung ein, die man Stoß nennt. Die Richtung der im Berührungspunkte zu den Oberflächen errichteten Senkrechten heißt die Stoßrichtung. Der Stoß ist zentral, wenn diese Richtung

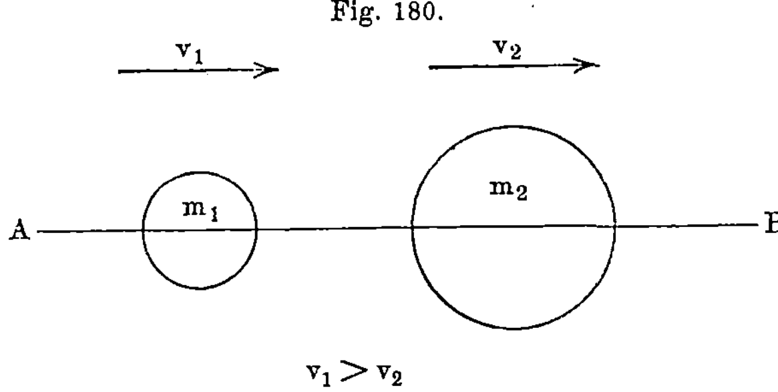

Fig. 180.

durch die Schwerpunkte der Körper hindurchführt; der Stoß ist bei Kugeln immer ein zentraler; trifft obige Bedingung nicht zu, so heißt der Stoß exzentrisch. Der Stoß heißt gerade oder schief, je nachdem die Bewegungsrichtung der Körper vor dem Stoße mit der Stoßrichtung zusammenfällt oder nicht. Die auftretenden Erscheinungen werden verwickelter, wenn die zusammenstoßenden Körper nicht frei sind, oder wenn sie außer ihrer fortschreitenden Bewegung auch noch eine rotierende Bewegung besitzen. Wir wollen nur den einfachsten Fall, nämlich den geraden Zusammenstoß von Kugeln betrachten. Wir nehmen zu dem Zwecke an, daß sich zwei homogene Kugeln mit den Massen m_1 und m_2 (Fig. 180) längs der Geraden AB, welche durch ihre Mittelpunkte hindurchführt, bewegen. Sie mögen hierbei die Geschwindigkeiten v_1 und v_2 haben, die wir in der Richtung von A nach B positiv rechnen. Offenbar ist für das Zustandekommen des Stoßes erforderlich, daß $v_1 > v_2$ ist. Die Zeit t möge von dem Augenblick an gezählt werden, wo die erste Berührung der Körperoberflächen stattfindet. Von diesem Augenblicke an beginnt die De-

formation beider Oberflächen; hierbei üben die Körper in jedem gegebenen Augenblicke einen gewissen Druck f aufeinander aus. Dieser
wirkt auf die Masse m_1 in der Richtung von B nach A und verzögert
deren Bewegung, auf die Masse m_2 dagegen in der Richtung von A
nach B, vergrößert also die Geschwindigkeit der letzteren. Es seien
nun u_1 und u_2 die Geschwindigkeiten beider Körper zur Zeit t nach
der ersten Berührung. Da die Körper während der Zeit t unter Einwirkung zweier, wenn auch kontinuierlich sich ändernder, so doch in
jedem Zeitelement untereinander gleicher Kräfte standen, so müssen
offenbar die totalen Kraftimpulse (Abt. I, S. 83), denen die Körper während der Zeit t ausgesetzt waren, auch einander gleich sein. Hieraus
folgt (Abt. I, S. 84), daß die Änderungen, welche die Bewegungsmengen
der Kugeln während der Zeit t erfahren haben, ebenfalls einander
gleich sein müssen. Also ergibt sich die Gleichung

$$m_1 v_1 - m_2 u_2 = m_1 u_1 - m_2 v_2$$

oder

$$m_1 v_1 + m_2 v_2 = m_1 u_1 + m_2 u_2 \quad \ldots \ldots \quad (8)$$

d. h. die Summe der Bewegungsmengen beider Kugeln ändert
sich nicht während des Stoßes. Will man die Erscheinung des
Stoßes genauer verfolgen, so hat man auch die elastischen Eigenschaften der zusammenstoßenden Körper zu beachten. Wir wollen uns
indes auf die Betrachtung der beiden idealen Grenzfälle beschränken,
auf den Stoß vollkommen unelastischer und völlig elastischer Kugeln.
Alle anderen hierher gehörigen Fragen, wie auch die wichtige und
noch umstrittene Frage nach dem Stoße absolut fester, d. h. gänzlich
undeformierbarer Körper, werden wir dabei übergehen.

§ 6. Stoß unelastischer Kugeln.

§ 6. Stoß unelastischer Kugeln. Es sind hier unter unelastischen
Kugeln solche Körper gemeint, deren Elastizitätsgrenze bei der geringsten Deformation erreicht wird und bei denen die zurückbleibende
Deformation vollkommen gleich der überhaupt hervorgerufenen ist, so
daß in ihnen ein Bestreben, die ursprüngliche Gestalt wieder herzustellen, überhaupt nicht vorhanden ist. Beim Stoße derartiger Körper
muß die Deformation so lange zunehmen, bis ihre Geschwindigkeiten u_1
und u_2 einander gleich werden, was unbedingt eintreten muß, da, wie
wir sahen, v_1 während des Stoßes zu-, v_2 dagegen abnimmt. Nehmen
wir an, während der Zeitdauer t_1 seien die Geschwindigkeiten der beiden
Kugeln einander gleich geworden und es seien nun $u_1 = u_2 = u$.
Sobald dies eingetreten ist, werden die Kugeln aufhören aufeinander
zu drücken und werden sich mit ihrer gemeinsamen Geschwindigkeit u
weiterbewegen, für welche man nach (8) folgenden Ausdruck findet

$$u = \frac{m_1 v_1 + m_2 v_2}{m_1 + m_2} \cdot \quad \ldots \ldots \ldots \quad (9)$$

In dieser Formel ist die vollständige Lösung der Aufgabe vom Stoße u n e l a s t i s c h e r Kugeln enthalten. Wir wollen nun die Bewegungsmenge K bestimmen, welche die Kugeln untereinander ausgetauscht haben. Es ist $K = m_1 v_1 - m_1 u = m_2 u - m_2 v_2$. Setzt man in einen dieser Ausdrücke den Wert u aus Formel (9) ein, so ergibt sich

$$K = \frac{m_1 m_2}{m_1 + m_2} (v_1 - v_2) \ \ . \ . \ . \ . \ . \ . \ (10)$$

K ist gleich der Bewegungsmenge der Masse $\dfrac{m_1 m_2}{m_1 + m_2}$, welche sich mit einer Geschwindigkeit bewegt, die gleich der Differenz der Geschwindigkeiten beider Körper vor erfolgtem Stoße ist.

Wir wollen ferner den Verlust J an Wucht berechnen, den die unelastischen Körper beim Stoße erleiden. Er ist gleich

$$J = \frac{1}{2} m_1 v_1^2 + \frac{1}{2} m_2 v_2^2 - \left(\frac{1}{2} m_1 u^2 + \frac{1}{2} m_2 u^2 \right) \cdot$$

Setzt man hier für u seinen Wert ein, so ergibt sich

$$J = \frac{1}{2} \frac{m_1 m_2}{m_1 + m_2} (v_1 - v_2)^2 \ \ . \ . \ . \ . \ . \ (11)$$

Der Verlust an Wucht ist gleich der Wucht einer Masse $\dfrac{m_1 m_2}{m_1 + m_2}$, welche sich mit einer Geschwindigkeit, gleich der Geschwindigkeitsdifferenz vor dem Stoße der Körper, bewegt. Obiger Verlust wird zur Deformationsarbeit verbraucht und geht größtenteils in Wärme über. In dem besonderen Falle, wo $m_1 = m_2$ und $v_2 = v_1$ ist, erhält man $u = 0$, $J = 2 \cdot \dfrac{1}{2} m_1 v_1^2$, d. h. die Körper bleiben stehen und ihre ganze Wucht geht verloren.

§ 7. Stoß elastischer Kugeln.

Es wird hier vorausgesetzt, daß während des Stoßes die Elästizitätsgrenze nicht erreicht wird, und daß nach dem Stoß die Körper ihre ursprüngliche Gestalt völlig wieder annehmen. Man hat in diesem Falle den gesamten Stoßvorgang in zwei Abschnitte zu zerlegen: d e r e r s t e A b s c h n i t t beginnt mit dem Augenblick, wo sich die Oberflächen berühren, und endet im Augenblicke der größten Deformation, wo die Geschwindigkeiten der Kugeln einander gleich geworden sind, also den in (9) gegebenen Wert von u angenommen haben. Hierauf folgt d e r z w e i t e A b s c h n i t t, die Rückkehr zur ursprünglichen Form, wo also die abgeplatteten Teile wieder ihre ursprüngliche konvexe Form annehmen; dieser Abschnitt und zugleich der ganze Stoßvorgang erreicht sein Ende im Augenblicke der letzten Berührung der Oberflächen. Wir bezeichnen die Geschwindigkeiten der Körper für diesen Augenblick mit V_1 und V_2; es sind dies gleichzeitig die Geschwindigkeiten, mit denen die Körper sich nach dem Stoße weiterbewegen.

Die erste zur Bestimmung von V_1 und V_2 erforderliche Gleichung erhält man auf Grund der Tatsache, daß auch während des zweiten Abschnittes die Drucke der Körper gegeneinander gleich sind; es sind danach auch die Kraftimpulse, denen sie im Verlaufe des zweiten Abschnittes ausgesetzt sind, ·einander gleich. Hieraus folgt, daß während des zweiten wie auch während des ersten Abschnittes die von der Masse m_2 erworbene Bewegungsmenge gleich der von der Masse m_1 verlorenen Bewegungsmenge ist, d. h.

$$m_1 v_1 - m_1 V_1 = m_2 V_2 - m_2 v_2 \quad \ldots \ldots \quad (12)$$

Die zweite erforderliche Gleichung kann man auf zwei verschiedenen Wege erhalten:

A. Nach beendetem Stoße haben die Körper die gleiche Form wie vor dem Stoße, die ganze während des Stoßes geleistete Arbeit ist also gleich Null, mithin muß die Wucht vor und nach dem Stoße denselben Wert haben:

$$\frac{1}{2} m_1 v_1^2 + \frac{1}{2} m_2 v_2^2 = \frac{1}{2} m_1 V_1^2 + \frac{1}{2} m_2 V_2^2 \quad \ldots \ldots \quad (13)$$

Die Gleichungen (12) und (13) kann man auch in folgender Form schreiben:

$$\left. \begin{array}{l} m_1 (v_1 - V_1) = m_2 (V_2 - v_2) \\ m_1 (v_1^2 - V_1^2) = m_2 (V_2^2 - v_2^2) \end{array} \right\} \quad \ldots \ldots \ldots \quad (13,\,\text{a})$$

Dividiert man hier die zweite Gleichung durch die erste, so wird

$$v_1 + V_1 = V_2 + v_2.$$

Multipliziert man diese Gleichung mit m_2 und subtrahiert sie von (12), so erhält man V_1 und darauf V_2:

$$\left. \begin{array}{l} V_1 = \dfrac{2 m_2 v_2 + (m_1 - m_2) v_1}{m_1 + m_2} \\[2ex] V_2 = \dfrac{2 m_1 v_1 + (m_2 - m_1) v_1}{m_1 + m_2} \end{array} \right\} \quad \ldots \ldots \quad (14)$$

Diese beiden Formeln bestimmen die Geschwindigkeiten der Körper nach erfolgtem Stoße.

Wir wollen nun einige Spezialfälle betrachten:

1. Die Kugeln sind einander gleich: $m_1 = m_2 = m$. Dann ist $V_1 = v_2$ und $V_2 = v_1$, d. h. die Kugeln vertauschen ihre Geschwindigkeiten. Hat der eine Körper den anderen eingeholt, so bewegt sich der

erste nach dem Stoße langsamer als der zweite, der zweite schneller als der erste weiter. Sind sich die Kugeln begegnet, so prallen sie voneinander ab, und jede von ihnen erwirbt die Geschwindigkeit der anderen. War $v_2 = 0$, so wird nach dem Stoße $V_1 = 0$ und $V_2 = v_1$, d. h. die anfänglich in Bewegung befindliche Kugel bleibt stehen, die ruhende aber erhält die Geschwindigkeit der ersteren.

2. Die zweite Kugel besitze eine unendlich große Masse; es entspricht dies dem Stoße gegen eine Wand, die sich ebenfalls, und zwar mit der Geschwindigkeit v_2 bewegen möge. Dividiert man Zähler und Nenner beider Brüche in (14) durch m_2 und setzt darauf $m_2 = \infty$, so ergibt sich

$$\left.\begin{aligned} V_1 &= - (v_1 - 2\,v_2) \\ V_2 &= v_2 \end{aligned}\right\} \quad \cdots \cdots \cdots \quad (15)$$

Die Geschwindigkeit der Wand ist also unverändert geblieben, die Geschwindigkeit der Kugel hat in bezug auf die Wand ihr Vorzeichen gewechselt, denn sie war vor dem Stoße gleich $v_1 - v_2$ und ist nun nach demselben $V_1 - V_2 = - (v_1 - 2\,v_2) - v_2 = - (v_1 - v_2)$. Ist $v_2 = 0$, so wird $V_1 = - v_1$, d. h. die Geschwindigkeit der Kugel ändert ihr Vorzeichen. Für den Fall $v_1 = 2\,v_2$ ist $V_1 = 0$, d. h. die Kugel gelangt zur Ruhe.

Wir haben jetzt noch die Bewegungsmenge K_1 zu bestimmen, welche die Kugeln während des Stoßes austauschen, d. h. während der beiden Abschnitte, in welche die Stoßdauer zerfällt. Wir hatten bereits gefunden, daß die Kugeln während des ersten Abschnittes die Bewegungsmenge K austauschen, welche uns Formel (10) angibt. Es ist

$$K_1 = m_1\,(v_1 - V_1) \quad \text{oder} \quad K_1 = m_2\,(V_2 - v_2).$$

Setzt man in einen dieser Ausdrücke V_1 oder V_2 ein, so wird

$$K_1 = \frac{2\,m_1\,m_2}{m_1 + m_2}\,(v_1 - v_2) = 2\,K \quad \cdots \cdots \quad (16)$$

Der Umsatz an Bewegungsmenge ist beim Stoße elastischer Kugeln zweimal größer als beim Stoße unelastischer Kugeln, oder aber der Umsatz während des zweiten Stoßabschnittes ist gleich dem Umsatze während des ersten Abschnittes.

B. Die Gleichungen (14) kann man auch noch auf anderem Wege ableiten, wenn man nämlich das soeben gewonnene Resultat als selbstverständlich ansieht. Während des zweiten Abschnittes müssen sich — in umgekehrter Reihenfolge — alle die Drucke wiederholen, welche auf die Körper während des ersten Abschnittes gewirkt haben. Hieraus folgt (wenn auch nicht mit greifbarer Evidenz), daß die Kraftimpulse, also auch die verlorenen bzw. erworbenen Bewegungsmengen in beiden Abschnitten einander gleich sein müssen.

Während des ersten Abschnittes hat die Masse m_1 die Geschwindigkeit $v_1 - u$ eingebüßt, während des zweiten Abschnittes vermindert sich ihre Geschwindigkeit nochmals um denselben Betrag, folglich ist

$$V_1 = v_1 - 2(v_1 - u) = 2u - v_1 \quad \ldots \ldots \quad (17, \text{a})$$

Der zweite Körper hatte während des ersten Abschnittes die Geschwindigkeit $u - v_2$ erworben, während des zweiten Abschnittes erwirbt er nochmals dieselbe Geschwindigkeit, mithin ist

$$V_2 = v_2 + 2(u - v_2) = 2u - v_2 \quad \ldots \ldots \quad (17, \text{b})$$

Setzt man (9) in (17, a) und (17, b) ein, so erhält man wiederum Formel (14). Mit Hilfe derselben läßt sich leicht beweisen, daß die Wucht der Bewegung während des Stoßes absolut elastischer Körper sich nicht ändert.

Trifft eine Kugel auf eine unbewegliche Wand und bildet ihre Bewegungsrichtung mit der auf die Wand gefällten Senkrechten einen gewissen Winkel α, so bleibt die zur Wand parallele Geschwindigkeitskomponente ungeändert, während die senkrechte Komponente ihr Zeichen wechselt. Hieraus folgt, daß die Geschwindigkeit nach dem Stoße in einer durch die Richtung der ursprünglichen Bewegung und durch die Senkrechte gelegten Ebene liegt und mit der Senkrechten ebenfalls den Winkel α einschließt. Es ist mithin der Einfallswinkel gleich dem Reflexionswinkel.

§ 8. Stoßdauer. Die Zeit, welche vom Augenblick des ersten bis zum Augenblick der letzten Berührung zweier aufeinanderstoßenden Körper verfließt, wollen wir als Stoßdauer T bezeichnen. Sie ist, wenn es sich um den Stoß von Körpern mit gewöhnlichen Dimensionen handelt, außerordentlich gering. Für den Stoß von Stahlzylindern von einer Länge zwischen 1 bis 4 Dezimetern fand Hamburger im Mittel $T = 0{,}0006$ Sek. Hertz hat (1882) eine vollständige Theorie des Stoßes von Kugeln entwickelt. Seine für gleich große Kugeln geltende Formel für T (in Sekunden) lautet folgendermaßen:

$$T = 2{,}9432\, R \sqrt[5]{\frac{25\, \pi^2 s^2 (1 - \sigma^2)^2}{8\, c\, E^2}} \quad \ldots \ldots \quad (18)$$

Hierbei bedeutet R den Radius der Kugeln (in Millimetern), s ihre Dichte, σ den Poissonschen Koeffizienten, E den Youngschen Modul für die Substanz, aus welcher die Kugeln bestehen, und c die in Millimetern pro Sekunde ausgedrückte relative Geschwindigkeit vor dem Stoße. Die Dichte s muß in Einheiten ausgedrückt sein, denen das Kilogramm als Krafteinheit, das Millimeter als Längeneinheit und die Sekunde als Zeiteinheit zugrunde liegt. Die Masseneinheit beträgt in diesem System 1000×9810 g und ist $s = s_0 . 10^{-6} . (9810)^{-1}$, wo

s_0 die tabellarische Dichte bedeutet (C.G.S.-System). Nimmt man $\sigma = \dfrac{1}{3}$ an, so ist aus Kugeln aus Stahl ($s_0 = 7{,}7$, $E = 20\,000$)

$$T = 0{,}000\,024\,R\,c^{-\frac{1}{5}}\ \text{Sek.}$$

Für Kugeln aus Messing ist ($s_0 = 8{,}39$, $E = 10\,000$)

$$T = 0{,}000\,03\,R\,c^{-\frac{1}{5}}\ \text{Sek.}$$

$R = 13$ mm gibt $T = 0{,}000\,181$ Sek. für $c = 73{,}7\,\dfrac{\text{mm}}{\text{sec}}$ und $T = 0{,}000\,138$ für $c = 295\,\dfrac{\text{mm}}{\text{sec}}$. Die Beobachtungen von Hamburger haben Resultate ergeben, welche mit diesen Zahlen in guter Übereinstimmung stehen. Als Merkwürdigkeit sei noch folgende von Hertz stammende Berechnung angeführt: Wenn zwei Stahlkugeln von der Größe der Erde sich mit der relativen Geschwindigkeit von $c = 10\,\dfrac{\text{mm}}{\text{sec}}$ aufeinander zu bewegen würden, so würde die Stoßdauer für sie gegen 27 Stunden betragen.

Dinnik (1906) hat die Formel (18) experimentell geprüft und gefunden, daß sie für den Stoß von Stahlkugeln vollkommen bestätigt wird; für Zink wurden Abweichungen bemerkt und für Blei ist sie dagegen gar nicht anwendbar. Dinnik hat die Formel (18) für den Fall ungleicher Radien der Kugeln und für den Fall des Stoßes einer Stahlkugel gegen eine ebene Stahlplatte erweitert. In letzterem Falle ist die Stoßdauer $\sqrt[5]{2}$ mal größer, als im Falle gleich großer Kugeln. Fernere theoretische Untersuchungen rühren her von Dinnik (1909), Ramsauer (1909) u. a.

———

Literatur.

Zu § 1.

O. E. Mayer: Pogg. Ann. **113**, 385, 1861.
Obermayer: Wien. Ber. **75**, 665, 1879.
Barus: Phil. Mag. (5) **29**, 337, 1890.
Heydweiller: Wied. Ann. **63**, 56, 1897.
Reiger: Phys. Ztschr. **2**, 213, 1901. Diss. Erlangen.
Segel: Phys. Ztschr. **4**, 493, 1903.
Trouton and Andrews: Phil. Mag. (6) **7**, 347, 1904; Proc. Roy. Soc. **77**, 426, 1906.
Pochettino: N. Cim. **8**, 77, 1914.
Mc Connel: Proc. Roy. Soc. **49**, 323, 1891.
Hess: Ann. d. Phys. (4) **8**, 405, 1902.

Glaser: Ann. d. Phys. (4) **22**, 694, 1907.

Weinberg: Journ. d. russ. phys.-chem. Ges. **36**, 47, 1904; **38**, 186, 250, 289, 329, 1906-; **44**, 1, 201, 252, 503, 1912; Über die innere Reibung des Eises, St. Petersburg 1906 (russ.); Über die Wirkung der Temperatur auf die innere Reibung fester Körper, Sapiski (Schriften) der Neuruss. Snivers. (Odessa) **102**, 159, 1906; Ann. d. Phys. (4) **18**, 81, 905, 1906; **22**, 321, 1907; Proc. Roy. Soc. **19**, 472, 1905.

Weinberg und Smirnow: Journ. d. russ. phys.-chem. Ges. **44**, 3, 1912.

Gostjunin und Le Dantü: Journ. d. russ. phys.-chem. Ges. **44**, 241, 1912.

Monstrow: Journ. d. russ. phys.-chem. Ges. **44**, 492, 1912.

Miloradow und Tolmatschew: Journ. d. russ. phys.-chem. Ges. **44**, 505, 1912.

Guye et Mintz: Arch. sc. phys. et nat. (4) **26**, 136, 1908; **29**, 474, 1910.

Guye et Fréederickcz: Arch. sc. phys. et nat. (4) **29**, 49, 157, 261, 1910.

Fréederickcz: Thèse, Genéve 1910.

Guye et Schapper: Compt. rend. **150**, 962, 1910; Arch. sc. phys. et nat. (4) **30**, 133, 1910.

Guye et Berchten: Arch. sc. phys. et nat. (4) **33**, 355, 1912.

Guye: Journ. de Phys. (5) **2**, 620, 1912; Arch. sc. phys. et nat. (4) **34**, 535, 1910.

Deeley: Proc. R. Soc. **81**, 250, 1908.

Deeley and Parr: Phil. Mag. (6) **26**, 85, 1913.

C. Schmidt: Diss. Göttingen 1911.

Glaser: Ann. d. Phys. (4) **22**, 694, 1907.

Zu § 2.

Coulomb: Théorie des machines simples, 1781. Mém. des savants étrangers **10**, 254, 1785.

Warburg und Babo: Wied. Ann. **2**, 406, 1877.

Margot: Arch sc. phys. **32**, 138, 1894; **33**, 161, 1895.

Morin: Nouvelles expériences sur le frottement, Paris 1833; Mém. de l'Acad. française **2**, **3**, 1834, 1835; Doves Repertorium **1**.

J. Müller: Pogg. Ann. **139**, 505, 1870.

Rennie: Dingl. Journ. **34**, 165, 1829.

N. P. Petrow: Beschreibung und Resultate von Versuchen über die Reibung von Flüssigkeiten und Maschinen (russ.). Mitt. des St. Petersburger technolog. Instituts 1885, St. Petersburg 1886.

N. N. Schiller: Gleichgewicht eines festen Körpers bei Einwirkung der Reibung usw. (russ.). Arb. d. phys. Sekt. d. Moskauer Naturf.-Ges., 5. Lief., **1**, 17, 1892.

A. Mayer: Leipziger Ber. **53**, 235, 1901.

Painlevé: Compt. rend. **140**, 702, 1905; **141**, 401, 546, 1905.

Sommerfeld: Ztschr. f. Math. u. Phys. 1904.

Charlotte Jacob: Diss. Königsberg 1911; Ann. d. Phys. (4), **38**, 126, 1912.

Charron: Compt. rend. **150**, 906, 1910; **151**, 1047, 1910; Ann. chim. et phys. (8) **24**, 5, 1911.

Kaufmann: Verh. d. D. Phys. Ges. 1910, S. 797; Phys. Ztschr. **11**, 985, 1910.

Klein, Mises, Hamel, Prandtl: Ztschr. f. Math. u. Phys. **58**, 186, 191, 195, 196, 1909.
Wellstein: Ztschr. f. Math. u. Phys. **61**, 337, 1913.
Pfeiffer: Ztschr. f. Math. u. Phys. **58**, 273, 1909.

Zu § 3.

Prony: Ann. chim. phys. (2) **19**, 165, 1822.

Zu § 5.

N. E. Shukowski: Journ. d. russ. phys.-chem. Ges. **16**, 388; 1884; **17**, 47, 1885.
N. N. Schiller: Journ. d. russ. phys.-chem. Ges. **17**, 5, 200, 1885.
B. Stankiewitsch: Journ. d. russ. phys.-chem. Ges. **22**, 118, 1890.

Zu § 8.

Hamburger: Wied. Ann. **28**, 653, 1886.
Hertz: Crelles Journ. **92**, 156, 1882; Ges. Werke **1**, 155.
Dinnik: Journ. d. russ. phys.-chem. Ges. **38**, 242, 1906; **41**, 57, 81, 1909; **44**, II, 190, 1912; der Stoß und die Kompression fester Körper, Kiew 1909 (russ.).
Ramsauer: Ann. d. Phys. (4) **30**, 417, 1909.

Namenregister

der im Text erwähnten Autoren.

Abaschew, Gegenseitige Lösung von Flüssigkeiten 240.

Abegg und Johnsen, Quarzmanometer 47.

Adeney, Diffusion der Gase durch Flüssigkeiten 132.

Ahrendt, Ausbreitungsgeschwindigkeit der Wasserwellen 280.

Aignan und Dugas, Gegenseitige Lösung von Flüssigkeiten 240.

Aimé, Kompressibilität von Lösungen 164.

Aitken, Mosersche Bilder 75.

Al-Biruni, Methode der Dichtebestimmung 306.

Aleksejew, Gegenseitige Lösung von Flüssigkeiten 240, 241.

Alexandrow und Sabanejew, Gefrierpunktserniedrigung durch Kolloide 285.

Allen und Blythwood, Absorption der Luft durch Kohle 72.

Almen, Dichte gelöster Gase 69.

Amagat, Boyle-Mariottesches Gesetz 23, 26; Kompressibilität der festen Körper 345; der Flüssigkeiten 162, 163, 165 bis 168; Kompressibilität der Gase 26; Kompressibilität der Gase bei verschiedenen Temperaturen 28; Manometer 26, 46; Poissonscher Koeffizient 337.

Andreae, Dichte von festen Körpern 306, 308.

Andrejew, Geschwindigkeit des Lösungsganges 230.

Andrews, Kritische Temperatur 27; Daltonsches Gesetz der Partialdrucke 62.

Andrews und Trouton, Innere Reibung der festen Körper 387.

Ångström, Dichte gelöster Gase 69.

Antonow, Oberflächenspannung an der Grenze zweier Medien 216; im kritischen Lösungsgebiet 221.

Antropoff, Löslichkeit von Argon in Wasser 68.

Applebey, Innere Reibung von Lösungen 267.

Arago und Dulong, Kompressibilität der Gase 18.

Arnold, Formel von Stokes 268.

Arrhenius, Formel für die Absorption 73; Formel für die Viskosität von Lösungen 266; Gesetze des osmotischen Druckes 253, 258.

Aubel, Legierung von Antimon und Aluminium 311.

Auerbach, Elastizitätsmodul 328; Härte 316; pulverisierte Körper 290.

Aulich, Lösungen 234.

Austen, Elastische Nachwirkung 378.

Avenarius, Kompressibilität von Wasser und Äther 163.

Avogadro, Regel von 2, 90, 253; Konstante desselben 113.

Babo und Warburg, Reibung fester Körper 390.

Bachmetjeff, Dichte von Amalgamen 311.

Bachmetjeff und Vaskow, Elastische Nachwirkung 399.

Bacon, Kompressibilität von Flüssigkeiten 159.

Bain, Mc, Absorption von Wasserstoff durch Kohle 74.

Bakker, Oberflächenspannung der Flüssigkeiten 177.

Baly und Donnan, Molekulare Oberflächenenergie 221.

Baly und Ramsay, Manometer nach Mc Leod 45.

Barus, Innere Reibung der festen Körper 387; der Gase 106, Kompressibilität der Flüssigkeiten 165.

Barus und Schneider, Kolloide 284.

Batschinski, Innere Reibung der Flüssigkeiten 264, molekulare Oberflächenenergie 222.

Battelli, Boyle-Mariottesches Gesetz 23.

Baumeister, Scherungsmodul 359.

Bauschinger und Stromeyer, Koeffizient von Poisson 336.

Bayer, Kontraktion des Strahls 275.

Baynes, van der Waalssche Gleichung 34.

Beaulard, Koeffizient von Poisson für Seidenfäden 338, elastische Hysteresis 380.

Beaumé, Aräometer 156.

Becker, Strömen von Gasen durch Röhren 279.

Beilstein, Diffusion der Flüssigkeiten 245.

Bellati und Lussana, Absorption von Wasserstoff durch Eisen 76.

Belloc, Diffusion von Sauerstoff durch Quarz 130.

Bemmelen, Kolloide 284.

Bender, Regel von Valson 238.

Benedicks, Härte der Metalle 318.

Bennet, Formel von Eötvös 222.

Benton, Elastizitätsmodul 330; Scherungsmodul 360.

Bergner und Sieverts, Löslichkeit von Gasen in Metallen 68.

Bergter, Gasabsorption 73.

Berliner, elastische Hysteresis 380.

Bernouilli, Bewegungsgleichung für Flüssigkeiten 272.

Berthelot, Diffusion von Gasen 130; Volumen von 2 g Wasserstoff 4; Molekulargewicht von Gasen 21; Lösungen 234.

Berthelot und Sacerdote, Kompressibilität von Gasgemischen 27.

Berthollet, Daltonsches Gesetz 62, Theorie der Diffusion 245.

Bertrand und Jamin, Absorption von Gasen durch Glas 74.

Berzelius, Allotropie 302.

Bessel-Hagen, Quecksilberluftpumpe 49.

Bestelmeyer, Innere Reibung von Gasen 106.

Bestelmeyer und Valentiner, Kompressibilität von Stickstoff 30.

Biltz, Lösungen 233.

Binet du Jassoneix und Moissan, Dichte des Chlors 8.

Bingham, Innere Reibung der Flüssigkeiten 265.

Biron, Manometer 46; Kompressibilität der Flüssigkeiten 162, 164, 165.

Bjerknes, Gravitationstheorie 273.

Blümcke, Dichte gelöster Gase 69.

Blythwood und Allen, Absorption der Luft durch Kohle 72.

Bock, Koeffizient von Poisson 336.

Bodländer, Löslichkeit in einem Gemisch von zwei Flüssigkeiten 235.

Boettger, Lösungen 233.

Bohr, Löslichkeit von Kohlensäure in Alkohol 67; Geschwindigkeit der Ausscheidung der Gase aus Wasser 69; Methode der pulsierenden Flüssigkeitsstrahlen 218.

Boltzmann, Wieners Diffusionsmethode 247.

Bonfall, Methode der kommunizierenden Röhren 151.

Bonnerot und Charpy, Diffusion der Gase 131.

Born, Formel von Eötvös 222.

Bottomley, Zähigkeit 370.

Bottone, Härte der Metalle 318.

Bouasse, Elastische Hysteresis 379.

Bourdon, Metallbarometer 42; Metallmanometer 47.

Boussinesq, Ausströmen von Gasen 125; Formel von Stokes 268.

Boyle, Gesetz von 2, 16, 81, 253; Löslichkeit der Emanation 68.

Boys, Quarzfäden 333.

Bragg, W. H. und W. L., Struktur der Kristalle 302.

Braun, Einfluß des Drucks auf die Löslichkeit 239.

Bravais, Bau der Kristalle 299.

Bredig, Kolloide 284.

Breguet, Aneroidbarometer 43.

Breitenbach, Innere Reibung der Gase 106.

Bridgman, Allotrope Modifikationen des Phosphors 302; Kompressibilität des Quecksilbers 163; Manometer 46.

Brillouin, Härte 316; Diffusion der Gase 128.

Brinell, Methode zur Bestimmung der Härte 317.

Brodmann, Innere Reibung von Flüssigkeiten 263.

Brownsche Bewegung 145.

Brücke, Osmose 250.

Brümmer, Kapillarität von Lösungen 219.

Bruner und Tolloczko, Geschwindigkeit des Lösungsvorgangs 230.

Brush, Manometer von McLeod 45.

Brzuchanow, Kapillaritätskonstante 209.

Buchanan, Dichte von Lösungen 238; Kompressibilität der festen Körper 345.

Bunsen, Absorption 64; Ausströmungsgeschwindigkeit der Gase 124; Diffusion durch poröse Scheidewände 138; Löslichkeit von Gasen in Flüssigkeiten 66; Wasserluftpumpe 56.

Bunzel, Absorption der Emanation 74.

Cagniard-Latour, Volumänderung beim Zuge 337.

Cailletet, Kompressibilität der Flüssigkeiten 163; der Gase 25; Lösung in Gasen 242; Manometer 24, 46; Untersuchungen über das Daltonsche Gesetz der Partialdrucke 62.

Cailletet und Colardeau, Lösungen von festen und flüssigen Körpern in Gasen 242.

Cannizaro, Dissoziation der Gase 135.

Cantone, Koeffizient von Poisson 336; elastische Hysteresis 380.

Cantor, Geschwindigkeit chemisch reagierender Moleküle 100; Oberflächenspannung 218; Oberflächenspannung des Quecksilbers 220.

Cardani, Koeffizient von Poisson 336.

Carey Lea, Kolloide 284.

Carius, Löslichkeit der Gase in Flüssigkeiten 67.

Carnazzi, Kompressibilität des Quecksilbers 163.

Cassie, Youngscher Modul 326.

Cassuto, Löslichkeit der Gase in Wasser 69.

Cauchy, Elastizitätskoeffizient 350.

Cenac, Oberflächenspannung von Quecksilber 219, 220, 222.

Chappuis, Absorption von Gasen durch Glas 74; Kompressibilität der Gase 23, 24.

Charpy und Bonnerot, Diffusion der Gase 131.

Christoff, Löslichkeit von Gasen in Flüssigkeiten 68.

Claire-Deville, St., Dissoziation der Gase 135.

Clapeyron, Zustandsgleichung der Gase 30, 87.

Clausius, Avogadrosches Gesetz 90; Energie der Gase 95; Herleitung des Boyle-Mariotteschen Gesetzes 85; kinetische Gastheorie 79; mittlere Weglänge der Gasmoleküle 101; Zustandsgleichung der Gase 53.

Cocker, Strömen von Flüssigkeiten durch Röhren 278.

Cohen, Innere Reibung der Flüssigkeiten 265.

Cohen und van Eijk, Modifikationen des Zinns 302.

Cohen und de Roer, Piezometer 162.

Cohnstedt, Druckerhöhung in einem Geißlerschen Rohr 75.

Colardeau und Cailletet, Lösungen von festen und flüssigen Körpern in Gasen 242.

Colladon und Sturm, Kompressibilität des Quecksilbers 163; Piezometer 160.

Connel, Innere Reibung des Eises 388.

Cook und Pearson, Kompressibilität der Flüssigkeiten 164.

Cornu, Poissonscher Koeffizient 337, 363.

Couette, Reibungskoeffizient der Flüssigkeiten 261, 263; Strömen von Flüssigkeiten durch Röhren 278.

Coulomb, Gesetz der Reibung fester Körper beim Gleiten 390; beim Rollen 394; Torsionsgesetze 352, 354; Viskosität der Flüssigkeiten 262.

Courant, Formel von Eötvös 222.

Cunningham, Formel von Stokes 268.

Cuthbertson, Innere Reibung der Gase 109.

Dalton, Gesetz von 61, 91.

D'Ans und Siegler, Lösungen 235.

Daubrée, Fluidität 372.

Debierne, Atomgewicht des Nitons 15; Dichte der Emanation 124.

Debye, Strömen von Gasen 125; Struktur der Kristalle 302.

Deeley und Parr, Innere Reibung des Eises 388.

De Heen siehe Heen; de Metz siehe Metz.

Desains, Kapillarröhren 208, 209.

Desgoffe, Manometer 46.

Despretz, Kompression der Gase 17.

Devaux, Dicke einer Ölschicht auf Wasser 191; Häutchen auf Flüssigkeiten 191.

Deville St. Claire, Dissoziation der Gase 135.

Deville und Troost, Dumassche Methode 12.

Dewar, Absoluter Widerstand 332; Absorption von Gasen durch Holzkohle 71; Einfluß der Temperatur auf den Elastizitätsmodul 330; Fluidität 372.

Dewar und Hadfield, Einfluß der Temperatur auf den Elastizitätsmodul 330.

Dieterici, Kinetische Theorie der Flüssigkeiten 148.

Dietz, Wasserlöslichkeit verschiedener Salze 233.

Dinnik, Methode zur Bestimmung der Härte 317; Stoßdauer 400.

Dittmar, Löslichkeit von Gasen in Wasser 67.

Ditto und Richardson, Diffusion von Neon 130.

Divers, Absorption von Ammoniak 75.

Dixon, Blasen aus Quecksilber 188.

Döbereiner, Zündmaschine desselben 72.

Donnan, Diffusion der Gase durch poröse Scheidewände 128, 129; Oberflächenspannung von Flüssigkeiten 177.

Donnan und Baly, Molekulare Oberflächenenergie 221.

Dorn, Diffusion von Gasen 130.

Dorn und Völlmer, Innere Reibung von Flüssigkeiten 265.

Dorsey, Methode der kleinen Wellen 217.

Drapier, Innere Reibung von Lösungen 267.

Drecker, Kompressibilität von Lösungen 164.

Drew, Innere Reibung der Gase 105.

Drewitz, Legierung von Rose 375.

Drucker und Kassel, Innere Reibung von Lösungen 267.

Drude, Dicke der Flüssigkeitshäutchen 188; Radius der Molekularwirkungssphäre 223.

Duclaux, Alkoholometer 212; Konstitution der Wassermoleküle 148.

Duff, Innere Reibung von Flüssigkeiten 264; Poiseuilles Gesetz 260.

Dufour, Effusion 129; Zerspringen von Glastränen 318.

Dugas und Aignan, Gegenseitige Lösung von Flüssigkeiten 240.

Duhem, Osmotischer Druck 252.

Dulong, Methode zur Bestimmung der Dampfdichte 12.

Dulong und Arago, Kompression der Gase 18.

Dumas, Dampfdichtebestimmungsmethode desselben 10; Okklusion von Gasen durch Metalle 76.

Dunstan, Innere Reibung von Lösungen 267; innere Reibung von Legierungen 389.

Dutoit und Friedrich, Molekulare Oberflächenenergie 221.

Dutrochet, Osmose 248, 249, 250.

Dyson, Methode zur Bestimmung der Gasdichte 14.

Edgar, Okklusion von Wasserstoff durch Palladium 76.

Eger, Strömen von Gasen durch enge Röhren 125.

Eijk v. und Cohen, Modifikationen des Zinns 302.

Emden, Bau der Gasstrahlen 124; Gaswellen 109.

Emo und Pagliani, Löslichkeit der Gase 67.

Eötvös, Molekulare Oberflächenenergie 221.

Ercolini, Einfluß des Wasserstoffs auf die elastischen Eigenschaften des Palladiums 330; elastische Hysteresis 379.

Escard, Dichte von festen Körpern 306.

Étard, Lösungen 233.

Euler, Viskosität von Lösungen 266.

Everett, Koeffizient von Poisson 337.

Exner, Geschwindigkeit der Diffusion 131.

Fabry und Perrot, Innere Reibung von Gasen 109.

Faraday, Dünnste Goldblättchen 370; Kolloide 283; Kompression der Gase 17.

Faust, Innere Reibung von Lösungen 267.

Faust und Tammann, Elastizitätsgrenzen 369.

Feddersen, Thermodiffusion 129.

Federsen, Innere Reibung von Gasen 109.

Fedorow, Bau der Kristalle 300.

Ferguson, Oberflächenspannung 215.

Feustel, Oberflächenspannung 218.

Fick, Theorie der Diffusion 245; Theorie der Osmose 250.

Firth, Absorption von Gasen durch Kohle 74; Diffusion der Gase 130; Okklusion von Wasserstoff durch Palladium 76.

Fischer, F., Okklusion von Wasserstoff durch Palladium 76.

Fischer, K. T., Ausbreiten von Flüssigkeiten auf einer Quecksilberoberfläche 191.

Fisher, W. J., Innere Reibung der Gase 107; Strömen von Gasen durch enge Rohre 125.

Fleckenstein, Lösungen 235.

Fleuß, Ölluftpumpen 54.

Fliegner, Ausströmen von Gasen aus kleinen Öffnungen 125.

Flusin, Osmose 250.

Föppl, Härte 317.

Forch, Oberflächenspannung von Lösungen 218.

Fournel, Youngsches Modul 326.

Frank, Koeffizient von Poisson für Kautschuk 337.

Frankenheim, Kapillarität 209; Bau der Kristalle 299.

Fredericksz, Innere Reibung von Aluminiumdrähten 389; Innere Reibung von Metalldrähten 389.

Friedrich und Dutoit, Molekulare Oberflächenenergie 221.

Friedrich und Guye, Zahlenwerte der Koeffizienten der van der Waalsschen Gleichung 35.

Friedrich, Laue und Knipping, Struktur der Kristalle 302.

Friesendorf, Härte 316.

Fry, Manometer 46.

Fry und Tyndall, Strömen von Gasen durch Röhren 279.

Fuchs, Kompressibilität der Gase 23.

Fueß-Wild, Barometer 39.

Funk, Wasserlöslichkeit verschiedener Salze 233.

Gaede, Gleiten der Gase 126; Molekularluftpumpe 57; Ölluftpumpe 55.

Gähr, Dichte von Lösungen 238.

Gagarin, Deformationsrest 314.

Galitzin, Gesetz der Molekularkräfte 1.

Gallenkamp, Methode der abreißenden Platte 211; Randwinkel 196.

Gans, Formel von Stokes 268.

Garvanoff, Innere Reibung von Ölen 265.

Gauß, Oberflächenspannung 174.

Gay-Lussac, Alkoholometer 156; Analogie der Osmose und Ausdehnung der Gase 250; Gesetz desselben 2, 91, 253; Kapillarröhren 209; Methode zur Bestimmung der Dampfdichte 8.

Geddes Formel für die Absorption 73.

Geffken, Löslichkeit von Gasen in Flüssigkeiten 68.

Geißler, Luftpumpe 48.

Geritsch, Dichte von Lösungen 237.

Gerlach, Dichte von Lösungen 238.

Gernez und Löwel, Übersättigte Lösungen 236.

Gilbault, Kompressibilität von Lösungen 164.

Gilchrist, Innere Reibung der Gase 105, 109.

Gille, Innere Reibung der Gase 108.

Giran, Löslichkeit von Phosphor in Benzol usw. 233.

Glaser, Innere Reibung von Kolophonium 389.

Goodwin und Noyes, Innere Reibung der Gase 108.

Goupillière Haton de la, Ausströmen von Gasen 125.

Gradenwitz, Oberflächenspannung 215.

Graetz, Innere Reibung von Flüssigkeiten 264.

Graham, Diffusion der Flüssigkeiten 244, 248; Diffusion der Gase durch poröse Scheidewände 128; Kolloide 283.

Grashof, Ausströmen von Gasen 125.

Grassi, Kompressibilität der Flüssigkeiten 161; Kompressibilität von Lösungen 164.

Gray und Ramsay, Atomgewicht des Nitons 14.

Gregor, Mac Gregor, Formel desselben 256.

Griffiths, Diffusion der Flüssigkeiten 247.

Grimaldi, Kompression der Flüssigkeiten 163.

Grime und Lees, Elastizitätsmodul 327.

Grindley, Innere Reibung der Gase 109.

Grüneisen, Einfluß der Temperatur auf den Koeffizienten des allseitigen Drucks 345; Elastizitätsmodul von Rhodium und Indium 328; Poiseuilles Gesetz 260; Youngscher Modul 360.

Grunmach, Diffusion der Gase durch Kautschuk 130; Methode der kleinen Wellen 217; Oberflächenspannung 211.

Guglielmo, Methode der Tropfenwägung 212.

Guillaume, Elastizitätsmodul von Legierungen 328.

Guinchant, Kompressibilität von Lösungen 164.

Guthe, Fäden aus Steatit 333.

Guthrie, Gegenseitige Lösung von Flüssigkeiten 240; kritische Lösungstemperatur 241.

Guye, Innere Reibung in Metalldrähten 389; Kritik der Methoden zur Bestimmung der Gasdichte 84; molekulare Oberflächenenergie 221.

Guye und Fredericksz, Innere Reibung in Metalldrähten 389.

Guye und Mintz, Innere Reibung in Metalldrähten 389.

Guye und Perrot, Methode der Tropfenwägung 212.

Guye und Schaper, Innere Reibung in Metalldrähten 389.

Gyözö Zemplen, Innere Reibung der Gase 105.

Haas de, Innere Reibung der Flüssigkeiten 264.

Habermann, Dampfdichte 12.

Hadamard, Formel von Stokes 268.

Hadfield und Dewar, Einfluß der Temperatur auf den Elastizitätsmodul 330.

Haffner, Innere Reibung von Lösungen 267.

Hagen, Kapillarität 208.

Hagenbach, Diffusion von Gasen durch Gelatine 131; Reibungskoeffizient der Flüssigkeiten 260.

Hamburger, Stoßdauer 399.

Hamilton Smith, Strömung von Flüssigkeiten 277.

Hannay und Hogarth, Lösung in Gasen 242.

Haton de la Goupillière, Ausströmen von Gasen 125.

Haupt, Methode zur Bestimmung der Gasdichte 14.

Hausmanniger, Diffusion von Gasen 128.

Hausser, Innere Reibung der Flüssigkeiten 265.

Hauy, Gesetz desselben 291.

Heen de, Diffusion der Flüssigkeiten 248; Dampf- und Flüssigkeitsmoleküle 147; Kapillarität 209.

Heimbrodt, Diffusion 248.

Helmholtz, Wirbel 281; Wogenwolken 109.

Helmholtz und Piotrowski, Reibung in Flüssigkeiten 263.

Henry, Gesetz desselben 63.

Hertz, Definition des Härtebegriffs 316; Stoßdauer 399.

Herz, Löslichkeit schwer löslicher Substanzen in Wasser 233.

Herz und Knoch, Lösungen 235.

Herzfeld, Oberflächenspannung geschmolzener Metalle 215.

Hesehus, Aräometer 156; Elastizitätskoeffizient des Palladiums 330; elastische Nachwirkung 378; Einfluß des Mediums hierauf 379; Okklusion von Wasserstoff durch Palladium 75.

Heß, Innere Reibung des Eises 388.

Heuse und Scheel, Membranenmanometer 45.

Hevesy, Löslichkeit der Emanation 68, Absorption der Emanation durch Kohle 74.

Heydweiller, Dichte von Lösungen 238; Innere Reibung in Flüssigkeiten 264; Oberflächenspannung von Lösungen 219; Reibungskoeffizient für Menthol 387.

Hirn, Ausströmen von Gasen 125.

Hoff, van't, Gesetze desselben 252, 253; Lösungen 234; osmotischer Druck 251.

Hoffmann und Langbeck, Lösungen 235.

Hofmann, A. W., Dampfdichtebestimmungsmethode 8.

Hogarth und Hannay, Lösungen von festen und flüssigen Körpern in Gasen 242.

Hogg, Innere Reibung von Gasen 109.

Holborn und Schultze, Einfluß der Temperatur auf die Kompressibilität der Gase 30; Kompressibilität von Helium 26.

Hold, Okklusion von Wasserstoff durch Palladium 76.

Hollemann, Löslichkeit schwerlöslicher Substanzen 233.

Holmans, Innere Reibung der Gase 106.

Homfray, Absorption von Gasen durch Kohle 73.

Hooke, Regel desselben 312.

Hopf, Strömen von Flüssigkeiten durch Röhren 278.

Horton, Einfluß der Temperatur auf den Elastizitätsmodul 329.

Houllevigue, Größe der Moleküle fester Körper 289.

Huber, Härte 316.

Hudson, Konstitution der Wassermoleküle 148.

Hüfner, Diffusionsgeschwindigkeit der Gase 131; Löslichkeit der Gase 67.

Hugoniot, Ausströmen von Gasen 125.

Hulshof, Oberflächenspannung 177.

Humphreys, Diffusion von Metallen durch Quecksilber 248.

Intosh Mc und Steele, Molekulare Oberflächenenergie 221.

Isarn, Contractio venae 275.

Jäger, F., Kapillarität 209; Oberflächenspannung 218; Gesetz von Eötvös 222.

Jäger, G., Innere Reibung der Gase 105; kinetische Theorie der Flüssigkeiten 148, 258.

Jahn, Löslichkeitsformel 67.

Jahnke, Methode der pulsierenden fallenden Tropfen 218.

Jahoda, Dampfdichte 14.

Jakowkin, Lösung in Gemischen von mehreren Flüssigkeiten 234.

Jamin, Aufsaugung von Flüssigkeiten 206.

Jamin und Bertrand, Absorption durch Glas 74.

Jaquerod und Perrot, Diffusion der Gase 130.

Jaquerod und Tourpaïan, Gasdichte 14.

Jaquerod und Scheurer, Boyle-Mariottesches Gesetz 24.

Jassoneix, Binet du und Moissan, Dichte von Chlor 8.

Joffe, Elastische Nachwirkung 378.

Johnsen, Struktur der Kristalle 302.

Johnsen und Abegg, Quarzmanometer 47.

Johonnot, Dicke der Flüssigkeitshäutchen 188.

Jolly, Endosmotisches Äquivalent 249.

Jones, Innere Reibung der Flüssigkeiten 260.

Joule, Gesetz desselben 3; Herleitung des Boyle-Mariotteschen Gesetzes 83.

Jungfleisch und Berthelot, Lösungen 234.

Jurin, Gesetz desselben 200.

Kammerlingh Onnes, Innere Reibung der Gase 107.

Kanitz, Innere Reibung von Gemischen 266.

Kann, Innere Reibung von Brom 260.

Kapzow, Druck von Wellen 280.

Kassel und Drucker, Innere Reibung von Lösungen 267.

Kasterin, Oberflächenspannung 215; Einfluß der Temperatur auf die Oberflächenspannung 220.

Katzenelsohn, Koeffizient von Poisson 336.

Kayser, Diffusion von Gasen 130; Formel für die Absorption 73.

KeehanMc, Äußere Reibung der Gase 127; Formel von Stokes 268.

Keehan Mc und Zeleny, Formel von Stokes 268.

Kekulé, Dissoziation der Gase 135.

Kelvin Lord, Diffusion 245; Oberflächenspannung 215; osmotischer Druck 251; Wirbelatome 282.

Kendall, Innere Reibung von Lösungen 266.

Kiewiet, Einfluß der Temperatur auf den Elastizitätsmodul 329.

Kipp, Härte 317.

Kirchhoff, Elastizitätskoeffizient 351; Poissonscher Koeffizient 336.

Kistjakowski, Kompressibilität von Flüssigkeiten 165; Formel von Eötvös 222.

Kleemann, Innere Reibung der Gase 107.

Kleint, Innere Reibung der Gase 108.

Klobbie, Gegenseitige Lösung von Flüssigkeiten 240.

Knibbs, Reibungskoeffizient von Flüssigkeiten 260.

Knipping, Laue und Friedrich, Struktur der Kristalle 302.

Knoch und Herz, Lösungen 235.

Knudsen, Absolutes Manometer 126; Gleiten der Gase 126; Strömen von Gasen durch enge Röhren 125.

Knudsen und Weber, Äußere Reibung der Gase 127; Formel von Stokes 268.

Koch, K. R., Einfluß des Wasserstoffs auf die elastischen Eigenschaften des Palladiums 330; Okklusion von Wasserstoff durch Palladium 76.

Koch, P. P., Einfluß der Temperatur auf die Kompressibilität der Gase 30.

Koch, S., Innere Reibung von Flüssigkeiten 264; Viskosität von Quecksilber 264.

König, Biegung 362; Reibung der Flüssigkeiten 262.

Körber, Zustandsgleichung der Flüssigkeiten 165.

Kofler, Löslichkeit der Emanation 68.

Kohlrausch, Dichte der Flüssigkeiten 154; elastische Nachwirkung 377; Strömen von Gasen durch Röhren 275; Wasserlöslichkeit schwer löslicher Salze 233.

Kohlrausch und Loomis, Einfluß der Temperatur auf die Elastizität 329.

Kohlrausch und Rose, Wasserlöslichkeit schwer löslicher Salze 233.

Kolowrat, Methode der kleinen Wellen 217.

Koller, Innere Reibung von Ölen 265.

Konowalow, Löslichkeit von Ammoniak in Silbernitratlösungen 67.

Kopp, Anomale Dampfdichte 135; Molekularvolumina von Flüssigkeiten 309.

Kopsch, Innere Reibung der Gase 106.

Kowalski, Koeffizient von Poisson 336.

Krafft und Michel, Dichte von Lösungen 238.

Krogh, Löslichkeit von Kohlensäure 68.

Krönig, Kinetische Gastheorie 79.

Kuenen und Robson, Gegenseitige Lösung von Flüssigkeiten 240.

Kumpf, Löslichkeit von Chlor in Lösungen 67.

Kundt und Warburg, Gleiten der Gase 126; Wärmekapazität des Quecksilberdampfs 96.

Kupffer, Elastizitätsmodul 329.

Kurbatow, Allotrope Formen des Jods 303.

Kurilow, Absorption von Ammoniak durch salpetersaures Ammonium 75.

Kurnakow, Härte und Ausflußgeschwindigkeit 318.

Kurnakow und Shemtschushny, Härte der Legierungen 318; Ausflußgeschwindigkeit plastischer Körper 372.

Kürth, Methode von Brinell 317.

Laar van, Bau der Flüssigkeitsmoleküle 147; Verdichtung der Lösungen 241.

Laborde, Dichte von Legierungen 311.

Ladenburg und Lehmann, Manometer 47.

Lafay, Manometer 46.

Lala, Kompressibilität der Gase 26.

Lamb, Formel von Stokes 268.

Lamé, Koeffizient desselben 350.

Langbeck und Hoffmann, Lösungen 235.

Langevin, Diffusion der Gase 128.

Laplace, Oberflächenspannung der Flüssigkeiten 171.

Larsen, Löslichkeit von Metallen in Quecksilber 234.

Laue, Friedrich und Knipping, Struktur der Kristalle 302.

Lea Carey, Kolloide 284.

Lecoq de Boisbaudran, Dichte von Lösungen 238.

Lederer, Oberflächenspannung 184.

Leduc, Dichte von Gasen 7, 8; Gewicht eines Liters Luft 7, 8; Kompressibilität der Gase 24, 27.

Leduc und Sacerdote, Methode der abreißenden Platten 211.

Lees, Innere Reibung von Lösungen 266.

Lees und Grime, Youngscher Modul 327.

Lehmann, Ausbreitung einer Flüssigkeit 191; flüssige Kristalle 148.

— und Ladenburg, Manometer 45.

Lenard, Methode der pulsierenden fallenden Tropfen 218.

Lenz, Diffusion 247.

Leod Mc, Manometer 45.

Leon, Methode von Brinell 317.

Lermantow, Apparat zur Bestimmung des Scherungsmoduls 358; des Youngschen Moduls 324.

Lerp, Zerspringen von Glastränen 319.

Leslie, Dichte der Emanation 124.

Lewkojeff, Werigin und Tammann, Fluidität 372.

Liebig, Osmose 249.

Linck und Ortloff, Kristallform und Stellung im periodischen System 301.

Lindner und Picton, Kolloide 284.

Linebarger, Innere Reibung von Mischungen 267.

Lippmann, Oberflächenspannung 215.

Lohnstein, Aräometer 154; Gesetz von Tate 212.

Loomis und Kohlrausch, Einfluß der Temperatur auf die Elastizität 329.

Loschmidt, Konstante des Tateschen Gesetzes 113.

Löwel und Gernez, Übersättigte Lösungen 236.

Ludwig, Kapillarerscheinungen 208.

Ludwik, Methode von Brinell 317.

Lullin, Flüssigkeitsstrahl 276.

Lussana und Bellati, Absorption von Wasserstoff durch Eisen 76.

Mac Gregor, Eigenschaften wässeriger Salzlösungen 256.

Mach, Bau von Gasstrahlen 124; Bewegung von Geschossen 133.

Mach und Salcher, Bau von Gasstrahlen 124.

Mackenzie, Dichte gelöster Gase 69; Löslichkeit von Gasen in Lösungen 67.

Madelung, Formel von Eötvös 222.

Maey, Dichte von Legierungen 311.

Magini, Oberflächenspannung 218.

Mallock, Elastische Eigenschaften weicher Körper 329; innere Reibung der Flüssigkeiten 263.

Mannesmann, Gaswiderstand gegen bewegte Körper 133.

Margot, Haften von Metallen an Glas 390.

Margules, Innere Reibung der Flüssigkeiten 263.

Marini, Aräometer 156.

Mariotte, Gesetz desselben 2, 16, 81, 253.

Markowski, Innere Reibung der Gase 106.

Masing, Eigenschaften von Legierungen 375.

Mathias, Konstitution der Wassermoleküle 148.

Mathieu, Aufsaugen von Lösungen durch poröse Körper 208.

Matthiesen, Ausbreitungsgeschwindigkeit von Wasserwellen 280.

Maxwell, Avogadros Gesetz 91; Geschwindigkeit der Moleküle 96; Innere Reibung der Gase 57, 104; Relaxationszeit 379.

Mayer, A. M., Elastizitätsmodul 329; gleitende Reibung 392; Oberflächenspannung 217.

Mayer, E., Diffusion von Wasserstoff durch Quarz 130.

Mc Bain, Absorption von Wasserstoff durch Kohle 74.

Mc Connel, Innere Reibung des Eises 388.

Mc Intosh und Steele, Molekulare Oberflächenenergie 221.

Mc Leod, Manometer 45.

Mellberg, Oberflächenspannung 177.

Melsens, Feste Häutchen auf der Oberfläche von Lösungen 191.

Mendelejew, Dichte der Lösungen 236; Differentialbarometer 42; Gewicht eines Liters Luft 7, 8; Kompressibilität der Gase 22; Löslichkeit von KNO_3 232; Löslichkeitsformel für KNO_3 233; Pyknometer 152; Quecksilberluftpumpe 52; Verdichtung beim Mischen von Alkohol und Wasser 241.

Mensbrugghe, Oberflächenspannung 177.

Mertsching, Strömen einer Flüssigkeit durch Röhren 277.

Mervin, Dichte von festen Körpern 306.

Meslin, Clapeyronsche Gleichung 33.

Metcalf, Peptonhäutchen auf Wasser 191.

Metz de, Kapillarität 209; Kompressibilität der Kolloide 286; des Quecksilbers 163; verschiedener Flüssigkeiten 163.

Meyer, E., Methode von Brinell 317.

Meyer, G., Diffusion von Metallen durch Quecksilber 248; Kapillarität 218; Oberflächenspannung von Amalgamen 219.

Meyer, G. S., Verlängerung beim Zug 331.

Meyer, O. E., Reibung der Flüssigkeiten 262, 264; Anzahl der Gasmoleküle 112; Größe der van der Waalsschen Konstante b 34.

Meyer, V., Dampfdichtebestimmungsmethode 12.

Michaud, Kapillarität 210.

Michel und Kraft, Dichte von Lösungen 238.

Millikan, Anzahl der Gasmoleküle in in einem ccm 112; Formel von Stokes 268; innere Reibung der Gase 109.

Mintz und Guye, Innere Reibung von Metalldrähten 389.

Mior, Okklusion 76.

Mitchell, Diffusion der Gase 136; Formel von Eötvös 222.

Mitinski, Ausströmen von Gasen 125.

Mitscherlich, Isomorphismus 301.

Moissan, Allotrope Modifikationen des Kohlenstoffs 302; Löslichkeit des Siliciums 234.

Moissan und Binet du Jassoneix, Dichte von Chlor 8.

Monsacchi und Schiff, Dichte von Lösungen 238.

Monti, Kapillaritätskonstanten 218; Oberflächenspannung des Wassers 219.

Moore, Innere Reibung von Salzlösungen 266.

Moreau, Dicke der Übergangsschicht 224.

Morgan, Gesetz von Tate 212.

Morin, Gleitende Reibung 391.

Morrow, Koeffizient von Poisson 336.

Morse, Osmotischer Druck 255.

Moser, Hauchbilder 74.

Müller, Joh., Diffusionsdauer 131.

Murzynowska und Schidloff, Formel von Stokes 268.

Muschenbroek, Kompression der Gase 17.

Muthmann, Dichte von festen Körpern 306.

Natterer, Kompressibilität der Gase 25.

Navier, Koeffizient der äußeren Reibung der Gase 259.

Neesen, Quecksilberluftpumpe 49.

Nernst, Apparat für den osmotischen Druck 251; Geschwindigkeit des Lösungsvorgangs 230; Lösung in Gemischen von mehreren Flüssigkeiten 234; Theorie der Diffusion 256; Victor Meyers Methode 14.

Newton, Contractio venae 275; Widerstandsgesetze 132.

Nicaise und Verschaffelt, Oberflächenspannung 215.

Nichols, Dichte von Gaslösungen 69.

Nicholson, Aräometer desselben 154.

Nicol, Dichte von Lösungen 238.

Nicol und Parnell, Diffusion von Wasserstoff durch Platin 131.

Nilsson und Petterson, Dampfdichte 14.

Nollet, Osmose 248.

Noot, Oberflächenspannung 210.

Noot und Verschaffelt, Methode der Kapillarwellen 210.

Nordenskjöld, Formel für die Beziehung zwischen Löslichkeit und Temperatur 232.

Nordlund, Formel von Stokes 268.

Noyes, Einfluß der Temperatur auf den Elastizitätsmodul 329.

Noyes und Goodwin, Koeffizient der inneren Reibung von Gasen 108.

Noyes und Whitney, Geschwindigkeit des Lösungsvorganges 230.

Oberbeck, Dicke einer Ölschicht auf Wasser 191; Versuche von Plateau 189.

Obermayer, Diffusion der Gase 128; Fluidität 372; innere Reibung von Schwarzpech 387.

Öholm, Diffusion 248.

Örstedt, Kompressibilität von Flüssigkeiten 160; Piezometer desselben 160.

Örstedt und Svendsen, Kompression der Gase 17.

Okatow, Koeffizient von Poisson 338.

Ollivier, Eigenschaften von Tropfen 185.

Orlow, Grüner Schwefel 302; blauer Schwefel 303; Zähigkeit von Pech 371.

Ortloff, Kristallform und Stellung im periodischen System 301.

Oseen, Formel von Stokes 268.

Ostwald, Osmotischer Druck 253; Pyknometer 152; Wasserluftpumpe 56.

Pacher, Innere Reibung von Flüssigkeiten 264.

Pagliani und Emo, Löslichkeit der Gase 67.

Pagliani und Vicentini, Kompressibilität von Wasser und Äther 163.

Painlevé, Gleitende Reibung 392.

Parenty, Ausströmen von Gasen aus einer kleinen Öffnung 125; Effusion 128.

Parks, Dicke der Wasserschicht auf Quarzfäden 74.

Parnell und Nicol, Diffusion von Wasserstoff durch Platin 131.

Parr und Deeley, Innere Reibung des Eises 388.

Parsons Härte 317.

Pascal, Gesetz desselben 143.

Patterson, Mittlere Weglänge der Elektronen 289.

Pawlewski, Dumassche Methode 12.

Pearson und Cook, Kompressibilität der Flüssigkeiten 164.

Pedersen, Methode der pulsierenden Flüssigkeitsstrahlen 218.

Perrot und Fabry, Innere Reibung der Gase 109.

Perrot und Guye, Methode der Tropfenwägung 212.

Perrot und Jaquerod, Diffusion des Heliums 130.

Perry, Innere Reibung von Ölen 265.

Petrow, Oberflächenspannung von Quecksilber 215; Reibungskoeffizient von Flüssigkeiten 261; Reibungskoeffizient beim Gleiten 392.

Petruschewski, Pulverförmige Körper 290.

Petterson und Nilsson, Victor Meyers Methode 14.

Pfeffer, Halbdurchlässige Membran 250; osmotischer Druck 252; osmotischer Druck von Kolloiden 285.

Philipps, elastische Nachwirkung 379.

Piccard, Kapillarität 218.

Picton und Lindner, Kolloide 284.

Piltschikow, Kapillarität 209.

Piotrowski und Helmholtz, Reibung der Flüssigkeiten 263.

Pisati, Einfluß der Temperatur auf den Elastizitätsmodul 329; auf den Scherungsmodul 360.

Piwnikiewicz, Innere Reibung der Gase 105.

Planck, Osmotischer Druck der Elektrolyte 255.

Plateau, Versuche über Oberflächenspannung 183 bis 185; Oberflächenzähigkeit 188; Wanddicke von Seifenblasen 188, 223.

Pochettino, Zähigkeit plastischer Körper 388.

Pockels, Oberflächenspannung 216.

Pohl, Kompressibilität von Lösungen 164.

Poiseuille, Formel für den Reibungskoeffizienten der Flüssigkeiten 259; Durchströmen durch Kapillarröhren 277.

Poisson, Adiabatische Zustandsänderung 118; Bestimmung der Kapillaritätskonstante 208; Koeffizient desselben 320, 334, 335, 359.

Ponsot, Dissociation der Elektrolyte 255.

Pouillet, Kompressibilität der Gase 18.

Prandtl, Ausströmen von Gasen 125; Bau von Gasstrahlen 124.

Pranghe, Diffusionsgeschwindigkeit der Gase 131.

Preuner und Schupp, Quarzmano-
meter 47.
Prony, Zaun desselben 392.
Protz, Koeffizient des allseitigen Drucks
345.
Puluj, Innere Reibung der Gase 108.

Quennessen, Okklusion von Wasserstoff durch Palladium 76.
Quet, Kapillarröhren 209.
Quincke, Halbdurchlässige Membranen
251; Kapillaritätskonstanten 209;
Konstanten des absoluten Wider-
stands 333; Oberflächenspannung an
der Grenze zweier Medien 216; Oberflächenspannung fester Körper 195;
Oberflächenspannung geschmolzener
Metalle 212; Oberflächenspannung
von Lösungen 219; Osmose 249;
Radius der Molekularwirkungssphäre
223; Randwinkel 196; Tropfenwägung
212.

Raman, Oberflächenspannung 215.
Ramsauer, Stoß 400.
Ramsay und Baly, Manometer von
Mc Leod 45; Löslichkeit von He-
lium 67.
Ramsay und Gray, Atomgewicht des
Nitons 14.
Ramsay und Shields, Bau der Flüssig-
keitsmoleküle 147; molekulare Ober-
flächenenergie 221.
Ramsden, Häutchen auf Flüssigkeiten
191.
Ramstedt, Löslichkeit der Emanation
68; negativer Druck in Flüssigkeiten
159.
Rankine, Innere Reibung der Gase
105, 109.
Raoult, Absorption von Ammoniak
durch salpetersaures Ammonium 75;
Gesetze des osmotischen Drucks 253.
Rapp, Innere Reibung der Gase 109.
Rappenecker, Innere Reibung der
Gase 107.
Rayleigh, Boyle-Mariottesches Ge-
setz 23; Dichte von Gasen 7, 8; Dicke
von Ölschichten 191; Diffusion von
Gasen 130; Druck der Wellen 280;
Entdeckung des Argons 8; Gewicht
eines Liters Luft 7; Methode der
pulsierenden Flüssigkeitsstrahlen 215;
Mosersche Bilder 75.

Reboul, Einfluß der Krümmung auf
die chemische Wirkung eines Gases
75.
Regnault, Allseitiger Druck 343;
Dampfdichtebestimmungsmethode 4;
Gewicht eines Liters trockener Luft 7;
Kompressibilität der Gase 18; dasselbe
bei höheren Temperaturen 28; Kom-
pressibilität der festen Körper 340;
Piezometer 19, 343; Untersuchungen
über das Daltonsche Gesetz 62;
van der Waalssche Gleichung 35;
Zustandsgleichung der Gase 21, 35.
Reiger, Innere Reibung von Ko'o-
phonium 387.
Reinganum, Formel von Stokes 268;
Hofmannsche Dampfdichtebestim-
mungsmethode 10; innere Reibung
von Gasen 107.
Reinold und Rücker, Dicke der
Flüssigkeitshaut 188; Radius der Mo-
lekularwirkungssphäre 223.
Rennie, Reibung fester Körper beim
Gleiten 391.
Retgers, Dichte von festen Körpern
306; Kristallsysteme der Elemente
und einfacher Verbindungen 293.
Reyher, Innere Reibung von Lösungen
266.
Reynolds, Innere Reibung der Gase
105, 109; Strömen von Flüssigkeiten
durch Röhren 278.
Richard, Barograph 44; Löslichkeit
der Gase in Meerwasser 69.
Richards, Kompressibilität des Queck-
silbers 163.
Richards und Speyers, Kompressibi-
lität des Eises 345.
Richards und Stull, Kompressibilität
der Flüssigkeiten 161, 163; der festen
Körper 345.
Richardson, Diffusion von Gasen durch
Flüssigkeiten 132; durch Kautschuk
131.
Richardson und Ditto, Diffusion von
Neon 130.
Richter, Alkoholometer 156.
Riecke, Lösungen 234.
Rimbach und Schubert, Löslichkeit
schwerlöslicher Substanzen 233.
Rinne, Kristallsysteme der Elemente
und einfacher Verbindungen 293.
Roberts, Innere Reibung der Gase
105, 109.

Roberts-Austen, Diffusion fester Metalle 373, 376.
Robison, Kompression der Gase 17.
Robson und Kuenen, Gegenseitige Lösung von Flüssigkeiten 240.
Rodger und Thorpe, Innere Reibung von Flüssigkeiten 264.
Roer, de und Cohen, Piezometer 162.
Roiti, Plateausche Versuche 189.
Romken und Taylor, Innere Reibung von Lösungen 266.
Röntgen, Dicke von Ölschichten 191; Koeffizient von Poisson bei Kautschuk 337; Konstitution der Wassermoleküle 147; innere Reibung von Flüssigkeiten 265.
Röntgen und Schneider, Kompressibilität der Lösungen 164, 165.
Rose und Kohlrausch, Löslichkeit schwerlöslicher Substanzen 233.
Roth, Einfluß der Temperatur auf die Kompressibilität der Gase 28; van der Waalssche Gleichung 34.
Rothmund, Kritische Lösungstemperatur 241; gegenseitige Lösung von Flüssigkeiten 240.
Rothmund und Wilsmore, Gegenseitige Lösung von Flüssigkeiten 235.
Roux, Formel von Stokes 268.
Ruckes, Strömen von Gasen durch enge Röhren 125.
Rudorf, Innere Reibung von Lösungen 266.
Rücker und Reinold, Dicke der Flüssigkeitshaut 188; Radius der Molekularwirkungssphäre 223.
Rutherford, Absorption der Emanation 74.
Rybczynski, Formel von Stokes 268.
Rydberg, Härte als periodische Funktion des Atomgewichts 317.
Rykatschew, Widerstand der Gase gegen die Bewegung fester Körper 133.

Sabanejew, Typische Kolloide 285.
Sabanejew und Alexandrow, Gefrierpunktserniedrigung durch Kolloide 285.
Sacerdote, Ableitung der Regnault-Formeln für den Einfluß des Drucks auf das Volumen 344.
Sacerdote und Berthelot, Kompressibilität von Gasgemischen 27.

Sacerdote und Leduc, Oberflächenspannung 211.
Sachs und Warburg, Innere Reibung der Flüssigkeiten 265.
Salcher und Mach, Bau der Gasstrahlen 124.
Salcher und Whitehead, Ausströmen von Gasen 125.
Sander, Löslichkeit von Kohlensäure 69.
Satterly, Absorption der Emanation 74.
Saussure, Adsorption 71.
Savart, Torsion 354.
Scarpa, Innere Reibung in Mischungen 267.
Schaefer, Elastizitätskoeffizient 330, 337; Methode von Cornu 363.
Schaper und Guye, Innere Reibung in Metalldrähten 389.
Scheel und Heuse, Membranenmanometer 45.
Scheffer, Diffusion 247.
Scheiner, Granulationen der Sonnenoberfläche 109.
Schellbach, Widerstand der Gase gegen die Bewegung fester Körper 133.
Schenk, Modifikationen des Schwefels 303.
Scheuer und Jaquerod, Boyle-Mariottesches Gesetz 24.
Schidloff und Murzynowska, Formel von Stokes 268.
Schierloh, Innere Reibung der Gase 106.
Schiff, Dichte von Lösungen 238.
Schiff und Monsacchi, Dichte von Lösungen 238.
Schiller, Lösung von festen und flüssigen Körpern in Gasen 242; Koeffizient von Poisson für Kautschuk 337.
Schmidt, C., Innere Reibung in Metalldrähten 389.
Schmidt, F., Oberflächenspannung der Amalgame 219.
Schmidt, G. C., Formel für die Adsorption 73.
Schmidt, G. C. und Hinteler, Adsorption von Dämpfen 73.
Schmidt, G. N. St., Diffusion von H 131.
Schmidt, R. und Valentiner, Gewinnung von Neon aus der Luft 72.

Schneebeli, Poissonscher Koeffizient 364.

Schneider, Kompressibilität von Lösungen 164; innere Reibungen von Lösungen. 267.

Schneider und Barus, Kolloide 284.

Schneider und Röntgen, Kompressibilität von Lösungen 164, 165.

Schnetaler, Strömen von Flüssigkeiten durch Röhren 278.

Schoenfeld, Löslichkeit der Gase 67.

Schoenfließ, Bau der Kristalle 300.

Schott und Winkelmann, Elastizitätskoeffizienten von Gläsern 330; thermischer Widerstandskoeffizient 368; Widerstand gegen Kompression 334.

Schreber, Kinetische Theorie der Lösungen 251.

Schröder, Molekularvolumen der Haloidsalze 310.

Schubert und Rimbach, Lösungen 233.

Schürr, Geschwindigkeit des Lösungsvorgangs 230.

Schütt, Oberflächenzähigkeit 189.

Schultze, H., Innere Reibung der Gase 106.

Schultze, H. und Holborn, Einfluß der Temperatur auf die Kompressibilität der Gase 30; Kompressibilität von Helium 26.

Schulze, A., Dumassche Methode 12.

Schulze, F. A., Poissonscher Koeffizient 336, 364.

Schulze, G., Diffusion von Silber aus geschmolzenem Silbernitrat 376.

Schumann, Kompressibilität von Lösungen 164.

Schumeister, Diffusion der Flüssigkeiten 247.

Schupp und Preuner, Quarzmanometer 47.

Schweidler, Innere Reibung der Amalgame 267.

Schwerd, Härte 357.

Searle, Innere Reibung der Gase 109.

Segel, Elastizität von Paraffin 329; innere Reibung in festen Körpern 387.

Segner, Oberflächenspannung 175.

Sentis, Kapillaritätskonstante 217.

Setschenow, Löslichkeit der Gase in Lösungen 67.

Shemtschusny, Härte der Legierungen 318.

Shields und Ramsay, Molekulargewicht der Flüssigkeitsmoleküle 147; molekulare Oberflächenenergie 221.

Shore, Härte 317.

Shukowski, Pulverförmige Körper 290.

Siedentopf, Kapillaritätskonstanten 214, 220.

Siegler und d'Ans, Lösungen 235.

Siemens, Löslichkeit von Silicium 234.

Sieverts, Diffusion von Gasen 131; Okklusion von Wasserstoff durch Palladium 76.

Sieverts und Bergner, Löslichkeit von Gasen in Metallen 68.

Siljeström, Kompressibilität der Gase 21.

Silvey, Formel von Stokes 268, 269.

Skala, Oberflächenspannung 220.

Smirnov, Lösungen 230.

Smith, Kompressibilität von Lösungen 164.

Smith, Hamilton, Strömen von Flüssigkeiten durch Röhren 277.

Smoluchowski de Smolan, Ausströmen von Gasen 125; Elastizität 329; innere Reibung flüssiger Isolatoren 267; Koeffizient von Poisson 336.

Sohncke, Anordnung der Moleküle in Kristallen 300; Dicke der Ölschicht 191.

Sommerfeld, Theorie der Schmiermittelreibung 392.

Sorby, Einfluß des Drucks auf die Löslichkeit 238.

Sorkau, Strömen von Flüssigkeiten durch Röhren 278.

Speyers und Richards, Kompressibilität des Eises 345.

Sprengel, Pyknometer 152; Quecksilberluftpumpe 52.

Spring, Versuche über Fluidität und Diffusion fester Körper 373.

Srebnitski, Obenlächenspannung 219.

Ssacharow, Ssaposnikow und Kanewski, Härte der Legierungen 318.

Ssaposnikow, Kanewski und Ssacharow, Härte der Legierungen 318.

Stackelberg, Einfluß des Drucks auf die Löslichkeit 239.

Stark, Ausbreitung einer Flüssigkeit auf die Oberfläche einer anderen 191; Kolloide 284.

Stiele und McIntosh, Molekulare Oberflächenenergie 221.

Stefan, Absorption der Gase 131; Diffusion der Flüssigkeiten 245, 247; Elastizität 329; Kohäsionsplatten 373; Normaldruck 182.

Steiner, Löslichkeit des Wasserstoffs 67.

Stöckl und Vanino, Kolloide 284.

Stoel, Reibungskoeffizient der Flüssigkeiten 264.

Stokes, Formel desselben 268.

Straubel, Poissonscher Koeffizient für Glas 337; Methode von Cornu 363.

Streintz, Einfluß der Temperatur auf den Elastizitätsmodul 329.

Stull und Richards, Kompressibilität von Flüssigkeiten 161, 163; von festen Körpern 345.

Sturm und Colladon, Kompressibilität von Flüssigkeiten 160, 163.

Suchodski, Kompressibilität verschiedener organischer Flüssigkeiten 164.

Sulzer, Kompression der Gase 17.

Sutherland, Bau der Wassermoleküle 148; innere Reibung der Gase 106.

Svendsen und Örstedt, Kompression der Gase 17.

Swinne, Löslichkeit der Emanation 68.

Swinne und Walden, Molekulare Oberflächenenergie 222.

Tait, Formel für die Kompressibilität der Flüssigkeiten 164.

Tammann, Dampfspannung von Kolloidlösungen 285; innere Reibung von Flüssigkeiten 265; Isotonische Lösungen 252; kristallinischer und amorpher Zustand 290; Viskosität unterkühlter Lösungen 265; Zustandsgleichung von Flüssigkeiten 165.

Tammann und Faust, Elastizitätsgrenzen 369.

Tammann, Werigin und Lewkojeff, Fluidität 372.

Tänzler, Innere Reibung der Gase 108.

Tate, Gesetz desselben 212.

Taylor, Gesenseitige Lösung von Flüssigkeiten 244.

Taylor und Romken, Innere Reibung von Lösungen 267.

Tereschin, Dichte von Lösungen 238.

Thiesen, Diffusion der Gase 128; innere Reibung der Gase 108; Manometer 45.

Thomas, Einfluß der Temperatur auf den Elastizitätsmodul 329, 330.

Thompson, Hookesches Gesetz 331.

Thomson, E., Innere Reibung der Gase 108.

Thomson, J. J., Mittlere Weglänge der Elektronen 289.

Thomson, W. (Sir), Diffusion 245; Oberflächenspannung 215; Osmose 251; Wirbelatome 282 (siehe auch Lord Kelvin).

Thorpe und Rodger, Innere Reibung von Flüssigkeiten 264.

Thovert, Wieners Diffusionsmethode 247.

Timiriazeff, Gleiten der Gase 126; innere Reibung der Gase 105.

Timofejew, Lösungen 234.

Titoff, Absorption 73.

Tittler, Elastizitätsmodul von Legierungen 238.

Tolloczko und Bruner, Geschwindigkeit des Lösungsvorgangs 230.

Tomlinson, Einfluß der Temperatur auf den Elastizitätsmodul 329.

Töpler, Quecksilberluftpumpe 49.

Toricelli, Theorem desselben 274.

Tourpaïan und Jaquerod, Gasdichte 14.

Tralles Alkoholometer 156.

Traube, Halbdurchlässige Membran 250; osmotischer Druck 252.

Travers, Absorption 72.

Tresca, Fluidität von Metallen 372.

Troost, Absorption von Ammoniak durch salpetersaures Ammonium 75.

Troost und Deville, Dumassche Dampfdichtebestimmungsmethode 12.

Trouton und Andrews, Innere Reibung von festen Körpern 387.

Tumlirz, Zustandsgleichung für Flüssigkeiten 165.

Tyndall und Fry, Strömen von Flüssigkeiten durch Röhren 279.

Umani, Reibung in Flüssigkeiten 263.

Vaillant, Dichte von Lösungen 238; Gesetz von Tate 212.

Valentiner, Okklusion von Wasserstoff durch Palladium 76.

Valentiner und Bestelmeyer, Kompressibilität von Stickstoff 30.

Valentiner und R. Schmidt, Gewinnung von Neon usw. aus der Luft 72.

Valson, Dichte normaler Lösungen 237.

Vandevyver, Aräometer 156.

Vanino und Stöckl, Kolloide 284.

Vaskow und Bachmetjew, Elastische Nachwirkung 379.

Ven, van der, Boyle-Mariottesches Gesetz 23.

Verschaffelt, Kapillare Eigenschaften von verflüssigten Gasen 209, 220; Reibung von Flüssigkeiten 262.

Verschaffelt und Nicaise, Oberflächenspannung 215.

Verschaffelt und van der Noot, Kapillarität 210.

Vicentini und Pagliani, Kompressibilität von Wasser und Äther 163.

Vidi, Aneroidbarometer 43.

Vierordt, Osmose 249.

Vigouroux, Löslichkeit von Silicium in Metallen 234.

Villard, Diffusion von Wasserstoff durch Quarz 130; Lösungen von festen und flüssigen Körpern in Gasen 292.

Villari, Elastische Eigenschaften weicher Körper 329; Koeffizient von Poisson für Kautschuk 337.

Vincent, Dicke der Übergangsschicht 223.

Voigt, Einfluß der Temperatur auf den Elastizitätsmodul 330; Elastizität der Kristalle 381; flüssige Kristalle 149; innere Reibung von festen Körpern 387; kinetische Theorie der Flüssigkeiten 145; Koeffizient von Poisson 337; Kompressibilität von festen Körpern 345.

Volkmann, Kapillarität 209; Einfluß der Temperatur auf die Oberflächenspannung des Wassers 219.

Vries de, Halbdurchlässige Membran 251; osmotischer Druck 252.

Waals, van der, Normaldruck 182; Oberflächenspannung 177; Zustandsgleichung desselben 33.

Wachsmuth, Methode zur Bestimmung der Gasdichte 14.

Wagner, Viskosität der Lösungen 266.

Waitz, Diffusion der Gase 128.

Walden, Einfluß der Temperatur auf die Oberflächenspannung 220; Formel für die Oberflächenspannung 222; Lösungen 234.

Walden und Swinne, Molekulare Oberflächenenergie 222.

Warburg, Diffusion 376; elastische Eigenschaften weicher Körper 329; Gleiten der Gase 126; Reibungskoeffizient von Quecksilber an Glas 261.

Warburg und Babo, Reibung fester Körper 390.

Warburg und Kundt, Gleiten der Gase 126; Wärmekapazität des Quecksilberdampfs 96.

Warburg und Sachs, Innere Reibung von Flüssigkeiten 265.

Warrington, Dichte von festen Körpern 306.

Washburn und Williams, Reibungskoeffizienten von Flüssigkeiten 265.

Wassmuth, Einfluß der Temperatur auf den Elastizitätsmodul 330.

Weber, E. und W., Wellen 279.

Weber, H. F., Diffusion 247.

Weber, W., Elastische Hysteresis 377.

Weber und Knudsen, Äußere Reibung der Gase 127.

Weigel, Lösungen 233.

Weinberg, Innere Reibung des Eises 388; innere Reibung von festen Körpern 388, 389; Oberflächenspannung und Temperatur 220.

Weinhold, Elastische Hysteresis 379.

Weiß, Kristallsysteme 291.

Weißbach, Strömen von Flüssigkeiten durch Röhren 277.

Werigin, Lewkojeff und Tammann, Fluidität 372.

Wertheim, Absoluter Widerstand 331; elastische Eigenschaften von Eisen und Stahl 329; Poissonscher Koeffizient 364; Torsion 354; Volumänderung von Röhren beim Zuge 337.

West, Apparat zur Messung von Luftdruckschwankungen 42; Bewegung von Quecksilber in engen Röhren 197.

Westphal, Wage desselben 153.

Wetzstein, Innere Reibung von Flüssigkeiten 260.

Wheeler, Dichte von Gaslösungen 69.

Whitehead, Ausströmen von Gasen 125.

Whitney und Noyes, Geschwindigkeit des Lösungsvorganges 230.

Wiedemann, E., Formel für die Löslichkeit der Gase 67.

Wien, W., Strömen von Flüssigkeiten durch Röhren 275.

Wiener, Diffusion der Flüssigkeiten 247.

Wild-Fueß, Barometer 39.

Wilhelmy, Methode zur Bestimmung der Kapillaritätskonstanten 211.

Williams und Washburn, Kapillarität 262.

Wilsmore und Rothmund, Lösungen 235.

Wilson, Dichte der Flüssigkeiten 150; Oberflächenspannung 215.

Winkelmann, Absorption des Wasserstoffs durch Eisen 76; Diffusion von Gasen durch Metalle 131; Elastizitätsmodul 331; Kompressibilität der Gase 28.

Winkelmann und Schott, Elastizität des Glases 330; thermischer Widerstandskoeffizient 368.

Winkler, Löslichkeit der Gase 67.

Witkowski, Kompressibilität der Gase 29.

Wladimirow, Osmotischer Druck 252.

Wolff, Luftbewegung bei Explosionen 125.

Worthington, Negativer Druck in Flüssigkeiten 159; Oberflächenspannung 177, 215.

Wroblewski, Allmähliche Absorption eines Gases durch eine Flüssigkeitssäule 131; Diffusion der Gase durch Kautschuk 130; Diffusion der Gase durch Flüssigkeiten 131; Löslichkeit der Gase 69; Minimum des Produkts pv 27.

Wüllner, Kontraktion der Lösungen 237.

Wüstner, Diffusion von Wasserstoff durch Quarz 130.

Young, Elastizitätsmodul 320; Oberflächenspannung 175.

Zeleny und McKeehan, Formel von Stokes 264.

Zemplen Györö, Innere Reibung der Gase 105.

Zenghelis, Diffusion von Gasen 130.

Zenner, Ausströmen von Gasstrahlen 125.

Zickendraht, Oberflächenspannung 218.

Zimmer, Innere Reibung von Gasen 107.

Zlobicki, Oberflächenspannung 218.

Zsigmondy, Kolloide 284.

Sachregister.

Absorptiometer von Bunsen 64.
Absorption von Gasen durch feste Körper 71; durch Flüssigkeiten 63.
Absorptionskoeffizient 63.
Adhäsion 192.
Adiabatische Zustandsänderung 117.
Adsorption von Gasen 71.
Alkogel 283.
Alkoholometer 156.
Alkosol 283.
Allotropie 302.
Amorpher Zustand der Materie 290.
Anemograph 134.
Anemometer 134.
Aneroidbarometer 43.
Anzahl der Moleküle in der Volumeneinheit 112.
Aräometer 154; von Beaumé 156; von Guglielmo 156; von Lohnstein 154; von Nicholson 154; von Vandevyver 156; von konstantem Gewicht 155; von konstantem Volumen 154; Alkoholometer 156.
Arbeit eines Gases bei der reversiblen Ausdehnung 115.
Atmolyse 129.
Atomvolumen 308.
Aufsaugung von Flüssigkeiten durch poröse und pulverförmige Körper 206.
Ausdehnungsarbeit eines Gases 115.
Ausscheidung gelöster Gase 70.
Ausströmen eines Gases aus einer kleinen Öffnung 119.
Avogadros Konstante 113; Regel 90.

Barograph 43.
Baromanometer 44.
Barometer 37; Aneroid- 43; Differential- 42; Gefäß- 37; Heber- 39; Metall- 42; Naphta- 42; Normal- 42; Quecksilber- 37; Wage- 40; von Bourdon 42; von Breguet 43; von Hefner-Alteneck 42; von Kohlrausch 42; Mendelejew 42; von Vidi 43; von West 42; von Wild-Fueß 39.
Barometeraufstellung und Ablesungskorrektionen 40.
Bau der festen Körper 287; der Flüssigkeiten 143; der Flüssigkeitsmoleküle 147, 221; der Kristalle 298.
Benetzung fester Körper durch Flüssigkeiten 193.
Bewegung, stationäre, der Flüssigkeiten 271.
Bewegungsart der Gasmoleküle 79.
Biegung 312, 360.
Biegungspfeil 361.
Binnendruck 173.
Bologneser Fläschchen 319.
Brownsche Bewegung 145.
Bruch 313; infolge Torsion 367.
Bruchfestigkeit 327.

Clapeyronsche Formel 31, 87.
Contractio venae 275.

Deformation fester Körper 311; permanente 313.
Deformationsrest 313.
Deformierende Kraft 312.
Dehnung fester Körper 312; von Stäben 320.
Depression des Quecksilbers im Barometer 41.
Dialyse 284.
Dichte der festen Körper 304; der Flüssigkeiten 149; der Flüssigkeiten, welche Gase enthalten 69; der Gase 3; von Legierungen 310; von Lösungen 236.
Diffusion der festen Körper 373; der Flüssigkeiten 244; der Gase 127; der Gase durch feste Körper 129; der Gase durch Flüssigkeiten 131; der

Gase durch poröse Scheidewände
128; der Flüssigkeiten durch eine
poröse Scheidewand 248; der Kolloide
284.
Diffusionskoeffizient der Flüssigkeiten
246; der Gase 128.
Dihydrol 148.
Dilatation, Koeffizient der linearen 320.
Dimension der Moleküle 111.
Dimorphismus 300.
Dissoziation der Elektrolyte 230, 255;
der Gase 135.
Dissoziationsgrad 136.
Druck der Gase 2, 16; innerer 35, 173;
Normal- 173, 180; osmotischer 251;
Partial- 61.
Durchmesser eines Moleküls 111.
Dynamisches Gleichgewicht 80, 136.

Effusion 128.
Einachsige Kristalle 298.
Elastische Hysteresis 380.
— Körper 314.
— Nachwirkung 377.
Elastizität der festen Körper 319; der
Kristalle 380.
Elastizitätsgrenze 313.
Elastizitätsmodul 313, 322.
Elektrolyte, Dissoziation derselben 230,
255.
Emanation, Atomgewicht 15; Löslich-
keit 68.
Enantiomorphe Kristallform 297.
Energie der fortschreitenden Bewegung
eines Moleküls 97; eines Gases 94.
Erstarrungspunkt von Lösungen 239.

Feste Lösung 318.
Flüssige Kristalle 148.
Flüssigkeiten, Bau der 143.
Flüssigkeitsmoleküle, Bau der 147.
Flüssigkeitsstrahl, Konstitution desselben
275; Kontraktion desselben 275.
Fluidität 369.
Fraktionierte Destillation 231.

Gas, das ideale 3; Dichte der Gase 3;
Lehre von den Gasen 1; Wellen eines
Gases 109.
Gasstrahlen, Bau derselben 124.
Gastheorie, kinetische 79.
Gaswellen in der Atmosphäre 109.
Gefäßbarometer 37.
Gel 283.

Gerykpumpe 54.
Gesättigte Lösung 62, 229.
Gesättigter Dampf 142.
Geschwindigkeit, Ausbreitungs- der Wellen 279; Ausfluß- der Flüssigkeiten
274; Ausscheidungs- gelöster Gase 69;
Ausströmungs- eines Gases aus einer
kleinen Öffnung 121; Diffusions- der
Gase durch eine poröse Scheidewand
128; der Gasmoleküle 88; des Lösungsvorgangs 230; mittlere arithmetische — der Moleküle 98; mittlere quadratische — der Moleküle 97;
reagierender Moleküle 100; wahrscheinlichste 96.
Gesetz von Archimedes 143; Avogadro 2, 90, 253; Boyle 2, 16, 81,
253; Coulomb (Torsionsgesetze) 352;
(Reibungsgesetze) 390; Dalton 61,
91; Gay-Lussac 2, 91; Graham 128;
Hauy 291; Henry 63; van't Hoff
252, 253; Hooke 312; Joule 3;
Jurin 200; Kopp 309; Mariotte
2, 16, 81; Maxwell (Geschwindigkeit der Moleküle) 96; (Reibung in
Gasen) 104; Newton (Reibung) 132;
Pascal 143; Poiseuille 259; Tate
212; siehe auch im Namenregister.
Glastränen 319.
Gleichgewicht, dynamisches 80, 136.
Gleitungskoeffizient 126, 258.
Grammolekül 1.
Größe der mittleren Weglänge der Gas-
moleküle 101, 110.
Gyroedrische Kristallform 297.

Härte 315.
Halbdurchlässige Membran 250.
Heberbarometer 39.
Hemiedrie 295.
Heteromorphismus 300.
Hexagonales Kristallsystem 292.
Holoedrische Kristallform 295.
Hydrogel 283.
Hydrosol 283.
Hysteresis 380.

Ideale Flüssigkeit 143.
Ideales Gas 3.
Innerer Druck 173.
Innere Reibung in festen Körpern 386;
in Flüssigkeiten 257; in Gasen 103.
Ionen 230, 255.
Irreversibilität 115.

Isentropische Zustandsänderung eines Gases 117.
Isomorphismus 301.
Isoosmotische Lösungen 252.
Isotonische Lösungen 252.

Kapillarität 192, 198.
Kapillaritätskonstante 203.
Katenoid 184, 188.
Kinetische Gastheorie 79; Grundformel derselben 81.
Koeffizient des allseitigen Druckes 341; Diffusions- 128, 246; Gleitungs- 259; Kompressions- 158; der linearen Dilatation 322; Löslichkeits- 229; Poissonscher 334; der Querkontraktion 334; der Reibung fester Körper 391; der äußeren Reibung der Flüssigkeiten 258; der äußeren Reibung der Gase 110; der inneren Reibung der Flüssigkeiten 257; der inneren Reibung der Gase 103; der rollenden Reibung 394; Scherungs- 346; thermischer Druck- 168; thermischer Widerstands-, 368; der Volumenausdehnung beim Zuge 335.
Kohäsionskräfte 143.
Kolloide 283; typische 285.
Kompressibilität der Gase 17; der Flüssigkeiten 158; der Lösungen 164; der Gasgemische 27; der festen Körper 312.
Konstitution eines Flüssigkeitsstrahls 275.
Kontraktion der Lösungen 236.
— des Flüssigkeitsstrahls 275.
Kritische Lösungstemperatur 240.
— Temperatur 27.
Kristallinischer Zustand der Materie 290.
Kristalle, flüssige 148.
Kristallographie 291.
Kristallographische Achsen 291.
Kristalloide 283.
Kristallsysteme 291.
Kristallzwillinge 297.

Lamellenzustand der Flüssigkeiten 185, 215.
Löslichkeit der festen und flüssigen Körper in Flüssigkeiten 228; der festen und flüssigen Körper in Gasen 242; der Gase in Flüssigkeiten 62; gegenseitige — der Flüssigkeiten 240.

Löslichkeitskoeffizient 63, 229.
Lösungen 228; feste 318; gesättigte 62, 229; isoosmotische, isotonische 252; normale 231; übersättigte 235.
Loschmidtsche Zahl 113.
Luftdruck 37.
Luftpumpe 48; Molekular- von Gaede 57; Öl- von Gaede 54; Quecksilber- von Geißler 48; Quecksilber- von Mendelejew 52; Quecksilber- von Sprengel 52; Quecksilber- von Töpler 49; Wasser- nach Bunsen 56.

Manometer 44; absolutes von Knudsen 126; von Bourdon 47; von Cailletet 46; von Desgoffe 46; von Ladenburg und Lehmann 46; von Lafay 46; von Mc Leod 45; von Scheel und Heuse 45.
Megabar 163.
Membranen, halbdurchlässige 250; Niederschlags- 250.
Membranenmanometer 45.
Metallbarometer 42.
Metallmanometer 47.
Mittlere Weglänge der Gasmoleküle 101, 110.
Mittleres Geschwindigkeitsquadrat 97.
Modul 313; des allseitigen Drucks 342; der Scherung 346; der Torsion 352; von Valson 237; von Young 320; der Volumelastizität 342.
Modulfläche der Dilatation 381.
Moleküle, Dimension und Zahl derselben 111.
Molekülradius 102.
Molekülvolumen von Gasen 102.
Molekulare Energie 95; molekulare Oberflächenenergie 221.
Molekulargewicht 3.
Molekularluftpumpe 57.
Molekularoberfläche 221.
Molekularvolumen 4, 308.
Molekularwirkungssphäre 144.
Monoklinisches Kristallsystem 295.
Morphotropie 301.

Nachwirkung, elastische 377.
Niederschlagsmembranen 250.
Niton, Atomgewicht desselben 15.
Normalbarometer 42.

Normaldruck für eine ebene Oberfläche
173; absoluter Wert desselben 182;
Normaldruck und Oberflächenspannung 179.
Normale Lösung 231.

Oberflächenenergie, molekulare 221.
Oberflächenschicht 143; -spannung 171;
-zähigkeit einer Flüssigkeit 188.
Ogdoedrische Kristallform 297.
Okklusion 71; von Gasen durch Metalle
75.
Optische Achse der Kristalle 298.
Osmose 244; der Kolloide 284.

Partialdruck der Gase 61.
Permanente Deformation 314.
Physik der Molekularkräfte 1.
Piezometer 160; von Biron 162; von
Örstedt 160; von Regnault 160;
von Richards und und Stull 161;
Sturm und Colladon 160.
Plastizität 369.
Polymerisation 136.
Polymorphismus 300.
Pronys Zaun 392.
Pulsierende fallende Tropfen 218.
Pulverförmige Körper 290.
Pyknometer 151.

Quadratisches Kristallsystem 294.
Quecksilberbarometer 37.
Quecksilberluftpumpe 48; von Geißler
48; von Mendelejew 52; von
Sprengel 52; von Töpler 49.
Querkontraktion 334.

Radius der Molekularwirkungssphäre
144.
Randwinkel an Flüssigkeiten 192; Mes-
sung des Randwinkels 216.
Raumgitter 300.
Reguläres Kristallsystem 291.
Reibung, äußere, der Flüssigkeiten 258;
der Gase 110.
— fester Körper beim Gleiten 389; beim
Rollen 394.
—, innere, in festen Körpern 386; in
Flüssigkeiten 257; in Gasen 103; in
Lösungen 265.
Relaxationszeit 379.
Reversibilität, reversibler Vorgang
115.

Rhombisches Kristallsystem 295.
Rollende Reibung 394.

Scherungskoeffizient 346; -modul 346;
-winkel 346.
Seifenblasen 185.
Semipermeable Wand 130, 250.
Siedepunkt der Lösungen 239.
Sklerometer 316.
Sol 283.
Spaltungsflächen 298.
Spannung der Gase 2, 16; der Lösungen
239.
Spezifische Kohäsion 203; Viskosität 258;
spezifisches Volumen 308.
Spröde Körper 315.
Stationärer Bewegungszustand d. Flüssig-
keiten 271.
Stoß der Körper 394; elastischer Kugeln
396; unelastischer Kugeln 395.
Stoßdauer 399.
Stromlinie 271; -röhre 271.
Strömungskurve 271.
Struktur der festen Körper 288.

Temperatur, kritische 27; kritische Lö-
sungstemperatur 240.
Tetartoedrische Kristallform 297.
Tetragonales Kristallsystem 294.
Thermischer Druckkoeffizient 168; Wi-
derstandskoeffizient 368.
Thermodiffusion 129.
Thermomolekularer Druck 126.
Tordierende Kraft 352.
Torsion 312, 352.
Torsionsmodul 352.
Transpiration 125.
Trihydrol 148.
Triklines Kristallsystem 295.
Trimorphismus 300.
Tropfenbewegung in Röhren 197.
Tropfenwägung, Methode der 212.
Typische Kolloide 285.

Übergangsschicht 223.
Überhitzte Dämpfe, Dichte der 3.
Übersättigte Lösungen 235.
Unduloid 184.
Unelastische Körper 314.
Unlöslichkeit 229.

Verdrängungsmethode von Victor
Meyer 12.

Verdunstung 146.

Verlängerungskoeffizient 322.

Viskosität der Flüssigkeiten 257; der Gase 103; spezifische, der Flüssigkeiten 258; Einheit der 103.

Vollkommenes Gas 3; vollkommene Flüssigkeit 143.

Volumenelastizität fester Körper 373.

Volumenkoeffizient, mittlerer thermischer 168.

Wärmekapazität der Gase 92; bei konstantem Druck 93; bei konstantem Volumen 93; der Lösungen 240.

Wagebarometer 40.

Wahrscheinlichste Geschwindigkeit der Gasmoleküle 96.

Wasserluftpumpe 56.

Weglänge, mittlere, der Moleküle 101, 110.

Wellen 279; Bestimmung der Kapillaritätskonstante nach der Methode kleiner Wellen 217.

Widerstand, absoluter 327, 334; eines Gases gegen die Bewegung fester Körper 132; relativer 367; von Tropfen gegen die Bewegung in Röhren 197.

Winkel, Scherungs- 346; Torsions- 357.

Wirbel 281; -atome 282; -faden 281; -kraft 281; linie 281; -ring 281.

Wogenwolken 109.

Youngscher Modul 322.

Zähe Körper 315.

Zähigkeit 369.

Zerreißen infolge von Torsion 367.

Zonen 291.

Zustandsgleichung eines idealen Gases 30; von Flüssigkeiten 165.

Zwilling eines Kristalls 297.

Druckfehler.

Auf S. 183, Formel (14, a), lies $\frac{Q}{2}$ statt Q.

Verlag von Friedr. Vieweg & Sohn in Braunschweig.

Budde, Prof. Dr. E., **Tensoren und Dyaden im dreidimensionalen Raum.** Ein
Lehrbuch. XII, 248 S. 8⁰. 1913.   *Æ* 6,—, geb. *Æ* 6,80.

Deutsch, Walther, **Metallphysik.** Mit 20 Abbild. VIII, 76 S. 8⁰. 1916. *Æ* 3,—.

Einstein, A., **Über die spezielle und die allgemeine Relativitätstheorie.** Gemein-
verständlich. Mit 3 Figuren. 2. Aufl. IV, 70 S. 8⁰. 1918.   *Æ* 2,80.

Emde, Prof. Dr. Fritz, Auszüge aus James Clerk Maxwells Elektrizität
und Magnetismus, übersetzt von Hilde Barkhausen, herausgegeben
von Fr. Emde. XXXII, 182 S. 8⁰. 1915.   *Æ* 7,—, geb. *Æ* 8,—.

Geitel, Prof. Dr. Hans, **Über die Anwendung der Lehre von den Gasionen**
auf die Erscheinungen der atmosphärischen Elektrizität. 2 Bl., 27 S.
8⁰. 1901.   *Æ* —,60.

——**Bestätigung der Atomlehre durch die Radioaktivität.** 24 S. gr. 8⁰. 1913 *Æ* 0,80.

Geitler, Prof. Dr. Josef Ritter von, **Elektromagnetische Schwingungen und
Wellen.** Mit 86 Abbild. VIII, 154 S. 8⁰. 1905.   *Æ* 4,50, geb. *Æ* 5,20.

Glatzel, Prof. Dr. Bruno, **Elektrische Methoden der Momentphotographie.** Mit
dem Bilde des Verfassers und 51 Abbild. VIII, 103 S. 8⁰. 1915.   *Æ* 3,60.

Henning, Prof. Dr. F., **Die Grundlagen, Methoden und Ergebnisse der Tem-
peraturmessung.** Mit 41 Abbild. IX, 297 S. 8⁰. 1915. *Æ* 9,—, geb. *Æ* 10,—.

Hupka, Dr. Erich, **Die Interferenz der Röntgenstrahlen.** Mit 33 Abbild. und
1 Doppeltafel. II, 68 S. 8⁰. 1914.   *Æ* 2,60.

Jäger, Prof. Dr. G., **Die Fortschritte der kinetischen Gastheorie.** Mit 8 Abbild.
XI, 121 S. 8⁰. 1906.   *Æ* 3,50, in Lnwdbd. *Æ* 4,10.

Konen, Prof. Dr. H., **Das Leuchten der Gase und Dämpfe,** mit besonderer
Berücksichtigung der Gesetzmäßigkeiten in Spektren. XIV, 384 S. 8⁰.
Mit 33 Abbild. im Text und einer Tafel. 1913. *Æ* 12,50, geb. *Æ* 13,50.

Kuenen, Prof. Dr. J. P., **Die Zustandsgleichung der Gase und Flüssigkeiten** und
die Kontinuitätstheorie. Mit 9 Abb. X, 241 S. 8⁰. 1907. *Æ* 6,50, geb. *Æ* 7,10.

Laue, Prof. Dr. M., **Die Relativitätstheorie.** 1. Band: Das Relativitätsprinzip
der Lorentztransformation. 3. vermehrte Aufl. Erscheint im Herbst 1918.

Lehmann, Prof. Dr. Otto, **Das Kristallisationsmikroskop** und die damit ge-
machten Entdeckungen, insbesondere die der flüssigen Kristalle. Mit
48 Abbild. im Text und auf einer Tafel. VII, 112 S. gr. 8⁰. 1910. *Æ* 3,—.

Lorentz, H. A., **Sichtbare und unsichtbare Bewegungen.** Übersetzt von
G. Siebert. 2. vom Verfasser revidierte Auflage. Mit 40 Abbildungen.
VII, 123 S. gr. 8⁰. 1910.   *Æ* 3,—, geb. *Æ* 4,—.

Loria, Dr. Stan., **Die Lichtbrechung in Gasen als physikalisches und chemisches
Problem.** VI, 92 S. 8⁰. Mit 3 Textabbildungen und einer Tafel. 1914. *Æ* 3,—.

Looser, Prof. Dr. G., **Versuche aus der Wärmelehre und verwandten Gebieten
mit Benutzung des Doppelthermoskops.** 4. Aufl. Mit 71 Abbild. XV,
143 S. 8⁰. 1915.   Geb. 4,—.

Martens, Prof. Dr. F. F., **Physikalische Grundlagen der Elektrotechnik.**

    1. Band. Eigenschaften des magnetischen und elektrischen Feldes. Mit
    253 Abb. XII., 245 S. 8⁰. 1912.   *Æ* 7,20, geb. *Æ* 8,—.

    2. Band. Dynamomaschinen, Transformatoren und Apparate für draht-
    lose Telegraphie. Mit 289 Abb. XV, 456 S. 8⁰. 1915. *Æ* 12,80, geb. *Æ* 14,—.

Die Preise erhöhen sich um den Teuerungszuschlag.